Stahleisen-Wörterbuch
Iron and Steel Dictionary

Deutsch – Englisch
Englisch – Deutsch

German – English
English – German

Stahleisen-Wörterbuch
Iron and Steel Dictionary

Deutsch – Englisch
Englisch – Deutsch

German – English
English – German

7. Auflage
7th edition

Herausgegeben vom / Edited by
Verein Deutscher Eisenhüttenleute

STAHLEISEN

Bearbeitung der 7. Auflage: Dipl.-Ing. Kerstin Garbracht, Bad Harzburg
Druck: VVA GmbH / Niederlassung Wesel Kommunikation, Baden-Baden

Revision of the 7th edition: Dipl.-Ing. Kerstin Garbracht, Bad Harzburg
Printing: VVA GmbH / Niederlassung Wesel Kommunikation, Baden-Baden

Unveränderter Nachdruck 2006
ISBN 10: 3-514-00622-9
ISBN 13: 978-3-514-00622-5
Printed in Germany

Vorwort zur siebten Auflage

Seit der ersten Veröffentlichung im Jahre 1958 hat sich das Stahleisen-Wörterbuch Deutsch-Englisch/Englisch-Deutsch der raschen technischen Weiterentwicklung in der Stahlindustrie und den verwandten Branchen laufend angepaßt. Enthielt die 1. Auflage jeweils rund 7.500 deutsche und englische Stichwörter, so ist das Volumen in der vorliegenden 7. Auflage auf über 22.000 Begriffe in jeder der beiden Sprachen gewachsen. Um der starken Computerpräsenz in den Betrieben und technischen Büros Rechnung zu tragen, erschien Mitte der 90er Jahre eine PC-Version des Stahleisen-Wörterbuchs: MyTerms. Damit war erstmals die elektronische Benutzung des Wortschatzes der 6. Auflage möglich. Die nun vorliegende 7., erweiterte Neuauflage, die als Buch und PC-Software vorliegt, stellt daher mehr als zuvor ein unentbehrliches Hilfsmittel für den internationalen fachlichen Erfahrungsaustausch dar.

Wiederum haben zahlreiche Experten aus Industrie, Forschung, Verbänden und Behörden an der Überarbeitung und Erweiterung des aufgenommenen Wortschatzes mitgewirkt. Ihnen allen gilt unser herzlicher Dank.

Verein Deutscher Eisenhüttenleute – VDEh

Professor Dr.-Ing. Dieter Ameling
Geschäftsführendes Vorstandsmitglied

Preface to the Seventh Edition

Since the first publication in 1958, the Iron and Steel Dictionary German-English/ English-German has been continually adapted to the rapid advances in the steel industry and related branches. Whereas the 1st edition included some 7,500 German and English entries each, the 7th edition has grown to more than 22,000 terms in each language. In the mid-nineties, soon after the appearance of the 6th edition, the MyTerms PC-version of the Iron and Steel Dictionary was introduced allowing its electronic usage thus accounting for the wide-spread PC application in plants and technical offices. No matter whether you decide on the book or PC version, the new enlarged 7th edition of the dictionary has more than ever become an indispensable aid in sharing technical experience on an international level.

A great number of specialists from the industry, R & D, professional associations and administrative bodies have again contributed to the revision and extension of the terms covered by the dictionary. To all of them our heartfelt thanks.

Verein Deutscher Eisenhüttenleute – VDEh
(German Iron and Steel Institute)

Professor Dr.-Ing. Dieter Ameling
Executive Director

Benutzerhinweise

Die vorliegende 7. Auflage des Stahleisen-Wörterbuchs wurde computer-unterstützt erstellt. Dadurch ergeben sich einige Besonderheiten in der Sortierung:

- Alle Begriffe wurden alphabetisch bis zum letzten Buchstaben jedes Wortes durchsortiert.
- Erläuterungen in runden Klammern kennzeichnen oft eine bestimmte Verwendung der Vokabel und wurden deshalb ebenfalls bei der Sortierung mit berücksichtigt.

Die deutschen Umlaute ä, ö, ü sind wie a, o, u alphabetisch eingeordnet, das deutsche ß wie ss.
Wörter oder Buchstaben in eckigen Klammern [ ] können weggelassen werden, ohne daß sich die Bedeutung in der anderen Sprache ändert.
Wörter in runden Klammern ( ) dienen zur Erläuterung z. B. des Fachgebietes oder stellen ein Synonym dar.
Sind bei einem Stichwort in <u>beiden</u> Sprachen Wörter in runden Klammern eingefügt, so entspricht das erweiterte Stichwort einer erweiterten Übersetzung. Es müssen also entweder in beiden Sprachen die Klammerwörter weggelassen oder in beiden Sprachen hinzugefügt werden.
Zum besseren Auffinden zusammengesetzter Begriffe wurde in diesem Wörterbuch das Substantiv vorangestellt, so daß danach die Sortierung erfolgen konnte. Adjektive wurden mit Komma angehängt. Erweiterte Begriffe, wie z. B. „den Anforderungen genügen" sind unter dem Buchstaben „A" (wie Anforderungen) einsortiert: „Anforderungen, den – genügen". Der Gedankenstrich – gilt also als Wiederholungszeichen für das vorangehende Substantiv.

Abkürzungen

m – Maskulinum
pl – Plural
f – Femininum
(am.) – amerikanisch
n – Neutrum

Notes for the User

The present 7th edition of Iron and Steel Dictionary as a product of computer aided publishing shows some characteristics concerning assortment:

- All keywords have been sorted alphabetically letter by letter.
- To distinguish keywords with a very special technical meaning from commonly used expressions words in round brackets have also been criterion for assortment.

The German umlauts ä, ö, ü are arranged alphabetically as a, o, u, the German ß as ss.
Words or letters in square brackets [ ] can be omitted without changing the meaning in the other language.
Words in round brackets ( ) give further information referring to a special field or synonym.
When words are added in both languages in round brackets against the keyword the extended alphabetic keyword corresponds to the extended translation. If, therefore, the word in brackets is included in one language, the corresponding word must also be included in the other language.
For better alphabetical arrangement and more easy finding the German versions provide some special features as regards compounds:

- German nouns, in most cases, precede adjectives which are added after a comma;
- the dash – is used as stand in for the preceeding noun.

Please consider correct word order.

Abbreviations

m – Masculine
pl – Plural
f – Feminine
(am.) – American
n – Neuter

Inhalt

Contents

I. Teil:
Deutsch – Englisch

Part I:
German – English

A

Abart *f* variety
Abbau *m* exploration
abbauen (gewinnen) work
abbauwürdig workable
abbeizen pickle
abbiegen (Strangguß) bend
abbinden combine; fix; react with
Abbinden *n* **(des Stickstoffs)** fixation
abbinden (Ti) chloridise; fix
Abbinden *n* **von Bunden** banding of coils; tying of coils
Abbinden *n* **von Stahlstabbunden** tying of bar bundles
abbinden (Zement) set (cement)
Abbindungsschwindung *f* setting shrinkage
Abblasbalken *m* blow-off header
Abblasedruck *m* blow-off pressure
Abblasen *n* grit-blasting
abblasen (mit Sand) sandblasting
Abblasen *n* **(mit Schrot oder mit Sand)** blast cleaning
Abblaseschieber *m* blow-off valve (cowper)
abblättern chip off; flake; scale
Abblättern *n* exfoliation; flaking; peeling
Abblättern *n* **(Schienen)** spalling
Abbrand *m* loss; loss by burning; melting loss (in a liquid medium); oxidizing loss (in a gaseous medium)
Abbrand *m* **der Legierungsbestandteile** element burn-off
Abbrand *m* **der Stahlrohrlanze** consumption of the steel lance pipe
Abbrand *m* **des Schweißdrahts** wire burn-off
Abbrandelektrode *f* consumable electrode
Abbrand *m* **(Elektroden)** burn off
Abbrandgeschwindigkeit *f* burn-off rate
Abbrandlänge *f* oxidizing length
Abbrandverhältnis *n* melting loss condition; scaling loss condition
Abbrandverlust *m* **an Legierungselementen (Schweißen)** alloy loss during arc transfer (welding)
Abbrand *m* **von Kohlenstoff** carbon burn-off
Abbrausen *n* **(Draht)** sull coating
abbrechen break up; dismantle
abbremsen slow down
Abbrenndauer *f* flashing period
abbrennen burn off; dewax (powder met.); scale
Abbrennen *n* **mit Vorwärmen** hot flash welding
Abbrennofen *m* flash furnace
Abbrennschweißanlage *f* flash welding unit
abbrennschweißbar flash weldable
Abbrennschweißung *f* resistance flash welding
Abbrennstumpfschweißbarkeit *f* flash butt weldability
Abbrennstumpfschweißen *n* flash butt welding
Abbrennstumpfschweißmaschine *f* automatic butt welding machine
Abbrennstumpfschweißmaschine *f* **(für Band)** strip flash butt welder
Abbrenn[stumpf]schweißung *f* flash [butt] welding
Abbrennzugabe *f* flashing allowance
abbröckeln scale
Abbrucharbeiten *fpl* dismantling
Abbruchschrott *m* demolition scrap
Abdeckblech *n* **(allgemein)** cover

plate

Abdeckblech *n* **(Boden)** floor plate

abdecken cover

Abdecken *n* capping

abdecken zum Aufkohlen mask prior to carburizing

abdecken zum Nitrieren mask prior to nitriding

Abdeckmasse *f* covering agent for melts

Abdeckmittel *n* covering agent for melts

Abdeckplatte *f* covering plate

Abdeckpulver *n* covering powder

Abdeckrost *n* grating

Abdeckschlacke *f* top slag

abdichten caulk; pack; tighten

abdrehen turn off

abdrücken (Rohre) run a hydraulic pressure test

Abdrücken *n* **(Rohre)** run a hydraulic pressure test

Abdruckverfahren *n* replica technique

Abdruck *m* **(Walzdrahtfehler)** roll [guide] mark

abfackeln bleed

Abfall *m* decline; decrease; discard; scrap

Abfallbeizen-Aufarbeitung *f* regeneration of pickling solution; regeneration of spent pickle liquor

Abfallbeseitigung *f* waste disposal

Abfallende *n* short end

Abfallerzeugnis *n* by-product; residuary product; waste product

Abfallkohle *f* waste coal

Abfallkoks *m* scrap coke

Abfallstoffe *mpl* waste materials

Abfallverbrennungsanlage *f* incinerator; waste incineration plant

abfangen (Schmelze) block; catch; scotch

Abfangschmelze *f* catch carbon heat

Abflachung *f* bevel.

Abfluß *m* outlet

Abflußrohr *n* discharge pipe; drain [pipe]; exit pipe; outlet pipe

Abfuhrrollgang *m* delivery roller table; exit roller table; run-out roller table

Abgabe *f* tax

Abgänge *mpl* abatement (of furnace); discharge; effluent (of furnace)

Abgarung *f* **(Koks)** carbonisation

Abgas *n* exhaust gas; flue gas; spent gas; waste gas

Abgasabführung *f* waste gas main

Abgas-Entnahmesonde *f* waste gas probe

Abgaserfassung *f* waste gas collecting

Abgasfackel *f* excess burner; surplus gas burner

Abgaskanal *m* waste heat flue

Abgaskanal-Schlacke *f* **(Wärmofen)** flue cinder

Abgasprüfer *m* flue-gas tester

Abgasschieber *m* flue-gas valve

Abgasthermometer *n* flue-gas thermometer

Abgasüberwachung *f* waste-gas control

Abgas-Umwälzbeheizung *f* waste-gas recirculation heating

Abgasumwälzung *f* waste-gas recirculation

abgebrochen (math.) truncated (math.)

abgefedert spring-supported; sprung

abgeflacht flattened

abgekürztes Verfahren *n* short-cut method

abgeleitet derivative
abgeleiteter Wert *m* derivative
abgeschnittenes Ende *n* crop end
abgeschrägt bevelled; chamfered; skewed
abgesetzte Verformung *f* stepped extrusion
abgesetzt (Stempel) stepped
abgesetzt (Welle) eccentric
abgestimmt (EDV) tuned
abgestumpft blunted; dulled; truncated
abgestütztes Gewölbe *n* sprung roof
abgießen cast; pour; teem
abgleichen equalize; reset
abgraten burr; clip; fettle
Abgraten *n* clipping; deburring; trimming
Abgratmaschine *f* burr removing machine; deburring machine; flash trimmer
Abgratmatrize *f* trimming die
Abgratpresse *f* trimming press
abgrenzen limit
Abgriff *m* tap
Abgriff *m* **(EDV)** pickup
Abguß *m* cast; casting; pouring
Abhandlung *f* paper; treatise
abhängige Veränderliche *f* dependent variable
Abhängigkeit *f* dependence
abhängig von dependent on
Abhaspelvorrichtung *f* pay-off reel
abheben draw; shrink away; take off
Abhebepunkt *m* **(Stranggießen)** shrink point
Abheber *m* off-loader
Abhitze *f* waste heat
Abhitzedampfgewinnung *f* waste heat steam recovery
Abhitzekessel *m* waste heat boiler
Abhitzeverwertung *f* waste heat utilization
Abkantanlage *f* bending-off system; edging machine; edging press; folding press
abkanten bevel; chamfer; fold
Abkanten *n* folding
Abkantmaschine *f* edging machine
Abkantpresse *f* bending-off press
Abkantprofil *n* flanged profile
Abkantwerkzeug *n* bending-off tool
abkippen dump; pour; tip
abklingen decay; diminish
Abklingkonstante *f* decay constant
Abkohlung *f* **(Kokerei)** incomplete decarbonization; partial decarbonization
Abkohlungsmittel *n* recarburizing agent
Abkohlung *f* **(Stahl)** partial decarburization
Abkühlbedingung *f* cooling condition
Abkühldauer *f* cooling time
abkühlen chill; cool; refrigerate
Abkühlen *n* cooling
abkühlen (Wärmebehandlung) cool
Abkühlgeschwindigkeit *f* cooling rate
Abkühlkurve *f* cooling curve
Abkühlung *f* cooling
Abkühlung *f* **aus der Schmiedehitze** cooling from forging heat
Abkühlungsbottich *m* cooling vat
Abkühlungsdauer *f* cooling time
Abkühlungsgeschwindigkeit *f* cooling rate
Abkühlungsmittel *n* coolant
Abkühlungsmittel *n* **(Wärmebehandlung)** quenching medium
Abkühlung *f* **(Wärmebehandlung)** cooling

Abkühlvermögen *n* quenching capacity; quenching intensity; severity of quench
Abkühlvorschrift *f* cooling time
abkuppeln disconnect
Abladeanlage *f* dumper
Abladeplatz *m* dump
Ablage *f* **(für Kaltstrang)** cradle
Ablageplatz *m* tip
Ablagerung *f* **(von Schadstoffen)** deposit (of contaminants); settling (of contaminants)
ablängen shear to length
Ablängen *n* cut to length
Ablaß *m* discharge; drain
ablassen discharge; tap
ablaufen lassen drain
Ablaufhaspel *f* feed reel; pay-off reel; pouring reel; unwind reel
Ablaufkanal *m* culvert
Ablaufkasten *m* unwinding box
Ablaufplanung *f* operation scheduling; process planning; scheduling
Ablaufprogramm *n* sequential programm
Ablaufprogrammsteuerung *f* sequential control
Ablaufrinne *f* discharge launder
Ablaufschema *n* flow chart
Ablaufschlepphaspel *f* drag uncoiler
Ablauf- und Planungsforschung *f* operations research
ablegen lay down
Ablehnungsbereich *m* region of rejection
ableiten deduct; derive; draw off
Ableitung *f* derivation
Ablesefehler *m* dial error; reading error
Ablesung *f* reading
Ablichtung *f* light print
abliefern deliver
Ablieferung *f* delivery
ablöschen (Kalk) slake
Ablöschtemperatur *f* quenching temperature; temperature of quenching
Ablöseenergie *f* activation energy
ablösen detach
Ablöten *n* desoldering
Abluft *f* exhaust air; waste air
Abmaß *n* allowable variation; off-size; permissible variation
Abmaß *n* **(Maßzeichnung)** off-size
Abmaß *n* **(Passungslehre)** allowance
Abmessung *f* dimension; ga[u]ge; size
Abmessungsänderung *f* dimensional change
Abmessungsänderung *f*, **spezifische** specific dimensional change
Abnahme *f* acceptance; decline; decrease; drop
Abnahmebeamter *m* inspector
Abnahmegesellschaft *f* Classification Society
Abnahme *f* **je Stich** draft; reduction per pass
Abnahmenorm *f* acceptance standard
Abnahmeprüfprotokoll *n* inspection report
Abnahmeprüfung *f* acceptance inspections; acceptance test
Abnahmeprüfzeugnis *n* acceptance; acceptance certificate; certificate
Abnahmestichprobe *f* acceptance-sampling
Abnahmestichproben-Verfahren *n* acceptance-sampling
Abnahmeverweigerung *f* rejection
Abnahme *f* **(von Maschinen)** inspection

Abnahme *f* **(Walzkaliber)** draft; draught
abnehmbar detachable; removable
abnehmen detach; take off
Abnehmer *m* inspector; receiver; surveyor
abnutzen scuff; wear off
Abnutzung *f* abrasion; wear; wear and tear
Abnutzungsbeständigkeit *f* wearability; wear-resistance
abplatzen chip off; flake; peel; spall
Abplatzung *f* bursting; flaking
Abprallverlust *m* rebound loss
abpressen (von Rohren) run a hydraulic pressure test
Abpreßversuch *m* hydrostatic test
Abquetschrolle *f* consolidation roll
Abquetschrolle *f* **(Beizen)** wringer roll
Abquetschrolle *f* **(Bramme)** squeeze roll
Abquetschwalze *f* consolidation roll; rubber roller
Abrasivverschleiß *m* abrasion wear
abrauchen vaporize
Abraum *m* overburden; rubble
abreiben abrade; rub off; wear by rubbing
Abreißkraft *f* **(Tiefziehen)** fracture load
abrichten dress
Abrieb *m* abrasion
Abriebfestigkeit *f* abrasion resistance
Abriebkorrosion *f* fretting corrosion
Abrollhaspel *f* uncoiler; uncoiling reel
Abroll- und Abstech-Automat *m*, **automatischer** automatic helicoidal gear teeth cutting and slicing machine
abrösten (Erze) roast
abrunden chamfer; round off
Abrundung *f* chamfer; fillet; rounding off
Absatz *m* disposal; double teem (surface defect); offset; sale
Absaugeanlage *f* exhausting plant; sucking-off plant; suction plant
Absaugegerät *n* suction apparatus
Absaugehaube *f* suction hood
absaugen draw off; exhaust; suck off
abschälen peel off
abschalten break; detach
Abschaltleistung *f* rupturing capacity
Abschaltmoment *n* cut out torque
abschäumen blow
abscheiden deposit; settle out
Abscheider *m* separator
Abscheidung *f* separation
abscheren cut off; shear; shear off
Abscheren *n* direct shear; shearing
Abscherung *f* shear
Abscherwirkung *f* shearing action
Abschiebevorrichtung *f* pusher; pushing device
Abschirmung *f* shielding
Abschlackbehälter *m* slag box
abschlacken deslag; slag off; tap slag
Abschlackmaschine *f* deslagging machine
Abschlagen *n* **des verlorenen Kopfes** topping
Abschläger *m* **(Gießerei)** fettler
abschleifen abrade; grind off
abschließen trap
Abschluß *m* bargain
Abschlußkonten *npl* final accounts
Abschlußring *m* sealing ring
Abschlußventil *n* shut-off valve
abschmelzen flash off; fuse; melt off

Abschmelzgeschwindigkeit *f* melting rate; rate of deposition
Abschmelzleistung *f* **(Elektroden)** deposit efficiency
Abschmelzofen *m* consumable-arc furnace
Abschmelzschweißverfahren *n* fusion welding
Abschmieren *n* greasing; lubricating
abschmirgeln grind with emery
abschmoren scale
Abschneidegesenk *n* cut off [die]
abschneiden crop; cut off; shear
Abschneidstempel *m* **(Umformen)** cropping tool
abschopfen crop
abschrägen bevel; chamfer; scarf
Abschrägung *f* bevel; chamfer
abschrauben unscrew
Abschreckalterung *f* quench ag[e]ing; quench-age hardening
Abschreckaustenit *m* retained austenite
Abschreckbad *n* quenching bath
Abschreckbiegeprobe *f* quench bending test [specimen]
Abschreckbiegeversuch *m* quench bending test
Abschreckdauer *f* quench[ing] time
abschrecken chill; quench
Abschrecken *n* quenching
Abschrecken *n* **gestuftes** hot quenching; step quenching
abschrecken (Roh- und Gußeisen) chill
Abschrecken *n* **schnelles** rapid quenching
abschrecken (Stahl) quench
Abschreckgeschwindigkeit *f* cooling rate; rate of cooling
Abschreckhärtbarkeit *f* quench hardenability
Abschreckhärte *f* quench hardness
Abschreckhärtemittel *n* quench hardening agent
Abschreckhärten *n* quench hardening
Abschreckmittel *n* quenching medium
Abschreckrißempfindlichkeit *f* susceptibility to quench cracking
Abschrecktemperatur *f* quenching temperature
Abschrecktiefe *f* depth of chill
Abschreckung *f* chill
Abschreckwerkzeug *n* fuller
Abschreibung *f* depreciation
Abschreibung *f* **kalkulatorische** depreciation allocation
abschuppen scale
abschütten discharge
Abschweißofen *m* wash heating furnace
absenken withdraw
Absenken *n* **der Gicht (Hochofen)** descent of charge
Absenkformmaschine *f* drop plate-type moulding machine
Absenkgeschwindigkeit *f* withdrawal speed
Absenkgeschwindigkeit *f* **(Strang1 gießen)** withdrawal speed
Absenkrolle *f* withdrawal roll
Absenkwalze *f* pinch roll; withdrawal roll
Absetzbecken *n* sedimentation basin; settling tank (gas cleaning)
absetzen deposit, offset; set-down
absetzen (= Absatz bilden) step
Absetzkammer *f* **(Staub)** settling chamber
absieben screen [out]; sieve; sift
absorbieren absorb
Absorption *f* absorption

Absorptionsquerschnitt *m* neutron absorption cross section
abspalten spall; split off
abspänen chip
absperren check; cut-off; lock
absperren (Leitung) cut off; shut off
Absperrhahn *m* stop cock
Absperrschieber *m* gate valve; slide valve
Absperrteile *npl* cut-off devices (e. g.: valves)
Absperrventil *n* retaining valve
absplittern spall; splinter; split off
Absplittern *n* spalling
Abspritzen *n* sull coating
abspülen rinse; swill
Abspulgerät *n* pay-off reel
Abstechdrehbank *f* slicing lathe; trimming lathe
abstechen cut off; tap; teem
Abstechen *n* tapping
Abstechstahl *m* parting-off tool
abstehen lassen kill
abstehen lassen (Schmelze) dead melt
absteifen stiffen; thicken
Absteifen *n* stiffening
Absteifung *f* staying
abstellen shut off
Abstich *m* run-off; tap; tapping
Abstichfolge *f* casting cycle
Abstichgewicht *n* heat weight; tap weight
Abstichladung *f* jet tapper (am.)
Abstichloch *n* tap hole
Abstichrinne *f* launder; runner; tapping spout
Abstichschieber *m* tap hole valve
Abstichschlacke *f* flush slag; flushing cinder
Abstichstein *m* taphole brick
Abstichtaktzeit *f* tap-to-tap cycle time
Abstichtemperatur *f* tapping temperature
Abstichvorrichtung *f* tapping device
Abstich-zu-Abstich-Zeit *f* tap-to-tap time
abstrahlen sand-blast
Abstrahlungsverlust *m* radiation loss
Abstreckbarkeit *f* stretchability
Abstreckdrücken *n* flow turning; shear spinning; spin forming (tubes)
Abstrecken *n* ironing
abstreichen skim
Abstreifen *n* stripping
abstreifen (Kokillen oder Dorn) strip
Abstreifen *n* **(von Blockformen)** stripping
Abstreifer *m* skimmer; stripper [guide]; wiper
Abstreifhalle *f* stripping bay
Abstreifkran *m* stripping crane
Abstreifmeißel *m* guard; stripping plate
Abstreifplatte *f* stripper plate
Abstrich *m* dross; scum
abstufen grade; step
Abstufung *f* gradation
Abstufung *f* **der Einflußgrößen** level of factors
Abstumpfung *f* **(der Rißspitze)** blunting (of the crack tip)
abstützen prop; reinforce; spring; support
Abstützen *n* **des Schweißbads (Schmelzbads)** support of the weld pool
Abstützung *f* bracing
Abszisse *f* abscissa axis
abtasten scan

Abtasten *n* gauging
Abtaster *m* **(EDV)** scanner
Abtastglied *n* scanning element
Abteilungsleiter *m* departmental manager; superintendent
abteufen sink
Abtragen *n* removing
abtrennen cut
Abtrennen *n* cutting off
Abtrieb *m* **(Stranggießen)** output shaft
abtropfen (Draht) drain
Abwärmekessel *m* waste heat boiler
Abwärmeverwertung *f* waste heat recuperation; waste heat utilization
Abwärme-Verwertungsanlage *f* waste heat utilization plant
Abwärtsnaht *f* downward weld
Abwasser *n* sewage; waste water
Abwasser-Kläranlage *f* waste water clarifying plant
Abwasserpumpe *f* waste water pump
Abwasserreinigung *f* waste water cleaning
Abwasser-Rückgewinnungsanlage *f* waste water recovering plant
abweichen deviate
abweichen (= unterscheiden) diverge
Abweichung *f* departure; deviation; difference
Abweichungssumme *f* deviance
Abweichung *f* **zulässige** allowable variation
Abwesenheit *f* absence
Abwesenheit *f* **(von Arbeitern)** absenteeism
Abwickelgerüst *n* **(z. B. für Drahtringe)** swift
abwickeln uncoil; unwind
Abwischer *m* wiper
abwracken break up; wreck
Abwurftisch *m* **(Sinter)** deflector table
abziehen draw down; draw off; pull slag; withdraw (die/powder met.)
abziehen (Schlacke) tap
Abziehrolle *f* pinch roll; withdrawal roll
Abzug *m* draft; hood; off-take
Abzugshaube *f* hood
Abzugskanal *m* flue; off-take
Abzugsmantelmatrize *f* **(Pulvermet.)** retracting die
Abzugsrinne *f* draining ditch
Abzugsrohr *n* discharge duct
Abzugsrohrleitung *f* downtake
Abzugsschlacke *f* boilings
Acetylen *n* acetylene
Acetylen-Erzeugungsanlage *f* acetylene production plant
Acetylen-Schneidverfahren *n* acetylene cutting
Achsbüchse *f* axle box
Achse *f* arbor; axis; axle
Achsenabstand *m* center distance
Achsenverhältnis *n* axial ratio
Achskasten *m* axle box
Achslager *n* axle box; journal bearing; journal box
Achslager *n* **mit seitlichen Federabstützungen** laterally sprung axle bearing
Achsschenkelschleifmaschine *f* axle journal grinding machine
Achtkantstahl *m* octagons
Achtstrang-Gießmaschine *f* eight-strand continuous casting machine
Ac-Punkt *m* Ac-point
Ader *f* strand; vein
Adhäsion *f* adhesion
Adhäsionskraft *f* adhesive power; bonding force

Adjustage *f* dressing and straightening; finishing department; finishing shop
Adjustageanlage *f* dressing and straightening line; dressing and straightening machine
Adjustageanlage *f* **für Rohre** dressing and straightening system for tubes
Adjustagemaschine *f* dressing and straightening machine; ending machine
Adsorptionseigenschaften *fpl* adsorptive properties
Adsorptionsvermögen *n* adsorptive capacity
Affinationsmittel *n* affinity agent
Affinität *f* affinity
Agglomerat *n* agglomerate
Agglomeration *f* agglomeration
agglomerieren agglomerate
Aggregatzustand *m* aggregate state
Ähnlichkeitskennzahl *f* similarity number; similitude basic number
Ähnlichkeitstheorie *f* similitude theory
Akkordarbeit *f* job work; piece work
Akkordarbeiter *m* incentive operator; piece worker
Akkordleistung *f* task-work performance
Akkordlohn *m* contract rate; piece rate wages
Akkordvorgabe *f* rate fixing standard
Akkumulator *m* accumulator; electric storage battery
Aktivgas *n* active gas
Aktivierbarkeit *f* **(Reaktorstähle)** activatibility
aktivierte Elektrode *f* emissive-agent coated electrode; emissively coated electrode
Aktivierungsenergie *f* activation energy
Aktivierungsmittel *n* activating agent
Aktivierungsschicht *f* emissive coating
Aktivkohle *f* activated carbon
akustographisches Bildwandler-Verfahren *n* acoustographic imaging system
Akzeptanz *f* acceptance
Al-Drahtinjektion *f* alumin[i]um wire injection
Al-Drahtinkjektionsanlage *f* Al wire reeling machine
Alitieren *n* alitizing; calorizing
alitierter Stahl *m* calorized steel
alkalimetrisch alkali measuring
alkalisch alkaline
alkoholische Salpetersäure *f* **(Ätzen)** alcoholic nitric acid
allgemeine Norm *f* general specification; general standard
Allotropie *f* allotropy
Alpacca *n* nickel silver
Alpha-Eisen *n* alpha iron
Alpha-Mischkristall *m* alpha solid solution
Alteisen *n* scrap iron
altern age
Altern *n* ag[e]ing
Altern *n* **nach Deformation** strain ag[e]ing
Alterung *f* ag[e]ing
Alterung *f* **(Metall)** age-hardening (metal)
Alterungsbehandlung *f* ag[e]ing treatment
alterungsbeständig non-ageing
Alterungsbeständigkeit *f* ag[e]ing resistance; resistance to ag[e]ing
Alterungsempfindlichkeit *f* sensitiv-

ity to ag[e]ing; susceptibility to ag[e]ing
Alterungsneigung *f* ag[e]ing susceptibility; age-hardening susceptibility
Alterungsriß *m* ag[e]ing crack
Alterungssprödigkeit *f* age brittleness; precipitation brittleness
Alterungsunempfindlichkeit *f* ag[e]ing non-susceptibility
Alterung *f* **(Werkzeuge)** seasoning (tools)
Altlast *f* old sites
Altschrott *m* capital scrap
Alumetieren *n* alumetizing; aluminium plating; aluminium-coating by spraying
Aluminieren *n* aluminizing
Aluminieren *n*, **elektrolytisch** electrolytic aluminizing
Aluminieren *n*, **galvanisch** galvaluming
aluminiert aluminised
aluminiert durch Eindiffusion *f* aluminised by diffusion
Aluminierungsofen *m* aluminizing furnace
Aluminium *n* alumin[i]um
aluminiumbeschichtet alumin[i]um coated
Aluminium-Blechwalzwerk *n* alumin[i]um rolling mill
Aluminiumfolienanlage *f* leaf aluminium rolling mill
Aluminium-Nickel-Cobalt-Legierung *n* alumin[i]um-nickel-cobalt alloy
Aluminium-Nickel-Legierung *n* alumin[i]um-nickel alloy
Aluminiumnitrid *n* aluminium nitride
Aluminiumoxid *n* aluminium oxide
Aluminiumoxid *n* **(Tonerde)** alumina
Aluminiumplattieren *n* aluminium plating
aluminiumplattiert alumin[i]um clad (am.); alumin[i]um plated
Aluminiumschmelzofen *m* melting furnace for aluminium
Aluminiumsilicat *n* aluminium silicate
Aluminium-Zink-beschichtet Al-Zn-coated
aluminothermisches Schweißen *n* thermite welding
Amboß *m* anvil
Ameisensäure *f* formic acid
Ammoniak *n* ammonia
Ammoniakgewinnungsanlage *f* ammonia recovery plant
Ammoniaklösung *f* ammonium solution
Ammoniakspaltgas *n* cracked ammonia
Ammoniakwäscherei *f* ammonia recovery plant
Ammoniakwasser *n* ammonia water; liquid ammonia
Ammoniak *n* **wäßriges** aqueous ammonia
Ammoniumsulfat *n* di-ammonium sulphate
amorph amorphous
Amorphisierung *f* amorphization
Analog-Digital-Umformer *m* analogue-digital-converter
Analogiemodell *n* simulator
Analogrechner *m* analogue computer
Analyse *f* analysis
Analysengerät *n* analytic equipment
Analysenkontrollprobe *f* reference material
Analysenwaage *f* analytical balance

analytische Chemie *f* analytical chemistry
Anätzung *f* **(Fehler beim Kaltwalzen)** etching
anbieten offer; tender
anblasen blow
Anbruch *m* incipient crack
Anbruchsicherheit *f* resistance to incipient cracking
Andalusit *n* andalusite
Andruckrollen *fpl* back-up rolls
Andruckrollen-Biegeverfahren *n* back-up roll bending
Anfahrdiagramm *n* start-up graph
anfahren start
Anfahrkopf *m* **(Strangguß)** dummy bar head
Anfahrstrang *m* dummy bar; starting bar
Anfahrstück *n* dummy bar
anfallen form; result
Anfälligkeit *f* **(für)** liability to; sensitiveness (to); susceptibility (to)
Anfangskorrosionsgeschwindigkeit *f* initial corrosion rate
Anfangsquerschnitt *m* initial [pass] section; starting section
Anfangsquerschnitt *m* **(Zugprobe)** original cross-sectional area of the parallel length
Anfasmaschine *f* chamfering machine
Anfertigung *f* manufacture
anfeuchten (Steine) temper
Anforderung *f* requirement; strain
Anfrage *f* inquiry; request
anfressen corrode; erode; gall; seize
Anfunkfleck *m* spark spot
Angaben *fpl* data
angeben advance
Angebot *n* offer; tender
Angebot *n* **unverbindliches** offer without obligation
Angebot *n* **verbindliches** binding offer
angegossen cast in one with; cast integral with; cast-on
angeheftet (zum Schweißen) set-up
angelassen stress relieved; tempered
angelernter Arbeiter *m* semi-skilled worker
angeln (= mit Schwanzende versehen) tag
Angestellter *m* employee; salaried worker
angetriebener Rollgang *m* live roller table
angewandte Chemie *f* applied chemistry
angewandte Statistik *f* applied statistics
Angießen *n* start of casting
angleichen adapt
Angleichung *f* adapt[at]ion
angreifen bite; corrode
Angriffsfreudigkeit *f* aggressivity; rate of attack
Angriffsmittel *n* aggressive medium
anhalten stop
anhaltend persistent
Anhaltszahlen *fpl* auxiliary data; reference data
Anhänger *m* **(Wagen)** trailer
Anhängeschild *n* tag
Anhäufung *f* agglomeration
Anhäufung *f* **von Mattschweißen** recurrent lap; surging lap
anheizen fire; light up
anisotrop anisotropic
Anisotropie *f* anisotropy
Anisotropie *f* **der Härte** anisotropy of toughness
Anisotropie *f* **der mechanischen**

Eigenschaften anisotropy of mechanical properties
Anisotropie *f* **der mechanischen Eigenschaften in Abhängigkeit des Verhältnisses der Dehnung beim Schmieden** anisotropy of the mechanical properties in dependence on the ratio of stretching during forging
Anisotropie *f* **der mechanischen Eigenschaften von Automatenstahl** anisotropy of the mechanical properties of free cutting steels
Anisotropie *f* **der mechanischen Eigenschaften von normalen und hochfesten Baustählen** anisotropy of the mechanical properties of normal and high strength structural steels
Anisotropie *f* **der mechanischen Eigenschaften von Stählen für Leitungsrohre** anisotropy of the mechanical properties of steels for line pipe
Anisotropie *f*, **ebene** planar anisotropy
Anisotropie *f*, **senkrechte** normal anisotropy
Anisotropie *f*, **vertikale** vertical anisotropy
Anisotropie *f* **von Eigenschaften** anisotropy of properties
Anker *m* tie element
Ankerbelastung *f* **(einer elektr. Maschine)** armature load
Ankerbolzen *m* anchor bolt; tie bolt
Anker *m* **(eines Hochofens)** belt
Ankerreihenschaltung *f* **(elektr. Antrieb)** series armature circuit
Ankerrohr *n* axial conduit
Ankersäule *f* buck-stay
Ankerschiene *f* tie bar
Ankerschraube *f* anchor bolt; foundation screw
ankörnen centre; mark
Anlage *f* equipment; installation; lay-out
Anlage *f* **eines Stichprobenverfahrens** sample design
Anlage *f* **eines Versuches** design of an experiment
Anlagekosten *pl* capital costs; costs of installation; establishment charges
Anlagentechnik *f* plant engineering; plant techniques
Anlage *f*, **pfannenmetallurgische** ladle-metallurgy plant
Anlage *f*, **sekundärmetallurgische** secondary steelmaking plant
Anlagevermögen *n* fixed assets
Anlage *f* **zur Herstellung von feuerfesten Werkstoffen** refractory producing plant
Anlaßätzung *f* temper etching
anlaßbeständiger Stahl *m* temper-resistant steel
Anlaßbeständigkeit *f* resistance to tempering; tempering resistance; tempering strength
Anlaßdauer *f* annealing time; tempering time
anlassen anneal; draw; start; temper
Anlassen *n* tempering
Anlaßfarbe *f* temper colour
Anlaßfestigkeit *f* as-tempered tensile strength
Anlaßgefüge *n* structure as tempered
Anlaßhärte *f* as-tempered hardness
Anlaßkenngröße *f* tempering parameter
Anlaßofen *m* tempering furnace
Anlaßparameter *m* tempering parameter

Anlaßprödigkeit *f* **reversible** reversible temper embrittlement
Anlaßschaubild *n* tempering diagram
Anlaßsprödigkeit *f* temper brittleness
Anlaßtemperatur *f* tempering temperature
Anlaßversprödung *f* temper embrittlement
anlaufen tarnish
anlaufen lassen sull coat
Anlauffarbe *f* annealing colour; heat tint; temper colour
Anlaufkohlenstoff *m* melt-down carbon
Anlaufmoment *n* starting moment
Anlaufzeit *f* rise time (automatic control); settling time (automatic control)
Anlaufzeit *f* **(gamma-alpha Umwandlung)** incubation time
Anlernling *m* learner; trainee
anliegend adjacent
Anmeldetag *m* **(Patent)** filing date
Anmeldung *f* **(Patent)** application
annähern approach
Annahme *f* receipt
annehmbare Qualitätsgrenzlage *f* acceptable quality level (AQL)
Annippelvorrichtung *f* **für Elektroden** electrode joining and lifting nipple equipment
Anode *f* anode
anodische Amalgamvoltametrie *f* anodic voltametry
anodischer Schutz *m* **(Korrosion)** anodic protection
anordnen arrange
Anordnung *f* arrangement; lay-out
Anordnung *f* **nach der Größe** series arranged according to magnitude
anpassen adapt; adjust; fit
Anpassen *n* **von Kurven** curve fitting
Anpaßstein *m* **(Lichtbogenofengewölbe)** broken ring segment
Anpassungsfähigkeit *f* flexibility
anprallen impinge
Anpreßdruck *m* contact pressure
Anpressen *n* pressing on
Anpreßkraft *f* contact force
anregen excite
anreichern concentrate; enrich
anreichern mit Kohlenstoff caburize
Anreicherung *f* concentration; enrichment
anreißen trace
Anreißen *n* scribing line marking
anreißen (= Risse bekommen) crack superficially
Anriß *m* flaw; incipient crack; incipient tear
Ansammlung *f* **(Drahtziehen)** accumulation
Ansatz *m* lug; shoulder
Ansatz *m* **(auf Ofenwänden)** scar
Ansätze *mpl* accretions
Ansatz *m* **(Hochofen)** scab
Ansatzmatrize *f* shouldered die
Ansatz *m* **(Oberflächenfehler)** scab
Ansatz *m* **(Schachtofen)** scaffold
Ansaugeleistung *f* suction output; suction power
Ansaugleitung *f* suction line
Anschaffungskosten *pl* initial costs
Anschlag *m* dog
Anschlag *m* **(Drahtziehen)** first draw
Anschläger *m* **(Kran)** hanger-on; striker
Anschlagvorrichtung *f* arresting device
anschließen join[t]

Anschluß *m* connection
Anschlußklemme *f* connecting terminal
Anschlußstück *n* gooseneck; nipple
Anschlußwert *m* **(elektr.)** connected load
Anschmelzzone *f* fusion zone
anschmieden forge-on
anschneiden gate
Anschneiden *n* **(von Formen)** gating (of moulds)
Anschnitt *m* ingate
Anschnitt-Technik *f* gating (of moulds)
anschrauben screw on
anschweißen weld on
Anschweißende *n* **(Rohre)** safe end
Anschweißschraube *f* welding stud
ansetzen (Bad) strain
Ansintern *n* **des bei Herdreparaturen aufgeworfenen Dolomits** sticking of dolomite during bottom fettling
Anspannung *f* strain
anspitzen sharpen; swage
Anspitzen *n* pointing; pointing by forging
Anspitzen *n* **(Stauchen)** nosing
Ansprechempfindlichkeit *f* sensitiveness
Ansprechwert *m* input resolution (automatic control)
Anspritzmittel *n* spraying agent
anstauchen head; upset
Anstauchen *n* gathering
Anstauchen *n* **im Gesenk** die upsetting; upset forging
Anstauchen *n* **ohne Gesenk** upsetting without die
Anstellkraft *f* **(Stranggießen)** contact force
Anstellschraube *f* screw down
Anstellsteuerung *f* adjusting control; screw down control
Anstellvorrichtung *f* adjusting equipment
Anstichquerschnitt *m* initial [pass] section; leading pass section
Anstichwelle *f* **(Bandrichten)** bite mark
Anstoß *m* impact; impetus
anstreichen coat; swab
Anstrengungsgrad *m* strain coefficient
Anstrich *m* coat
Anstrichmasse *f* coating material; refractory painting mixture
Anstrichmittel *n* coat[ing] material; paint[ing] medium
Anteil *m* amount; share
Anthrazit *m* anthracite; anthracite [glance coal]; glance coal
antiferromagnetische Fernbereichsordnung *f* long range antiferromagnetic order
antimagnetisch antimagnetic
Antimon *n* antimony
Antiphon Blech *n* noise-absorbing sheet (metal-plastics-metal)
Antrieb *m* drive; impetus; input
Antriebselemente *npl* driving elements
Antriebskraft *f* driving power
Antriebsmotor *m* driving motor
Antriebsritzel *n* driving pinion
Antriebsspindel *f* **(Walzen)** spindle
Antriebswelle *f* driving shaft
Anwärmdauer *f* heating time
anwärmen warm up
Anwärmofen *m* heating-up furnace
Anwendung *f* application
Anwendungsbereich *m* field of application; scope
Anwendungsmöglichkeit *f* applicability

Anwendungstechnik *f* application technology
anzapfen bleed
Anzapfventil *n* **(Hochofen)** bleeder valve
Anzeichnen *n* **(von Blechen)** marking
Anzeige *f* display (computer); indication
Anzeigegerät *n* indicating instrument
anzeigen indicate
Anzeigetafel *f* indicator board
anziehen tighten
Anziehungskraft *f* attractive force
Anzug *m* draught
Anzug *m* **(Kaliber)** draft; taper
anzünden ignite
AOD-Konverter *m* AOD converter
AOD-Verfahren *n* argon oxygen decarburization process
Apparatebau *m* construction of apparatus (plant manufacture)
äquivalente Kerbwirkung *f* equivalent notch effect
Äquivalentleitfähigkeit *f* equivalent conductivity
Arbeit *f* energy; job; work
Arbeiter *m* operative; operator; worker
Arbeitersiedlung *f* workmen's quarter
Arbeiter *m* **zeitweilig entlassener** lay off workman
Arbeitsablauf *m* work proceeding
Arbeitsamt *n* employment bureau; labo[u]r office; state employment bureau
Arbeitsanalyse *f* job analysis
Arbeitsanforderung *f* job requirement
Arbeitsaufgabe *f* work task
Arbeitsaufwand *m* energy expended; work expended
Arbeitsausschuß *m* advisory committee; committee on projects; working committee
Arbeitsbedingungen *fpl* working conditions
Arbeitsbelastung *f* load
Arbeitsbeschreibung *f* job description
Arbeitsbühne *f* working platform; working stage
Arbeitseinsatz *m* man-power
arbeitsfähig able to work
Arbeitsfläche *f* working face
Arbeitsgemeinschaft *f* study group; working party
Arbeitsgruppe *f* crew; team; working group
Arbeitshub *m* working stroke
Arbeitshygiene *f* industrial hygiene
Arbeitskraft *f* man-power
Arbeitsleistung *f* labour efficiency; work output
Arbeitslosenunterstützung *f* dole; unemployment benefit
Arbeitsloser *m* unemployed [man]
Arbeitsmedizin *f* industrial medicine
Arbeitsmethode *f* method of working
Arbeitsmittel *n* operational facility; operational means
Arbeitsphysiologie *f* work physiology
Arbeitsplan *m* working program
Arbeits[platz]bewertung *f* job evaluation
Arbeitspsychologie *f* work psychology
Arbeitssoziologie *f* work sociology
Arbeitsspannung *f* operating voltage
Arbeitsstudie *f* time and motion

study
Arbeitsstudium *n* work study
Arbeitsstunde *f* man hour; working hour
Arbeitstür *f* charging door
Arbeitsvorbereitung *f* works scheduling
Arbeitsvorgang *m* operation
Arbeitswalze *f* work[ing] roll
Arbeitsweise *f* works practice
Arbeitswirkungsgrad *m* energy efficiency
Arbeitswissenschaft *f* ergonomics
Arbeitszeit *f* machining time; operating time; working time
Argon *n* argon
Argonpfannenspülung *f* argon ladle purging
Argon-Sauerstoff-Entkohlung *f* argon oxygen decarburization (=AOD)
Argonspüleinrichtung *f* argon purging device; argon stirring station
Argonspülstation *f* argon stirring station; argon wash[ing] station
arithmetisches Mittel *n* arithmetic mean
arm an low in
Armaturen *fpl* accessories
Armatur *f* **für Hochofen-Winderhitzer** valve for hot-blast stoves
Armatur *f*, **nichtrostend** stainless steel fitting
Armco-Eisen *n* Armco iron; ingot iron
armes Gas *n* lean gas
Armierung *f* casing
Ar-Punkt *m* Ar-point
arrondierte Kante *f* rounded edge
arsenige Säure *f* arsenious acid
Arsenik *n* white arsenic
Arsenkies *m* arsenic pyrites
Art *f* **der Belastung** mode of loading
arteigen inherent
artgleich (geschweißt) similar (welded)
Art und Weise *f* mode
Asbest *m* asbestos
asbestfrei free from asbestos
Asche *f* ashes
Aschenrückstand *m* ash residue
Asphaltierung *f* asphalt coating
Asphaltlack *m* asphalt varnish
Asphaltüberzug *m* **(warm aufgetragen)** asphalt sheeting
Asselwalzwerk *n* Assel mill
Atemschutzgerät *n* breathing apparatus
athermische Umwandlung *f* athermal transformation
atmosphärische Korrosion *f* atmospheric corrosion
Atomabsorptions-Spektrometer *n* atomic absorption spectrometer
Atomenergie *f* nuclear energy
Atomfluoreszenzspektrometrie *f* atomic-fluorescence spectroscopy
Atomgewicht *n* atomic weight
Atomkern *m* atomic nucleus
Atomkraftwerk *n* atomic power plant; nuclear power plant
Atomreaktor *m* nuclear reactor
Atramentverfahren *n* atrament process (see phosphate coating)
Ätzbild *n* etching figure
ätzen corrode
ätzend corrosive
ätzen (Metallographie) etch
Ätzgrübchen *n* etch pit
Ätzmittel *n* etchant; etching [re]agent; etching agent; mordant
Aufbau *m* composition; construction; erection
Aufbauchung *f* **(Ziehstein)** fattening

aufbauen build up; construct; erect
Aufbauschmelze *f* build-up heat
Aufbauschneide *f* built-up edge
aufbereiten concentrate; condition; dress
aufbereitetes Wasser *n* treated water
Aufbereitung *f* **durch Absieben (Erz)** dressing by screening
Aufbereitung *f* **durch Auswaschen** dressing by washing
Aufbereitung *f* **durch magnetische Trennung** dressing by magnetic separation
Aufbereitung *f* **(Erz)** dressing
Aufbereitung *f* **(Kohle)** preparation
Aufbereitungsanlage *f* concentration plant; preparation plant; processing plant
Aufbereitungsanlage *f* **für Erz** ore benefication plant; ore dressing plant
Aufbereitungsanlage *f* **für Erz und Zuschläge** dressing plant for ore and auxiliaries
Aufbereitungsanlage *f* **für Kohle** coal preparation plant; coal washing and grading plant
Aufbereitungs-Heberad *n* ferris wheel
Aufbereitungsstammbaum *m* system of ore dressing
Aufbereitung *f* **von gebrauchten Feuerfeststoffen** preparation of used refractories
aufblähen bulge; expand
aufblähen (Steine) bloat
aufblasen blow up
Aufblasen *n* top blowing
Aufblaskonverter *m* surface injection converter; top-blowing converter
Aufblasstahl *m* BOF steel
Aufblasverfahren *n* surface injection method; top blowing process
Aufbrausen *n* effervescence
Aufbrennen *n* **des Stichloches mit der Sauerstofflanze** burning out the tap hole with the oxygen lance
Aufbrennen *n* **[des Stichlochs]** burning-out [the taphole]
Aufbrennmaschine *f* burn[ing] out machine
Aufbrennstand *m* lancing stand
Aufdampfen *n* **(Metallüberzug)** vapour deposition
Aufdornbarkeit *f* **(Rohre)** expandability
aufdornen broach (e.g. finish plate bolt holes)
aufeinander abstimmen bring into line
aufeinanderlegen (Bleche) match
Aufenthalt *m* stay[ing time]
auffalzen seam on
auffangen (ein Gas) collect (a gas); trap
Auffangschmelze *f* catch carbon heat
Auffederung *f* roll spring
Auffederung *f* **(Draht)** swelling
auffrischen top up
Aufgabeapparat *m* donkey arms
Aufgabeteller *m* feeder table
aufgehen swell
aufgehen (Pulvermet.) expand
Aufgehmaß *n* spring factor (powder met.)
aufgespaltene Versetzung *f* dissociated dislocation; extended dislocation
aufhalten trap
Aufhängevorrichtung *f* **für Steine** attachment of bricks; suspension of bricks

Aufhängung *f* suspension
Aufhärtbarkeit *f* hardening capacity; maximum achievable hardness; maximum hardness obtainable
Aufhärtung *f* excessive hardening; hardness increase
Aufhärtungsriß *m* age-hardening crack
Aufhaspeln *n* **in Ringen (Bandstahl)** coiling
Aufklärung *f* elucidation
aufkohlen carburize
Aufkohlen *n* carburizing
Aufkohlen *n* **mit Roheisen** carburization by pig iron
Aufkohlung *f* carburization; recarburization
Aufkohlungsbeschleuniger *m* energizer in carburizing
Aufkohlungsfähigkeit *f* capability for carburization
Aufkohlungsfähigkeit *f* **von Einsatzstählen** capability for carburization of case hardening steels
Aufkohlungsmittel *n* carburizing agent; recarburizing agent
Aufkohlungspulver *n* carburizing powder
Aufkohlungstiefe *f* carburization depth; carburizing depth; case depth
aufladen load
Aufladen *n* loading
Auflage *f* bearing surface
Auflagefläche *f* bearing area; seating
Auflagemetall *n* cladding material
Auflagerentfernung *f* distance between supports
Auflagetränkung *f* infiltration (powder met.)
Auflaufhaspel *f* coiler; winding drum
auflegieren alloy up
Auflegierungsschicht *f* alloying coating
Auflichtmikroskop *n* incident light microscope
Auflichtmikroskopie *f* incidental light microscopy
auflösen decompose; dissolve (in a solution)
Auflösung *f* dissolution
Auflösungsfähigkeit *f* solvent power
Auflösung *f* **von Versetzungen** anihilation of dislocations
Auflöten *n* **(von Stahlplättchen)** steel facing
aufmauern wall up
Aufnahme *f* absorption
Aufnahmefeld *n* area of exposure
aufnehmen (z. B. Kohlenstoff) absorb
Aufnehmer *m* container
aufnippeln (Elektrode) screw on
aufpumpen blow up
Aufrauhen *n* roughening
aufreißen burst
Aufriß *m* elevation; sectional view
Aufrollvorrichtung *f* coiling device
Aufsatz *m* treatise
aufsaugefähig absorbent
Aufsaugevermögen *n* absorption capacity
aufschichten stack
aufschlagen impinge
Aufschlämmung *f* slurry
Aufschließbarkeit *f* capacity for decomposition
aufschlußreich significant
aufschmelzen fuse superficially
Aufschmelzen *n* fusing; melting on; sintering
Aufschmelzgeschwindigkeit *f* meltdown rate

Aufschmelzgrad *m* degree of fusion
Aufschmelzriß *m* melting crack
Aufschmelzrißneigung *f* heat-affected-zone hot-cracking tendency
Aufschmelzriß *m* **(Schweißen)** liquation cracking
Aufschreibung *f* **(Blatt)** log sheet
aufschrumpfen shrink on
Aufschwefelung *f* sulfidation
Aufschweißbiegeprobe *f* bead bend specimen; bead bend test
Aufschweißbiegeversuch *m* weld bead bend test
aufschweißen build up; weld on
Aufschweißen *n* building; steel facing; welding on
Aufschweißen *n* **(oder Auflöten) von Hartmetallplättchen** hard-facing
Aufschweißlegierung *f* building-up alloy; filler metal; hard-facing alloy
Aufschweißplattieren *n* cladding by weld deposition
Aufschweißpulver *n* hard facing powder
Aufseher *m* boss
Aufsetzkübel *m* set-down bucket
Aufsichtsbeamter *m* supervisor
Aufsichtsrat *m* board [of directors]
aufspalten burst
Aufspaltung *f* cleavage
Aufspannvorrichtung *f* chuck; clamping device; fixture; work holding attachment
aufspulen coil; spool; wind up
aufstampfen stamp on; tamp down
Aufsteckkopf *m* **(Thermoelement)** disposable head
Aufsteigen *n* elevation
Aufstellung *f* assembly; erection; establishment; mounting
Aufstellung *f* **eines Normenentwurfes** drafting of standard
Aufsticken *n* nitriding; nitrogen content increase; nitrogen pick-up
Aufstickungsmittel *n* nitrogen concentrating agent
Auftrag *m* order
auftragen build up; deposit
Auftragen *n* application
auftragen (Schutzüberzug) apply (a protective coat)
Auftrag *m* **(Schicht)** coat
Auftragschweißen *n* deposit welding; deposition welding
Auftragschweißung *f* build-up welding; deposit welding; overlaying welding; surfacing
Auftragsmetall *n* build-up metal; deposit metal
Auftragswerkstoff *m* deposited material
auftreffen impinge
Auftrefffläche *f* impinging face
Auftrennung *f* discontinuity
Auftrieb *m* **(Gas)** buoyancy
Auftriebsfreistrahl *m* buoyancy plume; buoyant plume
Auftriebskraft *f* buoyancy force
Auftrittspotential *n* appearance potential
auftropfen apply by dropping
Auf- und Abbewegung *f* lufting
Auf- und Abwickelhaspel *f* reels and coiler
Aufwallen *n* ebullition; effervescence
Aufwalzung *f* **(Stranggießen)** opening up of crack by rolling
Aufwand *m* expenditure
Aufwärtshub *m* **(e. Ziehstempels)** return stroke
Aufwärtsströmung *f* rising flow
aufweiten beck; bulge; enlarge

Aufweiten *n* expanding
Aufweitepresse *f* expanding press
Aufweitung *f* **im Rißgrund** expansion of the base of the crack
Aufweitung *f* **(Ziehstein)** enlargement
Aufweitversuch *m* bulging test; drift test; expansion test
Aufweitversuch *m* **(Rohre)** bulging test; expanding test
Aufweitwalzwerk *n* expanding mill
Aufweitwalzwerk *n* **(Rohre)** becking mill
Aufwickelhaspel *f* coiling reel
aufwickeln coil; wind
Aufwickeln *n* coiling
Aufwickeln *n* **in Rollen** winding in coils
Aufwickler *m* **mit spiralenförmiger Bandspeicherung** spiral looper accumulator
Aufzug *m* chain; elevator (am.); lift
Aufzugführungsschiene *f* elevator tee [guide]
Augenschutz *m* eye protection
Auger Elektronenspektroskopie *f* Auger electron spectroscopy
ausbauchen belly; bulge
Ausbauchen *n* bulging
Ausbauchung *f* camber
Ausbauchung *f* **(eines Ofenschachtes)** batter; stack batter
ausbauen dismantle
ausbauen (Walzen) take off
ausbessern build up; revamp
Ausbesserungsstand *m* repair stand
Ausbeulen *n* buckling
Ausbeute *f* output
Ausbildung *f* form
ausblasen blow down; blow out; exhaust
Ausbohrbank *f* boring machine
ausbohren bore out
Ausbrecheinrichtung *f* demolition equipment
Ausbrechen *n* break out
ausbrechen (Gestein) quarry
Ausbrechen *n* **von Teilchen (aus der Walzoberfläche)** shelling
Ausbrechmaschine *f* break out machine; break-out machine
Ausbrechstand *m* demolition stand
ausbreiten spread
ausbringen put out; yield
Ausbringen *n* output
Ausbringen *n* **von Blöcken zum Heißschmieden** yield of ingots for hot forging
Ausbringen *n* **warmgewalzter Erzeugnisse** yield of hot rolled products
Ausbruchhammer *m* air hammer
Ausbruch *m* **(Schienen)** shelly spot
ausbuchsen bush
Ausbuchtung *f* bulge
ausdehnen expand; extend
Ausdehnung *f* dilatation; expansion; extension
Ausdehnungskoeffizient *m* expansion coefficient
Ausdrückmaschine *f* scraper
ausfahrbarer Herd *m* car-bottom hearth; mobile hearth
Ausfällen *n* **(Drahtziehen)** soaping out
Ausfall *m* **(Generator)** outage
Ausfallmuster *n* type sample
Ausfallrutsche *f* billet chute
Ausfallzeit *f* downtime
ausflammen flame out
Ausflickmasse *f* parching mixture
ausfließen discharge; flow out
Ausflockung *f* flocculation
Ausfluß *m* discharge

Ausflußöffnung *f* orifice
Ausfugmasse *f* jointing mixture
Ausführhund *m* stripper guide
Ausführmeißel *m* delivery guide
Ausführung *f* achievement
ausfüttern fettle; line
Ausgang *m* exit; issue; outlet
Ausgangsdicke *f* initial thickness
Ausgangsgröße *f* initial size; output variable
Ausgangswerkstoff *m* initial material; starting material
ausgaren lassen carbonize; let well carbonize
Ausgasung *f* degasifaction
ausgelaufener Block *m* bled ingot
ausgerundetes Kaliber *n* curved groove
ausgeschlissener Ziehstein *m* worn die
ausgestanztes Stück *n* blank
Ausgießen *n* **(Lager)** lining
Ausgitterung *f* checker work
ausgleichen balance; compensate; equalize
Ausgleichen *n* blending (of powder grain size)
Ausgleichgetriebe *n* differential gear
Ausgleichsgerade *f* best fit line; partial regression line
Ausgleichsgrube *f* soaking pit
Ausgleichsherd *m* soaking chamber; soaking hearth
Ausgleichsleitung *f* compensation leads
Ausgleichstrichter *m* surge hopper
Ausgleichszone *f* soaking zone
Ausgleichszylinder *m* dash pot
Ausglühen *n* full annealing; soft annealing
Ausguß *m* discharge; drain; lip; outlet
Ausgußrinne *f* spout
aushalten endure; last; stand
Aushärten *n* precipitation hardening; precipitation heat treatment
Aushärtung *f* age hardening; precipitation hardening; precipitation hardening treatment
ausheben eject
Aushobeln *n* gouging out
Auskehlung *f* groove
auskleiden line out
Auskleidung *f* lining; linings
Ausklinkmaschine *f* coping machine
Ausklinkpunkt *m* disengagement point
Auskochen *n* boiling
Auskohlung *f* complete decarburization
Auskolkung *f* cratering
auskuppeln uncouple
ausladend angeordnet overhung
Ausladung *f* gab; overhang; swing
Ausladung *f* **(Drehkran)** working radius
Ausladung *f* **(e. Presse)** throat
Ausladung *f* **(Hochofen)** throat
auslagern age
Auslagern *n* ag[e]ing [treatment]; precipitating; store
Auslagern *n* **(kalt)** natural ag[e]ing
Auslagern *n* **(warm)** artificial ag[e]ing
Auslagerung *f* ag[e]ing
Auslagerungsbehandlung *f* ag[e]ing treatment
Auslaß *m* delivery; discharge; outlet pipe
Auslaßführung *f* exit guide
Auslaßschütz *n* outlet gate
Auslaßventil *n* escape valve
Auslastung *f* load factor

Auslauf *m* down-spout; outlet
Auslauf *m* **ausgekleideter** dabbed spout
auslaufen bleed; leak
Ausläufer *m* leaker; tail
Auslaufrohr *n* delivery pipe
Auslaufrollgang *m* delivery roller table
Auslaufseite *f* **(der Walzen)** catcher's side (of rolls); delivery side (of rolls); outgoing side (of rolls)
Auslaufteil *n* exit section
auslegen lay out
Ausleger *m* cantilever
Auslegerkran *m* boom type jib crane; jib crane
auslesen assort; sort
auslösen disengage; trip
Ausmauerung *f* bricking up; furnace bricking up; lining; walling up
Ausmauerungsstand *m* relining stand
Ausnutzung *f* utilization
auspacken (Formen) shake out
Auspuff *m* exhaust
Auspuffgas *n* exhaust gas
Ausreißer *m* freak value (data); maverick; outlier
ausrichten adjust; set; straighten
Ausrichtmaschine *f* balancing machine
Ausrichtungsgrad *m* **(Kristall)** orientation index
ausrücken disconnect; disengage; throw out
Ausrüstung *f* equipment
Ausschachtung *f* excavation
ausschalten break [a circuit]; cut out; disconnect
Ausschalter *m* breaker; circuit breaker
ausscheiden precipitate
Ausscheidung *f* **(Produkt)** precipitate
Ausscheidungshärten *n* dispersion hardening; precipitation hardening
Ausscheidungshärtung *f* age hardening
Ausscheidungsriß *m* precipitation crack; precipitation-induced crack
Ausscheidung *f* **(Vorgang)** precipitation
Ausschlag *m* amplitude; swing
Ausschlag *m* **(Ultraschall)** deflection
Ausschlagvorrichtung *f* arresting device
Ausschleppverlust *m* **(beim Beizen)** entrainment loss
Ausschmelzung *f* fused area
ausschneiden blank
Ausschnitt *m* clip
Ausschuß *m* discard; reject; scrap
Ausschußblech *n* waste sheet; waster
Ausschuß *m* **für Betriebswirtschaft** Industrial Engineering Committee
Ausschwingversuch *m* test by free oscillations
Außenachslager *n* axle-bearing outside the wheels
Außendruck *m* external pressure
Außendurchmesser *m* major diameter; outside diameter
Außenhandel *m* foreign trade
Außenluft *f* ambient air; ambient atmosphere
Außennahtschweißen *n* external seam welding
Außenrundnahtschweißen *n* external circumferential welding
Außenschicht *f* case
Außenwand *f* **des aufsteigenden Gas- oder Luftkanals (SM-Ofen)** bulkhead

Außenzone *f* rim
außer Betrieb *m* **setzen** shut down
außermittig off centre
außermittige Lage *f* eccentricity
außermittige Lagerlast *f* eccentric bearing load
aussieben screen
aussondern sort
Aussonderung *f* segregation; sorting out
aussortieren (Schrott) segregate
Aussparung *f* clearance
ausspritzen squirt
ausstanzen blank
Ausstechen *n* trepanning
ausstoßen eject
ausstoßen (von Gasen) knock out
Ausstoßer *m* ejector
Ausstoßpresse *f* extruding press
Ausstoß *m* **(von Gasen)** discharge; emission; evolution
Austauschstahl *m* substitute steel
Austauschstromdichte *f* exchange current density
Austauschwerkstoff *m* substitute material
Austenit *m* austenite
Austenitbildung *f* austenite formation
Austenitformhärten *n* ausforming
Austenitformpatentieren *n* ausformpatenting
austenitisch austenitic
austenitischer Stahl *m* austenitic steel
austenitisieren austen[it]ize
Austenitisieren *n* austenitizing
Austenitisiertemperatur *f* austenitizing temperature
Austenitisierung *f* austenitization
Austenitisierungsdauer *f* austenitization time; austenitizing time
Austenitisierungstemperatur *f* austenitizing temperature
Austenitkorngröße *f* austenitic grain size
austiefen sink
Austrag *m* discharge
austragen discharge
Austrag *m* **(Erz)** yield
Austragschieber *m* discharge plough
Austragskühlbett *n* skid bank
Austragsvorrichtung *f* discharging device
Austritt *m* exit
Austrittsbalken *m* delivery beam
Austrittsgeschwindigkeit *f* delivery speed; velocity of exit
Austrittsseite *f* **(an der Walze)** catcher's side
Auswahl *f* sampling
auswählen assort; sample; select
Auswahlverfahren *n* sampling
auswaschen crub
Auswaschen des Stranges *n* **(Stranggießen)** decanting of the strand; draining of the strand
Auswaschung *f* cavitation; washing attack
Auswechselteil *n* **an Generatorgasbrennern** scotch block
Ausweichplatz *m* siding
auswerfen eject
Auswerfer *m* ejector
Auswertemethode *f*, **statistische** statistical evaluation method
Auswertung *f* analysis; evaluation
Auswuchtmaschine *f* balancing machine
Auswurf *m* discharge; effluent; emission; spatter and slopping
Ausziehgeschwindigkeit *f* withdrawal speed

Ausziehvorrichtung *f* drawing device
Auszugmaschine *f* **(Ofen)** withdrawing machine (furnace)
Auszugtreiber *m* withdrawal stand
Autogenauftragschweißverfahren *n* gas surfacing process
Autogenbrennschneidverfahren *n* oxyacetylene cutting process
autogenes Schweißen *n* gas [fusion] welding; oxyacetylene welding
Autogenhärten *n* flame [surface] hardening
Autokorrelation *f* autocorrelation
Autokran *m* automotive crane
Automatenschweißung *f* automatic welding
Automatenstahl *m* easy-machining steel; free-cutting steel; free-machining steel
Automatenstahl *m*, **randschichtgehärteter** case-hardening free-cutting steels
Automatenweichstahl *m* soft free-cutting steel; soft free-machining steel
automatische Badspiegelregelung *f* **(Stranggießen)** automatic steel level control
automatische Kupplung *f* **(Eisenbahn)** automatic coupling
automatisieren automate
automatisiertes Verfahren *n* automated process
Automatisierung *f* automation
Autoradiographie *f* autoradiography
Axialbeanspruchung *f* axial load
Azetylen-Sauerstoff-Verfahren *n* oxyacetylene process

B

backen bake; burn; cake
Backenbrecher *m* jaw crusher
Backenbremse *f* cheek brake
backende Kohle *f* bituminous coal; caking coal
Backenfutter *n* jaw chuck
Backfähigkeit *f* caking capacity; coking capacity
Bad *n* bath
Badaufkohlen *n* bath carburizing
Badbewegung *f* bath agitation
Badbewegung *f* **induktive** electromagnetic stirring of the bath
Badcarbonitrieren *n* cyaniding
Bad *n*, **flüssiges** liquid pool
Badnitrieren *n* bath nitriding; salt bath nitriding
Badofen *m* bath furnace
Badpatentieren *n* bath patenting; immersion patenting
Badpatentieren *n* **durch Metallschmelze** metal bath patenting
Badrolle *f* bath roll
Badschlankheitsgrad *m* bath aspect ratio
Badschmelzen *n* in-bath smelting
Badspiegel *m* liquid [steel] level
Badspiegelkontrolle *f* liquid steel level control
Badspiegelmessung *f* liquid [steel] level measurement
Badspiegelmessung *f* **im Konverter** converter [liquid] level measurement
Badspiegelregelung *f* **automatische** automatic steel level control
Badzementieren *n* liquid carburizing
Bagger *m* dredger
Baggerschlacke *f* dredging slag

Bahn *f* face; track
Bahn *f* **(Kaliber)** body
Bainit *m* bainite
Bainithärten *n* bainitic hardening
bainitisieren austemper
Bainitisieren *n* austempering
Bainit *m* **oberer** upper bainite
Bainitstahl *m* bainitic steel
Bainitstufe *f* bainite range
Bainit *m* **unterer** lower bainite
Bake-Hardening-Stahl *m* bake-hardening steel
Balkenherd-Glühofen *m* walking-beam annealing furnace
Balkenherdofen *m* rocker-bar type furnace; walking beam [type] heating furnace
Ballast *m* **(Hochofen)** inert materials
Ballen *m* bale; ball; barrel
Ballenlänge *f* barrel length; body length; face length
Ballenpresse *f* baling press
Ballen *m* **(Walze)** body
ballig crowned
Balligkeit *f* camber; crown
Balligkeit *f* **(Band)** crown
Balligkeit *f* **der Walze** roll camber; roll crown
Balligkeitsregelung *f* roll crown control
Balligkeitssteuerung *f* crown control
Balligkeit *f* **(Walze)** crown; roll crown
Balligschleifenrichtung *f* crown generator
Band *n* belt; strip; tape
Bandabblasung *f* strip air-wipe system; strip blow-off
Bandabschneidmaschine *f* strip cutting-off machine
Bandabweiser *m* strip deflector
Bandabweiser *m* **(Walze)** anti-sticker guide
Bandage *f* tyre
Bandagendraht *m* tie-wire
Bandandrückrolle *f* blocker roll; strip hold-down roll; wrapper roll
Bandanfang *m* strip head end
Bandanfangerfassung *f* head-end spotting
Bandanfang *m* **in der Straße** leading end
Bandauftragschweißen *n* strip [overlay] surfacing
Bandbegichtung *f* **(Hochofen)** conveyor belt charging
Bandbehandlungsanlage *f* strip processing line
Bandberuhigungsrolle *f* anti-flutter roll
Bandbeschichtung *f* strip coating
Bandbeschichtungsanlage *f* coil coating plant
Bandblaseinrichtung *f* strip blow-off device
Bandbreite *f* strip width
Bandbreitenmeßgerät *n* width gauge; width sensor
Bandbreitenschrieb *m* strip width recording
Bandbreitenverstellung *f* strip width adjustment
Bandbremse *f* strip brake
Band *n* **(Dickband)** heavy-gauge strip
Banddicke *f* strip gauge; strip thickness
Banddickenänderung *f* strip gauge variation
Banddickenfehler *m* strip gauge error
Banddickenmeßgerät *n* ga[u]ge

measuring device; strip thickness gauge; strip thickness measuring device
Banddickenregelung *f* **automatische** automatic ga[u]ge control
Banddickenschrieb *m* gauge recording; gauge tracing
Band *n* **(Dünnband)** light-gauge strip
Banddurchhangsregelung *f* catenary control
Banddurchlauf-Glühanlage *f* continuous strip annealing line
Banddurchziehofen *m* continuous strand furnace
Bandeinfädeltisch *m* strip support apron; strip threading apron
Bandeinschnürung *f* necking of the strip
Bandeisen *n* hoop
Bandende *n* strip tail end
Bandende *n* **festhalten** confine tail-end of strip
Bandendenerfassung *f* strip tail-end detection; tail-end spotting
Banderwärmung *f* strip heating
Bandfolgezeit *f* gap time; tail-end-to-head-end time
Bandförderer *m* belt conveyor
Bandführung *f* strip guide; strip lead
Bandführungstisch *m* strip guiding apron; strip guiding table
Bandgießanlage *f* strip casting plant
Bandgießen *n* near-net-shape strip casting; strip casting; thin strip casting
Bandhaspel *f* reel for strip
Bandheftmaschine *f* strip joiner; strip stitcher
Band *n* **(kaltgewalzt)** cold-rolled strip
Bandkantenaufbiegung *f* hooked edge
Bandkantenbearbeitung *f* edge working
Bandkantenbearbeitungsmaschine *f* strip edge-working machine
Bandkantenerfassung *f* strip edge detection
Bandkantenerfassungsautomat *m* automatic strip edge control
Bandkantenerwärmung *f* strip edge heating
Bandkantenschärfung *f* edge drop
Bandkantensteuerung *f* edge positioner
Bandkantenverdickung *f* edge buildup
Bandkühlung *f* strip cooling
Bandlänge *f* strip length
Bandlauf *m* stock flow; strip flow; strip travel
Bandlaufebene *f* strip passline
Bandlaufebene *f* **angestrebte** passline
Bandmaß *n* tape
Bandmöllerungsanlage *f* conveyor belt burdening installations
Band *n***, nicht entzundertes** black strip
Bandoberseite *f* top side of the strip
Bandpellet *n* straight grate pellet
Bandplanheit *f* strip flatness
Bandplanheitsabweichung *f* off-flatness
Bandplanheitsmeßgerät *n* shapemeter; strip flatness sensor
Bandplanheitsmeßrolle *f* strip flatness measuring roll
Bandprofil *n* strip profile; strip shape
Bandprofilmessung *f* strip profile measurement
Bandprofilregelung *f* strip shape control

Bandprofil *n* **(Wölbung)** strip crown
Bandrichtaggregat *n* strip flattener; strip leveller
Bandrichtmaschine *f* strip leveller; strip straightening machine; strip straigthening machine
Bandring *m* coil
Bandriß *m* strip breakage
Bandrolle *f* belt idler
Bandsäge *f* band saw
Bandsäge[maschine] *f* band saw; belt saw; strap saw
Bandschaufellader *m* conveyor-type bucket loader
Bandschleifmaschine *f* flexible belt sander; strip grinding machine
Bandschreiber *m* strip chart recorder
Bandschweißmaschine *f* strip welder; strip welding machine
Bandsinteranlage *f* strand sintering plant
Bandsintern *n* strand sintering
Bandspan *m* ribbon chip
Bandspeicher *m* loop tower; magnetic tape memory
Bandstahl *m* iron hoop; steel hoop; strip; strip steel
Bandstahlbund *n* coil of strip
Bandstahl *m* **für Verpackung** metal strapping; steel band; steel strip
Bandstahl-Glühofen *m* strip annealing furnace
Bandstahl *m*, **verzinkter** galvanized steel [strip]
Bandstahlwalzwerk *n* hoop mill; strip [steel] mill
Bandsteifigkeit *f* strip stiffness
Bandunterseite *f* bottom side of the strip
Bandverarbeitungsanlage *f* strip processing plant
Bandverarbeitungs- und -veredelungsanlage *f* equipment for surface treatment and refinement of strip
Bandverbinder *m* belt fastener
Bandveredelungsanlage *f* strip refining plant
Bandverzinnen *n* strip tinning
Bandvorstoß *m* strip gauge
Bandwaage *f* conveyor type weigher
Bandwalzen *n* continuous rolling
Bandwalzwerk *n* strip [rolling] mill; strip [steel] mill; strip mill
Band *n* **(warmgewalzt)** hot-rolled strip
Bandwickelgerüst *n* strip winder line
Bandwickler *m* strip winder; taping machine
Bandwölbung *f* strip crown
Bandzentrierung *f* strip centering
Bandzerteilanlage *f* strip slitting machine; strip slitting plant
Bandzuführtisch *m* feeding apron
Bandzug *m* strip tension
Bandzugmeßsystem *n* strip tensiometer; strip tension measuring system
Bandzugsteuerung *f* strip tension control
Bandzug *m* **(zwischen den Gerüsten)** interstand strip tension
Bär *m* button; skull; tup
Bärenausbrechstand *m* deskulling stand; skull breakout stand
Bärenbildung *f* formation of skull
Bariumferrite *npl* **für Dauermagnete** barium ferrites for permanent magnets
Barren *m* billet
Bart *m* burr; flash
Bart *m* **(Nägel)** whiskers

Base *f* base
Basenaustauscher *m* base-exchanger
Basengrad *m* basicity
basischer Siemens-Martin-Ofen *m* basic open hearth furnace
basische Schlacke *f* basic slag
basische Schlackenführung *f* basic slag practice; working with a basic slag
basisches feuerfestes Erzeugnis *n* basic refractory [product]
basisches Futter *n* basic lining
basisches Roheisen *n* basic pig iron
basische Zustellung *f* basic lining
Basizität *f* basicity
Basizitätsgrad *m* slag ratio
Basizitätsverhältnis *n* slag ratio
Bauart *f* design; type
bauartgenehmigungspflichtig subject to design certification
Baublech *n* structural steel plate; structural steel sheet
Bauch *m* **(Konverter)** belly; body
bauen build
Bauguß *m* cast iron for building purposes; constructional cast
Baukastenprinzip *n* building block principle; mechanical assembly technique (MAT); modular building brick principle
Baukosten *pl* building costs; costs of construction
Baumann-Abdruck *m* sulphur print
Baumaschine *f* machine for structural engineering
Bauschinger-Effekt *m* Bauschinger-effect
Baustahl *m* constructional steel; engineering steel; structural shapes
Baustahl *m* **allgemeiner** general structural steel
Baustahl *m*, **hochfester** high strength (HS) structural steel
Baustahl *m*, **höchstfester** ultra high strength (UHS) structural steel
Baustahl *m*, **legierter** alloy[ed] structural steel; constructional alloy[ed] steel
Baustahlmatte *f* reinforcing wire mesh; welded wire fabric; welded wire mesh
Baustahl *m*, **normalfester** normal strength structural steel
Baustahl *m*, **unlegiert** mild steel
Baustellenschweißung *f* field welding; site welding
Baustoff *m* building material
Bauteil *n* component; structural member
Bautentrocknung *f* drying of building
Bauwesen *n* construction; engineering
Bauxit *n* bauxite
Beam-Blank Stanggießanlage *f* continuous casting plant for beam blanks
Beanspruchbarkeit *f* capacity to withstand stresses
beanspruchen strain; stress
Beanspruchung *f* load; service requirements; strain
Beanspruchungsgrad *m* straining rate
beanstanden reject
Beanstandung *f* complaint; objection; rejection
Bearbeitbarkeit *f* **(spanlos)** workability
Bearbeitbarkeit *f* **(zerspanend)** machinability
bearbeiten machine; treat; work

Bearbeitung *f* treating; working
Bearbeitungsdauer *f* machining time; time-consuming lag
Bearbeitungsriefe *f* drag mark; tool mark
Bearbeitungsstufe *f* machining step
Bearbeitungswerkstatt *f* mechanical workshop
Bearbeitungszeit *f* machining time
Bearbeitungszugabe *f* allowance
Becher *m* shell
Becherbruch *m* cup-and-cone fracture; cupping
Becherwerk *n* bucket conveyor; bucket elevator
Bedampfen *n* vapour deposition
Bedampfen *f*, **chemisches (Beschichtung von Werkzeugen)** chemical vapour deposition (CVD) (coating of tools)
Bedampfung *f* sputtering (electron microscope)
bedecken cover
Bedeutung *f* significance
bedeutungsvoll significant
Bedienung *f* attendance; operation; service
Bedienungsbühne *f* operator's platform
Bedienungshebel *m* operating lever
Bedienungsmann *m* attendant; operative; operator
Bedingung *f* **für die Wärmebehandlung** heat treatment condition
beeinflußbare Zuschlagskosten *pl* burden; controllable [extras]
Befehlsfolge *f* control sequence
Befehlsgerät *n* order transmitting device
befestigen fasten; fix
befördern convey
Beförderung *f* delivery
Befund *m* analysis
begichten burden
Begichtung *f* burdening
Begichtung *f* **mit Hängebahn** charging by aerial ropeway; charging by trolley conveyor
Begichtungsanlage *f* charging installation
Begichtungsaufzug *m* top-charging hoist
Begichtungsvorrichtung *f* charging gear
Begleitelement *n* accompanying element; tramp element
Begleitelemente *npl* elements other than iron
Begrenzungsgrad *m* **der Breitung (Walzen)** limiting spread factor
Begrenzungsschalter *m* limit switch
behalten retain
Behälter *m* bin; bunker; case; hopper
Behälterboden *m* tank bottom
behandeln treat
Behandlung *f* treatment
Behandlung *f* **im Zweiphasengebiet** inter-critical annealing; inter-critical treatment
Behandlungszustand *m* condition of treatment
Beharrungszustand *m* steady-state condition (automatic control)
beheizen fire; heat
beheizt, offen open fired
Beheizung *f* firing; heating
Beheizungseinrichtung *f* heating equipment; heating installation
beidrehen (Kristall vor der Erstarrungsfront) turn into line with
beidseitiges Pressen *n* double action pressing
Beimengung *f* admixture; impurity

Beimischung *f* ingredient
beißend caustic
Beiwert *m* coefficient; factor
Beizablauge *f* pickling acid waste; spent pickle liquor; spent pickling solution
Beizabwasser *n* waste pickle liquor
Beizanlage *f* pickling plant
Beizausrüstung *f* pickling equipment
Beizbad *n* pickling bath
Beizbarkeit *f* capacity for pickling
Beizbast *m* pickling deposit
Beizbedarf *m* pickling agents
Beizbehälter *m* pickling vat
Beizblasen *fpl* pickling blistering; pickling blow holes
Beizbottich *m* pickling tank; pickling vat
Beize *f* mordant; pickle; pickling bath
beizen pickle
Beizen *n* pickling
beizend caustic
Beizerei *f* pickling department
Beizflüssigkeit *f* pickle liquor; pickling fluid
Beizhaken *m* pickling hook
Beizinhibitor *m* pickling inhibitor
Beizkasten *m* pickling vat
Beizkorb *m* pickling basket; pickling crade
Beizlinie *f* pickling line
Beizlösung *f* pickling solution
Beizmaschine *f* pickling machine
Beizmittel *n* pickle liquor; pickling agent
Beizprobe etch print; pickle test
Beizprodukt *n* pickling product
Beizrückstand *m* carbon smut; pickling residue; pickling smut
Beizscheibe *f* etched slice
Beizsprödigkeit *f* pickle brittleness
Beizstrecke *f* pickling line; pickling section
Beizzusatz *m* inhibitor; pickling compound
bekämpfen abate; combat
Bekämpfung *f* abatement; combat
Bekleidungsblech *n* coating sheet; curtain wall plate; curtain wall sheet; panelling sheet
beladen charge; fill; load [up]
Beladevorrichtung *f* loader; loading device
Belag *m* coat; cover; facing; scale
Belagblech *n* floor plate
Belagskorrosion *f* deposit attack
Belastbarkeit *f* loadability; working stress
Belastbarkeit *f* **(Elektroden)** loading capability
belasten charge
Belastung *f* burdening; charge; load
Belastung *f* **dynamische** dynamic load
Belastungsdauer *f* time under load
Belastungsfähigkeit *f* load (carrying) capacity
Belastungsform *f* type of loading
Belastungsgrad *m* loading rate
Belastungsgrenze *f* ultimate load
Belastungshöhe *f* load level
Belastungskurve *f* loading curve; loading diagram; stress curve
Belastungsschwankung *f* **(Lichtbogenofen)** load swing
Belastung *f* **stoßweise** pulsating load
Belastungs-Zeit-Verlauf *m* load-time-curve
Belastung *f* **(= Überhang)** bias
belegen coat; face
Belegexemplar *n* voucher copy
Belegstück *n* reference sample

beleuchten illuminate; light
belichten expose (phot.)
Belichtung *f* exposure
Belichtungszeit *f* exposure time
Belohnung *f* award
Belüfter *m* ventilating device
Belüftung *f* ventilation
Belüftungselement *n* aeration cell (corrosion)
Belüftungsklappe *f* ventilating flap
Bemessung *f* dimensioning; sizing
Bemessungsgrundlage *f* dimensioning basis
Benetzbarkeit *f* wettability
Benetzung *f* wetting
Benetzungsfähigkeit *f* wetting power
Benetzungsmittel *n* wetting agent
Benetzungswinkel *m* wetting angle of contact
Bentonitbinder *m* bentonite binder
benutzen use
Benutzung *f* use
Benzin *n* distillate fuel; light petroleum distillate
Benzol *n* benzene; benzol
beratender Ausschuß *m* consultative committee
beratender Ingenieur *m* consulting engineer
Beratungsstelle *f* **für Stahlverwendung** advice centre for steel use
berechnen calculate; compute
Berechnung *f* calculation; computation
Berechnungsfestigkeit *f* calculated strength
Bereich *m* range; reach; scope
Bereichsanpassung *f* **(EDV)** scaling
Bereichsstruktur *f* **in weichmagnetischen Materialen** domain structure in soft magnetic materials
Bereichstruktur *f* **(Kristall)** domain structure
Bergbahn *f* mountain railway
Bergbau *m* mining
Bergbauausrüstung *f* mining equipment
Berge *mpl* tailings
Bergeversatz *m* debris; pack; stope filling
Bergwirtschaft *f* mining activity
berieseln crub
Berieselungsturm *m* scrubber; spray tower; wash tower
Berieselungswäscher *m* spray scrubber
Berstdruck *m* bursting pressure
bersten burst
Berufsgenossenschaft *f* employers' liability insurance association
Berufsgruppe *f* occupational group
Berufskrankheit *f* occupational disease
beruhigen abate; deoxidize; kill
beruhigter Stahl *m* fully killed steel; killed steel; solid steel
Beruhigung *f* deoxidizing
Berührungsfläche *f* area of contact
Berührungskorrosion *f* crevice corrosion at contact
Beryllium *n* beryllium
Besatzgewicht *n* loading capacity
Besatzstein *m* filler brick
Besatzung *f* crew
besäumen trim
Besäumen *n* trimming
Besäumschere *f* side cut shear; trimming shear
beschädigte Kante *f* damaged edge
Beschädigung *f* damage
Beschädigung *f* **durch Bandagieren** band dent
Beschädigung *f* **durch Krantransport**

crane dent
Beschädigung *f* **durch metallischen Überzug** metal dent
Beschädigung *f* **durch Richtmaschine** roller straightening dent
Beschaffenheit *f* condition; nature; state
Beschaffenheit *f* **(äußere)** appearance; finish
Beschaffenheit *f* **(innere)** condition; quality
Beschäftigungsgrad *m* employment factor
Beschallung *f* acoustic irradiation
Beschichtung *f* coating; cover
Beschichtung *f*, **hochverschleißfeste** highly wear-resisting coating
Beschichtungsanlage *f* coating plant
Beschichtungsverfahren *n* coating method
Beschichtungswalze *f* applicator roll
beschicken burden; charge; feed
Beschicken *n* loading
Beschickung *f* burden; charge; feed
Beschickung *f* **absatzweise** batch charging
Beschickungsanlage *f* **für Elektroöfen** electric furnace charging device
Beschickungsbühne *f* charging platform
Beschickungsgeschwindigkeit *f* feeding rate
Beschickungsgeschwindigkeit *f* **(Ofen)** charging rate
Beschickungskran *m* charging by batches; charging crane
Beschickungsmulde *f* charging box
Beschickungssäule *f* **(Hochofen)** stock column
Beschickungsseite *f* charging side; feeding side
Beschickungstrichter *m* feed hopper
Beschickungsvorrichtung *f* charging device; feeding device
beschlagen tarnish
beschleunigen accelerate
Beschleunigung *f* acceleration
Beschleunigungsmittel *n* accelerator; activating agent; catalyst
Beschluß *m* **(des Normenausschusses)** resolution (of the standards committee)
beschmieren daub
beschneiden square
Beschneiden *n* **von Kanten** edge trimming
Beschneiden *n* **von Kanten (Band)** edging; side shearing
beschnittene Kante *f* sheared edge
beschränken limit
beschränkend restrictive
Beschwerde *f* complaint; trouble
Besetzung *f* **einer Gittergeraden** packing of a lattice direction (X-rays)
Bessemerstahl *m* acid Bessemer steel; Bessemer steel
Bessemerverfahren *n* acid Bessemer process; acid converter process; Bessemer process
beständig constant; stable
Beständigkeit *f* stability
Bestandsführung *f* **(EDV)** stock registration
Bestandteil *m* component (part); ingredient
Bestandteil *m* **(Gefüge)** constituent
Bestellgewicht *n* ordered weight
bestimmen determine; evaluate; limit
Bestimmung *f* determination; evaluation
bestrahlen irradiate

bestreichen smear; sweep
bestücken tip
Beta-Rückstrahlung *f* back scatter of beta rays
Betatron *n* betatron
Beton *m* concrete
Betondichtungsmittel *n* concrete sealing agent
Betonprüfmaschine *f* concrete testing machine
Betonrippenstahl *m* re-bars; ribbed reinforcing bars; ripped bars
Betonstahl *m* concrete reinforcing steel; concrete reinforcing steel bars; concrete steel; reinforcing steel
Betonstahl *m*, **kaltgerippt** cold-ripped concrete steel
Betonstahlmatte *f* British reinforced concrete (BRC) fabric; concrete reinforcing [steel] mat; lock-woven mesh; welded wire mesh
Betonstahl *m*, **nichtrostend** stainless concrete steel
Betonstahlschweißen *n* steel reinforcement welding
Betonstahl *m*, **warmgewalzt** hot rolled concrete steel
Betonware *f* concrete product; concrete ware
Betrag *m* amount; magnitude
betreiben exploit; operate
Betrieb *m* operation; plant; practice
Betrieb *m* **in** operating
Betrieb *m* **in - setzen** launch; put into operation
betriebliches Rechnungswesen *n* cost [factory] accounting; works cost accounting
Betriebsablaufsteuerung *f* operating sequence control
Betriebsabrechnungsbogen *m* overhead expense distribution sheet
Betriebsanlage *f* mill; operational plant
Betriebsanlagen *fpl* facilities
Betriebsaufschreibung *f* operational record[ing]
Betriebsaufzeichnung *f* plant record
Betriebsbericht *m* operating report
Betriebsbericht *m* **(Zahlenaufstellung)** log
Betriebsblatt *n* **(z.B. SEB)** works engineering specifications
Betriebsbuchhaltung *f* cost accounting department; factory accounting
Betriebschef *m* superintendent; works manager
Betriebsdaten *npl* operational data
Betriebsdauer *f* time of operation
Betriebsdruck *m* operative pressure; working pressure
Betriebseinrichtung *f* operating equipment; processing line
Betriebserfahrung *f* operational experience
Betriebsergebnis *n* operating result; practical result
betriebsfertig ready for operation
Betriebsfestigkeitskennwert *m* random fatigue strength characteristics
Betriebsfestigkeitsversuch *m* fatigue test under operational stresses; random fatigue test
Betriebsführung *f* management; plant management
Betriebsgesellschaft *f* subsidiary manufacturing company
Betriebsingenieur *m* engineer in charge
Betriebskennzahlen *fpl* operating characteristics

Betriebsklima *n* shop morale
Betriebskosten *pl* operating costs
Betriebslagereinrichtung *f* stores equipment; warehouse equipment
Betriebslehre *f* go-no-go gauge
Betriebsleiter *m* boss; departmental manager; plant superintendent; works manager
Betriebspsychologie *f* industrial psychology
Betriebsrat *m* shop committee
Betriebsrechner *m* operational computer
Betriebsregelsatz *m* servo-mechanism
betriebsreif ready for industrial application
Betriebsreife *f* service stage
Betriebsschmelze *f* production cast; production heat
Betriebsschwingversuch *m* fatigue test under actual service conditions
Betriebsselbstkosten *pl* operation first costs; operation prime costs
Betriebssicherheit *f* operating safety
Betriebsspannung *f* working voltage
Betriebsstoff *m* operating material
Betriebsstörung *f* break-down; operating trouble
Betriebsunfall *m* mill accident; works accident
Betriebsunterbrechung *f* breakdown; stoppage
Betriebsverhalten *n* in-service behaviour
Betriebsversuch *m* production trial; service test
Betriebsweise *f* mode of operation
Betriebswirtschaft *f* industrial engineering; industrial management; plant economics
Betriebszahlen *fpl* operating figures; operating numbers
Betriebszeit *f* manned time; time of operation
betupfen dab
Beugung *f* diffraction
Beugung *f* **langsamer Elektronen** low energy electron diffraction
Beule *f* bulge; dent; ding
Beulenbahn *f* buckling line
Beurteilung *f* assessment; valuation
Beurteilungsmaßstab *m* method of evalution
Beurteilungsverfahren *n* method of evalution
Beutelfilter *m* bag filter
bewegen agitate; handle; move
beweglich mobile; movable
bewegliche Herstellungskosten *pl* mobile prime costs; variable prime costs
bewegliche Kupplung *f* **(Rohr)** flexible joint
bewegte Konten *npl* active accounts
bewegte Last *f* moving load
Bewegung *f* agitation; handling (material); motion
Bewegungsreibung *f* friction [of movement]
Bewehrungsdraht *m* reinforcement rod; reinforcing wire
Bewehrungsmatte *f* reinforcing wire mesh; rod mats for concrete reinforcement
Bewehrungsmatte *f* **für Stahlbeton** rod mat for oonoroto reinforcing steel
Bewehrungsstahl *m* reinforcing steel
Bewehrungsstation *f*, **automatische** automatic reinforcing system
bewerten assess; estimate; evaluate

Bewertung *f* appreciation; assessment; valuation
Bewertungsgruppe *f* assessment group
Bewertungskurve *f* weighting curve
Bewertungsmerkmal *n* assessment criteria
Bewirtschaftung *f* control
Bewitterungsversuch *m* weathering test
bezeichnen mark
bezeichnend significant
Beziehungsschaubild *n* correlogram
bezogen specific
bezogen auf converted to
bezogener Arbeitswirkungsgrad *m* specific energy efficiency
Bezugsprobe *f* reference test piece
Bezugsstrecke *f* sampling length
Bezugswert *m* reference value; relative value
biegbare Röhren *fpl* flexible tubing
Biegeapparat *m* bending apparatus
Biegebeanspruchung *f* bending stress; flexural load
Biegebruch *m* bending fracture
Biegebruchfestigkeit *f* ultimate bending strength
Biegebruchuntersuchung *f* bending-to-failure test
Biegedauerfestigkeit *f* fatigue strength under bending stress
Biegedauerfestigkeit *f* **im Schwellbereich** fatigue strength under repeated bending stresses; pulsating bending fatigue limit
Biegedehnung *f* bending strain
Biegedrillknicken *n* torsional-flexural buckling
Biegeentzundern *n* scale removal by bending
Biegeentzunderung *f* descaling by bending; scale removal by bending
Biege-Ermüdungsversuch *m* transverse fatigue test
Biegefähigkeit *f* bend test ductility; bending property
Biegefestigkeit *f* bending strength; flexural strength
Biegefestigkeit *f* **(Guß)** transverse rupture strength
Biegefließgrenze *f* bending yield stress
Biegefließgrenze *f* **verschiedener Werkzeugstähle** bending yield stress for various tool steels
Biegegesenk *n* snaker
Biegekraft *f* bending force
Biegemaschine *f* bending machine
Biegemoment *n* bending moment
biegen bend; camber
Biegen *n* bending; pressing
Biegen *n* **im Gesenk** die bending
Biegepresse *f* bending press; bulldozer; press brake (am.)
Biegepunkt *m* **(Stranggießen)** straightening point; tangential point
Biegeradius *m* bending radius; radius of bend
Biegerichten *n* bending and straightening
Biegeriß *m* bending crack
Biegerollen *fpl* bending rolls
Biegeschlagfestigkeit *f* resilience in bending
Biegeschlagversuch *m* bending impact test
Biegeschwellfestigkeit *f* intrinsic bending fatigue strength; pulsating fatigue strength under bending stresses
Biegespannung *f* bending stress
Biegesteifigkeit *f* flexural rigidity

Biegeumformen *n* forming by bending
Biege- und Richtmaschine *f* bending and straightening machine
Biegeversuch *m* bend[ing] test; flexure test
Biegeversuch *m* **(Hin- und Her-Biegeversuch)** alternating bend test; to-and fro-bend test
Biegeversuch *m* **(quer)** transverse test
Biegewalze *f* bending roll
Biegewechselfestigkeit *f* bending fatigue strength; endurance limit in reversed bending; fatigue strength under reversed bending stresses
Biegewechselfestigkeitsversuch *m* fatigue test under reversed bending stresses
Biegewechselzahl *f* bending cycles
Biegezahl *f* number of bends
biegsam flexible; pliable
biegsamer Kaltstrang *m* articulated dummy bar; flexible dummy bar
Biegsamkeit *f* flexibility
Biegung *f* bend; flexure; offset
biegungsfrei gezogener Draht *m* dead-drawn wire
Biegungsprobe *f* tension test
Bienenkorb-(Koks)ofen *m* beehive (coke) oven
Bilanz *f* consolidated statement; statement [of accounts]
Bilanzausgleich *m* balance compensation
Bilanz *f* **(kaufm.)** balance (sheet)
Bilanz *f* **technische** balance
bildsam ductile; plastic
bildsame Formgebung *f* plastic deformation; plastic shaping
Bildsamkeit *f* ductility; forgeability; malleability
Bildungsenergie *f* free energy of reaction
Bildungswärme *f* enthalpy; heat of formation
Bimetall *n* bi-metal; duplex metal
binärdekadisches System *n* binary-coded decimal system
binäre Legierung *f* binary alloy
binäres System *n* binary system
Binärziffer *f* binary digit; bit
Bindedraht *m* baling wire; binding wire; tying wire
Bindefähigkeit *f* binding power
Bindefestigkeit *f* bonding strength
Bindemaschine *f* **für Walzdraht** binding machine for wire rod
Bindemetall *n* auxiliary metal; auxiliary metal (powder met.); binder (powder met.)
Bindemittel *n* binding; binding agent; binding wax; bonding agent
binden tie
Bindeton *m* bonding clay
Bindung *f* binding; compound; linkage
Birne *f* converter
Birnenform *f* converter shape
Biß *m* bite
Bißbreite *f* width of a bite
Bißverhältnis *n* bite ratio
Bißweite *f* width of a bite
Bitumen-Asbest-Überzug *m* **(Korrosionsschutz)** bitumen-asbestos-mastic
Bitumenauskleidung *f* bitumen lining
Bitumenkorrosionsschutz *m* **(Rohrinnenseite)** bitumen lining
Bituminierung *f* bituminization
blähen swell
Blähgrad *m* **(Koks)** swelling index; swelling property

blank bright; bright-finished
blank beizen bright pickle
Blankdraht *m* bare wire
Blankdrehen *n* bright turning
blankgedreht bright turned
blankgezogen bright drawn
blankgezogen (Draht) bright drawn; cold drawn
blankglühen bright anneal
Blankglühen *n* BG-annealing; bright annealing
Blankglühofen *m* bright-annealing furnace
Blankglühung *f* bright anneal
Blankhärten *n* bright hardening
blank machen blank
Blankstahl *m* bright steel; cold drawn steel
Blankwalzöl *n* straight mineral oil
blankweich geglüht bright soft annealed
blankweichgeglühter Draht *m* bright soft wire
Blankziehen *n* bright-drawing
Blankzieherei *f* bright-drawing shop
Blasarbeit *f* blowing operation
Blasdruck *m* blast pressure
Blase *f* blister; blow hole; bubble
Blase *f* **(Guß)** blowhole
Blaseigenschaft *f* blowability
Blaseignung *f* blowability
Blasemeister *m* blower
blasen blow
Blasen *n* blowing
Blasenbildung *f* **(Block)** blistering
Blasenbildung *f* **(Flüssigkeit)** bubbling
blasenfrei not blistered (steel)
Blasenkette *f* bubble chain
Blasenloch *n* pit hole
Blasenstrahl *m* bubble plume
Blasenverdampfung *f* nucleate-boiling
Blasenzone *f* bubble plume
Blase *f* **(Stahloberfläche)** blister
Blasezeit *f* blowing period
Blasform *f* tuyère
Blasformebene *f* tuyère level
Blasformwechselwagen *m* tuyère changing cart
Blasfrischen *n* oxygen refining; pneumatic refining
Blasprozeß *m* air-refining process
Blasrohr *n* blast pipe; blow pipe
Blasschlacke *f* chromium-bearing slag
Blasstahlerzeugung *f* oxygen steel-making
Blasstahl-Erzeugungsanlage *f* basic-oxygen steelmaking plant
Blasstahlkonverter *m* basic oxygen furnace (BOF)
Blasstahlwerk *n* basic oxygen steelmaking plant; BOF shop
Blatt *n* blade; leaf; sheet
blättchenförmig flaky
Blattfeder *f* laminated spring; leaf spring
Blaubiegeprobe *f* blue brittle bend specimen
Blaubruch *m* blue brittleness; blue shortness
Blaubrüchigkeit *f* blue brittleness; blue shortness; irreversible temper brittleness
Bläuen *n* blu[e]ing (e.g. sheet); blueing
Blauglühen *n* blue annealing; open annealing
Bläuofen *m* blu[e]ing furnace
Blaupause *f* blue print
Blausprödigkeit *f* blue brittleness; blue shortness; irreversible temper brittleness

Blech *n* plate
Blechabfälle *mpl* plate clippings; sheet clippings; sheet scrap
Blecharbeiten *fpl* plate structures
Blech *n*, **bearbeitetes** machined plate
Blechbearbeitungsmaschine *f* plate working machine
Blechbehälter *m* sheet metal container
Blechbiegemaschine *f* plate bending machine
Blech *n* **breites** wide plate; wide sheet
Blechbürstmaschine *f* plate brushing machine
Blechdoppler *m* plate doubler
Blecheinfettmaschine *f* sheet greasing machine
Blech *n* **erster Wahl** prime sheet; primes
Blechhalter *m* blank holder
Blechhalterrahmen *m* blankholder ring
Blechhalterstößel *m* blankholder slide
Blechkantenanbiegepresse *f* plate-edge bending press
Blechkantenhobelmaschine *f* edging planer
Blechkonstruktionen *fpl* fabricated steel sheet products and structures
Blechlängs- und -querteilanlage *f* sheet metal slitting and cut-to-length line
Blechlehre *f* plate ga[u]ge; sheet ga[u]ge; standard sheet and plate metal gauge
Blechmantel *m* metal jacket; steel casing; steel jacket
Blech *n* **(mittel)** jobbing sheet; light plate; medium plate
Blech *n* **nach dem Verzinken wärmebehandelt** galvannealed sheet
Blech *n* **(Oberbegriff)** sheets and plates
Blechpaket *n* sheet pack; stack of sheets; sticker
Blechpanzer *m* steel casing; steel sheet casing; steel shell
Blechprüfmaschine *f* plate testing machine
Blechrichtmaschine *f* sheet straightening machine
Blechrundbiegemaschine *f* machine for bending round plates; plate bending machine; plate bending press
Blechschere *f* plate shears
Blechschraube *f* tapping screw
Blechschrott *m* plate scrap; sheet scrap
Blechstapeleinrichtung *f* sheet-metal stacking device
Blechstapler *m* sheet-metal stacking machine
Blechstraße *f* plate mill; sheet mill
Blechtafel *f* sheet panel
Blechträger *m* plate girder
Blechtrockentisch *m* plate drying table
Blechumformung *f* sheet deformation; sheet metal forming
Blechumformverfahren *n* sheet [metal] forming process
blechummantelter Stein *m* ferro-clad brick; metal cased brick
blechverarbeitende Industrie *f* sheet fabricating industry
Blechverarbeitungsmaschine *f* sheet-metal working machine
Blechveredelungsindustrie *f* plate-refining industry
Blech *n*, **verzinntes** tin[ned] plate

Blechwalze *f* plate roll
Blechwalzwerk *n* **(fein)** sheet [rolling] mill
Blechwalzwerk *n* **(grob)** plate [rolling] mill
Blechzange *f* plate gripping tongs
Blechzuschnitt *m*, **laserstrahlgeschnitten** laser-cut sheet blank
Blech *n* **zweiter Wahl** mender; seconds
Blei *n* lead
Bleibadhärten *n* lead-bath hardening
Bleibadkessel *m* lead bath vat
bleibende Durchbiegung *f* set
bleibende Gesamtverformung *f* total plastic strain
bleibende Regelabweichung *f* sustained deviation (am.)
bleibende Verformung *f* permanent set
bleibende Verformung *f* **(Zugversuch)** permanent strain; plastic strain
bleibeschichtet lead coated
bleichen bleach
bleifrei unleaded
bleihaltig leaded
Bleioxidtest *m* **zum Test von Ventilstählen** lead oxide test for testing valve steels
Bleioxidversuch [Ventilstahl] lead oxide test [valve steel]
Bleipatentieren *n* lead-bath patenting
bleipatentiert lead patented
Bleischaum *m* **(Feuerverzinken)** lead froth
Blende *f* diaphragm; orifice; screen
blindaufkohlen blank carburize
Blindaufkohlen *n* blank carburizing; pseudocarburising
Blindaufkohlen *n* **(ohne Aufkohlungsmittel)** blank carburizing
blindes Kaliber *n* blind pass; dummy pass
Blindhärten *n* blank hardening
Blindhärtungsversuch *m* blank hardness test
Blindlaststoß *m* blind load impulse (arc furnace); wattless power (arc furnace)
Blindleistung *f* relative wattless power
blindnitrieren blank nitride
Blindnitrieren *n* blank nitriding; pseudonitriding
Blindnitrieren *n* **(ohne Nitriermittel)** blank nitriding
Blindstich *m* blind pass
Blindstrom *m* reactive current; wattless current
Blindversuch *m* blank test
Blindwalze *f* dummy roll; idle roll
Blindwert *m* blank [value]
Blindwiderstand *m* reactance
Blitztrockner *m* flash baker
Blochwand-Bewegung *f* Bloch-wall movement
Block *m* bloom; ingot
Blockabstechmaschine *f* ingot parting machine
Blockabstreifer *m* ingot stripper; stripper [guide]
Blockabstreifkran *m* ingot stripping crane
Blockaufsatz *m* dozzle; feeder head; hot top
Block *m* **ausgelaufener** bled ingot
Blockausziehkran *m* ingot drawing crane
Block-Brammen-Walzwerk *n* ingot slab mill
Blockbrecher *m* ingot breaker; ingot

crusher
Blockdrehbank *f* ingot lathe
Blockdrücker *m* ingot pusher
Block *m* **durch Nachgießen in den Lunker ausgefüllter** slop ingot
Blockeinsetzkran *m* ingot charging crane
Blockende *n* crop
Blockende *n* **oberes** top
Blöcke *mpl* **zufällig ausgewählte** randomised blocks
Blockfähre *f* ingot [transfer] car; ingot buggy
Blockform *f* ingot mould; mould
Blockgerüst *n* blooming [mill] stand; cogging [mill] stand; roughing [mill] stand
Blockgießverfahren *n* ingot casting method
Blockguß *m* ingot casting
Block *m* **in der Kokille steckengebliebener** mould sticker; sticker
Blockkaliber *n* blooming pass; cogging pass; roughing pass
Blockkipper *m* ingot tilter; ingot tipping device
Blockkokille *f* ingot mould
Blockkopfbeheizung *f* hot topping feeder head heating
Blockkran *m* ingot [handling] crane
Blocklänge *f* solid length
Blockmantelreibung *f* ingot surface friction
Block *m* **mit ausgeprägten Gasblasen** blown ingot; blowy ingot
Blockputzen *n* chipping
Blockputzerei *f* chipping [shop]
Blockrest *m* ingot butt
Blockschale *f* bottom splash (surface defect); curtaining (surface defect); double skin (surface defect)
Blockschaum *m* ingot scum
Blockschere *f* bar-cutting machine; bloom shears
Blockschrott *m* bloom scrap; heavy scrap; scrap of blooms
Blockseigerung *f* ingot segregation; ingotism; macrosegregation
Blockstraße *f* blooming train; cogging train
Block *m* **vorgewalzter** bloom
Blockwagen *m* ingot [transfer] car; ingot buggy; ingot chariot
Blockwalze *f* blooming roll; cogging roll
Blockwalzwerk *n* blooming mill; cogging mill
Blockzange *f* ingot dog; ingot tongs
Bock *m* frame; trestle
Bockkran *m* gantry [crane]
Bodenabstich *m* bottom tapping
Bodenbart *m* bottom fin (ingot); bottom flash (ingot)
Bodenbart *m* **(Block)** bottom fin; bottom flash
Bodenbelag-Winkelstahl *m* floor cover angle sections
bodenblasender Konverter *m* bottom blown converter
Bodenblech *n* bottom plate
Bodendicke *f* **(Fließpressen)** base thickness
Bodenecho *n* **(Ultraschall)** bottom echo
Bodenerschütterung *f* ground vibration
Bodenkörper *m* insoluble phase; sludge
Bodenkorrosionsversuch *m* soil corrosion test
Bodenkühlung *f* **(Hochofen)** underhearth cooling
Bodenplatte *f* bottom plate; groundplate

Bodenreißer *m* cup base fracture
Bodensau *f* furnace sow; salamander
Bodenstampfmaschine *f* bottom ramming machine; plug ramming machine
Bodenstein *m* bottom block; hearth block
Bogen *m* arc; arch; bend; sweep
Bogenentladung *f* arc discharge
bogenförmig curved
Bogengießanlage *f* bow type continuous casting machine; curved mould casting machine; curved mould continuous casting machine
Bogenstranggießanlage *f* curved mould continuous casting machine
Bogenstranggießmaschine *f* bow-type continuous casting machine
Bogenzahnkupplung *f* curved teeth coupling
Bogigkeit *f* **(von Blechen)** residual curvature
Bohnerz *n* bean ore
Bohrbank *f* boring machine
bohren bore; drill
Bohren *n* boring
Bohren *n* **(mit Spiralbohrer)** drilling
Bohrer *m* **(Facharbeiter)** driller
Bohrerherstellung *f* drill manufacture
Bohrgestänge *n* boring tools
Bohrgrat *m* burr
Bohrloch *n* bore hole; drill hole; well
Bohrmaschine *f* boring machine; drilling machine
Bohröl *n* boring oil; soluble oil
Bohrölwasser *n* cutting fluid emulsion; soluble oil emulsion
Bohrprobenehmer *m* drillings sampler
Bohrreibung *f* drill-friction
Bohrrohr *n* drill tube
Bohrspäne *mpl* borings
Bohrspindel *f* boring bar
Bohrstahl *m* boring tool; drill steel
Bohrstange *f* boring bar
Bohrstangenwechselvorrichtung *f* bar loader
Bohr- und Fräsmaschine *f* boring and milling machine
Bohrung *f* bore; bore hole; diameter of bore
Bohrwelle *f* drilling shaft
Bolzen *m* arbor; bolt
Bolzenanschweißen *n* stud welding
Bolzenkopfschmiedemaschine *f* bolt-head forging machine
Bolzenschweißung *f* stud welding
bombiert arched
Bombierung *f* camber; crown bow
Bombierung *f* **(Blech)** bow; crown
Bombierung *f* **(Walzen)** camber
bondern (siehe Phosphatieren) bonderize (see phosphate coating)
Bor *n* boron
Borcarbid *n* boron carbide
Bordeisen *n* cask hoop
Bördelmaschine *f* bordering machine; flanging machine
bördeln bead; border; flange
Bördeln *n* flanging
Bördelnaht *f* double-flanged joint
Bördelrohr *n* flanged pipe
Bördelversuch *m* flanging test
borieren boriding
Borieren *n* boriding
Bornitrid *n* boron nitride
Boroxid *n* boric oxide
Borsäure *f* boric acid
Borstahl *m* boron steel
Böschungswinkel *m* **(einer Schüttung)** angle of repose
Bote *m* carrier

Bottich *m* tank; vat; vessel
Bowdenzug *m* Bowden wire
Bramme *f* slab
Brammenadjustage *f* slab finishing
Brammenblock *m* slab ingot
Brammendrehvorrichtung *f* slab turning device
Brammenkaliber *n* slabbing pass
Brammenkühlkessel *m* slab cooling boiler
Brammenlängstrennen *n* longitudinal slab slitting
Brammen-Quer- und Längsteilanlage *f* slab cut-to-length and slitting line; slab slitters or cutters
Brammenschere *f* slab shears
Brammenschleifmaschine *f* slab grinder
Brammenstranggießanlage *f* continuous casting plant for slabs; slab caster
Brammenstraße *f* slabbing mill
Brammenwalze *f* slab roll
Brammenwalzwerk *n* slab cogging mill; slabbing mill
Brammenwendevorrichtung *f* slab turn-over device
Brandmauer *f* fire-proof wall
Brandriß *m* fire check; fire crack
Brandrißabdruck *m* **(Walzdrahtfehler)** fire crack transfer mark
Brandriß *m* **(in Kokillen)** crazing
Brandschutz *m* fire protection
brauchbar efficient; serviceable
Brauchbarkeit *f* efficiency
Brauchwasser *n* water fit for industrial use
Brauneisenerz *n* bog iron ore; limonite
Brauneisenoolith *m* oolitic limonite
Brauneisenstein *m* brown hematite; brown iron ore; limonite
bräunen burnish
brauner Rauch *m* brown fume
Braunkohle *f* lignite
Braunkohlenbrikett *n* brown-coal briquette; lignite briquette
Braunkohlen-Großabbauanlage *f* equipment for large open cast brown coal mining
Braunkohlenkoks *m* lignite coke
Braunstein *m* manganese ore
Brechanlage *f* crushing plant
Brechanlage *f* **(Erzaufbereitung)** crushing plant
brechen crush
brechen (von Emulsionen) split
Brecher *m* breaker; crusher
Brechkoks *m* crushed coke
Brechstange *f* breaker bar
Brechtopf *m* breaker block
Brechwalze *f* cracker; crusher roll
Breitband *n* wide strip
Breitbandprofil *n* wide-strip section
Breitbandstahl *m* wide flat steel
Breitband-Walzwerk *n* wide strip mill
Breite *f* breadth; width
Breiteisen *n* broad tool
breiten spread; widen
Breiten *n* flattening; spreading
Breitenänderung *f* spread
Breitflachstahl *m* merchant bar; universal [mill] plate; wide flat steel
Breitflanschträger *m* broad flanged beam; wide flanged beam; wide-flanged beam
breitfüßig broad flanged
Breitfußschiene *f* flange rail; flat bottom rail
Breitseite *f* **verstellbare** adjustable broad side
Breitstrahlbrenner *m* broad jet burner

Breitung *f* spread
Breitungsgleichung *f* spread equation
Breitungsgrad *m* spread ratio
Breitungskontur *f* spread shape
Breitungsmaß *n* measurement of spread
Breitungsstich *m* broadsiding pass; spreading pass
Breitung *f* **vollkommen verhinderte** spread fully contained
Bremsautomatik *f* automatic slow down
Bremsberg *m* braking incline
Bremse *f* brake; break
bremsen brake; drag
Bremshaspel *f* drag reel
Bremskeil *m* chock
Bremskraft *f* braking power
Bremstrommel *f* brake drum
Bremszug *m* back tension
brennbar combustible
Brennbartentfernungseinrichtung *f* flash trimmer
Brenndauer *f* burning period; duration of burning
brennen bake; burn; calcine
Brennen *n* burning; calcination; roasting
brennen (Pellets) fire
Brenner *m* blow pipe; burner; torch
Brenner-Erdgas *n* burner natural gas
Brennerhärten *n* flame hardening
Brenner *m*, **keramischer - für Winderhitzer** ceramic burner for hot-blast stoves
Brennerkopf *m* burner tip; gas port block; gas port end
Brennermaul *n* burner mouth
Brenner-Sonderanfertigung *f* special designed burner
Brennerstein *m* burner port
Brennfleck *m* arcing zone; fire spot; impingement
Brenngas *n* fuel gas
Brennhärtemaschine *f* flame-hardening machine
Brennhärten *n* flame hardening; lokal hardening
Brennkammer *f* combustion chamber
Brennkammer *f* **(Glühofen)** fire box
Brennofen *m* baking oven; burning kiln; calcining kiln
Brennofen *m* **für die keramische Industrie** kiln for ceramic industry
Brennöl *n* fuel oil
brennputzen deseam
Brennputzen *n* flame chipping; flame descaling; flame deseaming; torch deseaming
Brennschacht *m* combustion chamber
Brennschneidanlage *f* flame cutting machine; torch-cutting unit
Brennschneiden *n* flame cutting; gas cutting; oxyacetylene cutting
Brennschneidmaschine *f* flame-cutting machine
Brennschneidtechnik *f* gas cutting practice
Brennschwinden *n* **(ff. Steine)** firing shrinkage
Brennstoff *m* combustible; fuel
Brennstoffeinsparung *f* fuel saving
Brennstoffteilchen *n* fuel particle
Brennstoffverbrauch *m* fuel consumption
Brennunterlage *f* burning support
Brennwachsen *n* **(ff. Steine)** firing expansion
Brikett *n* briquette
Brikettieranlage *f* briquetting plant

brikettieren briquette
Brikettieren *n* briquetting
Brikettierfähigkeit *f* briquetting property
Brillenschieber *m* goggle valve
Brinellhärte *f* Brinell hardness
Brinell-Härtemeßverfahren *n* Brinell hardness test
Brinell-Härtezahl *f* Brinell hardness number
Brinell-Kugeldruckprobe *f* Brinell hardness test
Britettieren *n* **von Kohle und Koks** briquetting of coal and coke
bröckelig brittle; crumbly
brodeln bubble
Bronzelager *n* bronze bearing
Bruch *m* break; breakage; breakdown; failure
Bruchanalyse *f* fracture analysis
Bruchanfang *m* origin of fracture
Bruchart *f* fracture mode
Bruchaufreißung *f* separation; splitting
Bruchaufspaltung *f* separation
Bruchausgang *m* origin of fracture
Bruchaussehen *n* fracture appearance
Bruchbelastung *f* breaking load; ultimate stress
Bruch *m* **betriebsbedingter** service-induced fracture
Bruchdehnung *f* elongation after fracture; fracture elongation; percentage elongation after fracture
Bruch *m* **diffusionskontrollierter** diffusion-controlled fracture
Bruch *m* **durch rißerzeugende Korrosion** crack-corrosion induced fracture
Bruchebene *f* fracture plane
Brucheinleitung *f* fracture initation
Brucheinschnürung *f* area reduction at fracture; percentage reduction of area; reduction of area
Bruch *m* **faserartiger** fibrous fracture
Bruchfestigkeit *f* breaking strength (ultimate); ultimate tensile strength
Bruchfläche *f* fracture surface; surface of fracture
Bruchgefüge *n* fracture
brüchig brittle
brüchige Fläche *f* **(Blockfehler)** spongy surface
Brüchigkeit *f* brittleness; fragility; shortness
Bruch *m* **korrosionsbedingter** fracture caused by corrosion
Bruch *m* **kristalliner** crystalline fracture
Bruchlage *f* position of fracture
Bruchlast *f* breaking load; ultimate breaking load
Bruchlastspielzahl *f* number of alternations to fracture; number of cycles to fracture
Bruchmechanik *f* fracture mechanics
Bruch *m* **mechanisch bedingter** mechanical-induced fracture
Bruch *m* **mechanisch belasteter** crack caused by mechanical load
bruchmechanische Prüfung *f* fracture mechanics testing
bruchmechanischer Kennwert *m* fracture mechanical characteristics
Bruchmechanismus *m* fracture mechaniom
Bruch *m* **muscheliger** conchoidal fracture
Bruchquerschnittverminderung *f* reduction of cross-sectional area
Bruchschrott *m* broken scrap; lump scrap

Bruchschwingspielzahl *f* number of stress cycles to fracture
Bruchsicherheit *f* resistance to failure; safety against failure
Bruchspannung *f* breaking stress; fracture stress; ultimate stress
Bruchstelle *f* fracture face
Bruch *m* **transkristalliner** transgranular fracture
Bruch *m* **verarbeitungsbedingter** manufacturing-induced fracture
Bruch *m* **verformungsloser** brittle fracture
Bruchverhalten *n* fracture behaviour
Bruch *m* **verzögerter** delayed fracture
Bruch *m* **wasserstoffbedingter** hydrogen-induced fracture
Bruchzähigkeit *f* fracture toughness
Bruchzähigkeitseigenschaft *f* fracture toughness characteristics (property)
Bruchzähigkeitsversuch *m* fracture toughness test
Bruchzähigkeit *f* **unter korrosiven Bedingungen** fracture toughness under corrosive conditions
Brückenbau *m* bridge construction
Brückenbildung *f* **(Bunker)** arching
Brückenbildung *f* **(Ultraschall)** arcing
Brückengleis *n* bridge rail
Brückenwaage *f* weighbridge
Brummer *m* chattering
brünieren burnish
Brünieren *n* burnishing
Brunnen *m* well
Buchse *f* box
Büchse *f* bush; bushing; lining
Buchsenkette *f* bush chain
Büchsenwinkel *m* **(Fließpressen)** die angle
Buckelblech *n* buckle plate; buckled plate; buckled sheet
Budgetrechnung *f* budgetary control; industrial budgetary control
Bügelbiegeautomat *m* automatic stirr-up bending machine
Bügelsäge *f* hack saw
Bund *n* bunch; bundle; coil; shoulder
Bundbildlinie *f* coil build-up
Bündel *n* bunch
Bündelanlage *f* bundling plant
bündeln bundle
Bündel *n* **(Rohrbündel)** bank (of tubes)
Bündeltasche *f* cradle
Bundgewicht *n* coil weight
Bundhubwagen *m* coil lift truck
Bundpatentieren *n* coil patenting
Bundverpackungslinie *f* coil packing line
Bundvorbereitung *f* coil preparation
Bundwickelmaschine *f* coil winder
Bunker *m* bin; bunker; silo
Bunkerfüllstand *m* level of filling in a hopper; material level in a bin
Bunkerfüllstandanzeiger *m* level indicator for bunker
Buntmetall *n* non-ferrous metal
Büro *n* office
Bürste *f* brush
bürsten brush
Bürstendraht *m* brush wire
Bürstmaschine *f* brushing machine
Butzen *n* **(beim Walzen von Stahlringen)** center punching

C

CAD-Konstruktion *f* CAD construction
calcinieren calcine
Calcinierofen *m* calcining kiln
calcinierte Soda *f* anhydrous sodium carbonate
Calcinierung *f* calcination
Calciowüstit *m* calcio-wustite
Calcium *m* calcium
Calciumcarbid *n* calcium carbide
Calciumferrit *m* calcium ferrite
Calciumsilikat *n* calcium silicate
Calorisieren *n* calorising
Carbid *n* carbide
Carbidanordnung *f* carbide spacing
Carbidausscheidung *f* carbide precipitation
Carbidbildner *m* carbide-forming element
Carbidvergröberung *f* coarsening of carbides
Carbidverstärkung *f* carbide strengthening
Carbidverteilung *f* carbide distribution
Carbidzeiligkeit *f* carbide banding; carbide stringers
carbonitrieren carbonitriding
Carbonitrieren *n* carbonitriding
Carbonyleisen *n* carbonyl iron
Carburierung *f* carburation; carburisation
Carburierung *f* **(im SM-Ofen)** carburetting
Cer *n* cerium
Cermet *n* cermet
Cermischmetall *n* cer-misch-metal
Charge *f* charge; heat
Chargenzeit *f* heat[ing] time
chargieren charge
chargierfähig in furnace sizes; in handy sizes
chargierfähige Stücke *npl* pieces in handy sizes
Chargiermaschine *f* charging machine
Chargiermulde *f* charging box
Chargierpfanne *f* charging ladle
Chargierschwengel *m* peel
Charlier-Probe *f* Charlier check
Chemie *f* chemistry
chemisch beständiger Stahl *m* stainless steel
chemische Eigenschaft *f* chemical property
chemisches Potential *n* chemical potential
chemische Technologie *f* chemical technology
chemische Waage *f* analytical balance
chemische Zusammensetzung *f* chemical composition
chemisch gebundener Stein *m* chemically bonded brick
chemisch-technologische Prüfung *f* chemico-technological test
Chi-Phase chi-phase ($Fe_{36}Cr_{12}Mo_{10}$)
Chi-Quadrat-Probe *f* chi-square test
chlorieren chloridise
chlorieren (z. B. Kalk) chlorinate
Chrom *n* chromium
Chromäquivalent *n* **(nichtrostender Stahl)** chromium equivalent (stainless steel)
Chromati[si]eren *n* chromating
Chromatograph *m* chromatograph
chromatographische Prüfung *f* chromatographic analysis
Chromatpassivieren *n* chromatopassivating

Chromausbringen *n* chromium recovery
Chromcarbid *n* chromium carbide
Chrom-Eisen-Cobalt-Legierung *n* chromium-iron-cobalt alloy
Chromeisenerz *n* chrome iron ore; chromite
Chromeisenstein *m* chrome iron ore
Chromerz *n* chrome ore
Chromieren *n* chromising; chromizing
Chromierungsband *n* chromizing strip
Chromitstein *m* chrome brick
Chrom-Magnesit-Stein *m* chromemagnesite brick
Chrommetall *n* chrome metal
Chrom-Nickel Stahl *m* chrome nickel steel; chromium nickel steel
Chromstahl *m* chrome steel
Chromstahlguß *m* cast chromium steel [material]; chromium steel casting [product]
Chromstein *m* chrome brick
Chromüberzug *m* chrome coating; chromium coating
Chromverarmungstheorie *f* **(interkristalline Korrosion)** chromium depleted-zone theory
CNC-Präzisionsschmiedemaschine *f* CNC-precision forging machine
Cobalt *n* cobalt
Cobaltstahl *m* cobalt steel
COD = crack opening displacement COD = crack opening displacement
Coil *n* coil
Coilmagnet *m* coil magnet
Combi-Automat *m* automatic combi-machine
Container *m* flowbien
Coulombsches Reibungsgesetz *n* Coulomb's friction law
Coulometer *n* coulometer
Cowper *m* cowper; hot blast stove
Cowperstein *m* cowper brick; hot blast stove brick
cracken crack
CVD-Beschichtung *f* chemical vapour deposition (CVD)
CVD-Beschichtungsanlage *f* CVD coating plant
Cyanbadhärten *n* bath cyaniding; cyanide hardening; cyaniding

D

Dach *n* roof
Dachbedeckungsblech *n* roofing tin; terne plate
Dachblech *n* roofing sheet
Dachpfannenblech *n* roofing sheet
Dachrutsche *f* elevated inclined chute
Dachschwelle *f* **(Eisenbahnoberbau)** sole plate (permanent way)
Dachziegel *m* roof tile; tile
dämmen bank; damp down
Dämmstoff *m* **(Isolierstoff)** insulating material
Dämm[werk]stoff *m* insulating material; insulation
Dampf *m* fume; steam; vapour
Dampfanlassen *n* steam bluing
Dampfarmaturen *fpl* steam fittings
Dampfdruck *m* vapour pressure
dämpfen bank (furnace); damp
Dampferzeuger *m* flash steam boiler
Dampferzeugungsanlage *f* steam generation plant
Dampffaß *n* steam drum
Dampfgutschrift *f* steam credit
Dampfhammer *m* steam hammer
Dampfhautphase *f* vapour blanket

stage
Dampfkessel *m* steam boiler; stocker
Dampfkesselfeuerung *f* steam boiler firing
Dampfkolbengebläse *n* steam blowing engine; steam piston blowing engine
Dampf-Kraftwerk *n* steam power station
Dampfkran *m* steam crane
Dampfmantel-Gaserzeuger *m* steamjacket gas producer
Dampfmaschine *f* steam engine
Dampfrohr *n* steam pipe
Dampfstrahlgebläse *n* steam jet blower
Dampfturbine *f* steam turbine
Dämpfung *f* attenuation; damping
Dämpfung *f* **(Schwingungskreis)** damping
Dämpfungsfähigkeit *f* damping capacity
Dampfversuch *m* **(Korrosion)** steam test
Dampfzerstäubung *f* steam atomising
Datei *f* data file; file
Datenabruf *m* data recall
Datenaufschreibung *f* data recording
Datenbank *f* data bank; data base
Datenerfassung *f* data acquisition; data logging; data recovery
Datenfluß *m* data flow
Datensammlung *f* data collection
Datenstellenzahl *f* number of data places
Datenstrukturierung *f* data structure concept
Datenübertragung *f* data transfer
Datenübertragungseinrichtung *f* data circuit-terminating equipment
Datenverarbeitung *f* electronic data processing
Datenverarbeitungsaufgabe *f* data processing task
Datenzugriffsmethode *f* data access method
Datenzugriffsmodul *n* data file access module
Dauerbeanspruchung *f* endurance stress; fatigue stress
Dauerbetrieb *m* continuous operation; continuous running; continuous service
Dauerbiegefestigkeit *f* bending fatigue strength
Dauerbiegeversuch *m* fatigue bend test; flexure fatigue test
Dauerbruch *m* endurance failure; fatigue failure; fatigue fracture
Dauerelektrode *f* continuous electrode
Dauerfestigkeit *f* endurance limit; endurance strength; fatigue limit; fatigue strength
Dauerfestigkeitsverhältnis *n* fatigue ratio
Dauerfestigkeitsversuch *m* alternating stress fatigue test; fatigue strength test
Dauerfestigkeit *f* **unter gleichbleibendem Korrosionsangriff** corrosion fatigue
Dauerflußversuch *m* continuous flow test
Dauerform *f* permanent mold
Dauerformguß *m* die casting; gravity die casting; permanent mould casting
Dauerform-Gußstück *n* die casting; gravity die casting; permanent mould casting

Dauerfutter *n* back lining; outer lining; safety lining
Dauerhaftigkeit *f* durability
Dauerhaltbarkeit *f* endurance limit (service life); service life
Dauerkerbschlagversuch *m* notched bar impact endurance test; notched bar impact fatigue test
Dauermagnet *m* permanent magnet
Dauermagnetwerkstoff *m* permanent magnet material
dauern endure; last
Dauerprüfmaschine *f* fatigue testing machine
Dauerprüfung *f* endurance test; fatigue test
Dauerschallverfahren *n* continuous wave transmission method
Dauerschlagbiegefestigkeit *f* repeated impact bending strength
Dauerschlagbiegeversuch *m* repeated impact bending test
Dauerschlagfestigkeit *f* resistance to repeated impact
Dauerschlagfestigkeitsversuch *m* impact endurance test; repeated impact test
Dauerschlagzugversuch *m* repeated impact tension test
Dauerschwingbeanspruchung *f* cyclic stress; fatigue loading alternating stress
Dauerschwingbruch *m* fatigue fracture
Dauerschwingfestigkeit *f* fatigue endurance limit; fatigue strength
Dauerschwingprüfung *f* fatigue strength test
Dauerschwingversuch *m* fatigue test; full scale fatigue test
Dauerstandfestigkeit *f* creep [rupture] strength; creep resistance; fatigue life
Dauerstandstreckgrenze *f* time-yield
Dauerstandverhalten *n* creep behaviour
Dauerstandversuch *m* creep rupture test; creep test
Dauertauchversuch *m* total immersion test
Dauerverdrehfestigkeit *f* endurance limit in tension
Dauerverdrehversuch *m* endurance torsion test; repeated torsion test; torsion fatigue test
Dauerversuch *m* creep test; endurance test; fatigue test
Dauerversuch *m* **mit Wechselbeanspruchung** alternating stress test
Dauerwarmfestigkeit *f* creep strength at elevated temperatures
Dauerwechseldrehversuch *m* alternating torsion fatigue test
Dauerwechselfestigkeit *f* fatigue strength under completely reversed stress; limiting fatigue stress; rotary beam endurance limit
Dauerzugfestigkeit *f* endurance tensile strength
Dauerzugversuch *m* endurance tension test
Daumenschlepper *m* dog-bar type conveyor
Decke *f* coat; cover; roof
Deckel *m* cover; cover lid; lid; top crust (in tundish or mould)
Deckelabhebewagen *m* **für Tieföfen** cover lifting bogie for pit furnaces
Deckelauflage *f* roof skewback
Deckelbildung *f* **(Block)** capping (ingot); ingot top crust; top freezing (ingot)
Deckelhubwagen *m* cover car

Deckel *m* **(in Gießwanne oder Form)** top crust (in tundish or mould)
Deckelkrümmer *m* roof elbow
Deckelwagen *m* cover carriage; soaking-pit cover carriage
Deckemail *n* cover coat enamel
Deckenbalken *m* overhead beam
Deckengewölbe *n* arched roof
Deckenstein *m* roof brick
Deckfähigkeit *f* covering ability
Deckglas *n* slide (microscope)
Decklage *f* **(Schweißen)** cap pass; final pass; final run
Deckring *m* top plate on mould
Deckschicht *f* coating; protective layer; surface layer
Deckvermögen *n* covering ability
Defektelektron *n* defect electron
Dehnbarkeit *f* ductility; flexibility
Dehnbarkeitsprüfung *f* ductility test
dehnen elongate; strain; stretch
Dehnen *n* elongating; extending; stretching
Dehnen *n* **(Längen)** lengthening
Dehnfuge *f* expansion joint
Dehngrenze *f* creep limit; offset yield stress; proof stress
Dehngrenze *f* **-0,001** offset yield strength
Dehngrenze *f* **-0,002** creep limit; proof strength (0.2%)
Dehngrenze *f* **bei bleibender Dehnung** permanent set strength
Dehngrenze *f* **bei gesamter Dehnung** proof strength (total extension)
Dehngrenze *f* **bei nichtproportionaler Dehnung** proof strength (non proportional extension)
Dehnschraube *f* necked-down bolt
Dehnung *f* dilatation; elongation; expansion; strain
Dehnung *f* **(Bruchdehnung)** elongation
Dehnung *f* **(elastischer Werkstoffproben)** stretch
Dehnung *f* **(Längung)** extension
Dehnung *f* **(Raumdehnung)** expansion
Dehnungsausgleicher *m* bellows; expansion pipe bellows
Dehn[ungs]geschwindigkeit *f* elongation rate; strain rate
Dehnungsmesser *m* extensometer; strain ga[u]ge
Dehnungsmeßstreifen *m* strain ga[u]ge
Dehnungsstufe *f* elongation step
Dehnungs-Zeit-Schaubild *n* flow-time diagram
Dehnungszone *f* stretched zone
Dehnung *f* **(unterhalb der E-Grenze)** stress
Dehnverhalten *n* creep characteristics
Dehnverlauf *m* creep curve characteristics
Dekaleszenz *f* decalescence
dekapieren descale (in acid); pickle
Delta-Eisen *n* delta iron
Delta-Gamma-Umwandlung *f* delta-gamma transformation
Delta-Mischkristall *m* delta solid solution
Demontage *f* dismantling
demontieren dismantle
Dendrit *m* dendrite
Dendritenarmabstand *m* dendrite arm spacing
Dendritenstrukturzone *f* dendritic zone
dendritisch dendritic
Dengeln *n* thinning; wheting
Denitrieren *n* denitriding; nitrogen removal

Deponie *f* dumping [refuse]
Deputatkohle *f* allowance coal
Desintegrator *m* disintegrator
Desorption *f* desorption
Desoxidation *f* deoxidation
Desoxidationslegierung *f* deoxidation alloy
Desoxidationsmittel *n* deoxidant; deoxidiser; deoxidising agent
Desoxidationspotential *n* deoxidizing potential
Desoxidationsprodukt *n* deoxidation product
Desoxidationsschlacke *f* deoxidising slag
Desoxidationstechnik *f* deoxidation technology
Desoxidation *f* **von Stahlschmelze** deoxidation of steel melt
desoxidieren deoxidise
Desoxidieren *n* deoxidising
Desoxidierung *f* **von Aluminium** aluminium deoxidation
Destillation *f* distillation
destillieren distill
Deviator *m* deviator
Diagramm *n* chart; graph
Diagrammrolle *f* drum for recorder
Diagrammscheibe *f* disc for recorder
Dialogauskunft *f* on-line inquiry
Dialogmonitor *m* TP monitor
Dialogprogrammgenerator *m* dialogue program generator
Dialogverarbeitung *f* on-line processing
Diamantkegel *m* diamond cone
Diamantmetallegierung *f* diamond bearing alloy
Diamantziehstein *m* diamond drawing die
Dicalciumferrit *m* dicalcium ferrite
Dicalciumsilicat *n* dicalcium silicate
dicht close; dense; leak-proof
dichtbrennen (ff. Steine) vitrify
Dichte *f* consistence; density
dichten caulk; joint; lute
Dichten *n* jointing
Dichtenfehler *m* density defect
dichtester Wert *m* mode
Dichtgas *n* seal gas
Dichtheitsschweiße *f* tightness weld
Dichtigkeit *f* **(Ofen)** degree of sealing
Dichtschweißung *f* caulk welding; seal welding
Dichtung *f* join[t]; join[t]ing; packing; stuffing
Dichtung *f* **für Walzwerke** jointing and packing for rolling mills
Dichtung *f* **(Rohre)** packing
Dichtung *f* **(Scheibendichtung)** gasket
Dichtungsmasse *f* **(für Mauerwerk)** filler; jointing compound; tightening material
Dichtungsring *m* gasket; packing ring; seal ring
Dichtungsring *m* **(e. Rohrflanschverschraubung)** joint ring
Dichtungsschweißung *f* caulk welding; seal welding
Dichtungswerkstoff *m* packing material
Dichtung *f* **(Wellen)** seal
Dicke *f* diameter; ga[u]ge; thickness
Dickenmeßgerät *n* thickness ga[u]ge
Dickenmessung *f* thickness measurement
Dickenregelung *f* automatic ga[u]ge control
Dickenverhältnis *n* **(beim Walzen)** exit thickness to roll diameter ratio in %
dicke Stelle *f* high spot

dickflüssig semifluid; viscous
Dickstoffpumpe *f* sludge pump; slurry pump; slush pump
Dickteerabscheidung *f* coal tar extraction
Dielektrizitätskonstante *f* dielectric coefficient; permittivity; specific inductive capacity
Diescher-Walzwerk *n* Diescher [rolling] mill
Dieselmotor *m* diesel engine
Differential-Flammenphotometrie *f* differential flame photometry
Differentialthermoanalyse *f* **(DTA)** differential thermal analysis
Differenz *f* difference
Differenzdruck *m* differential pressure; orifice measurement
differenzverzinntes Weißblech *n* differentially coated tinplate
Diffraktometer *n* diffractometer
diffundieren diffuse
Diffusion *f* diffusion
Diffusion *f* **bei turbulenter Strömung** eddy diffusion
Diffusion *f* **innerhalb eines Teilchens** intraparticle diffusion
Diffusionschromieren *n* chromium diffusion coating
Diffusionsdesoxidation *f* deoxidation by diffusion
Diffusionsglühen *n* diffusion annealing; homogenizing
Diffusionskoeffizient *m* diffusion coefficient
Diffusionsschweißen *n* diffusion welding
Diffusionsverfahren *n* **für Metallüberzüge** diffusion coating
Diffusionsvermögen *n* diffusivity
Diffusionsverzinken *n* sherardizing
Diffusivität *f* diffusivity
Digitalanzeige *f* digital display
digital arbeitende Anlage *f* digitally operating installation
Digitalausgabe-Einheit *f* digital output unit
digitale Datenspeicherung *f* digital data storage
digitale Informationsverarbeitung *f* digital data processing
Digitaleingabe-Einheit *f* digital input unit
digitaler Zustand *m* digital state
digitales Verknüpfungsglied *n* logic element
Digitalrechner *m* digital computer
dimensionslose Kennzahl *f* dimensionless parameter
Dinasstein *m* dinas brick; ganister brick; silica brick
DIN (Deutsches Institut für Normung) German Industrial Standards Institute
Dipolmoment *n* dipole moment
direkt abschrecken direct quenching
Direkthärten *n* direct hardening
Direkthärten *n* **von Einsatzstahl** direct hardening of case hardening steels
direkt prozessgekoppelt on-line
Direktreduktion *f* direct reduction; solid state reduction
Direktreduktionsanlage *f* direct reduction plant
Direktwalzen *n* direct rolling
Diskussion *f* consideration; discussion
Dispersionshärten *n* dispersion hardening
Dispersionskneter *m* dispersion kneader
Dispersionsmittel *n* dispersing agent

Dissipation *f* dissipation
Dissoziationsgrad *m* degree of dissociation
Distanzblech *n* spacer sheet
Divergenz *f* divergence
Dolomit *m* dolomite; magnesia-limestone
Dolomitanlage *f* dolomite plant
Dolomitbrennofen *m* dolomite calcining kiln
Dolomiterzeugnis *n* dolomite product
dolomitischer Kalk *m* dolomitic lime[stone]
Dolomitklinker *m* clinkered dolomite
Dolomit-Schleudermaschine *f* dolomite centrifuging machine
Dolomitstein *m* dolomite brick
Dolomitsteinpresse *f* dolomite brick press
Domflansch-Winkelstahl *m* angle sections with webs of unequal thickness
Doppelanlassen *n* double tempering
Doppelbohrung *f* twin-bore
doppelbördeln double seam
Doppelbördeln *n* double seaming
doppelbrechend birefringent
Doppelbrechung *f* birefringence
Doppelduowalzwerk *n* double two-high mill; double-duo
Doppelhärten *n* double hardening; double quenching
Doppelhärten *n* **von Einsatzstählen** double hardening of case hardening steels
Doppelherdofen *m* dual-hearth furnace
Doppel-HU-Naht *f* double-I butt joint (or weld)
Doppel-HV-Fuge *f* double bevel groove
Doppel-HV-Naht *f* double-bevel butt joint
Doppelkopf-Ablaufhaspel *f* double head pay-off reel
Doppelkopfschiene *f* bull head rail
Doppelkurbel *f* drag-link mechanism
doppeln double; fold
Doppelplattenkeilschieber *m* **(Winderhitzer)** double disc wedge valve
Doppelpreßtechnik *f* double press[ing] technique
Doppelreduzierstraße *f* double cold reducing mill
Doppelrollenmaschine *f* twin electrode wheel machine
Doppelscheiben-Ziehmaschine *f* double-block drawing machine
Doppelspannungstest *m* double tension test
Doppel-T-Eisen *n* H-beam; H-girder
Doppel-T-Träger *m* girder; I-beam; joist
Doppelverzinken *n* double galvanising
Doppel-V-Fuge *f* double-V groove
Döpperstahl *m* punch steel
Doppler *m* doubler
Dopplung *f* double draw; lamination; lap
Dopplung *f* **(im Stahlblock)** lamination
Dorn *m* arbor; core rod; drift; piercer
Dorn[bolzen] *m* bolt
dornen pierce
Dornen *n* off-hand piercing
Dornhubwagen *m* boom truck; ram truck
Dornstange *f* mandrel rod
Dornstapler *m* mandrel piler
Dornwiderlager *n* mandrel thrust

block
Dornziehen *n* drawing over mandrel; plug drawing
Dose *f* can
Dosierbandwaage *f* controlled feed belt weigher; metering-type belt scales
dosieren meter
Dosierpumpe *f* controlled volume pump; metering pump
dotieren dope
Drachenzähne *mpl* **(im Konus einer Torpedopfanne)** pointed cobblestoning
Draht *m* wire
Drahtader *f* wire strand
Drahtbearbeitungsmaschine *f* wire-working machine
Draht *m*, **blanker** bright wire
Drahtbruch *m* wire break; wire rupture
Drahtbund *n* bundle of wire
Drahtbürste *f* wire brush
Drahtdicke *f* wire ga[u]ge
Draht *m*, **dunkelgeglühter** black annealed wire
Drahtdurchmesser *m* diameter of wire
Drahteinspulmaschine *f* cored-wire feeding machine
Drahtelektrode *f* welding rod; wire electrode
Drahterzeugnis *n* wire product
Drahtfaser *f* wire fibre
Drahtgaze *f* wire gauze
Drahtgeflecht *n* wire netting
Drahtgewebe *n* wire mesh; wire weavings; woven-wire cloth
Draht *m*, **gezogener** drawn wire; wire
Drahtglas *n* armoured glass; wire glass
Drahtglühen *n* wire annealing
Drahthaspel *f* bobbin; rod reel; wire [rod] reel
Drahtknoten *m* wire knot
Drahtkorn *n* cut wire; wire shot
Drahtkühlstrecke *f* wire cooling line
Drahtlänge *f* wire length
Drahtlehre *f* wire ga[u]ge
Drahtlitze *f* braided wire; wire strand
Draht *m* **mit galvanischem Überzug** fully galvanised wire
Draht *m* **mit geringer Querschnittsabnahme gezogen** mild drawn wire; soft drawn wire
Draht *m* **nach Verzinken wärmebehandelt** galvannealed wire
Drahtpatentieren *n* wire patenting
Drahtpatentierofen *m* wire patenting furnace
Drahtreduktion *f* **mit Hammermaschinen** rotary hammer swaging
Drahtrichtmaschine *f* wire straightener
Drahtricht- und Abschneidemaschine *f* wire straightening and cutting[-off] machine
Drahtring *m* coil; wire coil
Drahtring *m* **ohne Spannungen aufgewickelt** dead cast wire coil
Drahtschälmaschine *f* wire peeling machine
Drahtschere *f* wire cutter
Drahtschneidemaschine *f* wire cutter
Drahtschrott-Wickler *m* cobble-baller
Drahtschweißmaschine *f* wire welding machine
Drahtseil *n* cable; steel cord; wire cable; wire rope

Drahtseilbahn *f* aerial railway; aerial ropeway; cable railway
Drahtseilbahn *f* **(elektr.)** telpher-line
Drahtseilbetrieb *m* cable drive; cable transmission
Drahtseile *npl* **und -litzen** wire ropes and braided wire
Drahtseilkübel *m* mine kibble
Drahtseilschloß *n* cable joint
Drahtseiltrieb *m* cable drive
Drahtspule *f* bobbin (wire)
Drahtspulmaschine *f* bobbin machine; wire reeler
Drahtspul- und Wickelmaschine *f* wire reeling and coiling machine
Drahtstift *m* nail; pin; tack
Drahtstraße *f* wire mill
Drahtstreckmaschine *f* wire stretching machine
Draht *m* **umflochtener** braided wire
Draht *m* **und Drahterzeugnisse** wire and wire products
Draht- und Feinstahlwalzwerk *n* rolling mill for rods and light-sections
Draht- und Stangenanspitzmaschine *f* wire and bar pointing machine
Drahtverwindeanlage *f* wire twisting machine
Drahtverwirrung *f* entanglement
Drahtvorwalzgerüst *n* rod mill rougher
Draht *m* **(Walzdraht)** wire rod
Drahtwalze *f* wire roll
Drahtwalzwerk *n* rod [rolling] mill; wire [rolling] mill; wire rod mill
Drahtwickelmaschine *f* wire coiler
Drahtzange *f* pliers; wire cutter
Drahtzaun *m* wire-fence
Drahtziehen *n* wire drawing
Drahtziehen *n* **mit Gegenzug** back pull wire drawing; reactive wire drawing
Drahtzieher *m* wire drawer
Drahtzieherei *f* wire drawing plant
Drahtziehfett *n* wire drawing grease
Drahtziehmaschine *f* wire drawing machine
Drahtzink *m* snarl
Drahtzug *m* wire drawing block
Drall *m* twist
Drallabscheider *m* cyclone dust collector; cyclone separator; high centrifugal force cyclone
Drallarbeit *f* work done in twisting
Drallbrenner *m* swirl burner
Drallbüchse *f* twist[ing] guide
Drallführung *f* twist[ing] guide
Drallrohr *n* swirl promoter
Drallrollen *fpl* roller twister units
Dreharbeit *f* turning
Drehautomatenteil *n* automatic lathe component
Drehbank *f* lathe; turning lathe
Drehbankherz *n* carrier
drehbar revolvable; rotary; swivelling
Drehbedampfung *f* **(Elektronenmikroskop)** rotary sputtering
Drehbewegung *f* rotational motion; turning motion
Drehbohrschneide *f* drill-bit; rotary bit
Drehbrechen *n* breaking by twisting
drehen revolve; rotate; turn
drehend revolving
Dreher *m* turner
Drehfestigkeit *f* torsional strength; twisting strength
Drehflammofen *m* rotary reverberatory furnace
Drehführung *f* twist guide
Drehgelenk *n* swivel-joint
Drehgestell *n* bogie frame

Drehgestell *n* **(beim Drehofen zum Wiedererhitzen)** revolving hearth
Drehherdofen *m* rotary hearth furnace
Drehkeilkupplung *f* rolling key clutch
Drehkolbengebläse *n* rotary piston blowing engine
Drehkonverter *m* rotary converter
Drehkorbhaspel *f* laying reel
Drehkran *m* rotary crane; slewing crane
Drehkreuz *n* capstan
Drehkristallaufnahme *f* rotating crystal photograph
Drehling *m* tool [holder] bit
Drehmeißel *m* turning tool
Drehmesser *n* turning tool
Drehmoment *n* starting moment; torque
Drehofen *m* rotary furnace
Drehpol *m* center of rotation
Drehpunkt *m* fulcrum; pivot
Drehpunkt *m* **des Wechselwagens** turning place
Drehrohrofen *m* revolving cylindrical furnace; revolving tubular kiln; rotary kiln
Drehrohr-Sinterofen *m* rotary sintering kiln
Drehrost-Gaserzeuger *m* revolving grate gas producer; rotary grate gas producer
Drehscheibe *f* turntable
Drehschieber *m* rotary [slide] valve
Drehschieber *m* **(Pfanne)** rotary ladle nozzle
Drehschurre *f* rotary chute
Drehschwingprüfstand *m* torsional vibration test[ing] stand
Drehschwingungsfestigkeit *f* torsional vibration strength
Drehspäne *mpl* swarf; turnings
Drehspulmeßwerk *n* moving-coil measuring system
Drehstabdauerfestigkeit *f* rotating beam fatigue test
Drehstahl *m* cutting tool; turning tool
Drehstrahltaster *m* offset tool depth ga[u]ge
Drehstrom *m* alternating current; three phase alternating current; three phase current
Drehstrom-Gleichstrom-Umformer *m* three phase to direct current motor generator set
Drehstromlichtbogenofen *m* AC electric arc furnace; three phase arc furnace
Drehstrommotor *m* three phase [current] motor
Drehteller *m* rotary feed table; swift
Drehtisch *m* revolving table; rotary table; turntable
Drehtischpresse *f* rotating table press
Drehtrommelofen *m* drum type kiln
Drehturmabdeckung *f* turret cover
Drehturmarretiereinrichtung *f* turret arresting drive
Drehturmdrehantrieb *m* turret slewing drive
Drehturm *m* **(Pfannen-)** ladle turret
Drehung *f* revolution; rotation; torsion; wrench
Drehung *f* **(Schraubenschlüssel)** wrench
Drehverbindung *f* rotating union
Drehverfahren *n* turning techniques
Drehverlappen *n* lock forming by twisting
Drehwechselfestigkeit *f* torsional fatigue strength

Drehwinkel-Meßumformer *m* angle of rotation transducer
Drehzahl *f* number of revolutions; speed
Drehzahlabfall *m* rpm drop; speed drop
Drehzahlverlauf *m* speed characteristic
Drehzapfen *m* pivot
dreieckig three-cornered; triangular
Dreieckschaltpunkt *m* delta connection
dreifach threefold
Drei-Glocken-Gichtverschluß *m* three bell hopper arrangement
Dreihundert-Grad (300 °C)-Versprödung *f* irreversible temper brittleness
Dreikantschraube *f* triangle head cap screw
Dreikantstahl *m* triangular section steel
Dreilagenblech *n* three-ply plate; triangular section
Dreilagenstahl *m* three-layer steel; two sided clad steel
Dreilagenstahlblech *n* soft center steel sheet
Dreilochdüse *f* three-hole nozzle
Dreiphasen-Sterngegenparallelschaltung *f* three-phase star inverse parallel connection
Dreipunktbiegeversuch *m* three-point bending test
Dreischichtbetrieb *m* three shift operation
Dreistoffsystem *n* ternary system
Dreistrangmaschine *f* three strand machine
Dreistufenfilter *m* **(Spektralanalyse)** three-stage transmission filter
dreistufig three-stage; three-step
dreiteiliger Anfahrkopf *m* three-head dummy bar
Dreiwalzengerüst *n* three-high rolling stand
Dreiwellenkompensator *m* concertina-type expansion joint
Dressierblumen *fpl* feathering
dressieren dress; level
Dressieren *n* skin pass rolling; temper [pass] rolling
Dressiergerüst *n* skin pass rolling mill
Dressierwalze *f* roll for skin pass rolling mill; skin pass roll
Dressierwalzwerk *n* skin pass mill; temper [pass] mill; temper [pass] rolling mill
DRI *n* direct reduced iron (DRI)
Drillingsguß *m* triple casting
Drillknicken *n* torsional buckling
Drillmoment *n* twisting moment
Drillwulststahl *m* twisted [reinforcement] bulb steel
Drop-Weight-Probe *f* drop-weight trial
Drossel *f* **(elektr.)** choking coil; reactance coil; throttle
Drosselklappe *f* butterfly valve; throttle valve
Drosselleistung *f* **(Lichtbogenofen)** supplementary reactor rating
drosseln choke; throttle
Drosselspule *f* **(Lichtbogenofen)** line reactor (am.); supplementary reactor
Drosselventil *n* butterfly valve; choker valve; throttle valve
Druck *m* compression; pressure; thrust
Druckabfall *m* pressure drop
Druckausgleichbehälter *m* surge tank

Druckbeanspruchung *f* compression load; compression stress; compressive stress
Druckbehälter *m* pressure vessel
Druckbogen *m* sheet [printing]
Druckbruch *m* compression fracture
drücken push; spin
Drücken *n* spinning
Drücken *n* **(Blechumformen)** metal spinning
Drücken *n* **von Außenborden** spinning of external flanges
Drücken *n* **von Hohlkörpern** spinning of hollow items
Drücken *n* **von Innenborden** spinning of inside beads
Drücker *m* pusher
Druckerausgabe *f* **(EDV)** print-out
Druckerei *f* printing office
Druckereimaschine *f* printing machine
Druckerweichung *f* **(ff. Steine)** softening under load (refractory bricks)
Druckfeder *f* pressure spring
Druckfestigkeit *f* compression strength; compressive strength; crushing strength
Druckfestigkeit *f* **(Werkzeugstähle)** compression strength (tool steels)
Druckfeuerbeständigkeit *f* refractoriness under load
Druckflüssigkeit *f* hydraulic fluid
Druckförderer *m* dispenser
Druckgasentschwefelung *f* desulphurisation of pressure gas
Druckgebläse *n* forced draft fan
Druckgefäßversuch *m* pressure vessel test
Druckgießkokille *f* pressure casting mo[u]ld
Druckguß *m* compression casting; die casting; high pressure die casting; pressure pouring
Druckgußstück *n* pressure die casting
Druckhöhe *f* head
Druckkessel *m* high pressure boiler; high pressure container; high pressure tank
Druckkraft *f* **(Pressen)** compressive force
Drucklager *n* thrust bearing
Druckluft *f* compressed air
Druckluftanlage *f* compressed-air system
Druckluft-Gesenkhammer *m* compressed air drop hammer
Drucklufthammer *m* compressed air hammer
Drucklufthärten *n* air blast quenching
Druckluftheber *m* air lift pump
Druckluftkessel *m* compressed air container; compressed air tank
Druckluftleitung *f* compressed air line
Druckluftmeßgerät *n* pressure ga[u]ge
Druckluftwerkzeug *n* compressed air tool; pneumatic tool
Druckmantel *m* pressure shell
Druckmarkierung *f* pressure marking
Druckmeßdose *f* pressure cell
Druckmesser *m* manometer; pressure ga[u]ge
Druckminderventil *n* pressure reducing valve
Druckmutter *f* screw-down nut
Druckprobe *f* tension test
Druckpumpe *f* forcing pump
Druckregler *m* pressure governor
Druckschmierung *f* forced lubrication

Druckschraube *f* adjusting screw; main screw; screw down
Druckschweißung *f* pressure welding
Druckschwellbereich *m* range for pulsating compressive stresses
Druckschwellfestigkeit *f* compression pulsating fatigue strength
Drucksintern *n* sintering under pressure
Druckspannung *f* compression stress
Druckspritzverfahren *n* pressure spray process
Druckstab *m* compression member
Druckstange *f* pitman
Druckstufe *f* pressure stage
Drucktopf *m* **(Walzen)** pressure pad; pressure piece
Druckumformen *n* compressive reforming; pressure forming
Druckverdüsungspulver *n* atomized powder
Druckverformung *f* compression strain
Druckverlust *m* loss of pressure
Druckversuch *m* compression test; crushing test
Drückwalzen *n* roller spinning
Drückwalzen *n* **über kegeligen Dorn** roller spinning over conical mandrel
Drückwalzen *n* **über zylindrischen Dorn** roller spinning over cylindrical mandrel
Drückwalzen *n* **von Blechteilen** roller spinning of sheet metal components; roller spinning of sheets
Druckwasser *n* hydraulic water; pressure water
druckwasserstoffbeständiger Stahl *m* high-pressure hydrogen resistant steel; steel for high-pressure hydrogenation vessels
Druckwiderlager *n* **(Rohrwalzwerk)** thrust block bearing
Dualphasenstahl *m* dual phase steel
Dualsystem *n* binary system
Dübel *m* dowel; peg
DU-Fuge *f* double-U butt weld
Dunkelfeldaufnahme *f* dark field image
Dunkelglühen *n* dark annealing
dünn thin
Dünnbandgießanlage *f* thin strip casting plant
Dünnbandgießen *n* near-net-shape casting; thin strip casting
Dünnbramme *f* thin slab
Dünnbrammengießanlage *f* thin slab casting line; thin-slab caster
Dünnbrammengießen *n* thin slab casting
dünnes Feinblech *n* taggers
Dünnflüssigkeit *f* fluidity
Dünnschichtverfahren *n* **(für Stahldrähte)** thin foil technique
Dünnschliff *m* thin section; transparent cut
Dunstglocke *f* haze dome
Duo-Kaltwalzwerk *n* two-high cold reduction mill
Duostraße *f* two-high [rolling] mill
Duowalzwerk *n* two-high [rolling] stand
Duplex-Mikro-Struktur *f* microduplex structure
Duplexstahl *m* compound steel; duplex steel
Duplexverfahren *n* duplex[ing] process
Duraluminium *n* duralumin
durcharbeiten knead; squeeze;

thoroughly work
Durchbiegen *n* **der Arbeitswalzen** whipping of the work rolls
Durchbiegung *f* out of straightness
Durchbiegung *f* **bleibende** permanent set; set
Durchbiegung *f* **(elastisch)** deflection
Durchbiegung *f* **gesamte** overall deflexion
Durchbiegung *f* **(quer)** flexure
Durchbiegungsmesser *m* deflection indicator
Durchblasen *n* bottom blowing
durchbrechen blow; break through; pierce
durchbrennen burn-through
durchbrennen mit Sauerstoff clear with oxygen
Durchbruch *m* breakout; break-out
Durchbruchfrüherkennung *f* breakout detection; breakout warning system
Durchbruchöffnung *f* cut back; opening in back
Durchdringung *f* penetration
durchdrücken pushing through
Durchdrücken *n* extruding
Durchfederung *f* resilience
Durchfluß *m* flow; passage
Durchflußmesser *m* flow meter
Durchfluß-Thermoelement *n* suction pyrometer
Durchflutungsprüfung *f* magnetic flow detection
Durchgang *m* travel
Durchgangsloch *n* throughhole
durchgehärtet full-hard
durchgehend continuous; full-length; through
durchglühen full annealing
Durchhang *m* slack
Durchhärtbarkeit *f* through-hardenability
Durchhärtbarkeit *f* **von Lagerstahl** through-hardenability of bearing steels
durchhärten full hardening
Durchhärtung *f* full hardening; through-hardening
Durchlaufentgasung *f* continuous degassing
Durchlaufglühen *n* continuous annealing
Durchlaufofen *m* continuous furnace
Durchlaufpatentieren *n* continuous patenting
Durchlochen *n* piercing
Durchmesser *m* gauge
Durchmesserteilung *f* diametral pitch
Durchschallungsverfahren *n* through transmission method
Durchsickern *n* seepage
Durchstoßofen *m* continuous pusher type furnace; pusher type furnace
Durchstrahlungsverfahren *n* irradiation method
Durchvergütung *f* full quenching and tempering
Durchwärmdauer *f* soaking time
durchwärmen heat through
Durchwärmtemperatur *f* soaking temperature
Durchziehbedingung *f* pass condition
Durchziehen *n* drawing
Durchzugformmaschine *f* stripping plate molding machine
Düse *f* die; jet; nozzle
Düse *f* **für die Entzunderung** nozzle for descaling

Düse *f* **mit wirbelfreiem Strahl** non-swirl nozzle
Düsenabstreifverfahren *n* jet process
Düsenanstellwinkel *m* **(therm. Schneiden)** nozzle setting angle
Düsenarbeitsfläche *f* die reduction zone; die working zone
Düsenausgang *m* die exit
Düsenauslauf *m* die exit
Düsenboden *m* plug bottom; tuyère bottom; wind box
Düseneinlauf *m* die entrance; die mouth
Düseneintritt *m* die mouth
Düseneintrittswinkel *m* angle of die taper; die approach angle; die entrance angle
Düsenform *f* contour of hole; die shape
Düsenhalter *m* die holder; tuyère holder
Düsenkanal *m* die channel
Düsenleistung *f* die tonnage
Düsenneigungswinkel *m* half die angle
Düsenöffnung *f* die aperture
Düsenquerschnitt *m* nozzle cross sectional area; tuyère area
Düsenrohr *n* blast pipe
Düsenstock *m* blast connection; boot leg; pen stock
Düsenstockausbauwagen *m* tuyère stock changing cart
Düsenverschmutzung *f* nozzle fouling
Düsenwand *f* die chanel surface; die wall
Düsenwand-Neigungswinkel *m* die wall taper
Düsenwinkel *m* die approach angle
DVM-Kriechgrenze *f* DVM-creep limit
DV-Naht *f* double-V butt weld

E

eben dead-flat
Ebene *f* plane
ebener Dehnungszustand *m* uniaxial elongation
ebener Spannungszustand *m* uniaxial stress
ebener Winkel *m* plane angle
Ebenheit *f* **des Bandes** strip flatness
ebenmäßiger Angriff *m* uniform attack (corrosion)
ebnen level
EBT (exzentrischer Bodenabstich) *m* eccentric bottom tapping (EBT)
Eckbeschlag *m* corner casting (on freight container)
Eckenwinkel *m* **(Spanen)** effective cutting angle
Eckigkeit *f* angularity
Eckleistung *f* peak power
Ecknaht-Prüfstück *n* corner weld test piece
Edelbaustahl *m* high-grade structural steel
Edelgas *n* inert gas; rare gas
Edelguß *m* high-strength cast iron; special cast iron
Edelstahl *m* high-grade steel; high-quality steel; special steel
Edelstahl *m*, **austenitischer** austenitic stainless steels
Edelstahl *m*, **ferritisch-austenitischer** ferritic-austenitic stainless steel
Edelstahl *m*, **ferritischer** ferritic stainless steel
Edelstahlguß *m* special steel casting

Edelstahl *m*, **martensitaushärtender** maraging stainless steel
Edelstahl *m*, **martensitischer** martensitic stainless steel
Edenbornhaspel *f* laying reel
EDT-System *n* EDT systems
EDT-Verfahren *n* electrical discharge texturing
EDV-System *n* data processing system
EDV-technische Anpassung *f* data system adjusted application
Effektivwert *m* effective value
eichen calibrate
Eichkurve *f* calibration curve
Eichlösung *f* calibration solution
Eichprobe *f* calibration test piece
Eichstrich *m* gradation; measuring line
Eigengewicht *n* dead weight
Eigenkorrelation *f* autocorrelation
Eigenschaft *f* attribute; property
Eigenschaft *f* **physikalische** mechanical property
Eigenschaft *f*, **technologische** technological property
Eigenschrott *m* home scrap; plant scrap
Eigenschwingung *f* natural oscillation
Eigenspannung *f* inherent stress; internal stress; residual stress
Eigenspannungen *fpl* **1. Art** macroscopic residual stresses
Eigenspannungen *fpl* **2. Art** microscopic residual stresses
Eigenspannungen *fpl* **3. Art** microscopic residual stresses
Eigenspannungszustand *m* inherent stress condition
Eigenverbrauch *m* internal consumption; own use
Eigenwärme *f* sensible heat
Eignungsprüfung *f* qualification test; reception test; suitability test
Eimer *m* bucket
einachsiger Spannungszustand *m* uniaxial stress condition
Einarbeitung *f* practice; training
Einbau *m* assembly; insertion; mounting
einbauen build in; fit in; insert; mount
Einbaustück *n* chock; insert
einbetten embed
Einbettmaterial *n* embedding material; packing material
Einbettung *f* embedding
einbeulen dish
Einbindung *f* integration
Einblasanlage *f* injection device
Einblasanlage *f* **für Kohlenstoff** installation for carbon injection
einblasen blow into; inject
Einblasen *n* injection blowing
Einblasen *n* **für die Nachbehandlung von Stahl in der Pfanne** injection processes for steel aftertreatment in the ladle
Einblasen *n* **(von Gichtstaub)** injection (of blast furnace flue dust)
Einbrandkerbe *f* groove; notch; weld toe
Einbrandtiefe *f* depth of penetration; penetration depth
Einbrandzone *f* penetration zone
einbrennen burn in
Einbrennen *n* baking; burning [in]; curing
einbuchten dish
eindeutig clear
Eindicken *n* thickening
Eindringen *n* indentation; penetration

Eindringkörper *m* **(bei der Härteprüfung)** penetrating body
Eindringmittel *n* penetrant
Eindringtiefe *f* depth of penetration
Eindruck *m* impression; indentation
Eindruckbeständigkeit *f* sag resistance
Eindrücken *n* impressing; indenting
Eindruckfläche *f* indentation area
einfach simple
Einfachabschneiden *n* single cropping
Einfachbiegen *n* single bending
einfache Handelsgüte *f* commercial grade; commercial quality; ordinary quality
Einfachhärten *n* single [quench] hardening
Einfachhärtung *f* single hardening treatment
Einfachpreßtechnik *f* single press technique
einfädeln (in Kaliber) thread
Einfädelvorrichtung *f* threading device
Einfahrgeschwindigkeit *f* entry speed
Einfallswinkel *m* **(Ultraschall)** angle of incidence
einfassen border
Einfassungseisen *n* casement section; frame section; sash section
einfetten grease; lubricate
Einflußrohr *n* central gate
Einflußuntersuchung *f* factorial analysis
Einflußversuch *m* factorial experiment
Einformen *n* spheroidising
Einformung *f* spheroidization
einfrieren chill; freeze
Einfügung *f* insertion
einführen enter; introduce
einführen (in Kaliber) thread
Einführung *f* entry guide; inlet; introduction
Einfüllöffnung *f* charging hole; filling hole
Eingabe-Primärstatus *m* input primary status (IPS)
Eingabe-Sekundärstatus *m* input secondary status (ISS)
Eingabezeit *f* input time interval
Eingang *m* **(Empfang)** receipt
Eingangsgröße *f* input (signal); input variable
Eingangsinformation *f* input information
Eingangsprüfung *f* reception test
Eingangsschlüssel *m* bell mouth; mouth of die
Eingangsschlüssel *m* **(des Ziehsteins)** bell mouth
Eingangsverbindung *f* input connection
Eingangswert *m* input value
eingearbeitet incorporated
eingeblasen injected
eingekeilt keyed in
eingeölt oiled finish; slushed
eingeschmolzener Fremdstoff *m* fused-in extraneous matter
eingespanntes Gewölbe *n* sprung arch
eingewalzter Splitter *m* rolled-in scrap
Eingießende *n* pouring end
eingießen (füllen) charge into; pour
eingipflig unimodal
Eingriffsbereich *m* zone of contact
Einguß *m* ingate; runner gate
Eingußrinne *f* feed runner
Eingußrohr *n* central gate; trumpet

Eingußrohr *n* **(steigender Guß)** tunnel
Eingußtrichter *m* down gate; gate; sprue
einhaken hook in; hook on
Einhalsen *n* botting
Einhalsen *n* **durch Drücken** contracting by spinning
Einhandbrenner *m* one hand burner
Einhärtbarkeit *f* hardness penetrability; potential hardness increase
Einhärtetiefe *f* effective depth of hardening; effective hardening depth; hardness penetration [depth]
Einhärtung *f* hardness penetration
Einhärtungstiefe *f* depth of hardening; depth of transformation; effective case depth
einhauen (Walzen) rag; roughen
Einheit *f* item; unit
einheitlich standard; uniform; unitary
Einheitsformat *n* unit form; unit shape
einheizen heat
Einkaliber-Stopfenwalzwerk *n* single groove plug mill
einkapseln encase
Einkauf *m* purchasing department
Einkaufsabteilung *f* purchasing department
einkerben nick; notch; rag; score
Einkerbung *f* grooving; notch
Einkerbung *f* **(an d. Schweißnaht)** grooving
Einknicken *n* **(Kaltwalzen)** buckling (of coil)
Einkreislanze *f* one circuit lance
Einkristall *m* monocrystal; single crystal
Einlage *f* insert
Einlagedraht *m* **(für Gummibereifung)** bead
Einlagenschweißung *f* bead-on-plate weld; single pass welding
Einlagerung *f* dispersion; inclusion
Einlagerung *f*, **metallische** metallic inclusion
Einlagerungsmischkristall *m* interstitial solid solution
Einlaß *m* admission; inlet
Einlaßführung *f* entering guide; entry guide
Einlaßöffnung *f* intake
Einlaufkohlenstoff *m* melt-down carbon
Einlaufperiode *f* running-in period
Einlaufrollgang *m* run-in roller table
Einlaufschlacke *f* melt down slag
Einlaufteil *n* entry section
Einlegedraht *m* bead
Einlochdüse *f* single hole nozzle
Einölmaschine *f* lubrication machine
einordnen arrange in order
Einprägen *n* stamping (characters into the surface of a workpiece)
Einregelungsbrenner *m* self inspiration burner
Einreißen *n* tearing in
Einreißen *n* **der Kante** edge tearing
einrichten adjust; equip; install
Einrichtung *f* apparatus; appliance; arrangement; equipment
Einrichtung *f* **(z. B. einer Versuchsstation)** installing; setting up
Einrichtung *f* **zum Einblasen von Kohle in Hochöfen** installation to inject coal into blast furnaces
Einriß *m* flaw
einrollen curl
Einrollen *n* curling; wiring

einrollen (mit Drahteinlage) wire
Einrollmaschine *f* **(für Rohrstreifen)** cold roll forming machine
Einsatz *m* burden; charge
Einsatzfähigkeit *f* availability for use; readiness
Einsatzgewicht *n* charge weight
einsatzhärten case harden
Einsatzhärten *n* case hardening
Einsatzhärtetiefe *f* case depth; effective case depth; specified depth of case hardening
Einsatzhärtung *f* carburisation
Einsatzmittel *n* **(für Einsatzhärtung)** carburiser; case hardening carburiser; case hardening compound
Einsatzofen *m* batch operated furnace
Einsatzschicht *f* case
Einsatzstahl *m* case hardening steel; cementation steel
Einschallwinkel *m* **(Ultraschallprüfung)** angle of sonic radiation
Einschaltdauer *f* power-on period; switching period (motor)
einschalten connect a circuit; connect into circuit
Einschalter *m* switch
Einschalt-Verzögerung *f* raising delay
Einschichtemaillieren *n* single-layer enamelling
Einschienenbahn *f* monorail
Einschlackenverfahren *n* single slag process
Einschleifen *n* seat grinding
einschließen trap
Einschluß *m* inclusion
Einschlüsse *mpl* **von Feuerfeststoffen** brick inclusions
Einschlußkennwert *m* **(Lagerstahl)** inclusion value (bearing steel)
Einschluß *m* **vereinzelter** isolated inclusion
einschmelzen melt down; smelt; smelt down
Einschmelzen *n* melting down; smelting down
Einschmelzen *n* **(Umschmelzen)** melting down
Einschmelzkohlenstoff[gehalt] *m* melt-down carbon
Einschmelzleistung *f* melting power
Einschmelzschlacke *f* melt-down slag
Einschneiden *n* lancing
Einschnitt *m* indentation
Einschnürdehnung *f* elongation with necking
einschnüren neck
Einschnürung *f* constriction; necking [down]
Einschnürung *f* **an beiden Enden des Hauptgewölbes (SM-Ofen)** knuckle (open hearth furnace)
Einschnürung *f* **(von Zerreißstäben)** bottling; necking
einschränkend restrictive
Einschränkung *f* restriction
Einschroten *n* partial parting by chiseling
Einschwingen *n* **eines Ermüdungsanrisses** initiation of a fatigue crack
einseitige Neigung *f* bias
einseitiges Pressen *n* single action pressing
Einseitigkeit *f* bias
Einseitigkeit *f* **der Probenahme** bias of sampling
Einsenken *n* die hobbing
Einsenken *n* **(kalt)** hobbing
Einsetzbühne *f* charging floor
einsetzen caburise; case harden; charge

Einsetzen *n* **mit Rutschen** chute charging
Einsetzmaschine *f* charging machine; ground level charging machine
Einsetzmulde *f* charging box
Einsetzofen *m* batch operated furnace
Einspannbacke *f* chuck jaw
einspannen chuck; clamp; grip
Einspannkopf *m* clamping head; gripping head
Einspannlänge *f* ingoing wire
Einspannung *f* insertion; mounting
Einspannvorrichtung *f* clamp; jig
Einsparung *f* saving
Einspeisen *n* feeding
Einspeisetrafo *m* supply transformer
Einspritzbehandlung *f* injection treatment
Einspritzen *n* partial spreading
Einspritzpumpe *f* injection pump
Einspritzventilator *m* injection fan
Einspruch *m* complaint; protest
Einspruch *m* **einlegen gegen ein Patent** oppose a patent
Ein-Stapel-Ofen *m* single stack furnace
Einstechschleifen *n* plunge cut grinding
einstecken enter; insert; introduce
Einsteckseite *f* **(vor der Walze)** entry side of rolls; roller's side
Einsteigtür *f* access door
einstellen adjust; center; set
Einstellkokille *f* adjustable mould
Einstellung *f* adjustment
Einstellwinkel *m* **(Spanen)** angle of incidence; tool cutting edge angle
Einstellzeit *f* **(EDV)** response time
Einstich *m* insertion; introduction; pass
Einstoffdüse *f* single-component nozzle
Einstoßen *n* reducing
Einstoßvorrichtung *f* pusher; pushing device
Einstrangbetrieb *m* single strand
Einstrang-Durchlaufofen *m* single strand continuous furnace
Einstrang-Gießmaschine *f* single strand casting machine
Einstrangverfahren *n* single strand process
Einströmungsrohr *n* intake
Einstufen-Dauerschwingversuch *m* fatigue test in one load stage
Einstufenversuch *m* single step test
einstufig single-stage
Einstufung *f* grading; grouping
einstürzen collapse
Eintauchelektrode *f* immersion electrode
eintauchen dip; immerse; sink in
einteilen grade
einteiliger Walzständer *m* monolithic roll housing
eintreten enter
Eintrittswinkel *m* **(Walzen)** entering angle
Eintröpfelung *f* dropping in
Einvergütung *f* tempering
Einwaage *f* weighed sample
einwalzen roll in
Einwalzung *f* rolled-in extraneous matter; scrap mark
Einwegaufblas-Tiefofen *m* one-way top fired soaking pit
Einwegofen *m* single way furnace; uniflow furnace
Einwirkung *f* effect; operation
Einwirkungsbereich *m* **(Gas)** sphere of action
einzapfen mortise

Einzelabguß *m* batch cast
Einzelachsbüchse *f* individual journal box
Einzelantrieb *m* individual drive; single drive
Einzelbereichsmagnet *m*, **gedehnter (ESD)** ESD (elongated single domain)-magnet
Einzelbestand *m* **(im Lager)** single on-hand quantity
Einzelblock *m* bull block; single block
Einzelheit *f* detail; item
Einzelkornskala *f* individual grain level
Einzellos *n* batch
Einzelnaht *f* individual joint (or weld)
einzelner Posten *m* item
Einzel- oder Doppelüberlappverbindung *f* single or double shear lap joint
Einzel- oder Mehrpunktschweißprobe *f* single or multiple spot welding specimen
Einzelplattenkassette *f* **(für Datenspeicherung)** single disc cartridge
Einzelprobe *f* localized porosity
Einzelton *m* pure tone
Einzelton-Analysator *m* sound analyser
Einzelversuch *m* single test
Einzelwalzenantrieb *m* **bei Duo-Umkehrstraßen (Zwillingsantrieb)** twin drive
einziehen infiltrate; neck; reduce
einziehen (zyl. Hohlkörper) close-in
Einziehzange *f* pulling-in dog
Einzweckmaschine *f* single-purpose machine-tool
Einzylinder-Dampfmaschine *f* single cylinder steam engine
Eisberg *m* **(Eisenschwammberg im Ofen)** iceberg
Eisen *n* iron
Eisenabstichloch *n* iron notch
Eisenausscheidung *f* iron precipitation
Eisenbad *n* iron bath
Eisenbadreaktor *m* iron bath reactor
Eisenbahnbedarf *m* railway material
Eisenbahnoberbaustoffe *mpl* rail accessories
Eisenbahnradreifen *m* railway tyre
Eisenbahnschiene *f* rail
Eisenbahn-Transportkessel *m* railway transport vessel
Eisenbahn-Verladeanlage *f* railway loading installation
Eisenbahnwagenbau *m* railway wagon construction
Eisenbahn-Werkstätte *f* structural engineering workshop
Eisenbahnzeug *n* railway material; track material
Eisenbau-Werkstätte *f* shop for steel structures; shop for structural engineering
Eisenbegleitelement *n* companion element; incidental element; minor constituent
Eisenbergwerk *n* iron mine
Eisenbestimmung *f* determination of iron
Eisencarbid *n* iron carbide
Eisen-Cobalt-Vanadium-Chrom-Legierung *f* iron-cobalt-vanadium-chromium alloy
Eisendraht *m* iron wire
Eisendraht *m*,**PVC-ummantelter** PVC coated iron wire
Eisendraht *m*, **verzinkter** galvanized iron wire
Eisenerz *n* iron ore

Eisenerzbrikett *n* ferric oxide briquette; iron ore briquette
Eisenerzdirektreduktion *f* direct reduction of iron ores
Eisenerz-Koks Pellet *n* ore coke pellet
Eisenerz-Lagerstätte *f* iron ore deposit
Eisenerzstücke *npl* half roasted lumps of iron ore
Eisenerzvorbereitung *f* ore beneficiation
Eisengehalt *m* iron content
eisengesättigt iron saturated
Eisengießerei *f* iron foundry
Eisengießerei-Erzeugnisse *npl* cast-iron products
Eisenglanz *m* iron glance; kidney ore; oligiste iron ore
Eisenglimmer *m* micaceous iron ore
Eisenguß *m* cast iron; iron casting
eisenhaltig ferriferous
Eisenhütte *f* ironworks
Eisenhüttenchemie *f* iron works chemistry
Eisenhüttenkunde *f* ferrous metallurgy; metallurgy
Eisenhüttenmann *m* steel man
Eisenhüttenwerk *n* iron and steel plant; iron and steel works
Eisenhüttenwesen *n* ferrous metallurgy; iron and steel manufacture; metallurgy of iron
Eisen *n* **im Abstichloch erstarrt** chestnut
Eisenkies *m* **(FeS_2)** iron pyrites
Eisen-Kohlenstoff-Schaubild *n* iron carbon diagram
Eisennickelkies *m* iron nickel pyrites; nicopyrite; pentlandite
Eisenoxid *n* ferric oxide
Eisenoxidrauch *m* iron oxide fume
Eisenoxidul *n* ferrous oxide
Eisenpecherz *n* pitticite
Eisen-Phosphor *n* iron phosphide
Eisenportlandzement *m* iron Portland cement; slag Portland cement
Eisenprodukt *n*, **metallisches** metallic iron material
Eisenpulver *n* iron powder
Eisenrinne *f* metal runner
Eisenrückgewinnungsanlage *f* iron recovery plant
eisenschaffende Industrie *f* iron and steel producing industry
eisenschüssiger Kalk *m* ferruginous lime
Eisenschwamm *m* DRI (=direct reduced iron); metallised iron ore; sponge iron
Eisenschwamm *m* **aus Stückerz** sponge iron made from lump ore
Eisenschwammpellet *n* sponge iron pellet
Eisenseife *f* iron soap
Eisenspat *m* spathic iron
Eisensulfat *n* ferrous sulfate; ferrous sulphate
Eisenträger *m* **(Baustahlträger)** steel girder
Eisen- und Stahlerzeugnisse *npl* iron and steel products
Eisen- und Stahlhandel *m* iron and steel trade
eisenverarbeitende Industrie *f* steel processing industry
Eisenverlust *m* iron loss
Eisenvitriol *n* copperas; green vitriol; iron sulphate
Eisenwerk *n* iron works
Eisenwerkstoff *m* ferrous material
elastische Formänderung *f* elastic deformation

elastische Formänderungsarbeit *f* elastic energy of deformation
elastisch plastisches Verhalten *n* elastic plastic behaviour
Elastizität *f* elasticity
Elastizitätsgrenze *f* elastic limit; yield strength
Elastizitätsmodul *m* modulus of elasticity; Young's modulus
Elektriker *m* electrician
elektrische Batterie *f* electric storage battery
elektrische Beheizung *f* electric heating; electric heating plant
elektrische Drahtseilbahn *f* telpher line
elektrische Elementarladung *f* elementary charge
elektrische Feldstärke *f* electric field strength
elektrische Leitfähigkeit *f* electrical conductivity
elektrische Maschinen *fpl* electrical machinery
elektrischer Trieb *m* electric drive
elektrisches Feld *n* electrical field
elektrische Steuerung *f* electric control
Elektrisches Widerstandsschweißen *n* **(ERW-Verfahren)** electric resistance welding (ERW process)
elektrische Verschiebung *f* electric displacement
elektrische Verteileranlage *f* distribution plant for electric current
elektrische Zentrale *f* electric power house; power station
Elektroanstauchen *n* electro thermal upsetting; upending by the electric heating method
Elektroband *n* electric strip; magnetic strip
Elektroblech *n* electric[al] quality sheet; magnetic sheet; silicon steel sheet
Elektroblech *n*, **nicht-kornorientiertes** non-grain-oriented electric steel sheet; non-grain-oriented magnetic steel sheet
Elektrochemie *f* electrochemistry
elektrochemische Beweglichkeit *f* electrochemical mobility
elektrochemisches Ablösen *n* **(Zinküberzug)** electro-chemical stripping
elektrochemische Spannungsreihe *f* electro-chemical series
elektrochemisches Potential *n* electrochemical potential
Elektrode *f* electrode
Elektrode *f* **kalkbasisch umhüllte** electrode with basic sheath
Elektrode *f* **mit Flußmittel** fluxed electrode
Elektrodenabstand *m* electrode clearance
Elektrodenabstand *m* **(Spektralanalyse)** spark gap
Elektrode *f* **nackte** bare wire electrode
Elektrodenarm *m* electrode arm
Elektrodenaufbau *m* electrode joining
Elektrodenaufbau *m* **auf dem Ofen** electrodes on-furnace assembling
Elektrodenaufbau *m* **neben dem Ofen** electrodes off-furnace assembling
Elektrodenbruch *m* electrode scrap; electrode waste
Elektrodendurchmesser *m* electrode diameter
Elektrodeneindruckfehler *m* electrode indentation defect

Elektrodeneintauchtiefe *f* depth of electrode immersion
Elektrodenführung *f* electrode guide
Elektrodenhalter *m* electrode holder
Elektrodenhalter *m* **mit geringer Reaktanz** low-reactance electrode holder
Elektrodenkappe *f* electrode cap
Elektrodenköcher *m* electrode case
Elektrodenkraftzylinder *m* electrode-pressure cylinder
Elektroden *fpl* **kreisförmig angeordnet** electrodes arranged in a circle
Elektrodenmasse *f* electrode paste
Elektrodenregelung *f* electrode control system
Elektrodenstrangpresse *f* extrusion press for electrodes
Elektrodenstrom *m* electrode current
Elektrodenteilkreis *m* pitch circle
Elektrodentragarm *m* electrode jib arm; electrode jib arms
Elektrodentragarm *m*, **stromführender** current conducting electrode jib arms; hot arms
Elektrodenverbrauch *m* electrode consumption
Elektrodenvorschubrolle *f* electrode feed roller
Elektrodenzündstelle *f* electrode arc strike
Elektroerosion *f* spark erosion; spark machining
elektroerosives Texturierverfahren *n* electrical discharge texturing (EDT)
Elektrofahrzeug *n* electric vehicle
Elektrofilter *m* electro [gas] filter; electrostatic precipitator
Elektroflaschenzug *m* electric pulley block
Elektrogasschweißen *n* electro gas welding
Elektrohängebahn *f* electric overhead trolley; telpher line
Elektrohochofen *m* electric shaft furnace
Elektrokarren *m* electric truck
Elektrolichtbogenofen *m* electric arc furnace
Elektrolyse *f* electrolysis
Elektrolyt *m* electrolyte
elektrolytische Durchlaufverzinkung *f* bethanising
elektrolytische Metallisierung *f* electro-deposition; electroplating
elektrolytische Nickelunterschicht *f* **(bei Weißblech)** electrodeposited nickel undercoat
elektrolytischer Niederschlag *m* electrolytic deposition
elektrolytisches Polieren *n* electrolytic polishing
elektrolytisches Veredeln *n* electroplating
elektrolytisches Verzinnen *n* electrolytic tinning
elektrolytisch verzinkt electrogalvanised
elektrolytisch verzinntes Weißblech *n* electrolytic tinplate
Elektrolytpulver *n* electrolytic powder
Elektromagnet *m* electromagnet
elektromagnetisch electromagnetic
elektromagnetische Prüfung *f* electromagnetic testing
elektromagnetischer Gegenstrom *m* electromagnetic counter current; electromagnetic inverse current
elektromagnetisches Rühren *n* electromagnetic stirring
Elektromechaniker *m* electrician

elektromotorische Kraft *f* **(EMK)** electromotive force (EMF)
Elektronenbeugung *f* electron diffraction
Elektronendämpfungsverfahren *n* electron attenuation process
Elektronen-Flachstrahlkanone *f* broad beam electron gun
Elektronenfraktographie *f* electron fractography
Elektronenkanone *f* **mit Fremdbeschleunigung** electron gun with external acceleration
Elektronenkanone *f* **mit Selbstbeschleunigung** electron gun with built-in self-acceleration
Elektronenmikroskop *n* electron microscope
Elektronenmikroskopie *f* electron microscopy
elektronenmikroskopische Aufnahme *f* electron-micrograph
Elektronenmikrosonde *f* microprobe analyser
Elektronenrechner *m* electronic computer
Elektronen-Ringstrahlkanone *f* annular jet discharge electron gun
Elektronenröhre *f* electronic valve
Elektronenschale *f* electron shell
Elektronenspektroskopie *f* **für chemische Analyse (ESCA)** electron spectroscopy for chemical analysis (ESCA)
Elektronenstrahlbohren *n* electron beam drilling
Elektronenstrahler *m* electron gun
Elektronenstrahl-Kaltherdfrischen *n* electron beam cold hearth refining
Elektronenstrahl-Mikroanalyse *f* electron probe microanalysis
Elektronenstrahl-Schmelzverfahren *n* electron beam melting process
Elektronenstrahlschneiden *n* electron beam cutting
Elektronenstrahlschweißen *n* electron beam welding
Elektronenstrahl-Schweißmaschine *f* electron beam welding machine
Elektronenstrahlverfahren *n* electron beam process
Elektroniederschachtofen *m* electric low shaft furnace
elektronische Datenverarbeitung *f* electronic data processing
Elektroofen *m* electric furnace
Elektrophorese *f* electrophoresis
elektroplattieren electroplate
Elektroreduktionsofen *m* electric arc reduction furnace; electric ore reduction furnace
Elektroroheisen *n* electric furnace iron
Elektrorolle *f* electric motor roller
Elektroschlacke-Schweißen *n* electro slag welding
Elektroschlacke-Umschmelzanlage *f* electro slag remelting plant; ESR-plant
Elektroschlackeumschmelzen *n* **(ESU)** electroslag refining (ESR); electroslag remelting (ESR)
Elektroschlackeumschmelzverfahren *n* **(ESU)** electro slag remelting (ESR)
Elektroschmelzschweißen *n* electric fusion welding
Elektroschweißer *m* arc welder
Elektrostahl *m* electric [furnace] steel
Elektrostauchverfahren *n* upsetting with electric resistance heating
Elektrotechnik *f* electrical engineering; electrotechnics

elektrothermisch electrothermal
Elektro-Trockenfilter *m* electro dry filter
Elektroturbogebläse *n* electric turbo blower
Elektrowerkzeug *n* electric driven tool
Elektrozug *m* electric hoist
Elementanalyse *f* element analysis
Elementarwürfel *m* unit cell
Elementarzelle *f* unit cell
Elin-Hafergut-Verfahren *n* firecracker welding
Elysieren *n* electro forming
Emaillierblech *n* enameling sheet
emaillieren enamel
emaillierfähig suitable for enamelling
Emaillierofen *m* enamel[ing] oven
Emailschlicker *m* enamel slip
Emission *f* emission
Emissions-Elektronenmikroskop *n* electron emission microscope
Emissions-Flammenphotometrie *f* emission flame photometry
Emissionsgrad *m* emission ratio; emissivity
EMK-Sonde *f* EMF cell; solid electrolyte cell
EMK *f* **(Zellspannung)** emf (cell voltage)
E-Modul *m* modulus of elasticity
E-Modul *n*, **definiertes** defined modulus of elasticity
Empfang *m* receipt
Empfindlichkeit *f* **(gegen)** sensitiveness (to); susceptibility (to)
Empfindlichkeitsregler *m* sensitivity regulator
Emulsion *f* emulsion
endabmessungsnahes Gießen *n* near net shape casting
Endabnahme final release
Ende *n* **abgeschnittenes** crop end
Endenschere *f* crop shears
Endergebnis *n* upshot
endgültige Norm *f* standard as published
endogene Erstarrung *f* endogenous solidification
endotherm endothermic
endotherme Atmosphäre *f* endothermic atmosphere
Endprobe *f* final sample
Endschalter *m* limit switch
Endstein *m* **(Ziehen)** finishing die (drawing)
Endstellung *f* final position
Energie *f* energy
Energie *f*, **anisotrope** anisotropy energy
Energiebedarf *m* power required
Energiebedarfsdeckung *f* satisfaction of energy requirement
Energieberatung *f* energy consulting
energiedispersive Röntgenanalyse *f* energy dispersive X-ray analysis
Energieeinbringen *n* energy input
Energieeinsparung *f* energy savings
Energie *f* **elektrische** electric energy
Energiefluß *m* energy flow
Energieoptimierungsofen *m* energy optimizing furnace
Energieoptimierungsofen *m* **(EOF)** energy optimizing furnace (EOF)
Energiequelle *f* energy source
Energieträger *m* **(zum Schweißen)** energy transfer medium
Energieumwandlung *f* power conversion
Energie- und Stoffwirtschaft *f* economy; organisation of power and material supply; power and material

Energieverbrauch *m* energy consumption; power consumption
Energieverbundwirtschaft *f* integrated power system
Energieverlust *m* loss of energy; loss of power
Energieversorgung *f* power supply
Energieverwendung *f* energy employment
energiewirtschaftliches Verbundsystem *n* power supply interlinked system
Energiewirtschaftsingenieur *m* energy manager
Energiewirtschafts-Schwerpunkt *m* focal point of power economy
eng narrow
Engen *n* **durch Drücken** contracting by spinning
Engpaß *m* bottle-neck
engster Querschnitt *m* bottle-neck
entarteter Perlit *m* degenerate pearlite
Entaschungsanlage *f* ash removal [device]; ash removal plant
Entbenzolung *f* **mit Kühler und Wärmetauscher** debenzoling by cooler and heat exchanger
Entchromen *n* dechroming
Entfall *m* discard
entfernen remove
Entfernen *n* **der Gangart** removal of gangue
Entfestigung *f* removal of workhardening; work softening
entfetten degrease; dewax
Entfetten *n* degreasing
Entfettung *f* degreasing
Entfettungsmittel *n* degreasing agent
entflammen set alight
entgasen degas; degasify; evaporate
entgaster Stahl *m* killed steel
Entgasung *f* degassing
Entgasungszeit *f* degassing time
Entgasung *f* **(von Schmelzen)** degassing
Entgiftung *f* decontamination; detoxication
entgraten debur; flash trim
Entgraten *n* deburring
Entgrater *m* deburrer
Entgratmaschine *f* deburring machine
Enthalpie *f* enthalpy
enthalten contain
enthaltend containing
enthärtetes Wasser *n* softened water
Enthärtungsanlage *f* softener
entkohlen decarburise; decarburize
Entkohlung *f* decarburization; removal of carbon
Entkohlungstiefe *f* decarburization depth; depth of decarburization
Entkohlungswirkung *f* carbon drop; decarburising effect
entkuppeln discharge; disengage; uncouple
Entladeanlage *f* unloading facilities
entladen discharge; empty; unload
entlassen discharge
Entlassung *f* discharge
Entlastung *f* removal of load; stress removal
Entlastungsventil *n* bleeder valve
entleeren empty
Entleerungsanlage *f* detarring plant
Entlüften *n* ventilation
Entlüftung *f* breather; venting
Entlüftungsanlage *f* ventilating system
Entmagnetisieren *n* demagnetising
Entmischung *f* phase separation;

segregation; separation
entölen de-oil
Entöler *m* oil separator
Entphenolung *f* **des Gaswassers** phenol extraction from the gas water
Entphosphorung *f* dephosphorization
Entphosphorungsmittel *n* dephosphorizing agent
Entropie *f* entropy
entrosten derust
Entrostung *f* rust removal
Entrostungsmittel *n* derusting agent
Entsalzen *n* desalting
Entsalzen *n* **(Meerwasser)** desalination
entsalztes Wasser *n* desalinated water
entschlacken deslag; remove slag
Entschlackungsmittel *n* deslagging agent
entschlämmen deslime; free from mud
Entschlüßler *m* decoder
Entschwefelung *f* desulphurisation
Entschwefelungsanlage *f* desulphurisation plant
Entschwefelungsausrüstung *f* desulphurization equipment
Entschwefelungsbehandlung *f* desulphurization treatment
Entschwefelungsgemisch *n* desulphurizing mixture
Entschwefelungsmittel *n* desulphurication agent; desulphurizing agent
entsilicieren desiliconize
Entsorgungseinrichtung *f* disposal system
entspanntes Wasser *n* low-surface tension water
Entspannung *f* removal of stress; stress relieving
Entspannungsglühen *n* stress relief annealing
Entspannungsverhalten *n* relaxation behaviour
Entstabilisierung *f* **des Restaustenits** destabilization of retained austenit
entstauben dust off; remove dust
Entstauber *m* dust catcher
Entstaubung *f* dust extraction; dust removal
Entstaubungsanlage *f* dust catcher; dust removing plant; dust-collecting machine
Entstaubungsgrad *m* degree of dust extraction; degree of dust removal
Entstickung *f* removal of nitrogen
Entteerungsanlage *f* detarring plant
entwässern dewater; drain
Entwässerung *f* dewatering
Entwässerungsanlage *f* draining plant
Entwässerungsrohr *n* drainage pipe
entwickeln (Rauch) evolve; produce
Entwicklung *f* trend
Entwicklungsrichtung *f* trend
Entwurf *m* design; device; plan
Entzinkung *f* dezincification
entzünden ignite
entzundern descale
entzundern (bei Blöcken) descale
Entzunderung *f* descaling
Entzunderungsanlage *f* descaling plant; descaling system
Fntzündung *f* ignition
Epilamenreibung *f* near contact friction
epitaxiales Oxid *n* epitaxial oxide
Epoxid *n* epoxy
erbauen build
erblasen blow

Erdgas *n* natural gas
Erdgasbrenner *m* natural gas burner
erdiges Erz *n* earthy ore
Erdnaphtha *n* rack oil
Erdöl *n* petroleum
Erdschluß *m* earth connection; earth fault; earth leakage
Erdung *f* earth connection; earthing
Erdungskabel *n* earth lead; work lead (am.)
Erfahrungswahrscheinlichkeit *f* empirical probability
Erforschung *f* investigation; research
ergänzen amplify; complete
Ergänzungsbericht *m* supplementary report
Ergänzungsmessung *f* supplementary measurement
ergeben result
Ergebnis *n* issue; result; yield
Ergonomie *f* ergonomics
ergreifen grasp
Erhaltungsbetrieb *m* maintenance department
Erhaltung *f* **(z. B. durch Ausbesserung)** salvage
Erhebung *f* elevation
erhitzen heat
erhitzungsempfindlich sensitive to heating
Erhitzungsmikroskop *n* hot stage microscope
erhöhen bring up; increase
Erhöhung *f* enhancement
Erholung *f* recovery
Erholung *f*, **dynamische** dynamic recovery
Erholungsglühen *n* recovery annealing
Erholung *f*, **statische** static recovery
Erichsen-Tiefung *f* cupping index
erkalten cool
Erkaltung *f* cooling
Erkennung *f* identification
Erkerabdeckung *f* bay covering
Erklärung *f* elucidation
Erläuterung *f* elucidation
Ermüdung *f* fatigue
Ermüdung *f* **bei niedriger Lastspielzahl** low cycle fatigue
Ermüdungsbruch *m* fatigue failure; fatigue fracture
Ermüdungskorrosion *f* fatigue corrosion
Ermüdungsprüfung *f* fatigue test
Ermüdungsriß *m* fatigue crack
Ermüdungsversuch *m* endurance test; fatigue test
erneuern renew; restore
Erneuerung *f* rebuild
erodieren erode
Erörterung *f* consideration; discussion
Erosion *f* erosion
Erosionskorrosion *f* corrosion erosion
Erosionsverhalten *n* erosion characteristics
erproben test
erregen excite
errichten construct; erect
Errichtung *f* **(eines Werkes)** erection (of a mill)
Ersatz *m* replacement; substitution
Ersatzbad *n* replenishing solution
Ersatzfehlergrösse *f* substitute defect size
Ersatzfehlergröße *f* **(zerstörungsfreies Prüfen)** calibrated standard defect size
Ersatzgerüst *n* replace stand; spare stand
Ersatzgetriebe *n* substitute gear; substitute mechanism

Ersatzteil *n* spare part
Erscheinung *f* phenomenon
Erscheinungsbild *n* hypothetical postulate
Erscheinungsform *f* **makroskopische** macroscopic phenomenon
Erscheinungsform *f* **mikroskopische** microscopic phenomenon
Erschmelzung *f* **im Lichtbogen** electric arc melting
Erschmelzungsart *f* melting process
erschöpfend exhaustive; sufficient
Erschöpfung *f* exhaustion
Erschütterung *f* concussion; shock
erschütterungssicher shock proof
ersetzen replace
Ersparnis *f* saving
erstarren coagulate; freeze; set
Erstarren *n* freezing; solidifying
erstarrender Metallblock *m* solidifying pig
erstarrtes Eisen *n* **im Abstichloch** chestnut
Erstarrung *f* solidification
Erstarrungsbereich *m* solidification range
Erstarrungsgefüge *n* solidification microstructure; solidification structure
Erstarrungspunkt *m* freezing point
Erstarrungsriß *m* crater crack; solidification crack
erster Zug *m* **(beim Kaltziehen)** ripping; rumpling
Erstprüfung *f* initial test
Ertrag *m* increase; output; profit
Erwachsenenschulung *f* adult training
Erwärmdauer *f* heating time
erwärmen heat; warm
Erwärmen *n* heating
Erwärmung *f*, **induktive** induction heating
Erwartung *f* expectation
Erwartungswert *m* expectation value
erweichen resolve; soften
Erweichungsprobe *f* squatting test
Erweichungspunkt *m* fusion point; sagging point; sintering point
erweitern enlarge; expand; extend; widen
Erweiterung *f* boss; enlargement; extension
Erweiterungsfunktion *f* extender function
Erweiterungsglied *n* extender element
Erz *n* ore
Erzabfälle *mpl* tailings
Erzader *f* ore vein
Erzaufbereitung *f* ore concentration; ore dressing
Erzaufbereitungsanlage *f* ore dressing facility; ore dressing plant; ore preparation plant
Erzausschuß *m* ore committee
Erzbrecher *m* ore crusher
Erzbunker *m* ore bin; ore storage bunker
erzen (Erz zusetzen) ore up
erzeugen (Dampf) produce; raise
Erzeuger *m* producer
Erzeugnis *n*, **feuerfestes** refractory [product]
Erzeugnis *n*, **isostatisch gepreßtes** isostatically pressed product
Erzeugnis *n*, **kaltgewalztes** cold rolled product
Erzeugnisse *npl* **in der Fertigung** work in progress
Erzeugung *f* fabrication; manufacturing; output
Erzeugungsangaben *fpl* output data; production data

Erzeugungsleistung *f* production rate
Erzeugungsmenge *f* output
Erzeugung *f* **(Strom)** generation
Erzfrachter *m* ore freighter
Erzfrischverfahren *n* direct process for the production of wrougth iron
erzführend ore bearing
Erzgicht *f* ore burden
erzhaltig ore bearing
Erzklein *n* ore fines
Erzkonzentrat *n* ore concentrate
Erzlager *n* source of ore
Erz *n* **leicht reduzierbares** easily reducible ore
Erz *n* **mulmiges** earthy ore; friable iron ore
Erzvorbereitungsanlage *f* ore dressing plant
ESU-Schlacke *f* ESR slag
Etikettiermaschine *f* labelling machine
Europäische Gemeinschaft für Kohle und Stahl (EGKS) *f* European Community for Steel and Coal (ECSC)
eutektisch eutectic
eutektoidische Umwandlung *f* eutectoid transformation
exogene Erstarrung *f* exogenous solidification
exotherm exothermic

F

Fabrikationsring *m* catchweight coil
Fabrikgebäude *n* factory building
Facharbeiter *m* expert workman; skilled worker; skilled workman
Fachgruppe *f* professional organization
Fachliteratur *f* technical literature
Fachmann *m* expert; specialist
Fachnorm *f* engineering standard
Fachnormenausschuß *m* engineering standards committee; professional standards committee; technical standards division
Fachsitzung *f* divisional meeting
Fachtagung *f* divisional meeting
Fachverband *m* technical association (or organization)
Fachwerk *n* framework; truss
Fachwerkknoten *m* framework knote
Fachwerkträger *m* lattice girder
Fackel *f* **(Abgas)** excess gas burner; surplus gas burner
Faden *m* **(Faser)** filament
Fadenkristall *m* whisker
Fadenlunker *m* axial [fine] porosity; central porosity; coky centre
Fadenzeiger *m* hair line pointer
fahrbar mobile; movable; travelling
fahrbarer Roheisenmischer *m* mixer type hot metal car
fahrbarer Rollgang *m* travelling roller table
fahrbare Trommelpfanne *f* mobile drum type ladle
Fahrdrahtaufhängung *f* contact wire suspension (electric traction)
fahren travel
Fahrschiene *f* overhead beam
Fahrzeug *n* car; vehicle
Fahrzeugfeder *f* vehicle spring
faktorielle Versuchsplanung *f* factorial design
Fakturiermaschine *f* invoice typewriter
Fallbär *m* drop; tup
Fallbeschleunigung *f* acceleration due to gravity; acceleration of free

fall
Fallbirne *f* drop weight; tup
Fallbügel *m* chopper bar
Fallbügelregler *m* chopper bar controller
Fallbügelüberwachung *f* chopper type monitoring
Falle *f* trap
fällen precipitate
fallend direct teem; top pour; top-cast
fallender Guß *m* top pouring
Fallendgießen *n* direct casting; top pouring
fallend [ver]gießen direct teem; down-hill teem; teem direct; top-cast
Fallgewichtsversuch *m* drop weight tear test (DWTT)
Fallhammer *m* drop hammer; drop press; drop stamper
Fallhärteprüfer *m* hardness drop tester
Fallhärteprüfung *f* drop hardness test; impact ball hardness test
Fallprobe *f* falling weight test; shatter test
Fall-Riß-Versuch *m* drop-weight tear test
Fall-Riß-Versuch *m* **nach Battelle** Battelle drop-weight tear test
Fallrohr *n* down-comer; downpipe
Fällung *f* precipitation
Fällungsdesoxidation *f* deoxidation by oxide precipitation; precipitation deoxidation
Fällungspulver *n* precipitated powder
Fallversuch *m* **(DWT)** drop weight test
Fallwerk *n* **(Schrottzerkleinerung)** skull cracker
falsche Einstellung *f* maladjustment
Falschluft *f* entrained air; false air; infiltrated air
Falschlufteinbruch *m* **(am Brennerrohr)** air-inleakage
Faltbund *n* folded bundle
Falte *f* fold; pincher
Falte *f* **(beim Schmieden)** cold shut
falten crinkle; double; fold
Faltenbildung *f* formation of wrinkles
Faltenhalter *m* annular holder; annular ring; clamping ring
Falte *f* **(überwalzte)** cold lap
Faltprobe *f* bend specimen
Faltungsriß *m* fold crack; fold crevice; seam
Faltversuch *m* bending test; bend-over test; doubling test; folding test
Falzblech *n* sheet with good bending properties
falzen bead; crimp; fold; seam
Falzen *n* **(Anlegen eines Bordes)** seaming
Falzen *n* **durch Drücken** seaming by spinning
Fangstoff *m* getter (powder met.)
Faraday-Konstante *f* Faraday´s constant
Farbbeschichtungsanlage *f* paint coating line
farbdurchdringend dye-penetrant
Farbeindringprüfung *f* dye penetrant inspection
Farbpyrometer *n* colorimetric pyrometer
Farbschicht *f* film of paint
Farbsignieranlage *f* paint marking plant; paint marking system
Farbspritzanlage *f* paint spraying system
Farbspritzverfahren *n* paint spraying process

Faser *f* chamfer; fiber; filament
Faserbruch *m* fibrous fracture
faseriger Bruch *m* fibrous fracture
faseriges Pulver *n* fibrous powder
Faserkeramikformteil *n* fibre-ceramic moulded article
Faserprodukt *n* fibre product
Faserstruktur *f* fibering; fibrous structure
Faserverbundwerkstoff *m* fibre reinforced material
faserverstärktes Metall *n* fibre reinforced metal
Faserverstärkung *f* fibre reinforcement
Faß *n* barrel
Faßblech *n* barrel sheet
fassen contain; grasp; grip
Fassondrehteil *n* special shape turned part
fassonpressen form; shape
Faßreifen-Bandstahl *m* supporting hoop for barrels
Fassung *f* border; casing; mount
Fassung *f* **(bei Ziehsteinen)** die holder
Fassungsvermögen *n* capacity; holding capacity
Fassung *f* **(Ziehstein)** mount
faul brittle
faulbrüchig short-brittle
Faustregel *f* rule of thumb
Fazit *n* break-down; net result; upshot
Fazit *n* **(Schlüsselergebnis)** sum total
Feder *f* spring; tongue
Federbandstahl *m* steel strip for springs
Federblatt *n* spring blade; spring leaf; spring plate
Federblech-Biegeversuch *m* spring plate bend test
Federdraht *m* spring wire
Federdruckapparat *m* spring pressure device (or attachment)
Federdruckmesser *m* spring pressure gauge
Federführungshülse *f* spring housing
Federkeil *m* feather key; fitting key
Federkennlinie *f* load deflection curve for spring
Feder *f* **kleiner Abmessung** light-gage spring
Federlegierung *f*, **aushärtbare** precipitation hardening alloy for springs
Feder-Massenmodell *n* mass-spring model
Federmatrize *f* spring supported die
federnde Aufhängung *f* spring suspension
Federn-Schwingprüfmaschine *f* scragging machine for testing springs
Federprüfmaschine *f* spring testing machine
Federring *m* spring washer
Federscheibe *f* **(screw)** spring washer
Feder-Sicherheitsventil *n* spring-operated safety valve
Federstahl *m* spring steel
Federstahldraht *m* spring steel wire
Federstahldraht *m*, **nichtrostend** stainless spring steel wire
Federstahlsorte *f* spring steel grade
Feder und Nut *f* slot and groove; tongue and groove
Federung *f* deflection; spring
Fehlabmessung *f* **(beim Kaltwalzen)** off-ga[u]ge
Fehlen *n* absence; absenteeism; lack
Fehler *m* defect; error; fault

Fehlerbereich *m* confidence interval
Fehlerbewertung *f* defect valuation
Fehler *m* **durch nicht genau übereinander sitzende Gesenkhälften** mismatch; offset
Fehlerecho *n* defect echo; flaw echo
Fehlererscheinung *f* fault
fehlerfreie Probe *f* sound test piece
Fehlergrenze *f* limit of error
Fehlergröße *f* defect size
fehlerhaft defective; faulty
Fehlerortungsstab *m* **(Ultraschall)** flaw location scale
Fehlerprüfgerät *n* defects detecting device
Fehlerquelle *f* bias; source of defect; source of error
fehlgeordnete Legierung *f* disordered alloy
Fehlguß *m* faulty cast; mis-run [casting]; off-cast; waster
Fehlordnung *f* disorder (structure)
Fehlordnungsgrad *m* degree of disorder
Fehlschicht *f* absenteeism
Fehlschlag *m* failure
Fehlschmelze *f* misfit cast; off-heat
Fehlstelle *f* defect; imperfection; void
Fehlwalzung *f* cobble
Feile *f* file
feilen file
Feilenstahl *m* file steel
Feilspäne *mpl* filings
fein bearbeitet finish-machined
Feinblech *n* metal sheet; sheet; sheet metal
Feinblech *n*, **aluminiertes** aluminized sheet
Feinblech *n*, **aluminiertes (feueraluminiert oder walzplattiert)** aluminized sheet (hot dip aluminized or cladded by rolling)
Feinblech *n*, **beschichtetes** coated sheet
Feinblecherzeugnis *n*, **laserstrahlgeschweißt** laser-welded sheet
Feinblech *n*, **folienbeschichtet** leaf coated sheet
Feinblech *n*, **lackiert** lacquered sheet; varnished sheet
Feinblech-Vorwalzgerüst *n* **mit ungehärteten Gußwalzen** soft mill
Feinblech-Walzwerk *n* sheet [rolling] mill
Feindehnungsmessung *f* microtrain measurement
Feindraht *m* fine wire
Feineisen *n* small sections
Feineisenwalze *f* small-section roll
feinen deoxidize; purify; refine
Feinentstaubung *f* secondary dust removal
Feinerz *n* fine ore; ore fines
Feingefüge *n* fine structure; microstructure
feingeschliffen precision ground
Feinguß *m* precision casting
Feinkoks *m* coke fines; rubbly culm coke
Feinkorn *n* fine grain
Feinkornbaustahl *m* fine grained structural steel
Feinkornbaustahl *m*, **schweißbarer** weldable fine grained structural steel
Feinkorn-Desoxidation *f* grain size control by deoxidizing practice
feinkörnig fine-grained; small grained
feinkörniger Bruch *m* fine-grained fracture; sappy fracture
feinkörniges Gefüge *n* fine-grained structure; sappy structure

feinkörniges Roheisen *n* close-grained pig
Feinkornstahl *m* close grained steel; fine grained steel
Feinmeßmanometer *n* sensitive pressure gauge
Feinmessung *f* precision measurement
feinnadelig acicular
Feinpore *f* micropore
Feinpulver *n* fine powder
Feinreinigung *f* fine cleaning; fine purification; secondary cleaning
Feinschneiden *n* fine-edge blanking
Feinsilicium *n* fine silicon
Feinstahl-Walzwerk *n* light section rolling mill; small-section rolling mill
Feinstanteil *m* superfines
Feinstband *n* ultra thin strip
Feinstbearbeitung *f* microfinishing
Feinstblech *n* black plate
Feinstblech *n*, **spezialverchromtes** specially chromized black plate
feinste Abmessung *f* finest ga[u]ge
Feinstpulver *n* sub-sieve powder
Feinstraße *f* small section mill
feinstufiger Vorschub *m* sensitive feed
Feinstziehschleifen *n* superfinishing
Feinungsschlacke *f* final slag; refining slag
Feinvakuum-Elektronenstrahlschweißen *n* medium high vacuum electron beam welding
Feinzerkleinerung *f* fine grinding (powder met.)
Feinzerkleinerung *f* **fester Metalle** comminution of solid metals
Feinzink-Destillationsanlage *f* zinc destillation plant
Feinzug *m* finishing pass
Feld *n* country
Feldanweisung *f* field definition
Feldelektronenmikroskop *n* field electron microscope
Feld *n* **(Gewölbe)** roof panel
Feldionenmikroskopie *f* field ion microscopy
Feldstärke *f* field intensity
Feldvariable *f* field variable
Felge *f* rim
FeNb Fülldraht *m* FeNb cored wire
Fenster *n* **(EDV)** gate
Fensterstahl *m* sash and casement sections; window framing steel
Ferien *pl* holidays; vacation
Ferngas *n* grid gas; long-distance gas
Ferngasnetz *n* gas grid; grid
Ferngasverdichter *m* compressor for grid gas transmission; compressor for long distance gas transmission
Ferngasversorgung *f* grid gas supply; long-distance gas supply
Ferngeber *m* teletransmitter
Ferngreifer *m* remote control[led] grab
Fernheizung *f* long distance heating
Fernheizungsanlage *f* district heating plant
Fernleitung *f* long-distance pipeline
Fernmeldeanlage *f* telecommunication system
Fernmeßgerät *n* telemeter
Fernmessung *f* telemetering
Fernordnung *f* long range order
Fernschreiber *m* teleprinter; telewriter
Fernsehmikroskop *n* quantitative television microscope

Fernsehsignal *n* video-signal
Fernsehübertragung *f* television transmission
Fernsender *m* remote transmitter
Fernsteuerung *f* remote control
Fernübertragung *f* **von Meßgrößen** tele-transmission of measured values
Ferrit *m* ferrite
ferritisch ferritic
ferritischer Stahl *m* ferritic steel
Ferritkorn *n* ferrite grain
Ferritspieß *m* ferrite lath
Ferrocarbidstein *m* ferrocarbide brick
Ferrochrom *n* ferrochromium
Ferroclipstein *m* ferroclip brick
Ferrokoks *m* ferro-coke
Ferrolegierung *f* ferro alloy
Ferrolegierungsanlage *f* ferroalloy plant
ferromagnetisch ferromagnetic
Ferromangan *n* ferro-manganese
Ferromolybdän *n* ferromolybdenum; ferro-molybdenum
Ferro-Niob *n* ferroniobium
Ferro-Niob-Carbid *n* ferroniobium carbide
Ferro-Niobium-Pulver *n* ferro-niobium powder
Ferrophosphor *n* ferrophosphorus
Ferrosilicium *n* ferrosilicon; ferro-silicon
Ferro-Silicium-Magnesium *n* ferro-silicon-manganese
ferrostatischer Druck *m* ferrostatic pressure
Ferrotitan *n* ferrotitanium; ferro-titanium
Ferrovanadium *n* ferrovanadium
Ferrowolfram *n* ferrotungsten; ferro-tungsten
Ferrozink *n* ferrozinc
fertig ready (for operation)
Fertigbauteil *n* prefabricated member; prefabricated unit
Fertigbearbeitung *f* finish machining
fertigblasen blow full
Fertigdichte *f* **(Pulvermet.)** final density
Fertigdrahterzeugnis *n* wire product
Fertigdrehbank *f* finishing lathe
Fertigerzeugnis *n* finished goods; finished product
fertiger Ziehling *m* finished part; formed piece
Fertiggerüst *n* finisher; finishing stand
Fertiggesenk *n* finisher
Fertigglühung *f* final annealing
Fertigkaliber *n* finishing groove; finishing pass
Fertigkeit *f* art
Fertiglänge *f* effective length; finished length
fertigmachen finish
Fertigmaß *n* finished size
Fertigschlacke *f* final slag; finishing slag; refining slag
Fertigsinterung *f* final sintering operation
Fertigstapel *m* stack of finished steel sheets
Fertigstich *m* shaping pass
Fertigstraße *f* finishing train
Fertigteil *n* finished part
Fertigung *f* production
Fertigung *f* **nahtloser Stahlzylinder** production of seamless steel cylinders
Fertigungsablauf *m* production flow
Fertigungskontrolle *f* fabrication quality control

Fertigungssteuerung *f* production control
Fertigungszeit *f* manufacturing time; production time
fertigwalzen finish [roll]
Fertigwalzwerk *n* finishing [rolling] mill
fest constant; solid
Festbett *n* static bed
Festbrennen *n* **auf den Führungen** sticking in the guides (lamination)
Festbundglühen *n* tight coil annealing
Festbundtisch *m* tight coil table
feste Kosten *pl* fixed costs
feste Länge *f* exact length
feste Lösung *f* solid solution
feste Phase *f* solid phase; solid stage
fester Zustand *m* solid state
festes Roheisen *n* pig iron
festfressen gall; jam; scour
festhaftend firmly adhering; firmly bonded to
festhaftender Überzug *m* fast coating
Festigkeit *f* consistence; resistance; strength; tensile strength
Festigkeitseigenschaften *fpl* mechanical properties; strength characteristics; strength properties
festigkeitsgerecht properly proportioned for stress and strain
Festigkeitsschweiße *f* strength weld; tightness weld
Festigkeitsuntersuchung *f* fatigue testing
Festigkeitswert *m* strength value
festklemmen jam
Festkörper *m* solid; solid-state body
Festkörperreibung *f* solid state friction
Festpreis *m* fixed price
feststehend fixed; stationary
feststellen determine; observe; state
Feststellung *f* identification
Feststellvorrichtung *f* arresting device
Feststoff *m* solid; solid matter
Feststoffeinschluß *m* solid inclusion
Feststoffreduktion *f* reduction of solids
fest werden congeal
Festwertregelung *f* control with fixed set-point; fixed set point control; set value control
Fett *n* **in - arbeitend (Lager)** grease packed
Fettkalk *m* fat lime
Fettkohle *f* caking coal; cannel coal; coking coal
Fett- oder Schmutzgrübchen *npl* grease or dirt marks (surface defect); grease or dirt pits
Fettöl *n* fatty oil
Fettpresse *f* grease gun
Fettschmieranlage *f* lubrification installation
feucht damp
Feuchtigkeit *f* humidity; moisture
Feuchtigkeitsgeber *m* humidity cell
Feuchtigkeitsgradmesser *m* **(bei festen Stoffen)** moisture meter
Feuchtigkeitskorrosion *f* aqueous corrosion
Feuchtigkeitslagerversuch *m* high humidity and condensation test
Feuchtigkeitsmeßgerät *n* dewpoint recorder
Feueraluminieren *n* hot dip aluminising
feueraluminiert hot dip aluminized
feuerbeständig fire resisting; nonscaling; scale-resisting

feuerbeständiger Guß *m* fire-resisting casting; heat-resisting casting
Feuerbeständigkeit *f* **(eines Steines)** refractibility; refractory quality
Feuerbeton *m* refractory concrete
Feuerbrücke *f* fire-bridge
feuerfest fire proof; fire resisting; refractory
Feuerfestausbruch *m* **(Entfallstoff)** refractory breaks
feuerfeste Anstrichmasse *f* refractory coating
feuerfeste Auskleidung *f* refractory lining
feuerfeste Ausmauerung *f* fireproof lining
feuerfeste Flickmasse *f* refractory patching mass
feuerfeste Masse *f* refractory mixture
feuerfester Baustoff *m* refractory building material
feuerfester Leichtstoff *m* light weight refractory; low density refractory
feuerfester Mörtel *m* refractory cement; refractory mortar (am.)
feuerfester Stein *m* firebrick; refractory brick
feuerfester Ton *m* fire-clay; refractory clay
feuerfestes Futter *n* refractory lining
feuerfestes Graphit-Ton-Erzeugnis *n* plumbago [refractory]
feuerfeste Stampfmasse *f* refractory ramming mixture
Feuerfestigkeit *f* refractability; refractoriness
Feuerfest-Industrie *f* refractories industry
Feuerfestmaterial *n* refractory [material]
feuergefährlich inflammable
Feuerkratze *f* rake
Feuerleichtmasse *f* light-weight refractory mix
Feuerleichtstein *m* light-weight refractory brick
Feuerlöscher *m* fire extinguisher
Feuermelder *m* fire detector
Feuerraum *m* **(Ofen)** combustion chamber
Feuerschweißen *n* forge welding
Feuerspritzenwagen *m* fire-engine
Feuerung *f* fire place; firing; heating
Feuerungsanlage *f* firing plant
Feuerverkupferung *f* copper coating
Feuerversilberung *f* silver coating
Feuerverzinken *n* hot [dip] galvanising
feuerverzinkt hot [dip] galvanised
Feuerverzinkung *f* hot dip galvanising; hot galvanizing
Feuerverzinkungsanlage *f* hot dip galvanizing line
Feuerverzinkungsanlagenzubehör *n* hot dip galvanizing plants equipment
Feuerverzinnen *n* hot dip tinning
feuerverzinntes Weißblech *n* hot-dipped tinplate
Feuerverzinnung *f* hot tinning; tin coating
Feuerzement *m* refractory mortar
Filmverdampfung *f* film-boiling
Filter *m* filter
Filteranlage *f* filter plant
Filter *m* **(EDV)** strainer
filtern filter
Filterschlauch *m* filter bag
filtrieren filter; percolate
Finanzbuchhaltung *f* financial accounts department
Finanzkonten *npl* finance accounts

Finite-Elemente-Verfahren *n* finite element method (FEM)
Firmenschild *n* name plate
Firnissen *n* varnishing
Firstblech *n* ridging plate
Fischauge *n* fish eye; fish-eye
Fischschuppe *f* fish scale
Fischschwänze *mpl* fish tails
Fittings *pl* fittings
fixe Länge *f* specified length
Fixierbad *n* fixing bath
Flachbahnkaliber *n* **(Walzwerk)** bullhead pass
Flachbahnwalze *f* flat roll; plain surface roll (am.)
Flachbiegeversuch *m* flat-bending test
Flachblech *n* plain sheet
Flachbramme *f* flat slab
Flachdraht *m* flat wire
Fläche *f* area; face; plane; surface
Fläche *f*, **gedrückte** projected contact area
Flacheisen *n* flat bar
Flacheisen *n* **mit abgerundeten Kanten** chain section
Flächenberieselungskühler *m* spray cooling tank
Flächenbeziehungsgesetz *n* area relation law
Flächendiagonale *f* **des Elementarwürfels** cube face diagonal
Flächendruck *m* pressure per unit of area; pressure per unit of surface
Flächeneinheitslast *f* unit load
Flächenfräsen *n* surface milling
Flächeninhalt *m* area
Flächenlängsriß *m* longitudinal facial crack
Flächenpressung *f* surface pressing
Flächenquerriß *m* transverse facial crack
Flächenraum *m* area
Flächenverschleiß *m* wear of top face
flachgewalzte Erzeugnisse *npl* flat rolled products
Flachgewinde *n* square thread
Flachhalbrundstahl *m* flat half rounds
Flachherdmischer *m* flat-hearth type mixer
Flachkaliber *n* box groove; box hole; box pass
Flachknüppel *m* slab billet
Flach-Längswalzen *n* flat longitudinal rolling
Flach-Längswalzen *n* **von Hohlkörpern** flat longitudinal rolling of hollow items
Flach-Längswalzen *n* **von Vollkörpern** flat longitudinal rolling of solid bodies
Flachlasche *f* flat joint
Flachmaterial *n* **für die Kaltumformung** flat material for cold forming
Flachmatrize *f* flat die
Flachnaht *f* flat face fillet weld
Flachprägen *n* flat; surfacing
Flachprodukt *n*, **verzinntes** tin-coated flat product
Flachprodukt *n*, **zinkbeschichtetes** zinc coated flat product
Flach-Querwalzen *n* flat transverse rolling
Flachrecken *n* **mit Breitung** upsetting
Flachschleifen *n* surface grinding
Flach-Schrägwalzen *n* flat skew rolling
Flachstab *m* flat bar
Flachstahl *m* flat rolled steel; flat steel; flat steel bar

Flachstahlerzeugung *f* flat steel production
Flachstahl-Warmwalzen *n* hot rolling of flats
Flachstauchen *n* hammer forging
Flachstauchversuch *m* plane strain upsetting test
Flachstich *m* flat pass
Flachverformung *f* plain strain
flachwalzen flat rolling; slab
Flachwalzen *n* sheet rolling
Flachwalzen *n* **von Runddraht** flat rolling of round wire
flachwandig (Kokillen) plane sided
Flachwulststahl *m* bulb plate
Flachzerreißstab *m* flat tensile test bar
Flachzeug *n* flat product
Flachzeug *n,* **aluminiumbeschichtetes** aluminium-coated flat products
Flachzeug *n,* **bleibeschichtetes** lead coated flat product
Flachzeug *n,* **chromatiertes** chromated flat products; chromium coated flat products
Flachzeug *n,* **emailliertes** enamelled flat products
Flachzeug *n,* **kaltgewalztes** cold rolled flat products
Flachzeug *n* **mit verschiedenen Metallbeschichtungen** flat products with various metallic coatings
Flachzeug *n,* **phosphatiertes** phosphated flat product
Flachzeug *n,* **warmgewalztes, zur Kalt(um)formung** hot-rolled flat products for cold forming
Flachzeug *n* **zum Kalt(um)formen** flat products for cold forming
Flachziehen *n* flat drawing
flackern flare; flicker
Flämmanlage *f* flame-scarfing
Flämmaschinenabsaugung *f* scarfer exhaust system
Flamme *f* flame; luminous flame
flammen burn
Flämmen *n* flame descaling; flame deseaming; flame scarfing
flammenbeheizt reverberatory
Flammenfeldlöten *n* multiple gas jet brazing
Flamm[en]härten *n* flame hardening
Flammenionisationsdetektor *m* flame ionization detector
Flammhärten *n* local hardening
Flämmhobeln *n* flame gouging
Flammkohle *f* semi-bituminous coal
Flammofen *m* air furnace; reverberatory furnace
Flammpunkt *m* flash point; kindling point
Flämmputzen *n* deseam
Flammrohrkessel *m* fire-tube boiler; flue boiler
Flammstrahlen *n* flame deseaming; scarfing
Flansch *m* fixed flange; flange
flanschen border
Flanschenrohr *n* flange tube
Flanschstärke *f* restraint stress
Flanschträger *m* flanged beam
Flanschverbindung *f* flange joint
Flanschverschraubung *f* flanged head bolt
Flaschenbatterie *f* gas cylinder manifold
Flaschenbündel *n* battery of cylinders
Flaschengas *n* **(zum Schweißen)** gas in bottles (for welding)
Flaschenhalskokille *f* bottle top mould
Flaschenwagen *m* cylinder trolley

Flaschenzug *m* pulley block; tackle
flechten strand
Fleck *m* flaw
Flecken *m* stain
fleckig mottled
fleckiges Blech *n* stained sheet
Fleck *m* **kristalliner** crystalline spot
flicken fettle; patch; reline; revamp
Flickmasse *f* **(für Ofenherde)** patch
Flickmörtel *m* patching mortar
fliegend angeordnet overhung
fliegender Wechsel *m* flying change
fliegende Schere *f* flying shears
Fliehkraft *f* centrifugal force
Fliehkraftabscheider *m* centrifugal separator
Fliehkraftregler *m* flyball governor
Fliehkraftschleifanlage *f* centrifugal grinding machine
Fliehkraft-Staubabscheider *m* centrifugal dust separator; cyclone dust collector
Fließarbeit *f* line assembly work
Fließband *n* assembly line; belt conveyor
Fließbedingung *f* yield criterion
Fließdauer *f* flow rate
Fließdruck *m* yield pressure
Fließdrücken *n* flow turning
Fließdruckpresse *f* impact extrusion press
fließen creep; flow; run
Fließen *n* creep; creeping; yield[ing]
Fließfiguren *fpl* Lüders' lines; stretcher lines
Fließfiguren *fpl* **(Bleche)** flow lines; lines of stress; surface bands
Fließfiguren *fpl* **(Oberfläche)** stretcher strains
Fließfläche *f* yield surface
Fließgeschwindigkeit *f* flow rate
Fließgesetz *n* constitutive equation; flow law
Fließgrenze *f* flow limit; yield point; yield stress
Fließkriterium *n* yield criterion
Fließkurve *f* flow curve; stress strain curve
Fließofen *m* continuous furnace
Fließort *m* yield locus; yield surface
Fließpressen *n* hot extruding; impact extrusion
Fließpressen *n* **(kalt)** cold extrusion
Fließpressen *n* **mit starrem Werkzeug** impact extrusion with rigid tool
Fließpressen *n* **mit Wirkmedien** impact extrusion with action media
Fließpressen *n* **(warm)** hot extrusion
Fließpreßgeschwindigkeit *f* extrusion rate
Fließregel *f* constitutive equation; flow law
Fließscheide *f* no[n]slip point
Fließscheide *f* **(beim Walzen)** neutral point
Fließspan *m* flow chip
Fließspannung *f* flow stress; yield stress
Fließspannung *f*, **mittlere** mean flow stress; mean yield stress
Fließspannungsbruch *m* yield fracture
Fließverhalten *n* flow behaviour; flow characteristics; yielding behaviour
Fließvermögen *n* flowability
Fließvorgang *m* continuous process; yielding; yielding phenomenon
Fließwiderstand *m* flow resistance; flow stress
Fließwiderstand *m* **von Stählen** flow stress of steels

Fließzeit *f* flow rate
Fließzeit-Meßgerät *n* flow meter
Fließzylinder *m* yield locus; yield surface
Flimmern *n* flickering
flittriges Pulver *n* flaky powder
Flocke *f* flake
Flockenausbildung *f* flocculation
Flockenbildung *f* flake formation
Flockenriß *m* flake; flake crack
Floppy disk-Laufwerk *n* floppy disc drive
Flossenrohr *n* finned tube
Floßofen *m* flowing furnace
Flotation *f* flotation
Flöz *n* bed; deposit; layer; vein
Flöz *n* **nichtabbauwürdiges** unworkable bed
flüchtig volatile
flüchtige Bestandteile *mpl* volatile components; volatile matter
Fluchtlinie *f* alignment
Flugasche *f* flue ash; fly ash
Flügel *m* blade; vane
Flügelschraube *f* wing screw
Flugrost *m* initial easily removable rust
Flugstaub *m* flue dust
Fluidatbett *n* fluidized bed
Fluidität *f* fluidity
Fluor *n* fluorine
Fluoreszenz-Magnetpulver-Verfahren *n* magnetic particle method
Fluorid *n* fluoride
fluormetallische Verstärkungsfolie *f* fluorometallic intensifying screen
Flurfördereinrichtung *f* ground level transportation gear
Fluß *m* flow
Flußbild *n* flow diagram
flüssig fluid; liquid
flüssige Phase *f* liquid phase; liquid stage
flüssiger Einsatz *m* molten metal charge
flüssiger Sumpf *m* liquid crater; liquid initial bath
flüssiges Eisen *n* molten iron
flüssiges Roheisen *n* hot metal
Flüssiggas *n* liquid gas
Flüssiggastechnologie *f* liquid gas technology
Flüssigkeit *f* fluid; liquid
Flüssigkeitsgetriebe *n* fluid gear; hydraulic drive
Flüssigkeitsreibung *f* fluid film friction; viscous friction
Flußmittel *n* flux; fluxing agent
Flußmittel *npl* **für das Beizen** fluxes for pickling
Flußsäure *f* fluoric acid; hydrofluoric acid
Flußspat *m* fluorspar
Flußstahl *m* ingot steel
Flußstahlblech *n* mild sheet steel
Fluxen *n* fluxing; magnetic particle testing
Fokalisierungsstrom *m* focusing current
Folgeprüfung *f* sequential analysis of variance; sequential test
Folgeregelung *f* follow-up control; program control; servo-mechanism
Folgeregler *m* cascade control [system]
folgerichtig consistent
Folgerichtigkeit *f* consistency
Folgeschneiden *n* follow die cutting
Folgeschnitt *m* successive operation
Folgesteuerung *f* sequential control
Folgestichprobe *f* sequential sampling
Folgestichprobenverfahren *n* sequential method of sampling

Folge *f* **von Querrissen auf gezogenem Draht** broken back; cracked back
Folie *f* film; foil; leaf
folienbeschichtet foil coated
Foliennahtschweißen *n* foil butt seam welding
Folienwalzwerk *n* foil rolling mill
Förderanlage *f* conveying plant; hauling installation; hauling plant
Förderband *n* belt conveyor; conveying belt; conveyor belt
Förderbandöfen *mpl* conveyor belt furnaces
Förderbrücke *f* bridge conveyor; conveying bridge
Förderer *m* conveyor
Fördererz *n* crude ore; run-of-mine
Fördergas *n* carrier gas
Fördergefäß *n* carrier
Fördergerüst *n* headgear; pithead gear
Fördergestell *n* cage; hoisting cage; pallet
Fördergut *n* goods in conveying plant
Förderkasten *m* skid
Förderkette *f* conveyor chain
Förderkohle *f* green coal
Förderkorb *m* cage; skip
Förderkübel *m* skip
Fördermaschine *f* drawing engine; hoist; winding gear
Fördermenge *f* output
Fördermenge *f* **(Pumpe)** delivery
Fördermittel *npl* conveying appliance; conveying device; means of transportation
fördern convey; hoist; promote
Förderschacht *m* drawing shaft; hoist shaft
Förderseil *n* winding rope
Förderturm *m* head frame; pit hoist; pithead frame
Forderung *f* debt
Forderungen *fpl* accounts receivable
Förderwagen *m* mine car; mine tram; transfer car
Form *f* mo[u]ld; shape; tuyère
Formänderung *f* deformation; shape
Formänderung *f* **(bei Wärmebehandlungen)** distortion
Formänderung *f*, **proportionale** proportional strain
Formänderungsarbeit *f* deformation work
Formänderungsarbeitsdichte *f* deformation work density
Formänderungsarbeit *f*, **spezifische** specific deformation work; specific strain energy
Formänderungsfestigkeit *f* yield stress
Formänderungsgeschwindigkeit *f* strain rate
Formänderungsinkrement *n* strain increment
Formänderungsleistung *f* deformation power
Formänderungstensor *m* deformation tensor
Formänderungsverhalten *n* deformation behaviour; deformation mode
Formänderungsverlauf *m* process of deformation
Formänderungsvermögen *n* deformability; formability
Formänderungswiderstand *m* deformation resistance
Formänderungswirkungsgrad *m* **(beim Drahtziehen)** theoretical to actual die pull ratio
Formänderungszustand *m* state of strain; strain state
Formänderungszustand *m*, **drei-**

achsiger three-dimensional (3D) strain state
Formänderungszustand *m*, **ebener** plane state of strain
Formänderungszustand *m*, **zweiachsiger** two-dimensional (2D) strain state
Formanisotropie *f* shape anisotropy
Formatwechsel *m* change of section
formbar ductile; plastic
Formbarkeit *f* compactibility
Formbeständigkeit *f* retention of shape; stability of shape
Formbiegen *n* form bending
Formblatt *n* form; schedule
Form *f* **(der Modellabdruck)** pattern
Formdrehen *n* form turning
formen form; mo[u]ld; shape
Formen *n* **durch Stoßwellen** explosion forming; hydrosparking
Formenrüssel *m* tuyère nozzle; tuyère snout
Formfaktor *m* **(Metallographie)** shape factor
Formfaktor *m* **(Sphärizität)** formfactor (sphericity)
Formgebung *f* forming operation; shaping
Formgedächtnislegierung *f* shape memory alloy
formgerecht true to shape
Formiergas *n* forming gas
Formkasten *m* flask
Formkoks *m* formed coke
Formling *m* blank
Formmaschine *f* moulding machine
Formmaske *f* shell mould
Form *f* **neue** new shape
Form *f* **nichtausgefüllte** short poured mould
Formpressen *n* **mit Grat** closed-die press forming with flash
Formpressen *n* **ohne Grat** closed-die press forming without flash
Formrecken *n* stretch forming
Formrundkneten *n* rotary swaging
Formrundkneten *n* **von Außenformen** rotary swaging of external shapes
Formrundkneten *n* **von Innenformen** rotary swaging of internal shapes
Formsand *m* loamy sand; moulding sand
Formschleifen *n* profile grinding
Formschlichte *f* mould wash
Formschmieden *n* precision forging
Formschwärze *f* black mould dressing; black wash; blacking; slip blackening
Formstahl *m* section; section[al] steel; structural sections
Formstahl-Walzwerk *n* section [rolling] mill; shape [rolling] mill; structural [steel rolling] mill
Formstanzen *n* die forming by drawing; press die forming
Formstauchen *n* closed-die upsetting
Formstein *m* shaped brick
Formstich *m* shaping pass
Formstoff *m* moulding material
Formteil *n* shape
Formwalzwerk *n* section [rolling] mill
Formzahl *f* stress concentration factor
Formziehen *n* **im Gesenk** die forming by drawing
forschen search
Forschung *f* research
fortschreitendes Bördeln *n* progressive flanging
fortschreitendes Stichprobenverfahren *n* sequential analysis of variance

Fouriergleichung *f* Fourier equation
Fragebogen *m* questionnaire; schedule
Fraktographie *f* fractography
fräsen cut; mill
Fräser *m* cutter; milling cutter
Fräserbruch *m* cup and cone fracture
Fräsermesser *n* cutter blade
Fräsmaschine *f* milling machine
Frässpäne *mpl* millings
Fräs- und Bohrmaschine *f* milling and boring machine
Fräs- und Bohrwerk *n* milling and boring machine
freie Energie *f* **(Helmholtz)** Helmholtz free energy
freie Energie *f* **im Normalzustand** free energy in standard state
freie Enthalpie *f* **(Gibbs)** Gibbs free energy
freier Durchgang *m* clearance
freier Durchlaß *m* clearance
freies Biegen *n* free bending
freies Elektron *n* **(Leitungselektron)** free electron (conduction electron)
freies Runden *n* off-hand rounding
freie Standardreaktionsenthalpie *f* standard free energy of reaction
freie Überschußenthalpie *f* excess free energy
Freiflächenverschleiß *m* wear of top face
Freiformen *n* off-hand forming under compression conditions; open die forming
freiformgeschmiedetes (vorgeschmiedetes) Werkstück *n* preshaped (blocked) workpiece
Freiformschmiedeanlage *f* forging hammer; free forming; open-die forging plant
Freiformschmieden *n* hammer forging; hand forging; open die forging
Freiformschmiedestück *n* hammer forging
Freiform-Schmiedestück *n* smith hammer forging
Freifromschmiedeanlage *f* open-die forging press
Freihandschleifen *n* offhand grinding
Freilufttransformator *m* outdoor transformer
Freistrahlbrenner *m* free jet burner
frei von systematischen Fehlern unbiased
Freiwinkel *m* clearance angle; setting angle
Fremdatom *n* foreign atom
fremdbeheizter Rekuperator *m* externally fired hot blast heater
Fremdeinschluß *m* exogenous inclusion
Fremdkapital *n* borrowed capital
Fremdkörper *m* impurity
Fremdmetalleinschlüsse *f* foreign metallic inclusions
Fremdrechner *m* host computer
Fremdrost *m* extraneous rust; rust from external sources
Fremdschallpegel *m* external sound level
Fremdschrott *m* bought scrap; external scrap
Fremdstoff *m* **(Luftverunreinigung)** foreign substance; pollutant
Fremdstrom *m* current from external source (corrosion)
Fremdstrombezug *m* external power supply
Fremdüberwachung *f* external control

Frequenz *f* frequency
Frequenzeinbruch *m* frequency break
Frequenzgang *m* frequency response; harmonic response
Frequenzsummenkurve *f* cumulative frequency curve
fressen cut; erode; gall; scour
Fressen *n* seizing
fressend corrosive
fressender Verschleiß *m* galling; plucking; seizing
Fressen *n* **des Ventilsitzes** scouring of the valve seat
friemeln cross roll
Friemelwalzwerk *n* reeler; reeling mill (for tubes)
frischen blow; oxidise; refine
Frischen *n* carbon drop; carbon elimination; oxidation; refining
Frischerz *n* feed ore
Frischgas *n* unburnt gas
Frischgefäß *n* refining vessel
Frischgeschwindigkeit *f* rate of carbon drop; rate of carbon elimination
Frischlanze *f* refining lance
Frischluft *f* infiltrated air; primary air
Frischmittel *n* refining agent
Frischperiode *f* oxidising period; refining period
Frischprozeß *m* refining process
Frischschlacke *f* oxidising slag
Frischverlauf *m* progress of refining
Frischvorgang *m* refining process
Frischwirkung *f* oxidising reaction; refining action
Frischzeit *f* refining rate
Frühinvalidität *f* early disability
Frühschicht *f* early shift
Fuchs *m* flue uptake; skimmer; stack flue; uptake
Fugazität *f* fugacity
Fugazitätskoeffizient *m* fugacity coefficient
fügen assemble
Fügen *n* joining
Fügen *n* **durch Bördeln** joining by flanging
Fügen *n* **durch Umformen** joining by creative forming
Fugenform *f* edge form
Fügezeit *f* jointing time
fühlbare Wärme *f* sensible heat
fühlen feel; probe
Fühler *m* feeler ga[u]ge; indicator; probe
fühlergesteuert tracer-controlled
Fühlhebel *m* feeling lever; touching lever
führen conduct; lead
Führerstand *m* driver's compartment
Führung *f* guidance; guide; management; practice
Führung *f* **der Schmelze** working of the melt; working the heat
Führung *f* **(Maschinenteil)** guide
Führung *f* **(Ofen)** operation
Führungsbogen *m* ramp roof
Führungsbüchse *f* guide bush
Führung *f* **(Schmelze)** working
Führungsgröße *f* command variable; reference input
Führungskasten *m* guide box
Führungskratzer *m* guide mark; guide scar; guide scratch
Führungslänge *f* bearing length
Führungslänge *f* **(Ziehstein)** length of parallel
Führungsregler *m* master controller
Führungsring *m* driving band
Fülldichte *f* apparent density
Fülldraht *m* cored wire

Füllgewicht *n* **(Pulvermet.)** fill
Füllhöhe *f* die fill
Füllkoks *m* bed coke
Füllmasse *f* filler
Füllmittel *n* **(Schmierung)** extreme pressure additive
Fülloch *n* charging hole
Füllraum *m* filling space
Füllrumpf *m* bin; hopper
Füllstandsregelung *f* control of level in a bin; mould level control
Füllstein *m* filling brick
Füllstellung *f* **für flüssiges Roheisen** charging position for molten pig iron
Füllstellung *f* **für Kalk** charging position for lime
Füllstoff *m* filler
Fülltrichter *m* feed hopper
Füllvolumen *n* filling volume
Füllwagen *m* charging car; charging larry; larry [car]
Funkenanregung *f* spark excitation
Funkenerodierverfahren *n* electrical discharge texturing
Funkzeit *f* sparking time
füttern bush

G

Gabel *f* fork; shank
Gabelpfanne *f* bull ladle; shank ladle
Gabelprobe *f* fork-test bar
Gabelstapler *m* fork lift truck; fork piler
Gagemeter-Gleichung *f* gage meter equation
Gallkette *f* plate link chain
Gallsche Gelenkkette *f* Gall's chain
Galmei *m* calamine
galvanische Kette *f* galvanic cell
galvanische Korrosion *f* galvanic corrosion
galvanisches Element *n* galvanic cell
galvanisches Überziehen *n* electro-coating
galvanische Verzinkung *f* cold galvanizing; electro galvanizing
galvanisch verkupfern copper plate
galvanisch versilbern silver plate
galvanisch verzinnen tin plate
galvanisieren galvanise
galvanostatische Impulsmethode *f* galvanostatic pulse method
Gamma-Eisen *n* gamma iron
Gamma-Mischkristall *m* gamma solid solution
Gang *m* course; seam; vein
Gangart *f* gangue; tailings
Gangartentfernung *f* removal of gangue
Gang *m* **(des Hochofens)** course; passage; path running; vein
gangförmiges Vorkommen *n* occurrence in veins
Ganghöhe *f* **(Steigung)** lead
Gangspalte *f* fault; fissure; vein
ganzbasisch all basic
ganze Zahl *f* integer
Ganzwölber *m* **(ff. Stein)** end arch; wedge brick
garen refine
gar (Koks) carbonized
Garnitur *f* lining
Garschaum *m* kish
Garschaumgraphit *m* kish graphite
Garung *f* coking
Garungsdauer *f* carbonising period; carbonising time
Garungszeit *f* coking period; coking time
Gas *n* gas

Gasabfang *m* down-comer
Gasabscheider *m* gas separator
Gasabzug *m* down-comer; gas flue; gas off-take
Gasanalyse *f* gas analysis
Gasanreicherung *f* enrichment of gas
Gasarmaturen *fpl* gas pipeline accessories and fittings
Gas *n* **(auf einen Ofen) geben (= anheizen)** gas
Gasaufkohlen *n* gas carburizing
Gasaufkohlungsofen *m* gas carburising furnace
Gasaufnahme *f* gas pick-up
Gasauslaßventil *n* bleeder valve
Gasausnutzung *f* degree of chemical utilisation of gas
Gasaustritt *m* **aus den Koksöfen** discharge (or: release) of gas from the coke ovens
Gasbehälter *m* gas holder; gasometer
gasbeheizt gas fired; gas heated
gasbeheizter Schmiedeofen *m* gas [fired] furnace
Gasbeheizung *f* gas firing
Gasbeizen *n* gas pickling
Gasblase *f* blow hole; gas bubble; pin hole
Gasbrenner *m* blower; gas burner; gas jet
Gascarbonitrieren *n* gas carbonitriding
gasdicht gas-tight
Gasdichtemesser *m* effusiometer; gas density ga[u]ge
Gasdurchgang *m* gas discharge
Gasdurchlässigkeit *f* gas permeability; permeability to gas; porosity
Gasdüse *f* gas jet; gas tuyère
Gase *npl* **im Stahl** occluded gases
Gaseinsatzhärtung *f* gas carburising
Gaseinschluß *m* blow hole; gaseous inclusion; occlusion
Gasentwicklung *f* development of gas
Gaserzeuger *m* gas producer
Gasfang *m* down-comer; gas offtake
Gasfanghaube *f* gas collecting hood
Gasgenerator *m* gas producer
Gasglocke *f* gas bell; gas holder
Gasheizkammer *f* gas regenerator chamber
Gaskammer *f* gas chamber
Gaskanal *m* gas duct; gas flue
Gaskohle *f* bituminous coal; gas coal
Gaskoks *m* gas coke
Gaskompressor *m* gas compressor
Gaskühlanlage *f* gas cooling plant
Gaskühler *m* gas cooler
Gaskühlung *f* gas cooling
Gasleitung *f* gas conduit; gas line; gas pipe
Gasmangel *m* deficiency of gas; lack of gas
Gasmaschinenzentrale *f* gas engine power house
Gasmaske *f* breather (am.); gas mask
Gasnitrieren *n* dry nitriding; gas nitriding
Gasofen *m* gas furnace
Gasometer *m* gasometer
Gasphase *f* gas phase
Gasprobe-Entnahmevorrichtung *f* gas sampling device
Gasprüfer *m* gas detector
Gasreduktion *f* gas-type reduction
Gasreibung *f* gas friction
Gasreinigung *f* gas cleaning; gas purification
Gasreinigungsanlage *f* gas cleaning plant; gas purifying plant

Gasrohr *n* gas pipe
Gasröstofen *m* **(Erze)** gas-fired calcining kiln
Gasrücktritt *m* gas regression
Gassammelbehälter *m* gas holder
Gassammelleitung *f* **(Vorlage)** gas collecting main
Gassauger *m* gas aspirator; gas extractor
Gasschlauch *m* gas hose
Gasschleuse *f* gas seal
Gasschmelzschweißung *f* gas [fusion] welding; oxacetylene welding
Gasschneiden *n* gas cutting
Gasschweißen *n* torch welding
Gasspaltung *f* gas cracking; gas reforming
Gasspüleinrichtung *f* gas rinsing device
Gasspülen *n* gas stirring
Gasspülung *f* gas rinsing treatment; gas stirring treatment
Gasspürer *m* gas detector
Gas *n* **starkes** rich gas
Gasstocher *m* gas poker
Gas *n,* **technisches** technical gas
Gastrennanlage *f* gas separating plant
Gastrocknung *f* gas drying
Gasumsetzer *m* gas reformer
Gasventil *n* gas valve
Gasverarbeitunganlage *f* gas processing plant
Gasverbundnetz *n* interlinked gas grid system
gasvolumetrisch gasometric
Gaswäscher *m* gas scrubber
Gaswasserbeseitigung *f* gas water removal
Gaszähler *m* gas meter
Gaszementieren *n* gas carburizing
Gaszufuhr *f* gas pipe
Gaszuleitung *f* gas inlet pipe
gattieren burden; calculate the burden
Gattieren *n* making the mixture
Gattierung *f* burden calculation
gebeizt (zu stark) over-pickled
Geber *m* transmitter
Gebläse *n* blast; blower; blowing engine; ventilator
Gebläsedruck *m* blast pressure
Gebläsehaus *n* blast engine house; blower house; blowing engine house
Gebläseluft *f* blast; blast air
Gebläselufthärten *n* air-blast quenching
Gebläsemaschine *f* blast engine; blower; blowing engine
gebläutes Blech *n* blued plate
gebogene Kokille *f* curved mould
gebogener Stahlring *m* bent steel ring
gebogener Träger *m* cambered girder
gebogenes Blech *n* buckled sheet
gebrannt burnt
gebrannter Kalk *m* burnt lime; quicklime
gebrannter Ton *m* grog
Gebrauch *m* appliance
Gebrauchsmuster *n* registered design; registered pattern; utility patent
Gebrauchsspannung *f* working stress
gebrochenes Abschrecken *n* interrupted quenching
gebrochenes Härten *n* interrupted quench hardening; interrupted quenching; time quenching
gebundener Kohlenstoff *m* combined carbon; fixed carbon

gebundener Rang *m* tied rank
gedämpfter Hochofen *m* banked blast furnace; damped-down blast furnace
gedämpfter Luftraum *m* attenuated air space
Gedinge *n* bargain; contract
Gedingearbeit *f* piece work
gedreht (Oberflächenzustand) finish as turned; turned finish
gedrungenes Oval *n* flat sided oval
geeignet machen render suitable
Gefälle *n* drop; gradient; inclination
gefälltes Pulver *n* precipitated powder
Gefäß *n* bucket; receiver; receptacle
Gefäßkühlung *f* vessel cooling
gefederte Matrize *f* floating die
gefrieren freeze; refrigerate
Gefrierpunkt *m* freezing point
Gefüge *n* microstructure
Gefügeaufbau *m* microstructural composition
Gefügeausbildung *f* crystalline structure
Gefügebestandteil *m* constituent
Gefügebild *n* micrograph
Gefügefehler *m* microstructural defect
Gefügegrundmasse *f* matrix
Gefüge *n* **nadeliges** acicular structure
Gefügerichtreihe *f* microstructure rating chart; series of reference diagrams; standard chart
Gefügestabilität *f* structural stability
Gefügeumwandlung *f* microstructural transformation
Gefügeunterschied *m* microstructural difference
gegen den Uhrzeigersinn *m* counterclockwise
Gegendrall *m* back twist
Gegendruckturbine *f* back-pressure turbine
Gegenelektrode *f* counter electrode
Gegenführung *f* steady
Gegengewicht *n* balance weight; counterweight
Gegenhalter *m* overarm
Gegenhalter *m* **(beim Nieten)** dolly bar
Gegenhalter *m* **(Fräsmaschine)** overarm
Gegenkopplung *f* inverse feedback; negative feedback
Gegenkraft *f* reacting force
Gegenlauffräsen *n* conventional milling; upcut milling; upmilling
gegenläufig moving in opposite directions
Gegenläufigkeit *f* contra effect
Gegenpol *m* opposite pole
Gegenprobe *f* check test
Gegenschlaghammer *m* counterblow hammer
gegenseitiges Ausweichen *n* mutual repulsion
gegensinniger Kurvenverlauf *m* negative correlation
Gegensprechanlage *f* intercom [system]
Gegenstand *m* item; object; subject
Gegenstrom *m* counterflow
Gegenstrom-Wärmeaustauscher *m* counter-current heat exchanger; counterflow heat exchanger
Gegentakt *m* push pull
Gegenwirkung *f* contra effect
Gegenzug *m* back pull; back tension
Gegenzugziehen *n* draw with back pull; draw with back tension
gegliederte Unterlagen *fpl* ranked data

geglüht annealed
geglühtes Pulver *n* annealed powder
geglüht oberhalb des Umwandlungsbereiches *m* **und gehärtet** supercritically annealed and quenched
geglüht vom Lieferanten mill annealed
gegossener Glühtopf *m* cast annealing pot
gegossener Rohling *m* cast blank; casting
Gehalt *m* concentration; content; salary
Gehaltsempfänger *m* salary earner
gehärtet quenched
gehäufter Wert *m* cumulant; cumulative value
Gehäuse *n* box; cage; case; housing
Gehäuse *n* **(Ofen)** shell
geheizter Tiefofen *m* live [soaking] pit
Gehörschädigung *f* hearing impairment
Gehörschutz *m* ear protection; hearing protection device
Gehörschutzmaßnahme *f* hearing protection measure
Gehörüberwachung *f* audio monitoring
gekerbte Querbiegeprobe *f* **(mat. test)** notched transverse bend specimen
geknicktes Blech *n* buckled sheet
gekörnte Schlacke *f* granulated slag
Gekrätz *n* dross; refuse
gekreuzte Nicols *pl* crossed nicols
gekröpfte Kurbelwelle *f* crankshaft
gekrümmt curvilinear
gekümpelter Kesselboden *m* dished head
Gelenk *n* articulation; hinge; joint; link
Gelenkbandprofil *n* hinge profile
Gelenk-Scharnier *n* hinge
Gelenkspindel *f* articulated spindle
Gelenkspindel-Bohrmaschine *f* multiple drill pass
gelenkte Erstarrung *f* controlled directional solidification
gelenkte Oxidation *f* controlled oxidation
gelochtes Blech *n* perforated plate
gelockerte Stelle *f* **(Gefüge)** discontinuity
gelöschter Kalk *m* slaked lime
gemahlene Schamotte *f* grog
gemahlenes Pulver *n* ground powder; milled powder
gemauerte Pfanne *f* brick lined ladle
Gemeinkosten *pl* burden overhead cost; expense; general expense
gemeinsam common
gemeinsamer Markt *m* Common Market
gemeinsames Ziehen *n* combined drawing
Gemeinschaftsarbeit *f* co-operation (on standardization); co-operative work
Gemeinschaftsforschung *f* cooperative research
Gemenge *n* batch; compound
Gemisch *n* mixture
gemischte Logik *f* mixed logic
gemischtes Hüttenwerk *n* integrated iron and steel plant
gemustertes Blech *n* pattern sheet
genau close; exact; precise
genaues Aufeinanderlegen *n* **von Blechen (vor dem Glühen)** sheet sweep
Genauguß *m* investment casting
Genaugußlegierung *f* precision cast alloy

Genauigkeit *f* accuracy; precision
Genauigkeitsabguß *m* precision cast
Genauigkeitsabgußlegierung *f* precision cast alloy
genau prüfen scan
Genauschmieden *n* precision forging
Genehmigungsdatum *n* **(Patent)** date granted
geneigt inclined; oblique
geneigter Flansch *m* sloping flange
geneigter Hochofen *m* down-comer
Generaldirektion *f* head office
Generator *m* generator
Generatorgas *n* producer gas
Generator *m* **(Gas)** producer
Generatorkohle *f* producer coal
genormt standardised
geöffneter Formkasten *m* open moulding box
Geologie *f* geology
geologisches Untersuchungsverfahren *n* geological research procedure
geometrisches Mittel *n* geometric mean
Geophysik *f* geophysics
geprägtes Blech *n* embossed sheet
gepunktete Kurve *f* dotted line
gerade straight
Geradeausziehmaschine *f* straight line drawing machine
gerade Länge *f* **(Draht)** length
geraderichten straighten
gerade vom Ring *m* **ablaufend** straight cast
Geradheit *f* straightness
geradkettig (Moleküle) straight chained
Geradverzahnung *f* straight tooth bevels
gerändelte Kante *f* milled edge
Gerät *n* apparatus; appliance; device
Gerätekonfiguration *f* **(EDV)** hardware configuration
Geräuschdämpfung *f* soundproofing
Geräuschgrundpegel *m* background noise
geräuschlose Kette *f* silent chain
Geräuschpegel *m* noise level
Geräuschspektrum *n* frequency analysis
geregelte Atmosphäre *f* controlled atmosphere
gerichtete Erstarrung *f* directional solidification; normal freezing
gerichtetes Blech *n* flat sheet
gerinnen coagulate; congeal
Gerinnen *n* congealing
gerippt ribbed; ripped
Geröll *n* boulder; bowlder
geronnene Masse *f* congelation
geröstetes Eisenerz *n* roasted iron ore
Geruchsbelästigung *f* nuisance from odours; obnoxious odour
Gerüst *n* frame; scaffold; stand
Gerüst *n* **(Baugerüst)** staging
Gerüstkennlinie *f* mill stand characteristic curve
Gerüstmodul *n* mill modulus; mill stand modulus
Gesamtdehnung *f* total elongation
Gesamteisenbestimmung *f* determination of total iron
Gesamtentkohlung *f* complete decarburisation
Gesamtformänderung *f* total strain
Gesamtgewicht *n* total weight
Gesamtkohlenstoff *m* total carbon
Gesamtkonzeption *f* integrated system
Gesamtlebensdauer *f* fatigue limit

Gesamtmoment *m* total torque
Gesamtpräzision *f* **(Probenahme)** overall precision
Gesamtprobe *f* total specimen
Gesamtquerschnittsabnahme *f* overall reduction
Gesamtreckgrad *m* total ratio of extension by hammer forging
Gesamtschallpegel *m* overall noise
Gesamtschneiden *n* combination blanking and piercing
Gesamtstrahlungspyrometer *n* ardometer; rayotube pyrometer; total radiation pyrometer
Gesamtstreckgrad *m* total ratio of extension by rolling
Gesamtverfügbarkeit *f* **(EDV)** total reliability
Gesamtverschmiedungsgrad *m* total ratio of reduction by forging
Geschäftsbericht *m* annual report
Geschäftsleitung *f* company management
geschält [Draht] shaved [wire]
geschliffen ground
geschliffener Stab *m* ground bar
geschliffener Zustand *m* ground finish
geschlossener Formkasten *m* closed moulding box
geschlossener Walzenständer *m* closed top type housing; housing of the close top type
geschlossenes Gleitlager *n* sleeve bearing; slide bearing
geschlossenes Kaliber *n* box groove; box hole; closed pass
geschlossenes Spiralseil *n* locked coil rope
geschlossenes Stauchkaliber *n* tongue and groove pass
Geschmeidigkeit *f* ductility
geschnittene Kante *f* cut edge; sheared edge
geschnittene Länge *f* cut length
geschränkt offset
geschützter Schwinger *m* **(Ultraschallprüfung)** protected crystal
geschweißter Behälter *m* welded container
geschweißter Stoß *m* welded joint
geschweißtes Rohr *n* welded pipe
geschweißte Stumpfnaht *f* welded butt joint
Geschwindigkeit *f* rate; speed; velocity
Geschwindigkeitsfeld *n* velocity field
Geschwindigkeitskonstante *f* rate constant
Geschwindigkeitspotential *n* velocity potential
Geschwindigkeitsvektor *m* velocity vector
Gesenk *n* boss; die [block]; steel die
Gesenkbiegen *n* die bending
Gesenkbiegepresse *f* die-bending press
Gesenkbördeln *n* die flanging
Gesenkdrücken *n* die squeezing
Gesenkformen *n* die forming
Gesenkformen *n* **mit ganz umschlossenem Werkstück** closed-die forming
Gesenkformen *n* **mit teilweise geschlossenem Werkstück** die forming with partly enclosed work
Gesenkhammer *m* swaging hammer
Gesenkmatrize *f* hob
Gesenk *n* **mit gebrochener Teilfuge** lock die
Gesenkrichten *n* die straightening
Gesenkrinne *f* **zur Aufnahme des Grates** gutter

Gesenkrunden *n* radial die forming
Gesenkschmiedeanlage *f* die forging plant
Gesenkschmieden *n* die forging; drop forging; swaging
Gesenkschmiedepresse *f* drop forging press
Gesenkschmiederohling *m* dummy
Gesenkschmiedestahl *m* drop forging die steel
Gesenkschmiedestück *n* die formed part; drop forging; swaged forging
Gesenkschmiede- und Kalibrierpresse *f* forging and sizing press
Gesenksicken *n* die beading
Gesenkstauchen *n* die upsetting
Gesenkziehen *n* die forming by drawing
Gesetzgebung *f* **zur Reinhaltung der Luft** clean air regulations
gesetzlich geschützter Name *m* registered name; trade mark
gesichert significant
gesicherte Dezimalstelle *f* significant digit
gespaltene Enden *npl* split ends
Gespann *n* bottom plate
Gespannguß *m* group casting
Gespann-Mauermasse *f* bottom pouring masonry mixture
Gespannplatte *f* bottom casting; bottom pouring plate; group teeming bottom plate; stool for bottom casting
gespanntes Trum *n* driving side; tight side
gesprenkelt mottled
gestaffelt arranged in steps; staggered
gestaffelte Walzstraße *f* staggered roll[ing] train
Gestalt *f* profile; shape
Gestaltänderungsenergiehypothese *f* distortion energy criterion of yield or plastic flow
gestalten form; shape
Gestaltfestigkeit *f* strength depending on design; strength depending on shape
Gestaltung *f* design; forming; geometry
Gestaltungskurve *f* design curve
gestampfter Boden *m* rammed bottom; tamped bottom
Gestänge *n* linkage of bars
Gestängerohr *n* drill pipe
gestanztes Loch *n* punched hole
Gestehungskosten *pl* original cost; prime cost
Gesteinsbohrer *m* rock drill
Gesteinsbohrstahl *m* mining drill steel
Gestein *n* **taubes** barren gangue
Gestell *n* chassis; cradle; frame; rack
Gestellbelastung *f* hearth load
Gestelldurchbruch *m* break out
Gestellpanzer *m* hearth casing; hearth jacket
gesteuerte Kühlung *f* controlled cooling
gestopftes Windloch *n* blind tuyère
gestörtes Gefüge *n* disturbed structure
gestrichelte Kurve *f* dashed line
gestrichelte Linie *f* **(Kurve)** broken line (ourvc)
gestuftes Abschrecken *n* step quenching
gestuftes Warmauslagern *n* progressive ageing
gestutzt (Statistik) truncated
gesund sound

geteilte Matrize *f* split die
geteiltes Kaliber *n* knife pass
Getriebe *n* drive; driving gear; gear[ing]; transmission
Getriebemotor *m* geared motor
Getriebestufe *f* gear speed
Getter *m* getter
Gewährleistungsumfang *m* guarantee range
Gewaltbruch *m* forced fracture; spontaneous fracture
gewalzter Durchmesser *m* **des Walzgutes** rolled diameter of stock
Gewebedraht *m* fabric wire
gewebter Drahtzaun *m* woven wire fence
gewebtes Drahtnetz *n* woven wire mesh
gewellte Kokille *f* corrugated mould
Gewerbeaufsichtsamt *n* industry control office
Gewerbehygiene *f* industrial hygiene
Gewerbemüll *m* industrial garbage
gewerblicher Rechtsschutz *m* industrial legal protection
Gewerkschaft *f* trade union; union
Gewicht *n* weight
Gewichtsabweichung *f* discrepancy in weight; weight deviation
gewichtsanalytisch gravimetric
Gewichtung *f* weighting
Gewinde *n* screw-thread; thread
Gewindebohren *n* tapping
Gewindebohrer *m* screw tap; tap
Gewindebolzen *m* threaded pin
Gewindedrücken *n* thread rolling; thread spinning
Gewindeflansch *m* screwed flange
Gewindefurchen *n* thread grooving
Gewindegrund *m* root
Gewindekupplung *f* threaded coupling
Gewinderohr *n* threaded pipe
Gewinderollen *n* flat-die thread rolling
Gewindeschneiden *n* thread cutting
Gewindeschneiden *n* **(außen)** threading
Gewindeschneiden *n* **(innen)** tapping
Gewindeschneider *m* chaser; tap
Gewindeschneidmaschine *f* screwing machine
Gewindeschneidwerkzeug *n* screw cutting tool
Gewindespitze *f* crest
Gewindestahl *m* chaser
Gewindestange *f* threaded rod
Gewindesteigung *f* screw pitch
Gewindestift *m* grub screw; headless screw
Gewindewalzen *n* round die thread rolling
Gewindewalzen *n* **im Durchlaufverfahren** thread rolling by the throughfeed method
Gewindewalzen *n* **im Einstechverfahren** thread rolling by the plungecut method
Gewindewalzmaschine *f* thread rolling machine
Gewinn *m* profit
Gewinnanteil *m* bonus
Gewinnbeteiligung *f* profit sharing
gewinnen exploit; win
Gewinnspanne *f* margin
Gewinn- und Verlustkonten *npl* profit and loss accounts
Gewinnung *f* **im Tagebau** mining by open-cast method; open-cut mining
Gewinnung *f* **im Tiefbau** mining by

deep level workings
Gewinnung *f* **unter Tage** underground winning
gewogenes Mittel *n* weighted average; weighted mean
gewöhnlich ordinary; straight
Gewölbe *n* arch; arched roof; roof
Gewölbeausschnitt *m* roof portion
Gewölbebogen *m* arch; sprung arch
Gewölbehaltbarkeit *f* life of arched roof; roof life
Gewölbelängsschub *m* longitudinal thrust of the roof
Gewölbe *n* **mit beweglichem Widerlager** sprung type roof
Gewölbe *n* **mit festem Widerlager** roof with fixed skewback
Gewölbenase *f* wall arch nose
Gewölbeniederhalter *m* holding down member (open hearth furnace)
Gewölbescharen *fpl* arch rings
Gewölbeschub *m* thrust of roof
Gewölbestein *m* roof brick
Gewölbestich *m* rise of crown; rise of the crown; roof rise
Gewölbeteil *n* portion of the roof
Gewölbezwickel *m* wall arch nose
gewölbter Kesselboden *m* dished head
gewölbter Tiefofendeckel *m* arched soaking pit lid
gewölbtes Band *n* full strip
gezogener Stabstahl *m* drawn steel bar
Gicht *f* batch; burden charge; furnace throat; throat
Gichtbrücke *f* **(Hochofen)** skip bridge
Gichtbühne *f* charging platform; top platform
Gichtdurchmesser *m* stack diameter; throat diameter
Gichtenfolge *f* charging sequence; cycle of charges
Gichtgas *n* blast-furnace gas; top gas
Gichtgasabzug *m* downtake
Gichtgasabzugsrohr *n* downcomer
Gichtgasentspannungsmaschine *f* top-gas expander
Gichtgasfackel *f* excess blast-furnace gas burner; furnace bleeder; surplus blast-furnace gas burner
Gichtgasgebläse *n* blast furnace gasdriven blowing engine
Gichtgasleitung *f* blast furnace gas main; top gas main
Gichtgasrückführung *f* recycling of top gas
Gichtgegendruck *m* hight top pressure
Gichtglocke *f* furnace top bell; stopper bell
Gichtkübel *m* charging basket (am.); charging bucket (am.); receiving hopper
Gicht *f* **(Möller)** charge
Gichtöffnung *f* furnace throat; furnace top; throat opening
Gichtschlamm *m* washing tower sludge
Gichtsonde *f* charge level [indicator]; indicator; stock level [indicator]; stock line recorder
Gichtstaub *m* blast furnace flue dust; flue dust; throat dust
Gichtstaubbrikettierungsanlage *f* flue dust briquetting plant
Gichttrichter *m* furnace top hopper; receiving hopper
Gichtverschluß *m* bell and hopper [arrangement]; blast furnace top closing device; closing device; throat stopper

Gichtverschluß *m* **durch Tellerventile** valve seal-type top-charging
Gießader *f* strand
Gießanfahrhilfe *f* casting start aid
Gießaufsatz *m* dozzle; feeder; hot top
Gießbühne *f* casting platform; pouring platform; teeming platform
Gießbühnenbelag *m* casting platform cover
gießen bottom pour; cast; cast uphill; teem direct
Gießen *n* casting
gießen (allgemein) pour
gießen (Blöcke) teem
Gießen *n* **mit verlorener Gießform** investment casting
Gießen *n* **und Erstarren** casting and solidification
Gießer *m* caster; casting pit operative; founder
Gießerei *f* foundry
Gießereianlagen und -einrichtungen *fpl* foundry plants and equipments
Gießereibedarf *m* foundry materials
Gießereierzeugnis *n* foundry product
Gießereihilfsstoff *m* foundry auxiliary material
Gießereikoks *m* foundry coke
Gießereikran *m* foundry crane
Gießereiroheisen *n* foundry pig iron
Gießfehler *m* casting defect
Gießform *f* mo[u]ld
Gießgeschwindigkeit *f* casting rate; casting speed; teeming rate
Gießgrube *f* casting pit; open pit
Gießhalle *f* casting bay; pouring bay
Gießkelle *f* casting ladle
Gießkolonne *f* casting team
Gießkopf *m* feeder head; hot top; runner head; sinkhead
Gießkran *m* casting crane; pouring crane
Gießloch *n* jet
Gießlöffel *m* casting ladle; shank
Gießmaschine *f* casting machine
Gießmasse *f* refractory mixture
Gießpfanne *f* casting ladle; pouring ladle; shank
Gießpfanne *f* **für Stahlwerke** pouring ladle for melting shops
Gießpfannenbeheizung *f* pouring ladle firing plant
Gießpfannenschnabel *m* pouring ladle lip
Gießpfannenverschluß *m* pouring-ladle closing device
Gießplatte *f* casting plate
Gießplatz *m* casting pit
Gießpressen *n* casting-pressing
Gießpreßschweißen *n* molten metal pressure welding; pressure thermit welding
Gießpulver *n* casting flux; flux powder
Gießpulverzuführung *f* casting flux feeder
Gießrad *n* casting wheel; wheel caster
Gießradanlage *f* casting-wheel plant
Gießrinne *f* jet; launder; pouring spout
Gießschmelzschweißen *n* non-pressure thermit welding
Gießschmieden *n* squeeze-forging
Gießschnauze *f* pouring lip
Gießschweißen *n* cast welding
Gießspiegel *m* liquid metal level [in mould]; meniscus; surface of metal (in a mould)
Gießspiegelmeßsystem *n* molten level measurement system

Gießspiegelregelung *f* mould level control
Gießspirale *f* spiral [mould]
Gießstelle *f* casting pit
Gießstopfen *m* ladle stopper
Gießstrahl *m* pouring stream
Gießstrahlabschirmung *f* shrouding of steel flow
Gießstrahlbehandlung *f* pouring stream treatment
Gießstrahlschutz *m* pouring-stream protection; pouring stream shielding
Gießsturz *m* mold
Gießtrichter *m* bell; centre riser; centre runner; git
Gießtrommel *f* casting drum
Gießwagen *m* casting bogie; casting car; pouring car
Gießwalzen *n* direct strand reduction
Gießwalzpressen *n* casting-pressing-rolling
Gießwanne *f* tundish
Gießwellen *fpl* reciprocation marks
Gift *n* poison
giftig poisonous
Gips *m* gypsum; plaster
Gipsabgußverfahren *n* plaster casting method
Gitter *npl* interpenetrating lattices; trellis
Gitteraufbau *m* grating composition
Gitterbaufehler *m* **(Kristall)** lattice defect
Gitterdehnung *f* grating strain
Gitterdraht *m* fence wire
Gitterebene *f* grating distance
Gitterfachwerk *n* framed structure
Gitterfehler *m* grating defect
Gitterfehlstelle *f* lattice defect
Gitterheizfläche *f* checker heating surface
Gitterhohlstein *m* hollow checker brick
Gitterkammer *f* checker chamber
Gitterkonstante *f* lattice parameter
Gitter *n* **(Kristall)** lattice
Gitterleerstelle *f* lattice vacant site
Gittermast *m* girder pole; lattice mast; latticed girder pole
Gitter *n* **(Netz)** grating; grid
Gitterpackung *f* checkerwork
Gitterpunkt *m* grid point
Gitterrost *m* lattice grate
Gitterschweißmaschine *f* grid welding machine
Gitterspektrometer *n* grating spectrograph
Gitterstein *m* checker brick
Gitterstörung *f* **(Kristall)** lattice defect; lattice distortion
Gitterstruktur *f* **(Kristall)** lattice structure
Gitterträger-Schweißautomat *m* lattice girder welding machine
Gitterumwandlung *f* **(Kristall)** lattice transformation
Gitterversetzung *f* lattice dislocation
Gitterwerk *n* checker work; checkers
Glanz *m* gloss
Glanzblech *n* bright [polished] sheet
Glanzeisenstein *m* oligiste iron ore
Glanzkohle *f* anthracite; coal
Glanzverchromen *n* burnished chroming
Glaseinschmelzdraht *m* sealing wire
Gläser *npl*, **metallische** amorphous metals
Glasfaserfilter *m* glass fiber filter
glashart glass hard
glasieren glaze
glasige Schlacke *f* vitreous slag

glasig werden vitrify
Glaskopf *m* **(Roteisenstein)** kidney ore
Glasschmierung *f* glass lubrication
Glasübergangstemperatur *f* glass transition temperature
Glasur *f* glaze; glazing
glatt smooth
glattdrücken planish
Glattdrücken *n* planishing
glätten burnish; planish; polish; smooth
Glätten *n* flattening (of sheets); passing; patent flattening
Glattendrohr *n* plain end tube
glätten (Rohre) reel
Glätten *n* **(von Feinblech)** skin passing
glattes Gewölbe *n* plain roof
glatte Walze *f* plain roll
Glattprägen *n* compression surface finishing; smooth
Glattschachtgitter *n* chimney type checkers
Glättungstiefe *f* peak to mean line height
Glattwalze *f* plain roll; smooth roll
Glattwalzen *n* **im Einstechverfahren** finish rolling by the infeed method
Glattwalzen *n* **von Rohren im Durchlaufverfahren** reeling of tubes by the through-feed method
Glattwalzen *n* **von Stäben im Durchlaufverfahren** finish rolling of bar stock by the through-feed method
Glättwalzwerk *n* reeler; reeling mill; smoothing rolls
gleichartig homogeneous
Gleichartigkeit *f* homogeneity
gleichbleibend constant
gleichgerichtet unidirected
gleichgerichtete Kristalle *mpl* equiaxed crystals
Gleichgewicht *n* balance; equilibrium
Gleichgewichtsbedingung *f* equilibrium condition
Gleichgewichtseinstellung *f* obtaining of equilibrium
Gleichgewichtskennzahl *f* equilibrium index
Gleichgewichtskonstante *f* equilibrium constant
Gleichgewichtsschaubild *n* equilibrium diagram
Gleichgewichtstemperatur *f* equilibrium temperature
Gleichgewichtswert *m* equilibrium value
Gleichgewichtszustand *m* equilibrium
Gleichheitsprüfung *f* parity check
Gleichlauf *m* synchronism
Gleichlauffräsen *n* downcut milling
Gleichmaßdehnung *f* elongation [after fracture]; elongation without necking; uniform elongation
gleichmäßig homogeneous; uniform
gleichmäßiger Angriff *m* uniform attack
Gleichmäßigkeit *f* uniformity
Gleichmaßumformgrad *m* uniform true strain
Gleichrichter *m* electric rectifier
gleichschenkliger rundkantiger Winkelstahl *m* round edge equal angles
gleichschenkliger scharfkantiger Winkelstahl *m* square edge equal angles
gleichschenkliger Winkel *m* equal-leg angle
gleichschenkliges Dreieck *n* isosceles triangle

Gleichschlagseil *n* Lang's lay rope
Gleichschrittofen *m* double walking beam furnace
Gleichschrittöfen *mpl* double walking beam furnaces
Gleichstrom *m* direct current (D.C.)
Gleichstromlichtbogenofen *m* DC arc furnace; direct current (DC) arc furnace
Gleichstrommotor *m* D. C. motor; direct current motor
Gleichstrom-Plasmabogen-Generator *m* direct-current arc plasma jet excitation source
Gleichstromschweißmaschine *f* DC-welding machine
Gleichstromschweißverfahren *n* DC-welding techniques
Gleichung *f* equation
Gleichversuch *m* comparative test
gleichwertiger Durchmesser *m* equivalent ruling section
Gleichwertigkeitskoeffizient *m* equivalence coefficient
gleichzeitig simultaneous
Gleis *n* trace; track
Gleisanlage *f* railway track
Gleisbau *m* plate-laying
Gleisbaumaschine *f* track laying machine
Gleisbremsanlage *f* rail brake
gleisgebunden railmounted; track-bound
Gleisrad *n* runner
Gleiswaage *f* wagon weighbridge
Gleitachslager *n* plain axle bearing
Gleitbahn *f* pallet; slide
Gleitband *n* slip band
Gleitbandbruch *m* slip band fracture
Gleitbonderflüssigkeit *f* anti-friction bonderising bath
Gleitbruch *m* shear fracture
Gleitebene *f* glide plane; sliding plane; slip surface
gleiten glide; slide; slip
gleitender Durchschnitt *m* moving average
Gleitfeder *f* sliding feather key
gleitfester Typ *m* friction-grip type
Gleitfläche *f* pallet; slide
Gleitkufe *f* landing skid
Gleitlager *n* plain bearing; sleeve bearing
Gleitlinie *f* shear line; slip line
Gleitlinienfeld *n* slip line field
Gleitlinienstreifen *m* slip band
Gleitlinientheorie *f* slip line field theory; slip line theory
gleitloses Ziehen *n* non slip drawing
Gleitmittel *n* lubricant; sliding agent
Gleitmodul *m* modulus of elasticity in shear; shear modulus
Gleitreibung *f* sliding friction
Gleitrohr *n* skid pipe
Gleitschiene *f* pellet slide bar; skid [rail]
Gleitschleifen *n* superfinishing; vibratory grinding
Gleitschuh *m* sliding shoe
Gleitsystem *n* slip system
Gleitung *f* slipping
Gleitverlust *m* frictional loss
Gleitwiderstand *m* resistance to slip
Gleitziehbiegen *n* form bending by a sliding-action draw
Gleitziehen *n* drawing (by a sliding action); drawing through a die; slip-type drawing
Glied *n* element; link; term
Gliederkaltstrang *m* articulated dummy bar; chain type dummy bar
glimmen glow
Glimmentladung *f* glow discharge
Glimmnitrieren *n* glow nitriding

Globularkristall *m* equiaxed crystal
globulitische Kernzone *f* equiaxed crystal core zone
globulitische Randzone *f* chill crystal zone
Glocke *f* bell
Glockenkurve *f* **(Gaußsche)** bellshaped curve
Glühanlage *f* annealing line; annealing plant
Glühbehälter *m* annealing box
Glühdauer *f* annealing time
glühen anneal; calcine; glow
Glühen *n* annealing; flash annealing; normalizing
Glühen *n* **auf globularen Perlit** spheroidize annealing
Glühen *n* **auf kugelige Carbide** GKZ-annealing; spheroidising
Glühen *n* **auf kugeligen Zementit (GKZ)** spheroidising
Glühen *n* **von kaltgewalztem Flachzeug für die Kaltumformung** annealing of cold rolled flat products for cold forming
Glühen *n* **zwischen zwei Zügen (Kaltziehen)** inter-pass annealing
Glühfaden-Pyrometer *n* disappearing filament optical pyrometer (D.F.)
Glühfarbe *f* temper colour
Glühfehler *m* defect arising in annealing (ingots)
Glühfestigkeit *f* annealed tensile strength; as annealed tensile strength
glühfrischen malleablize by graphitisation
Glühfrischen *n* fresh annealing
Glühhaube *f* annealing bell; annealing hood
Glühkiste *f* annealing box
Glühlampe *f* bulb
Glühmuffel *f* annealing muffle
Glühofen *m* annealing furnace
Glührand *m* **(Bandfehler)** annealed stained edge; black edge; snaky edge
Glührohr *n* annealing tube
Glührückstand *m* ignition residue
Glühtemperatur *f* annealing temperature
Glüh-Tiefofen *m* soaking pit for annealing
Glühtopf *m* annealing pot
Glühverlust *m* ignition loss
Glühzunder *m* mill scale
Glühzyklus *m* heat cycle
Glut *f* glow
Göpel *m* drawing engine; winch
Goss-Textur *f* Goss texture
Graben *m* ditch; trench
Grad *m* degree; grade
Grad *m* **der Verformung** amount of deformation
Gradeinteilung *f* graduation; scale
Granatenstahl *m* shell steel
Granulat *n* granulated material
Granulationsanlage *f* granulating plant
Granulierrinne *f* granulating spout
granulierte Schlacke *f* granulated slag
Graph *m* graph
graphische Darstellung *f* graphical representation; plot
Graphit *n* graphite; plumbago
Graphiteinformen *n* graphite forming
Graphitelektrode *f* graphite electrode
graphitisch graphitic
Graphitisieren *n* graphitizing
Graphitisierung *f* graphitisation;

graphitization
Graphitknötchen *n* graphite nodule
Graphitkohle *f* graphitic carbon
Graphitkohlenstoff *m* graphitic carbon
Graphitkugel *f* **(z.B. in Gußeisen)** graphite spherule; graphite spherulite
Graphitlager *n* graphite bearing
Graphitpulver *n* graphite powder
Graphitstabofen *m* graphite rod furnace
Graphitstein *m* graphite brick
Grat *m* burr; fin; flash
Gratrippe *f* fin
Gratriß *m* fin crack
Grat *m* **(überwalzt oder überschmiedet)** cold lap
graues Roheisen *n* grey pig
Grauguß *m* grey [cast] iron
gravieren engrave
Gravieren *n* die sinking
gravimetrisch gravimetric
Gravur *f* cut [in a die]; impression [of finished drop forging]
Greifbagger *m* drag-line excavator
Greifbedingung *f* bite condition; gripping condition
greifen bite; grip; seize
Greifer *m* grab [bucket]; grapple bucket
Greiferbrücke *f* chain gripper bar
Greiferkran *m* grab crane
Greifkanter *m* **(Walzen)** grip type tilter
Greifvorrichtung *f* catcher
Greifwinkel *m* **(Walze)** angle of bite; angle of contact
Greifzange *f* gripping tongs
Grenze *f* limit
Grenzfall *m* extreme case
Grenzfläche *f* boundary surface; interface
Grenzflächenkraft *f* interfacial force
Grenzflächenreibung *f* boundary friction
Grenzflächenspannung *f* interfacial tension
Grenzformänderungskurve *f* forming limit curve
Grenzlastspielzahl *f* ultimate number of cycles
Grenzmaß *n* limiting size
Grenzmerkmal *n* limiting characteristic value
Grenzpreßdichte *f* limiting density
Grenzreibung *f* boundary friction
Grenzreibungszahl *f* boundary friction coefficient
Grenzschicht *f* boundary layer
Grenzschichtdicke *f* thickness of boundary layer
Grenz(schicht)reibung *f* boundary friction
Grenzschmierung *f* boundary lubrication; thin film lubrication
Grenzumformgrad *m* limiting strain
Grenzwert *m* limiting value; threshold value
Grenzwertsatz *m* **(Statistik)** central limiting value theorem
Grenzziehverhältnis *n* limiting drawing ratio
Grieß *m* gravel; grit
Griff *m* **(am Gesenkschmiedestück)** sprue
Griffstelle *f* point of contact
grob coarse
Grobätzung *f* macro-etching
Grobblech *n* heavy plate; plate
Grobblech-Walzwerk *n* plate [rolling] mill
Grobbrecher *m* boulder crusher
Grobeinstellung *f* rough adjustment

Grobentstaubung *f* preliminary dust extraction
Grobgut *n* oversized material
Grobkorn *n* coarse grain; open grain
Grobkornanfälligkeit *f* susceptibility to grain coarsening
Grobkornbildung *f* coarse grain development
Grobkornglühen *n* coarse grain annealing; grain coarsening
grobkörniger Stahl *m* coarse-grained steel
Grobkornstahl *m* coarse grain steel
Grobkornzone *f* coarse grain zone
grobmahlen crush
Grobpore *f* macropore
Grobpulver *n* coarse powder
Grobreinigung *f* primary cleaning
Grobstraße *f* rolling train for heavy products
Grob- und Feinkokssieberei *f* screening of lump coal and culm
Grobvakuum-Elektronenstrahlschweißen *n* vacuum electron beam welding
Grobwalzwerk *n* blooming mill
Grobzerkleinerung *f* coarse breaking; coarse crushing; coarse grinding
Grobzerkleinerungsmühle *f* crushing mill
Grobzug *m* coarse draft; coarse drafting
Größe *f* quantity; size; variable
Größe *f* **(EDV)** datum (pl.: data)
Größenfaktor *m* size factor
Größenklassierung *f* classification by dimensions
Größenordnung *f* order of magnitude
Größenprobe *f* size sample
Größenverteilung *f* size distribution
Großkesselanlage *f* large boiler plant
Großprobe *f* gross sample
Großraumheizung *f* central heating of large rooms
Großraum-Tiefofen *m* large compartment soaking pit
Großrohr *n* line pipe
Großrohrstahl *m* linepipe steel
großtechnisch commercial; industrial
Großversuch *m* large-scale production trial
Großwinkelkorngrenzen *fpl* high angle tilt boundaries
Großzahlauswertung *f* statistical interpretation
Großzahlforschung *f* frequency research
Großzugversuch *m* wide-plate test
Grübchen *n* pit
Grübchenbildung *f* pitting
Grübchenbruch *m* dimpled fracture
Grübchen *n* **(Oberflächenfehler)** steel pit
Grube *f* coal mine; colliery; pit trench; trench
Grubenausbaustahl *m* colliery arches; steel for colliery arches
Grubenbahn *f* pit railway
Grubenbau *m* underground winning
Grubenglühen *n* pit annealing
Grubenmatte *f* mine matting
Grube *f* **(Untertagebau)** underground level
Grube *f* **unter Wasser setzen** flood a mine with water
Grundanstrich *m* priming coat
Grundbeschichtung *f* priming coat
Grundbesitz *m* real estate
Grunddrehzahl *f* **(Walzwerk)** base speed of mill
Grundfläche *f* base

Grundgesamtheit *f* parent population; population
Grundgleichung *f*, **kinematische** kinematic basic equation
Grundgleichung *f*, **statische** static basic equation
Grundierung *f* primer
Grundinvariante *f* basic invariant
Grundlage *f* base; basic principle
Grundlinie *f* base
Grundlohn *m* basic wage rate
Grundmasse *f* matrix
Grundmetall *n* backing metal; base metal; parent metal
Grundnahtfehler *m* root-bead defect
Grundnorm *f* fundament standard
Grundplatte *f* base-plate; bed-plate; ground-plate
Grundrichtung *f* trend
Grundriß *m* plan view
Grundschaltzeichen *n* general symbol
Grundsorte *f* basic type
Grundstahl *m* base steel
Grundstoff *m* base material; elementary substance
Grundstoffindustrie *f* primary industry
Gründung *f* foundation
Grundverknüpfung *f* logical connective
Grundwasser *n* subterranean water
Grundwerkstoff *m* base material; base metal; parent material
Grünfäule *f* **(bei innerer Oxidation von Ni-Cr-Legierungen)** green rot
Grünfestigkeit *f* green strength
Grünling *m* green compact
Grünpellet *n* green ball; green pellet
Grünsand *m* green sand
Grünsandkern *m* green sand core
Gruppenarbeit *f* team work
Gruppenbildung *f* grouping
Gruppierung *f* grouping
Grusofen *m* breeze oven
gültig valid
Gummi *n* rubber
Gummidichtung *f* rubber gasket
gummigefederte Räder *npl* rubber spring wheels; wheels with spring action by rubber
Gummischlauch *m* rubber hose
Gummitreibriemen *m* rubber drive belt
Gummiwalze *f* rubber roller
Gurt *m* belt
Gurtförderer *m* belt conveyor
Guß *m* cast; casting; pouring
Gußblase *f* blow hole
Gußblock *m* **mit flüssigem Kern** bled ingot
Gußbruch *m* broken castings; cast-iron scrap
Gußeisen *n* cast iron
Gußeisen-Formguß *m* cast iron mould casting
Gußeisen *n* **mit Kugelgraphit** ductile cast iron; nodular [graphite] cast iron; spheroidal graphite cast iron
Gußeisen *n* **mit Lamellengraphit** grey cast iron; lamellar graphite cast iron
Gußeisen *n* **mit Stahlschrottzusatz** semi-steel
Gußeisen *n* **mit Zwischenstufengefüge** acicular cast iron
Gußeisen-Strangguß *m* cast iron continuous casting
gußeiserne Formstücke *npl* iron castings
Guß *m* **gehärteter** hardened casting
Gußlegierung *f* casting alloy
Güte *f* closeness (estimation); grade; quality

Güte *f* **der Anpassung** goodness of [best] fit; quality of fit
Gütegruppe *f* **(von Stählen)** quality group
Gütenachweis *m* quality verification
Gütenorm *f* standard of quality
Güterumschlag *m* turn-round (of goods)
Güterwagen *m* freight car; goods wagon
Güteschutzgemeinschaft *f* quality control organization
Gütestufe *f* grade; quality
Güteüberwachung *f* quality control
Gütevorschrift *f* quality specification
Gütezahl *f* quality index

H

Haarhygrometer *n* hair hygrometer
Haarkristall *m* whisker
Haarlinie *f* hair line
Haarriß *m* check; hair [line] crack; pull crack
Habitusebene *f* habit plane
haften adhere
Haftfähigkeit *f* adherence; adhesive strength
Haftfestigkeit *f* adhesive strength; firmness
Haftmittel *m* adhesive
Haftreibung *f* static friction
Haftung *f* adherence; adhesion
Haftungseigenschaften *fpl* bonding properties
Haftvermögen *n* bonding strength; contact power
Haftzone *f* static friction zone
Haken *m* hook
Hakenbahn *f* **(für Drahtringe)** hook conveyor
Hakenkanter *m* tilting fingers
Hakenkette *f* chain sling with hook
Hakenplatte *f* hooked tie plate
Hakenschraube *f* screw hook
halbautomatische Schweißung *f* semiautomatic welding
halbberuhigt semi killed
halbberuhigter Stahl *m* balanced steel; semi killed steel; semi rimming steel
halbfette Kohle *f* semi-bituminous coal
halbflaches Halbzeug *n* half flat semifinished product
Halbgasfeuerung *f* half gas firing
halbgeröstete Eisenerzstücke *npl* half roasted lumps of iron ore
halbhart half hard
halbiert mottled
halbkontinuierliches Walzwerk *n* semicontinuous rolling mill
halbkreisförmiger Kerb *m* **(e. Flachprobe)** semicircular groove
Halbkreisfräser *m* concave milling cutter; convex milling cutter
Halbkugelpunkt *m* **(Schmelzbarkeit von Kohle)** hemisphere temperature
Halbleiter *m* semi conducter
Halbreibung *f* static friction
halbrunder Walzdraht *m* half round wire rod
Halbrundstahl *m* half rounds
Halbschalenkorb *m* clamshell type charging bucket
halbtechnisch pilot; semi commercial
Halbwarmumformung *f* warm forming
Halbwarmverformung *f* warm working
Halbwertsbreite *f* defect depth; half

line width; half time width
Halbwertzeit *f* half life
Halbwölber *m* **(ff. Stein)** half wedge brick
Halbzeug *n* semi finished products; tube rounds
Halbzeug *n* **für Röhren** tube rounds
Halbzeugputzerei *f* semi product conditioning department
Halbzeug-Walzwerk *n* rolling mill for semi finished products
Halbzeugzurichtung *f* processing of semi finished product
Halde *f* dump; heap; tip
Halle *f* bay; shop
Hallenbau *m* construction of halls
Haltbarkeit *f* durability; life; life durability; strength
Haltedauer *f* dwell period; holding period; holding time
halten soak
Halten *n* holding; maintaining; soaking
Haltepunkt *m* Ac-point; arrest point; change point; critical point
Haltestift *m* fixing pin
Haltetemperatur *f* holding temperature
Haltevorrichtung *f* jigging
Haltezeit *f* holding time; retardation time
haltig bearing; containing
Hämatit *m* hematite; iron glance; kidney ore
Hämatitroheisen *n* hematite pig iron
Hammer *m* hammer
Hammerbär *m* ram (tup)
Hämmerbarkeit *f* malleability
Hammerbrecher *m* hammer crusher (hammer mill)
Hammerkopf *m* hammer head
hämmern hammer; peen
Hammerschlag *m* scale
Hammerschneide *f* **(beim Pendelschlagwerk)** striker
Hammerschraube *f* tee head bolt
Hammerschweißung *f* forge welding
Hammerständer *m* frame
Hämmerverdichten *n* compacting by swaging
Hammerwerk *n* forge; hammer mill
Handarbeit *f* manual operation; manual work
Handelsbilanz *f* trade balance
Handelsblech *n* merchant sheet; sheet metal of commercial quality
Handelsfeinblech *n* commercial grade sheet; commercial quality sheet
Handelsguß *m* jobbing casting
Handelsgüte *f* commercial grade; commercial quality
Handelspolitik *f* foreign trade policy
Handelssorte *f* commercial quality
Handelsstabstahl *m* merchant bars
handelsüblich commercial
handfest geschraubt hand tight
handhaben handle
Handhabungsgerät *n* manipulating device
Handhebel *m* hand lever
Handmeißel *m* hand chisel
Handpfanne *f* bull ladle; shank ladle
Handregelung *f* manual control
Handschweißen *n* manual welding
Handstampfer *m* hand rammer
Handwerkzeug *n* hand tool
Hanfseil *n* hemp rope
Hängebahn *f* aerial railway; aerial ropeway; overhead trolley
Hängebahnofen *m* overhead conveyor furnace
Hängedecke *f* suspended arch; suspended roof

Hängemeißel *m* hanging guard
Hängen *n* **(der Gicht)** hanging; scaffolding
Hängestützgewölbe *n* semi suspended roof
Hängewand *f* suspended wall
harmonisches Mittel *n* harmonic mean
Hartauftragsschweißung *f* hard facing; surfacing (am.)
härtbar hardenable
Härtbarkeit *f* hardenability
Hartbrennen *n* heat hardening; induration
Härte *f* hardness
Härteader *f* **(Bandfehler)** shadow line
Härtearbeit *f* hardening
Härtebeständigkeit *f* capacity for retaining hardness
Härteempfindlichkeit *f* sensitivity to hardening; susceptibility to hardening
Härtegrad *m* hardening degree
Härtegut *n* hardening stock
Härte *f* **im abgeschreckten Zustand** as quenched hardness
Härtemaschine *f* hardening machine
härten harden
Härten *n* curing; hardening
Härten *n* **aus dem Einsatz** carburization quenching
Härten *n* **aus der Warmumformhitze** hardening from hot forming temperature
Härten *n* **(in Wärmebehandlung)** interrupted quenching; step quenching; transformation hardening
Härten mit Abschrecken in Salzwasser *n* brine hardening
Härten *n* **örtliches** local hardening
Härteofen *m* hardening furnace
Härteprüfmaschine *f* hardness testing machine
Härteprüfung *f* hardening test
Härtequerschnitt *m* sectional area of hardening
Härterei *f* hardening shop
Härtereianlage *f* hardening shop installation
Härteriß *m* hardening flaw; heat treatment crack; quench crack
Härteschicht *f* case
Härtesteigerung *f* hardness improvement
Härtestreuband *n* hardness scatter band; scatter band of Jominy hardenability
Härtestufe *f* hardening grade
Härtetemperatur *f* quenching temperature
Härtetiefe *f* case depth; depth of case; depth of chill
Härtetiegel *m* hardening crucible
Härte- und Vergüteanlage *f* hardening and heat treating plant
Härteverlauf *m* hardness shape; variation in hardness
Härteverzug *m* deformation due to hardening; distortion due to hardening
Hartferrit *m* hard ferrite
hartgezogen hard drawn
hartgezogener Draht *m* hard drawn wire
hartgießen case harden; chill cast
Hartgummi *m* hard rubber
Hartguß *m* chill casting; chilled cast iron
Hartgußwalze *f* chilled cast iron roll; chilled roll
Hartherd *m* rammed and sintered bottom

Hartlegierung *f* cemented carbide; cutting alloy; hard metal
Hartlot *n* brazing solder; hard solder
hartlöten braze
Hartlötofen *m* brazing furnace
hartmagnetischer metallischer Sinterwerkstoff *m* hard magnetic sintered material
Hartmanganerz *n* black hematite; psilomelane
Hartmetall *n* cemented carbide alloy; hard metal alloy; sintered carbide alloy
hartmetallbestücktes Werkzeug *n* carbide tipped tool
Hartmetall-Legierung *f* carbide alloy; cemented carbide alloy; hard metal alloy; tungsten carbide alloy
Hartmetallplättchen *n* cemented carbide [alloy] tip
Hartmetallschneide *f* cutting edge of hard metal
Hartmetallwerkzeug *n* carbide cutting tool
Hartmetall-Ziehstein *m* hard metal draw die
Hartstahlguß *m* high carbon steel casting
Hartstahl *m* **(unlegiert)** high carbon steel
Hart[stoff]legierung *f*, **härtbare** hardenable hard metal alloy
Hart[stoff]legierung *f*, **zerspanbare** machinable hard metal alloy
Hartstoffpulver *n* hard material powder
Härtung *f* hardening; quench hardening
Härtungsgefüge *n* **(Drahtfehler)** hard spots
Härtungsrißempfindlichkeit *f* hardening crack sensitivity; hardening fracture sensitivity
Hartverchromen *n* hard chromium plating
Hartverzinkung *f* spelterizing
Hartzink *m* spelter
Hartzinn *n* pewter
Harz *n* resin
Haspel *f* coiler; gear; haulage gear; reel; windlass
Haspelanlage *f* reeling plant
haspeln coil; reel; wind
Haspelofen *m* hot box; reel furnace
Haspelspule *f* open-centre reel
Haspelzug *m* reel tension
Haubenblock *m* hot top ingot
haubengeglühtes Feinblech *n* box annealed sheet
Haubenglühen *n* batch annealing; box annealing
Haubenglühofen *m* batch type annealing furnace; batch-type annealing furnace; hood type annealing furnace
Haubenglühofen *m* **mit Strahlheizrohren** radiant tube bell type annealing furnace
Haubenkühlung *f* hood cooling
Haubenmanipulator *m* cover manipulator
Haubenmasse *f* exothermic feeder head mixture
Haubenofen *m* bell type furnace; bell-type furnace; portable cover furnace
Haubenriß *m* hanger crack
Hauben- und Topfglühofen *m* bell-type annealing and pot annealing furnace
Hauen *n* ragging
Haufen *m* batch; bunch; heap
häufen accumulate; bunch; heap; stack

Haufensand *m* spillage sand
häufig frequent
Häufigkeit *f* frequency
Häufigkeitskurve *f* frequency curve
Häufigkeitsschaubild *n* frequency diagram
Häufigkeitsverteilung *f* frequency distribution
Hauptabmessungen *fpl* leading dimensions
Hauptachsensystem *n* principal axis system
Hauptast *m* **(Dendriten)** primary arm
Hauptbetrieb *m* main production department
Hauptblasrohr *n* blast main
Hauptgasleitung *f* gas main
Hauptgewölbe *n* main roof
Hauptmasse *f* bulk
Hauptnorm *f* principal standard
Hauptnormalspannung *f* principal stress
Hauptriß *m* main crack
Hauptschalter *m* master switch
Hauptschubspannung *f* main shear stress
Hauptspannung *f* principal stress
Hauptverwaltungsbüro *n* head office
Hauptwindleitung *f* blast main
Hausnorm *f* works specification
Hebebewegung *f* **bei der Stahlherstellung** lifting processes in steelmaking
Hebebock *m* jack
Hebebühne *f* elevating platform; lifting device
Hebel *m* jack; lever
Hebelarmbeiwert *m* lever arm ratio
Hebelarmbeiwert *m* **(Walzen)** lever factor
Hebelarmmethode *f* lever arm method
Hebelbeziehung *f* lever relationship rule
Hebelgesetz *n* lever principle; lever rule
heben hoist; lift; raise
Hebetisch *m* lifting table
Hebe- und Zufuhrvorrichtung *f* magazine elevator feeder
Hebevorrichtung *f* elevator (am.); feeder
Hebezeug *n* hoist; hoisting apparatus; lifting apparatus
heb- und senkbar vertically adjustable
Heftdraht *m* stitching wire
heften tack
Heftschweiße *f* stitch welding; tack weld
Heimathafen *m* home port
heißblasen blow up; use hot blast
Heißbruch *m* hot shortness
heißbrüchig burnt
Heißchargieren *n* hot charging
Heißdruckfestigkeit *f* **(ff. Steine)** hot compression strength
Heißextraktion *f* vacuum hot extraction
Heißflämmen *n* hot scarfing
Heißgaskorrosion *f* hot corrosion
Heißgutförderer *m* hot material conveyor
Heißkühlung *f* hot cooling
Heißluftleitung *f* hot air duct
Heißmischer *m* hot mixer
Heißnachpressen *n* hot repressing
heißpressen hot press
Heißriß *m* clink; hot crack
Heißriß *m* **(Schweißen)** hot crack
Heißspülbehälter *m* hot immersion tank

Heißwasserteil *n* hot water part
Heißwind *m* hot blast
Heißwindarmatur *f* hot-blast valves
Heißwindkupolofen *m* hot-blast cupola
Heißwindleitung *f* hot blast pipe
Heißwindofen *m* Cowper; hot blast furnace; hot blast stove
Heißwindschieber *m* hot blast [slide] valve
Heizdüse *f* **(Gasschweißen)** preheat bore; preheat gas way; preheat orifice
Heizelement *n*, **elektrisches** electric heating element
Heizer *m* fireman; heater; stoker
Heizfläche *f* heating surface
Heizgas *n* fuel gas
Heizgasleitung *f* fuel gas conduit
Heizgas-Sammelkanal *m* heating flue
Heizkoks *m* combustion coke; fuel coke
Heizkraft *f* calorific power; calorific value
Heizleiterlegierung *f* heating conductor alloy; metallic resistance material
Heizleiter- und Widerstandslegierung *f* alloy for electric resistance
Heizleiter-Werkstoff *m* heating conductor material
Heizöl *n* bunker C-standard oil; fuel oil
Heizschacht *m* combustion chamber
Heiztischmikroskop *n* hot stage microscope
Heizung *f* firing; heating; heating flue
Heizwert *m* calorific power; gross caloric power (am.)
Heizwert *m* **oberer** upper caloric value
Heizwert *m* **unterer** lower caloric value; net caloric power (am.)
Hellfeldaufnahme *f* bright field image
hemmen check; drag; inhibit; stop
Herausschmelzen *n* melting out
herausziehen draw out
Herd *m* fire place; hearth; mobile hearth
Herdbelastung *f* metallurgical load on a furnace
Herdbreite *f* width of the hearth
Herdfläche *f* hearth area
Herdflächenleistung *f* output of hearth surface
Herdfrischen *n* hearth refining
Herdfrischverfahren *n* charcoal hearth process; open hearth process
Herdgewölbe *n* arched roof of hearth; knuckle; ramp
Herdlänge *f* length of the hearth
Herdmasse *f* hearth mix
Herdofen *m* hearth type furnace
Herdpflege *f* bottom [hearth] maintenance; care of the hearth
Herdquerschnitt *m* section of the hearth
Herdschmelzverfahren *n* hearth type melting process
Herdsohle *f* hearth bottom
Herdstahlwerk *n* hearth type steelmaking plant
Herdtiefe *f* depth of the hearth
Herdwagenofen *m* bogie hearth furnace; bogie-type furnace; car bottom furnace
herkömmliche Erschmelzung *f* traditional melting

Herstellänge *f* standard length produced
herstellen fabricate; produce
Herstellen *n* **eines Ziehendes (Rohr)** nozzling
Herstellung *f* manufacture; production
Herstellung *f* **geschweißter Blech-Großrohre** welding large tubes made of sheets
Herstellungskosten *pl* manufacturing costs
Herstellungsverfahren *n* production process
Herstellung *f* **von Gehäusen** caseing
herunterfrischen blow down
herunterschmelzen bring down; melt down
herunterwalzen break down; cog down; roll down
Herunterzieh-Eigenschaften *fpl* drawing down properties
Hespenstahl *m* fence bar; fencing iron
heterogen heterogeneous
heterogene Zone *f* mushy zone
hierarchisches Prozeßrechner-system *n* hierarchical process computing system
Hilfsarbeiter *m* labourer; unskilled workman
Hilfsbetrieb *m* auxiliary department; service department
Hilfsgröße *f* auxiliary variable
Hilfskranzug *m* auxiliary crane hoist
Hilfsmetallegierung *f* auxiliary metal alloy
Hilfsstoffe *mpl* auxiliary materials
Hilfs- und Nebenbetrieb *m* service and secondary process department
Hilfsvorrichtung *f* fit-up fixture
hindern check; inhibit
hinreichend sufficient
Hinterachse *f* rear axle
hintereinander angeordnete Walz-gerüste *npl* stands in tandem
hintereinander (geschaltet) in series; series
hinteres Ende *n* tail end; trailing end
Hinterisolierung *f* backing insulating
Hinterkipper *m* end dumping truck
Hintermauerung *f* brick backing
Hinterschneidung *f* undercut
Hinterstampfung *f* backing
Hinterwalzer *m* catcher
Hin- und Herbiegeversuch *m* alternating bending test; reverse bend test
Hin- und Herverdrehversuch *m* reverse torsion test
hinzufügen add
Hitchcock-Gleichung *f* Hitchcock equation
Hitze *f* heat
Hitzebelastung *f* thermal load
hitzebeständig heat resistant; heat resisting; heat resisting; resistant to heat
hitzebeständiger Stahl *m* heat resisting steel
Hitzebeständigkeit *f* heat resistance; refractoriness
hitzebeständig (Stahl) resistant to heat
hitzebeständig (Steine) refractory
Hobelmaschine *f* planing machine
Hobelmesser *n* planing tool
hobeln plane
Hochbau *m* building trade
Hochbaustahl *m* steel for building construction; steel for structural steelwork

Hochbehälter *m* elevated tank; high level tank; surge tank
Hochbrandstein *m* high-temperature burnt brick
Hochbunker *m* high level storage bunker; overhead hopper
Hochdruckarmaturen *fpl* high pressure accessories and fittings
Hochdruckgasleitung *f* high pressure gas main
Hochdruckmanometer *n* high pressure manometer
Hochdruckschmiermittel *n* high pressure lubricant
Hochdruckteil *n* high pressure part
Hochdruckverfahren *n* **(Hochofen)** high top pressure operation
Hochdruckwasserstoffbeständigkeit *f* resistance to high-pressure hydrogen
Hochdruckzusatz *m* **(Schmieren)** extreme pressure additive
Hochenergieumformung *f* high energy rate forming
hochfester Baustahl *m* high strength structural steel
hochfester Stahl *m* high strength steel; high tensile steel
hochfestes Gußeisen *n* high duty cast iron
hochfeuerfester Stein *m* highly refractory brick
Hochfrequenz-Generator *m* radiofrequency generator
Hochfrequenz-Induktionsofen *m* coreless induction furnace; high frequency induction furnace
Hochfrequenzofen *m* coreless induction furnace
Hochfrequenzschweißgerät *n* radiofrequency welder
hochgekohlter Stahl *m* high carbon steel
Hochgeschwindigkeitsbrenner *m* high velocity burner
Hochgeschwindigkeits-Knüppelstranggießanlage *f* high-speed billet caster
Hochgeschwindigkeitsumformen *n* high speed forming
Hochglanzblech *n* bright-luster sheet; high-mirror-finished sheet
Hochglühen *n* full annealing
hochheben lift; raise
hochkanten raise edges
Hochkanten *n* edge raising
hochkantig on edge
hochkant stellen edge; place on edge; upend
hochklappbares Schutzglas *n* flip-up window
Hochlage *f* upper shelf
Hochlage *f* **im Kerbschlagversuch** upper shelf energy
Hochlauf *m* elevated inclined chute
hochlegierter Stahl *m* high alloy steel
Hochleistungsbrenner *m* high output burner
Hochleistungsfeder *f* heavy duty spring
Hochleistungslichtbogen *m* high current arc
Hochleistungslichtbogenofen *m* UHP furnace; ultrahigh power [arc] furnace
Hochleistungswäscher *m* high energy scrubber
Hochofen *m* blast furnace
Hochofenanlage *f* blast furnace plant
Hochofenauskleidung *f* blast-furnace lining
Hochofenbetrieb *m* blast furnace

operation; blast furnace practice
Hochofenbetrieb *m* **mit Gegendruck an der Gicht** high top pressure operation of blast furnace
Hochofenbunker *m* blast-furnace hopper
Hochofenerzeugnis *n* blast-furnace product
Hochofenerzeugung *f* blast-furnace output
Hochofengas *n* blast-furnace gas
Hochofengebläse *n* blast-furnace blower
Hochofen *m* **gedämpfter** banked blast furnace; damped-down blast furnace
Hochofengerüst *n* blast-furnace framework; blast-furnace steel structure
Hochofengestell *n* hearth
Hochofenkoks *m* blast-furnace coke
Hochofenmantel *m* blast-furnace shell
Hochofenmauerwerk *n* blast-furnace brickwork; blast-furnace masonry
Hochofenmöllerung *f* blast-furnace burdening
Hochofenpanzer *m* blast-furnace steel jacket
Hochofenprofil *n* blast-furnace lines
Hochofenreise *f* blast-furnace campaign
Hochofenschacht *m* blast-furnace shaft; blast-furnace stack; shaft
Hochofenschaumschlacke *f* blast-furnace foamed slag
Hochofenschlacke *f* blast-furnace slag
Hochofenschlackenzement *m* blast-furnace slag cement
Hochofensonde *f* blast-furnace probe
Hochofenstein *m* blast-furnace brick
Hochofenverfahren *n* blast furnace process
Hochofenwind *m* blast-furnace blast
Hochofen-Winderhitzer *m* cowper
Hochöfner *m* blast furnace man; blast furnace operator
Hochregallager *n* high-bay warehouse
hochschmelzendes Metall *n* high-melting metal
Hochspannungsanlagen *fpl* high-voltage lines and equipment
Hochspannungsfunkenerzeuger *m* high voltage spark generator
Höchstdrehmoment *n* maximum torque
Höchstdruck *m* E.P. (= extreme pressure)
hochstegig deep webbed
höchstes Betriebsmoment *n* working peak torque
höchstfester Stahl *m* super high strength steel
Hochstraße *f* elevated road; flyover
Hochstrombahn *f* heavy current conductors
Hochstromleitung *f* high-current conduction
höchstzulässiger Konzentrationswert *m* maximum allowable concentration
Hochtemperatureigenschaften *fpl* high temperature properties
Hochtemperaturfestigkeit *f* strength at elevated temperature; strength at high temperatures
Hochtemperaturversprödung *f* high temperature brittleness
Hochumformwalzwerk *n* high reduction mill

Hochvakuum-Elektronenstrahlschweißen *n* high-vacuum electron beam welding
Hochvakuumlichtbogenofen *m* high-vacuum arc furnace
Hochvakuumofen *m* high-vacuum melting furnace
hochwarmfeste Legierung *f* high temperature alloy
hochwarmfester Stahl *m* elevated-temperature steel
hochwarmfester Werkstoff *m* elevated-temperature material
hochwertig high quality
hochwertiges Gas *n* rich gas
hochwinden hoist
Höcker *m* knuckle (reheat furnace)
Höckerplatte *f* hump plate
Höhe *f* height; level; level height
Hohe Behörde *f* The High Authority
Höhenschwund *m* shrinkage in height
höhenverstellbar retractable
höhere Temperatur *f* elevated temperature
Hohlachse *f* hollow axle
Hohlbeitel *m* gouge
Hohlblockstein *m* hollow brick; hollow shape
Hohlbohrer *m* hollow drill
Hohlbohrstahl *m* hollow drill steel
Hohldornen *n* hollow-punch piercing
Hohlelektrode *f* hollow electrode
Hohlgeschoß *n* shell
Hohl-Gleitziehen *n* drawing of tubular bodies; sinking
Hohlguß *m* hollow casting; slush casting
Hohlkehle *f* fillet
Hohlkehlnaht *f* **(Schweißen)** concave fillet weld
Hohlkörper *m* hollow [body]
Hohlmeißel *m* gouge
hohlprägen emboss
Hohlprägen *n* embossing
Hohlprofil *n* hollow section
Hohl-Quer-Fließpressen *n* transverse tubular impact extrusion
Hohl-Quer-Strangpressen *n* lateral tube extrusion; transverse tubular extrusion
Hohlraum *m* cavity
Hohl-Rückwärts-Fließpressen *n* indirect tubular impact extrusion
Hohl-Rückwärts-Strangpressen *n* backward extrusion of hollows; indirect tube extrusion; indirect tubular rod extrusion
Hohlschmieden *n* hollow forging
Hohlstein *m* hollow brick; hollow shape; tile
Hohlstein *m* **(Rekuperator)** tile
Hohlstrangpressen *n* hollow extrusion
Höhlung *f* cavity; concavity; cupping; void
Hohlung *f* **(Walze)** sweep
Hohl-Vorwärts-Fließpressen *n* direct tubular impact extrusion
Hohl-Vorwärts-Strangpressen *n* direct tube extrusion; forward extrusion of hollows; straight tubular rod extrusion
Hohlwalze *f* hollow roll
Hohlwalzwerk *n* rotary piercing mill
Hohl-Walzziehen *n* roll drawing of hollow items without central tool
Hohlziegel *m* hollow brick; hollow shape
hohlziehen cup
Hohlzug *m* **(Rohr)** sinking
Holeintritt *m* die mouth
Holzkohle *f* charcoal

Holzkohlenfrischverfahren *n* charcoal hearth process
Holzkohlengrieß *m* charcoal breeze
Holzkohlen-Roheisen *n* charcoal pig iron
homogen homogeneous
homogenisieren homogenize
Homogenität *f* homogeneousness
Homogenitätsbereich *m* region of homogeneity
Honen *n* honing
Honmaschine *f* honing machine
Hooke'sches Gesetz Hooke's law
Hordentrockner *m* drying hurdle
Hordenwäscher *m* hurdle type scrubber; hurdle washer; hurdle washing tower
Horizontal-Banddurchziehofen *m* horizontal continuous strand furnace
horizontales Schweißen *n* horizontal position welding
Horizontalkammerofen *m* vertical flue oven
Horizontalstranggießanlage *f* horizontal continuous casting machine; horizontal continuous casting plant
Hosenrinne *f* bifurcated launder; forked runner; forked tapping spout
Hosenrollgang *m* Y-roller table
Hub *m* lift; stroke
Hubbalkenförderer *m* walking beam conveyor
Hubbalkenofen *m* rocker bar type furnace; walking beam furnace
Hubbegrenzer *m* stroke arresting device
Hubbewegung *f* **(Kran)** lifting movement
Hubbrücke *f* bascule bridge
Hubgeschwindigkeit *f* hoisting speed
Hubhöhe *f* stroke length
Hubmagnet *m* lifting magnet
Hubmarke *f* oscillation mark; ripple mark
Hubmarken *fpl* **(Stranggießen)** oscillation marks; reciprocation marks; ripple marks
Hubstange *f* **für Glocke** bell lifting rod
Hubstapler *m* fork lift truck
Hubsystem *n* walking beam system
Hubuntersatz *m* stillage
Hubwagen *m* lift[ing] truck; tiering truck; truck
Huckepackmotoren *mpl* piggyback motors
Hühnergeflecht *n* chicken wire [mesh]
Hüllinie *f* crest line
Hüllprofil *n* **(Rauheitsmessung)** rolling circle envelope
Hülse *f* shell
Hund *m* **(Abstreifmeißel)** stripper guide
Hundeknochenprofil *n* dog-bone profile; dog-bone shape
Hürde *f* cradle
Hutkühlung *f* cone cooling system
Hut *m* **(LD-Verfahren)** taphole
Hütte *f* metallurgical plant; metallurgical works; mill; works
Hüttenbedarf *m* auxiliary material for iron and steel works
Hüttenbims *m* foamed slag; pumice slag
Hüttenflur *m* mill floor level; shop floor level
Hüttenkalk *m* powdered blast-furnace slag; slag lime
Hüttenkoks *m* metallurgical coke
Hüttenkunde *f* metallurgy
Hüttenmann *m* ironworker; metal-

lurgist
Hüttenrohzink *n* crude zinc
Hüttensand *m* granulated blast-furnace slag
Hüttenschwemmstein *m* foamed slag brick; pumice slag brick
Hüttenstein *m* granulated slag brick
Hütten- und Walzwerkhydraulik *f* hydraulic installations for metallurgical plants and rolling mills
Hüttenwerk *n* ironworks; metallurgical plant
Hüttenwerkskran *m* iron and steel works crane
Hüttenwolle *f* slag wool
Hüttenzement *m* blast-furnace slag cement
Hybridrechner *m* hybrid computer
Hybridstation *f* balanced station; combined station
Hydraulik *f* hydraulics
Hydraulikguß *m* castings for hydraulic structures
Hydraulikkolben *m* hydraulic piston
hydraulische Entzunderung *f* hydraulic descaling
hydraulische Maschine *f* hydraulic machine
hydraulische Presse *f* hydraulic press
hydraulischer Akkumulator *m* hydraulic accumulator
hydraulischer Antrieb *m* hydraulic drive
hydraulischer Haubenofen *m* hydraulically operated bell type furnace
hydraulische Schmiedepresse *f* hydraulic forging press
hydraulische Steuerung *f* hydraulic control
hydraulische Winde *f* hydraulic jack
Hydridpulver *n* hydride powder
hydrieren hydrogenate
Hydrierwerk *n* hydr[ogen]ation works
Hydrodynamik *f* hydrodynamics
hydrodynamische Reibung *f* hydrodynamic friction
hydrodynamisches Ziehen *n* hydrodynamic drawing
hydrodynamische Walztheorie *f* hydrodynamic theory of rolling
hydromatisches Ziehwerkzeug *n* hydromatic drawing tool
Hydrometallurgie *f* hydrometallurgy
hydrostatisches Hohl-Vorwärts-Fließpressen *n* hydrostatic direct tubular impact extrusion
hydrostatisches Pressen *n* hydrostatic compacting
hydrostatisches Voll-Vorwärts-Fließpressen *n* hydrostatic direct impact extrusion of rods
hydrostatisches Vorwärts-Fließpressen *n* hydrostatic direct impact extrusion
hydrostatisches Vorwärts-Strangpressen *n* hydrostatic direct rod extrusion
hypereutektoidischer Stahl *m* hypereutectoid steel
Hystereseschleife *f* hysteresis loop
Hystereseverlust *m* hysteresis loss

I

ideal ideal
ideale Lösung *f* ideal solution
ideale Strömung *f* plug flow
idealplastisch ideal plastic
ideal plastisch perfectly plastic
Identifizierung *f* identification

IF-Stahl *m* IF-steel
IIW-Test *m* **(Schweißen)** IIW-test (welding)
Ilgnersatz *m* Ilgner [type motorgenerator] set
im Anschluß *m* **an (Walzwerk)** in tandem with
im gegossenen Zustand *m* as cast
im Gesenk geschmiedetes und gewalztes Reinsteisen *n* swaged and rolled high-purity steel
im Gesenk *n* **hohlschmieden** deep pierce
im gezogenen Zustand *m* as drawn
im Kreuzstoß *m* **geschweißte Rohre** one tube welded across on top of another
Immission *f* immission; pollution of in-house atmosphere
Immobilien *fpl* dead stock; real estate
Impedanz *f* impedance
impfen inoculate (cast iron); seed
Impfen *n* seeding
Impfstoff *m* inoculating agent
Impfstoff *m* **(Gußeisen)** inoculant
Impfung *f* **(Gußeisen)** inoculation
Implantmethode *f* implant method
Implantversuch *m* **(Schweißen)** implant test
imprägnieren impregnate
Imprägnierungsmittel *n* impregnating agent
Impuls *m* impulse
Impuls-Echo-Verfahren *n* impulse reflection method; pulse echo technique
Impuls-Fernsteuerung *f* impulse type remote control
Impulsformer *m* pulse shaper
Impulsform *f* **(Ultraschall)** pulse envelope
Impulsgeber *m* impulse sender; pulse generator
Impuls *m* **kurzer** pip
Impulslärm *m* impact noise
Impulsstrom *m* momentum flow rate
Impulswärmen *n* impulse heating
Impulszähler *m* impulse counter
im Uhrzeigersinn *m* clockwise
im Vergleich *m* **mit (oder: zu)** in comparison with
im warmgewalzten Zustand *m* in the hot rolled condition
in Bau *m* under construction
in Betrieb *m* operating
in Betrieb *m* **setzen** launch; put into operation
inchromieren chromise
Indikatorgas *n* tracer gas
Induktionserhitzen *n* induction heating
Induktionserwärmungsanlage *f* induction heating system
Induktionshärten *n* induction hardening
Induktionsofen *m* induction furnace
Induktionsofenmasse *f* induction-furnace mix
Induktionsrinnenofen *m* core type induction furnace
Induktionsschmelzofen *m* induction melting furnace
induktiv inductive
induktive Badbewegung *f* electromagnetic stirring of the bath; induction stirring
induktives Rühren *n* induction stirring
induktives Rühren *n* **der Schmelze** electromagnetic stirring of the bath
induktives Schweißen *n* induction welding
Induktivität *f* inductance

Industrieabfall *m* industrial waste
Industrieabwasser *n* industrial waste water
Industriebauten *mpl* industrial structures
Industriebetrieb *m* industrial operation; industrial undertaking
Industrie-Frequenz *f* industrial frequency
Industrielärm *m* industrial noise
Industriemüll-Sinteranlage *f* industrial waste sintering plant
Industrieofen *m* industrial furnace
Industriewasser *n* processing water
ineinandergeschachtelte Gitter *npl* interpenetrating lattices (X-rays)
ineinandergreifende Sondersteine *mpl* **mit Aufhängung** interlocking [suspended] bricks
in eine Gleichung *f* **einführen** introduce into an equation
in eine Liste *f* **eintragen** include in a list; list; schedule
Inertgas *n* inert gas
Informationsbedarf *m* information demand
Informationsfluß *m* information flow
Informationsübernahme *f* read in of information
informationsverarbeitendes Gerät *n* information processing device
Informationsweg *m* information path
Infrarotsteueranlage *f* infrared control system
Infrarotstrahlungsofen *m* infrared radiation furnace
Ingangsetzen *n* starting
Ingenieur *m* chief engineer
Ingenieurberatung *f* engineering consultancy
Ingenieurbüro *n* consulting engineer's
Ingenieurschule *f* technical school for engineers
in geringer Entfernung *f* **voneinander** frequent
in geschlossenem Gesenk in der Presse hergestellt press forging
Inhibitor *m* inhibitor
Inhomogenität *f* inhomogeneity
Injektorbrenner *m* gas welding blow pipe; low pressure torch
in Kalibern gewalzter Rohrstreifen *m* grooved skelp
Inkompressibilität *f* incompressibility
Inkrement-Probenahme *f* increment sampling
Inkrement-Teilungsverfahren *n* increment division method
innen interior
Innenabsaugung *f* internal evacuation; internal exhaust
Innenachslager *n* axle bearing inside the wheels
Innenanpassung *f* inside diameter matching
Innenblech *n* metal plate insert
Innenblech *n* **(ff. Steine)** metal plate insert
Innenblech *n* **(Gewölbe)** metal plate insert (arch)
Innenborden *n* **durch Drücken** spinning of inside beads
Innendruckversuch *m* **mit Luft** air pressure test
Innendruckversuch *m* **mit Wasser** hydraulic test
Innenfehler *m* internal defect
Innengewindeschneiden *n* tapping
Innengewinde-Schneidmaschine *f* tapping machine

Innenhochdruckumformen *n* hydroforming
Innenhochdruckumformung *f* internal high-pressure system
Innenlunker *m* cavity
Innenoxidation *f* **in wärmeresistenten Stählen** inner oxidation in heat resisting steels
Innenriß *m* internal crack; internal fissure; shatter crack
Innenschweißen *n* internal welding
Innensechskantschraube *f* hexagonal socket head cap screw
innere internal
innere Energie *f* internal energy
innere Oxidation *f* internal oxidation
innige Vermischung *f* intimate mixing
in Palettenverpackung *f* palletised
Instandhaltung *f* maintenance; upkeep
Instandhaltung *f*, **vorbeugende** preventive maintenance
instandsetzen condition; repair
Instandsetzungskosten *pl* reconditioning costs; repairing costs
integrierende Pegelmessung *f* integrated level measurement
in Teilmengen *fpl* **von** in increments of
interatomare Verbindung *f* interatomic bond
interdendritisch interdendritic
interdendritischer Bereich *m* interdendritic space
interdendritischer Graphit *m* interdendritic graphite
Interdiffusion *f* interdiffusion
Interferenzschichten-Mikroskopie *f* interference coating microscopy
interkristalline Brüchigkeit *f* cleavage brittleness
interkristalline Korrosion *f* intercrystalline corrosion; intergranular corrosion
interkristalliner Bruch *m* intercrystalline fracture
interkristalliner Wabenbruch *m* intergranular dimple fracture
interkritische [Wärme]behandlung *f* intercritical [heat]treatment
intermediäre Phase *f* intermediate phase
intermetallische Verbindung *f* intermetallic compound
intermittierende Betriebsweise *f* intermittent operation
Invareffekt *m* invar effect
Invariante *f* invariant
Invarlegierung *f* invar alloy
Invarstahl *m* Invar steel
Inventurbestand *m* inventory on-hand quantity; inventory stock
Investitionsgüter *npl* capital goods
Ionenaustausch *m* ion exchange
Ionenbindung *f* ionic bonding
Ionenstärke *f* ionic strength
Ionenstörstelle *f* ionic defect
Ionisierungszustand *m* **(Spektralanalyse)** ionisation state
ionitrieren ionitriding
Ionitrieren *n* ionitriding
IPE-Träger *m* **(IPE-Reihe)** IPE-beam (European section)
I-Profil *n* I-beam
irreversibel irreversible
Irrstrom *m* stray current
Irrtumswahrscheinlichkeit *f* level of significance
Isochrone *f* isochronous curve
ISO-Entwurf *m* ISO draft
Isolator *m* insulator
Isoliermaterial *n* insulating material
Isolierrohr *n* insulating tube

Isolierstein *m* insulating brick; insulating refractory brick
Isolierstoff *m* insulating material
isolierter Draht *m* insulated wire
Isolierung *f* insulation; isolation
isothermische Umwandlung *f* isothermal transformation
Isotop *n* isotope
Isotopen-Dickenmeßanlage *f* thickness measuring device using isotopes
Isotopenhäufigkeit *f* abundance of isotopes
Isotropie *f* isotropy
ISO-Vorentwurf *m* ISO rough draft
Ist-Kosten *pl* actual costs
Ist-Leistung *f* actual production
Ist-Messen *n* determination of actual size
Ist-Profil *n* actual section; measured profile
Ist-Wert *m* actual value; effective value
Ito-Riß-Parameter *m* Ito-crack parameter
Izod-Pendelhammer *m* Izod pendulum hammer

J

Jenkin-Biegeversuch *m* Jenkin's bend test
J-Integral *n* integral J
Joch *n* magnet yoke
Jodzahl *f* **(Schmieren)** iodine number
Jominy-Kurve *f* Jominy curve
Jominy-Versuch *m* Jominy test
justieren adjust; fit; set

K

Kabel *n* cable
Kabelarmierung *f* cable armouring
Kabelband *n* cable tape
Kabelbandstahl *m* cable tape steel
Kabeldraht *m* cable wire
Kabelkanal *m* cable duct
Kabelschutz *m* cable protection
Kabelschutzrohr *n* cable protection pipe
Kabelverseilmaschine *f* cable-stranding machine
Kabel *n,* **wassergekühlt** water cooled cable
Käfigläufer *m* cage rotor
Kaliber *n* box groove; box hole; box pass; groove; pass
Kaliberanzug *m* taper of a groove
Kaliberbauart *f* pass design
Kaliberbearbeitungsmaschine *f* roll pass dressing machine
Kaliberdruck *m* bite; draft
Kaliber *n* **geschlossenes** box pass
kaliberloses Walzen *n* grooveless rolling
Kalibernutenschleif- und Fräsmaschine *f* groove grinding machine
Kaliberöffnung *f* clearance between collars
Kaliberrand *m* collar; groove collar
Kaliberreibungsbeiwert *m* effective coefficient of friction in the groove
Kaliberstandzeit *f* pass life between redressing; roll pass life
Kaliberwalze *f* grooved roll
Kaliberwalzen *n* groove rolling
kalibrieren calibrate; design roll passes; size
Kalibrieren *n* coining; coining

(press); pass design; roll pass design
Kalibrieren *n* **(Rohrenden)** sizing
kalibrierte Walze *f* grooved roll
Kalibrierung *f* roll drafting; roll pass design
Kalibrierwalzwerk *n* sizing mill
Kaliseife *f* potassium soap
Kalium *n* potassium
Kalk *m* lime
Kalkabscheidung *f* calcium precipitation
kalkbasische Umhüllung *f* **(Schweißdraht)** lime-basic covering
kalkbasisch umhüllte Elektrode *f* electrode with basic sheath
Kalkblasanlage *f* lime injection equipment
Kalkbrennofen *m* lime-burning kiln
Kalkbunker *m* lime bunker
Kalkdinasstein *m* ganister brick (am.); lime dinas brick
Kalkelend *n* lime set; troubles due to an excess of lime
kälken lime-coat
Kälken *n* **(Draht)** liming
Kalk *m* **gebrannter** burnt lime
kalkgebundener Silicastein *m* lime-bonded silica brick
Kalk *m* **gelöschter** slaked lime
kalkhaltig calcareous; calciferous
kalkiges Erz *n* calcareous ore; limey ore
Kalkmilch *f* milk of lime
Kalk-Sauerstoff-Dosier- und Einblasanlage *f* lime-oxygen-dosing and injecting system
Kalksplitt *m* limestone chips
Kalkstein *m* limestone
Kalk-Tonerde-Gemisch *n* lime-alumina mixture
kalkulatorische Abschreibung *f* depreciation allocation
Kalk *m* **ungelöschter** quicklime
Kalkzuschlag *m* addition of lime
Kalorie *f* unit of heat
Kalorimeter *n* calorimeter
Kalorisieren *n* alitizing; calorising
kalottenförmig dome-shaped
Kaltabkanten *n* cold edge trimming
Kaltarbeitsstahl *m* cold work steel
Kaltarbeitswerkzeug *n* cold forming tool
Kaltaushärtung *f* room temperature precipitation hardening
Kaltauslagern *n* natural ag[e]ing
Kaltband *n* cold [rolled] strip
Kaltband-Profilwalzwerk *n* cold roll forming machine
Kaltbeanspruchung *f* cold straining; cold working
Kaltbiegen *n* cold bending
Kaltblasen *n* cold blowing
Kaltblechschere *f* cold shear
Kaltbonderverfahren *n* cold bonderising
Kaltbruch *m* cold shortness
kaltbrüchig cold short
Kaltbrüchigkeit *f* cold shortness; coldshortness
kaltdrücken extrude
Kaltdruckfestigkeit *f* **(ff. Steine)** cold compression strength
Kältebeständigkeit *f* antifreezing quality; cryogenic strength; resistance to cold
Kalteinsatz *m* cold charging
Kalteinsenkpresse *f* die typing press; hobbing press
Kältemaschine *f* refrigerating machine
kalt erblasen cold-blast
Kaltfestigkeit *f* strength at low

temperature
Kaltfließdrückpresse *f* cold extrusion press; cold flow forming press
Kaltfließdrückpressen *n* cold extrusion pressing
Kaltfließkurve *f* cold flow curve
Kaltfließpressen *n* cold extrusion
Kaltformgebung *f* cold forming
kaltgepilgertes Rohr *n* cold pilgered tube; rocked tube
kaltgestaucht cold headed
kaltgestauchter Draht *m* cold headed wire; cold heading wire
kaltgewalzt cold rolled
kaltgewalzter und kaltgereckter Draht *m* cold-worked steel
kaltgewalztes Band *n* cold rolled strip; cold-rolled strip
kaltgezogen cold drawn
kaltgezogener Stahl *m* cold drawn steel
kalthämmern peen
Kalthärtbarkeit *f* strain hardenability
Kalthärtung *f* strain hardening; wear hardening; work hardening
Kaltläufer *mpl* cold shuts
Kaltlaufversuch *m* cold run trial
Kaltlötstelle *f* cold junction
Kaltnachpressen *n* cold repressing
Kaltnachwalzen *n* cold rerolling; skin pass rolling
Kaltnachwalzwerk *n* pinch pass rolling mill; temper mill; temper pass rolling mill
Kaltphosphatieren *n* cold phosphating
Kaltpilgern *n* cold pilger rolling
Kaltpressen *n* cold compacting; cold pressing
kaltpressen (Rohre) sink
Kaltpreßmuttern-Eisen *n* cold-press nut-iron
Kaltpreßschweißen *n* cold welding
Kaltprofil *n* cold rolled section; cold-shaped profile
Kaltprofil *n* **aus Warm- oder Kaltband** cold rolled section from hot or cold rolled strip
Kaltrecken *n* cold straining; cold working
Kaltriß *m* cold crack
Kaltrißbildung *f* **unter der Naht** cold cracking under the weld
Kaltriß *m* **(Schweißen)** cold crack
Kaltsäge *f* cold saw; hack saw
Kaltscherbarkeit *f* capacity for cold shearing
Kaltschlagdraht *m* cold heading wire
Kaltschlagmatrize *f* piercing die
Kaltschlagschmieden *n* cold impact forging; impacting
Kaltschlagstahl *m* cold heading steel; cold upsetting steel; steel for cold heading
Kaltschweiße *f* cold shut
Kaltspritzbehälter *m* cold rinse tank
Kaltsprödigkeit *f* cold brittleness
Kaltstauchen *n* cold heading; cold upsetting
Kaltstauchstahl *m* steel for cold upsetting
Kaltstauchtest *m* **(Kompressionstest)** cold-upsetting test (compression test)
Kaltstauch- und Kaltfließpreßstähle *mpl* steels for cold upsetting and cold extrusion
Kaltstrang *m* dummy bar; starting bar
Kaltstrangaufheizvorrichtung *f* dummy bar preheater
Kaltstrangaufnehmer *m* dummy bar

storage device; dummy bar take-up
Kaltstrangausheber *m* dummy bar separator
Kaltstrangbasisanfahrkopf *m* basic dummy bar head
Kaltstrangbedienungspodest *n* dummy bar serving platform
Kaltstrang *m* **biegsamer** flexible dummy bar
Kaltstrangeinfahren *n* introduction of dummy bar
Kaltstrangentkuppler *m* dummy bar separator
Kaltstrangfuß *m* dummy bar bottom
Kaltstranghubwinde *f* dummy bar winch
Kaltstrangkette *f* dummy bar chain
Kaltstrangkettenförderer *m* dummy bar chain conveyor
Kaltstrangkopf *m* dummy bar head
Kaltstrangkopfheizung *f* dummy bar heater
Kaltstranglager *f* dummy bar storage device
Kaltstranglagerung *f* dummy bar storage
Kaltstrangpressen *n* cold extruding
Kaltstrangrinne *f* dummy bar receiver
Kaltstrang *m* **(Stranggießen)** dummy bar
Kaltstrangtreiber *m* dummy bar pinch roll set; dummy bar withdrawal unit
Kaltstrangwagen *m* dummy bar car
Kaltstrangwippe *f* dummy bar tilter
Kaltstreckgrenze *f* yield point at normal temperature
Kalt[um]fomstahl *m* steel for cold forming
Kaltumformbarkeit *f* cold formability; cold workability
Kaltumformen *n* cold forming; cold reforming; cold shaping
Kaltumformprozeß *m* cold forming process
Kaltverarbeitung *f* cold working
kaltverfestigen flow-harden; strain harden
kaltverfestigt work hardened
kaltverfestigter Stahl *m* strain hardened steel
Kaltverfestigung *f* strain hardening; strengthening by cold working; wear hardening
Kaltverfestigung *f* **(zyklische)** cyclic work hardening
Kaltverformung *f* cold forming; cold reduction; cold straining; deformation at low temperatures
Kaltverformung *f* **durch Walzen** cold forming by rolling
Kaltverteilerplatte *f* cold tundish plate
Kaltverwinden *n* cold twisting
kaltverwundener Bewehrungsstahl *m* cold twisted reinforcing steel
Kaltwalze *f* cold roll
kaltwalzen cold roll
Kaltwalzen *n* cold rolling
Kaltwalzgerüst *n* cold rolling mill
Kaltwalzstahl *m* cold forming steel
Kaltwalzwerk *n* cold reduction mill; cold rolling mill
Kaltwalzwerkerzeugnis *n* product from cold rolling mills
Kaltwalzwerkserzeugnis *n* cold rolling mill products
Kaltwand-Vakuumofen *m* cold wall vacuum furnace
Kaltwasser-Prüfdruck *m* cold water test pressure
Kaltwindkupolofen *m* cold-blast cupola

Kaltwindofen *m* cold blast furnace
Kaltwindschieber *m* cold blast sliding valve
Kaltwindzusatzleitung *f* temper air line
kaltzäh cryogenic; tough at subzero temperature
kaltzäher Stahl *m* cryogenic steel; low-temperature steel; steel having a high impact strength at low temperature; tough at subzero steel
kaltzäher Stahlguß *m* cryogenic steel casting; steel castings having high impact strength at low temperature
kaltziehen cold draw
Kaltziehen *n* cold drawing
Kaltziehmatrize *f* cold drawing tool
Kaltzug *m* cold draw
Kameraabtastung *f* camera scanning
Kamin *m* chimney; stack
Kaminschieber *m* chimney damper; chimney slide valve; stack valve
Kaminwirkung *f* chimney effect
Kamm *m* cam; cog
Kammergewölbe *n* arch of a chamber
Kammerofen *m* batch [type] furnace; cell furnace; chamber furnace
Kammerschweißen *n* enclosed resistance welding
Kammrad *n* cog[ged] wheel
Kammrad *n* **mit versetzten Zähnen** staggered tooth pinion
Kammwalze *f* mill pinion; pinion
Kammwalzengetriebe *n* pinion gear unit
Kammwalzgerüst *n* pinion housing; pinion stand
Kanal *m* conduit; duct; uptake
Kanalfilter *m* channel filter
Kanalguß *m* sewer castings
Kanalofen *m* tunnel type furnace
Kanalradpumpe *f* channel wheel pump
Kanalstein *m* runner brick
Kante *f* border; edge
kanten edge; turn; turn over
Kantenabrundung *f* rounding off of the edges
Kantenbeschädigung *f* handling break
Kantenbeschädigung *f* **(durch eine Haspel)** reel break
Kantenbeständigkeit *f* **(Pulvermet.)** green strength
Kantenfestigkeit *f* edge strength
Kantenlängsriß *m* longitudinal corner crack
Kantenquerriß *m* transverse corner crack
Kantenriß *m* corner crack; edge break; edge crack
Kantenriß *m* **beim Warmwalzen** edge breaks in hot rolling
Kantenrissigkeit *f* edge cracking; tendency to edge corner
Kantenwelle *f* **(Kaltband)** edge wave
Kantenwelligkeit *f* edge waviness
Kanter *m* manipulator for turnover
Kante *f* **wellige** wavy edge
Kant- und Verschiebevorrichtung *f* manipulator for turning-over and shifting; side guards manipulator
Kantvorrichtung *f* manipulator; tilting device; turning over device
Kaolinsand *m* kaolin sand
Kapazitätsabgleich *m* capacity adjustment
Kapazitätsauslastung *f* capacity utilisation
Kapillarriß *m* hairline crack
Kapillarrohr *n* capillary tube

Kapillartränkung *f* infiltration by capillary force
Kappe *f* hood; top
Kappenstahl *m* pit arch steel
Kappenständer *m* housing of the open top type
Kapsel *f* casing
Karbonitrieren *n* carbonitriding; dry cyaniding
Karburierung *f* carburation; carburetting; carburisation
Kardangelenk *n* Cardan joint; Hooke's universal joint
Karosserie *f* autobody
Karosserieblech *n* autobody sheet; automobile-body sheet; car body sheet
Karosserieteil *n* autobody component
Karre *f* car; cart; truck
Karte *f* card; chart
Karteischrank *m* index card cabinet [library]
kartengesteuerter Streifenlocher *m* card-controlled tape punch
Kartenlocher *m* card punch
Kartusche *f* cartridge
Karusselldrehbank *f* boring machine with revolving table; vertical boring and turning mill; vertical turret boring machine
Karusselofen *m* revolving furnace
Kaschierung *f* lamination
Kaskade *f* cascade
Kaskadenreaktor *m* cascade reactor
Kasten *m* box; case; tray
Kastenaufkohlen *n* pack carburising
Kastenförderer *m* flask conveyor
kastenglühen box anneal
Kastenglühen *n* box annealing; close annealing; flask annealing
Kastenglühen *n* **von kaltgewalztem Flachzeug** box annealing of cold rolled flat products
Kastenglühofen *m* box annealing furnace
Kastenkaliber *n* box groove; box hole; box pass
Katalysator *m* catalyst
Kathode *f* cathode
Kathodenschutz *m* cathodic protection
Kathodenstrahlröhre *f* cathode ray tube
Kathodenzerstäubung *f* cathode sputtering
kathodischer Schutz *m* cathodic protection
kathodischer Schutzüberzug *m* cathodic oxide coating
Kausche *f* thimble
Kavernenpore *f* cavern-type pore
Kavitation *f* cavitation
kavitationsbeständig resistant to cavitation
Kavitationskorrosion *f* cavitation corrosion
Kegelbrecher *m* cone crusher
Kegeldruckprobe *f* cone thrust test
Kegeldruckversuch *m* cone thrust test
Kegeleindruck *m* cone impression
Kegelfallpunkt *m* pyrometric cone equivalent
Kegelfeder *f* elliptic spring
Kegelhärteprüfung *f* cone hardness test
Kegelrad *n* bevel gear; mitre gear
Kegelrad-Spiralverzahnung *f* spiral tooth bevel gear
Kegelrollenlager *n* conical roller bearing; tapered roller bearing
Kegelstauchversuch *m* cone upset test; conical compression [upset-

ting] test
Kegelstift *m* taper pin
Kegeltrieb *m* bevel gear drive
Kehlnaht *f* double fillet weld; hollow weld; rounded weld
Kehlnahtmeßlehre *f* fillet ga[u]ge
Kehlnahtschweiße *f* fillet welded connection
Kehlnahtschweißen *n* fillet weld
Kehrwert *m* reciprocal value
Keil *m* cotter; key; peg; wedge
Keilanstellung *f* wedge adjusting equipment
Keilbiegen *n* V-form bending
keilförmiger Querschnitt *m* **(Band)** wedge section; wedge shape
Keiligkeit *f* **(bei Grobblechen)** thickness taper
Keilnut *f* keyway
Keilpore *f* wedge-type pore
Keilprüfung *f* fillet weld break test
Keilprüfung *f* **(schmelzgeschweißter Stumpfnähte)** fillet weld break test
Keilriemen *m* V-belt
Keilschneiden *n* wedge-action cutting
Keilstahl *m* key bar
Keilstein *m* key; wedge
Keilwelle *f* **(aus dem Vollen herausgearbeitet)** spline[d] shaft
Keilwellennut *f* groove
Keilwinkel *m* **(Spanen)** lip angle
Keilzugprobe *f* wedge-draw specimen
Keilzug-Tiefungsverfahren *n* wedge draw cupping test
Keim *m* embryo; nucleus
Keimbildung *f* nucleation
Kenngröße *f* index; parameter
Kennkurve *f* operation characteristic (OC)
Kennzahl *f* characteristic value; identification number; statistic
Kennzahlen *fpl* characteristic data; data
Kennzeichen *n* attribute
kennzeichnen mark
Kennzeichnung *f* characterisation; identification
Kennzeichnungsanlage *f* marking system
Kennzeichnung *f* **(von Erzeugnissen)** identification marking
Kennziffer *f* identification figure
keramisch ceramic
Kerb *m* channel; groove; nick
Kerbbereich *m* **(bei Schweißgut)** region of the notch
Kerbbiegeprobe *f* nick bend test; nicked fracture test; notch bend test
Kerbbiegeversuch *m* nick bend test; nicked fracture test; notch bend test
Kerb *m* **(Charpy-Kerb)** Charpy notch
Kerbdauerstandversuch *m* notched creep test
Kerbdurchmesser *m* notch diameter
Kerbempfindlichkeit *f* notch sensitivity
Kerben *n* grooving
Kerbfallprüfung *f* notch bending test
kerbfreier Übergang *m* **(der Oberflächen einer Schweißverbindung)** notch-free transition
Kerbprobe *f* notched sample
Kerbriß *m* **(als Schweißfehler)** toe-crack
Kerbschlagarbeit *f* notch impact energy
Kerbschlagarbeit *f* **an Spitzkerbproben nach ISO-V** Charpy-V-notch (CVN); impact energy

Kerbschlagbiegeversuch *m* impact test; notched bar impact bend test
Kerbschlagfestigkeit *f* notch impact energy = Av
Kerbschlagfestigkeits-Temperatur-Kurve *f* Av-T- curve
Kerbschlagprüfung *f* notched bar impact test
Kerbschlagübergangstemperatur *f* notch impact energy transition temperature
Kerbschlagversuch *m* impact test; Izod test; notched bar impact test
Kerbschlagwert *m* Izod value; notch toughness
Kerbschlagzähigkeit *f* absorbed energy per cross sectional area; impact strength; notch impact toughness
Kerbschlagzähigkeit *f* **(ISO-V)** CVN-toughness
Kerbsprödigkeit *f* notch brittleness
Kerbverdrehversuch *m* notched torsion test
Kerbwinkel *m* angle of notch
Kerbwirkung *f* notch effect
Kerbwirkung *f* **in UHS-Stahl** notch effect in UHS steel
Kerbwirkungszahl *f* fatigue notch factor; fatigue strength reduction factor; notch factor
Kerbzugversuch *m* notched tension test
Kern *m* center; core; nucleus
Kernblasmaschine *f* core blower
Kernbock *m* chaplet
Kerndurchmesser *m* **(Gewinde)** minor diameter
Kernenergie *f* nuclear energy; nuclear power
Kerngefüge *n* core structure; microstructure
Kernhaltestift *m* dabber
Kernhärtbarkeit *f* core hardenability
Kernhärten *n* core hardening
Kernhärten *n* **(nach Aufkohlung)** core refining
Kernkraftwerk *n* nuclear power station
kernloser Induktionsofen *m* coreless induction furnace; high-frequency induction furnace
Kernmarke *f* core print
Kernmasse *f* core mixture
Kernnagel *m* chaplet
Kernöl *n* core oil
Kernphysik *f* nuclear physics
Kernprogramm *n* task
Kernreaktor *m* nuclear reactor
kernrissig exhibiting internal cracks
Kernrückfeinen *n* **(nach Aufkohlung)** core refining
Kernrückfeinung *f* core refining
Kernseigerung *f* core segregation
Kernspaltung *f* nuclear fission
Kernspeicher *m* **(EDV)** core memory; core store
Kernstütze *f* chaplet
Kerntrockenkammer *f* core baking oven
Kernverlust *m* core loss
Kernverlust *m* **von Elektroblech** core loss of electric [steel] sheet; core loss of magnetic [steel] sheet
Kernzerschmiedung *f* forging burst
Kessel *m* boiler; hood; shell
Kesselanlage *f* boiler plant
Kesselanschlüsse *mpl* boiler connections; boiler mountings
Kesselblech *n* boiler plate
Kesselboden *m* boiler bottom; boiler end; dished head
Kesseleinmauern *n* boiler setting
Kesselfeuerung *f* boiler firing; boiler

furnace
Kesselhaus *n* boiler house
Kesselhaus-Überwachungsanlage *f* boiler house control plant
Kesselrohr *n* boiler tube
Kesselschuß *m* drum; drum of a boiler
Kesselspeisewasser *n* boiler feed water
Kesselspeisewasseraufbereitungsanlage *f* boiler feed water preparation; boiler feed water softening plant
Kesselstein *m* boiler scale
Kesselsteinablagerung *f* scale deposit
Kesselsteinentfernung *f* boiler scale removal
Kesselstein-Lösungsmittel *n* boiler scale solvent
Kesseltrommel *f* boiler accessories; boiler drum
Kessel *m* **und Kesselarmatur** boiler and fittings
Kesselzubehör *n* boiler accessories
Kette *f* chain
Kettenachse *f* chain shaft
Kettenflaschenzug *m* chain block; chain hoist
Kettenförderer *m* bucket conveyor; bucket elevator
Kettenglied *n* chain link
Kettenhülse *f* chain bushing
Kettenkaltstrang *m* articulated dummy bar
Kettenkaltstrang *m* **(Stranggießen)** chain type dummy bar
Kettenlasche *f* chain side bar
Kettenleitrolle *f* chain guide pulley
Kettennuß *f* chain pinion
Kettenrad *n* chain wheel; sprocket chain; sprocket wheel
Kettenradkette *f* sprocket chain
Kettenrost-Beschickvorrichtung *f* chain grate stoker
Kettenschleier *m* chain curtain
Kettenspanner *m* chain tightener; strand of a chain
Kettenstahl *m* chain steel; steel for chains
Kettenteilung *f* chain pitch
Kettenzahnrad *n* sprocket
Kettenziehbank *f* draw bench with chains
Kies *m* gravel; pyrites; shot
Kiesabbrand *m* calcined pyrites
Kiesabbrand *m* **und Schlacken** calcined pyrites and slags
Kieselgur *f* kieselguhr
kieseliges Erz *n* siliceous ore
Kieselsäure *f* silica; silicic acid
kinematische Viskosität *f* kinematic viscosity
Kinetik *f* kinetics
kinetische Energie *f* kinetic energy
kippbarer Vorherd *m* tilting type [hot metal] receiver
kippen dump
Kippen *n* tipping
kippen (Pfanne) tip
Kipper *m* tipp[l]er
Kippherd *m* tilting hearth
Kippkonverter *m* tilting converter; tipping converter
Kippkübel *m* skip car; tilting skip; tipping bucket
Kippkübel-Begichtung *f* skip filling
Kipplager *n* rocker bearing
Kippmoment *n* tilting moment
Kippofen *m* rocking type furnace; tilting furnace
Kipppfanne *f* tilting ladle
Kippschalter *m* reversible switch
Kippstuhl *m* tilting device; tipping

device; up-ender
Kippstuhl *m* **für Pfannen** ladle tilting device
Kipptisch *m* tilting table
Kippvorrichtung *f* dumping device (am.); tilting device; tilting mechanism
Kippwagen *m* dump cart
Kippwiege *f* rocker
Kiste *f* box
kistengeglühtes Feinblech *n* box annealed sheet
Kistenglühofen *m* box annealing furnace; close annealing furnace
Kitt *m* putty
kitten lute
klaffender Querriß *m* pull
Klammer *f* cramp
klammern brace; clip; cramp
Klappdorn *m* collapsible mandrel
Klappe *f* clack valve; door; flap valve; top
Kläranlage *f* clarifying plant
Klärbecken *n* settler; settling basin; settling tank
klären clarify
Klarlack *m* clear coat
Klärschlamm *m* settling slime; settling sludge
Klarschriftcodierer *m* character encoder
Klärsumpf *m* hopper
Klärwerk *n* cleaning plant
Klasse *f* class
Klassenbreite *f* class range
Klassengrenze *f* class limit
Klassenhäufigkeit *f* class frequency
Klassenmitte *f* class centre
klassieren class; grade; size
Klassieren *n* **der Erze** grading of ores; sizing of ores
Klassierrüttelsieb *n* classifying jigging screen; grading jigging screen; sizing jigging screen
Klassiersieb *n* classifying screen; grading screen; grizzly
Klassierung *f* grading
Klassierung *f* **der Erze** classification of ores
Klaubanlage *f* picking plant
Klaubband *n* sorting belt
klauben pick
Klaubetisch *m* picking table
Klauenfett *n* neat's foot oil
Klauenkupplung *f* crab
Klavier[saiten]draht *m* music wire; piano wire
Klebekraft *f* adhesive strength
kleben adhere; stick
Kleben *n* **(des Walzgutes an der Walze)** cobbling
Kleben *n* **(dünner Bleche)** sticking
Kleber *m* cobble; sticker
Kleberdurchbruch *m* **(Stranggießen)** sticking type of breakout
Klebestelle *f* **(Oberflächenfehler)** contact spot; sticker mark
Klebeverbindung *f* adhesive bonding
Klebmittel *n* adhesive
klebriger Gichtstaub *m* sticky blast-furnace flue dust
klebrige Schlacke *f* tacky slag
Klebsand *m* ganister; loamy sand; sticky sand
Klebzunder *m* sticking scale
Kleeblattmuffe *f* clover leaf sleeve
Kleeblattzapfen *m* clover leaf neck; wobbler
Kleie-Putzmaschine *f* **(Weißblech)** branning machine
Kleinbessemerbirne *f* baby Bessemer converter
Kleineisenzeug *n* small iron ware

Kleinlasthärte *f* low load hardness
Kleinschrott *m* light-weight scrap
kleinstes Quadrat *n* least square
Kleinwinkelkorngrenze *f* small angle grain boundary
Kleinzonenfliessen *n* small zone yielding
klemmen gall; jam; seize
klemmen (sich) gall
Klemmplatte *f* clamping plate; clip
Klemmrolle *f* pinch roll
Klettern *n* **von Versetzungen** climb of dislocations
Klima *n* **(am Arbeitsplatz)** state of the atmosphere (at the workplace)
Klimaanlage *f* air conditioning plant
Klimatisierung *f* air conditioning
Klinge *f* blade
Klinke *f* latch
Klinkenbett *n* cam-type bed; dog-type bed; pawl-type bed
Klinkenschlepper *m* pawl type skid
Klirrfaktor *m* harmonic distortion factor
Klopfdichte *f* tap density
klopfen (rütteln) rap
Klopfvolumen *n* tap volume
Klotzschlacke *f* block slag
Klumpen *m* cluster
Klumpenauswahlverfahren *n* cluster sampling
Klumpenbildung *f* **(Schlacke)** lumping
Klumpenstichprobenverfahren *n* cluster sampling
Knabberschneiden *n* **(Blech)** nibbling
Knagge *f* cam; dog
Knaggenschlepper *m* dog-bar type conveyor
Knappheit *f* shortage
Kneifen *n* sucking
Kneifstich *m* knife pass
knetbar kneadable
kneten knead; squeeze
Knetlegierung *f* forgeable alloy; malleable alloy
Knick *m* break; coil break; kink
Knickbauchen *n* acute-angle bulging
Knickbeanspruchung *f* buckling stress
Knickbiegen *n* bulging; V-die bending
Knick-Dauerstandversuch *m* creep buckling test
knicken break; buckle; crinkle
Knickfestigkeit *f* buckling resistance; buckling strength; column strength
Knicklänge *f* effective length
Knickspannung *f* buckling stress
Knickstelle *f* **im Band** coil wrench mark
Knickstelle *f* **im Blech** sheet wrench mark
Knickung *f* local buckling
Knickversuch *m* buckling test
Knickvorgang *m* process of buckling
Knie *n* knuckle
Kniehebel *m* toggle
Kniestück *n* elbow; gooseneck; pen stock
Kniestück *n* **(des Düsenstocks)** boot leg
Knochen *m* **(Gießen)** knuckle; sprue
Knopf *m* button
Knotenblech *n* gusset [plate]
Knotengraphit *m* chunky graphite
Knüppel *m* billet
Knüppeladjustage *f* billet finishing
Knüppelauswerfer *m* billet ejector
Knüppelausziehmaschine *f* billet extractor; billet pull-out machine; billet withdrawing machine

Knüppelbearbeitungsmaschine *f* billet working machine
Knüppeldrücker *m* billet pusher
Knüppelentstapler *m* billet unscrambler
Knüppelfolge *f* billet sequence
Knüppellager *m* billet yard
Knüppelordner *m* billet unscrambler
Knüppelputzerei *f* billet bank
Knüppelschere *f* billet shears
Knüppelschleifmaschine *f* grinding machine for billets and slabs
Knüppelstoßofen *m* pusher type billet heating furnace
Knüppelstranggießanlage *f* billet caster; continuous casting plant for billets
Knüppelwalzwerk *n* billet mill
Knüppelzurichterei *f* billet conditioning area
Koaleszenz *f* coalescence
Kobalt *n* cobalt
kochen boil
Kochen *n* boiling; ebullition
kochender Stahl *m* wild steel
Kochsalz *n* common salt
Kochsalzgitter *n* rocksalt lattice
Kochversuch *m* boiling test; test in boiling liquids
Koeffizient *m* coefficient
Koerzitivität *f* coercivity
Koerzitivkraft *f* coercitive force
kohäsive Zone *f* cohesive Zone
Kohle *f* carbon; coal
Kohleaufdampfverfahren *n* carbon replica technique
Kohlebürste *f* carbon brush
Kohleeinblasen *n* coal injection
Kohleelektrode *f* carbon electrode
Kohlegehalt *m* carbon content
kohlehaltig carbonaceous
Kohlelager *n* carbon bearing
Kohle-Lichtbogenschweißen *n* carbon arc welding
Kohlemahlanlage *f* coal grinding plant
Kohle *f* **minderwertige** crop coal; low grade coal
Kohlenaufbereitungsanlage *f* coal washing and grading plant
Kohlenaufgabeeinrichtung *f* coal charging device
Kohlenbergwerk *n* coal mine; colliery
Kohlenbeschickvorrichtung *f* stoker
Kohlenbrechanlage *f* coal crushing plant
Kohleneisenstein *m* black band; carbonaceous ironstone
Kohlengewinnung *f* exploitation of coal; output of coal; raising of coal
Kohlengrus *m* beans; breeze; peas
Kohlenmischanlage *f* coal mixing plant
Kohlenmonoxid *n* carbon monoxide
Kohlenmonoxidvergiftung *f* carbon monoxide poisoning
Kohlensack *m* belly; bosh parallels
Kohlensäure *f* carbon dioxide
Kohlenstaub *m* coal dust; pulverised coal
Kohlenstaubeinblaslanze *f* pulverized-coal injection-lance
Kohlenstaubfeuerung *f* coal dust firing plant; pulverised coal firing
Kohlenstaub-Feuerungsanlage *f* pulverised coal firing plant
Kohlenstaubgasbrenner *m* pulverised coal/gas combined burner
Kohlenstoff *m* carbon
Kohlenstoffabfall *m* carbon drop
Kohlenstoffäquivalent *n* carbon equivalent
kohlenstoffarmer Schnellautomaten-

stahl *m* low carbon free-cutting steel
kohlenstoffarmer Stahl *m* low carbon steel
kohlenstoffarmer Thomasstahl *m* Thomas low carbon steel
kohlenstoffarmer weicher Stahl *m* low carbon steel; mild steel
Kohlenstoffaufnahme *f* carbon pickup
Kohlenstoffbestimmungsgerät *n* carbon analyser
Kohlenstoff *m* **enthaltend** carbonaceous
Kohlenstoffgerüst *n* carbon network
kohlenstoffgesättigtes Eisen *n* carbon saturated iron
Kohlenstoffpotential *n* carbon potential
kohlenstoffreicher Stahl *m* high carbon steel
Kohlenstoffstabilisierung *f* carbon stabilization
Kohlenstoffstabilisierung *f* **in austenitischen Stählen** carbon stabilization in austenitic steels
Kohlenstoffstahl *m* **unlegiert** plain carbon steel
Kohlenstoffstahl *m* **(unlegierter Stahl)** plain carbon steel
Kohlenstoffstein *m* carbon block; carbon brick
Kohlenstoff *m* **zugeben** carburise
Kohlenstoffzustellung *f* carbon lining
Kohlenturm *m* coal storage tower; coal tower
Kohlenturmgurtförderer *m* coal tower conveyor
Kohlenwäsche *f* coal washing plant
Kohlenwassergasanlage *f* carburetted water gas installation
Kohlenwasserstoff *m* hydrocarbon
Kohlenwertstoff *m* coal by-product
Kohlenwertstoffgewinnungsanlage *f* coal by-products recovery plant
Kohleschleifbügel *m* carbon slip stirrup
Kohleschleifkontakt *m* carbon sliding contact
Kohleschleifstück *n* carbon slip piece; carbon trolley shoe
Kohlestabofen *m* carbon rod furnace
Kohletiegel *m* carbon crucible
Kohlevergasung *f* coal gasification
Kohlevergasungsanlage *f* coal-to-gas plant
Kokerei *f* coke oven plant; coking plant
Kokereianlage *f* coke oven plant
Kokereigas *n* coke-oven gas
Kokereigasbehandlung *f* coke-oven gas processing
Kokereinebenerzeugnis *n* coke by-product; coke derivative
Kokereiofen *m* coke-oven
Kokereiwesen *n* coking practice
Kokille *f* chill; ingot mo[u]ld; mould
Kokille *f* **gebogene** curved mould
Kokille *f* **gewellte** corrugated mould
Kokille *f* **mit dem dünnen Ende oben** small end up (S.E.U.) mould
Kokille *f* **mit dem weiten Ende oben** big end up mould; wide end up (W.E.U.) mould
Kokillenabdeckung *f* mould cover
Kokillenabsaugung *f* mould exhaust system
Kokillenabsetzstand *m* mould parking stand
Kokillenanstrichmittel *n* ingot mould coating material; ingot mould dressing material; mould wash

Kokillenausrichtstand *m* mould aligning stand
Kokillenbadspiegel *m* liquid steel level in mould
Kokillenbadspiegelregelung *f* mould level control
Kokillenband *n* series of moulds
Kokillenbruch *m* ingot mould scrap; mould scrap; scrap of ingot moulds
Kokillendrehvorrichtung *f* mould turning device
Kokilleneinsatz *f* mo[u]ld insert
Kokillenglasur *f* ingot mould glasing
Kokillenguß *m* chill casting; die casting; gravity die casting
Kokillenhartguß *m* chilled casting
Kokillenhaube *f* die hood; hot top
Kokillenhubtisch *m* mould frame
Kokillenhubvorrichtung *f* mould oscillator
Kokillenkühlung *f* mould cooling system
Kokillenkühlwassermantel *m* mould cooling jacket
Kokillenlack *m* ingot mould coating; ingot mould varnish
Kokillenoszillation *f* mould oscillation; mould reciprocation
Kokillenoszillationsantrieb *m* mould oscillator drive
Kokillenoszillationssystem *n* mould oscillator system
Kokillenoszillatorantrieb *m* mould oscillator drive
Kokillenprüfstand *m* mould testing stand
Kokillenschlichte *f* ingot mould blackening
Kokillenschluckvermögen *n* swallowing capacity of moulds
Kokillenschweißen *n* ingot mould welding
Kokillenspritzeinrichtung *f* ingot mould washing plant
Kokillenspritzschutz *m* mo[u]ld spray protection
Kokillenuntersatz *m* ingot mold stool (am.); ingot mould bottom plate
Kokillenwagen *m* ingot mo[u]ld buggy
Kokillenwand *f* mould wall
Kokillenwartungswerkstatt *f* mould maintenance shop
Kokillenwasserbecken *n* mould water basin
Kokillenwirtschaft *f* mould preparation area
Kokille *f* **oszillierende** oscillating mould
Kokille *f* **trichterförmige** funnel-shaped mould
Koks *m* coke
Koksaufbereitungsanlage *f* coke preparation plant
Koksausbringen *n* coke yield
Koksausdrückmaschine *f* coke pusher machine; pusher ram
Koksbegichtungswagen *m* coke charging car
Koksbrechanlage *f* coke crushing plant
Koksbrech- und Siebanlage *f* coke crushing and screening plant
Koksbrocken *m* coke lump
Koksbunker *m* coke bunker; coke storage bin
Koksfeinkohle *f* coking fines
Koksfestigkeit *f* coke strength
Koksfüllrumpf *m* coke bin; coke storage bin
Koksgas-Sauerstoff-Brenner *m* mixed coke oven gas-oxygen burner

Koksgerüst *n* coke network
Koksgrus *m* breeze; coke breeze
Kokskammer *f* carbonisation chamber; coking chamber
Koks *m* **kleinstückiger** breeze; small coke
Kokskohle *f* bituminous coal; coking coal
Kokskohlenentladung *f* dumping of coking coal
Kokskohlenkomponentenbunker *m* service bunker
Kokskohlenturm *m* coking coal tower
Kokskuchenführungswagen *m* coke guide
Kokslösche *f* coke dust
Kokslöschturm *m* coke quench tower
Kokslöschwagen *m* coke quenching car
Koksofen *m* coke oven; stove
Koksofenbatterie *f* battery of coke ovens; coke-oven battery
Koksofenbedienungsmaschine *f* coke oven operating machinery
Koksofengas *n* coke oven gas
Koksofengas-Behandlungsanlage *f* coke oven gas treatment plant
Koksofengas *n* **ungemischtes** straight coke oven gas
Koksofenkammer *f* coke-oven chamber
Koksofentür *f* coke oven door
Koks-Ölverbrauch *m* coke-oil rate
Koksrampe *f* coke loading bay; coke wharf
Koksrampenband *n* coke side bench
Koksrückstand *m* residual coke
Kokssatz *m* coke rate
Kokssiebanlage *f* coke screening plant
Koks-Stampf- und Ausdrückmaschine *f* coke ramming machine and pusher
Koksverbrauch *m* coke consumption
Koksverladung *f* coke loading
Kokung *f* coking
Kolben *m* piston
Kolbengebläse *n* gas piston blower; reciprocating blowing engine
Kolbenhub *m* piston stroke
Kolbenpumpe *f* piston pump
Kolbenring *m* piston ring
Kolbenringfeder *f* piston ring spring
Kolkbreite *f* width of cratering
Kolklippe *f* cratering lip
Kolkung *f* cratering
Kollapsring *m* ring inside a filter bag
Kollektiv *n* **(Großzahlforschung)** lot; universe
Kollergang *m* edge mill; edge runner; muller; roller pug mill
kollern pan grind
Kolloidlösung *f* colloidal solution
Kolorimetrie *f* colorimetry
Kombi-Brammenstranggießanlage *f* combined slab caster
kombinierter Brenner *m* combined burner
kombiniertes Blasen *n* combined blowing
kombiniertes Sauerstoffblasverfahren *n* combined oxygen blowing
Kommandoprogramm *n* user program procedure
Kommission *f* **der Europäischen Gemeinschaften (KEG)** European Communities Commission (ECC)
Kommissionierung *f* dispatch
Kommissionierungslager *n* dispatch warehouse

Kommunikationsprozess *m* communication process
Kompaktdichte *f* particle true density
Kompakt-Durchlaufglühverfahren *n* compact continuous annealing process
Kompaktieranlage *f* compacting plant
Kompaktstahlwerksanlage *f* mini mill
Kompaktzugproben *fpl* compact tensile specimens
Kompensator *m* bellows expansion joint; expansion pipe
Kompensator *m* **(Dehnungsausgleicher)** bellows expansion joint; expansion pipe
Kompressionsmodul *m* **(K-Modul)** modulus of compression
Kondensationsanlage *f* condenser plant
Kondensator *m* capacitor
Kondensieren *n* condensation
Kondenstopf *m* steam trap
Kondenswasserkorrosion *f* corrosion by condensed water
Konditionierer *m* **(LD-Gasreinigung)** conditioner
Konfektionierung *f* packaging
Konfektionierungsplanung *f* packaging planning
Konfektionierungssteuerung *f* packaging control
Konfluenzanalyse *f* confluence analysis
Königsstein *m* cluster bottom mould; king brick; runner core
Königswasser *n* aqua regia
konisches Getriebe *n* bevel gear
Konizität *f* conicity; taper
Konode *f* tie line
Konsistenz *f* consistence; consistency
Konstante *f* constant
konstitutionelle Unterkühlung *f* constitutional supercooling
konstruieren build
Konstrukteur *m* designer
Konstruktion *f* design
Konstruktionsmerkmal *n* constructional feature
Konstruktionsrohr *n* structural pipe
Konstruktionsschweißung *f* fabrication weld
Kontaktbacke *f* clamp
Kontaktelektrode *f* touch rod
Kontaktkorrosion *f* couple action; galvanic corrosion
Kontaktschweißen *n* contact welding
Kontaktwerkstoff *m* contact material (powder met.)
Konten *npl* **der innerbetrieblichen Vorgänge** accounts of movements within the business
Kontenrahmen *m* frame of accounts; model chart of accounts
Kontiglühen *n* continuous annealing
Kontingent *n* quota
kontinuierliche Glühung *f* continuous annealing
kontinuierliches Bandgießen *n* continuous casting of strip
kontinuierliches Glühen *n* continuous annealing
kontinuierliches Kühlungs-Umwandlungsschaubild *n* continuous cooling transformation curve
kontinuierliches Sauerstofffrischverfahren *n* continuous oxygen refining process
kontinuierliches Walzwerk *n* continuous [rolling] mill; Morgan mill
kontinuierliches ZTU-Diagramm *n*

continuous cooling transformation curve (CCT)
kontinuierliche Wärmebehandlung *f* continuous heat treatment
Kontinuitätsgleichung *f* condition of continuity
Konto *n* account
Kontraktionszahl *f* Poisson's ratio
Kontrollanalyse *f* check analysis
Kontrolle *f* check; control; inspection
kontrollierte ausgeglichene Stichprobe *f* balanced sample
Kontrollschaubild *n* control chart
Kontrollversuch *m* checking test
Konus *m* cone; taper
Konuswinkel *m* approach angle; entrance angle
Konvektion *f* convection
Konvektionskühlung *f* convection cooling
Konvektionsphase *f* boiling stage
Konvektor *m* convector; heat-conducting plate
Konverter *m* converter; vessel
Konverterabstichloch-Reparaturfahrzeug *n* converter-taphole repair car
Konverteranlage *f* converter equipment; converter shop
Konverterantrieb *m* converter drive
Konverterauswurf *m* converter slopping and spatter
Konverterbetrieb *m* converter practice; converter shop
Konverterboden *m* converter bottom; plug; solid converter bottom
Konverter *m*, **bodenblasender** bottom blowing converter
Konverterboden-Einsetzwagen *m* converter bottom mounting car
Konverterboden-Stampfmaschine *f* converter bottom tamping machine
Konvertereinhausung *f* converter casing; enclosure protective walls
Konverterfrischen *n* converter refining
Konverterfutter *n* converter lining
Konvertergefäß *n* converter vessel
Konverterhals *m* converter nose
Konverterhut *m* conical converter top; converter hood
Konverterkalk *m* fine-grained steel slag
Konverterkamin *m* converter chimney
Konverterlager *n* converter bearing
Konvertermantel *m* converter shell
Konvertermittelstück *n* belly
Konvertermündung *f* converter mouth; converter nose
Konverter *m* **nach Bessemer** Bessemer converter
Konverterring *m* trunnion ring
Konverterstahl *m* basic oxygen furnace steel; converter steel
Konverterstein *m* converter brick
Konverter-Temperatur- und Probenahmeeinrichtung *f* converter probes and sampling device
Konverter-Trocknungsanlage *f* converter drying plant
Konverterverfahren *n* converter process
Konvexlehre *f* convex profile gauge
Konzentrat *n* concentrate
Konzentration *f* concentration
Konzentration *f*, **kritische Begrenzungs-** critical limiting concentration
Konzentrationsstein *m* enriched matte
konzentriert concentrated
konzentrisch concentric

Konzernbilanz *f* consolidated statement
Koordinate *f* co-ordinate
Koordinatenpapier *n* graph paper
Kopf *m* head; port[end]; top
Kopfanstauchen *n* **im Gesenk** die heading
Kopfbart *m* top fin; top flash
Kopfhöhe *f* headroom
Kopfkühlungselement *n* **(an Kippöfen)** chill
Kopfschere *f* squaring shears
Kopfschrott *m* top discard scrap
Kopfteil *n* top
Kopfwand *f* end wall
Kopplung *f* interface
Korb *m* basket; bucket; cage
Korbbeschickung *f* basket charging; bucket charging
Korbverseilmaschine *f* cage stranding machine
Kordeln *n* diamond knurling
Korn *n* grain; particle
Kornaufbau *m* grain structure
Kornband *n* size distribution
Kornbildung *f* granulation
körnen center; granulate
Körnen *n* center punching; punch marking
Körnereinschläge *mpl* gauge marks; pop marks
Kornfeinen *n* grain refining
Kornfeinung *f* **durch kontrollierte Ausscheidung von Aluminiumnitriden** grain refinement by controlled precipitation of alumin[i]um nitride
Kornfeinung *f* **von schweren Schmiedestücken** grain refinement of heavy forgings
Kornfeinung *f* **(Wärmebehandlung)** grain refinement
Kornform *f* grain shape; particle shape
Korngefüge *n* grain structure
Korngrenze *f* grain boundary
Korngrenzenangriff *m* grain boundary attack; intergranular attack
Korngrenzenausscheidung *f* grain boundary exudation; grain boundary precipitation
Korngrenzenbruch *m* intercrystalline fracture; intergranular fracture
Korngrenzendiffusion *f* boundary diffusion; interfacial diffusion
Korngrenzenhärtung *f* grain boundary hardening
Korngrenzenkorrosion *f* intergranular corrosion
Korngrenzennetzwerk *n* grain boundary network
korngrenzenschwächend grain boundary weakening
Korngrenzenwanderung *f* grain boundary migration
Korngröße *f* grain size [number]; particle size
Korngrößenbereich *m* grain size range; particle size range
Korngrößeneinteilung *f* grain classification
Korngrößenfraktion *f* grain size fraction
Korngrößenklasse *f* particle size fraction
Korngrößenverteilung *f* grain size distribution; particle size distribution
körniger Bruch *m* granular fracture
körniges Gefüge *n* granular structure
Körnigkeit *f* granularity
Kornklassierung *f* grain sizing; particle sizing

kornorientiertes Blech *n* grain oriented sheet
Kornorientierung *f* grain orientation
Kornorientierung *f* **in Elektroblech** grain orientation in electric [steel] sheet
Kornorientierungsgrad *m* **[Textur]** degree of grain orientation [texture]
Körnung *f* degree of grain coarsening; grain coarsening; granulation
Körnungskennlinie *f* granulation characteristica [curve]
Körnungsnetz *n* particle-size network
kornverfeinerter unlegierter Manganstahl *m* grain refined C-Mn steel
Kornvergröberung *f* grain coarsening
Kornverteilungskurve *f* granulation characteristica [curve]
Kornwachstum *n* grain growth; increase of grain size
Kornwachstumskontrolle *f*, **austenitische** austenitic grain growth controlling
Kornzertrümmerung *f* shattering of grains
Kornzusammensetzung *f* size grading
Körperschallmessung *f* measurement of sound conducted through solids
korpuskuläre Verunreinigung *f* corpuscular pollution
Korpuskularstrahlung *f* corpuscular radiation
Korrelationskoeffizient *m* correlation coefficient
korrodieren corrode
Korrosion *f* corrosion
Korrosion *f* **durch Wasserstoff** hydrogen induced corrosion (HIC)
Korrosion *f*, **gleichmäßige** uniform corrosion
Korrosion *f* **(interkristalline)** intercrystalline corrosion; intergranular corrosion
Korrosion *f* **(örtliche)** localized corrosion
Korrosionsäquivalent *n* corrosion equivalent
Korrosionsart *f* corrosion type; type of corrosion
korrosionsbeständig resistant to corrosion
Korrosionsbeständigkeit *f* corrosion resistance; rust resisting property; stainless property
Korrosionsdauerfestigkeit *f* corrosion fatigue
Korrosion *f* **(selektive)** selective corrosion
Korrosionselement *n* corrosion cell
Korrosionsermüdung *f* corrosion fatigue
Korrosionsermüdungsriß *m* corrosion fatigue cracking
Korrosionsfestigkeit *f* corrosion resistance
Korrosionsform *f* appearance of corrosion
Korrosionsgeschwindigkeit *f* rate of corrosion
Korrosionshemmung *f* corrosion inhibition
Korrosionsnarbe *f* corrosion pit
Korrosionsprüfung *f* corrosion test[ing]
Korrosionsresistenz *f* **von Edelstahl** corrosion resistance of stainless steels
Korrosionsriß *m* corrosion crack
Korrosionsschutz *m* corrosion protection; protection against corrosion

Korrosionsschutzmasse *f* anti corrosion mixture
Korrosionsschutzmittel *n* anti corrosive compound
Korrosionsschwingfestigkeit *f* corrosion fatigue strength
korrosionssicher non-corrodible
Korrosionsunterwanderung *f* corrosion creep
Korrosionsverhalten *n* corrosion behaviour
Korrosionswiderstand *m* corrosion resistance
Korrosion *f* **unter Ablagerungen** corrosion under deposits
Korrosion *f* **unter mechanischer Beanspruchung** corrosion under mechanical stress
Korrosion *f* **unter Sauerstoffverbrauch** oxygen consumption type of corrosion
korrosiv corrosive
Korund *n* corundum
Korundstein *m* corundum brick
Kosten *pl* cost[s]
Kostenabteilung *f* cost department
Kostenanalyse *f* cost analysis
Kostenanteil *m* **des Arbeitslohnes** labour element of cost
Kostenart *f* cost type
Kostenermittlung *f* cost finding
Kostenersparnis *f* cost saving
Kostenkonto *n* cost account
Kostenpreis *m* cost price
Kostenrechnung *f* cost accounting; costing
Kostenrechnungs-Richtlinien *fpl* cost calculation guidelines
Kostenstelle *f* cost center
Kostenträger *m* cost bearer
Kostenumlage *f* **nach Gebrauchsdauer** cost allocation on the basis of equipment life
Kostenumlage *f* **nach Raumgröße** cost allocation on the basis of floor space
Kostenumlage *f* **nach Stoffverbrauch** cost allocation on the basis of material cost
Kostenumlage *f* **nach Umsatz** cost allocation on the basis of sales volume
Kostenvergleich *m* cost comparison
Kostenvoranschlag *m* estimate
kracken crack
Kraft *f* force; power
Kraftangriff *m* application of load
Kraftantrieb *m* power drive
Kraftausbeute *f* **beim Drahtziehen** length of wire drawn per unit of power consumed
Kraft-Durchbiegungs-Messung *f* load deflection measurement
Kräftebestimmung *f* stress analysis
Krafterzeugungsanlage *f* power plant
Kräftezusammensetzung *f* composition of forces
Kraftfahrzeug *n* motor car
Kraftfluß *m* distribution of forces
Kraftmeßdose *f* load cell
Kraftmeßglied *n* dynamometer
Kraftschalter *m* actuator; pilot relay
Kraftstoff *m* engine fuel
Kraftübertragung *f* power transmission
Kraftverbindung *f* load-bearing connection
Kraft-Verlängerungs-Kurve *f* load extension curve
Kraftwagenblech *n* autobody sheet; motor-car body sheet
Kraftwagenmotor *m* motor-car engine

Kraft-Weg-Diagramm *n* load stroke curve
Kraftwerk *n* power house; power station
Kraftwirkungsfiguren *fpl* stretcher lines; stretcher strains
Kraftwirkungsfiguren-Ätzverfahren *n* strain line etching
Kragarm *m* cantilever
Kragenkristallisator *m* **(ESU)** collar mould (ESR)
Kragenziehen *n* collar forming; collaring holes by drawing
Krähenfuß *m* crow feet
Krammstock *m* skimmer rod
Kran *m* crane
Kranfahrsicherung *f* crane travel safety device
Kranführer *m* crane driver; crane operator
Krangetriebe *n* crane gear
Kranhaken *m* crane hook
Krankatze *f* crane trolley
Krankette *f* burden chain
Kranpfanne *f* crane-operated ladle
Kranschiene *f* crane rail
Kranzgewölbe *n* ringed roof
Kranz *m* **(Rad)** rim
Kraterüberstand *m* crater overhang
Kratzbeständigkeit *f* resistance to scratching
kratzen score; scrape; scratch
Kratzendraht *m* card wire
Kratzer *m* scratch
Krätzer *m* rabble
kräuseln curl
Kreditanspannung *f* overextended current liabilities
Kredithöhe *f* **(bei Verrechungsabkommen)** swing
Kreidung *f* chalking
Kreisblattschreiber *m* circular-chart recorder
Kreisblende *f* circular aperture
Kreisbogen *m* arc
Kreisbogen-Stranggießmaschine *f* bow type continuous casting machine
Kreiselbrecher *m* gyratory crusher; rotary crusher
Kreiselgebläse *n* turboblower
Kreiselverdichter *m* centrifugal compressor
Kreisfrequenz *f* angular velocity; gyro-frequency; pulsatance
Kreisführung *f* circular template
Kreislauf *m* circuit
Kreislaufkohle *f* recycled coal
Kreislaufschrott *m* own scrap arisings
Kreissäge *f* circular saw
Kreisschere *f* circular shears; rotary shears
krempen flange
Kreuzgelenk *n* Hooke's universal joint; spider
Kreuznaht *f* cross-over joint
Kreuzrollgang *m* transverse roller table
Kreuzschlag *m* reverse twist
Kreuzschlagseil *n* ordinary lay rope; regular lay rope
Kreuzschlitzschraube *f* cross recessed screw
Kreuzstoß geschweißte Rohre *npl* **(im ...)** one tube welded across on top of another
Kreuzstrom-Wärmeaustauscher *m* cross flow heat exchanger
Kreuzung *f* crossing
Kreuzungsstoß *m* cross joint
kreuzverzahnter Fräser *m* staggered teeth milling cutter
Kriechbeanspruchung *f* creep load

Kriechbruch *m* creep fracture
Kriech[bruch]festigkeit *f* creep rupture strength; creep strength
Kriechdehnung *f* creep elongation; creep strain
kriechen creep
Kriechen *n* creep
kriechfest creep resistant; creep resisting
kriechfester Stahl *m* creep-resistant steel
Kriechfestigkeit *f* creep limit; creep[ing] strength
Kriechformen *n* creep shaping
Kriechgeschwindigkeit *f* creep rate; creep speed; creep velocity
Kriechgrenze *f* limiting creep stress
Kriechkurve *f* creep curve
Kriechpore *f* cavity
Kriechriß *m* creep crack
Kriechverformung *f* creep deformation
Kriechverhalten *n* creep behaviour
Kriechversuch *m* creep test
Kriechwiderstand *m* creep resistance
Kriechzeit *f* creep time
Krippmaschine *f* **(für das Drahtweben)** crimping machine
Kristall *m* crystal
Kristallanisotropie *f* crystal anisotropy
Kristallbildung *f* acicular structure; crystallisation; crystallization
Kristall *n*, **dendritisches** dendritic crystal
Kristallerholung *f* crystal recovery
Kristallgitter *n* crystal lattice
Kristalliesierungsprozeß *m* crystallization process
kristallin crystalline
kristalliner Bruch *m* crystalline fracture
Kristallisation *f* crystallisation
Kristallisator *m* mould
Kristallisierung *f* crystallization
Kristallitwachstum *n* crystallite growth
Kristallkorn *n* crystal grain
Kristallorientierung *f* crystal orientation
Kristallseigerung *f* crystal segregation; microsegregation; minor segregation
Kristallstruktur *f* crystal structure
Kristallwachstum *n* crystal growth
kristallwachstumshemmender Zusatz *m* doping material
kritische Abkühlgeschwindigkeit *f* critical cooling rate
kritischer Abkühlungsverlauf *m* critical cooling rate
kritischer Durchmesser *m* critical diameter
kritische Schubspannung *f* critical shear stress
kritisches Feld *n* critical range
kritisches Kornwachstum *n* critical grain growth
Kronengestell *n* uncoiling device
Kronenmutter *f* castellated nut
kröpfen bend at right angles; crank; offset
Kröpfen *n* cranking; offsetting
Krümeln *n* granulating of sinter mix
Krümmer *m* bend; elbow
Krümmung *f* camber; curvature; knuckle
Kübel *m* bucket; tray; tub
Kübelaufzug *m* bucket conveyor; bucket elevator
Kübelbegichtung *f* basket charging; bucket charging (am.); tub filling
Kübelwagen *m* bucket car; skip car

kubisch-flächenzentriertes Gitter *n* cubic face centered lattice; face centered cube space lattice
kubisch-raumzentriertes Gitter *n* body centred cubic lattice; cubic body centered lattice
Kuchen *m* cake
Kugel *f* ball; bullet; sphere
kugeläquivalenter Durchmesser *m* equivalent spherical drop diameter
Kugeldruck-Härteprüfung *f* ball hardness test; ball indentation test
Kugeldruckversuch *m* ball hardness test; ball indentation test; ball pressure test
Kugelfallhärte *f* scleroscope hardness
kugelförmiger Zementit *m* spheroidised carbide
Kugelgelenk *n* ball joint
Kugelglühen *n* spheroidising
Kugelgraphit *m* spheroidal graphite
Kugelgraphit-Gußeisen *n* nodular [graphite] cast iron; spheroidal graphite cast iron
kugelig globular; spheroidal
kugeliger Kristall *m* equiaxed crystal
kugeliges Pulver *n* globular powder; spherical powder
Kugeligglühen *n* spheroidising
Kugelkette *f* bead chain
Kugellager *n* ball bearing
Kugellagerstahl *m* ball bearing steel
Kugelmühle *f* ball mill
Kugolpackung *f* packing of spheres
Kugelsintern *n* nodulising
Kugelstrahlen *n* shot peening
Kugelstrahlumformen *n* shot peen forming
Kugelventil *n* globe valve
Kühlband *n* controlled cooling conveyor
Kühlbett *n* cooling bank; cooling bed
Kühlbettabfuhrrollgang *m* cooling bed run-out table
Kühlbettauflaufrollgang *m* cooling bed approach table; cooling bed run-in table
Kühlbettaufrollgang *m* hot bed approach table
Kühlbettkaltschere *f* cooling bed cold shears
Kühlelement *n* cooling element
Kühler *m* condenser
Kühlhaube *f* cooling cover; cooling hood
Kühlkasten *m* coolers; cooling box; monkey
Kühlluft *f* cooling air
Kühlmittel *n* coolant
Kühlmittelzuführung *f* coolant supply pipe
Kühlöl *n* soluble oil
Kühlplatte *f* cooling plate
Kühlring *m* cooling ring
Kühlrohr-Walzenlager *n* **(Bronze)** cooling tube roll bearing (bronze)
Kühlschale *f* cooling jacket; mould cooling jacket
Kühlschatten *m* skid mark
Kühlschrott *m* chill scrap; scrap for cooling
Kühlspannungsriß *m* cooling crack
Kühlstraße *f* water mill
Kühlstrecke *f* cooling line
Kühlturm *m* chimney cooler; cooling tower
Kühlung *f* cooling
Kühlung *f* **in ruhender Flüssigkeit** cooling in a static fluid; cooling in a static liquid
Kühlung *f* **in strömender Flüssigkeit** flow boiling cooling

Kühlwasserbecken *n* cooling basin
Kühlwasserleitung *f* cooling water pipe
Kümpelerzeugnisse *npl* dished products; flanged products
kümpeln dish; flange
Kümpeln *n* coning; dishing
Kümpelpresse *f* circular flanging press; dishing press; flanging press
Kundendienst *m* service
Kundenguß *m* jobbing casting
Kunstharzlager *n* synthetic resin bearing
Kunstharzüberzug *m* plastic coating
künstlich artificial
künstliche Bewitterung *f* artificial weathering
künstlicher Fehler *m* artificial defect
künstliches Altern *n* artificial ag[e]ing
Kunststoff *m* plastic
kunststoffbeschichtetes Stahlblech und -band *n* plastic coated sheet and strip
Kunststoffbeschichtungsanlage *f* plastic coating line
Kunststoffolien *fpl* **aufwalzen** laminate
Kupfer *n* copper
kupferhaltig copper bearing
Kupfer-Nickel-Eisen-Legierung *f* copper-nickel-iron alloy
kupferplattiertes Blech *n* copper-clad metal
Kupferplattierung *f* copper cladding
Kupferstahl *m* copper steel
Kupfersulfatprüfung *f* copper sulphate test
Kupferüberzug *m* coppering
Kupolofen *m* cupola [furnace]
Kuppel *f* dome
Kuppelgewölbe *n* dome
Kuppelmuffe *f* coupling box
Kuppelspindel *f* coupling spindle
Kuppeltemperatur *f* dome temperature
Kuppelzapfen *m* wobbler
Kupplung *f* clutch; coupling; crab
Kupplung *f* **automatische (Eisenbahn)** automatic coupling
Kupplungsbüchse *f* coupling bush
Kupplungsmuffe *f* coupling box
Kupplungswelle *f* coupling shaft
Kurbel *f* crank
Kurbelpresse *f* crank press
Kurbelwelle *f* crankshaft
Kurbelwellenfertigung *f* manufacturing of crank shaft
Kurbelzapfen *m* crank pin; wrist pin
Kurve *f* curve; path
Kurvenanpassung *f* curve fitting
Kurvenlänge *f* path length
Kurvenlineal *n* curve template; French curves
Kurvenrollgang *m* curved roller table
Kurvenschar *f* family of curves; group of curves
Kurvenscheibe *f* cam
Kurvenverlauf *m* course of curve; trace of curve
kurze Anwärmhitze *f* flash heat
kurzer Flußstahlblock *m* butt ingot
kurzes Nachrichten *n* restriking; tapping
kurze Stützen *fpl* stub column
kurzfristige Verbindlichkeiten *fpl* current liabilities
kurzgeschlossen (Stromkreis) earthed; grounded (am.)
Kurzhubgesenkhammer *m* short-stroke drop hammer
Kurzkaltstrang *m* short dummy bar

Kurzkaltstranghubwinde *f* short dummy bar winch
Kurzprüfverfahren *n* accelerated test
Kurzstab *m* short test bar
Kurzversuch *m* short-time test
Kurzzeitfestigkeit *f* low cycle fatigue strength
Kurzzeit-Korrosionsermüdung *f* low cycle corrosion fatigue
Kurzzeitlösung *f* fast acting solution

L

labil labile
Laborant *m* laboratory assistant
Laboratorium *n* assay office; laboratory
Laboratoriumsforschung *f* laboratory research
Laboratoriumsgerät *n* laboratory apparatus; laboratory appliance
Labyrinthfaktor *m* tortuosity factor
Lack *m* lacquer; varnish
Lackabdruck *m* lacquer print
Lackeinbrennbehandlung *f* paint baking
lackieren varnish
lackieren (Band) lacquer
lackiert lacquered; varnished
Lacksysteme *npl* paint systems
Ladebehälter *m* loading bunker
Ladebrücke *f* loading bridge
Ladebühne *f* charging platform
Ladefähigkeit *f* loading capacity
Ladegestell *n* skid
Laderampe *f* loading ramp
Laderaum *m* freight space
Ladung *f* loading
Ladungszahl *f* charge number
Lage *f* bed; condition; course; location; state
Lagekugel *f* **(Röntgen)** projection sphere
Lager *n* deposit; seam; stock[house]; support
Lagerausgießung *f* bearing lining
Lagerbestand *m* warehouse on-hand quantity
Lagerblech *n* bracket
Lagerbock *m* box; porter bar; supporting bracket
Lagerbüchse *f* bearing box
Lagerdruck *m* bearing pressure
Lagerfuge *f* joint of the bed
Lagerfutter *n* babbitt; brass
Lagergehäuse *n* bearing box
Lagergröße *f* stock size
Lagerhalle *f* warehouse
Lagerhaltung *f* store-keeping
Lagerkragen *m* bearing collar
Lagerlänge *f* **(Walzstäbe)** mill length
Lager *n* **(Maschinenelement)** bearing
Lagermetall *n* babbitt [metal]; bushing metal
lagern locate; rest; stock; support
Lagerortstamm *m* warehouse master file
Lagerplatz *m* stock pile; stock yard; stocking ground; yard
Lagerplatzstamm *m* warehouse locations master file
Lagerreibung *f* bearing friction
Lagerschale *f* axle box; bearing bush[ing]; bearing lining; bush[ing]
Lagerspiel *n* bearing play
Lagerstahl *m* bearing steel
Lagerständer *m* bearing pedestal
Lagerstätte *f* deposit
Lagertragfähigkeit *f* bearing capacity
Lagerung *f* storage

Lagerwesen *n* warehouse control
Lage *f* **verlegen (von Steinen)** lay a course of (bricks)
Lamellenabstand *m* interlamellar spacing
Lamellenbremse *f* multiple disk brake
Lamellenbruch *m* **(Schweißen)** lamellar tearing
Lamellengraphit *m* flake graphite; lamellar graphite
Lamellenpumpe *f* lamella pump
Lamellenreibungskupplung *f* disc clutch
Lamellenriß *m* lamellar tearing
Lamellenriß *m* **(als Schweißfehler)** lamellar tearing
laminieren laminate
Länge *f* length
Länge *f*, **gedrückte** length of contact arc
längen lengthen
Längen *n* extending by stretching
Längen[aus]dehnung *f* linear expansion
Längenausdehnungskoeffizient *m* linear expansion coefficient
langgestreckte Moleküle *npl* long chain molecules
langkettige Moleküle *npl* long chain molecules
länglich oblong
Langloch *n* oblong hole
langsame Abkühlung *f* slow cooling
Langsamkühlung *f* slow cooling
Längsbiegeprobe *f* longitudinal bend specimen
Längsdehnung *f* linear expansion
Längskraft *f* axial load; longitudinal force
Längsnaht-Rohrschweißanlage *f* longitudinal tube welding system
Längsnahtschweißen *n* straight bead welding
Längsprobe *f* longitudinal test specimen
Längsprobenahme *f* longitudinal sampling
Längsriß *m* longitudinal crack; split
Längsschneiden *n* slitting
Längsschnitt *m* longitudinal section
Längsschwund *m* shrinkage in length
Längsspannung *f* longitudinal stress
Längsstich *m* longitudinal pass
Längsstrecken *n* elongation
Längsstreckung *f* elongation
Langstab *m* long test bar
Längsteilanlage *f* slitting line
Längsteilen *n* slitting
Längsteilschere *f* slitting shears
Längsträger *m* stiftener
Längsüberwalzungsfehler *m* pinch
Längs- und Querteilanlage *f* slitting and cut-to-length line; slitting and cut-to-length line
Längswalzen *n* longitudinal rolling
Längswelle *f* line shaft
Längszug *m* strip tension
Langtischfräsen *n* plano-milling
Langversuch *m* long-time test
Langzeitbad *n* slow acting bath
Langzeitversprödung *f* long-term embrittlement
Langzeitversuch *m* long-time test
Lanze *f* lance
Lanzenfangvorrichtung *f* lance safety gear
Lanzenfrischen *n* refining steel by top-blowing
Lanzenkosten *pl* lance cost
Lanzenroboter *m* lance roboter
Lanzen-Sauerstoff *m* blowing natural gas

Lanzenschlitten *m* lance carriage
Lanzenwagen *m* lance carrier
Lanzettmartensit *m* lath martensite
läppen (Oberfläche) lap
Lärmbekämpfung *f* noise abatement
Lärmminderung *f* noise reduction
Lärmschutz *m* protection against noise
Lasche *f* fish-plate; splice bar
Laschenbolzen *m* bolt
Laschennietung *f* butt-joint riveting
Laschenstoß *m* strap joint assembly
Laschen und Platten *fpl* **(Eisenbahn-Oberbau)** joint bars and fishplates
Laserausgangsenergie *f* laser energy output
Laser-Mikrosonde *f* laser microprobe
Laserstrahl *m* laser beam
Laserstrahlschneidanlage *f* laser-beam cutting system
Laserstrahlschneiden *n* laser-beam cutting
Laserstrahlschweißanlage *f* laser-beam welding system
Laserstrahlschweißen *n* laser beam welding
Last *f* burden; load
Lastangriffspunkt *m* point of [application of] load
Lastbolzen *m* load lug
Lastenaufzug *m* freight elevator
Lasthaken *m* load hook
Lasthebemagnet *m* lifting magnet
Lästigkeit *f* **(Lärm)** annoyance (noise)
Lastkraftwagen *m* truck
Lastschalter *m* **(Lichbogenofen)** tap changer
Lastspielzahl *f* number of cycles
Lasttraverse *f* loading beam
Last *f* **(Ventil)** lift
Lastverteilung *f* **(Strom)** dispatching
Lastwechsel *m* reversal of stress
Lastwechselfrequenz *f* frequency of load alternations; frequency of load cycles
latente Wärme *f* latent heat
Lauf *m* course; run; travel
Laufbahn *f* raceway
Laufbüchse *f* bush[ing]; liner
laufen run
laufend continuous
Läufer *m* leaker; rotor; runner
Läuferstein *m* **(Kokerei)** stretcher brick
Lauffläche *f* bearing face; bearing surface; running surface
Laufflächenwalze *f* tread roll
Laufgewicht *n* sliding weight
Laufkarte *f* route card
Laufkatze *f* crab; skip hoist; trolley
Laufkran *m* overhead travelling crane (OTC); travelling crane
Laufrad *n* rotor wheel; traversing wheel
Laufring *m* race
Laufschlacke *f* running slag
Laufsteg *m* catwolk
Lauf- und Führungsbüchsen *fpl* run and guide bushes
Laufweg *m* path length
Laufzapfen *m* journal; neck
Laufzeit *f* transit time; travel time
Laufzeit *f* **(Ultraschall)** time of flight
Lauge *f* alkaline solution; base; leach
laugen lye
laugenbeständig lye-resisting; resistant to caustic embrittlement
laugenrißbeständig resistant to caustic cracking
Laugensprödigkeit *f* caustic cracking; caustic embrittlement

Lautstärke *f* loudness level (dB)
Laves-Phase *f* Laves-phase
LD-AC-Verfahren *n* LD-AC process
LD-Verfahren *n* LD process; top blowing process
Lebensdauer *f* life; life-time
Leck *n* leak
lecken leak
leckende Form *f* leaking tuyère
Ledeburit *m* ledeburite
ledeburitischer Stahl *m* ledeburitic steel
Ledermanschette *f* crimped leather; cup leather; U-leather
leer empty
Leere *f* emptiness; vacuum
Leergicht *f* **(Hochofen)** non-coke charge; non-ore charge
Leerhub *m* idle stroke
Leerlauf *m* idle operation
Leerlaufspannung *f* no-load voltage
Leerlaufwalzspalt *m* no-load roll gap
Leerlaufzeit *f* idle-running period; idle-running time; non-load time
Leerstelle *f* vacancy
legieren alloy
Legieren *n* **von Stahlschmelzen** alloying of steel melts
legiert alloyed
legierter Stahl *m* alloy[ed] steel
legiertes Band *n* alloy strip
Legierung *f* alloy
Legierungen *fpl,* **hochwarmfeste** elevated-temperature alloys
Legierung *f,* **irreversible** irreversible alloy
Legierung *f,* **konstant module** constant-modulus alloy
Legierungsanlage *f* alloying installation
Legierungsberechnung *f* alloy calculation
Legierungsbunker *m* alloyant hopper
Legierungselement *n* alloying element
Legierungserz *n* alloy ore
Legierungszusatz *m* alloying addition
Legierungszwischenschicht *f* **bei Weißblech** tinplate alloy layer
Lehm *m* clay; loam
Lehre *f* ga[u]ge; template
Lehrling *m* apprentice
Lehrwerkstatt *f* industrial workshop; instructional workshop; teaching workshop
Leichtbau *m* light ga[u]ge design
Leichtbauweise *f* weight saving construction
leichte Kehlnaht *f* hollow weld
leichter Formstahl *m* light sections
Leichtmetall *n* light metal
Leichtmetallguß *m* light metal cast
Leichtprofil *n* light section
Leichtstein *m* light-weight brick
Leichtziehen *n* **(Draht)** easy drawing (ED-process) (wire)
Leichtziehförderer *m* **(Draht)** easy drawing conveyor (EDC-process) (wire)
Leistung *f* capacity; efficiency; operation rate; performance
Leistung *f* **elektrische** electric power
Leistungsdichte *f* power density
Leistungseinstufung *f* merit rating
leistungsfähig efficient
Leistungsfähigkeit *f* capacity; efficiency; power
Leistungsfaktor *m* power factor
Leistungsgewicht *n* power-to-weight ratio

Leistungsgrad *m* efficiency; efficiency factor; performance index
Leistungskabel *n* power cable
Leistungslohn *m* accelerating incentive; steepening incentive
Leistungsmerkmal *n* user facility
Leistungsnorm *f* standard of performance
Leistungsspitzen-Begrenzungs-Automatik (LBA) *f* automatic power peak limitation
leistungsstark high power
Leistungssteigerung *f* increase of ouput
Leistungssummenkurve *f* cumulative load curve
Leistungsverlust *m* **von Elektroblech** power loss of electric [steel] sheet; power loss of magnetic [steel] sheet
Leitblech *n* baffle plate; deflector plate
leiten carry; conduct; convey
leitender Ingenieur *m* Chief Engineer
leitendes Gleitstück *n* brush
Leiter *f* ladder; scale
Leiter *m* **(eines Unternehmens)** director; manager
Leiter *m* **(elektr.)** conductor
Leitfähigkeit *f* conductivity
Leitfähigkeit *f* **(magnet.)** conductibility
Leitschiene *f* guide rail
Leitspindel *f* lead screw; leading spindle
Leitspindel-Drehbank *f* sliding cutting lathe
Leitstand *m* pulpit
Leitstrahl *m* focal radius
Leitsystem *n* control system
Leitung *f* cable; direction; lead
Leitung *f* **(Betriebsleitung)** management
Leitung *f* **(elektr.)** conduction; wire
Leitungsdraht *m* line wire
Leitungsdruck *m* pipe-line pressure
Leitungsrohr *n* line pipe
Leitungsverlegen *n* wire laying
Leitungswasser *n* mains water; top water; town water
Leseband *n* sorting belt
Leseeinheit *f* **für Disketten** floppy disc reader
Leuchtbildwaage *f* illuminated dial balance
Leuchtgas *n* city gas; coal gas; town gas
Leuchtmelder *m* signal light
Leuchtschaltbild *n* illuminated mimic panel
Leuchtstofflampe *f* vacuum tube lamp
Leuchtstoffröhre *f* fluorescent strip lamp; vacuum tube lamp
Lichtbogen *m* arc; electric arc
Lichtbogenbeheizung *f* heating by arc
Lichtbogenbereich *m* arc flare region
Lichtbogenofen *m* arc furnace; electric arc furnace
Lichtbogenofen *m* **elektrischer** electric arc furnace
Lichtbogenofen *m* **mit Schwenkdeckel** swing roof arc furnace
Lichtbogenofenstein *m* arc-furnace brick
Lichtbogen-Preßschweißen *n* arc pressure welding
Lichtbogen-Schaukelofen *m* swing type arc furnace
Lichtbogenschneiden *n* arc cutting
Lichtbogenschweißen *n* arc welding

Lichtbogenschweißen *n* **verdecktes** submerged arc welding
Lichtbogen-Widerstandsofen *m* resistance-arc furnace
Lichtbogenzünden *n* striking the arc
lichtelektrischer Verstärker *m* photoelectric amplifier
lichte Weite *f* clearance; inside diameter
Lichtgitter *n* lattice grate (for lighting)
Lichtgriffel *m* light pen
Lichtmikroskop *n* light microscope
Lichtmikroskopie *f* light microscopy; optical microscopy
Lichtpause *f* light print
Lichtquelle *f* light source; luminous source
Lichtrufanlage *f* light signal plant
Lichtschnitt *m* light-section
Lichtschnittanalyse *f* light-section analysis
Lichtschranke *f* light barrier
Lichtstärke *f* intensity of light
Lichtstrahlschweißen *n* laser welding
Lieferbedingungen *fpl* terms of delivery; terms of supply
Lieferfrist *f* date of delivery; term of delivery
liefern supply
Liefertermin *m* delivery promise
Lieferung *f* delivery; supply
Lieferwerk *n* supplier
Lieferzustand *m* condition of delivery
Liegegeld *n* demurrage
Liegezeit *f* exposure time; holding time; stay[ing time]
Limonit *m* brown hematite; limonite
lineares Programmieren *n* linear programming
Linie *f* curve; line
Liniennetz *n* system of coordinates
Linienschnittverfahren *n* **(Korngröße)** intercept method; interrupted segment method
Linksgewinde *n* left-handed thread
Linksschweißung *f* left hand welding
Liquidität *f* current financial strength
Liquidusfläche *f* liquidus [area]
Liquiduslinie *f* liquidus [line]
Liste *f* list; schedule; table
Liste *f* **aufstellen** draw [up] a list; schedule
Liste *f* **eintragen (in eine -)** include in a list; list; schedule
Lithium *n* lithium
Litze *f* strand; stranded wire
Litzendraht *m* strand wire
Lizenz *f* license
Lizenzgeber *m* licenser
Lizenzgebühr *f* royalty
Lizenznehmer *m* licensee
Lizenzvertrag *m* license agreement
Loch *n* hole; pin hole
Lochband *n* perforated tape; punched tape
Lochblech *n* perforated plate
Lochdorn *m* mandrel; piercer; piercing mandrel
Lochdurchmesser *m* diameter of bore
lochen pierce; punch
Lochen *n* hollow forging; piercing; piercing holes
Lochen *n* **(Rohre)** piercing
Locher *m* punch
löcherartige Ausfressung *f* honeycomb type erosion
Löcher *npl* **(Bandfehler)** holes
Löcher *npl* **bilden** pit

Lochfeile *f* riffler
Lochfräser *m* slotting cutter
Lochfraß *m* pitting; tubercular corrosion
Lochfraßkorrosion *f* selective corrosion
Lochfraßpotential *n* pitting corrosion potential
Lochkarte *f* perforated card; punch[ed] card
Lochkartenleser und -stanzer *m* punched card reader and punch
Lochkartensteuerung *f* punched-card control
Lochkorrosion *f* perforation corrosion; pitting; pitting corrosion
Lochkorrosionsresistenzäquivalent *n* pitting resistance equivalent
Lochkorrosionstendenz *f* **an der Oberfläche von Einsatzstählen** pitting tendency at the surface of case hardened steels
Lochplatte *f* **(Schmieden)** swage block
Lochprobe *f* punching test
Lochschweiße *f* plug weld
Lochstanze *f* punching press
Lochstein *m* nozzle brick; perforated brick
Lochstempel *m* die; piercing die; piercing mandrel
Lochstreifen *m* perforated tape; punched tape
Lochstreifenleser *m* tape reader
Lochsuchgerät *n* pinhole detector
Loch- und Ziehpresse *f* punching and drawing press
Lochung *f* perforation
Lochversuch *m* punching test
Lochwalzwerk *n* piercer; piercing mill
Lochwerkzeug *n* punching tool
lockeres Gefüge *n* porous structure
lockern loosen
Lockerstelle *f* discontinuity
Lockfeuer *n* pilot fire
Löffel *m* bucket; spoon
Löffeldampfbagger *m* steam shovel
Löffelprobe *f* spoon test specimen
logische Grundverknüpfung *f* logical connective
logische Programmanpassung *f* adapting program logic
Lohn *m* wage
Lohnanreiz *m* wage incentive
Lohnempfänger *m* wage earner
Lohnglühung *f* job annealing
Lohnkosten *pl* labour costs; wage costs
Lohnliste *f* payroll
Lohnveredelung *f* job refining
Lohnwalzen *n* hire rolling; job rolling
Lokalelement *n* **(Korrosion)** local cell; local element
Lokalkorrosionsphänomen *n* local corrosion phenomena
Lokomotive *f* engine; locomotive
Longitudinalwelle *f* longitudinal wave
Lore *f* buggy (am.); tram
Los *n* lot; unit
lösbar detachable; resoluble
Losboden *m* **(Konverter)** removable bottom
löschen discharge; quench; unload
Löschen *n* quenching
löschen (Feuer) extinguish
löschen (Kalk) slake
Löschen *n* **(Kalk)** slaking
löschen (Koks) quench
Löschrampe *f* quenching wharf
Löschtrog *m* water trough
Löschturm *m* quenching tower

Löschwagen *m* quenching car
Löschwasser *n* quenching water
Lösemittel *n* solvent
lösen dissolve; loosen; release
loses Trum *n* slack strand
Lösewalzwerk *n* detaching mill
Losgröße *f* lot size
Löslichkeit *f* solubility
Löslichkeit *f* **im festen Zustand** solid solubility
Löslichkeit *f* **im flüssigen Zustand** liquid solubility
losmachen loosen
Lösung *f* dissolution; loosening; solution
Lösung *f* **(dissoziierte)** dilute solution
Lösung *f* **(einer Schraube)** release
Lösung *f* **(feste)** solid solution
Lösung *f* **(ideale)** ideal solution
Lösung *f* **(rasch wirkende)** fast acting solution
Lösungsbehandlung *f* solution [heat] treatment
Lösungsentropie *f* solution entropy
Lösungsfähigkeit *f* solvent capacity; solvent power
Lösungsglühen *n* solution annealing; solution heat treatment (precipitation hardening); solution treatment
Lösungsglühen *n* **mit Abschrecken** solution annealing
Lösungsmittel *n* solvent
Lösungswärme *f* heat of solution
Lötbarkeit *f* brazeability; capacity for soldering
Lötbrenner *m* brazing torch; soldering burner
Lötbruch *m* liquid metal embrittlement
Lötbruch *m* **(Feuerverzinken)** stress corrosion by molten zinc
Lötbrüchigkeit *f* solder brittleness
löten braze
Löten *n* brazing; soldering
Lötkolben *m* copper bit; soldering iron
Lötmetall *n* brazing solder; pewter; solder
Lötnaht *f* soldered seam
Lötrohr *n* blow pipe
Lötrohrflamme *f* blow-pie flame
Lötstelle *f* brazed joint; soldered joint
Lötwasser *n* soldering fluid
Lötzinn *n* soldering tin
Lücke *f* gap
Lückengrad *m* voidage; voids fraction
Lückengradverteilung *f* distribution of voids
Luftabkühlen *n* air cooling
Luftabkühlung *f* air cooling; uncontrolled cooling
Luftabschluß *m* exclusion of air; hermetically sealed
Luftabschrecken *n* air quenching
Luftaustausch *m* air interchange
Luftblase *f* blow hole
Luftdämpfung *f* air damping
Lufteinblasrohr *n* air inlet pipe
lüften vent
Lüfter *m* fan; ventilator
Lufterhitzer *m* air heater
Luftfahrtwerkstoff *m* aviation material; material for aircraft industry
Luftfeuchtigkeitsmesser *m* hygrometer
Luftfilter *m* air filter
Luftfrachtverkehr *m* air freight traffic; air transport
Luftführung *f* air pipeline
Luftgasmischkammer *f* air-gas

mixing chamber
luftgekühlt air-cooled
Lufthammer *m* air hammer; air lift gravity hammer
Lufthärten *n* air hardening
Lufthärtestahl *m* air hardening steel
Luftheizkammer *f* air regenerator chamber
Luftkammer *f* air chamber
Luftkanal *m* air duct; air flue; air uptake
Luftkissen *n* air cushion
Luftklappe *f* air flap valve
Luftkühler *m* air cooler
Luftpatentieren *n* air patenting
luftpatentiert air patented
Luftreinhaltung *f* air pollution control
Luftreiniger *m* air cleaner
Luftschacht *m* air duct
Luftschicht *f* layer of air; stratum of air
Luftschieber *m* damper
Luftschleier *m* air blast
Luftschmierung *f* air lubrication
Luftschutz *m* air raid precautions; air raid protection
Luftschütz *n* air break contact; air gap relay
Luftstrahl *m* air jet
lufttrocken air dry
Luftüberschuß *m* excess air
Lüftungsanlage *f* ventilation plant
Lüftungsaufsatz *m* ventilator cowl
Luftverunreiniger *m* air pollutant; cource of air pollution
Luftverunreinigung *f* air pollution
Luftverunreinigungs-Bekämpfung *f* air pollution abatement
Luftvorwärmer *m* air heater; air preheater; economiser
Luftwäscher *m* air washer
Luftweg *m* air duct
Luftzerlegungsanlage *f* air disintegration plant
Luftzug *m* air draft; air duct; air flue; vent
Luftzuggewölbe *n* air uptake
Luftzuleitung *f* blast main
Lunker *m* blow hole; pipe; shrink hole; sink hole
Lunkerabdeckmasse *f* anti-pipe compound; pipe eliminator; pipe eradicator
Lunkerbildung *f* piping; shrinking
Lunkerpulver *n* anti-piping powder

M

Maerz-Boelens-Ofen *m* Maerz-Boelens furnace; pork pie furnace
Maerz-Gitter *n* Maerz checkers
Magazineinrichtung *f* stores equipment; warehouse equipment
magere Steinkohle *f* uninflammable coal
Magerkohle *f* dry burning coal; feebly caking coal; glance coal; non-caking coal
Magnesia *f* magnesia
Magnesidon-Spezialstein *m* magnesidon special brick
Magnesiowüstit *m* magnesio-wüstite
Magnesit-Chromerz-Stein *m* magnesite chrome brick
Magnesitmehl *n* fine-grained mag
Magnesit-Stampfmasse *f* magnesite ramming mass
Magnesitstein *m* magnesite brick
Magnesium *n* magnesium
Magnesiumkarbonat *n* magnesium carbonate

Magnesiumoxid *n* burnt magnesite
Magnet[ab]scheider *m* magnetic grader; magnetic separator
Magnetband *n* magnetic tape
Magnetbandeinheit *f* magnetic tape reel
Magnetbandspeicher *m* tape recorder
Magnetbandspule *f* magnetic tape reel
Magnetbandsteuerung *f* magnetic tape control
Magnetblasenspeicher *m* bubble memory
Magneteisenstein *m* magnetic iron ore; magnetite
Magnetfeldglühen *n* magnetic annealing
Magnethammer *m* magnetic hammer
magnetische Abscheidung *f* magnetic separation
magnetische Anisotropie *f* magnetic anisotropy
magnetische Bandumlenkwalze *f* magnetic roll for strip
magnetische Eigenschaft *f* magnetic property
magnetische Feldstärke *f* magnetic field strength
magnetische Induktion *f* magnetic flux density
magnetischer Fluß *m* magnetic flux
magnetische Rißprüfung *f* magnetic crack testing; magnetic flaw detection
magnetisches Altern *n* magnetic ag[e]ing
magnetisches Drehfeld *n* magnetic rotating field
magnetisches Joch *n* magnet yoke
magnetische Störung *f* magnetic change
magnetische Streuflußprüfung *f* magnetic leakage test
magnetische Vorzugsrichtung *f* prefered direction of magnetisation
Magnetisierbarkeit *f* magnetizability
magnetisierende Röstung *f* magnetic roasting
Magnetisierung *f* magnetization
Magnetisierungsachse *f* magnetisation axis
Magnetisierungskraftline *f* line of magnetic force
Magnetit *m* magnetic iron ore; magnetite
Magnetkernspeicher *m* magnetic core memory
Magnetkies *m* magnetic pyrites
Magnetkran *m* magnet crane
Magnetmesser *m* magnetic flow meter
Magnetostriktion *f* magnetostriction
magnetostriktive Ultraschallprüfung *f* magnetostrictive ultrasonic test
Magneto-Strukturprüfgerät *n* magnetic structure examination apparatus
Magnetplattenspeicher *m* disc store; magnetic disc memory
Magnetpulverprüfung *f* magnetic particle testing
Magnetpulver-Prüfverfahren *n* magnaflux testing method; magnetic powder testing method
Magnetstahl *m* magnetic steel
Magnettrommel *f* magnetic drum
Magnetventil *n* solenoid valve
Mahlanlage *f* crushing plant
Mahlbarkeit *f* grindability
Mahlbarkeit *f* **von Werkzeugstahl** grindability of tool steel
mahlen crush; grind; mill

Mahlkörper *m* crusher ball
Mahlläufer *m* muller
Mahl- und Mischanlage *f* crushing and mixing plant
Mahlwerk *n* breaker
Makrogefüge *n* macrostructure
Makrohärteprüfung *f* macro hardness test
Makroriß *m* macro-crack
Makroseigerung *f* macrosegregation
makroskopischer Reinheitsgrad *m* degree of freedom from coarse nonmetallic inclusions
Mangan *n* manganese
Mangan-Aluminium-Material *n* manganese-alumin[i]um material
Manganerz *n* manganese ore
manganhaltig manganiferous
Manganhartstahl *m* austenitic manganese steel; manganese steel; straight manganese steel
Manganmetall *n* manganese metal
Mangan-Silicium *n* silico-manganese
Mangan-Silicium-Stahl *m* silico-manganese steel
Manganstahl *m* manganese steel
Mangan-Stahlguß *m* manganese steel casting
Mangel *m* defect; deficiency; lack
Manipulator *m* manipulator
Mann hinter der Walze *m* catcher
Mannloch *n* man hole
Mannschaft *f* crew; team
Mantel *m* case; casing; jacket
Mantelbrenner *m* multi-fuel annular burner system; shell burner
Mantelstahlrohr *n* jacketted jet pipe
Mantelstützwalze *f* sleeve back-up roll
Mantelwalze *f* chill cast roll
Marke *f* mark
Markiervorrichtung *f* marker
Marmor *m* marble
Martensit *m* martensite
Martensitanlassen *n* martensite tempering
Martensitaushärten *n* marag[e]ing
martensitaushärtend maraging
martensitaushärtender Stahl *m* marag[e]ing steel
martensitisch martensitic
martensitische Härtung *f* martensite hardening
martensitischer Stahl *m* martensitic steel
Martensitplatte *f* martensite plate
Martensitpunkt *m* martensite transformation point; Ms point
Martensit-Start-Temperatur *f* martensite temperature
Martensitversprödung *f* martensite embrittlement
Martensitzerfall *m* martensite breakdown
Maschendraht *m* netting wire
Maschensieb *n* mesh screen; mesh sieve
Maschenweite *f* aperture
Maschenweite *f* **(Sieb)** mesh; size
maschinell festgeschraubt machine tight
Maschinenausschuß *m* Committee of Mechanical Engineers
Maschinenbau *m* mechanical engineering
Maschinenbaustahl *m* engineering steel; machine construction steel; machinery steel
Maschinenbetrieb *m* engineering department; mechanical engineering department
Maschinenguß *m* casting for machine construction; castings for

general engineering; engineering castings
Maschinenhaus *n* engine house; machine house; power station
Maschinenschlosser *m* fitter
Maschinenstamm *m* machine master file
Maschinenständer *m* standard
Maschinenwesen *n* mechanical engineering
Maschine *f* **zum Verkröpfen und Ab- oder Durchsetzen** joggling machine
Maschine *f* **zur spanlosen Herstellung von Schrauben** machine for forming screws
Maschinist *m* machinist
Maß *n* degree; dimension; extent; measure
Maßabweichung *f* dimensional variation; permitted dimensional tolerance; size variation
Maßänderung *f* change in dimension
Masse *f* bulk; mass
Masseformerei *f* dry-sand moulding
Massekopfkokille *f* hot top mould; sinkhead mould
Massekopfkokille *f* **(mit dem weiten Ende oben)** big end up mould
Massel *f* pig
Masselbett *n* pig bed
Masselbrecher *m* pig breaker
Masselform *f* bed pig; pig mould
Masselformmaschine *f* pig moulding machine
Masselgießmaschine *f* pig-casting machine
Masselschläger *m* pig breaker
Massel-Schlagwerkskran *m* pig-breaking travelling crane
Massenbruch *m* mass fraction
Massenerzeugung *f* bulk production
Massengehalt *m* mass fraction
Massengehalt *m* **in %** mass contents in %
Massengutumschlag *m* bulk handling
Massenherstellung *f* mass production; quantity production; tonnage production
Massenkonzentration *f* mass concentration
Massenschwächungskoeffizient *m* mass absorption coefficient; mass attenuation coefficient
Massenspeicher *m* mass storage device
Massenspektrometrie *f* mass spectrometry
Massenstrom *m* mass [bulk] flux
Massenstromdichte *f* mass flux density
Massenwirkungsgesetz *n* mass action law
maßgeblicher Querschnitt *m* ruling section
maßgenau true to dimension; true to size
Maßgenauigkeit *f* dimensional accuracy
Maßgrenze *f* **(Spielraum)** tolerance
Maßhaltigkeit *f* accuracy to ga[u]ge; accuracy to size; dimensional accuracy
mäßig moderate
massiver Ferrit *m* bulk ferrite
Massiv-Lochen *n* indirect impact extrusion of hollow items
massivprägen coin
Massivprägen *n* closed-die coining; coining
Massivpressen *n* coining
Massivumformung *f* solid forming
Massivumformverfahren *n* bulk

forming process
maßprägen size
Maßprägen *n* sizing
Maßstab *m* rule; scale
Maßtoleranz *f* tolerance on size
Maßvorstoß *m* measuring stop
Maßwalzwerk *n* sizing [rolling] mill; sizing mill; sizing rolls
Mast *m* mast; pole
Material *n* material; stock
Materialbedarf *m* stock requirement
Materialbegleitkarte *f* process card
Materialbestand *m* stock on-hand-quantity
Materialbewegung *f* stock transfer
Materialentnahme *f* material withdrawal
materialflußorientiert stock-control oriented
Materialfreigabe *f* stock release
Materiallagerplatz *m* depot
Materialplan *m* stock plan
Materialprüfung *f* materials testing
Materialstamm *m* material master file
Materialverfolgung *f* material tracking
Materialverhalten *n*, **elastisch-idealplastisches** elastic perfectly-plastic material behaviour
Materialverhalten *n*, **isotropes** isotropic material behaviour
Materialverhalten *n*, **starr-ideal-plastisches** rigid ideal [perfectly]-plastic material behaviour
Materialwirtschaft *f* material management
Mathematik *f* mathematics
mathematisches Modell *n* mathematical model
Matratzendraht *m* mattress wire
Matrize *f* die
Matrize *f*, **konische** conical die
Matrizenarmierung *f* **(Fließpreßen)** die ring
Matrizenblock *m* die block
Matrizenmantel *m* die bolster
Matrizenöffnungswinkel *m* die taper angle
Matrizenstahl *m* die steel
Matrizenwalze *f* bottom roll
Matrize *f* **(Untergesenk)** lower die
Mattblech *n* dull-finish sheet; terne plate
matte Oberfläche *f* dull finish
matte Schmelze *f* cool melt
mattieren tarnish
Mattschweiße *f* lap
Mattschweiße *f* **(Blockfehler)** cold shut; teeming lap
Mauer *f* wall
mauern brick
Mauerwerk *n* brickwork
Maul *n* throat
Maurer *m* bricklayer; mason
maximale Arbeitsplatzkonzentration *f* **MAK (an Schadstoffen)** maximum concentration at the work place
McQuaid-Ehn-Korngröße *f* McQuaid-Ehn grain size
Mechaniker *m* mechanic
mechanisch beschädigte Oberfläche *f* bruised surface
mechanische Bearbeitung *f* machining
mechanische Eigenschaft *f* mechanical property
mechanische Oberflächenbeschädigung *f* dog leg; manipulator mark
mechanisches Beschichten *n* mechanical coating
mechanisches Einstellglied *n* mechanical focussing mechanism

mechanisches Legieren *n* mechanical alloying
mechanisches Vordehnungshärten *n* mechanical pre-strain hardening
mechanisches Vorspannhärten *n* mechanical pre-strain hardening
mechanisches Vorumformhärten *n* mechanical pre-strain hardening
mechanische Technologie *f* mechanical technology
mechanische Werkstätte *f* machine shop; mechanical workshop; repair shop
mehrachsiger Spannungszustand *m* multi-axial stress condition
Mehrachsigkeitsgrad *m* degree of multiaxiality
Mehrbandanlage *f* multi strand line
mehrdimensionale Verteilung *f* multi variate distribution
Mehrdüsenlanze *f* multiple nozzle lance
Mehreinflußversuch *m* multiple factor experiment
mehrfach manifold; multiple
Mehrfachabbiegen *n* multiple folding
Mehrfachabschneiden *n* multiple cropping
Mehrfachaufteilung *f* cross classification
mehrfach gegliederte Tabelle *f* cross tabulation
Mehrfachkeilbiegen *n* multiple V-form bending
Mehrfachpreßtechnik *f* multiple pressing
Mehrfachschlagversuch *m* multiple blow [impact] test
Mehrfachschreiber *m* multiple recorder
Mehrfachteilung *f* joint distribution
Mehrfachziehmaschine *f* multiple drawing bench; multiple drawing machine
Mehrfachziehstein *m* compound drawing die
Mehrfachzug *m* multiple drafting; multiple drawing
Mehrfarbenschreiber *m* multicolour plotter; multicolour recorder
mehrgerüstiges Walzwerk *n* multiple stand rolling mill
mehrkantiger Block *m* **(mit eingezogener Seitenfläche)** corrugated ingot; fluted ingot
Mehrkosten *pl* excess costs
Mehrkristall *m* polycrystal
mehrphasige Legierung *f* polyphase alloy
Mehrrollen-Kaltwalzwerk *n* cold rolling cluster mill
Mehrscheibenkupplung *f* multiple disc clutch
Mehrstoffsystem *n* multicomponent system
mehrsträngige Gießmaschine *f* multi[ple] strand casting machine
Mehrstufen-Dauerschwingversuch *m* multi stage fatigue test
Mehrstufenkühlung *f* multi stage cooling
mehrstufige Gasreinigung *f* multiple stage gas cleaning
Mehrwegbehälter *m* pay-off package
Mehrzonenofen *m* multiple zone furnace
Mehrzweckofen *m* all purpose furnace
Meißel *m* chisel; ga[u]ge
meißeln chip; chisel
Meißelstahl *m* chisel steel
Meister *m* boss; foreman

meliert mottled
Membranventil *n* membrane valve
Menge *f* amount; output; quantity
Mengenmesser *m* fluid flow meter; volumeter
Mengenregler *m* volume regulator
Mengenwert *m* quantile
Menschenführung *f* personnel management
Mergel *m* marl
Merkmal *n* attribute; feature
Merkmalsklasse *f* category
Merkmalvektor *m* feature vector
Meßbereich *m* measuring range
Meßblende *f* measuring orifice
Meßdose *f* dynamometer
Meßeinrichtung *f* measuring device
messen measure
Messen *n* callipering; ga[u]ging; measuring
Messer *n* blade; cutter; meter
Messerhalter *m* blade holder
Messerkopf-Schleifmaschine *f* cutter head grinding machine
Messerschnittkorrosion *f* interfacial corrosion; knife-edge corrosion; knife-line corrosion
Messerstahl *m* cutlery steel
Meßfehler *m* measuring error
Meßfühler *m* detecting element; primary element (am.); sensing device
Meßgenauigkeit *f* precision of measurement
Meßgerät *n* measuring instrument
Meßgeräteschrank *m* measuring instrument cupboard
Meßglied *n* measuring means; measuring unit
Meßgröße *f* measured variable
Messing *n* brass; yellow brass
Messinglager *n* brass bearing
Meßkolben *m* graduated flask
Meßlänge *f* ga[u]ge length
Meßleitung *f* measuring leads; measuring pipe
Meßnadel *f* feeler ga[u]ge
Meßort *m* measuring point
Meßschenkel *m* measuring arm
Meßschieber *m* sliding caliper
Meßschiene *f* measuring rail
Meßschwert *n* test rod
Meßsonde *f* measuring probe
Meßstelle *f* measuring junction; measuring point
Meßstellenumschalter *m* measuring point change-over switch
Meßumformer *m* measuring transmitter; transducer; transmitter
Messung *f* measurement
Messung *f* **mit Staurand** diaphragm measurement; orifice measurement
Meßunsicherheit *f* measurement uncertainty
Meßwarte *f* measuring station
Meßwerkzeug *n* measuring tool
Meßwert *m* measured value
Meßwerte *mpl* data
Meßwerterfassung *f* data collection
Meßwertgeber *m* pick-up; primary element
Meßwertschreiber *m* data logger
Meßwertspeicherung *f* data storage
Meßwertverarbeitung *f* data processing
Meßzahl *f* index number
Metall *n* metal
Metallbad *n* metal bath
Metallbadofen *m* metal bath furnace
Metallbearbeitungsanlage *f* metal processing line
Metallbearbeitungsöl *n* machining oil; metal working oil

Metallblecheinlage *f* metal insertion
Metalle *npl,* **amorphe** amorphous metals
Metalleinsatz *m* metallic charge
Metallentfettungsanlage *f* metal degreasing facility
Metallhüttenkunde *f* metallurgy
Metall-Inertgasschweißen *n* inert gas metal arc welding; MIG welding
metallische Einlage *f* metallic insert
metallisches Glas *n* metallic glass
Metall-Keramik-Werkstoff *m* cermet
Metallkleben *n* bonding of metals; metal bonding
Metallklumpen *m* slug
Metallkunde *f* metallography; physical metallurgy
metallkundliche Prüfung *f* metallurgical test
Metall-Lichtbogenschweißen *n* metallic-arc welding
Metall-Metalloid-Sinterwerkstoff *m* sintered metal-metaloid-material
Metallographie *f* metallography
metallographischer Schliff *m* microsection
Metallphysik *f* metal physics
Metallplatte *f* sheet
Metallpulver *n* metal powder
Metallpulverpresse *f* metal powder extruder
Metallreiniger *m* metal cleaner
Metallrohrpresse *f* metal tube press
Metallrückstände *mpl* metal residues
Metallsäule *f* head of metal
Metallschicht *f* layer
Metallschutz *m* metal coating
Metall-Schutzgasschweißen *n* inert gas metal arc welding
Metallseife *f* metal soap
Metall *n* **seltenes** rare metal
Metallspritzen *n* metal spraying
Metallüberzug *m* metal coat; metallic coating
Metallurgie *f* chemical metallurgy; metallurgy; process metallurgy
metallurgischer Vorgang *m* metallurgical process
metallverarbeitende Industrie *f* metalworking industry
Metallwalzwerk *n* metal rolling mill
Metallwaren *fpl* metal goods; metal ware
Metallzuführung *f* **unter dem Gießspiegel** immersion pouring; submerged pouring
metastabil metastable
Meteoreisenstein *m* aerosiderite; meteoric iron
Metergewicht *n* weight per meter
Methan *n* methane
Methode *f,* **visioplastische** visioplasticity
Mikroätzen *n* micro etching
Mikrobewegungsanalyse *f* micromotion analysis
Mikrofraktographie *f* microfractography
Mikrogefüge *n* microstructure
Mikrohärte *f* microhardness
Mikrohärteprüfung *f* micro hardness testing
Mikrolegieren *n* microalloying
mikrolegierter Baustahl *m* micro alloyed structural steel
Mikrolegierung *f* microalloy
Mikrometerschraube *f* micrometer ga[u]ge
Mikropelletieren *n* micro pelletising
Mikropore *f* micropore; microvoid
Mikroriß *m* micro-crack
Mikroschliff *m* microsection

Mikroskopie *f* microscopy
mikroskopischer Reinheitsgrad *m* microscopic degree of purity
mikroskopischer Reinheitsgrad *m* **(metallographisch)** microscopic cleanliness
Mikrosonde *f* microprobe
Mikrosondenanalyse *f* electron probe microanalysis (EPMA)
Mikrostruktur *f*, **feinkörnige** fine-grained microstructure
Mindermaß *n* undersize
minderwertig low grade
Mindestdehnung *f* minimum elongation
Mindestwert *m* minimum [value]
Mindestzugfestigkeit *f* minimum tensile strength
Mineralbestandteil *m* **(Kohle)** mineral component; mineral matter
Mineralien *npl* accessory minerals
Mineralogie *f* mineralogy
Mineralöl *n* mineral oil
Miner-Summierung *f* miner summation
Minette *f* minette; oolitic [iron] ore
Miniblock *m* mini ingot
mischbar miscible; mixable
Mischbrenner *m* proportioning mixer
mischen blend; mix
Mischer *m* hot metal mixer; mixer
Mischerroheisen *n* mixer metal
Mischerzpellet *n* mixed ore pellet
Mischgas *n* mixed gas
Mischkristall *m* mixed crystal; solid solution
Mischkristall *m* **(als Lösung)** solid solution
Mischkristallhärtung *f* solid solution hardening
Mischkristallseigerung *f* solid solution segregation
Mischkristallverfestigung *f* solid solution hardening; solid solution strengthening
Mischpfanne *f* bull ladle
Mischphase *f* mixed phase
Mischreibung *f* mixed friction
Mischung *f* blend; compound; mixture
Mischungsbett *n* fines bed
Mischungsentropie *f* entropy of mixing
Mischungslücke *f* miscibility gap; two-phase region
Mischungsverhältnis *n* mixing ratio
Mischungswärme *f* heat of mixture
Mischung *f* **vom Mischbett** reclaimed material
Mitarbeiter *m* **(Mitverfasser)** contributor
Mitlaufschlacke *f* carry-over slag
mitnehmen pick up
Mitnehmer *m* cam; carrier; catch
Mittel *n* agent; appliance; compound
Mittelband *n* medium wide strip
mittelbar indirect
Mittelblech *n* jobbing [sheet]; light plate; medium sheet
Mittelblech-Walzwerk *n* jobbing plate mill; jobbing sheet mill
Mitteldraht *m* medium ga[u]ge wire
Mittelfrequenz-Umformer *m* medium frequency converter; medium frequency transformer
Mittelgerüst *n* intermediate roll stand
Mittel *n* **(mathem.)** mean
Mittelpunkt *m* center [point]
Mittelspannungsempfindlichkeit *f* mean stress sensitivity
Mittelstahl-Walzwerk *n* rolling mill for medium-sized products

Mittelstein *m* **(eines Blockgespannes)** centre brick
Mittelstraße *f* intermediate mill
Mittelwalze *f* central roll; centre roll; middle roll
Mittelwalzwerk *n* intermediate rolling mill
Mittelwert *m* average value; mean
Mittelwert *m* **(50%-Wert)** median
Mittelwert *m* **(Durchschnitt)** average
Mittelwert *m* **einer Gauß-Verteilung** mean
Mittelwertschreiber *m* average data recorder
Mittelwertsgerade *f* line of best fit
Mittelzug *m* medium drawing
Mittenfrequenz *f* centre frequency
Mittenrauhwert *m* centre line average height (CLA); root mean square height (RMS)
Mittenseigerung *f* center segregation; centreline segregation
Mittenwelle *f* **(Kaltband)** full center
Mittenwelligkeit *f* **(Band)** medium waviness
mittige Beanspruchung *f* axial stress
mittlere Abweichung *f* standard deviation
mittlere chemische Zusammensetzung *f* average chemical composition
mittlere freie Weglänge *f* mean free path
mittlere quadratische Streuung *f* mean square deviation
mittlerer Fehler *m* mean error; standard error
mittlerer Formkasten *m* cheek
Mitveränderlichkeit *f* co-variation
Modell *n* model; pattern
Modell *n* **mathematisches** mathematical model
Modellsand *m* facing sand
Modellschreinerei *f* pattern shop
Modellversuch *m* simulation test
Modifikation *f* modification
Modul *m* modulus
Modul *n*, **elastisches** elastic modulus
möglicher Fehler *m* accidental error
Möglichkeit *f* chance; possibility
Mohrscher Spannungskreis *m* Mohr circle [of stresses]
Molalität *f* molality
molare Masse *f* molar mass
molare Wärmekapazität *f* molar heat capacity
Molarität *f* amount of substance concentration; molarity
Molekularsieb *n* molecular sieve
Molenbruch *m* mole fraction
Möller *m* burden; homogenised ore burden; prepared ore burden
Möllerausbringen *n* burden yield
Möllerberechnung *f* burden calculation; burdening
Möllergewicht *n* burden ratio
möllern blend; burden
Möllersonde *f* charge level indicator; stock line gauge; stock line indicator
Möllerung *f* burdening
Möller *m* **vorbereiteter** homogenised ore burden; prepared ore burden
Möllervorbereitung *f* burden preparation
Möllervorbereitungsanlage *f* burden preparation plant
Möllerwagen *m* larry car
Molwärme *f* **bei konstantem Volumen (Druck)** heat at constant volume (pressure); molecular heat at constant volume (pressure)

Molybdän *n* molybdenum
Molybdänoxid *n* molybdenum oxide
momentane Abkühlungsgeschwindigkeit *f* instantaneous cooling rate
Momentumlagerung *f* redistribution of moments
Moniereisen *n* concrete reinforcing steel bars
Monotonie *f* monotonic state
Montage *f* assembling; assembly
Montagehilfe *f* fit-up aid
Montageingenieur *m* assembly engineer
Montageunternehmer *m* erector of industrial plant
Montanindustrie *f* mining industry
Monteur *m* fitter
montieren assemble; erect; mount
morsch brittle
Mörtel *m* mortar
Mörtelfuge *f* cement joint
Mörtelmischer *m* mortar mixer
Motor *m* motor
Motorenbau *m* engine manufacture; motor construction
Motorschürfwagen *m* motor scraper
Muffe *f* coupling box; socket
Muffel-Durchziehofen *m* continuous muffle type furnace
Muffelofen *m* muffle furnace
Muffelofen *m* **(Härteofen)** gas fired furnace
Muffenkupplung *f* sleeve coupling
Muffenrohr *n* bell and spigot pipe; faucet pipe (am.); socket pipe
Mühle *f* mill
Muldenkorrosion *f* shallow pit formation
Muldenofen *m* crucible furnace
Müllbeseitigung *f* waste disposal
Mullit *n* mullite
Müllmischanlage *f* refuse mixing plant
Müllverbrennungsanlage *f* refuse incineration plant
Mündung *f* nose
Mündung *f* **(Konverter)** mouth
Mündungsbär *m* bug; mouth skull
Mündungsring *m* LD lip ring; lip ring
mürbe brittle
Muster *n* sample
Mustererkennung *f* pattern recognition
Muxmasse *f* injection material

N

Nabe *f* boss; hub
nacharbeiten finish
Nacharbeiten *n* dressing
Nachbearbeitung *f* **nach dem Sintern** post sintering operations
nachbehandelte Oberfläche *f* treated surface
Nachbehandlung *f* aftertreatment; post treatment
Nachbildung *f* simulation
nachblasen after-blow
Nachblasen *n* afterblow
nach dem Verzinken wärmebehandelter Draht *m* galvannaeled wire
nach der 1. Probe *f* **(beim SM-Ofen)** before going on
nach der ersten Überschmiedung *f* after first pass
nachdrehen dress
Nachdrücken *n* resqueezing
Nacheilung *f* **(Walzen)** backward slip (rolling); lagging; peripheral recession
Nacheilzone *f* backward slip area

Nachfahrversuch *m* retest
nachgearbeitete Kanten *fpl* dressed edges
nachgeben yield
nachgiebige Verbindung *f* flexible connection
nachgießen after-pour; feed; repour
Nachgießen *n* after pouring
Nachgießverfahren *n* after-pouring process
nachglühen reanneal
Nachhall *m* reverberation
Nachkalkulation *f* historical costing
Nachlaufregler *m* follower control device; remote control device
nachmessen check
Nachmessen *n* checking dimensions; controlling sizes
Nachprägen *n* resizing
Nachpressen *n* repressing
nachpressen (Pulvermet.) repress
nachprüfen check; control; verify
nachprüfen (messen) recheck
Nachprüfung *f* recheck; verification
Nachreinigung *f* secondary cleaning
Nachrichtenanlage *f* signaling equipment
Nachrichtenspeicher *m* message storage unit
Nachsaugen *n* **(Blöcke)** feeding
nachschärfen (Beizbad) regenerate; top up
Nachschlacke *f* **(Hochofen)** roughing slag
Nachschlagen *n* restriking
Nachschleifen *n* regrinding
Nachschneiden *n* final trimming; finish shaving
nachschweißen re-weld
Nachschwindung *f* after-contraction
Nachsetzen *n* subsequent charging
Nachsetzstein *m* **(für SM-Ofengewölbe)** filler brick
Nachsintern *n* high sintering; resintering
nachspüren trace
nachstellbar adjustable
nachstellen adjust
Nachstellzeit *f* integral action time; reset time
Nachtarbeit *f* night shift; night turn
Nachtschicht *f* night turn; night-gang; night-shift
Nachverbrennung *f* post combustion
Nachwachsen *n* **(ff. Steine)** after-expansion
nachwalzen reroll
Nachwalzen *n* skin pass rolling; temper rolling
Nachwalzgerüst *n* sizing stand; skin pass mill stand
nachwärmen sadden
Nachwärmofen *m* reheating furnace
Nachwuchs *m* recruits (for training)
Nachzerkleinern *n* secondary crushing
Nachziehen *n* stretch reducing by roll drawing
Nachzug *m* follow up draft
Nadel *f* needle; pin; pricker
Nadelboden *m* loose bottom; needle bottom; pinhole plug
Nadeldraht *m* needle wire
nadelförmig acicular
nadelförmige Kristallbildung *f* **(Stahlblock)** scorching
nadelförmige Struktur *f* **(Stahlblock)** acicular structure
Nadelfräsen *n* **(zur Beseitigung von entkohlten Schichten)** microscalping
nadeliges Pulver *n* acicular powder
Nadelkristall *m* acicular crystal

Nadellager *n* needle bearing
Nadelstichpore *f* pinhole
Nagel *m* nail; tack
nageln nail
Näherung *f* approximation
Nahförderanlage *f* short distance conveying plant
Nahordnung *f* short range order
Naht *f* blister; fin; seam
nahtlos seamless
nahtlos gewalztes Rohr *n* seamless tube
nahtlos gezogenes Rohr *n* solid drawn tube
Nahtschweißung *f* seam welding
Nahtüberhöhung *f* weld reinforcement
Naht *f* **(überwalzte)** lap
Namensaktie *f* registered share
Namensschild *n* name plate
Näpfchen *n* **(Tiefzug)** cup
napfziehen shallow form
Napfziehen *n* shallow forming
Napfziehversuch *m* cupping test
Narbe *f* mark; pit; scar
Nase *f* cam; nose
Nasenprofil *n* bulge profil; ribbed flats
Nase *f* **(Vorsprung)** lug
Naßabscheider *m* water spray collector; wet separator
naßblank gezogener Draht *m* bright wet drawn wire
Nässegehalt *m* **(Probenahme)** moisture content
Naßelektrofilter *m* wet electro filter
Naßentstaubung *f* wet dust removing
Nässeprobe *f* moisture sample
Naß[gas]reinigung *f* wet [gas] cleaning
naß gezogener Draht *m* **(mit heller Oberfläche)** lacquer drawn wire; wet drawn wire
Naßklassieren *n* wet sizing
Naßkühlturm *m* wet cooling tower
Naßlöschen *n* wet quenching
naßmagnetische Aufbereitung *f* wet magnetic dressing
Naßmahlung *f* wet grinding
Naßreiniger *m* scrubber; tower washer; wet scrubber
Naßverzinkung *f* wet galvanising
Naßziehen *n* wet drawing
Naßzug *m* wet draw[ing]
Natriumsulfat *n* sodium sulphate
Natronlauge *f* caustic soda
Naturgas *n* natural gas
Naturgasfeuerung *f* natural gas firing
naturhart naturally hard
Naturkante *f* mill edge
natürlich natural
natürliches Altern *n* natural ag[e]ing
Naturumlauf *m* natural circulation
Naturversuch *m* **(Korrosion)** field test
Nebelhärten *n* fog quenching
Nebelschmierung *f* mist lubrication
Nebenast *m* **(Dendriten)** secondary arm (dendrites)
Nebenbetriebe *mpl* auxiliaries; auxiliary plants and shops
Nebenecho *n* mode echo
nebeneinander angeordnete Walzgerüste *npl* train of stands
Nebenerzeugnis *n* by-product; derivative
Nebengestein *n* country rock
Nebengleise *npl* siding
Nebenriß *m* subsidiary crack
Nebenschluß *m* shunt
Nebenschlußmotor *m* shunt wound motor

Nebenschneide *f* end cutting edge; front cutting edge; trail edge
Nebenspannung *f* secondary stress
Nebenzeit *f* downtime; idle period; power-off-time
Neigung *f* batter; slope; susceptibility
Neigung *f* **(Steigung)** inclination
Neigungswaage *f* inclination balance
Neigungswinkel *m* **(Spanen)** rake angle; slope angle; tool cutting edge inclination
Neigung *f* **(Tendenz)** tendency
Neigung *f* **zu Weichfleckigkeit** liability to the formation of soft spots
Nelson-Diagramm *n* Nelson diagram
NE-Metall *n* non-ferrous metal
Nenn-Dauerfestigkeit *f* nominal fatigue strength; rated fatigue limit
Nenndrehzahl *f* nominal speed
Nenner *m* denominator
Nennkraft *f* **einer Presse** press rating
Nennkurzschlußspannung *f* impedance voltage
Nennleistung *f* nominal capacity; rated capacity; rated power
Nennleistung *f* **(Ofentransformator)** name plate rating
Nennmaß *n* nominal size
Nennscheinleistung *f* apparent power; apparent rating; nominal rating
Nennwert *m* nominal [value]
Nennzahl *f* rating
Neodym-Eisen-Werkstoff *m* neodymium-iron material
Nest *n* cluster
Neststichprobe *f* cluster sampling
Neststichprobenverfahren *n* cluster sampling
Nettolohn *m* net wage
Netto-Wärmeverbrauch *m* net heat consumption
Netzanschluß *m* mains circuit connection
netzartige Rißbildung *f* alligator cracking
Netzbelastung *f* supply system loading
Netzebene *f* grate plane
netzförmig reticular
Netzfrequenz *f* line frequency (am.); mains frequency
Netzfrequenz-Induktions-Tiegelschmelzofen *m* line frequency induction crucible melting furnace
netzgeführt system-controlled
Netz *n*, **neuronales** neural net[work]
Netzplan *m* graph; network plan
Netzplantechnik *f* production and evaluation review technique
Netzspannungsschwankung *f* fluctuation in the mains voltage
Netzwerk *n* crazing; crocodile skin; lattice
Netzzerfall *m* disappearance of network pattern
Neubildung *f* renewed formation
neuer Erfindungsgedanke *m* **(Patent)** novel object of invention; novelty
Neusilber *n* nickel silver
neutrale Aufwands- und Ertragskonten *npl* non-operating income and expenditure accounts
neutrale Linie *f* **(eines Walzkalibers)** pitch line
neutraler Aufwand *m* non-operating expenditure
neutralisieren neutralise
Neutronenaktivierung *f* neutron activation
Neutronenbestrahlung *f* neutron radiation

neu zustellen reline
Neuzustellung *f* new lining; relining
Newtonsches Abkühlungsgesetz *n* Newton's cooling law
Nibbeln *n* **(Blech)** nibbling
nichtabschmelzende Elektrode *f* non-consumable electrode
nichtangetriebener Rollgang *m* idle roller table
Nichteisenlegierung *f* non-ferrous alloy
Nichteisenmetall *n* non-ferrous metal
nicht entschwefelt undesulphurised
nicht entzundertes Band *n* black strip
nicht formhaltig off-size
nicht fortschreitender Dauerbruch *m* non-propagating fatigue crack
nichtkornorientiert non-oriented
nicht leitend non-conducting
nichtlineare Korrelation *f* curvilinear correlation
nichtlineares Glied *n* non-linear member
nichtmagnetisierbarer Stahl *m* non-magnetizable steel
nicht maßhaltig non-sizing; off-ga[u]ge; running out
nicht maßhaltig geschnitten not cut to pattern
nichtmetallischer Einschluß *m* non metallic inclusion
nicht nachgewiesen (in Tabellen: n. n.) not determined
nichtrostend non corroding; rustless; stainless
nichtrostender Stahl *m* stainless steel
nichtselbsttätige Regelung *f* non automatic control
nichtspanabhebend chipless; swarfless
nichtwirbelnde Düse *f* **(Stranggießen)** non swirl nozzle
Nickel *n* nickel
Nickeläquivalent *n* **(nichtrostender Stahl)** nickel equivalent (stainless steel)
Nickelbasislegierung *f* nickel base alloy; nickel-base alloy
nickelmartensitisch nickel martensite
nickelmartensitischer nichtrostender Stahl *m* nickel martensitic stainless steel
Nickelniobium *n* nickel niobium
nickelplattiertes Blech *n* nickel-clad metal
Nickelplattierung *f* nickel cladding
Nickelstahl *m* nickel steel
niederblasen blow down; blow out
niederbringen sink
Niederdruckgasleitung *f* low pressure gas main
Niederdruckmanometer *n* low pressure manometer
Niederdruckzylinder *m* low pressure cylinder
Niederfrequenzofen *m* low frequency induction furnace
Niederfrequenzschweißen *n* low frequency welding
Niederhaltedruck *m* stripper pressure
Niederhalter *m* blank holder
Niederschachtofen *m* low shaft [blast] furnace
Niederschlag *m* deposit; precipitate
niederschlagen abate; deposit; precipitate
niederschmelzen (umschmelzen) melt down
Niederschrift *f* **(EDV)** printout

Niederspannungsanlage *f* low tension plant
Niederspannungsautomat *m* low tension automatic circuit breaker
Niederspannungsbruch *m* low-stress fracture
Niederspannungsgenerator *m* low voltage generator
niedrig gekohlter Stahl *m* low carbon steel
niedriglegierter Stahl *m* low alloy steel
niedrigschmelzendes Metall *n* low melting metal
niedrigster Leerlauf *m* low idle [run]
Niedrigtemperaturzerfall *m* **NTZ** low temperature break LTB; reduction degradation index RDI
Nierenbruch *m* **(Schiene)** shatter crack
Niet *m* rivet
nieten rivet
Nietloch *n* rivet hole
Nietmaschiene *f* riveting machine
Nietprüfung *f* rivet test
Nietschweiße *f* plug weld
Nietstahl *m* rivet steel
Nietstempel *m* snap riveting set
Nietverbindung *f* riveted joint
Niob *n* columbium; niobium
Niobcarbid *n* niobium carbide
Nippel *m* nipple
Nitrid *n* nitride
Nitridbildner *m* nitride former; nitriding agent
Nitrieren *n* nitriding
Nitrierhärten *n* nitriding; nitrogen hardening
Nitrierhärtetiefe *f* depth of nitration; effective case depth after nitriding
Nitrierstahl *m* nitriding steel
nitrierte Schicht *f* nitrided case
Nitriertiefe *f* depth of nitriding
nitrocarburieren nitrocarburizing
Niveau *n* level
Nocken *m* cam; lug
Nockenherdofen *m* notched hearth furnace
Nockenwelle *f* camshaft
Nomogramm *n* nomogram; straight-line chart
Norm *f* code; specification; standard
normalglühen normalise
Normalglühen *n* normalising; normalizing
normalisierendes Umformen *n* normalising forming
normalisierendes Walzen *n* normalizing rolling
Normalkiste *f* base box (sheets)
Normalkraft *f* normal force
Normalleistungsofen *m* regular power furnace
Normalprofil *n* regular section; standard [structural] section; standard [structural] shape
Normalspannung *f* normal stress
Normalspannung *f*, **mittlere** mean normal stress
Normalspannungsbruch *m* fracture by normal stress
Normalspannungsmittelwert *m* mean principal stress
Normalstein *m* standard square [brick]
Normalverteilung *f* normal distribution
Normblatt *n* standard sheet
Normblattentwurf *m* draft specification
Normblende *f* standard orifice
Normdüse *f* standard nozzle
Normenausschuß *m* **(allgem.)**

Committee for Standardization; Committee for Standards
Normenausschuß *m* **(am.)** Bureau of Standards; Standards Association
Normenausschuß *m* **(engl.)** Standards Institute; Standards Institution
Normenbüro *n* Bureau of Standards
Normenentwurf *m* draft specification; draft standard
Normenprüfstelle *f* organization of research on standards
Normenverzeichnis *n* list of standards
Normenvorentwurf *m* rough draft of a standard
Normfallbeschleunigung *f* standard acceleration of free fall
Normgröße *f* standard size
Normprobe *f* standard specimen; standard test bar
Normstahl *m* standard steel
Normstahl *m*, **ausländischer** foreign standard steel
Norm *f* **technische** engineering standard
Normteil *n* standard part; standardized member; standardized part
Normung *f* standardisation; standardization practice
Normungsarbeiten *f* standardization work; standardizing practice
Normungswesen *n* standardizing practice
Norm *f* **verbesserte** revised standard
Norm *f* **verbindliche** compulsory standard; obligatory standard
Norm *f* **vorläufige** tentative standard (or specification)
Normvorschrift *f* standard specification
Notabstich *m* **(Hochofen)** cast through the cinder notch
Notbremse *f* emergency brake
Notfall *m* emergency
Notform *f* auxiliary tuyère
Notkokille *f* emergency mould
Notluftspeicher *m* emergency air accumulator
Notpfanne *f* emergency ladle
Notrinne *f* emergency launder
Notschneidbrenner *m* cutting torch for emergency
Notstromaggregat *n* emergency power unit
Notversorgungssystem *n* emergency power system
Notwasserbehälter *m* emergency water tank
Nullanschlag *m* zero dead stop
Nulleinstellung *f* zero setting
nuten groove; notch; slot
N-Wert *m* n-value
N-Wert *m* **von Flachzeug zur Kalt[um]formung** n-value of flat products for cold forming

O

Oberbär *m* upper ram
Oberbaumaterial *n* permanent way material; track material
Oberdruck *m* top roll pressure
oberer Bainit *m* upper bainite
oberer Heizwert *m* gross caloric power (am.); upper caloric value
oberer Schmiedesattel *m* **(das Obergesenk)** upper die block
oberes Teil *n* top
obere Streckgrenze *f* upper yield point
Oberfläche *f* area; surface; surface area

Oberflächenabdruck *m* **(Mikroskopie)** surface replica
oberflächenaktiver Stoff *m* surface active agent
Oberflächen-Aufreißung *f* **(durch Zusammenkleben beim Walzen)** sticker break
Oberflächenbehandlung *f* surface treatment
Oberflächenbehandlungsanlage *f* surface treatment line
Oberflächenbeschaffenheit *f* surface condition; surface finish; surface integrity
Oberflächeneindruck *m* **(Kaltwalzen)** mark
Oberflächeneinflußfaktor *m* surface factor
Oberflächenfehler *m* surface defect; surface imperfection
Oberflächenfehler *m* **beim Blockguß** surface defect on ingot castings
Oberflächenhärtbarkeit *f* **von Einsatzstählen** surface hardenability of case hardening steels
Oberflächenhärte *f* surface hardness
Oberflächeninspektion *f* surface inspection
Oberflächenkonzentration *f* surface concentration
Oberflächenmerkmal *n* surface characteristics
Oberflächenoxidation *f* surface oxidation
Oberflächenporen *fpl* pepperbox; pinholes; pitted surface
oberflächenrein flawless surface finish
Oberflächenriß *m* seam; surface crack; surface tear
Oberflächenschutz *m* surface protection
Oberflächenschutzmittel *n* surface protective agent
Oberflächenschutz *m* **von Ventilen** surface protection of valves
Oberflächenspannung *f* surface tension
Oberflächentechnik *f* surface techniques
Oberflächenveredelung *f* finishing; surface treatment
Oberflächenveredlung *f* surface finishing
Oberflächenvorbehandlung *f* **für das Kaltfließpressen** cold extrusion finish
Oberflächenvorbereitung *f* surface preparation
Oberflächenzustand *m* finish quality; surface quality
oberflächliches Walzen *n* **mit geringem Druck** pinch rolling; skin pass rolling; temper [pass] rolling
Oberfllächentrocknung *f* surface drying
Obergesenk *n* hob
Oberkasten *m* upper frame [cope]
Oberkolben *m* upper ram
Obersatteltraverse *f* top tool carrier
Oberschwingung *f* harmonic oscillation
Oberspannung *f* primary voltage
Oberstempel *m* upper punch
Oberwalze *f* top roll; upper roll
Objekttisch *m* **(Mikroskop)** stage
Objektträger *m* **(Elektronenmikroskop)** specimen holder
Obligation *f* bond
OBM-Verfahren *n* Q-BOP process
Ofen *m* furnace; stove
Ofenalter *n* age of the furnace
Ofenatmosphäre *f* furnace atmo-

sphere
Ofenauskleidung *f* furnace lining
Ofenbär *m* salamander
Ofenbauteil *n* building components for furnaces
Ofenbegichtung *f* charging
Ofenbetrieb *m* furnace operation; furnace practice
Ofen *m* **(Brennofen)** kiln
Ofen *m* **für satzweisen Einsatz** batch furnace
Ofenfutter *n* furnace lining
Ofengang *m* furnace working
Ofengefäß *n* furnace casing; furnace shell; furnace vessel
Ofenherd *m* hearth
Ofen *m* **(Kokerei)** oven
Ofenkopf *m* port block; port end
Ofenmantel *m* furnace casing
Ofenmauer-Dichtungsmasse *f* jointing compounds for furnace masonry
Ofenmauerung *f* furnace lining
Ofen *m* **mit mechanisch angetriebenem Herd** furnace with mechanically driven hearth
Ofenoptimierung *f* furnace optimization
Ofenplatte *f* hob
Ofenraum *m* furnace chamber; hearth
Ofenraum-Druckregelung *f* furnace pressure control
Ofenreise *f* campaign; furnace campaign
Ofenrolle *f* furnace roll
Ofensau *f* salamander; sow
Ofenstock *m* mantle
Ofentür *f* furnace door
Ofenwarte *f* furnace control station
Ofenzug *m* flue
Ofenzunder *m* furnace scale
Offenbundglühen *n* open coil annealing
Offenbundglühofen *m* open-coil annealing furnace
offene Kokille *f* open top mould
offenes Gesenk *n* open die; plain die
offenes Gleitlager *n* plain bearing
offenes Kaliber *n* open groove; open pass
offene Steuerung *f* open loop control
offen prozeßgekoppelt on-line open loop
Öffnung *f* aperture; opening; orifice
Öffnungswinkel *m* **(Ultraschall)** angle of beam spread
Öffnungswinkel *m* **(Ziehdüse)** approach angle
ohmscher Widerstand *m* ohmic resistance
Oktavspektrum *n* octave analysis
Okularmikrometer *n* ocular micrometer
Öl *n* oil
Öl/Gas-Sauerstoffbrenner *m* oil/gas-oxygen burner
Ölabdichtung *f* oil seal
Ölabscheider *m* oil separator
Ölanlassen *n* oil tempering
Ölbrenner *m* oil burner
Öldruckkabel *n* oil filled cable
ölen oil
Ölfeldrohr *n* linepipe
Ölfeuerung *f* oil firing
Ölfilm *m* oil film
Ölflutlager *n* oil film bearing
ölgefeuert oil-fired
ölhaltende Schicht *f* oil-retaining layer
ölhaltig oil emulsive; oily
Ölhärten *n* oil hardening; oil quenching

Ölhärter *m* oil hardening steel
Ölhydraulik *f* oil hydraulics
Ölkarburierungsanlage *f* oil carburising plant
Ölkeil *m* oil wedge
Ölkühler *m* oil cooler
Ölnebelschmierung *f* oil mist lubrication; oil mist spray; oil spray lubrication
OLP-Konverter *m* oxygen lance powder converter
Ölschiefer *m* oil shale
Ölspargerät *n* apparatus to economise oil
Öltränkung *f* oil impregnation
Ölvergüten *n* tempering in oil
ölvergüteter Draht *m* oil quenched and tempered wire
ölverseuchtes Erdreich *n* oil contaminated soil
Ölwechsel *m* oil change
oolithisches Erz *n* oolitic ore
Operations- und Fehleranzeigen *fpl* operation and error indicators
Optimierung *f* optimisation
optische Basizität *f* optical basicity
optisches Pyrometer *n* optical pyrometer
Orangenhaut *f* **(Bandfehler)** orange peel
Ordnung *f* array; order
Ordnungs-Umwandlung *f* order transformation
Ordnungszahl *f* atomic number
organischer Stoff *m* organic matter
Organosol *n* organosol
Orientierung *f* **der Bruchfläche** orientation of the fracture surface
Orientierungsabhängigkeit *f* orientation dependence
Orientierungsverteilungsfunktion *f* **(OVF)** orientation distribution function (ODF)
Orthosilicat *n* orthosilicate
Orthotropie *f* orthotropy
örtliche Härtung *f* local hardening
örtliche Korrosion *f* local corrosion
ortsfest stationary
Ortskoordinaten *fpl* coordinates
Öse *f* eye; lug; staple
osmotischer Druck *m* osmotic pressure
Ostwald-Reifung *f* Ostwald ripening
Oszillation *f* oscillation
Oszillograph *m* oscillograph
Ovalität *f* ovality
Ovalkaliber *n* oval groove; oval pass
Oxid *n* oxide
Oxidation *f* calcination; oxidation
Oxidation *f* **innere** internal oxidation
Oxidationsmittel *n* oxidant
Oxidationsschutz *m* protection against oxidation
Oxidbelag *m* oxide coating; oxide film
Oxideinschluß *m* oxide inclusion
Oxideinsprenkelung *f* **(Kaltwalzen)** broken oxide
Oxidhaut *f* oxide skin
oxidieren oxidise
Oxidlösevermögen *n* oxide-dissolving capacity

P

paarweise gewalzte Bleche *npl* doubles
Pack *m* pack
Päckchen *n* parcel
packen pack
Packlage *f* bottoming material
Packmaschine *f* packing machine
Packung *f* packing; stuffing

Packungsdichte *f* packing density
Paddelmischer *m* paddle mixer
Paket *n* box; pack
Paketieren *n* briquetting; bushelling; fag[g]oting
Paketierpresse *f* scrap baling press
Paketierschrott *m* fag[g]ot iron; fag[g]oting scrap
paketierter Eisenschrott *m* baled scrap; fagotted iron [scrap]
Paketschneiden *n* **(Blech)** mill shearing
Paketwalzen *n* pack rolling
Paketwärmofen *m* fag[g]oting furnace; pack heating furnace; sheet heating furnace
Palette *f* pallet
Panzer *m* casing
Panzer *m* **(Hochofen)** jacket; steel jacket; steel plate lining
Panzerplatte *f* armour plate
Panzerplatten-Walzwerk *n* armour plate rolling mill
Papiersack *m* paper bag
parallele Längsfehler *mpl* **durch Überwalzen** tramlines
Parallelflanschträger *m* parallel flanged beam; parallel flanged joist
Parallelversuch *m* replication
Paramagnetismus *m* paramagnetism
Parameter *m* parameter; statistic
Parkerverfahren *n* Parkerising
Parry-Kegel *m* **(Parry-Verschluß)** Parry type cup and cone arrangement
Partialdichte *f* mass concentration
Partialdruck *m* partial pressure
partielle Ableitung *f* partial derivative
partielle Aufblaszeit *f* fractional blowtime
partielles Stauchen *n* incremental forging
Passiva *npl* liabilities
Passivierbarkeit *f* capacity for passivation
passivieren deaden (flotation)
Passivierung *f* passivation
Passivität *f* passivity
Passivschicht *f* passive layer
Paßmaß *n* nominal size
Paßschraube *f* shoulder screw
Paßstück *n* fitting piece
Passung *f* fit
Passungsrost *m* galling rust
Passwortsicherung *f* password protection
Pastenaufkohlen *n* paste carburising
Pastenverfahren *n* paste process
Pastenzementieren *n* paste carburizing
Patentamt *n* patent office
Patent *n* **angemeldet** patent applied for
Patent *n* **anmelden** apply for a patent
Patentanmeldung *f* patent application
Patentanspruch *m* **berichtigen** revise a claim
Patentanspruch *m* **vorwegnehmen** anticipate a claim
Patentanwalt *m* patent agent
Patentbeschreibung *f* patent specification
Patenteinspruch *m* opposition to a patent
Patent *n* **erteilen** grant a patent
Patentieranlage *f* patenting plant
patentieren patent; patenting; patenting (wire)
Patentieren *n* patenting

patentierter Seildraht *m* **mit besonders hoher Zugfestigkeit** high strength patented wire rope
patentierter Stahldraht *m* patented steel wire
Patentinhaber *m* patentee
Patentschrift *f* letters patent
patentschutzfähige Neuheit *f* patentable novelty
Patentverletzung *f* infringement of a patent
Patentvorbenutzung *f* prior use
Pause *f* blue print
pausen trace
PD-Regler *m* proportional plus rate [derivative] action controller
Pech *n* pitch
Pechkohle *f* caking coal; pitch coal
Pegel *m* **(air pollution)** ga[u]ge
Pegelwert *m* ga[u]ge reading (air pollution)
Pellet *n* pellet
Pelletieranlage *f* pelletising plant; pelletizing plant
pelletieren pelletise
Pelletierteller *m* balling disc; pelletising disc
Pelletiertrommel *f* pelletising drum
Pelletierung *f* pelletising
Pendelglühen *n* cycle annealing
Pendelhammer *m* **(Charpy-Hammer)** Charpy hammer
Pendelhammerschlagwerk *n* pendulum impact test machine
Pendelklappe *f* shuttle valve
Pendellager *n* self aligning bearings
pendeln cycle
pendelnd hunting
pendeln mit Schweißelektrode weave with electrode (welding)
Pendelrollenlager *n* self aligning roller bearing
Pendelsäge *f* oscillating saw
Pendelschleifmaschine *f* swing grinding machine
Pendelung *f* oscillation
perforieren perforate
Perforiermaschine *f* perforating machine
Periode *f* **(elektr.)** cycle
Perioden *fpl* **je Sekunde** cycles per second
Periodensystem *n* **der chemischen Elemente** periodic system
periodisches Walzen *n* **(im Gesenk)** die rolling
Peripheriegerät *n* **für Roboter** peripheral equipment for robots
Peritektikum *n* peritectic
peritektische Umwandlung *f* peritectic transformation
perlenschnurartige Carbidausscheidung *f* discontinuous chain type of carbide precipitation
Perlit *m* pearlite
perlitarmer Sonderbaustahl *m* **(PAS)** fine grained low pearlite structural steel
perlitarmer Stahl *m* low-pearlite steel
Perlitbildung *f* **(Form)** pearlite formation (shape)
perlitfreier Feinkornstahl *m* pearlite-free fine-grained steel
Perlitgehalt *m* pearlite content
Perlitguß *m* pearlite cast iron
perlitisch pearlitic
perlitischer Stahl *m* pearlitic steel
perlitisches Gefüge *n* perlitic microstructure
perlitisieren isothermal annealing
Perlitisieren *n* isothermal annealing; pearlitizing
Perlitisieren *n* **(von Draht)** patenting

Perlitisieren *n* **von Draht für das Kaltziehen** patenting treatment of wire rod for cold drawing
Perlitkolonie *f* pearlite colony
Perlitkorn *n* pearlite grain
Perlkoks *m* pea coke; rubbly culm coke
Permanentmagnet *m* permanent magnet
Permeabilität *f* permeability
Perrineffekt *m* Perrin effect
Personalbestand *m* number of operatives
Personalbüro *n* staff department
Personalkosten *pl* payroll
Personenaufzug *m* passenger lift
Petrochemie *f* petrochemistry
petrographischer Dünnschliff *m* petrographic thin section
Petroleum *n* petroleum
Petroleumkoks *m* petroleum coke
Petrolkoks *m* petroleum coke
Pfahlramme *f* pile driver
Pfanne *f* ladle
Pfanne *f* **abstehen lassen** hold a ladle
Pfannenabdeckmasse *f* ladle covering compound
Pfannenabdeckmittel *n* ladle covering agent; ladle covering compound
Pfannenaufheizanlage *f* ladle heating plant
Pfannenaufheizvorrichtung *f* ladle furnace
Pfannenausgießzeit *f* ladle emptying time
Pfannenausguß *m* ladle lip; nozzle of a ladle
Pfannenausmauerung *f* ladle lining
Pfannenbär *m* button; ladle skull; skull
Pfannenbedienungsmann *m* ladle operator
Pfannenbehandlung *f* ladle refining; ladle treatment
Pfannenbehandlungsstation *f* ladle metallurgy station
Pfannenblech *n* roofing sheet
Pfannenbock *m* ladle stand
Pfannendeckelmanipulator *m* ladle cover manipulator
Pfannendrehturm *m* ladle turntable; ladle turret
Pfannendrehturm *m* **mit Hubarmen** ladle turret with lifting arms
Pfannenentgasung *f* ladle degassing
Pfannengabel *f* ladle shank
Pfannengehäuse *n* ladle casing; ladle shell
Pfannengießzeit *f* ladle pouring time
Pfannenmannstand *m* ladle operator stand
Pfannenmasse *f* ladle mix
Pfannenmetallurgie *f* ladle metallurgy
pfannenmetallurgische Nachbehandlung *f* ladle metallurgy aftertreatment
Pfannennachbehandlung *f* aftertreatment; ladle treatment
Pfannenofen *m* ladle furnace
Pfannenrestbildung *f* formation of skull in ladle
Pfannenschieber *m* ladle slide gate
Pfannenschiebersand *m* ladle slidegate sand
Pfannenschwenker *m* ladle swivelling unit
Pfannensinterversuch *m* box testing
Pfannenstandentgasung *f* ladle tank degassing
Pfannenstein *m* ladle brick

Pfannenstopfen *m* ladle stopper
Pfannentransportwagen *m* ladle transfer car
Pfannentrocknungsanlage *f* ladle drying plant
Pfannenübernahmeeinrichtung *f* ladle take-over equipment
Pfannenwägeeinrichtung *f* ladle weighing device
Pfannenwagen *m* buggy ladle; ladle bogie; ladle car
Pfannenwirtschaft *f* ladle service area
Pfannenzusätze *mpl* ladle additions
Pfanne-Schattenrohr-System *n* ladle shroud system
Pfeiler *m* column
Pfeilhöhe *f* pitch
Pfeilrad *n* double helical gear; herringbone gear
Pfeilzahn *m* herringbone tooth
Pflichtprüfung *f* audit
Phänomen *n* phenomenon
Phase *f* phase
Phasenentmischung *f* phase separation
Phasengrenze *f* phase boundary
Phasengrenzreaktion *f* phase boundary reaction
Phasenkontrastmikroskopie *f* phase contrast microscopy
Phasenraum *m* **(Zustandsschaubild)** phase region
Phasenschieber *m* phase advancer; phase shifter
Phasenspannung *f* phase voltage
Phasenumwandlung *f* phase transformation
Phasenverschiebung *f* **(elektr.)** lag; phase displacement
Phasenwinkel *m* phase angle
Phasenzertrümmerung *f* phase disintegration
Phenolwasserbeseitigung *f* phenol water removal
Phenolwasserverwertung *f* phenol water disposal
Phosphatieranlage *f* phosphate coating line
phosphatieren phosphate; phosphate coat
Phosphatieren *n* phosphate coating
Phosphatiermittel *n* phosphatizing agent
phosphatiert phosphate treated
Phosphatierung *f* phosphating
Phosphidseigerungsstreifen *m* phosphide streak
Phosphor *m* phosphorus
phosphorhaltiges Roheisen *n* phosphoric pig iron
Phosphorsäure *f* phosporic acid
Photozelle *f* photoelectric cell
pH-Wert Regler *m* pH-value regulating instrument
Physik *f* physics
physikalische Chemie *f* physical chemistry
physikalische Eigenschaft *f* physical property
Picke *f* pick [axe]
Pickelbildung *f* pick-up
Pigmentierung *f* pigmentation
Pilgerdorn *m* piercer
pilgern put through a pilger mill
Pilgerschritt-Rohrwalzwerk *n* pilger mill of the Mannesmann type; pilger step-by-step-type seamless tube rolling mill
Pilgerschrittschweiße *f* step back welding
Pilgerschrittverfahren *n* reciprocating rolling process
Pilgerschrittwalzen *n* pilger mill

rolling
Pilgerwalze *f* pilger roll
Pilgerwalzwerk *n* reciprocating mill
Pipeline *f* pipeline
pipettieren pipette
PI-Regler *m* proportional plus reset action controller
Plan *m* device; lay-out; schedule
Planarbeit *f* schedule work
Planck-Konstante *f* Planck constant
plandrehen face
Planetenrad *n* carrier pinion; planet wheel
Planetenschrägwalzwerk *n* planetary cross rolling mill
Planetenwalzen *n* planetary rolling
Planetenwalzwerk *n* planetary mill
Planfräsen *n* face milling
plangemäß according to plan
Planheit *f* flatness; shape
Planheitsfehler *m* off-flatness
Planheitsregelung *f* shape control
Planheit *f* **von kaltgewalztem Flachzeug** flatness of cold rolled flat products
planieren level
Plankosten *pl* predetermined standard rates
planmäßig well planned
Planschleifen *n* face grinding; surface grinding
Planungsforschung *f* operational research
Planwirtschaft *f* planned economy
Planziel *n* target
Plasma-CVD-Anlage *f* plasma-CVD-plant
Plasma-CVD-Beschichten *n* plasma-CVD
Plasmadüse *f* plasma nozzle
Plasma-Generator *m* plasma power generator
Plasmalichtbogenschweißen *n* plasma arc welding
Plasmanitrieranlage *f* plasma nitriding plant
plasmanitrieren plasma nitride
Plasmanitrieren *n* plasma nitriding
Plasma-Pfannenofen *m* plasma ladle-furnace
Plasma-Pulver-Auftragschweißen *n* plasma-powder-deposit welding
Plasmaschneidanlage *f* plasma cutting facility; plasma-cutting system
Plasmaschneidbrenner *m* plasma cutting torch
Plasmaspritzen *n* plasma spraying
Plasmastrahlschweißen *n* plasma jet welding
Plasma-Tundish-Beheizung *f* plasma tundish heating
Plastifizierungsmittel *n* plasticiser
plastische feuerfeste Masse *f* refractory mouldable material
plastische Formänderung *f* plastic deformation
plastisches Gelenk *n* plastic articulation
plastische Verformung *f* plastic deformation
Plastisol *n* plastisol
Plastizität *f* ductility; plasticity
Plastizitätstheorie *f*, **elementare** elementary plasticity theory (strip or slab method)
Platin *n* platinum
Platin-Cobalt *n* platinum-cobalt
Platin-Cobalt *n* **für Dauermagnete** platinum-cobalt material for permanent magnets
Platine *f* mill bar; sheet bar
Platine *f* **für Weißblechherstellung** tinplate bar

Platinengewicht *n* sheet bar weight
Platinenstab *m* **mehrfacher Länge** sheet bar multiple
Platinenwalzwerk *n* sheet bar rolling mill
Platinenwärmofen *m* bar [heating] furnace; sheet bar reheating furnace
plättchenförmig flaky
Platte *f* panel
Platten[förder]band *n* apron conveyor
Plattenkokille *f* plate mo[u]ld
Plattenspeicher *m* **(EDV)** disc memory
Plattenstrecker *m* plate stretcher
Plattformlore *f* buggy (am.)
Plattformwaage *f* weighbridge
Plattieranlage f plating installation
plattieren clad
Plattieren *n* sandwich rolling
Plattieren *n* **(durch Aufwalzen)** cladding
plattiert clad[ded]
plattiertes Blech *n* clad plate; clad sheet
Plattierung *f* cladding
Plattierungsmetall *n* cladding metal
platzen burst
Platzwechsel *m* **(Atom)** change of site
Plenarsitzung *f* joint-divisional meeting; plenary meeting
Pleuelstange *f* connecting rod
Plombendraht *m* locking wire; seal wire
Plunger[kolben] *m* plunger
PM-Metall *n* PM-metal; sintered metal
PM-Stahl *m* PM steel
Pneumatik *f* pneumatics
pneumatischer Prozeß *m* pneumatic method
Pochschuh *m* boss; stamp shoe; stamp stem
Pochwerk *n* stamp mill
Poissonsche Zahl *f* Poisson's ratio
Pol *m* pole
Polarbindung *f* polar bond
polares Molekül *n* polar molecule
Polarisation *f* **von Leitungselektronen** conduction electron polarisation
Polarisierung *f* polarization
Polarkette *f* polar chain
Polarkopf *m* polar head
Polarographie *f* polarography
Polarverbindung *f* polar compound
Polblech pole sheet
Polfigur *f* pole figure
Polieranlage *f* planishing system
Polierbarkeit *f* **von Werkzeugstahl** polishability of tool steel
Polierbock *m* polishing frame
polieren buff; burnish; polish
Polieren und Handrichten *n* shafting
Poliergerüst *n* planishing stand
Poliermaschine *f* buffer
Polierscheibe *f* buff
polierter und geätzter Schliff *m* polished and etched micro section
Polierwalzengerüst *n* bull head
Polterwerk *n* **(Draht)** shaker
Polypengreifer *m* orange peel bucket
Polzwinge *f* work clamp (earthing clamp)
Pore *f* endogenous inclusion; pore; void
Poren *fpl* **(Bandfehler)** pitting
Porenbildner *m* pore forming material
Porenkette *f* linear porosity

Poren *fpl* **mit Mineralöl schließen** seal coat
Porenneigung *f* tendency to porosity
Porenpotential *n* **von Edelstählen** pitting potential of stainless steels
porig porous
porös porous
Porosität *f* porosity
Porosität *f* **unter der Oberfläche** sub-surface porosity
Portalhubwagen *m* straddle carrier
Portalkran *m* portal crane
Position *f* item
Posten *m* lot
Potential *n* potential
Potential *n*, **plastisches** plastic potential
Potentialsondenverfahren *n* electrical potential method
Potentiometer *n* potentiometer
prägen engrave
Prägen *n* stamping
prägen (Münze) coin
Prägerichten *n* flattening; straightening in patterned dies
Prägestempel *m* coin; stamping tool
Prägewalzen *n* roll embossing
prägeziehen squeeze
Prägung *f* embossing
Prallblech *n* baffle plate
Prallbrecher *m* coarse reduction impact crusher; impact crusher
Prallmühle *f* rebound crusher
Prämie *f* bonus
Prämienlohnsystem *n* premium bonus system
Präsidium *n* executive committee; general council; governing body
Pratzen *n* bracket
Präzisionsguß *m* precision investment casting
Präzisionsmaschinenteil *n* precision machine element
Präzisionsstahlrohr *n* precision steel tube
Präzisionsstahlrohr *n*, **geschweißt** welded precision steel tube
Präzisions-Stopfen-Vorrichtung *f* precision stopper device
Präzisionswaage *f* analytical balance
Präzisionswalzsystem *n* precision sizing block
P-Regeleinrichtung *f* proportional action controller
Preis *m* price; rate
Preisbindung *f* price maintenance
Preisherabsetzung *f* price cut; price reduction
Preisnachlaß *m* price allowance
Preissteigerung *f* price rise
Prellbock *m* bumper
Preßbarkeit *f* compressibility
Preßbindeanlage *f* device for coil compaction
Preßblech *n* sheet suitable for press work
Preßboden *m* dished head
Preßbolzen *m* **(Strangpressen)** extrusion billet
Preßdichte *f* green density
Preßdruck *m* compacting pressure
Preßdruckschmierung *f* pressure lubrication
Preßdüse *f* die; extrusion die
Presse *f* press
Presse *f*, **hydraulische** hydraulic press
pressen briquette; press; squeeze
Pressenhub *m* press stroke
Pressen *n* **mit schwebender Matrize** floating die pressing
Preßform *f* die

Preßformauskleidung *f* die lining
Preßformgehäuse *n* die body
Preßgeschwindigkeit *f* extrusion speed
Preßguß *m* die casting
Preßgüte *f* stamping quality
Preßhärten *n* press quenching
Preßkolben *m* ram
Preßkopf *m* crown
Preßkörper *m* compact
Preßkraft *f* extrusion force; pressing force
Preßling *m* blank; briquette; compact; green body
Preßluftmeißel *m* pneumatic chisel
Preßluftschleifmaschine *f* pneumatic grinder
Preßluftstampfer *m* pneumatic rammer
Preßluftzuleitung *f* compressed-air pipe
Preßmatritze *f* pressing die
Preßnahtschweißen *n* mash seam welding
Preßrest *m* extrusion remainder
Preßrohlinge *mpl* stampings
preßschweißbar pressure weldable
Preßschweißen *n* pressure welding
Preßspannung *f* press fit
Preßstempel *m* ram; slide
Preßstofflager *n* composition bearing
Preßstumpfschweißen *n* straight flash welding
Preßteil *n* pressed part; pressing; stamping
Preßverhältnis *n* extrusion ratio
Preßwasserpumpe *f* water pressure pump
Preßweg *m* press stroke
Preßwerkzeug *n* die set
Primärcarbid *m* primary carbide
Primärfleck *m* **(Röntgen)** primary point
Primärgefüge *n* primary microstructure
Primärteilchen *n* single [crystal] particle
Primärzunder *m* furnace scale
Prismenspektrum *n* prismatic spectrum
Probe *f* experiment; sample; specimen; test piece
Probe *f* **auf die Güte der Anpassung** test of quality of fit
Probeerhebung *f* exploratory survey
Probefahrt *f* trial; trial run
Probekörper *m* test piece; test specimen
Probelöffel *m* test spoon
Probemuster *n* test specimen
Probenahme *f* sampling
Probenahme *f* **periodische systematische** periodic systematic sampling
Probenheber *m* sample thief
Probenlage *f* position of sample
Probennehmer *m* sampler
Probenvorbereitung *f* preparation of samples
Probestab *m* test bar
Probe *f* **(Stichprobe)** random sample
Probestück *n* test piece; test specimen
Probezählung *f* test census
probieren assay
Produkt *n* product
Produktanalyse *f* product analysis
Produktion *f* production
Produktionsausfall *m* loss of production
Produktionsbeginn *m* production start
Produktionsbericht *m* production

report
Produktionsmittel *n* production facility
Produktionsplanungsübersicht *f* survey of the production plan
Produktionsschritt *m* production step
Produktionssteuerung *f* production control
Produktionszahlen *fpl* output rates; production figures
Produktivität *f* productivity
Profil *n* profile; section; shape
Profildraht *m* section wire; shaped wire
Profile *npl* **für Bodenbeläge** floor covering sections
Profile *npl* **für Decken** ceiling sections
Profile *npl* **für Turbinenschaufeln** turbine blade sections
Profilfehler *m* strip profile error
Profil *n*, **geschweißtes** welded section
Profilglattwalzen *n* **von Hohlkörpern** smooth rolling of tubular shapes
Profil *n* **(Hochofen)** construction lines; outlines
profilieren shape
profiliert shaped
profilierte Walze *f* grooved roll; shaped roll
Profilierung *f* shaping
Profilkaliber *n* shaping groove
Profil-Längswalzen *n* longitudinal rolling of shapes
Profilmaschine *f* section machine
Profil-Querwalzen *n* cross rolling of shapes
Profilrohr *n* special section tube
Profilschere *f* section shearing machine
Profilschere und Lochstanze *f* shearing machine and power punching
Profil-Schrägwalzen *n* skew rolling of shapes
Profil-Schrägwalzen *n* **von Hohlkörpern** skew rolling of tubular shapes
Profil-Schrägwalzen *n* **von Vollkörpern** skew rolling of solid sections
Profilstahl *m* section[al] steel; steel shapes; structural shapes
Profilstahl *m*, **feinkörniger** fine grain structural steel
Profilstahl-Walzwerk *n* section [rolling] mill; shape [rolling] mill; structural [steel rolling] mill
Profilstapelvorrichtung *f* section stacker
Profilstich *m* forming pass
Profilwalze *f* shape roll
Profilwalzen *n* **von Bändern** roll-forming of strips
Profilwalzwerk *n* section mill
Profilziehen *n* section drawing
Programmausrüstung *f* **(Computer)** software
Programmdokumentation *f* software documentation
programmieren program
Programmkarte *f* program card
Programmregelung *f* program control; time program control
Programmspeicher *m* program memory; program storage
Proportionalbereich *m* range of proportionality
Proportionalitätsgrenze *f* limit of proportionality; proportional limit
Proportionalstab *m* proportional test bar

Protokollierung *f* reporting
prozentuale Längenzunahme *f* **(eines Bleches beim Kaltwalzen)** temper
Prozeßdaten *npl* process data
Prozeßgas-Schraubenkompressor *m* process-gas screw compressor
Prozeßgröße *f* process variable
Prozeßidentifikation *f* process identification
Prozeßlenkung *f* process control
Prozeß *m*, **metallurgischer** metallurgical process
Prozeßsteuerung *f* process control; process control system
prozeßsynchrone Rechenarbeit *f* on-line computation
prüfbar assessable [properties]
Prüfbericht *m* **(Bilanz)** auditor's certificate
Prüfbescheinigung *f* test certificate
Prüfeinrichtung *f* testing facility
prüfen audit; check; determine; examine; verify
Prüfen *n* **auf Richtigkeit** verification
Prüfen *n* **nach beiden Ausläufern der Prüfverteilung** double-tailed test
Prüfen *n* **nach einem Ausläufer der Prüfverteilung** single-tailed test
Prüfer *m* auditor
Prüfer *m* **(Arbeiter)** verifying machine operator
Prüfer *m* **(Maschine)** verifier
Prüfgerät *n* testing set
Prüfgeschwindigkeit *f* speed of testing
Prüfklasse *f* test category
Prüfkopf *m* sensor
Prüflast *f* test load
Prüfmaschine *f* testing machine
Prüfmaschine *f* **mit Laufgewichtswaage** lever testing machine
Prüfstab *m* test bar
Prüfstück *n* test piece; test specimen
prüftechnische Mängel *f* technical inadequacies in the testing
Prüfumfang *m* amount of inspection; scope of testing
Prüfung *f* check; control; determination; inspection
Prüfung *f* **(allgemein)** control
Prüfung *f* **auf Abplatzverhalten** spalling test
Prüfung *f* **auf Zufälligkeit** test for randomness
Prüfung *f* **der statistischen Sicherung** significance test
Prüfung *f* **(Forschung)** research
Prüfung *f* **(Maßkontrolle)** gauging; inspection
Prüfung *f*, **mechanisch-technologische** mechanical-technological examination
Prüfung *f*, **metallographische** metallographical examination
Prüfung *f* **(Versuch)** test
Prüfverfahren *n* testing method
Prüfverfahren *n*, **technologisches** technological testing method
Prüfverteilung *f* standard distribution
Prüfwert *m* test value
Puddelluppe *f* mill bar; muck bar
Puddeln *n* **im flüssigen Zustand** wet-puddling
Puddelroheisen *n* puddle pig
Puddelstahl-Walzwerk *n* muck mill
Puddelverfahren *n* puddle process
Puffer *m* buffer; bumper
Pulsfrequenz *f* pulse frequency
Pulveraufkohlen *n* pack carburising; powder carburising; solid carburizing
Pulverbeschichtung *f* powder coating

Pulverbrennschneiden *n* powder cutting
pulverisieren levigate; pulverise
Pulvermetallurgie *f* powder metallurgy
pulvern comminute; pulverise
Pulvernitrieren *n* powder nitriding
Pulverspritzen *n* powder spraying
Pulverteilchen *n* powder particle
Pulverwalzen *n* direct rolling
Pulverzementieren *n* box carburizing; pack carburizing; powder carburizing
Pumpenhaus *n* pumping house
Pumpenhauswärter *m* pump house attendant
Pumpenschalter *m* pump switch
Pumpmaschine *f* pumping machine
Punktanordnung *f* **(bei Elektroden)** spot arrangement
Punkt *m* **gemeinsamer Kupplung (Lichtbogenofen)** point of common coupling (pcc)
Punktrasterverfahren *n* dotscanning method
Punktschreiber *m* dotted line recorder
Punktschweißen *n* spot welding
Punktschweißmaschine *f* spot welder; spot welding machine
Punktschweißung *f* spot welding
Punktschweißzange *f* spot welding electrode holder
Punktzählverfahren *n* **(Metallographie)** point counting method
Purpurerz *n* bluc billy
putzen burr; trim
Putzen *n* slug
putzen (Blöcke) chip; deseam
putzen (Gußstücke) clean; dress; fettle
Putzer *m* fettler
Putzerei *f* cleaning shop; dressing shop; fettling shop
Putzholz *n* burnishing stick
Putzmaschine *f* boshing machine
Putztrommel *f* tumbler
PVD-Beschichtung *f* PVD-coating
PVD-Beschichtungsanlage *f* PVD coating plant
Pyritabbrand *m* pyrites cinders
Pyrometer *n* pyrometer
pyrometrischer Wirkungsgrad *m* pyrometric efficiency
pyrophorer Gichtstaub *m* pyroforic blast-furnace flue dust
Pyrophorität *f* degree of inflammability

Q

quadratisch square
quadratischer Mittenrauhwert *m* root mean square height (RMS)
quadratisches Mittel *n* quadratic mean
Quadratstahl *m* square bar steel
Quadratwurzel *f* square root
Qualitätsblech *n* high-quality sheet metal; quality sheet metal
Qualitätsdokumentation *f* quality documentation
Qualitätseisen *n* high-grade iron
Qualitätsguß *m* high-grade casting
Qualitätskontrolle *f* quality control
Qualitätsmangement *n* quality management
Qualitätsmerkmal *n* feature; quality characteristic
Qualitätsprüfung *f* quality planning
Qualitätsprüfung *f* **während der Herstellung** quality testing during production

Qualitätssicherung *f* quality assurance; quality management
Qualitätsstahl *m* high-grade steel; quality steel
Qualitätsstelle *f* quality control point
Qualitätsüberwachung *f* quality control; quality inspection
Qualitätswerkstoff *m* high quality material
Qualitätsziel *n* quality aim
Qualm *m* dense smoke; fume; smoke
Quant *n* quantum
Quanten *npl* quanta
quantisieren quantize
quantitativ quantitative
Quartil *n* quartile
Quartogerüst *n* four-high mill; four-high stand
Quarz *m* quartz
Quarzit *m* quartzite
Quarzitfindling *m* boulder of quartzite
Quarzsand *m* silica sand
Quarz-Schamotte-Stein *m* quartz grog brick
quasi-binärer Schnitt *m* quasi-binary section
Quasiisotropie *f* quasiisotropy
Quecksilber *n* mercury
Quecksilber-Volumenometer *n* mercury pressure porosimeter
Quellbinder *m* swelling binder
Quelle *f* source
Querbiegeprobe *f* transverse bend specimen
Querbiegeversuch *m* transverse bending test
Querbruch *m* **(auf Feinblech)** cross break
Querdehnung *f* transverse strain
Querfalte *f* transverse lap
Querfaltversuch *m* cross folding test
Querfließpressen *n* transverse impact extrusion
Quergleiten *n* cross slip
Querhaupt *n* cross head
Querkontraktionszahl *f* poisson ratio
Querkraft *f* radial stress
querkraftfreies Biegen *n* bending without radial force
Querprobe *f* transverse test specimen
Querprobenahme *f* transverse sampling
Querriß *m* transverse crack
Querschlepper *m* skid
Querschliff *m* transverse microsection
Querschneiden *n* cutting to length
Querschnitt *m* cross-section; section
Querschnittsänderung *f* cross sectional change
Querschnittsfläche *f* cross sectional area
Querschnittsverjüngung *f* tapering of the cross section
Querschnittsverminderung *f* necking
Quer-Strangpressen *n* transverse extrusion of rods and tubes
Querteilanlage *f* cut-to-length line
Querträger *m* cross-girder
Querverankerung *f* cross supports
Querwalzen *n* cross rolling; transverse rolling
Querwölber *m* end arch brick
Querzugversuch *m* tensile test across the grain; tensile test across the rolling direction
quetschen squeeze
Quetschgrenze *f* compressive yield point; crushing yield point
quetschnahtgeschweißt mash-seam

welded
Quetschnahtschweißen *n* mash seam welding
Quetschriß *m* **(Strangguß)** pinch roll crack
Quetschung *f* crushing
Quote *f* quota
Quotenauswahl *f* quota sampling
Quotenstichprobe *f* quota sampling

R

Radar-Teufen-Meßeinrichtung *f* radar-aided stock-line measurement
Räderfräsmaschine *f* gear milling machine
Rädergetriebe *n* gear train
Radersatzteil *n* spare part for wheel
Räderuntersetzung *f* gear reduction
Rädervorgelege *n* back gear
Radialbohrkern *m* trepanned core
Radialbohrmaschine *f* radial drilling machine
Radialprobe *f* radial test
Radialschmiedemaschine *f* radial forging machine
Radialschmieden *n* radial forging
Radiator *m* radiator
radioaktiver Zerfall *m* radioactive decay
radioaktives Isotop *n* radioactive isotope
radioaktive Spurenelemente *npl* radioactive tracers
Radioaktivität *f* radioactivity
radiochemische Untersuchung *f* radio-chemical test
Radiographie *f* radiography
Radius *m* radius
Radkörper *m* wheel body
Radkranz *m* gear rim; wheel rim
Radnabe *f* boss; wheel hub
Radreifen *m* tyre; wheel tire; wheel tyre
Radreifenblock *m* tire ingot
Radreifen-Gußblock *m* cheese
Radreifen-Walzwerk *n* tire [rolling] mill
Radsatz *m* wheel set
Radscheibe *f* wheel disc
Radstand *m* wheel base
Raffinerie *f* refinery
raffinieren refine
Rahmen *m* frame
Rahmenblech *n* frame plate
Rahmenprofil *n* cold formed light U-section
Rajacovicz-Auswertung *f* **(Kriechen)** Rajacovicz evaluation (creep)
Rampe *f* wharf
RAM-Speicher *m* main memory
Rand *m* border; case; edge
Randabschreckvorrichtung *f* edge-quenching apparatus
Randblase *f* subcutaneous blow hole
Randeinrollen *n* **durch Drücken** curling by spinning
Rändelknopf *m* knurled knob
rändeln border; knurl
Rändelschraube *f* knurled thumb screw
Randentkohlung *f* skin decarburisation; surface decarburisation; surface decarburization
Randfehler *m* surface defect
Randgängigkeit *f* **(Hochofen)** working up the wall
Randhärten *n* **(nach Aufkohlen)** case refining
Rand *m* **(Kaliber)** collar
Randschicht *f* case; skin

Randschichthärten *n* case hardening; shell hardening; surface hardening
randschichthärtender Stahl *m* surface hardening steel
Randsystem *n* binary edge
Randsystem *n* **(Dreistoffphasen)** bounding system
Randwellen *fpl* **(Bandfehler)** wavy edges
Randwelligkeit *f* **(Band)** edge waviness
Randzone *f* surface zone
Randzone *f* **erstarrte** frozen layer; frozen shell
Rangieranlage *f* shunting siding
rangieren shunt
Rangkorrelation *f* rank correlation
Rangkorrelationskoeffizient *m* rank correlation coefficient
Raseneisenerz *n* bog iron ore; lake iron ore; limonite; meadow ore
Rasenerz *n* bog ore; brown hematite
Rast *f* bosh
Rastegaev-Probe *f* Rastegaev specimen
Raster *n* screen
Rasterabstand *m* grid element spacing
Rasterelektronenmikroskop *n* **(REM)** scanning electron microscope (SEM)
Raster-Tunnelmikroskop *n* **(RTM)** scanning tunneling microscope (STM)
Rasterweite *f* **(Rasterformat)** screen size
Rastform *f* bosh tuyère
Rastkühlplatte *f* bosh cooling plate
Rastlinie *f* arrest line
Rast *f* **mit Stahlpanzer** bosh with steel jacket
Rastwinkel *m* bosh angle
Rattern *n* **(Drahtziehen)** jerky drawing
Ratterwellen *fpl* shatter marks
Ratterwellen *fpl* **(in Schienen)** corrugations
Raubbau *m* rob
Rauch *m* fume; smoke
Rauchabzug *m* flue
Rauchdichtemesser *m* smoke meter
Rauchemission *f* dust emission
Rauchfahne *f* smoke plume; smoke streamer
Rauchfang *m* chimney
Rauchgas *n* flue gas
Rauchkanal *m* flue
rauchlos smokeless
Rauchschaden *m* damage caused by smoke
Rauchschiff *n* converter aisle
Rauheitsmessung *f* roughness measurement
rauhen rag
rauhe Oberfläche *f* **(durch Zunder)** scale-pitted surface
Rauhigkeit *f* roughness
Rauhtiefe *f* depth of roughness
Raumausdehnung *f* volume expansion
Raumbeständigkeit *f* constancy of volume; volume stability
Raumdiagonale *f* cube diagonal
Raumdiagonale *f* **des Würfels** cube diagonal
Raumdichte *f* bulk density
räumen broach
Räumerarm *m* **(Sinterkühler)** plough for removing cooled sinter
Raumerfüllung *f* chip density; density ratio; volume ratio
Raumfahrtindustrie *f* aerospace industry

Raumformfaktor *m* **(Kristall)** three-dimensional shape factor
Raumgetriebe *n* spatial mechanism
Raumgewicht *n* bulk density
Raumgitter *n* space lattice
Rauminhalt *m* capacity; cubic content; volume
Raumkinematik *f* spatial kinematics
räumliche Anordnung *f* **(Metallographie)** spatial arrangement
räumlicher Winkel *m* solid angle
Räummaschine *f* broaching machine
Räumnadel *f* broach
Raumschalldämpfung *f* sound absorption in rooms
Raumtemperatur *f* ambient temperature
raumzentrierter Tetraeder *m* body centered tetrahedron (bct)
Raum *m* **zwischen großer und kleiner Gichtglocke** inter-bell area
Raupe *f* weld-bead removal
Raupenbildung *f* formation of beads
Raupenblech *n* checker[ed] plate
Raupe[nkette] *f* caterpillar
Raupenziehmaschine *f* caterpillar drawing machine
Rauschen *n* background noise; broadband noise
Rauschen *n* **rosa** pink noise
Rauschen *n* **weißes** white noise
Rauspitzen *fpl* asperities
rautenförmig rhomb-shaped
Rautenkaliber *n* diamond pass
Reagenz *n* chemical agent
Reaktanz *f* reactance
Reaktionsfähigkeit *f* reactivity
Reaktionsgeschwindigkeit *f* rate of reaction
reaktionsträge inert; sluggish in reaction
Reaktor *m* pile
Reaktorbaustahl *m* structural steel for reactors
Reaktordruckgefäß *n* reactor pressure vessel
Realzeitbetrieb *m* real time processing
Rechenanlage *f* computer installation
Rechen *m* **für die Kühlwasserleitung** rake for cleaning the cooling water main
Rechenglied *n* computing element
Rechenkühlbett *n* rake type cooling bed
Rechenlocher *m* calculating punch
Rechenmaschine *f* calculating machine; computer
Rechenschaltung *f* set up for calculating machine
Rechenschieber *m* slide-rute
Rechenzentrum *n* computer bureau; computing centre
rechnen compute
Rechner *m* computer
rechnergestützte Betriebsdatenerfassung *f* production data aquisition
rechnergestützte Betriebsleitung *f* production control
rechnergestützte Prozeßleitung *f* process control
rechnergestützte Prozeß- und Anlagenüberwachung *f* process monitoring
Rechnersteuerung *f* computer control
Rechnungsabschluß *m* statement [of accounts]
Rechnungswesen *n* accounting
Rechteckhohlprofil *n* rectangular hollow section
rechteckig rectangular

Rechteckknüppel *m* rectangular billet
Rechtsgewinde *n* right-handed thread
Reckaltern *n* strain ag[e]ing; strain age hardening
Reckalterung *f* strain ag[e]ing; strain hardening
Reckarbeit *f* hammer forging energy
Reckdrücken *n* **(Drückwalzen)** roller spinning
recken draw; draw out; extend; stretch
Recken *n* hammer forging; stretch forming
Recken *n* **von Flachstäben in der Halbzeugfertigung** straightening by stretching
Recken *n* **von Hohlkörpern** hollow forging
Reckgrad *m* ratio of extension; tensile strain
Reckkraft *m* hammer forging force
Reckschmieden *n* hammer forging
Reckschmieden *n* **(Recken)** hammer forging
Reckstauchen *n* gathering by die stretching
Reckwalzen *n* elongation rolling; stretch rolling
Reckwalzen *n* **(Schmiedewalzen)** forge rolling
Redoxpotential *n* redox potential
Reduktion *f* **(Erz)** beneficiation
Reduktion *f* **in der Wirbelschicht** fluid iron ore reduction
Reduktionsgrad *m* reduction ratio
Reduktionskohle *f* reducing carbon
Reduktionsmittel *n* reducing agent; reducing medium
Reduktionsschöpfung *f* end reduction degree; melting start reduction degree
Reduktionsschritt *m* reduction step
Reduktionszone *f* smelting section
Reduktion *f* **von Draht mit Hammermaschinen** rotary hammer swaging
Reduzierbarkeit *f* reducibility
reduzieren reduce
Reduzieren *n* **(Tiefziehen)** closing-in; reducing
Reduziergesenk *n* reducing die
Reduziermatritze *f* reducing die
Reduzierwalzwerk *n* sinking mill
Referat *n* review
Reflexionsvermögen *n* reflectivity
Reformer *m* reformer
Regal *n* shelf
Regelabweichung *f* deviation
Regelanlage *f* control equipment
Regelantrieb *m* regulating drive
regelbarer Brenner *m* adjustible burner
regelbarer Gleichstrommotor *m* adjustable speed direct current motor
Regelbereich *m* range of adjustment
Regeleinrichtung *f* control system; controlling means
Regelgröße *f* controlled condition; controlled variable
Regelkreis *m* automatic control loop; control system
regellos random
regeln adjust; check; control; regulate
Regeln *n* control
regelnder Brenner *m* conditioning burner
Regelschieber *m* governor slide valve
Regelstrecke *f* controlled system
Regelumspanner *m* regulating

voltage transformer
Regelung *f* adjustment; arrangement; check; control
Regelung *f* **mit Rückführung** feedback control system
Regelverhalten *n* automatic controller action
Regelwiderstand *m* regulating resistance
Regenerativbrenner *m* regenerative burner
Regenerativfeuerung *f* regenerative furnace
Regenerativ-Flammofen *m* regenerative reverberatory furnace
Regenerator *m* regenerator
Regenerieranlage *f* **zum Regenerieren der Waschmedien** recovery plant for recovering the scrubbing agents
regenerieren regenerate
Regenerierungsanlage *f* regeneration plant
Register *n* damper
Regler *m* automatic controller; controller
Reglereingriff *m* corrective action
Regler *m* **mit Hilfsenergie** relay-operated controler
Regler *m* **ohne Hilfsenergie** self-operated controller
Regulierhahn *m* regulating cock
Reibahle *f* broach
Reibelement *n* friction element
reiben ream; rub
Reibkegel-Theorie *f* friction hill theory
Reibkorrosion *f* fretting corrosion
Reibscheibe *f* friction disc
Reibschweißen *n* friction welding
Reibung *f* friction
Reibungsarbeit *f* frictional work
Reibungsbeiwert *m* coefficient of friction
Reibungsfaktor *m* friction factor; frictional shear factor; shear factor
Reibungsfaktormodell *n* friction factor model
Reibungsfläche *f* rubbing surface
Reibungsgesetz *n* friction law
Reibungskoeffizient *m* coefficient of friction; friction coefficient
Reibungskraft *f* frictional force
Reibungsleistung *f* friction power
Reibungsmoment *m* friction torque; frictional moment
Reibungsschubspannung *f* friction shear stress
Reibungswärme *f* frictional heat
Reibungswinkel *m* friction angle
Reibungszahl *f* friction coefficient
Reibungszustand *m* frictional state
Reibung *f*, **trockene** boundary friction; dry friction
Reibwerkstoff *m* friction material (powder met.)
Reibwinkel *m* angle of friction
reichhaltiges Erz *n* high grade ore; rich ore
Reichweite *f* range; reach
Reifencorddraht *m* tyre cord wire
Reihe *f* array; series; tier
Reihenentwicklung *f* **(math.)** series expansion (math.)
Reihenherstellung *f* duplicate production; multiple production
Reihenpunktschweißen *n* straight line spot welding
rein neat; straight
Reindichte *f* absolute density (powder met.); particle true density
Reineisen *n* Armco iron; pure iron
Reinergebnis *n* net result
reiner Stoff *m* pure substance

Reinhaltung *f* **(Luft)** pollution abatement
Reinheit *f* purity
Reinheitsgrad *m* cleanliness; cleanness; degree of purity
reinigen purify; wash
Reinigung *f* clarification; purification
Reinigungsmaschine *f* boshing machine
Reinigungsmittel *n* detergent
Reinraumgerät *n* air conditioning for clean room conditions
Reinsteisen *n* high-purity iron
Reisezeit *f* **(eines Blockes)** track time
Reißbrett *n* draught ga[u]ge
reißen draw
Reißfestigkeit *f* fracture strength; tearing resistance; true tensile stress
Reißgeschwindigkeit *f* cracking rate
Reißkegelbildung *f* **(bei Draht)** cupping
Reißspan *m* discontinuous chip; tearing chip
Rekaleszenz *f* recalescence
Reklamation *f* complaint
Rekristallisation *f* recrystallisation
Rekristallisation *f*, **dynamische** dynamic recristallisation
Rekristallisationsglühen *n* process annealing; recrystallisation annealing; recrystallization
Rekristallisationsglühen *n* **(in der Haube)** batch annealing
Rekristallisationsglühen *n* **(von Blechen)** box annealing
Rekristallisation *f*, **statische** static recrystallisation
Rekuperator *m* recuperator
Rekuperatorbrenner *m* recuperator burner
relative Atommasse *f* relative atomic mass
relative Feuchtigkeit *f* relative humidity
relative Molekülmasse *f* relative molecular mass
relative Standardabweichung *f* relative standard deviation
Relaxation *f* relaxation
Relaxationsriß *m* relaxation crack
Relaxationsverhalten *n* relaxation behaviour
Relaxationsversuch *m* relaxation test
Relaxationszeit *f* relaxation time
Relingstahl *m* bulwark rail section steel
Remanenz *f* remanence; residual magnetism
Rennofen *m* bloomery hearth furnace
Rennverfahren *n* direct process for the production of wrought iron
Rentenanwartschaft *f* retirement pension expectancy
Reoxidation *f* reoxidation
Reparaturbetrieb *m* repair shop
Reparaturmasse *f* repair compound
Reparatur-Schweißung *f* repair welding
Reparatur *f* **von Rissen und Gravuren** repair of cracks and engravings
Resonanzverfahren *n* resonance method
Restaustenit *m* residual austenite; retained austenite
Restblock *m* butt ingot
Restbruch *m* residual fracture
Restbruchfläche *f* residual fracture surface

Restendentreiber *m* tail-end pinch roll set
Restentleerung *f* full discharge
Restfederweg *m* residual spring excursion
Restfeuchtigkeit *f* residual moisture
Restgas *n* **(Kohleveredlung)** residual gas
Restkalk *m* residual lime
Restlänge *f* short length
Restsauerstoff *m* residual oxygen
Restsäure *f* **(beim Schmieren)** carry-over acid
Restspannung *f* residual stress
Reststoffe *mpl* recyclings
Restwert *m* residual
retardierter Ausgang *m* postponed output
Retorte *f* retort
Retortenkohle *f* gas retort carbon
Retuschieren *n* touch-up
Reversiergerüst *n* reversing mill; reversing stand
Revier *n* country
Revision *f* audit
Revisor *m* auditor
Revolverdrehbank *f* turret lathe
Rezipient *m* container
reziprokes Gitter *n* reciprocal lattice
Rheologie *f* rheology
Rheostat *m* rheostat
rhombisches Gitter *n* rhombic lattice
richten level; straighten
Richten *n* straightening
richten (Blech) level
Richten *n* **(Bleche)** levelling
richten (Rohr) reel
Richten *n* **von Hand** hand setting
Richtkosten *pl* predetermined standard rates
Richtmaschine *f* straightening machine
Richtmaschine *f* **(Bleche)** levelling machine
Richtmaschine *f* **(Feinblech)** stretcher leveller
Richtplatte *f* straightening plate
Richtpresse *f* gag press; straightening press
Richtrolle *f* bending roll; mangle roll; straightening roll
Richtrolle *f* **(Band)** levelling roll
Richtrolle *f* **fliegend angeordnet** cantilever straightening roll; overhung straightening roll
Richtrollenaggregat *n* flattener; levelling unit
Richtrollentraverse *f* levelling roll cross-beam
Richtsegment *n* straightening segment
Richt- und Istlinien *fpl* estimated and actual curves (X-rays)
Richtung *f* direction
Richtungsabhängigkeit *f* directionality
Richtungssinn *m* sense
Richtwalze *f* straightening roll
Richtwert *m* standard value
Richtwirkung *f* directivity factor
Riefe *f* groove; scratch
Riefenbildung *f* scoring
Riefenwinkel *m* drag angle
Riegel *m* latch
Riemen *m* belt
Riemenklammer *f* belt fastener
Riemenscheibe *f* pulley
Riemenwickler *m* **(bei Bandwickelvorrichtung)** belt wrapper
Rieselkühlung *f* spray cooling
Riffel *m* groove
Riffelblech *n* channeled plate; checkered plate

Riffelblock *m* corrugated ingot; fluted ingot
Riffelschiene *f* roaring rails
Riffelstahl *m* riffler tool steel; steel for fluting tool
Riffelwalze *f* corrugated roll
Rille *f* gouge; groove
Rillenherd-Durchstoßofen *m* **zum Wärmen von Rundmaterialien** continuous furnace with grid hearth for annealing of round stock
Rillenrohr *n* grooved tube
Rillenschiene *f* girder rail; grooved rail; tram[way] rail
Ring *m* coil; collar; link
Ringaufdornversuch *m* ring expanding test
Ringbildung *f* **(Drahtziehen)** ringing
Ringdurchziehofen *m* roller hearth furnace for coils
Ringfaltversuch *m* flattening test on tubes
Ringkolbenzähler *m* rotary piston meter
Ringleitung *f* **(Wind)** bustle pipe
Ringleitung *f* **zum Abziehen der Ofengase** bustle pipe
Ring *m*, **nahtlos gewalzt** seamless ring
Ringrohlingpresse *f* ring blank press
Ringschmierlager *n* ring oilbearing
Ringstauchversuch *m* ring compression test
Ringuntersuchung *f* round robin test
Ringversuchsprogramm *n* round robin program
Ringwaage *f* ring balance
Ringwalzen *n* ring rolling
Ringwalzmaschine *f* ring rolling machine
Rinne *f* channel; duct; gutter; trench
rinnen run
Rinneneisen *n* gutter sections; trough sections
Rinnenschutt *m* trough rubbish
Rinnen- und Stichlochmasse *f* runner- and taphole lining
Rinnenwender *m* tundish tilter
Rippe *f* rib
Rippenbetonstahl *m* ribbed rebars
Rippengewölbe *n* ribbed roof
rippenloses Gewölbe *n* plane roof
Rippenplatte *f* ribbed sole plate
Rippenrohr *n* finned tube; gilled tube; ribbed pipe
Rippenscharen *fpl* compound ribs
Rippentorstahl *m* ribbed reinforcing bars
Riß *m* break; burst; crack; flaw
Rißauffangen *n* crack arrest
Rißauffangtemperatur *f* crack arrest temperature
Rißauffangversuch *m* crack arresting test
Rißaufweitung *f* crack expansion; crack opening; crack tip opening displacement (CTOD)
Rißausbreitung *f* crack extension; crack propagation
Rißausbreitungsgeschwindigkeit *f* crack growth velocity
Rißausgang *m* origination of the crack
Rißausläufer *m* edge of a crack
Rißauslösung *f* crack initiation
Riß *m* **bei niedriger Energie** low-energy tear
Riß *m* **betriebsbedingter** service-induced crack
Rißbildung *f* crack initiation; cracking; fissuring; tearing
Rißbildung *f* **bei Wiedererwärmung** reheat cracking

Riß *m* **durch interkristalline Korrosion** crack by intergranular corrosion
Riß *m* **durch Schwingungsrißkorrosion** crack by corrosion fatigue
Riß *m* **durch Spannungskorrosion** crack by stress corrosion
Riß *m* **durch wasserstoffinduzierte Spannungsrißkorrosion** crack by hydrogen-induced stress corrosion
Rißempfindlichkeit *f* crack sensitivity
Rißentstehung *f* crack initiation; crack nucleation
Rißfestigkeit *f* fracture strength
Rißfläche *f* crack area
Rißflanke *f* crack edge
Rißfortschrittsversuch *m* crack propagation test
Rißfront *f* crack front
rißgeprüfter Lieferzustand *m* tested for cracks in the „as delivered" condition
rissig cracky; seamy
rissige Kanten *fpl* broken corners; checked edges; cracked edges
rissig werden burst
Rißinitiierung *f* crack initiation
Rißinitiierungstemperatur *f* crack initiation temperature
Riß *m* **in Schweißverbindungen** cracks in welded joints
Rißkenngröße *f* crack parameter
Rißkenngröße *f* **nach Ito** Ito´s crack parameter
Riß *m* **korrosionsbedingter** crack caused by corrosion
Rißlänge *f* crack length
Riß *m* **mechanisch bedingter** crack caused by mechanical load; mechanically-induced crack
Rißmuster *n* crack pattern
Rißneigung *f* tendency to cracking
Rißöffnung *f* crack opening
Rißprüfer *m* crack detector; flaw detector
Rißprüfgerät *n* flaw detector
Rißprüfung *f* flaw detection
Rißspitze *f* crack tip; tip of the crack
Rißspitzenabstumpfung *f* crack-tip blunting
Rißspitzenöffnungswinkel *m* crack tip opening angle
Rißtiefe *f* crack depth
Riß *m* **verarbeitungsbedingter** manufacturing-induced crack
Rißverlauf *m* crack configuration
Rißverzweigung *f* crack branching
Rißwachstum *n* crack propagation
Rißwachstumsberechnung *f* crack propagation calculation
Rißwachstumsgeschwindigkeit *f* rate of crack propagation
Riß *m* **wasserstoffbedingter** hydrogen-induced crack
Riß *m* **wasserstoffinduzierter** hydrogen-induced crack
Rißzähigkeit *f* fracture toughness
Ritzel *n* pinion; trunnion
Ritzer *m* scratch
Ritzhärte *f* abrasive hardness; scratch hardness
Ritzhärteprüfung *f* abrasive hardness test; surface scratching test
Rockwell-Härteprüfung *f* Rockwell hardness test
roh coarse; crude
Rohblock *m* ingot
Rohbramme *f* slab ingot
Rohbramme *f* **(der gegossene Rohstahlblock)** ingot
Roheisen-Abstichrinne *f* iron runner
Roheisenabstich *m* **(Roheisenabfluß)** crude iron runout; pig iron runout

Roheisenbehälter *m* jumbo
Roheisenbehälter *m* **auf Roheisentransportwagen** jumbo
Roheisen-Entschwefelungsanlage *f* hot-metal desulphurization plant
Roheisenerzeugung *f* iron making
Roheisenerzeugungsanlage *f* iron-making plant
Roheisen-Erz-Verfahren *n* pig and ore process; pig iron ore process
Roheisen *n* **festes** pig iron
Roheisen *n* **flüssiges** hot metal
Roheisen *n* **für basischen Siemens-Martin-Ofenbetrieb** basic pig iron
Roheisengießmaschine *f* pig casting machine
Roheisen-Masselgießmaschine *f* pig-casting machine
Roheisenmischer *m* hot metal mixer; pig iron mixer
Roheisenpfanne *f* hot metal ladle; pig iron ladle
Roheisenpfanne *f* **mit Obenentleerung** top-pouring pig iron ladle
Roheisenpfannenwagen *m* hot-metal ladle car
Roheisen-Schrott-Verfahren *n* pig iron scrap process
Roheisensorte *f* pig iron grade
Roheisentransportwagen *m* pig iron ladle car
Roheisenübergabewagen *m* hot metal transfer car
Roheisen *n* **weiß erstarrendes** white pig iron
Roherz *n* crude ore
Roherzeugnis *n* primary product
Rohformen *n* blanking
Rohgang *m* cold working
Rohgasabzug *m* crude gas off-take
Rohgewicht *n* gross weight
Rohkaolin *n* china clay
Rohling *m* blank; slug; stock; tube blank
Rohmaß *n* base size
Rohöl *n* petroleum
Rohölverarbeitungsbetrieb *m* crude oil processing plant
Rohphenolbehälter *m* crude phenol tank
Rohr *n* pipe; tube
Rohrabstechbank *f* tube cutting-off bench
Rohrabzweigstück *n* pipe branch
Rohranspitzmaschine *f* tube pointing machine
Rohraufweitepresse *f* tube broaching press; tube expanding press
Rohraufweiter *m* expander for pipes
Rohrbeschriftungseinrichtung *f* tube marking device
Rohrbiegemaschine *f* tube bending machine
Rohrbiegen *n* tube bending
Rohrbogen *m* tube bend
Rohrbündel *n* bank of tubes; tube stack
Rohrdurchlaufofen *m* continuous furnace for tubes
Röhre *f* duct; tube
Röhrenblech *n* tube plate
Rohrenden-Kalibrier- und Stauchpresse *f* tube-end sizing and upsetting press
röhrenförmiger zweigeteilter Nietedraht *m* tubular bifurcated rivet wire
Röhrenknüppel *m* tube billet
Röhrenmaterial *n* tube material
Röhrenmodell *n* tube model
Röhrenradiator *m* tube radiator
Röhrenrekuperator *m* tubular recuperator
Röhrenrundstahl *m* tube rounds

Röhrenstreifen *m* skelp; tube strip
Röhrenstreifen-Walzwerk *n* skelp [rolling] mill; tube strip rolling mill
Rohrentgrateinrichtung *f* tube deburring device
Rohrentgratmaschine *f* tube deburring machine
Röhren-Walzwerk *n* tube rolling mill
Rohrerzeugnis *n* tubular product
Rohrflansch *m* pipe socket
rohrförmig tubular
Rohr *n* **für Konstruktionszwecke** mechanical tube; structural tube
Rohrknüppelbohrmaschine *f* billet drilling machine
Rohrkokille *f* tubular mo[u]ld
Rohrkonsole *f* pipe support
Rohrkrümmer *m* pipe bend; pipe elbow
Rohrkühler *m* tube cooler
Rohrleitung *f* conduit; duct; pipeline
Rohrleitungsarmatur *f* pipeline fitting
Rohrleitungsbau *m* pipeline construction
Rohrleitungsbrücke *f* pipe bridge
Rohrleitungsheizeinrichtung *f* pipline tracer heating system
Rohrleitungskanal *m* pipe tunnel
Rohrleitungskupplung *f* pipe coupling
Rohrleitungsplan *m* pipe routing drawing; pipework drawing
Rohrleitungssymbol *n* pipe line symbol
Rohrleitungsteil *n* piping component
Rohrluppe *f* tube blank
Rohr *n* **mit geringer Festigkeit** low tensile steel tube
Rohr *n* **mit offener Naht** open joint tube
Rohrmuffe *f* pipe sleeve; pipe socket; pipe union
Rohrnippel *m* pipe nipple
Rohrofen *m* tube furnace
Rohr *n*, **plattiert** cladded tube
Rohrpresse *f* extrusion press for tubes
Rohrprüfanlage *f* tube testing installation
Rohrreduzierwalzwerk *n* pipe reducing [rolling] mill
Rohrrohling *m* tube round; tube square
Rohrsägeanlage *f* tube sawing installation
Rohrschlange *f* coil; pipe coil
Rohrschleifmaschine *f* tube grinder
Rohrschweißanlage *f* tube welding installation; tube welding plant
Rohrstopfenzug *m* tube drawing with a plug
Rohrstoßbank *f* tube-piercing bench
Rohrstrang *m* run of piping
Rohrstreifen *m* **in Kalibern gewalzt** grooved skelp
Rohrstreifen-Vorwalzwerk *n* skelp roughing mill
Rohr- und Aufweitewalzwerk *n* tube and becking mill
Rohrverbinder *m* pipe connection
Rohrverseilmaschine *f* tubular strander
Rohrwalzstraße *f* pipe rolling mill
Rohrwalzwerk *n* pipe [rolling] mill; tube [rolling] mill
Rohrwandsegment *n* radiant wall segment
Rohrwickelmasse *f* pipe wrapping compound
Rohrziehbank *f* tube drawing bench; tube sinking bench
Rohrziehen *n* tube drawing; tube sinking; tubing

Rohrziehen *n* **(kalt)** sinking
Rohrziehen *n* **(warm)** hot drawing
Rohrziehmaschine *f* tube drawing machine
Rohschiene *f* mill bar; muck bar
Rohstahl *m* crude steel
Rohstahlblock *m* steel ingot
Rohstahlerzeugung *f* ingot tons
Rohstahlgewicht (RSG) *n* crude steel weight (CSW)
Rohstahlproduktion *f* crude steel production
Rohstoff *m* raw material
Rohstoffe *mpl* raw materials
Rohstoffquelle *f* raw material source
Rohstoffversorgung *f* raw material supply
Rohteerbehälter *m* crude tar tank
Rohvolumen *n* bulk volume
Rollbahn *f* gravity [roller] conveyor
Rollbiegen *n* curling
Rollbiegen *n* **(Blechumformen)** curling; edge rolling
Rolle *f* sheave
Rolle *f* **(Band oder Draht)** coil
Rolle *f* **mit Zufallsgewicht** catch-weight coil
rollen roll
Rollenachslager *n* roller bearing axle box
Rollenbandbreite *f* wheel strip width
rollender Verschleiß *m* rolling wear
rollendes Material *n* rolling stock
Rollenförderer *m* roller-conveyor
Rollenherddurchlaufofen *m* continuous roller-hearth furnace
Rollenherd-Durchlaufofen *m* continuous roller-hearth annealing furnace
Rollenherd-Kammerofen *m* roller hearth chamber furnace
Rollenherdofen *m* roller hearth furnace; roller-conveyor furnace
Rollenherd- und Hubbalkenofen *m* roller hearth and walking beam furnace
Rollenkette *f* roller chain
Rollenkühlbett *n* roller cooling bank; roller cooling bed
Rollenlager *n* roller bearing
Rollennahtschweißen *n* roller seam welding
Rollen *n* **(Reckstauchen)** gathering
Rollenrichtapparat *m* roller straightener
Rollenrichten *n* roller flattening
Rollenrichtmaschine *f* roller leveller; roller levelling machine
Rollenscherenmesser *n* rotary shear blade
Rollformen *n* rollforming
Rollgang *m* roller table
Rollgang *m* **angetriebener** life roller table
Rollgang *m* **hinter der Walze** back mill [roller] table
Rollgang *m* **nicht angetriebener** idle roller table
Rollgangsrahmen *m* roller rack
Rollgangsrolle *f* roll for roller tables
Rollgang *m* **vor der Walze** front mill [roller] table
Rollgeld *n* cartage
Rollknicke *mpl* **(Bandfehler)** coil breaks
Rollkugel *f* tracker ball
Rollmischer *m* barrel-shaped mixer
Rollofen *m* roller hearth furnace; roll-over type furnace
Rollreibung *f* roll friction
Rommelfaß *n* shaking barrel; tumbler; tumbling barrel
Rommeln *n* tumbling
Ronde *f* circular blank; round blank

Rondenschneiden *n* circling
Röntgenanalyse *f* X-ray analysis
Röntgenbeugungsdiagramm *n* X-ray diffraction pattern
Röntgenfluoreszenzanalyse *f* **(RFA)** X-ray fluorescence analysis
Rönrgeninterferenz *f* X-ray interference
Röntgenographie *f* radiography
röntgenographische Untersuchung *f* X-ray investigation
Röntgenprüfeinrichtung *f* X-ray testing apparatus
Röntgenrasterbild *n* X-ray scan picture
Röntgenröhre *f* target tube
Röntgenstrahlenmeßgerät *n* X-ray radiometer
Röntgenstrahlenprüfung *f* X-ray testing
Röntgenuntersuchung *f* radiographic test; X-ray examination
Rost *m* grid; rust
Röstanlage *f* roasting plant
Röstanlage *f* **für Erze** ore roasting plant
Rostbelag *m* **(Sinter)** bedding layer
Rostbeschicker *m* underfeed stoker
rostbeständig corrosion resistant; rust resistant; stainless
rosten corrode
rösten calcine; roast
Rösten *n* **der Erze** calcining of ores; roasting of ores
Rösterz *n* calcined ore
Rostfeuerung *f* grate hoarth
rostfrei stainless
rostfreier Stahl *m* stainless steel
Rost *m* **(Kessel)** grate
Rostnarbe *f* corrosion pit
Röstofen *m* calcining kiln; roasting kiln; stack kiln
Rostschutzfarbe *f* anti-corrosion paint
Rostschutzmittel *n* agent for protection against corrosion
Rostspat *m* roasted spathic carbonate; roasted spathic iron ore
Roststab *m* brate-bar
Röstung *f* calcination
Röstwagen *m* pallet
Rotationsvermögen *n* rotatory capacity
Rotbruch *m* red shortness
Rotbrüchigkeit *f* red shortness
Rotbrüchigkeit *f* **von Automatenstahl** red shortness of free-cutting steel
Roteisenstein *m* kidney ore
Rotglut *f* red heat
Rotguß *m* red brass
Rotgußlager *n* red brass bearing
rotierende Schere *f* rotary shears
Rotor *m* rotor
Rotschlamm *m* red mud
RS-Kippglied *n* RS bistable element
Rückansicht *f* rear view
Rückbiegeversuch *m* alternating bending test
Rückbiegeversuch *m* **(Betonstahl)** rebend test (reinforcing steel)
Rückbildung *f* **einer kristallographischen Phase** reconstitution
Rückdehnung *f* elastic recovery
Rückfederung *f* elastic recovery
Rückfederungsdehnung *f* elastic recovery
rückführen return
Rückführung *f* feedback (automatic control)
Rückgang *m* decrease; return stroke; return travel
rückgewinnen reclaim; recover
Rückgewinnung *f* reclamation; recovery; recuperation

Rückgewinnung *f* **von Beizsäure** pickling acid regeneration
Rückgut *n* oversize; return material; return[ed] fines; returns
Rückgutband *n* return fines conveyor
rückkohlen recarburise
Rückkohlmittel *n* recarburising agent
Rückkohlung *f* recarburisation
Rückkühlanlage *f* recooling plant
Rücklauf *m* return stroke; return travel
rückläufig retrograde
Rücklaufschrott *m* arising interplant scrap; circulating scrap; mill scrap; revert scrap
Rückmeldevariable *f* input variable
Rückoxidation *f* reoxidation
Rückphosphorung *f* rephosphorisation
Rückprallhärteprüfung *f* rebound hardness test
rückschlagsicher (Düsenmischbrenner) blow-back proof
Rückschlagventil *n* back pressure valve; non-return valve; retaining valve
Rückseitenlack *m* backing coat
Rücksprunghärte *f* scleroscope hardness
Rücksprunghärteprüfung *f* scleroscope hardness test; Shore scleroscope hardness test
Rückstand *m* **(Aufbereitung)** oversize product
Rückstände *mpl* tailings
Rückstau *m* backward slip [rolling]
Rückstellkraft *f* restoring force
Rückstich *m* return pass
Rückstrahlaufnahme *f* diffraction pattern
Rückstrahlung *f* **(Röntgen)** back reflection
Rückstreuelektronenbild *n* backscatter electron image
Rückumwandlung *f* retransformation
Rückwand *f* back wall
Rückwandecho *n* bottom echo
Rückwand-Widerlager *n* back wall skew back
Rückwärtsfließpressen *n* backward extrusion; indirect impact extrusion
Rückwärts-Strangpressen *n* indirect extrusion of rods and tubes
Rückzug *m* back tension
ruhende Belastung *f* static load
ruhende Konten *npl* inactive accounts
Ruhepotential *n* equilibrium rest potential
rühren churn; stir
Rühren *n* stirring
Rühren *n*, **induktives** electromagnetic stirring; induction stirring
Rühren *n*, **induktives, beim Stranggießen** electromagnetic stirring during continuous casting
Rührer *m* **elektromagnetisch** electromagnetic stirrer
Rührgas *n* stirring gas
Rührgerät *n* agitating apparatus; stirring gear
Rührquirl *m* agitator
Rührspule *f* stirring coil
Rührversuch *m* stirring test (corrosion)
Rumpfverteilung *f* truncated frequency distribution
Rundbiegen *n* circular bending
Runddraht *m* wire rod
Rundeisen *n* round bar
Runden *n* circular form bending
Rundformpresse *f* **(O-Presse)** O-press installation

Rundfrage *f* survey
Rundheit *f* roundness
rundkantiger U-Stahl *m* normal U sections
Rundkerbprobe *f* test piece with a U notch
Rundkneten *n* rotary swaging (for reducing bars or tubes); round kneading
Rundkneten *n* **im Einstechverfahren** rotary swaging by the infeed method
Rundkneten *n* **im Vorschubverfahren** rotary swaging by the high-feed method
rundliches Pulver *n* spheroidal powder
Rundmischer *m* circular mixer
Rundnahtschweißen *n* circular seam welding; circumferential welding; orbital welding
Rundschleifen *n* cylindrical grinding
Rundstahlkette *f* round link chain
Rundstranggießanlage *f* round caster
Rund- und Verteilgesenk *n* edger; roller
Rundungsfehler *m* trunctional error
Rungenstahl *m* stanchion steel
Ruß *m* carbon black; soot
Rüssel *m* tuyère snout
Rüssel *m* **eines Düsenstockes** blow pipe
rußhaltig sooty
Rüstzeit *f* **bei Arbeitsbeginn** start-up time
Rüstzeit *f* **nach Arbeitsschluß** shut-down time
Rüstzeit *f* **(zum Einrichten)** set-up time
Rutschbahn *f* gravity [roller] conveyor
Rutsche *f* chute; gravity chute
rutschen glide; slide; slip
Rutschkupplung *f* safety-friction clutch; slipping clutch
Rutschstelle *f* spreader mark (surface defect); tree (surface defect)
Rüttelformmaschine *f* jar-ram moulding machine; jolt moulding machine; jolter
Rüttelgerät *n* vibrating apparatus
rütteln jar; jolt; shake
Rüttelsieb *n* jigging screen; vibrating screen; vibrating sieve
Rüttler *m* vibrator
r-Wert *m* r-value

S

Säbel *m* **(Bandwalzen)** strip sabre
Sachkundiger *m* expert
Sack *m* bag
sacken sag
Sackfilter *m* bag filter
Sackloch *n* blind hole; bottom hole
Säge *f* saw
Sägeblatthalter *m* blade holder
Sägeblatt-Schärfmaschine *f* saw blade sharpening machine
Sägemaschine *f* sawing machine
sägen saw
Sägen *n* saw cutting
Sägenstahl *m* saw steel
Sägespäne *mpl* saw dust
Salpetersäure *f* nitric acid
Salzbadaufkohlen *n* salt bath carburizing
Salzbadcarbonitrieren *n* cyaniding
Salzbadhärten *n* salt bath hardening
Salzbadhärtung *f* salt bath hardening
Salzbadnitrieren *n* salt bath nitriding

Salzbadofen *m* salt bath furnace
Salzbadpatentieren *n* salt bath patenting
Salzlösung *f* brine
Salzsäure *f* hydrochloric acid; muriatic acid
Salzsprühtest *m* salt spray test
Salzsprühversuch *m* salt spray test
Sammelbehälter *m* storage tank
Sammelkreuz *n* four arm capstan (for holding rod coils)
Sammelleitung *f* collecting main
Sammelrekristallisation *f* recrystallisation combined with grain growth
Sammelschiene *f* bus bar
Sammelschiene *f* **(elektr.)** common bus arrangement
Sammelschrott *m* collected scrap; trade scrap
Sandabdichtung *f* sand seal
Sandeinschluß *m* sand inclusion
Sanden *n* grit blasting
Sandformmaschine *f* sand molding machine
Sandhaken *m* gagger
Sandhaltestift *m* dabber
Sandpapier *n* emery paper
Sandputzerei *f* sand blast cleaning shop
Sandputzmaschine *f* sand blasting machine
Sandstein *m* sandstone
Sandstelle *f* sand [mark] (surface defect); silicate area
Sandstelle *f* **(Gußfehler)** scab
Sandstrahleinrichtung *f* sand blast apparatus
sandstrahlen sand blast
Sandstrahlgebläse-Arbeit *f* sand blasting work
Sattdampf *m* saturated steam; saturated vapour
Sattel *m* **(für Schmiededorn)** saddle
Sattelsegment *n* saddle segment
sättigen saturate
Sättiger *m* **(LD-Gasreinigung)** saturator
Sättigung *f* saturation
Sättigungsaktivierung *f* saturation activation
Sättigungsaktivität *f* saturated activity
Sättigungsdichte *f* saturation density
Sättigungsdruck *m* saturation pressure
sättigungsfähig saturable
Sättigungsgrad *m* **(Magnetisieren)** saturation intensity
Sättigungsgrenze *f* saturation limit
Sättigungskonzentration *f* saturation concentration
Sättigungslinie *f* saturation line
Sättigungsmagnetisierung *f* saturation magnetisation
Sättigungspolarisierung *f* saturation polarization
Sättigungspunkt *m* saturation point
Sättigungsstufe *f* saturation degree
Sättigungstemperatur *f* saturation temperature
Sättigungszustand *m* saturation; saturation state
Satz *m* batch
satzweises Beschicken *n* batch charging; charging by batches
satzweise Wärmebehandlung *f* batch heat treatment
sauber neat
säubern skim
sauer acid
Sauerstoff *m* oxygen
Sauerstoffabbau *m* oxygen removal

sauerstoffangereicherte Luft *f* oxygen-enriched blast
sauerstoffangereicherter Wind *m* oxygen enriched air blast
Sauerstoffaufblasstahlwerk *n* basic oxygen steel plant
Sauerstoff[auf]blasverfahren *n* basic oxygen steelmaking process; oxygen-lancing process
Sauerstoffblasen *n* oxygen blowing
Sauerstoffblaslanze *f* oxygen lance
Sauerstoffblasstahl *m* basic oxygen steel; oxygen steel
Sauerstoff-Blasstahlwerk *n* oxygen converter steel plant
Sauerstoffblasverfahren *n* oxygen steelmaking process
Sauerstoff-Brennstoff-Brenner *m* oxy fuel burner
Sauerstoffdüse *f* oxygen nozzle
Sauerstoffeinlagerung *f* **in Stahl** oxide inclusion in steel
Sauerstofffrischen *n* oxygen refining
Sauerstoffgewinnungsanlage *f* oxygen production plant; tonnage oxygen plant
Sauerstoffgewölbelanze *f* oxygen roof lance
Sauerstoffkonverter *m* **mit kombinierter Blastechnik** combined [top-bottom] blowing converter
Sauerstofflanze *f* oxygen lance
Sauerstofflanzenausrüstung *f* oxygen lance equipment
Sauerstoffmenge *f* **aufgeblasene** top-blown oxygen content
Sauerstoffmeßsonde *f* oxygen probe; oxygen sensor
Sauerstoffpulverlanze *f* oxygen powder lance
Sauerstoffschlauch *m* hose for oxygen
Sauerstoffstahl *m* oxygen refined steel
Sauerstoffträger *m* oxygen carrier
Saugfläche *f* **(Sinter)** suction area
Saughaube *f* suction hood
Saugkasten *m* **(Sinter)** wind box
Saugkopf *m* suction basket
Saugzug *m* down draft; induced draught
Saugzuganlage *f* exhauster; induced draft installation
Saugzugsinterung *f* down draft sintering
Säule *f* column
Säulenchromatographie *f* column type chromatography
Säulenführungsgestell *n* **(Feinstanzen)** die set
Säulenstrukturzone *f* columnar crystal zone
Saum *m* border; edge; selvage
säumen border
Saum *m* **(ungeschweißter)** seam
Säure *f* acid
säurebeständig acid proof; acid resistant; acid resisting
säurebeständiger Guß *m* acid resisting castings
säurebeständiger Stahl *m* acid resisting steel
Säurebeständigkeit *f* acid resistance
säurefest acid proof; acid resistant
säurefeste Auskleidung *f* acid proof lining
säurefestes Metall *n* acid proof metal
Säuregrad *m* acid value; effective acid
Säurekitt *m* acid resisting cement
saurer (Siemens-Martin-) Stahl *m* acid steel

saure Schlackenführung *f* acid slag practice; working with an acid slag
Säureschutz *m* acid protection
Säureschutzmittel *n* anti acid protective
saures Futter *n* acid lining
saures Verfahren *n* acid process
säure- und laugenbeständiger Kitt *m* acid and lye resisting cement
säure- und laugenbeständiger Stein *m* acid and lye resisting brick
Säurewert *m* pH-value
Säurezahl *f* acid number
saure Zustellung *f* acid lining
schaben scrape
Schablone *f* template
Schablonenformerei *f* strickle moulding; template moulding
Schablonenschleifen *n* form grinding
Schabloniermasse *f* strickle moulding mixture
Schabotte *f* anvil block
schachbrettartig verlaufende Spannungen *fpl* tessellated stresses
Schacht *m* shaft; stack; well
Schachtausbau *m* casing
Schachtdurchmesser *m* stack diameter
Schachtkühlbalken *m* **(Hochofen)** stack cooling plate
Schachtkühlplatte *f* stack cooling plate
Schachtmauerwerk *n* inwall; stack lining
Schachtofen *m* shaft furnace
Schadensverhütung *f* damage precaution; safety precaution
Schadgasemission *f* fume emission
schädigend deteriorating
schädlich deteriorating
Schadstoffe *mpl* contaminants (air pollution)
Schaffplatte *f* fore plate
Schaft *m* shank
Schaftschraube *f* grub screw; shank threaded screw
Schale *f* cup; fish plate; scab; tray
schälen piel
Schälen *n* scalping; shafting
Schalenhartguß *m* chill casting
Schalenstreifen *mpl* **(Bandfehler)** rokes
Schalen *fpl* **(Walzfehler)** scabs
Schale *f* **(Oberflächenfehler)** sliver; spill
Schale *f* **(Stranggießen)** casting shell
schalig scabby; shelly
Schallabstrahlung *f* sound radiation
Schallbild *n* ultrasonic image
Schallbündel *n* sound beam
Schalldämmung *f* sound insulation
Schalldämpfer *m* silencer
Schalldämpferkulisse *f* sound absorbant screen
Schalldämpfung *f* sound absorption
Schalldruckpegel *m* sound pressure level
Schalleistungspegel *m* sound power level
Schallemissionsanalyse *f* acoustic emission analysis
schallharter Raum *m* reverberant room
Schallminderung *f* noise reduction; sound attenuation
Schallpegelmesser *m* sound level meter
Schallschatten *m* acoustical shadow
Schallschirm *m* acoustic shielding
Schallschlucken *n* sound absorption

Schallschluckwand *f* sound absorbing wall
Schallschutzfenster *n* sound protecting window
Schallschutzhaube *f* sound isolating enclosure
Schallschwächung *f* wave attenuation
Schallsicht-Verfahren *n* sonic image method
Schallstrahl *m* sound ray
Schallstreuung *f* sound scattering
schalltoter Raum *m* dead room (free field condition)
Schallwelle *f* sound wave
Schälmaschine *f* **für Stabstahl** bar peeling machine
Schälmesser *n* peeling tool
Schaltanlage *f* distributing plant; switch gear; switch installation
Schaltbrett *n* switch board; switch panel
schalten clutch; switch; trip
Schaltglied *n* connecting device
Schalthebel *m* control lever; operating lever; switch lever
Schaltplan *m* circuitry
Schaltpult *n* operating desk; operating panel
Schaltrad *n* rack wheel
Schaltschrank *m* switch cupboard
Schaltung *f* clutch
Schaltwagentechnik *f* draw out switchgear design
Schaltwalze *f* controller
Schamotte *f* fire clay; grog
Schamottemörtel *m* fire proof cement
Schamottestein *m* fire clay brick
Schar *f* course
scharf caustic; keen
Schärfe *f* accuracy
schärfen sharpen
scharfe Phase *f* wild phase
scharfe Schlacke *f* aggressive slag
scharfkantig sharp edged
scharfkantiger Schrott *m* grit
scharfkantiger Winkelstahl *m* acute angles
scharfkantige Vertiefung *f* **(Kaltwalzen)** pit (cold rolling)
scharf schneidendes Werkzeug *n* keen edge tool
Scharnier *n* hinge
Schattenlinie *f* ghost [line]
Schattenriß *m* ghost [line]
Schattenrohr *n* ladle shroud; shroud
Schattenrohrmanipulator *m* manipulator for shrouding nozzles; shroud manipulator
Schattenrohr-Montagestand *m* shroud assembly stand
Schattenstreifen *m* ghost [line]
schätzen estimate
Schätzung *f* appreciation; estimation; valuation
Schätzwert *m* estimate rate; statistic value
Schaubild *n* chart; diagram; graph
Schaufel *f* blade; bucket; scoop; vane
Schaufelmischer *m* paddle mixer
schaufeln shovel
Schaufelrad *n* impeller
Schauglas *n* sight glass
schaukeln rock; swing
schaukelnd hunting
Schaukelofen *m* rocking type furnace; tilting furnace
Schaukelrinne *f* rocking runner; rocking spout; swinging launder
Schaukelverteiler *m* rocking distributor
Schauloch *n* eyehole; inspection port; observation hole

Schaulochdeckel *m* inspection port cover
Schaum *m* dross; foam; froth
Schaumaufbereitung *f* froth flotation
Schäumen *n* effervescence; foaming
Schaumfilter *m* foam filter
Schaumflotation *f* foam flotation
Schaumrad *n* foaming wheel
Schaumschlacke *f* foamed slag; foaming slag
Schaumschlackenbeton *m* foamed-slag concrete
Schaumstelle *f* gas holes
Schaumwäscher *m* foam washer
Scheibe *f* disc; sheave
Scheibenantrieb *m* pulley drive
Scheibenbremse *f* disc brake
Scheibendichte *f* **(Pulvermet.)** apparent density
Scheibenfeder *f* woodruff key
Scheibenfräser *m* side milling cutter
Scheiben-Lochwalzwerk *n* disc piercer
Scheibenmembranventil *n* deformed membrane-type shut-off valve
Scheibenmodell *n* disc model
Scheibenrad *n* disc wheel
Scheibenrad-Walzwerk *n* disc wheel rolling mill
Scheibenrollen-Kühlbett *n* disc type cooling bed
Scheibenrollgang *m* disk roller table
Scheibenwalze *f* disc roll
Scheideblech *n* baffle plate
Scheidewand *f* bridge wall; partition wall
Scheinlast *f* apparent load
Scheinleistung *f* apparent power
Scheinwiderstand *m* **(Lichbogenofen)** impedance
Scheitelpunkt *m* vertex
Scheitelpunkt *m* **(eines Winkels)** vertex
Scheitelwert *m* crest value; peak value
Schemel *m* stool
Schenkel *m* **(U-Rohr)** branch
Scherbe *f* fragment
Scherbelastung *f* **zusätzliche dynamische** dynamic incremental shear loading
Scherbruch *m* fracture by shear stress
Schere *f* shears
scheren shear
Scherfestigkeit *f* cohesive strength; resistance to shearing; shear strength
Scherkraft *f* shearing force
Scherleistung *f* shearing yield
Schermesser *n* cutoff; shear blade; shear knife
Schermesser *n*, **rotierendes** rotary shear knive
Schermesser *n*, **stehendes** straight shear knive
Scherschnitt *m* shearing cut
Scherspan *m* continuous chip; shearing chip
Scherversuch *m* shear[ing] test
Scherzugversuch *m* tensile shear test
Scheuerfaß *n* shaking barrel; tumbler; tumbling barrel
Scheuern *n* chafing (e. g. laps in a coil during transport); tumbling
Schicht *f* batch; bed; layer
Schicht *f* **(Arbeiter)** gang
Schicht *f* **durchlässige** permeable formation
Schichtfestigkeit *f* layer strength

Schicht *f* **(geol.)** stratum
Schichtkörper *m* composite
Schichtkristall *m* layer crystal
Schicht *f* **(Lage)** layer
Schichtlinie *f* layer line (X-rays)
Schichtpreßkörper *m* compact in layers
Schicht *f* **(Steine)** course
Schichtung *f* lamination; stratification
Schichtwechsel *m* change of shift; changing shift
Schichtzeit *f* spell
Schiebebühne *f* transfer table [railway]
Schiebekupplung *f* sliding coupling
schieben shove; slide; slip
Schieber *m* damper; shutter; slide gate; valve
Schiebergestänge *m* pushing rods
Schieberhydraulik *f* slide gate hydraulics
Schiebermechanismus *m* slide gate mechanism
Schiebermontagestand *m* slide gate assembly stand
Schieberplatte *f* sliding plate
Schieberspindelverlängerung *f* valve stem extension
Schieberumsteuerung *f* reversing valve gear
Schieberverschluß *m* slide gate; slide gate nozzle
Schieberverschluß *m* **(Pfanne)** ladle slide gate
Schieberwirtschaft *f* slide gate preparing area
Schieberzunge *f* valve tongue
Schiebesitz *m* sliding fit
Schiebesitz *m* **enger** close sliding fit
Schiebesitz *m* **weiter** loose sliding fit
Schiebeverschlußkeramik *f* slide gate nozzle ceramics
Schiebung *f* shear
Schiebungsgeschwindigkeit *f* shear strain rate
Schiedsprobe *f* arbitrary test; arbitration test
schief bevel; oblique; skewed
Schiefe *f* skewness
Schiefer *m* shale; slate
Schieferbruch *m* fibrous fracture; fish scale fracture; flaky fracture
Schieferton *m* clay schist; clay slate
Schieferung *f* lamination (powder met.)
schief (geneigt) inclined
schiefgestellt (Rolle) skewed
schiefgestellt (Welle) out of alignment
schief (krumm) crooked
schief (schräg) oblique
schiefwinklig oblique; skew
Schiene *f* rail
Schienenbefestigung *f* rail fastening element
Schienenfahrzeug *n* rail vehicle
Schienenfestigkeit *f* rail strength
Schienenflachstich *m* edger
Schienenfuß *m* rail base; rail flange; rail foot
schienengebunden track bound
Schienenklemmplatte *f* rail clamping plate
Schienenkopf *m* rail head
Schienenlasche *f* rail joint bar
Schienennagel *m* dog spike; spike
Schienenoberkante *f* rail top edge; top edge of rail
Schienenprofil *n* rail shape
Schienenrahmen *m* rail frame
Schienenrichtmaschine *f* rail straightener
Schienenschraube *f* coach screw

Schienenstahl *m* rail steel; steel for track material (rails)
Schienenstelle *f* **(von Stoßofen)** skid mark
Schienenstoß *m* rail joint
Schienen- und Trägerstraße *f* rail and beam mill
Schienenwalzwerk *n* rail [rolling] mill
Schiffbaumaterial *n* shipbuilding material
Schiffbauprofil *n* shipbuilding profile
Schiffbaustahl *m* shipbuilding steel
Schiffchen *n* sagger
Schiffsblech *n* ship plate; shipbuilding plate
Schilfer *mpl* stringers
Schlacke *f* ash[es]; cinder; dross
Schlacke *f* **abziehen** slagging
Schlacke *f* **für das Flicken von Schweißeisenöfen** bull dog
Schlackemitlaufen *n* slag carry-over
Schlackenabscheider *m* slag separator
Schlackenabstich-Gaserzeuger *m* wet bottom gas producer
Schlackenabstichloch *n* cinder notch; slag hole; slag notch
schlackenarmes Frischen *n* low-slag refining
Schlackenaufbereitung *f* preparation of slags
Schlackenaufbereitungsanlage *f* slag reduction plant
Schlackenbeständigkeit *f* slag resistance
Schlackenbeton *m* slag concrete
Schlackenbett *n* slag bed
Schlackenbildner *m* flux (for making slag); slag forming addition
Schlackenbims *m* slag pumice
Schlackendamm *m* **(in der Pfanne)** slag dam
Schlackendecke *f* slag blanket
Schlackeneinschluß *m* slag inclusion
Schlackenerfassung *f* slag detection
Schlackenfang *m* slag skimmer
Schlackenfleck *m* slag patch
Schlackenform *f* monkey; slag monkey; slag notch
schlackenfreier Abstich *m* slag-free tapping
Schlackenfrischreaktion *f* lime boil
Schlackenfuchs *m* slag skimmer
Schlackenführung *f* slag control; slagging practice
Schlackenglas *n* vitreous slag
Schlackengranulierung *f* slag granulation
Schlackengrube *f* cinder pit
Schlackenhalde *f* slag dump; slag tip
Schlackenkammer *f* slag chamber; slag pocket
Schlackenkippe *f* slag dump; slag tip
Schlackenkipppfanne *f* dump cinder car; slag dumping car
Schlackenkörnung *f* slag granulation
Schlackenkübel *m* slag pot
Schlackenkühler *m* monkey cooler
Schlackenlinie *f* slag line
Schlackenloch *n* monkey; slag hole; slag notch
Schlackenloch-Kühlring *m* **(Hochofen)** monkey cooler
Schlackenmühle *f* slag grinding plant
Schlackenpfanne *f* cinder pot; slag ladle; slag pot

Schlackenpfannen-Transporter *m* slag pot transporter
Schlackenpfannenwagen *m* slag ladle car
Schlackenprobe *f* slag sample; slag specimen; slag test
Schlackenreinheit *f* cleanness of slag
Schlackenrinne *f* slag launder; slag runner; slag spout
Schlackensand *m* slag sand
Schlackenschotter *m* coarse crushed slag
Schlackenspiegel *m* slag line
Schlackensplitt *m* slag gravel
Schlackenstand *m* slag line
Schlackenstein *m* slag brick
Schlackensteinpresse *f* slag brick press
Schlackenstelle *f* slaggy patch
Schlackenstichloch *n* cinder notch
Schlackenstrahlmittel *n* slag blasting agent
Schlackentasche *f* slag pocket
Schlackentrennung *f* slag separation
Schlackenüberlauf *m* skimmer; slag overflow
Schlackenüberlauf *m* **(Pfanne)** ladle skimmer
Schlackenwagen *m* slag car; slag ladle car
Schlackenwolle *f* mineral wool; slag wool
Schlackenzahl *f* slag ratio
Schlackenzeile *f* scale roke
Schlackenschäumen *n* slag foaming
Schlacke *f* **übergeflossene** boilings; overflow slag
Schlag *m* blow; impact; shock
Schlagarbeit *f* energy absorbed in fracturing; energy of blow; impact energy
Schlagbiegefestigkeit *f* impact bending strength
Schlagbiegeversuch *m* impact bending test
Schlagbohrer *m* percussion drill
Schlagdrehversuch *m* impact torsion test; torsion impact test
schlagen knock
Schlagfestigkeit *f* impact strength
Schlaghärteprüfung *f* impact hardness test
Schlaghaspel *f* **(Drahtziehen)** flipper
Schlagkraft *f* impact force
Schlagmühle *f* beater mill
Schlagpanzer *m* throat armour
Schlagpresse *f* blow forging press
Schlagprobe *f* drop test; impact test specimen
Schlagschmiedemaschine *f* impacter
Schlagversuch *m* drop test; falling weight test; impact test
Schlagwellen *fpl* **(Feinblech)** shatter marks
Schlagwerk *n* **(Schrottzerkleinerung)** skull cracker
Schlagzerreißversuch *m* tensile shock test
Schlamm *m* sludge; slurry
Schlammbelebung *f* sludge activation
Schlammbelebungsverfahren *n* activated sludge process
Schlammeindicker *m* mud thickener
schlämmen elutriate; levigate
Schlämmen *n* elutriation
Schlammentwässerung *f* sludge dewatering
Schlamm *m* **(Erzaufbereitung)** ooze; tails
Schlammfaulung *f* sludge digestion

Schlammpumpe *f* sludge pump
Schlammräumer *m* mud remover
Schlämmspritzmasse *f* wet spraying mass
Schlammtrocknung *f* sludge drying
Schlammverwertung *f* sludge utilisation
Schlangenbohrer *m* twist drill
Schlankheitsgrad *m* slenderness degree; slenderness ratio
Schlankheitsgrad *m* **(Dendriten)** fineness
Schlauch *m* flexible tube
Schlauchfilter *m* bag filter
Schlauchhaspel *f* hose reels
Schlauchpressen *n* hydrostatic compacting
Schlaufenprobe *f* loop test bar
schlechte Qualität *f* poor quality
Schleifarbeit *f* grinding work
Schleife *f* loop
schleifen burnish; grind; sharpen
Schleifenbildung *f* kinking
Schleifenprobe *f* snarl test
Schleifenspeicher *m* **(EDV)** tank
Schleiferei *f* grinding shop
Schleifleitung *f* electric contact line
Schleifleitungskanal *m* contact line duct
Schleifmaschine *f* grinder; grinding machine
Schleifmaschine *f* **für Stabstahl** bar grinding machine
Schleifmittel *n* abrasive; whetting material
Schleifmühle *f* grinding mill
Schleifpapier *n* emery paper
Schleifpulver *n* grit
Schleifriß *m* grinding check; grinding crack
Schleifscheibe *f* abrasive; grinding wheel
Schleifstaub *m* grinding dust
Schleifstein *m* grind[ing] stone; whetstone
Schleifweg *m* grinding wheel travel
Schleißwirkung *f* abrading action
Schleppbetrieb *m* crawl operation
schleppen drag
Schlepper *m* skid; tractor
Schlepper *m* **(Walzen)** drag over; skid transfer
Schleppschleifanlage *f* drag grinding machine
Schleppthermoelement *n* trailing thermocouple
Schleppwalze *f* drag roll; idle roll; idler
Schleppzeiger *m* trailing pointer
Schleudergebläse *n* centrifugal blower
Schleudergießmaschine *f* **(für Rohre)** pipe spinning machine
Schleudergießverfahren *n* centrifugal casting process; spin casting
Schleuderguß *m* centrifugal casting
Schleudergußkokille *f* centrifugal casting mould
Schleudergußrohr *n* spun iron pipe
Schleudermaschine *f* centrifugal machine; slinger
Schleudermasse *f* slinger mass
Schleuderpulver *n* atomised powder
Schleuderradverfahren *n* shot blase texturing
Schleuse *f* sluice
Schlich *m* slick
Schlichte *f* blackening; facing
schlichten face
Schlichtoval *n* **(Walzen)** leading oval
Schlickergießen *n* slip casting
Schlicker *m* **(Pulvermet.)** slurry
Schliere *f* feather (surface defect)

schließen close; lock
Schliff *m* cross section; cut; metallographic specimen
Schliffbild *n* micrograph; photomicrograph
Schliff *m* **poliert und geätzt** polished and etched microsection
Schliffpreparation *f* micrograph preparation
Schlinge *f* loop
Schlingenbildung *f* looping
Schlingengrube *f* looping pit
Schlingenheber *m* loop [lifter]
Schlingenkanal *m* looper; looping floor; sloping loop channel
Schlingenleitblech *n* release apron
Schlingenprobe *f* **(Draht)** snarl test
Schlingenspanner *m* looper
Schlingenwagen *m* looping car
Schlitten *m* carriage; pallet; slide
Schlittensäge *f* sliding frame hot saw
Schlitz *m* groove; slit
Schlitzabdeckung *f* slot cover
Schlitznahtschweiße *f* slot welding
Schlitzrohr *n* open seam tube; split tube
Schlitzschraube *f* slotted head screw
Schlosser *m* locksmith
Schlosserei *f* fitter's shop; locksmith's shop
Schlot- und Pfeilerbildung *f* **(Aufbereitung)** piping and piling
Schluckvermögen *n* swallowing capacity
Schlupf *m* slip
schlüpfen slip
Schlupfkupplung *f* slip clutch
Schlüssel *m* key
Schlüsselbuchstabe *m* **(bei Kurznamen)** key letter
Schlüsselergebnis *n* break-down
schlüsselfertig turnkey (mini plants)
Schlüssellochkerb *m* keyhole notch
schlußgeglüht finally annealed (condition)
Schlußhärten *n* final hardening
Schlußstein *m* **(Giebel)** cap stone
schmal narrow
Schmalband *n* narrow strip
Schmalbandanalysator *m* narrow-band analyser
schmaler I-Träger *m* narrow flange I-beam; normal beam
Schmelzanalyse *f* cast analysis; heat analysis
schmelzbar fusible
Schmelzbarkeit *f* fusibility
Schmelzbasalt *n* cast basalt
Schmelzbereich *m* melting range
Schmelzbetrieb *m* **mit ausschließlich kaltem Einsatz** cold metal shop
Schmelzbetrieb *m* **mit heißem Einsatz** hot metal shop
Schmelzbühne *f* stage
Schmelzdauer *f* duration of [s]melting; melting period; time of [s]melting
Schmelze *f* blow; cast; heat; melting bath
schmelzen melt
Schmelzenanalyse *f* ladle analysis
Schmelzenfolgezeiten *fpl* tap-to-tap times
Schmelzen *n* **mit flüssigem Einsatz** hot metal process
Schmelzer *m* blower; melter
Schmelzfluß *m* complete fusion
schmelzflüssig fusible
schmelzflüssiges Eisen *n* molten pig iron
schmelzflüssiges Metallbad *n* molten metal bath
Schmelzführung *f* conduct of a heat

schmelzgegossenes Erzeugnis *n* fusion cast product
Schmelzgeschwindigkeit *f* melting rate
Schmelzhärten *n* fusion hardening
Schmelzkante *f* fusion edge
Schmelzkessel *m* melting pot
Schmelzkorund *m* fused corundum
Schmelzkugeln *fpl* burnt out particles
Schmelzlegierung *f* fusible alloy
Schmelzmagnesit *m* fused magnesite; sintered magnesite
schmelzmetallurgischer Prozeß *m* smelting reduction process
Schmelzmittel *n* flux; fluxing agent
Schmelzofen *m* melting furnace
Schmelzpunkt *m* fusion point; melting point; softening point
Schmelzreduktion *f* smelting reduction
Schmelzreduktion *f* **im Eisenbad** in-bath smelting [reduction]
Schmelzreduktionsanlage *f* smelting reduction plant
Schmelzschneiden *n* electric arc cutting
schmelzschweißbar fusion weldable
Schmelzschweißen *n* fusion welding
Schmelzsinterung *f* liquid phase sintering
Schmelz-Spinnen *n* melt spinning
Schmelztauchverfahren *n* hot dip metal coating
Schmelzung *f* cast; fusion; liquefaction
Schmelzverdüsung *f* melt spinning
Schmelzverdüsungsverfahren *n* melt-spinning technique
Schmelzverlaufkarte *f* cast history sheet
Schmelzwärme *f* effective [latent] heat of fusion
Schmelzzone *f* zone of fusion
Schmidtsche Brille *f* goggle valve
Schmied *m* blacksmith; forger; smith
schmiedbar forgeable
Schmiedbarkeit *f* forgeability; malleability
Schmiede *f* forge
Schmiedeblock *m* bloom; forging grade ingot; forging ingot
Schmiededefekt *m* defect in forging
Schmiedeeisen *n* forging grade steel; malleable iron; wrought iron
Schmiedefeuer *n* forge
Schmiedegesenk *n* drop forge die
Schmiedegrat *m* fin; flash
Schmiedehalbzeug *n* forging semi-finished products
Schmiedehammer *m* forging hammer
Schmiedekohle *f* forge coal
Schmiedelegierung *f* forge alloy
Schmiedemanipulator *m* forging manipulator
Schmiedemaschine *f* forging machine
Schmiedematritze *f* forging die
Schmiedematrize *f* forging die
Schmiedemethode *f* forging method
schmieden forge
Schmieden *n* forging
Schmieden *n* **eines halbkreisförmigen Abschlusses** closing
Schmieden *n* **eines mittleren dünneren Teiles** middling
Schmieden *n* **im Gesenk** die forging; drop forging
Schmieden *n* **mit befestigtem Werkzeug** fast tool forging
Schmieden *n* **mit unbefestigtem Werkzeug** loose tool forging

schmieden vom Stück forge from a billet
schmieden von der Stange forge from a bar
Schmiedeofen *m* forging furnace
Schmiedeofen *m*, **gasbeheizt** gas fired forging furnace
Schmiedeofen *m*, **induktiv beheizt** inductively heated forging furnace
Schmiedepresse *f* forging press
Schmiederohling *m* rough forging
Schmiedeschweißung *f* forge welding
Schmiedestahl *m* forging steel; wrought steel
Schmiedestück *n* forged piece; forging
Schmiedestück *n* **schweres** heavy forging
Schmiede- und Preßteile *npl* forged and pressed pieces
Schmiedewalzen *n* forge rolling
Schmiedewalzmaschine *f* forging roll
Schmiede[werkstatt] *f* forge
Schmiere *f* tallow
schmieren grease; lubricate; oil
Schmierfähigkeit *f* lubricating power
Schmierfett *n* grease; lubricating grease
Schmiermittel *n* lubricant; lubricating grease
Schmiermittelträger *m* lubricant carrier
Schmieröl *n* lubricating oil
Schmierpumpe *f* lubricating pump
Schmierrückstände *mpl* lubricating residuals
Schmierstoff *m* lubricant
Schmierstoffträger *m* **(Drahtziehen)** coating
Schmierung *f* lubrication; oiling
Schmierung *f*, **hydrodynamische** hydrodynamic lubrication
Schmierwirkung *f* lubricating action
Schmirgelleinen *n* emery cloth
Schmutzstoff *m* pollutant
Schmutzwasser *n* dirty water
Schnabelpfanne *f* spouted ladle
Schnadt-Probe *f* Schnadt specimen
Schnapper *m* **(Blechwalzwerk)** catcher
Schnauze *f* lip; nose; nozzle
Schnecke *f* worm
Schneckenfräser *m* hob cutter
Schneckengetriebe *n* worm gear
Schneckenkranz *m* worm rim
Schneckenpresse *f* worm extruder
Schneckenrad *n* worm gear; worm wheel
Schneckentrieb *m* worm gearing
Schneidbarkeit *f* cuttability
Schneidbrenner *m* cutting blowpipe; cutting torch
Schneide *f* cutting edge
Schneideansatz *m* **(Bearbeitung)** built up edge
Schneideisen *n* screw die
Schneidekeramik *f* ceramic cutting material
schneiden cut
schneidend keen
schneiden (Gewinde) tap
Schneidentemperatur *f* cutting edge temperature
Schneidgrat *m* **(von Blechen)** burr height
Schneidhaltigkeit *f* cutting power; cutting tool endurance; cutting tool life; maintenance of the cutting edge
Schneidkante *f* cutting edge; cutting lip

Schneidöl *n* cutting compound; straight cutting oil
Schneidstahl *m* cutter; cutting tool steel
Schneidwerkzeug *n* cutting tool
Schnellabschrecken *n* rapid quenching
Schnellanalyse *f* express analysis
Schnellarbeitsstahl *m* high-speed steel
Schnellarbeitsstahl *m*, **vergüteter** quenched and tempered free-cutting steel
Schnellautomatenstahl *m* **kohlenstoffarm** low-carbon free-cutting steel
Schnellautomaten-Weichstahl *m* soft free-cutting steel; soft free-machining steel
Schnellbeheizung *f* quick heating; rapid heating
Schnellbeschickungsvorrichtung *f* **(SM-Ofen)** rapid charging machine
Schnellbestimmung *f* rapid determination
Schnellbestimmungs-Verfahren *n* accelerated method
Schnelldrehbank *f* high-speed lathe
schnelle Abkühlung *f* rapid cooling
schneller Brüter *m* fast breeder [reactor]
Schnellerregung *f* field forcing device
Schnelligkeit *f* speed
Schnellkorrosionsversuch *m* accelerated corrosion test
Schnellkupplung *f* bayonet coupling
Schnellprüfverfahren *n* rapid testing procedure
Schnellschlußventil *n* rapid action valve
Schnelltauchthermoelement *n* quick immersion thermocouple
Schnelltrockner *m* flash baker
Schnellverseilmaschine *f* high-speed stranding machine
Schnellwechselgerüst *n* quick-change mill stand
Schnitt *m* blanking tool; section
Schnittgeschwindigkeit *f* cutting speed
Schnittkante *f* cutting edge; cutting lip
Schnittkraft *f* **(beim Drehen)** cutting power
Schnittpunkt *m* intersection
Schnittstahl *m* steel for blanking or punching dies
Schnittwerkzeug *n* blanking tool; cutting tool; die
Schockschweißen *n* explosive welding
Schockumformung *f* explosive forming
Schockwellenumformung *f* shock wave forming
Schoopsches Metallspritzverfahren *n* Schoop's metal spraying process
schopfen crop
Schopfende *n* crop end
Schöpfprobe *f* ladle sample; spoon sample
Schopfschere *f* crop shears; end shears
Schopfverlust *m* crop-loss
Schorf *m* scab
Schornstein *m* chimney
Schott *n* water-tight partition wall
Schotter *m* broken stones; gravel
Schotter-Teerungsanlage *f* tar macadam plant
schräg bevel; oblique
Schrägaufzug *m* inclined elevator;

inclined hoist; inclined lift
Schrägaufzug *m* **(Gichtkübel)** skip incline
Schrägbedampfung *f* oblique sputtering
Schräge *f* batter; draft; skewness
Schrägeinschallung *f* angular sound incidence
Schräggewölbe *n* ramp
Schrägrampe *f* coke wharf; sloping bench
Schrägrippe *f* oblique rif
Schrägrollen-Richtmaschine *f* cross-roll straightening machine
Schrägrollgang *m* skew roller table
Schrägrückwand *f* **(Siemens-Martin-Ofen)** sloping back wall
Schrägverzahnung *f* helical gearing
Schrägwalzen *n* skew rolling
Schrägwalzwerk *n* cross rolling mill; rotary forge mill; rotary piercing mill; slant rolling mill
Schrägwalzwerk *n* **(Rohre)** rotary piercing mill (tubes)
Schram *m* cut
Schrämarbeit *f* working of trenches
Schram *m* **(Bergwerk)** trench
schrämen cut
Schrämen *n* coal-cutting
Schramme *f* scratch
Schränken *n* **(Säge)** setting
Schrankenverfahren *n* load bounding method
Schränken *n* **(Walzen)** crossing
Schranke *f*, **untere** lower bound
Schränkung *f* offset
Schrapper *m* scraper
Schrapperlader *m* scraper loader
Schrappvorrichtung *f* scraping device
Schraube *f* **(mutternlose)** screw
Schraube *f* **(Mutternschraube)** bolt
schrauben screw
Schrauben-Anstellvorrichtung *f* screw down [gear]
Schraubenbolzen *m* bolt; screw bolt
Schraubendraht *m* bolt stock
Schraubenfeder *f* helical spring
schraubenförmig screw like
Schraubengewinde *n* screw thread
Schraubengewinde-Schneideisen *n* screw threading die
Schraubengleitband *n* screw slip band
Schraubenlinie *f* helix
Schraubenmutter *f* nut
Schraubennagel *m* screw nail
Schraubenrad *n* helical gear
Schraubenschlüssel *m* spanner
Schraubenstahl *m* bolt stock; screw steel
Schraubenversetzung *f* screw dislocation
Schrauben[walz]draht *m* wire rod for screws
Schraubenwerkstoff *m* screw stock
Schraubmuffenverbindung *f* screwed joint
Schraubrad *n* skew gear
Schraubstock *m* vice
Schraubverbindung *f* screw joint
Schreckschale *f* chill
Schreckschicht *f* chill; chilling layer
Schreckwirkung *f* **(von Wasser durch die Kupferkühler/ Hochofen)** chilling effect
Schredderanlage *f* shredding plant
Schreiber *m* recorder; recording instrument
Schritt *m* pace
Schrittmodus step point mode
Schrittregelung *f* step control
Schrittregler *m* contact controller
Schrott *m* scrap; scrap iron; waste

Schrottaufbereitungsanlage *f* scrap preparation plant
Schrottaufkommen *n* scrap arising
Schrotteinschmelzen *f* scrap [s]melting
Schrottgattierung *f* scrap charge make-up
Schrottgroßhandel *m* scrap wholesale traders
Schrotthacker *m* scrap chopper
Schrotthändler *m* scrap dealer
Schrottkohlungsverfahren *n* scrap carburisation process
Schrottkorb *m* scrap basket
Schrottkübel *m* scrap box; scrap bucket
Schrottkübel *m* **selbstentleerend** self-dumping scrap bucket
Schrottkübelwagen *m* scrap bucket car
Schrottlagerplatz *m* scrap yard
Schrottmühle *f* scrap mill
Schrottmuldenkran *m* scrap charging box handling crane
Schrottpaketierpresse *f* scrap baling press; scrap bundling press
Schrottplatz *m* scrap yard
Schrott-Roheisen-Verfahren *n* pig and scrap process
Schrottrutsche *f* crop chute; scrap chute
Schrottschere *f* scrap shears
Schrottschermesser *n* scrap shears
Schrottschlagkran *m* scrap drop crane
Schrott *m* **schwerer** heavy scrap
Schrotttransportsystem *n* scrap conveyor; scrap handling system
Schrottvorband *n* cobble bar; kick-off transfer bar
Schrottvorwärmanlage *f* scrap preheating plant
Schrottwagen *m* scrap car
Schrottwickelmaschine *f* scrap baller
Schrottwirtschaft *f* scrap handling area
Schrottzerhacker *m* scrap chopper
Schrottzerkleinerungsanlage *f* scrap crushing plant
Schrottzukauf *m* scrap buy
schrumpfen shrink
Schrumpfmaß *n* dimension to which a material is constrained by shrinkage forces
Schrumpfriß *m* check; check crack; cooling crack; shrinkage crack
Schrumpfung *f* contraction; shrinkage
Schrumpfverbindung *f* slip joint
schruppen scrub
Schub *m* end thrust; shear; shove
Schubbeize *f* push pickler
Schubbewegung *f* translational motion
Schubfestigkeit *f* shear[ing] strength
Schubfließspannung *f* shear flow stress; shear yield stress; yield stress in shear
Schubgelenk *n* rectilinear sliding gear
Schubmittelpunkt *m* shear centre
Schubmodul *m* modulus of rigidity; shear modulus
Schubspannung *f* shear[ing] stress
Schubspannungsbruch *m* fracture by shear stress
Schubspannungsgleitungsverhalten *n* shear stress strain behaviour
Schubspannungshypothese *f* shear stress hypothesis
Schubstange *f* connecting rod
Schubumformen *n* shear forming

Schubwabe *f* slip dimple
Schubwelle *f* **(Ultraschallprüfung)** shear wave; transverse wave
Schuko-Steckdose *f* safety socket
Schulden *fpl* debts
Schuldschein *m* bond
Schülpe *f* scab
Schulterbohrung *f* counter bored hole
Schulterwalzwerk *n* Assel mill
Schulter *f* **(Welle)** shoulder
Schuppe *f* flake; scab; scale
Schuppen *fpl* **bilden** scale
Schuppen und Schalen *fpl* scabbiness
schuppig flaky; scabby; scaly
Schüreisen *n* poker
schüren stir
schürfen explore
Schürflader *m* tractoloader
Schürfwagen *m* scraper
Schürloch *n* stirring hole
Schurre *f* chute; down spout
Schuß *m* shot
Schüssel *f* pan; tray
Schüttdichte *f* bulk density; packing density
schütteln shake
Schüttelrutsche *f* oscillating conveyor
Schüttelsieb *n* jigging screen; shaking screen; vibrating screen
Schüttelwerk *n* shaker
schütten charge; dump; feed
schütten (Hochofen) distribute
Schüttgewicht *n* bulk weight
Schüttgut *n* bulk material
Schüttguthöhe *f* packed height
Schüttgut-Stetigförderung *f* bulk material continuous conveyor
Schütttrichter *m* feed hopper
Schüttung *f* packed bed
Schüttwinkel *m* angle of repose
Schutzabdeckung *f* protective cover
Schutzanstrich *m* protective coating; protective finish; protective paint
Schutzanstrichmittel *n* agent for protecting coats
Schutzbefettung *f* protective grease coating
Schutzbrille *f* eye protector; protecting goggles; safety goggles
Schutzfilm *m* protective film
Schutzgas *n* controlled atmosphere; inert gas; protective atmosphere; shielding gas
Schutzgasanlage *f* inert gas plant
Schutzgas *n* **(beim Gießen)** gas shrouding
Schutzgasofen *m* controlled atmosphere furnace; furnace with inert gas atmosphere
Schutzgasschweißung *f* inert gas shielded arc welding; shielded arc welding
Schutzhelm *m* protective helmet
Schutzkleidung *f* protective clothing
Schutzmarke *f* trade mark
Schutzrohr *n* **(für Tauchthermoelement)** sheath tube
Schutzschaltung *f* protective circuit
Schutzschicht *f* protective layer
Schutzüberzug *m* protective coating
Schutzvorrichtung *f* guard; safety appliance; safety device
Schwachfeld-Magnetscheidung *f* low intensity magnetic separation
Schwachgas *n* lean gas; weak gas
Schwachgasheizung *f* lean-gas firing; weak gas firing
schwach gebrannt soft fired
schwachkörnige Einformung *f* weak spheroidising

Schwachstellenprüfung *f* testing of weakest points in a design
Schwachstrom *m* minute current; weak current
Schwächung *f* impairment
Schwalbenschwanz *m* dovetail (joint between dummy bar and dummy bar head)
Schwammpulver *n* sponge powder
schwankend hunting
Schwankung *f* fluctuation; variation
Schwankungsbreite *f* measure of variation
Schwanz *m* tail end
Schwarzbeizen *n* black-pickling
Schwarzblech *n* black plate; black sheet
Schwarzblech *n* **in Weißblechgröße** tin mill black plate
Schwarzbruch *m* black shortness
Schwärzegrad *m* shade of blackness
schwarze Kanten *fpl* black edges
schwarzer Temperguß *m* black heart [malleable] castings; black heart malleable cast iron
Schwärzung *f* shading (spectrum analysis)
Schwärzungskurve *f* density exposure curve (spectrum analysis)
Schwärzungsmaximum *n* **(Röntgen)** intensity maximum
Schwebe-Feststoffteilchen *n* suspended solid particle
Schwebemantelmatrize *f* floating die
schwebende Matrize *f* floating die
Schwebeschmelzen *n* levitation melting
Schwebstoff *m* suspended substance
Schwefel *m* sulfur; sulphur
Schwefelabdruck *m* sulphur print
Schwefelelend *n* sulphur set; troubles due to an excess of sulphur
schwefelhaltig sulphur bearing
Schwefelkies *m* common iron pyrites
Schwefelkies *m* **(FeS_2)** iron pyrites
Schwefelpocken *fpl* sulphide scale efflorescence; sulphur pockmarks (corrosion)
Schwefelsäure *f* sulphuric acid
Schweißarbeit *f* welding
schweißbar weldable
schweißbarer Stahl *m* weldable steel
Schweißbarkeit *f* weldability; welding property
Schweißbrenner *m* welding blowpipe; welding torch
Schweißdraht *m* filler rod; welding rod; welding wire
Schweißdraht *m* **blanker** bare welding rod
Schweißdraht *m*, **nichtrostend** stainless welding rod
Schweiße *f* weld
Schweißeisen *n* mill bar; wrought iron
Schweißelektrode *f* welding electrode
schweißen weld
Schweißen *n* welding
Schweißen *n*, **automatisiertes** computer-aided welding
Schweißer *m* welder
Schweißfuge *f* welding joint
Schweißgleichrichter *m* welding rectifier
Schweißgrat *m* flash; welding burr
Schweißgut *n* weld metal
Schweißherd *m* soaking chamber;

soaking hearth
Schweißhitze *f* **(zum Abschweißen und Entzundern von Blöcken)** wash[ing] heat
Schweißkern *m* weld nugget
Schweißkonstruktion *f* welding structure
Schweißkörper *m* welded body
Schweißlage *f* layer; pass; weld position
Schweißmaschine *f* welding machine
Schweißnaht *f* weld; welded joint; welding seam
Schweißnahtrissigkeit *f* susceptibility of welding seams to cracking
Schweißplattieren *n* cladding
Schweißraupe *f* bead; welding bead
Schweißriß *m* welding crack
Schweißrißempfindlichkeit *f* sensitivity to welding cracks
Schweißrissigkeit *f* susceptibility to welding fissures
Schweißroboter *m* welding robot
Schweißschicht *f* pass
Schweißstahl *m* wrought steel
Schweißstahl *m* **(Schweißgüte)** steel suitable for welding
Schweißstelle *f* weld
Schweißstoß *m* welding joint
Schweißtechnik *f* welding technology
Schweißumformer *m* welding transformer
Schweißung *f* weld; welding
Schweißverbindung *f* welded joint
Schweißvorrichtung *f* welding appliance
Schweißwerk *n* welding department; welding plant; welding shop
Schweißwerkstoff *m* welding material
Schweißwerkzeug *n* welding apparatus and tool
Schweißzubehör *n* welding auxiliaries
Schweißzusatzwerkstoff *m* filler metal
Schwelanlage *f* low temperature carbonising plant
schwelen smoulder
Schwelkoks *m* semi-coke
Schwellbeanspruchung *f* pulsating stress
Schwellbereich *m* range of pulsating stress
Schwelle *f* sleeper
Schwelle *f* **(Grenzwert)** threshold
schwellen swell
schwellende Belastung *f* pulsating load
Schwellen *n* **(Pellet)** swelling
Schwellenschraube *f* coach screw
Schwellenwert *m* threshold value
Schwellfestigkeit *f* fatigue strength under pulsating stresses; fluctuating fatigue strength; intrinsic fatigue strength
Schwelofen *m* low temperature carbonisation furnace
Schwelung *f* carbonisation; low temperature carbonisation
Schwengel *m* **(Chargiermaschine)** peel
schwenkbar swivelling
Schwenkdeckel *m* swivelling cover
Schwenkkonverter *m* swivelling vessel
Schwenkrinne *f* swivelling launder
schwerer Einzelblock *m* bull block
schwerer Formstahl *m* heavy sections; section
schwere Schmiedestücke *npl* heavy forgings

Schwerkraftabscheider *m* gravitational separator
Schwerkraftförderer *m* gravity conveyor
Schwerlastfahrzeug *n* heavy lorry
Schwermetallguß *m* heavy metal casting
Schweröl *n* fuel oil
Schwerpunkt *m* centre of gravity
schwerschmelzbar high melting
Schwertrübe *f* dense medium
Schwimmaufbereitung *f* dressing by flotation; flotation
Schwimmaufbereitungsanlage *f* flotation plant
schwimmen float
schwimmender Abstichverschluß *m* floating taphole plug
schwimmender Stopfen *m* floating stopper
schwinden shrink
Schwindmaß *n* allowance for contraction; degree of shrinkage
Schwindung *f* shrinkage
Schwindungshaarriß *m* check
Schwindungshohlraum *m* shrink hole; shrinkage cavity
Schwindungsriß *m* shrinkage crack
Schwingbelastung *f* cyclic load
Schwingbruch *m* fatigue fracture
Schwingbruchbahn *f* fatigue fracture path
Schwingbruch *m* **von Maschinenkomponenten** fatigue fractures of machine components
Schwinge *f* oscillating crank; rocker
schwingen rock; swing
schwingend aufgehängt freely suspended
Schwinger *m* **(Ultraschall)** vibrator
Schwingfestigkeit *f* fatigue strength
Schwingfestigkeitsverhalten *n* fatigue behaviour
Schwingfestigkeitsversuch *m* fatigue strength test
Schwingförderer *m* vibrating conveyor
Schwinglinie *f* fatigue line
Schwingmühle *f* vibratory mill
Schwingrinne *f* oscillating conveyor
Schwingsäge *f* oscillating saw
Schwingschere *f* pendulum shears
Schwingspielzahl *f* number of stress cycles
Schwingstreifen fatigue striation
Schwingung *f* oscillation
Schwingungsdämpfer *m* vibration damper
Schwingungsisolierung *f* vibration isolation
Schwingungsmarke *f* **(Bruchfläche)** striation
Schwingungsprüfmaschine *f* vibration testing machine
Schwingungsrißkorrosion *f* corrosion fatigue
Schwingungszahl *f* number of alternations; number of oscillations
Schwitzwasser *n* condensed water
Schwitzwasserkorrosion *f* corrosion by condensation of moisture
Schwund *m* shrinkage
Schwungrad *n* flywheel
Schwungradumformer *m* flywheel equaliser set; flywheel motor-generator set; Ilgner [type motor generator] set
sechskantig hexagonal
Sechskantschraube *f* hex head screw
Sechskantstahl *m* hexagon bars
Sechsphasen-Lichtbogenofen *m* six phase arc furnace
Sechsstrang-Gießmaschine *f* six

strand continuous casting machine
Second-Hand-Stahlwerksanlage *f* second-hand steelmaking plant
Sedimentationsanalyse *f* sedimentation analysis
See-Erz *n* lake iron ore
Seelenelektrode *f* cored electrode
Seelenschweißdraht *m* core welding wire
Segerkegel *m* Seger cone; standard pyrometric cone
Segerkegel-Fallpunkt *m* Seger cone softening point
Segment-Sägeblatt *n* segmental saw blade
Segmentverschlußkorb *m* orange-peel type charging basket
sehniger Bruch *m* fibrous fracture
seidiger Bruch *m* silky fracture
seifegezogener Draht *m* soap drawn wire
Seifenknoten *mpl* **(Drahtziehen)** soap balls
seigern liquate; segregate
Seigerteufe *f* perpendicular depth
Seigerung *f* liquation; segregation
Seigerung *f* **in den Blockecken** ingot corner segregation
seigerungsarmer Stahl *m* steel with little segregation
Seigerungsausgleich *m* breakdown of segregations
Seigerungsstreifen *m* ghost [line]; segregation line; segregation streamer
Seigerungsverhalten *n* segregation behaviour
Seigerungszeilen *fpl* segregation streaks
Seigerung *f* **von Elementen zur Korngrenze** segregation of elements to grain boundaries
Seil *n* cable; rope
Seilbahn *f* areal ropeway
Seilbetrieb *m* cable transmission
Seildraht *m* rope wire; stranding wire
Seilkausche *f* grummet thimble; thimble
Seilschlepper *m* rope drag
Seiltrieb *m* cable drive
Seitenansicht *f* side view
Seitendruck *m* end thrust; side thrust
Seitengeradheit *f* **(von Blechen)** edge camber
Seitenkipper-Lastwagen *m* side dumping truck
Seitenriß *m* **(Zeichnung)** side view
Seitenteil *n* cheek
Seitenwände *fpl* **(E-Ofen)** side walls
Seitenwände *fpl* **(SM-Ofen)** branks
seitlich blasender Konverter *m* side blowing converter; side blown converter; Tropenas converter
seitliche Führung *f* side guard
seitliches Blasen *n* lateral blow
sekundäre Kaltverfestigung *f* secondary work embrittlement
sekundäre Rekristallisation *f* recrystallisation combined with grain growth
sekundärer Lunker *m* secondary pipe
Sekundärhärte *f* secondary hardness
Sekundärhärten *n* secondary hardening
Sekundärhärtung *f* secondary hardening
Sekundärmetallurgie *f* secondary metallurgy
selbstabschrecken self-quenching
Selbstabstich *m* siphon tap

selbstangetrieben self propelled
selbstanlassen self temper
Selbstanlassen *n* autotempering; self tempering
selbstausschaltend self disconnecting
Selbstbauprofil *n* slotted section
Selbstdiffusion *f* self diffusion
Selbstentladewagen *m* automatic discharge hopper car
selbstentschlackend self skimming
Selbstentzündung *f* spontaneous combustion
selbstfließend self-fluxing
selbstgängiger Sinter *m* self fluxing sinter
selbstgehendes Erz *n* self fluxing ore
Selbsthärtestahl *m* self hardening steel
Selbstkosten *pl* first cost
Selbstschärfung *f* self sharpening
selbstschmierend self oiling
selbstsichernde Mutter *f* self locking nut
selbsttätig automatic; self acting
selbsttätig abgleichend self balancing
selbsttätige Regelung *f* automatic control
selbsttätige Winderhitzer-Umsteuerung *f* automatic hot blast; automatic hot blast stove reversing device; stove reversing gear
selektive Korrosion *f* selective corrosion
selektive Oxidation *f* preferencial corrosion
Selen *n* selenium
Selen-Gleichrichter *m* selenium rectifier
Seltene Erden *fpl* rare earth elements; rare earths
senken lower; sag; sink
Senker *m* countersink
Senkloch *n* sink hole
senkrecht beschnittenes Rohrende *n* end squared
Senkrecht-Bohrmaschine *f* vertical turret boring machine
Senkrechteinschallung *f* normal sound incidence
senkrechter Gichtaufzug *m* vertical furnace charging hoist
senkrecht nach oben vertical up
senkrecht nach unten vertical down
Senkrechtschweißung *f* vertical welding
Senkrecht-Stranggießanlage *f* vertical continuous casting installation
senkrecht verstellbar vertically adjustable
Senkschraube *f* countersunk bolt
Sensenstahl *m* scythe steel
sensibilisieren sensitize
Sensibilisieren *n* sensitising
Sensibilisierung *f* sensitization
Sensorsystem *n* sensor system
Separationsmagnet *m* separation magnet
Separationstrommel *f* separating drum
Sequenzgießen *n* sequence casting
Setzdehnungsmesser *m* unbonded strain ga[u]ge
Setzen *n* **(Feder)** scragging
Setzkübel *m* drop bottom bucket; drop bottom tub
Setzmaschine *f* jigging machine; separator
Setzpacklage *f* **(Schlackenaufbereitung)** infill
Setzsieb *n* jigging screen

sherardisieren sherardise
Shorehärte *f* scleroscope hardness; Shore hardness
Shredderanlage *f* pre-shredder; shredder plant
Shreddern *n* shred
Shredder-Schrott *m* shredded scrap
Sicherheit *f* safety; significance
Sicherheitsbeauftragter *m* safety official
Sicherheitsbeiwert *m* safety factor
Sicherheitsbereich *m* safety area
Sicherheitsbrille *f* safety goggles
Sicherheitsfaktor *m* safety factor
Sicherheitsgrad *m* margin of safety
Sicherheitsschaltung *f* safety cut out
Sicherheitsschwelle *f* significance level
Sicherheitstechnik *f* safety technics
Sicherheitsventil *n* safety valve
Sicherheitsvorrichtung *f* safety appliance; safety device
Sicherung *f* **(elektr.)** fuse
Sicherungsblech *n* **(Schraube)** locking plate; tab washer
Sicherungsmutter *f* lock nut
sichten sift
Sicke *f* bead
sicken bead
Sicken *n* beading
Sickenmaschine *f* beading machine (for barrels etc.); flanging machine
sickern trickle
Sieb *n* riddle; screen; sieve
Siebanalyse *f* screen analysis; sieve analysis
Siebanlage *f* screening plant
Siebboden *m* sieve bottom
Siebdurchgang *m* sub sieve powder; through fraction; undersize
sieben screen [out]; sift
Sieben *n* screening; sifting
Sieb *n* **für die Kühlwasserreinigung** screen for cleaning the cooling water
Siebkern *m* strainer core
Siebmaschine *f* screening machine
Siebrost *m* grizzly
Siebrückstand *m* on-fraction; screenings; shorts
Siebweite *f* mesh size
Siedekühlung *f* hot cooling
sieden boil; bubble
Sieden *n* boiling; ebullition
Siedepunkt *m* boiling point
Siederohr *n* water boiler tube
Siedeverzug *m* retardation of boiling
Siemens-Martin-Ofen *m* open hearth furnace
Siemens-Martin-Ofenkopf *m* open hearth furnace port end
Siemens-Martin-Ofen *m* **saurer** acid open hearth furnace
Siemens-Martin-Stahl *m* open hearth steel
Siemens-Martin-Stahlwerk *n* open hearth steel plant
Siemens-Martin-Verfahren *n* open hearth process
Sigma-Phasen-Versprödung *f* embrittlement by sigma-phase; sigma phase embrittlement
Signalanlage *f* signalling equipment
Signal (EDV) *n* signal
Signalflußplan *m* signal flow plan
Signalumformer *m* transducer
Signalumformer (EDV) *m* translating device
Signalverarbeitung *f* signal processing
Signiereinrichtung *f* marking device
Signierfarbe *f* marking ink

Signierstift *m* marking pencil
Signifikanz *f* significance
Signifikanzschwelle *f* significance level
Silber *n* silver
Silberstahl *m* silver steel
Silicastein *m* silica brick
silicieren siliconise; siliconizing
Silicium *n* silicon
Siliciumcarbidstein *m* silicon carbide brick
Siliciumdioxid *n* **(SiO_2)** silica
Siliciumstahl *m* silicon steel
Silicophosphat *n* silico phosphate
Silikastein *m* silica brick
Silikat *n* silicate
Silikose *f* silicosis
Sillimanit *n* sillimanite
Sillimanitstein *m* sillimanite brick
Silo *m* bin; silo
Simulation *f* simulation
Simulationsmodell *n* simulation model
Sinkgeschwindigkeit *f* sinking speed; velocity of descent
Sinkscheider *m* float and sink apparatus
sinnwidrige Korrelation *f* nonsense correlation
Sinterabscheidung *f* sintering dressing
Sinteranlage *f* agglomerating plant; ore sintering plant; sintering plant
Sinterband *n* sintering belt; sintering strand
Sinterbronze *f* sintered bronze
Sinterbrunnen *m* **(Walzwerk)** scale pit
Sinterdichte *f* sinter density
Sinterdolomit *m* dead burned dolomite
Sintereisen *n* sintered iron
Sinterfestigkeit *f* strength of sinter
Sinterformteil *n* sintered compact
Sintergrube *f* scale pit
Sinterhartmetall *n* sintered hard metal
Sinterkasten *m* sintering box
Sinterkorund *m* fused corundum
Sinterkuchen *m* sinter cake
Sintermagnesit *m* dead burned magnesite; sintered magnesite
Sintermagnetwerkstoff *m* sinter magnet material
Sintermetall *n* sintered metal
sintern bake; cake; sinter
Sintern von losem Pulver *n* pressureless sintering
Sinterofen *m* sintering furnace
Sinterpfanne *f* pallet; sintering pallet; sintering pan
Sinterpresse *f* sintering press
Sinterstahl *m* sintered steel
Sinterteil *n* metal powder part; sintered part
Sintertränktechnik *f* sintering and infiltration technique
Sinterung *f* **mit flüssiger Phase** sintering with a liquid phase
sinterungshemmend delaying the sintering process
Sinterwerkstoff *m* sinter material
sinusförmig sinusoidal
Siphon *m* skimmer
Skala *f* graduated scale; scale
Skibildung *f* **am Walzgut** turn-down of rolling stock; turn-up of rolling stock
Skizzenblech *n* sketch plate
SM-Flußstahl *m* open-hearth ingot steel
Smog *m* smog
Sockel *m* base
Soda *n* soda

Sohlenneigungswinkel *m* angle of hearth slope
Sohlkanal *m* sole flue
Sohlplatte *f* bottom plate
Solidusfläche *f* solidus area
Soliduslinie *f* solidus line
Soll *n* target
Solldurchmesser *m* nominal diameter; rated diameter
Soll-Ist-Vergleich *m* variance comparison
Soll-Leistung *f* scheduled production; standard production
Solltemperatur *f* nominal temperature
Sollwert *m* desired value; nominal value; set point
Sollwerte *mpl* **verfälschen** falsify set-point values
Sollwertsteller *m* set-point controller
Sonderbaustahl *m* special steel
Sondererzeugnisse *npl* specials
Sonderkarbid *n* alloy carbide
Sondermetall *n* special metal
Sonderstahl *m* special steel
Sonderstahl *m* **leichter Zerspanbarkeit** easy machining steel
Sonderstahl *m* **und legierter Stahl** special and alloy[ed] steel
Sonderstein *m* special brick
Sondertiefziehgüte *f* extra deep drawing quality
sondieren sound
Sonntagseisen *n* week-end iron
Sorbit *m* corbite
Sorteneinteilung *f* classification
sortieren sort
Sortierer *m* sorter
Sortierförderanlage *f* sorting conveyor
Sortierzylinder *m* sorting out cylinder
soziale Lasten *fpl* social charges
Sozialertrag *m* social net return
Sozialprodukt *n* social net return
Spachtel *m* smoothing trowel; spatula
Spachtelmase *f* primer material
Spalt *m* break; fissure; gap
Spaltband *n* slit strip
Spaltbarkeit *f* cleaving property
Spaltbruch *m* cleavage fracture
Spaltbrüchigkeit *f* cleavage brittleness
Spalte *f* crack; flaw; slit
spalten break up; separate; split
Spalten *n* crack
Spalten *n* **(von Band)** slitting
Spaltermüdungsbruch *m* cleavage fatigue failure
Spaltfläche *f* cleavage plane
Spaltgas *n* cracked gas; reformed gas
Spaltkorrosion *f* crevice corrosion
Spaltlinie *f* cleavage line
Spaltprobe *f* spalling test
Spaltschere *f* slitter
Spaltung *f* splitting
Span *m* chip; splinter; swarf
spanabhebende Umformung *f* machining
Spanablauf *m* chip flow
Spanbrecher *m* chip breaker
Spandicke *f* depth of cut; thickness of chip
Spänebrecher *m* turning crusher
Spanen *n* cutting
Spanleistung *f* cutting capacity
spanlos swarfless
spanlose Formgebung *f* chipless forming; chipless shaping
Spannbeton *m* prestressed concrete
Spannbetonlitze *f* prestressed concrete strand

Spannbetonstahl *m* prestressed concrete steel
Spanne *f* span
spannen extend
Spannfutter *n* chuck
Spannkopf *m* clamping head; gripping head; specimen holder
Spannmaschine *f* stretcher leveller
Spannpatrone *f* split chuck
Spannrollensatz *m* tension bridle
Spannseil *n* suspension rope
Spannstahl *m* prestressing steel
Spannung *f* strain; stress; tension
Spannung *f* **(als ausgeübte Beanspruchung)** stress
Spannung *f* **(deformierende)** strain
Spannung *f* **(elastische)** resilience
Spannung *f* **(elektrische)** voltage
Spannung *f*, **konventionelle** engineering stress
Spannung *f* **(mechanische)** tension
Spannungsabbau *m* stress relief
Spannungsanteil *n*, **hydrostatischer** hydrostatic stress; mean stress
Spannungsarmglühen *n* stress relief annealing; stress relief heat treatment; stress relieving
Spannungsarmglühung *f* stress relieving anneal
Spannungsausgleich *m* relaxation of stress
Spannungsausschlag *m* alternating stress amplitude
Spannungs-Dehnungs-Beziehung *f* stress strain relation
Spannungs-Dehnungs-Kurve *f* stress strain curve
Spannungs-Dehnungs-Schaubild *n* stress-strain curve; stress-strain diagram
Spannungs-Dehnungsverhalten *n* stress strain behaviour
Spannungsdeviator *m* deviatoric stress
Spannungsdurchschlag *m* **(Lichtbogenofen)** surge
Spannungsentlastungsrißbildung *f* stress-relief cracking
Spannungsfeld *n* stress field
Spannungsintensitätsfaktor *m* stress-intensity factor
Spannungskorrosionsriß *m* stress corrosion crack (SCC)
Spannungskorrosionsversuch *m* stress corrosion test
Spannungsmehrachsigkeit *f* triaxial stress
Spannungsmesser *m* strain ga[u]ge
spannungsoptische Untersuchung *f* photoelastic investigation
Spannungsregler *m* barretter; voltage regulator
Spannungsreihe *f* chain
Spannungsrelaxationsversuch *m* stress relaxation test
Spannungsriß *m* clink; flake crack; shatter crack; tension crack
Spannungsrißanfälligkeit *f* cold cracking susceptibility
Spannungsriß *m* **(im abkühlenden Guß)** cold crack
Spannungsrißkorrosion *f* stress corrosion; stress corrosion cracking (= SCC)
Spannungsrißkorrosion *f*, **wasserstoffinduzierte** stress corrosion cracking, hydrogen-induced
Spannungsrißverhalten *n* cold cracking behaviour
Spannungsstoß *m* pip
Spannungsstufe *f* voltage tap
Spannungstensor *m* stress tensor
Spannungszustand *m* state of stress; stress state; tensile state

Spannungszustand *m*, **axialsymmetrischer** axisymmetric state of stress
Spannungszustand *m*, **dreiachsiger** three dimensional (3D) state of stress
Spannungszustand *m*, **ebener** plane state of stress
Spannungszustand *m*, **hydrostatischer** hydrostatic state of stress
Spannungszustand *m*, **zweiachsiger** biaxial stress; plane state of stress; plane stress; two dimensional (2D) stress state
Spannung *f*, **wahre** true stress
Spannweite *f* span
Spannzungszustand *m* **einachsiger** uniaxial stress condition
Spanstauchung *f* chip upset; cutting ratio
Spanungsdicke *f* undeformed chip thickness
Spanwinkel *m* rake angle
Sparbeize *f* inhibitor
Sparbeizwirkung *f* inhibiting effect
Sparzinklegierung *f* economic zinc alloy
Spateisenstein *m* siderite; sparry iron ore; spatic iron ore
spatig spatic
Spätschicht *f* late shift
Speckstein *m* French chalk; soap stone
Speichendraht *m* spoke wire
Speicher *m* store
Speicherbunker *m* storage bunker
Speicher *m* **(EDV)** memory
Speicherfähigkeit *f* storing capacity
Speichergrube *f* storage pit
speichern accumulate; store
Speichervermögen *n* storage capacity
Speicherwärme *f* stored heat (Cowper)
Speisekopf *m* feeder head
Speisekopf *m* **(Block)** dozzle
speisen feed
Speiserinne *f* sprue canal
Speisespannung *f* supply voltage
Speisevorrichtung *f* feeder; feeding device
Speisewasser *n* feed water
Speisung *f* feed
Spektralanalyse *f* spectrographic analysis; spectrum analysis
Spektralphotometrie *f* spectrophotometry
spektrochemische Prüfung *f* spectrochemical analysis
Spektrographie *f* spectrography
Spektrometer *n* spectrometer
Spektroskopie *f* spectroscopy
Sperrad *n* rack wheel; ratchet
Sperrbrücke *f* weir across ladle mouth (to retain slag)
sperren close
Sperrflüssigkeit *f* sealing liquid
sperriges Stück *n* gagger
Sperrschicht *f* **(Schmieren)** parting layer
Sperrschichtwirkung *f* **(Schmierung)** blocking effekt
Sperrschieber *m* gate valve
Spezialarmatur *f* **für die Hochofenkühlung** special fittings for blast-furnace cooling
Spezialkleber *m* special adhesive
Spezziallegierung *f* special alloy
Spezialmaschine *f* special machine
Spezialprofil *n* special steel section
Spezialprofilwalzwerk *n* special steel section mill
Spezialprofil *n*, **warmgewalzt** hot rolled special [steel] section

Spezialroheisen *n* **(für GGG)** special crude iron
Spezial- und Sonderroheisen *n* special purpose crude iron
spezialverchromt specially chromized
spezifischer Widerstand *m* **[elektrisch]** resistivity [electrical]
spezifisches Gewicht *n* specific gravity; specific weight
spezifische Wärme *f* specific heat capacity; thermal capacity
Sphärogußwalze *f* spheroidal cast roll; spheroidal graphite roll
sphärolithisches Gußeisen *n* nodular [graphite] cast iron; spheroidal [graphite] cast iron
Spiegel *m* meniscus; surface of metal (in a mould)
Spiegeleisen *n* spiegel iron
Spiegelschauloch *n* gas end peep hole; gas port peep hole
Spiegelwand *f* **(SM-Ofen)** bulkhead (of uptake)
Spiel *n* clearance; cycle; margin
Spielraum *m* allowable variation; backlash; clearance; tolerance
Spindel *f* arbor; shaft; spindle
Spindeldrehmoment *n* spindle torque
Spindel *f* **(in Druckschraube)** screw
Spindelpresse *f* screw press
Spindelstahl *m* spindle steel
spinodaler Zerfall *m* spinodal decomposition
Spinortskorrelation *f* **(Atome und Elektronen)** interaction of spins
Spinwellenspektrum *n* spin wave spectrum
Spiralbohrer *m* spiral drill; twist drill
Spiralfeder *f* coil[ed] spring; spiral spring
spiralförmig steigend beim Aufwinden (Drahtring) spiral cast
Spiralrohranlage *f* spiral tube welding installation
Spiralschweißen *n* spiral welding
Spiralseil *n* **geschlossenes** locked coil rope
Spitzbogenkaliber *n* gothic groove; gothic pass
Spitze *f* tip
Spitzeisen *n* broad tool
Spitzendrehbank *f* centre lathe
Spitzendurchmesser *m* tip diameter
spitzenlose Gewindeschleifmaschine *f* centreless thread grinding machine
Spitzen-Rate *f* side rate
Spitzenverbrauch *m* tip consumption
Spitzenwert *m* peak value
Spitzenwinkel *m* vertex angle
spitzer Winkel *m* acute angle
Spitzkeil *m* **(ff. Stein)** feather end
Spitzkerb *m* V-notch
Spitzkerbprobe *f* V-notch specimen
Splint *m* corter pin; cotter pin; split pin
Splitt *m* splinter
Splitter *m* sliver; splinter
Splitterbruch *m* spall fracture
Splittern *n* scaling; spalling
splittriges Pulver *n* acicular powder; angular powder
Spongiose *f* graphitic corrosion
spratziges Pulver *n* spattered powder
Spreizdorn *m* expanding mandrel
Spreizhaspel *f* expanding coil
Sprengarbeit *f* shooting and blasting
sprengen blow up

Sprengkraft *f* explosive force
Sprengladung *f* explosive charge
Sprenglanze *f* jet tapper
Sprengplattieren *n* explosive cladding
Sprengring-Einwalzmaschine *f* spring ring closing machine
Sprengung *f* blasting
Springduowalzwerk *n* jump roughing mill
springen burst; split
Spritzalitieren *n* alumetizing; aluminum-coating by spraying
Spritzaluminieren *n* spray aluminising
Spritzanlage *f* spray unit
Spritzblech *n* splash board
Spritzdraht *m* spray wire
Spritzdüse *f* spray nozzle
Spritze *f* squirt
spritzen squirt
Spritzen *n*, **thermisches** thermal spraying
Spritzguß *m* pressure die casting
Spritzkanone *f* fettling gun
Spritzmaschine *f* spraying machine
Spritzmasse *f* spraying mixture
Spritzpistole *f* spraying gun
Spritzrohr *n* spraying system
Spritzüberzug *m* spray coating
Spritz- und Reparaturmasse *f* spraying and repair mixtures
Spritzwasserkühlung *f* spray water level cooling
Sprödbruch *m* brittle failure; brittle fracture
Sprödbruchbeständigkeit *f* resistance
Sprödbruchneigung *f* liability to brittle fracture
Sprödbruchprüfung *f* testing for brittle fracture sensitivity
Sprödbruchübergangstemperatur *f* brittle fracture transition temperature; nil-ductility transition temperature
sprödbruchunempfindlich not susceptible to brittle fracture
Sprödbruchwiderstand *m* resistance to brittle fracture
spröde brittle
spröde [Draht] brush [wire]
Sprödigkeit *f* brittleness
Sprödriß *m* brittle crack; ductility-dip crack
Sprudelbett *n* spouted bed
Sprühhärten *n* spray hardening
Sprühkompaktieranlage *f* spray deposition plant
Sprühkompaktieren *n* spray compacting
Sprühkühlung *f* spray cooling
Sprühprobe *f* spray test
Sprühröstverfahren *n* spray roasting system
Sprühtrocknung *f* spray drying
Sprühversuch *m* spray test
Sprung *m* crack; fissure; flaw; spring
Sprungantwort *f* step response
Sprungfederdraht *m* elastic spring wire
Sprungpunkt *m* superconducting transition temperature
Sprungpunkttemperatur *f* superconducting transition temperature
Sprungschaltung *f* intermittent feed
Spülanlage *f* rinsing plant
Spülbehandlung *f* stirring treatment
Spule *f* coil; drum; reel
spulen spool
spülen rinse; stirr
Spuler *m* spooler
Spülgas *n* rinsing gas; stirring gas

Spülgas-Kuppelstation *f* stirring gas coupling station
Spulmaschine *f* winding machine
Spülstein *m* porous plug
Spülversatz *m* flush
Spülversatzleitung *f* hydraulic stowing
Spund *m* bung
Spundprofil *n* piling section
Spundwand *f* sheet piling
Spundwandeisen *n* sheet steel piling
Spundwandstahl *m* steel for sheet piling; steel sheet piling
Spur *f* trace
Spur *f* **des Spannungstensors** trace of the stress tensor
Spurenelement *n* tramp element
Spurenelemente *npl* tagged atoms; tracers; tramp elements
Spurkranz *m* flange; rim
Spurstange *f* ga[u]ge rod; tie rod
Spurweite *f* ga[u]ge
Stab *m* bar; rod
Stabelektrode *f* rod electrode; welding rod
stabil consistent; stable
stabiles Gleichgewicht *n* stable equilibrium
Stabilglühen *n* stabilisation annealing; stabilising
stabilisieren stabilizing
Stabilisieren *n* stabilisation
Stabilisierung *f* **des Restaustenits** stabilization of retained austenite
Stabricht- und -poliermaschine *f* bar straightening and polishing line; bar straightening and polishing machine
Stabstahl *m* bar; merchant bars; steel bars
Stabstahl *m* **in Ringen** coiled bar
Stabstahlwalzwerk *n* bar mill; light section rolling mill; merchant mill
Stabstraße *f* bar mill
Stabwalzwerk *n* rod mill
Stabziehbank *f* rod drawing bench
Stabziehen *n* bar drawing; rod drawing
Stabziehversuch *m* rod drawing test
Stacheldraht *m* barbed wire
Stachelwalze *f* crusher; spiked roll
Stadtgas *n* town gas
Staffel *f* step
Staffelwalze *f* roll in steps; staggered roll; stepped roll
Staffelwalze *f* **(für Flachstahl)** squabbing roll
Stahl *m* steel
Stahl *m*, **antimagnetischer** antimagnetic steel
Stahlanwendungsgebiete *npl* fields of steel application
Stahl *m* **austenitischer** austenitic steel
Stahlband *n* steel strip
Stahlband *n* **für Verpackungszwecke** steel strip for packaging
Stahlbandumreifung *f* steel strip strapping
Stahlbau *m* steel structural work; structural steel work
Stahlbaufirma *f* steel fabricator
Stahlbauprofil *n* steel structural section
Stahlbaustahl *m* steel for steel structural work
Stahlbauteil *n* structural steel component; structural steel element
Stahlbauteil *n* **dünnwandiges** thin walled steel structural element
Stahlbauteil *n* **(eingegossen)** embedded steelwork

Stahlbauten *fpl* structural steelwork
Stahlbegleitelement *n* companion element; trace element; tramp element
Stahlbehälter *m* **mit Glasauskleidung** glass lined steel container; glass lined steel tank
Stahlberatungsstelle *f* steel advisory centre
Stahl *m* **beruhigter** killed steel
Stahlbeton *m* ferroconcrete; reinforced concrete
Stahlbetonbau *m* reinforced concrete construction
Stahlbetonbauwerk *n* reinforced concrete structure
Stahlbetonboden *m* reinforced concrete pavement
Stahlbetondachbinder *m* reinforced concrete roof truss
Stahlbetondecke *f* reinforced concrete floor
Stahlbetonstütze *f* reinforced concrete column
Stahlbetonträger *m* reinforced concrete girder
Stahlbewehrung *f* steel reinforcement
Stahlbinder *m* steel truss
Stahlbinderbauweise *f* steel-framed structure
Stahlblech *n* steel plate; steel sheet
Stahlblech *n*, **Aluminium-Zink beschichtetes** aluminum zinc coated [steel] sheet; galvalume sheet
Stahlblech *n*, **Elektro-** electric steel sheet
Stahlblech *n*, **emaillierfähiges** enamelling steel sheet; steel sheet suitable for enamalling
Stahlblech *n* **(fein)** steel sheet
stahlblechgekapselt sheet-steel enclosed
Stahlblechkanal *m* sheet-steel duct
Stahlblechkapselung *f* sheet-steel enclosure
Stahlblech *n*, **kornorientiertes Elektro-** grain-oriented electric steel sheet
Stahlblech *n* **(mittel)** steel plate
Stahlblech *n* **nicht kornorientiertes** non-grain-oriented steel sheet
Stahlblech *n*, **plattiertes** clad[ded] steel sheet
Stahlblech *n*, **profiliertes** profiled steel sheet
stahlblechummantelt sheet-steel enclosed
Stahlblech *n*, **verzinktes- in Tafeln und Rollen** galvanised steel sheet in panels and coils
Stahlbogen *m* steel arch
Stahlbohrer *m* steel drill
Stahlbolzenkette *f* bolted steel chain
Stahlbuchse *f* steel bushing
Stahlcord *m* steel cord
Stahldraht *m* steel wire
Stahl *m* **durch Aufwalzen plattiert** clad steel
Stahl *m* **durch Verdrillen kaltgereckter** cold twisted steel bars
Stahleigenschaft *f* steel property
Stahleinlage *f* **(Bauwesen)** steel reinforcement
Stahleinlage *f* **(Gewebe)** inserted wire mesh
Stahleinsatzliste *f* list of steel applications
Stahleisen *n* basic pig iron; non phosphorous pig iron
Stahl-Eisen-Lieferbedingungen *fpl* steel supply conditions

Stahl-Eisen-Prüfblatt *n* steel test specification
Stahlentgasung *f* steel degassing
Stahlentgasungsanlage *f* steel degassing plant
Stahlentschwefelungsanlage *f* steel desulphurization plant
Stähle *mpl* **vergütete und randschichtgehärtete** heat treatable and surface hardening steels
Stahlfachwerkkonstruktion *f* steel framework
Stahlfeder *f* steel spring
Stahl *m* **feinkörniger** fine-grained steel
Stahlfenster-Profil *n* steel window section
Stahl *m,* **ferritisch-austenitischer** ferritic-austenitic steel
Stahl *m,* **ferritischer (extrem geringe Legierungsgehalte)** ELA (extra-low-additions) ferritic steel
Stahlfitting *n* steel fitting
Stahlflachzeug *n,* **rollenbeschichtetes** coil-coated steel flat products
Stahlfolie *f* steel foil
Stahlformguß *m* cast steel; steel castings
Stahlformmasse *f* moulding mixture for steel castings; steel foundry moulding compound
Stahl *m* **für Flamm- und Induktionshärten** steel for flame and induction hardening
Stahl *m* **für geschweißte Rundstahlketten** steel for welded round link chains
Stahl *m* **für Kernenergie-Erzeugungsanlagen** steel for nuclear power plant
Stahl *m* **für Leitungsrohre** steel for linepipe
Stahl *m* **für Nieten** steel for rivets
Stahl *m* **für Oberbaumaterial** steel for permanent-way material
Stahl *m* **für Oberflächenhärtung** steel for superficial hardening
Stahl *m* **für Randschichthärten** steel for surface hardening
Stahl *m* **für Schrauben** steel for screws
Stahl *m* **für Schraubenmuttern** steel for nuts
Stahl *m* **für Tiefziehzwecke** steel for deep drawing
Stahlgelenkkette *f* steel link chain
Stahlgießbehandlung *f* cast steel treatment
Stahlgießerei *f* steel casting foundry
Stahlgießereierzeugnisse *npl* cast steel products
Stahlgießpfanne *f* steel pouring ladle
Stahlgießwagen *m* steel pouring ladle car
Stahl *m* **graphitischer** graphitic steel
Stahl *m* **grobkörniger** coarse grained steel
Stahlguß *m* cast steel
Stahlguß *m* **(Erzeugnis)** steel casting
Stahlgußrohr *n* cast steel pipe
Stahlgußteil *n* steel casting
Stahlgußwalze *f* cast steel roll
Stahlgüte *f* grade of steel
Stahl *m* **halbberuhigter** balanced steel; semi killed steel
Stahl *m,* **heißbrüchiger** burned steel
Stahlhochbau *m* steel frame superstructure; steel structural engineering
Stahl[hoch]bau *m* steel structures

Stahlhochbau *m* structural steel engineering
Stahl *m* **hochfester** high strength steel; high tensile steel
Stahl *m* **hochlegierter** high-alloy steel
Stahl *m* **kaltgewalzter und kaltgereckter** cold-worked steel
Stahlkies *m* steel shot
Stahlklasse *f* steel grade
Stahl *m* **kohlenstoffarmer** low-carbon steel
Stahl *m* **kohlenstoffreicher** high-carbon steel
Stahlkompensator *m* steel expansion joint
Stahlkonstruktion *f* steel structure; structural steelwork
Stahlkonstruktionsrohr *n* structural steel tube
Stahlkugel *f* steel ball
Stahlleichtbau *m* light steel structure
Stahlleichtprofil *n* light weight steel shape
Stahl *m* **lufthärtender** self-hardening steel
Stahlmantelstein *m* steel cased brick
Stahl *f*, **mikrolegiert** microalloyed steel
Stahl *m* **mit besonderen physikalischen Eigenschaften** steel with special physical properties
Stahl *m* **mit besonderer Wärmeausdehnung** steel having particular thermal expansion properties
Stahl mit eingewalztem Muster *m* pattern rolled steel
Stahl *m*, **mit extrem geringem Kohlenstoffgehalt** ELC (extra-low-carbon) steel
Stahl *m* **mit hohem Kohenstoffgehalt** hard steel
Stahl *m* **mit nadelartigem oder kristallinischem Gefüge** scorched steel
Stahl *m* **mit niedrigem Kohlenstoff** mild steel
Stahl *m* **mit niedrigerem C-Gehalt** low carbon steel
Stahlnachbehandlung *f* steel after-treatment
Stahl *m*, **niedrigtemperatur-austenitischer** low-temperature austenitic steel
Stahl *m*, **oberflächenhärtbar** surface hardenable steel
Stahlpanzerrohr *n* steel armoured conduit; steel conduit
Stahlpanzerrohr-Endhülse *f* steel conduit-end sleeve
Stahlpanzerrohrfitting *n* steel conduit fitting
Stahlpanzerrohrgewinde *n* thread of steel conduit
Stahlplättchen-Aufschweißen *n* steel facing
Stahlprobe *f* steel sample
Stahlprodukte *npl* **Endabnahme von - (Qualitätsmanagement)** final release of steel products (quality management)
Stahlpulver *n* steel powder
Stahlrammpfahl *m* sheet piling
Stahlregal *n* steel shelf
Stahlroheisen *n* non phosphorous pig iron
Stahlrohr *n* radiant tube; steel pipe; steel tube
Stahlrohr *n* **(allgemein)** steel pipe
Stahlrohrbrenner *m* radiant tube burner
Stahlrohrgerüst *n* tubular steel scaffolding

Stahlrohr *n*, **geschweißt** welded steel tube
Stahlrohr *n* **(kaltgezogen)** steel tube
Stahlrohrstrangpresse *f* steel tube extrusion
Stahlrohrstrangpressen *n* steel tube extrusion
Stahlrohr *n* **(warmgewalzt)** steel pipe
Stahlsaitenbeton *m* long line prestressed concrete
Stahlsand *m* steel shot
Stahlsand *m* **(scharfkantig)** angular steel grit
Stahlsandstrahlen *n* grit blasting; shot blasting; shot peening
Stahlschmelze *f* steel melt
Stahlschmelzofen *m* steel melting furnace
Stahlschwelle *f* steel sleeper; steel tie (am.)
Stahlskelettbau *m* steel framework construction; structural steel framework
Stahlskelettkonstruktion *f* steel-framed construction
Stahlsorte *f* grade of steel; steel grade
Stahlspritzer *mpl* spattering; splashes
Stahlspundwandprofil *n* steel sheet piling section
Stahlträger *m* **(gewalzt)** steel beam
Stahl *m* **übereutektoidischer** hypereutectoid steel
Stahlübergabewagen *m* steel transfer car
Stahl *m* **unberuhigter** rimmed steel (am.); rimming steel
Stahl- und Seildrahtgüte *f* steel and rope wire grade
Stahl *m* **untereutektoidischer** hypoeutectoid steel
Stahlverarbeitende Industrie *f* steel users
Stahlverbraucher *m* steel user
Stahl *m* **vergossener** cast steel
Stahl *m*, **verschleißfester** wear resistant steel
Stahlverwendungsgebiete *npl* fields of steel application
Stahl *m*, **vorbearbeitet** rough-machined steel
Stahl *m*, **warmfester** steel for elevated temperatures
Stahlwasserbau *m* steel hydraulic engineering
Stahlwerk *n* melting shop; steel melting shop; steel works
Stahlwerker *m* steel maker
Stahlwerksdirektor *m* superintendent steelmaking department
Stahlwerkserz *n* steelwork ore; steelworks ore
Stahlwerks-Frischerz *n* steel refining ore
Stahlwerksgebläse *n* steel work's blower; steel work's blowing engine
Stahlwerkshalle *f* melting shop
Stahlwerkspfannen-Schiebermaterial *n* ladle slide-gate material
Stahlwerksteer *m* tar for steel making purposes
Stahlwerksverschleißmaterial *n* casting pit refractories
Stahlwerksverschleißstoff *m* casting pit refractories
Stahl *m*, **wetterfester** steel resistant to weathering
Stahl *m* **zum Kaltumformen** steel for cold forming
Stammbaum *m* flow sheet
Stammlösung *f* parent solution

Stampfdolomit *m* tamping dolomite
stampfen bank; tamp
Stampfherd *m* rammed bottom; rammed hearth
Stampfmaschine *f* ramming machine
Stampfmasse *f* ramming mix; tamping clay; temping clay
Stampfmasse *f*, **feuerfeste** refractory tamping clay
Stampfschablone *f* ramming form
Standardabweichung *f* mean square deviation; standard deviation
Standardgüte *f* standard quality
Standardkostenrechnung *f* standard costing
Ständer *m* column; upright
Ständerholm *m* mill housing post
Ständerrolle *f* breast roller
Standfestigkeit *f* creeping strength; stability
Standort *m* site
Standplatz *m* location
Standrohr *n* bleeder; standpipe
Standsicherheit *f* stability
Standversuch *m* static test; stationary test
Stand-Weg-Versuch *m* tool life/tool path test
Standzeit *f* exposure time; standing time; stay[ing time]; time in the mould
Standzeit *f* **(im Ofen)** standing time
Standzeit-Schnittgeschwindigkeit-Kurve *f* service life cutting speed curve
Standzeit *f* **(Werkzeug)** life
Stange *f* bar; rod; steel rod
Stangendraht *m* wire rod
Stangenpoliermaschine *f* rod polishing machine
Stangenschälerei *f* bar turing [peeling] shop
Stangen- und Profilziehmaschine *f* drawing machine for bars and sections
Stangenwiderlager *n* **(Rohrwalzwerk)** bar steadler
Stangenziehbank *f* bar drawing bench; rod drawing bench
Stangenziehen *n* rod drawing
Stangenziehmaschine *f* rod drawing machine
Stanzblech *n* punching sheet
Stanze *f* stamping die
stanzen blank; punch; stamp
Stanzmatrize *f* punching die
Stanzpresse *f* power punch; punching press
Stanzteil *n* stamped part
Stanzwerkzeug *n* blanking tool; punching tool; stamping tool
Stapel *m* pile; stack
Stapelfaktor *m* stracking factor
Stapelfehlerausscheidung *f* stacking fault precipitation
stapeln pile; stack
Stapelplatte *f* pallet
Stapelvorrichtung *f* stacker
Stapler *m* stacker
Stärke *f* strength; thickness
Starkfeldmagnetscheidung *f* high intensity magnetic separation
Starkgasheizung *f* rich gas heating; strong gas heating
stark kochend high boiled
Starkverzinkung *f* heavy zinc coating
Starkverzinnung *f* heavy galvanising
starr rigid
starr-plastisch rigid-plastic
Statik *f* statics
stationärer Zustand *m* steady state condition

statisch static
Statistik *f* statistics
statistische Auswertung *f* statistical evaluation
statistischer Rückschluß *m* statistical inference
statistische Sicherung *f* significance
statistische Sicherung *f* **von Mittelwerten** significance of means
statistisch gesicherter Unterschied *m* significant difference
Staubablagerung *f* dust deposit
Staubabscheider *m* dust separator
Staubanfeuchter *m* dust wetting plant
Staubauswurf *m* emission of dust
Staubbekämpfung *f* dust prevention measures
Staubbelag *m* dust layer
stauberzeugend dust evolving
Staubfänger *m* dust catcher
staubförmig dusty
Staubgehalt *m* atmospheric pollution; dust content
Staubkalk *m* lime powder
Staubniederschlag *m* dust deposit; dustfall
Staubpegelwert *m* dust deposit ga[u]ge; dust level
Staubprobenahme *f* dust sampling
Staubsack *m* dust catcher
Staubsauger *m* vacuum cleaner
Staubscheibe *f* measuring orifice
staubschleifen lap
Staubschutz *m* dust shield
Staubverzinkung *f* dry galvanizing; sherardizing
Staucharbeit *f* compression energy; upsetting work
Stauchdraht *m* upsetting wire
stauchen bulge; cobble; upset
Stauchen *n* bulging; pressure forging; upset forging compression
stauchen (Breite) edge
Stauchen *n* **(Breite)** edging
Stauchen *n* **eines Halbzeuges (Gesenkschmiede)** gathering
stauchen (Kopf) head
stauchen (schmieden) upset
Stauchgrad *m* upsetting reduction ratio
Stauchkaliber *n* edging pass
Stauchkraft *f* upsetting force
Stauchmaschine *f* upsetting machine
Stauchmatrize *f* upsetting die
Stauchpresse *f* upsetter; upsetting press
Stauchstich *m* edging pass; upset pass
Stauchstich *m* **(bei Schienen)** dummy pass
Stauchversuch *m* bulging test; compression test; dump test; knock down test
Staumauer *f* retaining wall
Staurand *m* diaphragm; orifice
Stauscheibe *f* diaghragm; orifice
Stauung *f* choking
Stearat *n* stearate
Stechen *n* **an der Kontrolluhr** time keeping
Steckel-Walzwerk *n* Steckel mill
Stecker *m* plug
Steckschlüssel *m* box spanner
Stefan-Boltzmann-Gesetz *n* Stefan-Boltzmann law
Steg *m* fixed link
Steghöhe *f* depth of web
Steg *m* **(Träger)** web
Stehlager *n* pedestal bearing; pillow block (am.); plummer block

Steifigkeit *f* rigidity; stiffness
steigender Guß *m* bottom pouring; rising casting
steigender Stahl *m* effervescent steel; rising steel
steigendes Gießen *n* uphill casting; up-running
steigend gießen bottom cast; bottom pour; cast uphill
steigen (Stahl) rise
Steiger *m* flow gate; riser
Steigerung *f* enhancement
Steigkanal *m* ascension pipe; riser; standpipe
Steigleitung *f* ascension pipe; riser; standpipe
Steigrohr *n* ascension pipe; riser; standpipe
Steigtrichter *m* flow gate; riser
Steigung *f* inclination; slope
Stein *m*, **basischer** basic brick
Steinbruch *m* quarry
Steinfabrik *f* brick making plant
Steinkohle *f* pit coal
Steinkohlen-Bergbau *m* coal mining
Steinkohleneinheit *f* **(SKE)** coal unit
Steinkohlenteerpech *n* coal tar pitch
Steinpresse *f* brick press
Steinstrahlofen *m* multi-jet bricked burner furnace
Stelleinheit *f* **(Walzwerk)** setting increment
stellen adjust; point; set
Stellenbesetzungsplan *m* manning schedule
Stellgeschwindigkeit *f* **(Regelungstechnik)** control rate
Stellglied *n* correcting element; final control element
Stellgröße *f* correcting condition (automatic control); manipulated variable (am.) (automatic control)
Stellit *m* stellite
Stellmotor *m* servomotor
Stellschraube *f* adjusting screw
Stellung *f* location
Stellungsregler *m* position regulator
Stellwerk *n* correcting unit
Stempel *m* die; punch; stamp
Stempelguß *m* die casting
Stempelmaschine *f* stamping machine
stempeln mark
Stempelrichtpresse *f* gag press
Stengelgefüge *n* columnar structure; stalk like structure
Steppschweißen *n* stitch welding
stereographische Projektion *f* stereographic projection
stereographische Verbundprojektion *f* composite stereographic projection
stereometrische Aufzeichnung *f* macro-mapping
Sternkeilwelle *f* multiple spline shaft
Stern *m* **(Rad)** spider
stetig continuous; steady
stetige Häufigkeitsfunktion *f* continuous frequency function
Stetigförderer *m* continuous conveyor
Steuer *n* steerage; tax
Steuerbarkeit *f* manoeuverability
Steuerbühne *f* control platform; control pulpit; operating pulpit
Steuergerät *n* controller
Steuerhebel *m* control lever
Steuerkette *f* control chain
Steuermann *m* attendant; driver; machinist
steuern control; steer

Steuerrolle *f* steering roll
Steuerstand *m* control stand; operating stand
Steuerstromimpuls *m* control current impulse
Steuerung *f* automatic operation; control; control gear; steering
Steuerung *f* **offene** open loop control
Stich *m* pass; stroke
Stichabnahme *f* draught; draught per pass
Stichflamme *f* fine pointed flame; shooting flame; torch for lighting fuse
Stichfolge *f* pass sequence
Stichfolge *f* **(beim Walzen)** reduction sequence
Stichloch *n* tap hole
Stichlochbohrmaschine *f* drill for tapholes
Stichlochstopfmaschine *f* blast furnace gun; blast-furnace mud gun; clay gun; mud gun
Stichlochstopfstange *f* tap bar
Stichmaß *n* template
Stichprobe *f* control sample; sample
stichprobenartige Überprüfung *f* spot Charlier check; spot check
Stichprobe *f* **nehmen** sampling
Stichprobenerhebung *f* sampling; survey
Stichprobenfehler *m* sampling error
Stichprobenmuster *n* sample design
Stichprobenparameter *m* statistic
Stichprobenplan *m* sample design; sampling plan
Stichprobenprüfung *f* random sampling
Stichprobenverfahren *n* sampling
Stichtabelle *f* pass sequence
Stichzeit *f* manipulation time
Stickstoff *m* nitrogen
Stickstoffabbau *m* nitrogen decomposition
Stickstoff *m*, **falscher** false nitrogen
stickstofflegierter austenitischer Stahl *m* nitrogen-alloyed austenitic steel
Stiefelsches [Scheiben-] Lochwalzwerk *n* Stiefel-type disc piercer
Stielpfanne *f* hand shank
Stift *m* stud
Stiftschraube *f* stud; stud screw
stillsetzen shut down; stop
Stillstand *m* shut down; stoppage
Stillstandkorrosion *f* corrosion during shut down period of service; idle [boiler] corrosion
Stillstandzeit *f* idle time
Stippenbildung *f* stippling
Stirnabschreckdiagramm *n* end-quench test curves
Stirnabschreckhärtekurve *f* end-quench hardness curve
Stirnabschreckprobe *f* end quench specimen; Jominy test piece
Stirnabschreck-Prüfung *f* **[Härtbarkeit]** end-quench test [hardenability]
Stirnabschreckversuch *m* Jominy test
Stirnbrenner *m* end burner
Stirnfläche *f* face
Stirnfräsen *n* front milling
Stirnrad *n* spur gear; spur wheel
Stirnschleifen *n* face grinding
Stirnseite *f* end face; face; front face
Stirnwand *f* end wall
Stocheisen *n* poker
stochen stir; stoke
Stocher *m* fireman; stoker
Stöchiometrie *f* stoichiometry

stöchiometrische Zahl *f* stoichiometric number
Stoffbilanz *f* materials balance
Stofffluß *m* flow of material
Stoffflußverfolgung *f* tracing
Stoffmangel *m* underfilling (ingot defect)
Stoffmenge *f* amount of substance
Stoffmengengehalt *m* mole fraction
Stoffmengengehalt *m* **in %** atomic percentage
Stoffmengenstrom *m* molar flux
Stoffpaar *n* combination of materials
Stoffschluß *m* metallic continuity
Stoffübergang *m* mass transfer
Stoffüberschuß *m* overfilling
Stoffumsatz *m* mass reaction
Stopfbüchse *f* packing box; stuffing box
Stopfen *m* bot[t]; plug; stopper
Stopfenläufer *m* leaky stopper; running stopper
Stopfenpfanne *f* bottom tap ladle; bottom-pour ladle; bottom-tap ladle
Stopfensetzstand *m* stopper preparation [stand]
Stopfenstange *f* botter rod; stopper rod; tapping rod
Stopfenstangenmechanismus *m* stopper rod mechanism
Stopfenstangenrohr *n* sleeve brick; stopper rod brick
Stopfenstangenverschluß *m* stopper rod control
Stopfenwalzen *n* plug rolling
Stopfenwalzwerk *n* piercing mill; plug mill
Stopfenweg *m* stopper travel
Stopfenwirtschaft *f* stopper preparation area
Stopfenziehen *n* mandrel drawing
Stopper *m* stopper
Störanfälligkeit *f* sensibility to disturbances; susceptibility to trouble
Storchschnabelgetriebe *n* pantograph
Störecho *n* spurious echo
Störgröße *f* disturbance
Störgrößenaufschaltung *f* disturbance feed forward
Störmelderechner *m* malfunction monitoring computer
Störpegel *m* noise level
Störschwingung *f* disturbing wave
Störung *f* accident; delay; disturbance; interruption
Störwertspeicher *m* off-normal memory
Stoß *m* blow; impact; shock; stroke
Stoßanlassen *n* flash tempering; shock tempering
stoßartige Änderung *f* abrupt change
Stoßbank *f* push bench
Stoßbankluppe *f* push bench bloom
Stoßbankverfahren *n* **(Ehrhardt-Verfahren)** rotary forge process
Stoßbeanspruchung *f* impact load
Stoßbelastung *f* impact load
Stoßblech *n* baffle plate
Stoß *m* **doppelt abgesetzter** double-step joint
Stößel *m* ram
stoßen join; knock
stoßfrei impact free
stoßfreie Umschaltung *f* bumpless transfer
Stoßfuge *f* expansion joint
Stoßmaschine *f* slotting machine
Stoßofen *m* pusher type furnace
Stoßofen-Hängedecke *f* suspended roof for pusher-type furnace

Stoßprobe *f* drop test
Stoß *m* **schräger** bevel joint; diagonal joint
Stoßschweißung *f* butt welding
Stoßstange *f* bumper
Stoß *m* **(Trennstelle)** joint
Stoß *m* **überlappter** lap joint; stepped joint
Stoß *m* **(Verbindungsstelle)** joint
Strahl *m* jet; spurt
Strahldüsenfrischverfahren *n* spray steelmaking
strahlen shot blast
Strahlen *n* radiating
Strahlenbündel *n* brush
Strahlenbüschel *n* pencil of rays
Strahlenschaden *m* radiation damage
Strahlenschutz *m* radiation protection
Strahlentzundern *n* shot blasting
Strahlentzunderung *f* shot blasting
Strahl-Glasperle *f* shot-blast glass-bead
Strahl *m* **(Licht)** beam
Strahlmittel *n* abrasive techniques; abrasives; sand blasting shot
Strahlmittel *n*, **festes** solid abrasive
Strahlputzen *n* sandblasting
Strahlrohr *n* lance
Strahlrohrbeheizung *f* radiant tube heating
Strahlrohr-Durchlauf-Blankglühofen *m* radiation-tube continuous bright-annealing furnace
Strahlsandblasen *n* cloudburst treatment; shot peening
Strahlung *f* radiation
Strahlung *f* **des schwarzen Körpers** black body radiation
Strahlungsaustauschzahl *f* radiation coefficient
Strahlzentrierung *f* stream centering
Strahlzentrierung *f* **automatische** automatic stream centering control
Strang *m* bar; casting; strand
Strangabdichtung *f* strand seal
Strangabstützung *f* strand support
Strangförderrolle *f* withdrawal roll
Strangförderwalze *f* **(Stranggießen)** withdrawal roll
Strangführung *f* roller apron; strand guide
Strangführungsrolle *f* strand guide roll
Strangführungssegment *n* strand guide segment
Strangfuß *m* bottom of the casting
stranggegossen continuously cast
Stranggießanlage *f* continuous casting plant
Stranggießanlage *f* **vertikaler Bauart mit Strangabbiegung** vertical type continuous casting plant with bending of the strand
Stranggießen *n* continuous casting
Stranggießen *n* **zwischen endlosen Bändern** belt casting
Stranggießerzeugnis *n* CC-product; continuously cast product
Stranggießkokille *f* cc mould
Stranggieß-Kreisbogenanlage *f* **mit gebogener Kokille** curved mould continuous casting machine
Stranggieß-Kreisbogenanlage *f* **mit gerader Kokille** S-type continuous casting machine with straight mould
Stranggießmaschine *f* continuous casting machine
Stranggieß-Ovalbogenanlage *f* oval bow-type continuous casting machine
Stranggießrolle *f* continuous casting

roll
Stranggießverfahren *n* continuous casting method
Stranggußeisenverarbeitung *f* continuously cast steel processing
Strangqußknüppel *m* CC-billet; continuously cast billet
Stranggußkühlung *f* continuous-casting cooling
Stranggußprofil *n* continuously cast section
Stranggußvorprofil *n* continuously cast beam blank; continuously cast section
Stranghaut *f* strand shell
Strangkühlung *f* strand cooling
Strangpresse *f* extruding press; trace press
Strangpresse *f* **für Profile** extrusion press for sections
strangpressen extrude
Strangpressen *n* bar extrusion; extrusion; extrusion press
Strangpressen *n*, **direktes** forward extrusion
Strangpressen *n*, **hydrostatisches** hydrostatic bar extrusion
Strangpressen *n*, **indirektes** backward extrusion; reverse extrusion
Strangpreßrohling *m* extrusion billet
Strangpreßwerkzeug *n* extrusion press tool
Strangquerschnitts-Direktreduktion *f* direct strand reduction
Strangrührer *m* **elektromagnetischer** in-mould electromagnetic stirrer
Strangschale *f* strand shell
Strangstützung *f* strand support
Strangtrenneinrichtung *f* strand cutting equipment
Strangwalze *f* strand roll
Straße *f* train
Straßenauslastungsgrad *m* mill utilization factor
Straßenbauschlacke *f* road building slag
Straßennutzungsgrad *m* mill utilization factor
Straßensetzwert *m* mill set-up value
Strebe *f* brace; truss
Streckbarkeit *f* extensibility
Streckdraht *m* strained wire; stretched wire
Strecke *f* distance; intervall; line
strecken draw; draw out; extend; stretch
Strecken *n* stretch forming
Streckformen *n* stretch forming
Streckgerüst *n* blooming [mill] stand
Streckgesenk *n* fuller; swager
Streckgrad *m* ratio of extension by rolling
Streckgrenze *f* offset yield stress; proof stress; yield point
Streckgrenzenabfall *m* drop in yield stress
Streckgrenzenverhältnis *n* elastic limit tensile strength ratio; ratio of yield stress to tensile strength; yield ultimate ratio
Streckgrenze *f* **obere** upper yield point; upper yield strength; upper yield stress
Streckgrenze *f* **untere** lower yield point; lower yield strength; lower yield stress
Streckkaliber *n* break[ing] down pass
Streckmaschine *f* stretcher leveller
Streckmetall *n* expanded metal
Streckplanieren *n* spinning
Streckreduzieren *n* stretch reduction

Streckreduzierwalzen *n* reducing by roll stretching
Streckreduzierwalzwerk *n* stretch reducing mill; stretch reduction mill
Streckrichtanlage *f* stretch levelling facility
Streckrichten *n* straightening by stretching; stretcher levelling
Streckrichtmaschine *f* stretch levelling machine; tension levelling machine
Streckschmieden *n* cogging back
Streckspannung *f* yield stress
Streckstahl *m* stretched steel
Streckstich *m* roughing pass
Streckwalze *f* break[ing] down roll; cogging [down] roll
Streckwerkzeug *n* fuller; swager
Streckziehen *n* stretch forming
Streifen *m* blade; strip
Streifenbildung *f* roping
streifengesteuerter Kartenlocher *m* tape to card converter
Streifenlocher *m* tape perforator
Streifenmodell *n* strip or slab model
Streifenwalzwerk *n* strip [rolling] mill; strip [steel] mill
streifig lamellar in the form of lamellar streaks; lamellar streaks
Streubereich *m* scatter; scatter band
streuen scatter; spread
Streufeldenergie *f* stray field energy
Streufluß *m* stray flux
Streureaktanz *f* **(Lichtbogenofen)** leakage reactance
Streustrom-Korrosion *f* vagabond current corrosion
Streuung *f* dispersion; scatter; variation
Streuungszerlegung *f* analysis of scatter; analysis of variance; scatter analysis
Streuwert *m* erratic value; scatter value
Striemen *m* mark
strippen strip
Stripperkran *m* stripping crane
Strom *m* current; flow
Stromabnehmer *m* brush; current collector
Stromanschlußwert *m* overall power consumption
Stromausbeute *f* current yield
Stromausfall *m* power failure
Stromdichte *f* current density
Stromdurchgang *m* passage of current
Stromerzeugung *f* power generation
Stromflußzeit *f* power-on-time
Stromkreis *m* circuit
Stromkreisregelung *f* **(Lichtbogenofen)** closed loop energy control
Stromkreis *m* **schließen** connect a circuit
Stromkreis *m* **unterbrechen** break a circuit
stromlos powerless
Stromnetz *n* electric circuit
Stromrohrsystem *n* **(für Elektroöfen)** evaporating systems; heat recovery systems
Stromschiene *f* bus bar; conductor rail
Stromschienensäule *f* bus bar tower; conductor rail tower
Stromstärke *f* amperage; intensity of current
Strömungsbild *n* flow pattern
Strömungskurve *f* flow-curve
Strömungsmesser *m* current meter; flow meter
Strömungsmodellversuch *m* flow pattern test

Strömungssichten *n* **(Pulvermet.)** elutriation
Strömungstechnik *f* fluid mechanics
Strömungsverhältnisse *npl* flow conditions
Strömungsvorgänge *mpl* flow phenomena
Stromverbrauch *m* current consumption
Stromversorgung *f* current supply
Stromversorgungsnetz *n* power supply network system; supply network system
Stromwandler *m* current transformer
Strontium *n* strontium
Strontiumferrite *mpl* **für Dauermagnete** strontium ferrites for permanent magnets
Struktur *f* articulation; structure
Stückanalyse *f* check analysis; product analysis
Stückerz *n* lump ore
Stücke *npl* **(z.B. Erz)** lumps
Stückgewicht *n* single weight
Stückigkeit *f* lumpiness
stückigmachen agglomerate; briquette; sinter
Stückkohle *f* clod coal; lump coal
Stückofen *m* bloomery [hearth] furnace
Stückschlacke *f* lump slag
Stückschrott *m* lump scrap
Stückseigerung *f* macrosegregation
Stückzeit *f* piece rate
Stückzeitermittlung *f* piece rate setting
Stufe *f* step
Stufendrehversuch *m* step-down test; stepped torsion test
Stufenhärten *n* interrupted hardening; stepped hardening
stufenlose Geschwindigkeitsregelung *f* infinitely variable control of speed
stufenloser Antrieb *m* infinitely variable speed drive
Stufenpresse *f* multiple die press
Stufenrolle *f* **erste** breast roller
Stufenschaubild *n* histogram
Stufentrainieren *n* **(Dauerfestigkeit verbessern)** coaxing
Stufenversetzung *f* edge dislocation
Stufenversuche *mpl* graduated test; tests by progressive loadings
Stufenwalze *f* roll in steps; stepped roll
Stuhl *m* stool
Stuhlschiene *f* chair rail
Stülpziehen *n* reverse drawing
Stummelblock *m* butt ingot; ingot butt
stumpf aneinandersetzen butt
Stumpfnaht *f* **geschweißte** butt-welded joint
Stumpfschweißen *n* butt welding
Stumpfschweißmaschine *f* butt welding machine
stumpf (stumpfer Winkel) obtuse (angle)
Stundenleistung *f* hourly output
Stundenlohn *m* an hour's wages
Stundenlohntarif *m* time wage rate
Sturz *m* break-down; camber
stürzen dump; tip
Stürzen *n* **der Gicht** slip[ping]
Sturzenglühen *n* pack annealing
Stürzen *n* **(Hochofen)** slip
Sturzenwarmofen *m* pack heating furnace; sheet heating furnace
Sturzfestigkeit *f* **(Koks)** shatter strength
Sturz *m* **(Oberschwelle)** lintel
Stütze *f* support; truss

Stutzen *m* connecting piece; socket
Stützgewölbe *n* sprung roof
Stützlinie *f* **(SM-Ofen)** pressure line
Stützring *m* **(Pfanne)** stand ring
Stützrolle *f* **(Strang)** support roll
Stützwalze *f* back-up roll
Stützweite *f* span
Subkornwachstum *n* secondary grain growth
Subkornwachstumskontrolle *f* controlling secondary grain growth
Subkornwachstumskontrolle *f* **in weichmagnetischem Stahl** controlling secondary grain growth in soft magnetic steel
Sublanze *f* sublance
Sublimieren *n* sublimation
Substitutionsmischkristall *m* substitution solid solution
Sulfat *n* sulphate
sulfatsaures Verfahren *n* acid sulphate process
Sulfid *n* sulphide
Sulfideinschluß *m* sulfide inclusion
Sulfidform *f* sulfide shape
Sulfidieren *n* sulphidizing
Sulfit *n* sulphite
Sulfonitrieren *n* sulphonitriding
Summe *f* amount
Summe *f* **der Abweichungsquadrate** deviance
Summenkurve *f* cumulating curve
Summenkurve *f* **(bei Normalverteilung)** cumulative distribution curve
Summenregelung *f* integrating control
Summenregler *m* integrating controller
Summenwert *m* cumulant
Sumpferz *n* bog iron ore
Sumpf *m* **flüssiger** hot heel; liquid initial bath
Sumpf *m* **flüssiger (Stranggießen)** liquid crater
Sumpfgas *n* marsh gas
Sumpf *m* **(Stranggießen)** crater
Superferrit *m* superferrite
superferritischer nichtrostender Stahl *m* superferritic stainless steel
Supraleitfähigkeit *f* superconductivity
Supraleitung *f* superconductivity
Suszeptibilität *f* susceptibility (to)
Symmetrie *f* symmetry
Symmetrierung *f* symmetrisation
System *n*, **feuerfestes** refractory system
Systemüberwachungseinheit *f* watchdog
Szintillationszähler *m* scintillation counter

T

Tabelle *f* table
Tabelliermaschine *f* tabulator
Tafel *f* chart; panel; sheet
Tafelschere *f* gate shear; guillotine shear; plate shears
Tagebau *m* open cut; open pit; open-cut mining
Tagelohn *m* day rates; day's pay; day's wages
Tagschicht *f* day shift
Tailored Beam *m* tailored beam
Tailored Blanks *npl* **(Blechzuschnitte)** tailored blanks
Talg *m* tallow
Tallage *f* **(Atomreihe)** valley location
Tandembogen *m* tandem arc
Tandemwalzwerk *n* tandem mill

Tangentialprobe *f* tangential test
Tank- und Behälterblech *n* tank and container sheet
Tankwagen *m* tank truck
Tantal *n* tantalum
Tänzerrolle *f* dancer roll
Tarifabkommen *n* tarif agreement
Tariflohn *m* base rate; wage conforming to the tarif
Tarifvertrag *m* labour agreement
Tasche *f* bin; pocket
Tastatur *f* keyboard
Tast-Dehnungsmesser *m* feeling elongation meter
tasten feel; touch
Taster *m* **(Fühlersteuerung)** tracer
Tasthebel *m* feeling lever; touching lever
Tastnadel *f* feeler ga[u]ge
taub barren; sterile
tauber Kontakt *m* barren contact
tauber Kontaktgang *m* barren contact
Tauchaluminieren *n* dip coating with aluminium
Tauchausguß *m* submerged nozzle
Tauchbrenner *m* immersion gas burner
Tauchdauer *f* immersion time
Tauchelektrode *f* coated electrode; dipped electrode
Tauchen *n* dripping; immersing
Tauchgrundierung *f* immersion prime coating
Tauchhärten *n* dip hardening; immersion hardening
Tauchheizkörper *m* immersion heater
Tauchkolben *m* plunger
Tauchlanze *f* submerged lance
Tauchlöten *n* dip brazing
Tauchpatentieren *n* batch patenting; bath patenting; immersion patenting
Tauchprobe *f* **(für Metallüberzüge)** stripping test
Tauchpumpe *f* submersible pump; wet-pit pump
Tauchrohr *n* immersion bulb; immersion nozzle; immersion well; submerged nozzle
Tauchrohr *n* **(allgemein)** immersion tube
Tauchrohraufheizer *m* immersion nozzle preheater
Tauchrohrgießen *n* submerged pouring
Tauchrohr-Spritzvorrichtung *f* submerged nozzle spraying device
Tauchschmierung *f* splash lubrication
Tauchthermoelement *n* immersion thermocouple
Tauchtränkung *f* infiltration by dipping
Tauchwalze *f* immersed roll
Taumelmischer *m* asymetric moved mixer; rocking mixer
Taumelscheibe *f* swash plate [tilting box]
Taupunkt *m* dew point
Taupunktmeßgerät *n* dew point hygrometer; humidity cell
Technik *f* techniques
technische Anlage *f* plant
Technische Hochschule *f* Polytechnic Institute
technische Messe *f* technical fair
technischer Sauerstoff *m* tonnage oxygen
technische Störung *f* technical breakdown
technisch reines Eisen *n* commercially pure iron

Technologie *f* technology
technologische Prüfung *f* technological test
Teer *m* tar
Teerdolomitstein *m* tar dolomite brick
teergebunden tar-bonded
teergetaucht tar-impregnated
Teermagnesit *m* tar-bonded magnesite
Teerverarbeitungsanlage *f* tar processing plant
Teer *m* **zum Korrosionsschutz** Angus Smith solution
teigig pasty; plastic
Teilabgeleitete *f* partial derivative
Teilabschreckung *f* selective quenching
Teilchen *n* particle
Teilchenform *f* particle shape
Teilchengröße *f* particle size; screen size
Teilchengrößenbestimmung *f* particle size determination
Teilchen *npl* **je Minute (Geigerzähler)** counts per min
Teilchenwachstum *n* coalescence (of a precipitate)
Teilchenzahl *f* number of particles
Teildruck *m* partial pressure
Teil *n* **eines Gesenkes** bender; setter
teilen divide
Teilerhitzung *f* selective heating
Teilfuge *f* joint; parting line
Teilgesenkschmieden *n* incremental forging in closed die
Teilhärten *n* decremental hardening; selective hardening
Teilkreis *m* circular pitch; pitch circle
Teilkreisdurchmesser *m* **(Lichtbogenofen)** pitch circle diameter
Teilkreislinie *f* pitch line
Teilkreis *m* **(Mikroskop)** graduated circle; graticule
teillegiertes Pulver *n* partially alloyed powder
Teillinie *f* parting line
Teilmenge *f* quota; set
Teilmenge *f* **von** in increments of
Teilmenge *f* **(von Fähigkeiten)** subset
teilrekristallisierter Stahl *m* partly recrystallized steel
Teilschere *f* dividing shears; parting shears
Teilstrahlungspyrometer *n* optical pyrometer; partial radiation pyrometer
Teilsystem *n* **(elektr.)** sub-system
Teilung *f* **(Zahnrad)** pitch
Teilwärmen *n* selective heating
T-Eisen *n* T-iron
tellerartiges Pulver *n* plate-like powder
Tellerfeder *f* cup spring
Tellerfedersäule *f* disc-spring column; saucer spring
Tellerventil *n* mushroom valve; poppet valve
Tellur *n* tellurium
Temperatur *f* temperature
Temperatur-Abbau-Randkoordinaten [-System] *n* temperature-reduction-marginal coordinates [system]
Temperaturabfall *m* drop of temperature
Temperaturanstieg *m* temperature rise
Temperaturanstieg *m* **(nach T-Abfall)** recalescence
Temperaturausgleich *m* thermal equilibrium

Temperatur-Austenitisierungs-Schaubild *n* time-temperature austenitisation diagram
Temperaturbereich *m* range of temperature; temperature range
Temperaturbeständigkeit *f* infusibility; temperature resistance; temperature stability
Temperatur *f*, **Bruchaussehens-Umwandlungs-** fracture appearance transition temperature (FATT)
Temperaturempfindlichkeit *f* sensitivity to temperature; temperature sensitivity
Temperaturfühler *m* thermometer probe
Temperaturfühler *m* **mit Schutzrohr** pyrometric rod
Temperaturführung *f* temperature control
temperaturgeregelte Warmumformung *f* temperature-controlled hot forming
Temperaturgradient *m* temperature gradient
Temperaturkoeffizient *m* temperature coefficient
Temperaturleitfähigkeit *f* thermal diffusivity
Temperaturleitzahl *f* thermal diffusivity
Temperatur *f*, **martensitische** martensitic temperature
Temperaturmeßgerät *n* temperature measuring instrument
Temperaturmeßkegel *m* standard pyrometric cone
Temperaturmessung *f* **durch Widerstandsmessung** resistometric measurement of temperature
Temperatur *f* **nach Curie** Curie temperature
Temperaturregler *m* temperature control apparatus
Temperaturstandzeit *f* tool life at elevated temperature
Temperaturstrahler *m* heat radiating lamp
Temperaturverlauf *m* temperature gradient
Temperaturverlust *m* loss of temperature; temperature loss
Temperaturwechselbeanspruchung *f* alternating temperature loading; thermal shock stress
Temperaturwechselbeständigkeit *f* resistance to thermal fatigue; resistance to thermal shocks; spalling resistance
Tempererz *n* malleablising ore
Tempergießerei *f* malleable iron foundry
Temperguß *m* malleable [cast] iron
Temperkohle *f* temper carbon
tempern malleablizing
Tempern *n* malleablizing
tempern (Gußeisen) malleablise
tempern (Stahl) temper
Temperofen *m* malleablising furnace; malleablizing furnace
Tempo *n* pace
tensile test specimen Zugprobe
Termin *m* limit; time limit
termingemäß according to delivery promise
Terminierung *f* timing
Terminplan *m* time schedule
Terminverschiebung *f* time shifting
Terminwirtschaft *f* time planning
ternär ternary
Ternband *n* terne strip
Ternblech *n* terne plate
Terrassenbruch *m* lamellar fracture; lamellar tearing

Tetracalciumphosphat *n* tetracalcium phosphate
tetragonales Gitter *n* tetragonal lattice
Teufenanzeiger *m* charge level indicator; stock level indicator; stock line gauge; stock line recorder
Textkommunikation *f* text communication
Textur *f* texture
Texturausbildung *f* production of textures
Theisen-Wäscher *m* Theisen disintegrator
Thermalhärtung *f* hot quenching; hot tempering
thermischer Hochgeschwindigkeits-Bildumwandler *m* high speed thermal image transducer
thermisches Spritzen *n* thermal spraying
Thermistor *m* thermistor
Thermitschweißung *f* thermite welding
Thermo-Bimetall *n* bi-metal
thermochemische Behandlung *f* thermochemical treatment
thermochemische Untersuchung *f* thermo-chemical test
Thermodynamik *f* thermodynamics
thermodynamische statistische Größe *f* thermodynamic statistical
thermoelektrische Kraft *f* thermoelectric force
Thermoelement *n* thermocouple
Thermografieverfahren *n* thermographic method
Thermokette *f* thermopile
thermomechanische Behandlung *f* thermomechanical treatment
thermomechanisches Umformen *n* thermomechanical forming
thermomechanisches Walzen *n* thermomechanical rolling
Thermometer *n* **zur Feuchtigkeitsmessung** wet and dry bulb thermometer
Thermopaar *n* thermocouple
thermoplastisch termoplastic
Thermosäule *f* thermopile
Thermoschockbeständigkeit *f* thermoshock resistance
Thermoschockriß *m* thermal shock crack
Thermoswagen *m* rail wagon with compartments for taking red hot ingots
Thioharnstoff *m* thiourea
Thomasflußstahl *m* basic Bessemer ingot steel
Thomaskonverter *m* **(Thomasbirne)** basic Bessemer [steel] converter; Thomas converter
Thomasmehl *n* ground basic slag
Thomasphosphat *n* thomasphosphate
Thomasroheisen *n* basic Bessemer pig iron; Thomas pig iron
Thomasschlacke *f* basic slag
Thomasschlackenmühle *f* basic slag grinding plant
Thomasstahl *m* basic Bessemer steel; basic converter steel; Thomas steel
Thomasstahlwerk *n* basic Bessemer steel works; Thomas steel works
Thomasverfahren *n* basic Bessemer process; basic converter process; Thomas process
Tiefätzen *n* deep etching
Tiefbau *m* **(Bergwerk)** deep mine
Tiefblasen *n* **(Hochofen)** blowing down

Tiefbunker *m* sunken hopper
Tiefe *f* depth
Tiefeinbrandschweißen *n* deep penetration welding
Tiefen *n* stretch forming
Tiefenstreuung *f* throwing power
Tiefenwirkung *f* throwing power
tiefer Einzelriß *m* roke
tiefkühlen sub-zero cool
Tiefkühlen *n* subzero refrigeration
Tiefladewagen *m* well wagon
Tieflauf *m* looping floor; sloping loop channel
Tiefofen *m* pit; pit [type] furnace; soaking pit
Tiefofendeckel *m* pit furnace cover
Tiefofen *m* **(geheizt)** live [soaking] pit
Tiefofenkran *m* pit furnace crane; soaking pit crane
Tiefofen *m* **(ungeheizt)** dead [soaking] pit
Tiefofenzelle *f* cell; hole
tieftemperaturbehandeln sub-zero treat
Tiefung *f* depth indication; indentation
Tiefungsprobe *f* indentation test
Tiefungsprüfmaschine *f* cupping test machine
Tiefungsversuch *m* cupping test; deep drawing test
Tiefungsversuch *m* **nach Erichsen mit fest eingespannter Probe** cupping test with clamped blanks
Tiefungswert *m* index of deep drawing
Tiefzementieren *n* deep cementing
Tiefziehband *n* deep drawing strip
Tiefziehbarkeit *f* deep drawing property
Tiefziehblech *n* deep drawing sheet
tiefziehen cup; deep draw
Tiefziehen *n* cupping; deep drawing
Tiefziehen *n* **im Anschlag** first-operation drawing
Tiefziehen *n* **im Weiterschlag** second-operation drawing
Tiefziehen *n* **(von Näpfchen)** cupping; ironing
Tiefziehfähigkeit *f* deep drawing property; deep drawing quality
Tiefziehgüte *f* deep drawing grade; deep drawing quality; drawing grade
Tiefziehpresse *f* deep-drawing press
Tiefziehprobe *f* cupping test
Tiefziehstahl *m* deep-drawing quality; deep-drawing [quality] steel
Tiefziehteil *n* deep drawing part
Tiefziehverfahren *n* cupping process
Tiefziehversuch *m* **nach Erichsen** Erichsen cupping test
Tiefziehwerkzeug *n* deep-drawing die
Tiefzug *m* deep drawing
Tiegel *m* crucible; melting pot; pan
Tiegelgußstahl *m* cast steel
Tiegelofen *m* crucible furnace
Tiegelstahl *m* cast steel; crucible steel
tilgen redeem
Tilgung *f* redemption
Tisch *m* table
Tischbelag *m* bench covering of chamotte slabs
Tischlerei *f* joiner's shop; joinery
Tischrede *f* luncheon adress
Titan *n* titanium
Titancarbid *n* titanium carbide
Titandioxid *n* titanium dioxide
Titaneisen *n* titaniferous iron
Titanlegierung *f* titanium alloy

Titansäureelektrode *f* rutile electrode
Titration *f* titration
Titrimeter *n* titrimeter
titrimetrisch titrimetric
Toleranz *f* allowable variation; margin; off-size; rolling
Toleranzfeld *n* tolerance zone
Ton *m* clay; grog
Tonerde *f* alumina
tonerdehaltig aluminous
Tonerde-Schmelzzement *m* aluminous cement
Tonfrequenzsteuerung *f* audio-frequency control
tonhaltiger Spateisenstein *m* clay band iron ore
toniges Erz *n* argillaceous ore; clayey ore
Tonnenblech *n* arched plate
Tonnengewölbe *n* barrel arch; semicircular arch
Tonnenretortenofen *m* drum type retort furnace
Topfglühofen *m* pan type annealing furnace; pot annealing furnace
Topgase *npl* top gases (tops)
Topographie *f* topography
Tor *n* gate
Tordieren *n* twisting
Torfkoks *m* peat coke
Torpedomischerstein *m* torpedo ladle brick
Torpedopfanne *f* torpedo ladle
Torpedowagen *m* torpedo car
Torpedowagen-Radar-Füllstands-Meßeinrichtung *f* radar-aided charge-level measurement for torpedo cars
Torsion *f* torsion
Torsionsbruch *m* torsion fracture
Torsionsprüfmaschine *f* torsion testing machine
Torsionsschwingbruch *m* fatigue fracture due to torsion
Torsionssteifigkeit *f* torsion resistance
Torsionsversuch *m* torsion test
totbrennen dead burn
tote Phase *f* **(Lichtbogenofen)** cold phase
toter Gang *m* backlash
toter Mann *m* dead man
totes Spiel *n* backlash
totgezogener Draht *m* dead cast wire
Totglühen *n* dead soft annealing
Totlage *f* dead-centre position
totweich dead soft
Totweichglühen *n* dead soft annealing
Totzeit *f* dead time
tragbar portable
Tragblech *n* dummy sheet
Tragbolzen *m* supporting bolt
Tragbrett *n* pallet
träge possessed of inertia; sluggish
tragen carry
Träger *m* beam; carrier; girder
Trägergas *n* carrier gas
Trägertest *m* beam test
Trägervorprofil *n* beam blank
Trägerwalzwerk *n* beam rolling mill; girder rolling mill; joist rolling mill
Trägerwerkstoff *m* substrate
Träger *mpl* **wieder verschweißte** castellated beam
Trägerzuschnitt *m* tailored beam
Trägerzuschnitt *m*, **maßgeschneiderter** tailored beam
Tragfähigkeit *f* bearing capacity; bearing strength; carrying capacity
Tragfähigkeitsversuch *m* load bearing test

Traggabel *f* double handle [crutch]
Trägheitskraft *f* inertia force
Trägheitsmoment *n* moment of inertia
Trägheitsradius *m* radius of gyration
Tragkorb *m* **für Schlackenpfanne** support for slag ladle
Tragkranz *m* **(Hochofen)** lintel; lintel girder; mantle (am.)
Traglast *f* bearing load; strength
Traglast *f* **nach der Fließtheorie** squash load
Tragpfanne *f* hand shank
Tragring *m* mantle ring; trunnion ring
Tragring *m* **(Hochofen)** lip ring
Tragring *m* **(Schlackentopf)** baling ring
Tragrolle *f* supporting roller
Tragrost *m* carrying grid; supporting grid
Tragseil *n* mains cable; track cable
Tragstiel *m* carrying bar
Tragverhalten *n* bearing properties
Tragweg *m* drag distance
Tränenblech *n* bulb plate; checker plate with oval protrusions for gripping
Tränen *fpl* **(Blechfehler)** burst blisters
tränken infiltrate
Tränkung *f* impregnation; infiltration
Transferdruck *m* transfer printing
Transformator *m* transformer
Transformatorenblech *n* transformer sheet
Transformatorenstahl *m* transformer sheet steel
Transformatorstufe *f* **(sekundär)** transformer tap; voltage tap
transitorische Aktiva *npl* deferred assets
transitorische Passiva *npl* deferred liabilities
transitorische Rechnungsposten *mpl* deferred items
Transkristall *m* columnar crystal
transkristalline Korrosion *f* transcrystalline corrosion; transgranular corrosion
transkristalliner Bruch *m* transcrystalline fracture
Transkristallisation *f* columnar crystallisation
Transmissionselektronenmikroskopie *f* **(TEM)** transmission electron microscopy (TEM)
Transportanlage *f* transport and conveying plant
Transportband *n* conveyor belt
Transportbandwaage *f* scale for conveyor
Transportdauer *f* **(bei Blöcken)** tracktime
Transporteinrichtung *f* transport device
Transportführung *f* transport guidance
Transportgerät *n* transporting appliance
Transportkasten *m* transport box
Transportkette *f* conveying chain
Transportmanipulator *m* transportation manipulator
Transportrolle *f* **(Stranggießen)** pinch roll
Transportstange *f* transfer bar
Trapezstahl *m* trapezoids
Traube *f* cluster
Treffsicherheit *f* ability to achieve specifications setting accuracy
treiben drive; expand; puff out
Treiben *n* driving; expansion; raisening

Treiben *n* **(der Blöcke)** rise
Treiberprogramm *n* driver
Treibhauseffekt *m* green house effect
Treibriemen *m* belt
Treibrolle *f* driving roll; pinch roll; pulling [pinch] roll
Treibrollenarm *m* pinch roll carrier arm
Treibrollenspalt *m* pinch roll gap; pinch roll parting
Treibrollentraverse *f* pinch roll cross-beam
Treibstoff *m* motor fuel; power fuel
Trennbruch *m* cleavage fracture; rupture
Trennbruchsicherheit *f* freedom from brittle fracture
Trenndraht *m* timing wire
Trenneinrichtung *f*, **mitlaufende** carry-over separating device
trennen separate
Trennen *n* cutting; parting; separating
Trennfestigkeit *f* cohesive strength
Trennfläche *f* interface
Trennschalter *m* disconnecting switch
Trennschärfe *f* selectivity
Trennschere *f* separating shears
Trennschleifen *n* abrasive cut off; friction sawing
Trennung *f* separation
Trennungslinie *f* parting line
Trennverfahren *n* discriminatory analysis of variance; separation process
Trennwiderstand *m* cohesive resistance; resistance to rupture
Treppenleiter *f* steps
Tresca-Zylinder *m* Tresca's yield surface
Tribologie *f* tribology
Tricalciumsilicat *n* tricalcium silicate
Trichter *m* bell; funnel; git
Trichter *m* **(Gicht)** hopper
Trichter *m* **(Gießen)** gate
Trichterhaube *f* centre riser; centre runner
Trichterkübel *m* receiving hopper
Trichterrohr *n* centre riser; centre runner; centre runner brick
Trichter- und Kegelbruch *m* cup and cone fracture
Trichterwagen *m* hopper car
Trichter *m* **(Ziehen)** mouth
Triebstahl *m* free cutting steel for horological industry
Trinkwasser *n* drinking water
Triogerüst *n* three-high stand
Triostraße *f* three-high train
Triowalzwerk *n* three-high mill
Triple-Kokille *f* triple mould
Triplexverfahren *n* three furnace process
trocken dry
Trockenanlage *f* drying plant
Trockenbinder *m* dry binder
Trockenelektrofilter *m* dry electric filter
Trockenentstauber *m* dry dust catcher
Trockenfestigkeit *f* **(Pellet)** dry strength
Trockenfrittmasse *f* **(ff.)** dry fritting mix
Trockengasfilter *m* dry gas filter
Trockenkammer *f* baking oven; drying house
Trockenkühlturm *m* dry cooling tower
Trockenlöschen *n* dry cooling; dry quenching

trockenmagnetische Aufbereitung *f* dry magnetic dressing
Trockenmahlung *f* dry grinding
Trockenofen *m* baking oven; drying oven
Trockenpuddeln *n* **(im teigigen Zustand)** dry puddling
Trockenreinigung *f* dry cleaning
Trockenreinigung *f* **für Hochofengas** dry cleaning of blast furnace gas
Trockenverzinkung *f* dry galvanising
trocknen bake; dry
Trocknen *n* **durch Erwärmen** stoving
Trocknungsanlage *f* drying plant
Trogförderer *m* trough conveyor
Trogschwelle *f* tie (am.); trough shaped steel sleeper
Trommel *f* drum
Trommelbeize *f* drum type pickler
Trommelfestigkeit *f* drum strength; tumbler strength (am.)
Trommelofen *m* drum type furnace; drum type kiln
Trommelprobe *f* rattler test; trommel test
Trommelschere *f* **(Kaltband)** rotary shears
Trommelschreiber *m* drum-chart recorder
Trommelsinterofen *m* rotary sintering kiln
Trommelspeicher *m* drum memory; drum store
Trommelziehmaschine *f* bull-block machine
tropfen drop; trickle
Tropfenabrißverfahren *n* drop detachement method
Tropfengewichtsverfahren *n* drop weight method
Tropfenschlag *m* impingement of drops
Tropfkörper *m* **(Wasserreinigung)** trickling filter
Tropfpunkt *m* **(Gewölbe)** drip point (arch)
Trübe *f* clouding; pulp; slag clouds
Trümmer *pl* debris
T-Träger *m* tee-bar; T-steel bar
Tuchfilter *m* cloth filter
Tundish *m* tundish
Tundish-Beheizung *f* tundish heating
Tundish-Masse *f* tundish compound; tundish mass
Tundish *m* **vor Luftzutritt geschützter** atmosphere controlled tundish
Tunnelofen *m* continuous pusher type furnace; pusher type furnace; roller-hearth soaking furnace
Tüpfelprobe *f* spot test
Tür *f* door
Türaufzugsvorrichtung *f* electric door-lifting mechanism
Türausmauerung *f* door lining
Türhebevorrichtung *f* **(beim Ofen)** door winch
Türkühlrahmen *m* door cooling frame
Türpfeiler *m* door jamb
Twin-Kokille *f* twin mould
Typisierung *f* simplification work; simplified practice

U

überaltern overage
Überaltern *n* overag[e]ing
Überalterung *f* **von UHS-Stählen** over-ag[e]ing of UHS steels
Überbeanspruchung *f* overstressing
Überbelasten *n* **(eines SM-Ofens)** overcharging

überblasen over blow
Überblasen *n* over-blowing
Überbleibsel *n* debris; residue
überdecken mask an effect; overlap
Überdicke *f* off ga[u]ge
Überdruck *m* excess pressure; overpressure
übereinanderlegen match
Übereinkommen *n* agreement
Übereinstimmung *f* consistence; consistency
übereutektisch hypereutectic
übereutektoidisch hypereutectoid
übereutektoidischer Stahl *m* hyper-eutectoid steel
Überfrischen *n* over-oxidation
überführen convert
Überführungszahl *f* transport number
überfüllen crowd; overfill
Überfüllung *f* overfill
Übergabewalzwerk *n* pass over mill
Übergabezeit *f* **(von Blöcken)** track time
Übergangseisen *n* off grade iron
Übergangsfunktion *f* step function response; time response; transient response
Übergangsmetall *n* transition metal
Übergangspunkt *m* transition point
Übergangstemperatur *f* impact transition temperature; transition temperature
Übergangszone *f* **(beim Schweißen)** heat-affected zone
übergarer Stahl *m* over-blown steel
übergeflossene Schlacke *f* boilings; overflow slag [boilings]
übergeschlossenes Getriebe *n* overclosed gear; overclosed mechanism
Übergreifungsstoß *m* overlapping joint
Überhang *m* cantilever
Überhängen *n* overhang
überheben drag over; pull over
Überhebewalzwerk *n* pass over mill; pull over mill
Überhitzen *n* overheating
Überhitzerrohr *n* superheater tube
Überhitzung *f* superheat; superheating
Überhitzungsempfindlichkeit *f* overheating sensitivity
überhöht (Schweißen) overfilled
Überhöhung *f* camber
überholen overhaul
überholt obsolet
überholt (veraltet) outmoded obsolete
Überkapazität *f* over capacity; surplus capacity
Überkohlung *f* overcarburizing; supercarburisation
Überkopfablauf *m* overhead pay off; overhead take off
Überkopfschweißen *n* overhead [position] welding
Überkorn *n* oversize
überlagernde Wirkung *f* additive effect
überlagert superimposed
Überlagerung *f* coincidence; superposition
Überlandleitung *f* grid
Überlänge *f* surplus length
überlappen overlap
Überlappschweißverfahren *n* lap-weld process
Überlappstoß *m* overlap joint
überlappter Stoß *m* lap joint
überlappte Stoßschweiße *f* overlapped joint weld
überlappt geschweißt lap welded

Überlappung *f* lap [joint]; overlap; shut
Überlappungsnietung *f* lap riveting
Überlaschung *f* splicing
Überlastbarkeit *f* overload capacity
Überlastsicherung *f* overload safety device
Überlastung *f* overloading
Überlaufbehälter *m* surge tank
Überlauf *m* **(beim Sieben)** oversize product; residues
Überlaufrohr *n* overflow tube
Überlegung *f* analysis
Übermaß *n* oversize
Übermöllerung *f* overburdening
überprüfen verify
Übersättigung *f* supersaturation
Überschallwelle *f* ultrasonic wave
überschmiedeter Grat *m* cold lap
überschneiden overlap
Überschußgas *n* surplus gas
Übersetzung *f* gear[ing]; transmission
Übersetzungsverhältnis *n* gear ratio; gear transmission ratio; speed ratio
Übersetzungszahnrad *n* back gear; gear wheel
übersintert oversintered
Überspannung *f* excess voltage; overvoltage
Überstruktur *f* superlattice
über Tage above ground
übertragen transfer
Übertragerblech *n* electrical quality sheet; electrical quality steel
Übertragung *f* transfer; transmission
Übertragungsglied *n* transfer element
Übertragungswelle *f* line shaft; transmission shaft
Überverdichter *m* supercharger
überwachen control
Überwachung *f* control; inspection; monitoring; survey
Überwachungsanlage *f* control plant
Überwachungsgerät *n* control instrument
Überwallung *f* **(Oberflächenfehler)** bottom splash; curtaining; double skin
überwalzte Falte *f* cold lap; lap
überwalzte Naht *f* lap
überwalzter Grat *m* cold lap
Überwalzung *f* bottom splash; double skin; lamination; overlapping
Überwalzungsfehler *m* pincher; seam
Überwurfflansch *m* loose flange
Überzeiten *n* excessive holding; overtiming
überziehen coat; overdraft
überziehen mit einer Blei-Zinn-Legierung terne
überziehen (mit Zink) sherardise
Überzug *m* casing; coat[ing]; coating
Überzugsmetall *n* cladding material
üblich (math. gemeinsam) common
U-Eisen *n* E-channel (channel iron)
U-förmige Häufigkeitsverteilung *f* U-shaped frequency distribution
Uhrzeigersinn *m* clockwise
U-Kerb *m* U notch
Ultraschall *m* ultrasonic
Ultraschallimpuls[prüf]gerät *n* ultrasonic testing apparatus
Ultraschallprüfeinrichtung *f* ultrasonic testing apparatus
Ultraschall-Prüfkopf *m* ultrasonic testing probe
Ultraschallprüfung *f* supersonic test; ultrasonic testing

Ultraschallprüfverfahren *n* ultrasonic examination method
Ultraschall-Scherwelle *f* ultrasonic shear wave
Ultraschallschweißen *n* ultrasonic welding
Umbau *m* rebuilding; reconstruction; redesign; revamp
umbauen redesign
umbauen [der Walzen] change [the rolls]
Umbauzeit *f* **(Walzenwechsel)** time required for roll changing
umbiegen fold
Umdrehung *f* revolution; turn
Umdrehung *f* **pro Minute** revolution per min
umfallen (im Kaliber) fall over; turn over; upset
Umfallen *n* **(im Kaliber)** tilting over
Umfang *m* extent; range; size
Umfang-Querschnitt-Verhältnis *n* circumference to cross sectional area ratio
Umfangsteilung *f* circular pitch
Umformarbeit *f* deformation energy
Umformbarkeit *f* ductility; forming property; malleability; reformability
umformen convert; deform; reform; transform
Umformen *n* deformation; forming; metal forming; shaping
Umformer *m* converter; transformer
Umformerhaus *n* motor generator set house
Umformgeschwindigkeit *f* deformation rate; strain rate
Umformgeschwindigkeit *f*, **mittlere** mean strain rate
Umformgrad *m* deformation degree; natural strain; true strain
Umformkraft *f* forming force
Umformleistung *f* deformation power
Umformperlitisieren *n* isoforming
Umformprozeß *m*, **instationärer** nonsteady-state forming process
Umformprozeß *m*, **stationärer** steady-state forming process
Umformtechnik *f* metal forming; metal working; plastic metal working
Umformtechnikkomponente *f* metalworking component
Umformverhalten *n* deformability behaviour
Umformvermögen *n* formability; plasticity
Umformversprödung *f* secondary work embrittlement
Umformvorgang *m*, **axialsymmetrischer** axisymmetric forming
Umformwiderstand *m* resistance to forming
Umformwirkungsgrad *m* efficiency of deformation
Umformzone *f* deformation zone; deformed zone
Umfrage *f* inquiry; survey
umführen loop
Umführung *f* bypass[ing]; circulation; repeater
umfüllen reladle
umgebende Luft *f* ambient air
Umgebung *f* environment
Umgehungsleitung *f* bypass[ing]
Umgehungsmechanismus *m* **(bei Versetzungen)** looping
umgekehrte Seigerung *f* inverse segregation; negative segregation
Umgestaltung *f* remodelling
umgießen cast around
umhüllen case; envelop; jacket
umhüllte Elektrode *f* coated elec-

trode; sheathed electrode; shielded electrode
Umhüllung *f* case; casing; jacket
Umkehr *f* reversal
Umkehrantrieb *m* reversible drive; reversing drive
umkehren invert; reverse
umkehrflammenbeheizter Tiefofen *m* U-fired soaking pit
Umkehrpunkt *m* arrest point
Umkehrstraße *f* reversing mill; reversing train
Umkehrwalzmotor *m* reversing mill motor
Umkehrwalzwerk *n* reversing rolling mill
Umklappen *n* **des Gitters** lattice shearing; lattice transformation
Umkörnen *n* grain refining; regenerative annealing
Umkreis *m* perimeter
umkristallisieren anneal just below lower critical point
Umlauf *m* circulation; complete rotation
Umlaufanlage *f* circulation plant
Umlaufbiegebruch *m* rotating bar bending fracture
Umlaufbiegen *n* rotary straightening
Umlaufbiegeversuch *m* rotating bar fatigue test
umlaufen rotate
umlaufend rotary
umlaufendes Wasser *n* circulating wator
Umlaufentgasung *f* circulation degassing
Umlaufentgasung *f* **(RH-Verfahren)** circulation degassing
Umlaufschmierung *f* circulation oiling; circulation system lubrication
Umlaufschrott *m* process scrap
Umlaufvermögen *n* current assets
umlegen bead
Umlegen *n* beading
umlegen (Sauerstoffkonverter) turn down
Umleitungskanal *m* bypass[ing]
Umlenkrolle *f* guide pulley
Ummagnetisierungsverlust *m* core loss; specific total loss
ummanteln encase; jacket
ummantelte Elektrode *f* covered electrode; sheathed electrode
Umrechnungswert *m* conversion value
umreifen od banding
Umreifung *f* OD banding
Umreifungsanlage *f* coil strapping machine
Umreifungsmaschine *f* coil bander; coil banding machine; coil strapping machine
Umrißprofilschneider *m* contour profile cutter
Umrollformmaschine *f* roll-over plate molding machine
Umroll-Rüttelformmaschine *f* jar ramming rollover moulding machine; jolt rollover moulding
umrühren agitate; stir
Umrühren *n* agitation
Umrüstzeit *f* resetting up time; time required for changing (the rolls)
Umsatzssteuer *f* sales tax
umschaltbare Stromzuleitung *f* power supply line with change-over switching
umschalten change over; throw over
Umschalter *m* change over switch; switch
umschlagen fall over; turn over

umschlagen (im Kaliber) turn over; upset
Umschlagen *n* **(im Kaliber)** tilting over
Umschlagleistung *f* handling capacity
Umschlag *m* **(von Gütern)** turn round (of goods)
Umschmelze *f* remelt heat
Umschmelzelektrode *f* remelting electrode
umschmelzen remelt
Umschmelzen *n* **unter Vakuum** vacuum remelting
Umschüttverfahren *n* **(Entschwefelung außerhalb des Hochofens)** reladling method
umsetzen change over; react
Umsetzung *f* change over; conversion; reaction
Umspanner *m* transformer
umsponnener Draht *m* braided wire
Umsteckwalzwerk *n* looping [type] rolling mill
umstellen change over; shift
umstellen auf Gas (Winderhitzer) change on gas
Umstellspindel *f* housing screw
Umstellzeit *f* reversal time
umsteuern change over; reverse
Umsteuerschieber *m* reversing gear valve
Umsteuerung *f* reversal
Umsteuerventil *n* reversing valve
Umwälzbeheizung *f* radiator heating
umwalzen loop
Umwalzer *m* looper; looping roller
Umwälzung *f* circulation; convection; revolution
umwandeln convert
Umwandlung *f* conversion
Umwandlung *f* **(Gefüge)** transformation
Umwandlungsbereich *m* transformation range
Umwandlungsgeschwindigkeitskurve *f* reaction rate curve
Umwandlungshärten *n* conversion hardening
Umwandlungskosten *pl* conversion costs
Umwandlungspunkt *m* change point; critical point; transformation point
Umwandlungsschaubild *n* transformation diagram
Umwandlungsspannung *f* transformation stress
Umwandlungstemperatur *f* transformation temperature; transition temperature
Umwandlungsuntergefüge *n* transformation substructure
Umwandlungswärme *f* heat of transformation
Umweltbedingung *f* environmental condition
Umweltbedingungen *fpl* environment conditions; surrounding conditions
Umweltbeeinflussung *f* impact on environment
umweltfreundlich antipollution; envirosafe; low pollution
Umweltfreundlichkeit *f* environmentally compatibility
Umweltprüfverfahren *n* environmental testing procedure
umweltschädlich envirodangerous
Umweltschutz *m* environmental protection; protection of the environment
Umweltschutzprogramm *n* pollution abatement program
Umweltverhältnisse *npl* surround-

ing conditions
Umweltverschmutzung *f* environmental pollution
Umwickelanlage *f* recoiling line; rewinder
umwickeln rewind; tape; wrap
Umwickelprüfung *f* wrap test
umwickelter Draht *m* braided wire
Umwicklung *f* wrapping
unbearbeitet non-machined; not machined; rough
unbedingte Abhängigkeit *f* clear cut relationship
unbeeinflußt unbiased
unbelastet unbiased
unberuhigter Stahl *m* effervescent steel; rimmed steel; rimmed steel (am.); rising steel
unbeschichtete Seite *f* bare-side surface
unbeschnittene Kante *f* mill edge
undichtes Rohr *n* blower
Undichtheit *f* leak[age]
Undurchlässigkeit *f* impermeability
undurchsichtig opaque
uneben (Blech) not flat (sheet)
Unebenheit *f* roughness
unedles Thermopaar *n* base metal thermocouple
unendliche Verdünnung *f* infinite dilution
unendlich verdünnte Lösung *f* infinitely dilute solution
unerwünschtes Begleitelement *n* undesirable element
Unfallhäufigkeit *f* frequency of accidents
Unfallschutz *m* accident prevention; guard
Unfallstation *f* first aid dispensary
Unfallverhütung *f* prevention of accidents
Unfallverhütungskampagne *f* safety campaign
unganze Stelle *f* **(e. Oberfläche)** surface imperfection
ungebeizt unpickled
ungefähre Länge *f* approximate length
ungehärtet non-hardened
ungeheizter Tiefofen *m* dead [soaking] pit
ungelernter Arbeiter *m* unskilled workman
Ungenauigkeit *f* inaccuracy
ungepreßtes Pulver *n* loose powder
ungereinigtes Gas *n* crude gas
ungeschweißter Oberflächenriß *m* roak; roke; seam
ungesteuerte Kühlung *f* uncontrolled cooling
ungleichachsige Körner *npl* non equiaxial grains
ungleichartig heterogeneous
ungleichförmiges Pulver *n* non uniform powder
Ungleichgewicht *n* disequilibrium
Ungleichmäßigkeit *f* heterogeneity; non uniformity
ungleichnamige Versetzungen *fpl* dislocations of opposite sign
ungleichschenkliger rundkantiger Winkelstahl *m* round edge unequal angles
ungleichschenkliges Winkeleisen *n* unequal angle
unhaltig (Bergbau) sterile
unharmonisch anharmonic
Universalabkantmaschine *f* universal bending off machine
Universalbrennschneidemaschine *f* universal cutting machine
universaler Rechner *m* universal computer

Universalgerüst *n* universal mill stand
Universalstahl *m* universal [mill] plate
Universalstahlwalzwerk *n* universal mill
Universal-Trägerstraße *f* universal beam mill
Universal-Vorgerüst *n* universal roughing stand
Universalwalzwerk *n* merchant mill
Universalwickler *m* universal coiling machine
unlegiert unalloyed
unlegierter kohlenstoffarmer Stahl *m* low carbon steel
unlegierter kohlenstoffreicher Stahl *m* plain carbon steel
unlegierter Stahl *m* carbon steel; mild steel; plain carbon steel
unlösliche Phase *f* insoluble phase
unmittelbar direct
unparteiisch unbiased
unpassend inadequate; unsuitable
Unreinheit *f* impurity
unrund noncircular
Unrundheitstoleranz *f* circularity tolerance
unsaubere Abgratkante *f* fraze
unschädlich machen neutralise; render harmless
Unschärfe *f* inaccuracy
unschmelzbar infusible
unstetige Veränderliche *f* discrete variable
Unterausschuß *m* sub-committee
Unterbär *m* lower ram
unterbrechen break
Unterbrecher *m* breaker; stop bath
Unterbrechung *f* interruption
unterbrochenes Altern *n* interrupted ag[e]ing
unterbrochene Schweißnaht *f* intermittent weld
Unterdicke *f* off ga[u]ge
Unterdruck *m* bottom roll pressure; depression; negative pressure
unterdrückte Verbrennung *f* suppressed combustion
unterer Bainit *m* lower bainite
unterer Heizwert *m* **(Hu)** lower caloric value; net caloric power (am.)
unterer Schmiedesattel *m* lower die block
unteres Blockende *n* butt
unteres Kaliber *n* bottom pass; lower pass
untere Streckgrenze *f* lower yield point
untereutektisch hypoeutectic
untereutektoidischer Stahl *m* hypoeutectoid steel
Unterfeuerung *f* undergrate firing
Unterflurleitung *f* underfloor duct
Untergesenk *n* lower die
Untergestell *n* base
Untergrundschwärzung *f* fog level (spcctrum analysis)
Untergruppe *f* subdivision
Unterhaltung *f* upkeep
Unterhöhlung *f* **(Fräslöcher)** undercutting
Unterkasten *m* lower frame (drag)
Unterkolben *m* lower ram
Unterkorn *n* undersize
Unterkorn *n* **(metallographisch)** subgrain
Unterkühlung *f* supercooling
Unterlagen *fpl* data; statistics [data]
Unterlagplatte *f* bottom plate; ground plate; stool
Unterlagsblech *n* dummy sheet
Unterlänge *f* short; short length

unterlegen support
Unterlegscheibe *f* washer
Unterlieferant *m* subcontractor
Unterlizenz *f* sublicense
unter Luftabschluß *m* hermetically sealed
Untermaß *n* undersize
Untermöllerung *f* underburdening
Unternehmen *n* enterprise; undertaking
Unterofen *m* lower furnace
Unterplattierungsriß *m* undercladding crack
Unterprobe *f* sub-sample
Unter-Pulver-Schweißen *n* **(UP-Schweißen)** submerged arc welding
Unterrostung *f* filiform corrosion
Untersatz *m* base; base support
Unterschied *m* difference
unterschiedlich varying
Unter-Schiene-Schweißen *n* firecracker welding
Unterschubfeuerung *f* underfeed furnace; underfeed stocker
Untersetzung *f* speed reduction
untersintert undersintered
Unterspannung *f* minimum stress
Unterstempel *m* bottom punch
Unterstützung *f* support
untersuchen search; sound search; test
Untersuchung *f* analysis; examination; investigation; testing
unter Tage below ground; underground
Untertagevergasung *f* **(von Kohle)** underground gasification (of coal)
Unterwalze *f* bottom roll; lower roll
Unterwanderung *f* creepage
Unterwindfeuerung *f* undergrate air firing
Unterzug *m* underdraft
ununterbrochen continuous
ununterbrochener Abstich *m* continuous tapping
unverbindliches Angebot *n* offer without obligation
unverfälscht unbiased
unverkokbar noncoking
unvermischtes Hochofengas *n* straight blast-furnace gas
unverzerrt unbiased
Urformen *n* creative forming; primary forming

V

Vacher-Hamilton-Gleichung *f* Vacher-Hamilton relationship
Vakuumbedampfen *n* vacuum deposition
Vakuumbehandlung *f* vacuum treatment
Vakuumblockguß *m* vacuum ingot casting
Vakuumdesoxidation *f* vacuum deoxidation
Vakuumdurchlaufentgasung *f* continuous vacuum degassing; ladle to ladle stream degassing
vakuumentgaster Stahl *m* vacuum-degassed steel
Vakuumfrischen *n* vacuum refining
Vakuumfrischprozeß *m* vacuum refining process
Vakuumgießen *n* vacuum casting
Vakuumgießstrahlentgasung *f* vacuum stream degassing
Vakuumglühofen *m* vacuum annealing furnace
Vakuumhärteofen *m* vacuum hardening furnace

Vakuumheberverfahren *n* **(DH-Verfahren)** vacuum lift process (DH-process)
Vakuumheißextraktion *f* vacuum hot extraction
Vakuumheißwandofen *m* vacuum hot wall furnace
Vakuuminduktionsschmelzen *n* vacuum induction melting
Vakuum-Induktions-Schmelzofen *m* vacuum induction melting furnace
Vakuumlichtbogenschmelzen *n* vacuum arc melting
Vakuum-Lichtgeschwindigkeit *f* speed of light in vacuum
Vakuumofen *m* vacuum furnace
Vakuum-Pfannendurchlaufentgasung *f* vacuum ladle degassing
Vakuumplasmaschmelzen *n* vacuum plasma melting
Vakuumraffination *f* vacuum refining
Vakuumrinnenofen *m* vacuum channel-type furnace
Vakuumschmelzanlage *f* vacuum melting plant
Vakuumschmelzen *n* vacuum melting
Vakuumschmelzprozeß *m* vacuum melting method
Vakuumschwebeschmelzen *n* vacuum levitation melting
Vakuumsinterglocke *f* vacuum sintering bell
Vakuumumlaufverfahren *n* vacuum circulation process
Valenzelektron *n* valency electron
Vanadinstahl *m* vanadium steel
Vanadium *n* vanadium
Vanadiummetall *n* vanadium metal
Vanadiumpentoxid *n* vanadiumpentoxide
Variantenselektion *f* variant selection
Variationsbreite *f* range
Variationsprinzip *n* variational principle
Ventil *n* valve
Ventilator *m* blower; fan; ventilator
Ventilfederdraht *m* valve spring wire
Ventilsitz *m* valve seat
Ventilstahl *m* steel for valves; valve steel
veränderlich variable
Veränderliche *f* variable
veränderliche Kosten *pl* variable costs
Veränderliche *f* **zufällige** variate
Veränderlichkeit *f* variability
verändern variate; vary
Veränderungskoeffizient *m* coefficient of variation
verankern tie
Verankerungsdraht *m* stay wire
Verankerungsträger *m* buck-stay
Verankerung *f* **(von Versetzungen)** pinning (of dislocations)
Verarbeitbarkeit *f* machinability
Verarbeitbarkeit *f* **(spanlos)** workability
verarbeiten manufacture; process; treat
Verarbeitung *f* processing; use
Verarbeitungsfehler *m* processing defect
Verarbeitungskosten *pl* manufacturing costs
Verarbeitungsmodul *n* processing module
veraschen incinerate
verästelte Strukturen *fpl* feathery structures
Verband *m* join[t]
verbessern improve

Verbesserung *f* enhancement; improvement
verbinden connect; join[t]; tie
verbindlich erklären standardizing practice
verbindliches Angebot *n* binding offer
Verbindung *f* assembly; bond; composition; junction
Verbindung *f* **intermetallische** intermetallic compound
Verbindung *f* **metallische** metal-to-metal joint
Verbindung *f* **nichttragende** non-load-bearing assembly
Verbindungskanal *m* **(zwischen Schlacken- und Regeneratorkammer)** fantail
Verbindungslinie *f* binary edge
Verbindungsmasse *f* packing
Verbindungsschicht *f* compound layer
Verbindungsschweißen *n* joint welding
Verbindung *f* **tragende** load-bearing assembly
Verblasbarkeit *f* blowability
verblasen blow; convert
Verblaserost *m* sintering grate
verbleien lead; lead-coat
verbleit leaded
Verbleiung *f* lead coating
Verblendstein *m* facing brick
verbogene Ecken *fpl* bent corners
verbrannt burnt
verbrannte Form *f* burnt tuyère
verbrannte Kante *f* burnt edge
Verbrauch *m* consumption
Verbrauchsfaktor *m* consumption factor
verbrauchtes Gas *n* waste gas
verbrennen burn
Verbrennen *n* burning; oxidation
Verbrenner *m* incinerator
Verbrennung *f* combustion
Verbrennungsgeschwindigkeit *f* rate of combustion
Verbrennungskammer *f* combustion chamber
Verbrennungskraftmaschine *f* combustion engine
Verbrennungsluft *f* combustion air
Verbrennungsrückstand *m* residue from combustion
verbrennungstechnisch combustion engineering
Verbrennungsverhältnisse *npl* combustion conditions
Verbrennungsvorgänge *mpl* combustion phenomena
Verbrennungswärme *f* combustion heat
Verbrennung *f* **unterdrückte** suppressed combustion
Verbundarbeit *f* combined-operation work
Verbundbauweise *f* composite construction
Verbundbeheizung *f* combination firing; combined firing; compound firing
verbundene Verteilung *f* joint distribution
verbunden mit Schraubmuffe *f* **(Rohr)** screwed and socketed (joint)
Verbundguß *m* composite casting; compound casting
Verbundgußwalze *f* composite cast roll; double-poured roll
Verbundhartgußwalze *f* composite chilled cast roll
Verbundmaterial *n* composite material; laminated material

Verbundmetall *n* composite metal; ply-metal
Verbundmetall *n* **plattiertes** clad metal
Verbundpulver *n* composite powder
Verbundrohr *n* composite tube
Verbundrückstrahlaufnahme *f* composite diffraction pattern
Verbundstahl *m* composite steel; compound steel
Verbundstahlwalze *f* composite steel roll
Verbundstein *m* bonder
Verbundträger *m* composite beam
Verbundwalze *f* composite roll
Verbundwerkstoff *m* composite material; composite metal; compound
Verbundwiderstand *m* bond strength
Verbundwirtschaft *f* combined utilities
verchromen chrome plate; chromise
Verchromung *f* chrome-plating
verdampfen evaporate; flash into steam; vaporize
Verdampfen *n* vaporisation
Verdampfungskühlung *f* evaporation cooling
Verdampfungswärme *f* heat of evaporation
verdeckte Lichtbogenschweißung *f* submerged arc welding
verdeckter Lichtbogen *m* submerged arc
Verdichtbarkeit *f* compressibility
verdichten boost; compress; concentrate
Verdichter *m* compressor
Verdichtung *f* compression; packing
Verdichtungseinlage *f* densener
Verdichtungsverhältnis *n* compression ratio
verdicken bulge; reinforce; thicken
Verdienst *n* **(anerkennenswerte Leistung)** merit
Verdienst *m* **(Gewinn)** gain
verdrallen twist
Verdrehbeanspruchung *f* torsional stress; twisting stress
Verdrehdauerfestigkeit *f* torsional fatigue endurance limit; torsional fatigue strength
verdrehen twist; wrench
Verdrehen *n* twisting with rotary tool movement
Verdrehfestigkeit *f* torsional strength; twisting strength
Verdrehung *f* twist
Verdrehungsbeanspruchung *f* torsional stress; twisting stress
Verdrehungsbruch *m* torsion failure
Verdrehungswechselfestigkeit *f* torsional fatigue endurance limit
Verdrehversuch *m* torsion test
Verdrehwechselfestigkeit *f* torsional fatigue endurance limit; torsional fatigue strength
Verdrillen *n* torsion
verdünnen dilute; thin
verdünnte Lösung *f* dilute solution
verdünnte Zone *f* depleted zone
Verdunstungskühlung *f* evaporative cooling
Verdüsungspulver *n* atomized powder
Verecken *n* **(von Pfannen)** collision
veredeln improve; refine
vereinbarte Einsatzhärtetiefe *f* specified depth of case hardening
Vereinfachung *f* simplification
vereinheitlicht standardised
Vereinheitlichung *f* standardisation
Vereinigung *f* amalgamation

vereinzelte Einschlüsse *mpl* isolated inclusions
Verengung *f* constriction
Vererzung *f* metal penetration
verfahrbar displaceable; mobile; movable
Verfahren *n* cluster sampling; method; procedure; treatment
Verfahren *n* **der größten Wahrscheinlichkeit** method of maximum likelihood
Verfahren *n* **des ruhenden Tropfens** sessile drop method
Verfahrensdatenanzeige *f* process visualisation
Verfahrensschritt *m* process step
Verfahrensschritt *m* **bei der Stahlerzeugung** process step in steelmaking
Verfahrenssteuerung *f* process control
Verfahrensstoffe *mpl* process auxiliaries
Verfahrenstechnik *f* process technology
Verfahren *n* **wiederholter Gleichversuche** replication
Verfall *m* decay
Verfälschung *f* bias
Verfeinerungsbetrieb *m* refining department
verfestigen strain harden; strengthen; work harden
Verfestigen *n* strain hardening; strengthening; work hardening
verfestigende Phase *f* **(in Legierungen)** strengthening phase
verfestigtes Gefüge *n* work-hardened microstructure
Verfestigung *f* strain hardening; work hardening
Verfestigung *f* **durch Kaltverformung** strain hardening; work hardening
Verfestigungsexponent *m* hardening exponent; strain hardening coefficient
Verfestigungsmechanismus *m* strengthening mechanism
Verfestigung *f* **zyklische** cyclic work hardening
verfeuern burn; fire
verflüchtigen volatilise
verflüssigen liquify; thin
Verflüssigung *f* fluidisation; liquefaction
verfolgen trace
Verfolgung *f* tracking
verformbar ductile
Verformbarkeit *f* formability
verformen deform
Verformung *f* deformation; forming; shaping
Verformungsarbeit *f* deformation energy
verformungsarmer Bruch *m* low-ductility fracture
Verformungsbehinderung *f* deformation impediment
Verformungsbehinderung *f* **(bei Kerbzugproben)** deformation impediment
Verformungsbruch *m* ductile fracture; fracture on working
Verformungsgeschwindigkeit *f* strain rate
Verformungsgrad *m* amount of working
Verformungsmartensit *m* strain-induced martensite
Verformungsverhalten *n* deformability behaviour; deformation behaviour
Verformungsvermögen *n* deformability

Verfügbarkeitskontrolle *f* on-hand-status check
vergasen gasify
Vergasen *n* **(von Schmelzen)** gassing
Vergaser *m* carburettor
Vergasung *f* gasification
Vergasungsanlage *f* gasifying plant
Vergasungsmaschine *f* gasifying machine
Vergasungstechnik *f* gasifying method
vergießen cast; pour; teem
Vergießen *n* casting; pouring; teeming
Verglasungs-T-Stahl *m* glasing tees
Vergleicher *m* comparing element
Vergleichsformänderung *f* effective strain; equivalent strain
Vergleichsformänderungsgeschwindigkeit *f* effective strain rate
Vergleichsgröße *f* equivalent quantity; reference quantity
Vergleichsmessung *f* calibration
Vergleichsmuster *n* reference sample
Vergleichsprobe *f* reference specimen
Vergleichsspannung *f* effective stress
Vergleichsspannung *f* **(elektr.)** reference voltage
Vergleichsstelle *f* **(Thermopaar)** reference junction
Vergleichsumformgeschwindigkeit *f* equivalent strain rate
Vergleichsumformgrad *m* effective strain
Vergleichsversuch *m* comparative test; comparison test
Vergleichswert *m* comparative value; control
vergrößern amplify; enlarge; increase
vergrößern (Metallographie) magnify
Vergrößerung *f* **(metallographisch)** magnification
Vergütbarkeit *f* heat treatability
vergüten harden and temper; quench and temper; quenchharden and temper
Vergüten *n* hardening and tempering; hardening with subsequent drawing; quenchhardening with subsequent tempering; tempering
Vergüten *n* **aus der Warmformgebungshitze** tempering from hot-forming temperature
vergütet quenched and tempered; tempered
vergüteter Stahl *m* quenched and tempered steel (QT steel)
Vergütungsanlage *f* heat treating plant; heat treatment facility; QT-plant
Vergütungsstahl *m* heat-treatable steel; QT-steel; tempering steel
Vergütungsstahlguß *m* heat treatable steel casting
Vergütung *f* **von Edelbaustahl** quenching and tempering of high-strength structural steel
Verhalten *n* behaviour
Verhältnis *n* ratio
Verhältnis *n* **Bißbreite zu Werkstückhöhe** bite ratio
verhärten harden
verhütten smelt
Verhütten *n* smelting
Verhüttung *f* metallurgical process; metallurgical treatment
verjüngen chamfer; swage; taper

Verjüngen *n* reducing
Verjüngung *f* batter; conicity; draught
verkadmieren cadmium plate
Verkadmierung *f* cadmium-plating
Verkalkung *f* calcification
Verkantungsmoment *n* **(Walzen)** tilting moment
Verkauf *m* sale
Verkaufsabteilung *f* sales department
Verkaufsbüro *n* sales office
Verkaufskonto *n* sales account
Verkaufskosten *pl* selling costs
Verkaufspreis *m* selling price
Verkehr *m* traffic
Verkehrsmittel *n* transportation means
verkeilen key
verkettete Spannung *f* secondary voltage
Verklebung *f* sticking
verkleiden case; cover
Verkleidung *f* casing; lining; panel
verkobalten cobalt plate
Verkobaltung *f* cobalt-plating
verkohlen carbonize
Verkohlung *f* carbonisation
Verkokbarkeit *f* cokability
verkoken carbonize
Verkokung *f* carbonisation; coking
verkracken crack
Verkröpfung *f* cranking; offset
verkupfern copper coat; copper plate
Verkupferung *f* copper coating; copper plating
Verkürzung *f* linear contraction
Verladeanlage *f* loading plant; loading station
Verladebrücke *f* charging and discharging gantry crane; loading bridge
Verladeeinrichtung *f* loading installation
verladen load
Verladen *n* **des Konverterausbruchs** loading of broken out lining material
Verladerampe *f* loading ramp
verlagerte Seigerung *f* displaced segregation
Verlängerung *f* elongation; extension
Verlappen *n* lock forming; lock seaming
Verlauf *m* course; process; response; trend
verlorene Gießform *f* investment casting
verlorener Kopf *m* dead-head; dozzle; dozzle feeder [head]; hot top; sullage piece
vermaschter Regelkreis *m* multiloop control system
vermauern brick up; line; wall up
Vermauerung *f* bricking up
vermengen blend
Vermiculit *n* vermiculite
vermindern diminish; lower; reduce
Verminderung *f* decay; decline; decrement
Vermischung *f* amalgamation
vernickeln nickel plating
Vernickeln *n* nickel plating
Vernickelung *f* flash nickel plating
Verpackung *f* packaging
Verpackungsband *n* baling hoop
Verpackungsblech *n* packing plate
Verpackungslinie *f* packaging line
Verpreßbarkeit *f* compressibility
Verputz *m* rendering plaster
Verputzmasse *f* gunning material
Verriegelungsvorrichtung *f* locking device

Verringern *n* **des Durchmessers am Ende eines Hohlschmiedestücks** bottling
Verringerung *f* decrease
verrosten corrode; rust
Versagen *n* failure
Versammlung *f* assembly
Versammlungstättenbau *m* construction of assembly buildings
Versand *m* dispatch
Versandhalle *f* despatch department
Versatz *m* **(der Schweißkanten)** misalignment
verschiebbar displaceable
verschieben displace; move; shift
Verschieben *n* displacement by shear parallel to adjacent surfaces
Verschieber *m* manipulator for shifting
verschiedenartig heterogeneous
Verschiedenartigkeit *f* heterogeneity
verschlacken scorify; slag; vitrify
Verschlackung *f* oxidation
Verschlackungsverhältnis *n* ratio of iron in slag to iron in bath
Verschlackung *f* **von Silicium** desiliconising
verschlammen silt up
Verschleiß *m* scuffing; wear [and tear]
Verschleißanzeichen *n* sign of wear
verschleißarm with low rate of wear
Verschleißausgleich *m* wear take up
Verschleiß *m* **(Auswaschung)** erosion
Verschleißbetrag *m* amount of wear
Verschleißbild *n* wear pattern
Verschleiß *m* **der Ausmauerung** wear of the lining
Verschleißeigenschaft *f* wear-resisting property
verschleißen abrade; wear; wear out
verschleißfest wear resistant
verschleißfeste Oberfläche *f* hard wearing surface
verschleißfester Stahl *m* wear resisting steel
Verschleißfestigkeit *f* resistance to wear; wear resistance; wear strength
Verschleißfutter *n* inner lining; working lining
Verschleißlinien *fpl* scoring
Verschleißlinienbild *n* scoring pattern
Verschleißmarkenbreite *f* width of wear band
Verschleißmechanismus *m* wear mechanism
Verschleißmuster *n* wear pattern
Verschleiß *m* **normaler** normal wear and tear
Verschleißplatte *f* wear plate; wearing liner; wearing plate
Verschleißprüfmaschine *f* wear testing machine
Verschleißprüfung *f* wear test
Verschleißreserve *f* maintenance spares
Verschleißring *m* wear resisting collar
Verschleißstandzeit *f* wear [resisting] life
Verschleißteil *n* wear resisting part
Verschleißverhalten *n* wear performance; wearing behaviour
Verschleißwiderstand *m* resistance to wear; wear resistance
Verschleißzahl *f* wear index
Verschleißzuschlag *m* erosion allowance
Verschluß *m* closure; gate; lock
Verschlußkegel *m* **(Gichtglocke)** bell

Verschlüßler *m* encoder
Verschlußschraube *f* screw plug
Verschmelzung *f* amalgamation
Verschmiedungsgrad *m* forging reduction ratio; ratio of reduction by forging
verschmieren caulk; lute
verschmoren oxidise
verschmorte Oberfläche *f* swealed surface
verschmutztes Blech *n* dirty sheet
Verschmutzung *f* contamination; pollution
verschneiden blend
Verschnitt *m* **(Stanzen)** scrap
verschrauben bolt
Verschraubung *f* screwed joint
verschrotten scrap
Verschrotten *n* scrapping
Verschrottungsbetrieb *m* scrapping off plant
verschütten spill
verschweißen weld together
Verschweißen *n* fouling; fusing; welding
Verseifung *f* saponification
Verseifungszahl *f* saponification number
Verseilmaschine *f* stranding machine
versenken countersink
versetzbar portable
versetzen move
versetzt off centre
versetzt angeordnet staggered
Versetzung *f* offset; scaffold
Versetzung *f* **(Kristallgitter)** dislocation
Versetzungsdichte *f* dislocation density
versilbern silver coat; silver plate
Versilberung *f* silver coating
Versinterung *f* fusion
versorgen supply
Versorgung *f* supply
verspannen brace
Verspannung *f* **eines Lagers** bearing distortion
verspritzen spill; splash
verspröden embrittle
Versprödung *f* embrittlement
Versprödung *f* **während der Umformung** secondary work embrittlement
Versprühgrenze *f* drop spraying limit
Verstählen *n* acierage
verstärken amplify; boost; reinforce
Verstärker *m* amplifier; intensifier
Verstärkermaschine *f* **(Lichtbogenofen)** amplifying machine
Versteifungsdraht *m* guy wire
Versteifungsträger *m* buck stay
verstellbar adjustable
Verstellweg *m* setting range [of screw-down]; slideways
Verstellweg *m* **der Stopfenstange** distance over which stopper is moved to control teeming rate
verstemmen caulk
verstopfen choke; clog; plug
Verstopfung *f* choking; clogging; obstruction
verstreben brace; strut
Versuch *m* experiment; test; trial
Versuchauswertung *f* interpretation of test results
versuchen test; try
Versuchsanlage *f* experimental plant; pilot plant; trial plant
Versuchsanordnung *f* experimental set-up; test set-up
Versuchsanstalt *f* laboratory; research lab[oratory]; testing laboratory

Versuchsaufbau *m* experimental set-up; test set-up
Versuchsbetrieb *m* pilot plant
Versuchsblech *n* test sheet
Versuchsfehler *m* experimental error
Versuchsform *f* proposed standard
Versuchsplan *m* design [of an experiment]
Versuchsraum *m* laboratory
Versuchsreihe *f* series of experiments; test series
Versuchsschweißung *f* test weld
Versuchsserie *f* pilot lot
Versuchsstadium *n* experimental stage
Versuchswalzwerk *n* experimental mill; laboratory mill
Verteilanlage *f* switch cupboard
verteilen distribute; divide
Verteiler *m* tundish
Verteilerabdeckmittel *n* tundish covering compound
Verteilerablauf *m* tundish discharge
Verteileraufheizeinrichtung *f* tundish preheat station; tundish preheater
Verteilerausgußdüse *f* tundish nozzle
Verteilerdeckel *m* tundish cover
Verteilergetriebe *n* power drive transmission
Verteilerglocke *f* distributing bell
Verteilerkaltauskleidung *f* tundish cold lining
Verteiler-Notabsetzbock *m* tundish emerging parking stand
Verteilerrinne *f* **drehbare** swivelling tundish
Verteilerrinne *f* **kippbar** tilting tundish
Verteilerrinnenschieber *m* tundish slide gates
Verteiler-Schutzbelag *m* tundish protective cover
Verteilerschwenker *m* tundish swivelling unit
Verteiler-Transporttraverse *f* tundish handling tackle
Verteilertrichter *m* revolving top
Verteiler-Überlaufrinne *f* tundish overflow launder
Verteiler-Vorwärmstation *f* tundish preheating station
Verteilerwagen *m* tundish car
Verteilerwarmauskleidung *f* tundish hot lining
Verteiler-Wendevorrichtung *f* tundish turner
Verteiler-Wirtschaft *f* tundish preparation area
Verteilung *f* allocation; distribution; partition
Verteilung *f* **in zwei Veränderlichen** bivariate distribution
Verteilungskoeffizient *m* distribution coefficient
Verteilungsnetz *n* grid
vertiefen dish
Vertiefung *f* cavity; depression; impression
Vertikal-Banddurchziehofen *m* vertical continuous strand furnace
Vertikalschneiden *n* vertical cutting
Vertikalschwingung *f* vertical stand vibration
Vertikalstranggießanlage *f* vertical continuous casting plant
Vertrag *m* agreement; contract; paper
Vertrauen *n* confidence
Vertrauensabstand *m* confidence interval
Vertrauensbereich *m* confidence

interval
Vertrauensgrenze *f* confidence limit
Vertriebssystem *n* distribution system
verunreinigtes Eisen *n* contaminated iron
Verunreinigung *f* contamination; impurity; pollution
Verwachsung *f* anchoring; bonding; intergrowth
Verwaltungsgebäude *n* administration building
Verwandlung *f* conversion
verweigern reject
Verweilzeit *f* dwell time; holding time; residence time; time of exposure
Verweilzeitverhalten *n* residence-time behaviour
verwenden use
Verwendung *f* application; use
Verwendungszweck *m* range of application
Verwerfen *n* **nach Beanspruchung** flatting; kniking
Verwerfung *f* distortion; fault; trouble
Verwertung *f* use; utilisation
Verwindemaschine *f* twisting machine
verwinden torsion
Verwinden *n* torsion
Verwindeversuch *m* single torsion test
Verwindung *f* gear cutting; torsion; twist
verwindungsfrei free from twist effects
Verwindungsprobe *f* torsion test
verwittern weather
Verzahnung *f* gear cutting; gearing
Verzahnungsmaschine *f* gear cutting machine
verzapfen mortise
Verzapfung *f* mortising
Verzeichnis *n* schedule; table
verzerren strain
Verzerrung *f* bias; strain
Verzerrungstensor *m* deformation tensor
verziehen distort; warp
Verziehen *n* distortion; warping
verzinken galvanise; galvanize
Verzinken *n* fluxes for pickling; galvanising; galvanizing
Verzinken *n* **mit anschließendem Glühen** galvannealing
Verzinkerei *f* galvanising plant; galvanising shop; zinc coating shop
Verzinkereizink *m* zinc for [zinc] coating
verzinkt galvanized
verzinktes Band *n* galvanised strip
verzinktes Blech *n* galvanised sheet; zinc coated sheet
Verzinkung *f* galvanising; hot dip galvanising; zinc coating
Verzinkung *f*, **elektrolytische** electrogalvanizing
Verzinkungsanlage *f* zinc coating plant
Verzinkungsanlage *f*, **elektrolytische** electrogalvanizing plant
Verzinkungsblech *n* sheet for galvanising
Verzinkungsofen *m* galvanising furnace; zinc coating furnace
Verzinkungspfanne *f* galvanising kettle; galvanising pot; zinc coating kettle
verzinnen tin
Verzinnen *n* tinning
Verzinnerei *f* tinning department; tinning house

verzinnt tin coated; tinned
verzinnter Bandstahl *m* tin strip
verzinntes Band *n* tinned strip
Verzinnung *f* tin coating; tinning
Verzinnung *f*, **elektrolytische** electrolytic tinning
Verzinnungsanlage *f* tinning plant
Verzinnungsherd *m* tinning pot; tinning stack
Verzinnungswalze *f* tinning roll
verzogenes Band *n* twisted strip
verzögern delay; retard
Verzögerung *f* delay; lag; retardation; time consuming lag
Verzögerungsglied *n* lag element
Verzug *m* distortion; warping
verzugsbeständiger Stahl *m* non deforming steel
verzugsfreier Stahl *m* non deforming steel; non distorting steel; non warping steel
verzundern oxidise at high temperatures; scale
Verzundern *n* scaling
Verzunderung *f* high temperature oxidation; scale build-up; scaling
verzweigte Kette *f* branched chain
Vibrationsmasse *f* vibrating compound
Vibrationsmühle *f* vibratory mill
Vibrationsverdichten *n* compacting by vibration
Vickershärte *f* diamond pyramid hardness number; pyramid hardness number; Vickers hardness
Vielfachprüfung *f* sequential analysis of variance
vielgipflige Verteilung *f* multimodal distribution
Vielkeilwelle *f* multiple spline shaft
Viellochstein *m* multi hole brick
Vielprobenmaschine *f* multiple testing machine
vielseitig versatile
Vielwalzengerüst *n* cluster mill
Vielwalzenwerk *n* cluster mill
vieradrige Stranggießmaschine *f* four strand continuous casting machine
Viereckgeflecht *n* chainlink fence
Viergelenkgetriebe *n* four bar linkage
viergerüstige Grobblechstraße *f* fourstand plate mill
Vierkantblock *m* square ingot
Vierkanteisen *n* square iron
Vierkantschraube *f* square head cap screw
Vierkantstahl *m* square [bar] steel; squares
Vierstoffsystem *n* quaternary system
Viertaktgasmaschine *f* four stroke gas engine
viertelhart quarter hard
Viertelkreisdüse *f* quadrant nozzle
Vierwalzengerüst *n* four high rolling stand
Vignolschiene *f* flat bottom rail; vignol rail
virtueller Eingang *m* virtual input
visco-elastisch visco-elastic
Visioplastizität *f* visioplasticity
Viskoelastizität *f* viscoelasticity
Viskosität *f* viscosity
Vliesstoffwalze *f* non-woven mill roll
VOD-Konverter vacuum oxygen decarburization converter (VODC)
volle Kehlnahtschweiße *f* convex weld
volle Schweiße *f* rounded weld
Vollfließpressen *n* rod extrusion; solid extrusion
Vollgas *n* **bei Leerlauf** high idle

[run]
völlig gar (Koks) fully carbonised
vollkontinuierliches Stranggießen *n* continuous casting; sequence casting
Vollprägen *n* closed die coining
Voll-Quer-Fließpressen *n* transverse rod [impact] extrusion
Voll-Quer-Strangpressen *n* lateral bar extrusion
Vollrad *n* solid wheel
Voll-Rückwärts-Fließpressen *n* indirect rod impact extrusion
Voll-Rückwärts-Strangpressen *n* indirect bar extrusion of solids; indirect extrusion of rods
Vollstab *m* unnotched specimen
vollstopfen crowd
Voll-Vorwärts-Fließpressen *n* direct impact extrusion of rods
Voll-Vorwärts-Strangpressen *n* direct bar extrusion of solids; direct extrusion of rods
Vollwandträger *m* plate girder; web girder
Volumen *n* volume
Volumenänderung *f* volume change
Volumenbruch *m* volume fraction
Volumenkonstanz *f* volume constancy
Volumenkonstanz *f*, **globale** global volume constancy
Volumenkonzentration *f* volume concentration
volumetrisch volumetric
volumetrischer Flüssigkeitszähler *m* volumetric liquid counter
von-Mises-Zylinder *m* von Mises' yield surface
Vorabscheider *m* preliminary separator
Vorabscheidungsbecken *n* presettling basin
Vorabsiebung *f* **(Erz)** pre-screening
Vorarbeiter *m* first helper
Vorband *n* crossover bar; near-net strip; pre-strip
Vorbandgießanlage *f* thin-slab caster
Vorbandgießen *n* pre-stip casting
Vorbandkantenerwärmung *f* transfer bar edge heater
vorbearbeitet rough-machined
Vorbehandlung *f* pretreatment
Vorbehandlungsschicht *f* conversion layer
Vorbeizen *n* black pickling
vorbelastet prestressed
Vorbelastung *f* preliminary load
vorbereiten prepare
vorbereitetes Ende *n* **eines Schmiedestückes** bar hold; tong hold
vorbeugende Wartung *f* preventive maintenance
Vorbiegemaschine *f* cambering machine
vorblasen fore blow; preblow
Vorblasen *n* foreblow
Vorblasezeit *f* fore blow time
Vorblech *n* sheet bar
Vorblock *m* bloom; cog; cogged ingot
Vorblockadjustage *f* bloom finishing
Vorblock-Drillingsguß *m* triple cast bloom
vorblocken bloom; cog down
Vorblocken *n* **vor Zwischenaufheizung** saddening
Vorblockgießanlage *f* bloom caster
Vorblockputzerei *f* bloom conditioning yard
Vorblockstranggießanlage *f* continuous casting plant for blooms

Vorblock- und Brammenstranggießanlage *f* continuous caster for blooms and slabs
Vorblock- und Knüppeladjustage *f* bloom and billet finishing; finishing mill for blooms and billets
Vorbramme *f* roughed slab
Vorbrechen *n* coarse breaking; coarse crushing
Vorcarbidausscheidung *f* carbide precipitated during quenching
vorderes Ende *n* leading end
Vorderwalzer *m* roller on the entry side of rolls
voreilen lead; slip forward
Voreilung *f* **(Walzen)** forward slip
Voreilzone *f* forward slip area
voreutektisch preeutectic
voreutektoidische Ausscheidung *f* proeutectoid constituent
voreutektoidischer Ferrit *m* pre-eutectoid ferrite
Vorevakuator *m* booster ejector; quick-start ejector
Vorfertigstich *m* leader
Vorfertigung *f* prefabrication
Vorformgebung *f* prior plastic deformation
Vorfrischen *n* preliminary oxidation
Vorfrischmischer *m* active hot metal mixer; metal mixer; preliminary refining mixer
Vorfunkzeit *f* **(Spektralanalyse)** presparking time
Vorgabe *f* allowance; rate
Vorgang *m* operation; process
vorgefertigt prefabricated
vorgeformte dünne Metallschicht *f* wad
vorgefrischt semi finished
Vorgelege *n* back gear; reduction gear; transmission gear
Vorgerüst *n* break[ing] down stand; cogging stand; rougher
vorgeschmiedetes Stück *n* use
Vorgesetzter *m* supervisor
vorgespannte Diode *f* biassed diode
vorgespanntes Walzgerüst *n* pre-stressed rolling stand
vorgestauchter weicher Stahl *m* precompressed mild steel
vorgewalzter Block *m* blank; bloom; cogged ingot
vorgezogener Draht *m* processed wire
Vorglühen *n* preliminary annealing
Vorhalt *m* derivative action; rate action
Vorhaltezeit *f* derivation action time
Vorhaltzeit *f* rate time
vorhandene Korngröße *f* actual grain size
Vorheber *m* lifting rod
Vorherd *m* breast pan; forehearth
Vorholvorrichtung *f* advancing device; feeding device
Vorkaliber *n* blooming pass; breaking-down pass; preceding pass
Vorkalkulation *f* preliminary calculation
vorkalkulieren estimate
Vorkommen *n* occurrence in beds; occurrence in floors; occurrence in veins
Vorkröpfgesenk *n* snaker
Vorlage *f* **(Koksofen)** gas collecting pipe
Vorlast *f* initial load
Vorlaufbehälter *m* **(Gasreinigung)** presettling tank
vorläufiges Mittel *n* working mean
Vorlaufschlacke *f* flush slag; flushing cinder
Vorlegierung *f* hardening alloy;

prealloy
Vorlegierungspulver *n* prealloyed powder
Vormann *m* foreman
Vormetall *n* blown metal; feed metal
vormischen premix
Vornorm *f* tentative standard
Vorpressen *n* prepressing
Vorprobe *f* pilot test; preliminary sample; preliminary test
Vorprofil *n* preliminary section
Vorrat *m* stock; supply
Vorratsbehälter *m* stock bin; storage bunker
Vorratstrichter *m* hopper
Vorreduktion *f* prereduction
Vorreinigung *f* preliminary purification; primary cleaning; rough cleaning
Vorreißer *m* crusher
Vorrichtung *f* apparatus; appliance; arrangement; equipment
Vorrunde-Presse *f* **(U-Presse)** U-pressing installation
Vorschlag *m* proposal; suggestion
Vorschlagswesen *n* **betriebliches** suggestion scheme; suggestion system
Vorschleifen *n* **(Gußputz)** rough grinding
Vorschmelzeisen *n* first smelting pig iron; premelted iron
Vorschmiedegesenk *n* blanker; blocker; rougher
vorschmieden cog down; hammer-cog; rough-forge
Vorschmieden *n* blocking
Vorschub *m* advance; feed
Vorschubhärten *n* progressive hardening
Vorschubschalthebel *m* feed control lever
Vorschubumsteuerung *f* feed reverse
Vorsinterung *f* presintering
vorspannen prestress
Vorspannstahl *m* reinforcing steel for prestressed concrete
Vorspannung *f* initial set; initial tension; preliminary stress
Vorsprung *m* lug; projection
Vorstandsrat *m* executive committee; general council; governing body
Vorsteuerung *f* pilot control
Vorstich *m* blooming pass; breaking down pass; cogging pass
Vorstoß *m* buffer; bumper; ga[u]ge
Vorstrahlbereich *m* **(Röntgen)** transmission range
Vorstraße *f* blooming train; break[ing] down train; cogging train
vorstrecken bloom; break down; cog; roughdown
Vorstreckgerüst *n* pony rougher
Vorstreckkaliber *n* cogging pass; roughing pass
Vorstreckwalze *f* break[ing] down roll
Vorsturz *m* breakdown; mo[u]lder; scaler
vorsturzen break down
Vorsturzwalzwerk *n* jump roughing mill
Vorumwandlung *f* preliminary transformation
Vorvernicklung *f* flash nickel plating
Vorverspannung *f* prestressing
Vorversuch *m* pretest
Vorwählschalter *m* preselector
Vorwalzwerk *n* roughing mill
vorwärmen preheat
Vorwärmen *n* preheating

Vorwärmer *m* economiser
Vorwärmer *m* **für Gas** preheater for gas
Vorwärmer *m* **für Luft** preheater for air
Vorwärmer *m* **für Wasser** preheater for water
Vorwärmer *m* **(SM-Ofen)** bank
Vorwärmstation *f* **für Gießpfannen und Tundish** bank station for casting ladles and tundish
Vorwärtsstrangpressen *n* forward extrusion
Vorwärtszug *m* forward tension
Vorwerkstoff *m* primary material
Vorzerkleinerung *f* coarse breaking

W

Waage *f* analytical balance; balance
Waagebalken *m* balance beam
Waagerechtfräsmaschine *f* horizontal milling machine
Waagschale *f* scale
Wabe *f* dimple
Wabenbruch *m* dimple fracture; dimpled fracture
Wabenfilter *m* channel filter
Wabenträger *m* castellated beam; open-web girder
Wachsausschmelzguß *m* lost-wax casting; precision investment casting
Wachsausschmelzverfahren *n* cire perdu process; waste-wax process
wachsen expand; grow; swell
Wachsen *n* expansion
Wachstumsgeschwindigkeit *f* **der Spannungsrisse** cracking rate
Waffelblech *n* goffered plate
wägbar ponderable
Wagen *m* car; cart; wagon
Wagenaufzug *m* wagon hoist
Wagenbaustahl *m* steel for wagon construction
Wagen *m* **für Massengut** bulk traffic wagon
Wagenguß *m* bogie casting; buggy casting; car casting
Wagenherdofen *m* bogie type [reheating] furnace; car bottom furnace (am.); car hearth furnace
Wagenladung *f* carload
Waggon *m* wagon
Waggonbauanstalt *f* railway wagon plant
Waggonladung *f* carload
Waggonwaage *f* freight car scales
wahrer Mittelwert *m* true mean
wahre Spannungs-Dehnungskurve *f* true-stress/true-strain curve
Wahrscheinlichkeit *f* empirical probability; probability
Wahrscheinlichkeitsdichte *f* probability density
Wahrscheinlichkeitspapier *n* probability paper
Wahrscheinlichkeitsrechnung *f* theory of probability
Wahrscheinlichkeitsverhältnisprobe *f* probability ratio test
wahrscheinlichster Wert *m* mode
Währung *f* currency
Walken *n* **(Blechumformen)** flex levelling
wallen boil; bubble
Walzanfangstemperatur *f* initial temperature of rolling; start temperature of rolling
Walzarbeit *f* rolling horsepower; torque
Walzbalken *m* rest bar for carrying guides and guards

Walzbarkeit *f* aptitude for rolling; rollability
Walzbeschichtung *f* roll coating
Wälzbewegung *f* combined rolling and sliding motion
Walzbiegen *n* roll bending
Walzblock *m* billet; bloom; ingot suitable for rolling
Walzbördeln *n* roll flanging
Walzdorn *m* mandrel
Walzdrahlt *m* **zum Kaltziehen** wire rod for cold drawing
Walzdraht *m* rod wire; wire rod
Walzdraht *m*, **flach oder rund** flat or round rod wire
Walzdruck *m* draft; pressure of rolling; roll pressure
Walze *f* roll
Walze *f* **für Rohrwalzwerke** roll for tube mills
Walze *f*, **geschmiedete** forged roll
Walze *f* **(Halbstahl)** steel-base roll
Walze *f* **(Hartguß)** clear chill roll
Walze *f* **(Indefinitguß)** indefinite chill roll
Walze *f* **(Kohlenstoffstahl)** carbon steel roll
Walze *f* **(Lehmguß)** loam iron roll
Walze *f* **(Mildhart)** high-Si chilled iron roll; mild-hard roll
Walze *f* **mit gehärteten Kalibern** chill pass roll
Walze *f* **mit Polyurethan-Beschichtung** polyurethane-coated roll
walzen mill; roll
Walzen *n* lamination; rolling
wälzen roll
Walzenabplattung *f* flattening of periphery of a roll (by pressure); roll flattening
Walzenanstellung *f* roll adjustment
Walzenausfahrvorrichtung *f* roll extracting device; roll extractor
Walzenbacke *f* **(Brecher)** roll jaw
Walzenballen *m* roll barrel; roll body
Walzenballigkeit *f* roll camber; roll crown
Walzenbearbeitungsmaschine *f* roll machining device
Walzenbeschichtung *f* roll coating
Walzenbiegung *f* roll bending
Walzenbiegungsverfahren *n* **(zur Einhaltung der Balligkeit)** roll bending method (of crown control)
Walzenbrecher *m* giratory crusher; roll type crusher; rolling crusher
Walzenbruch *m* roll fracture
Walzenbürste *f* roll brush
Walzendrehbank *f* roll lathe
Walzendreherei *f* roll turning shop
Walzendrehmaschine *f* roll lath; roll turning lathe
Walzendtemperatur *f* final rolling temperature; final temperature of rolling; finish rolling temperature
Walzendurchbiegung *f* deflection of rolls; deflection of the rolls; roll deformation
Walzendurchmesser *m* effective groove diameter; mill roll diameter
Walzenexzentrizität *f* roll eccentricity
Walzen *f* **(Flockengraphitguß)** flake graphite roll
Walzenfräser *m* plain milling cutter
Walzengehäuse *n* roll housing
Walzen *fpl* **hauen** rag
Walzenkaliber *n* roll groove
Walzenkalibrieren *n* roll drafting; roll pass design
Walzenkalibriermaschine *f* roll drafting machine
Walzenkennnummer *f* roll identity number

Walzenkühlung *f* roll cooling
Walzenlager *n* cylinder [roll] bearing; roll bearing
Walzenlagerregal *n* roll storage rack
Walzenlagerung *f* roll bearing assembly
Walzenmattieranlage *f* roll-deadening device
Walzen *n* **mit geteiltem Kaliber** knifing
Walzenmühle *f* roller mill
Walzennachschliff *m* roll dressing; roll regrind
Walzennarbe *f* roll mark
Walzennarbe *f* **am Band** roll mark
Walzen *n*, **nichtsymmetrisches** unsymmetrical rolling
Walzenöffnung *f* roll clearence
Walzenprofil *n* roll profile
Walzenring *m* roll ring
Walzensatz *m* set of roll[er]s
Walzenschlag *m* eccentricity of the rolls
Walzenschleiferei *f* roll grinding shop
Walzenschleifmaschine *f* roll grinder; roll grinding machine
Walzenschmierung *f* lubricating grease for rolls
Walzensinter *m* mill scale
Walzensprung *m* mill spring; roll spring
Walzenständer *m* housing; mill housing; roll housing
Walzenstrahlmaschine *f* shotblasting machine for rolls
Walzenstrang *m* strand of rolls
Walzenstrecke *f* strand of rolls
Walzen *n*, **symmetrisches** symmetrical rolling
Walzentreffer *m* coupling sleeve
Walzenvergüteofen *m* roll heat-treating furnace
Walzenverschleiß *m* roll wear
Walzen *n* **von Band (Blech)** rolling of strip (sheet)
Walzen *n* **von Profilstäben** rolling of sectional bars
Walzen *n* **von Rohren über Stange** rotary piercing of tubes over a plug
Walzen *n* **von Stäben (Draht)** rolling of bars (wire)
Walzen *n* **von Vielnut-Wellen** rolling of multiple-spline shafts
Walzen *n* **von Vierkantrohren** rolling of square tubes
Walzenwechsel *m* roll changing
Walzen *fpl* **wechseln** change the rolls
Walzenwechselschlitten *m* roll changing sledge
Walzenzapfen *m* roll neck
Walzenzapfenlager *n* roll neck bearing
Walzer *m* roller
Walzerzeugnis *n* rolled product
Walze *f* **(Schalenguß)** clear or plain chilled iron roll
Walze *f* **(Sphäroguß)** ductile iron roll; nodular iron roll; spheroidal graphite [iron] roll
Walze *f* **(Stahlersatz)** grain roll
Walze *f* **(Verbundguß)** overflowed roll
Walzfalte *f* lamination
Walzfehler *m* rolling defect
Walzfolge *f* rolling sequence
Wälzfräser *m* hob cutter
walzgerade straight as in the rolled condition; straight as rolled
Walzgerüst *n* mill stand; rolling stand; stand of rolls
Walzgerüste *npl* **hintereinander**

angeordnet stands in tandem
Walzgerüste *npl* **nebeneinander angeordnet** train of stands
Walzgeschwindigkeit *f* rolling speed
Walzgut *n* in-process stock; piece; rolled piece; rolling stock
Walzgutkennlinie *f* rolling stock characteristic curve
Walzgutkennlinie *f*, **plastische** rolling stock characteristic curve
Walzgut *n* **(Walzstück)** workpiece
Walzhaut *f* roll scale; rolling skin; skin
Wälzhebelgetriebe *n* direct-contact mechanism
Walzkante *f* rolled [mill] edge
Walzkassette *f* mill stand of a forging-rolling unit
Walzkeil *m* tapered section entering the rolls
Walzknüppel *m* billet
Walzkraft *f* roll [separating] force; rolling force
Walzkraft/Banddicken-Schaubild *n* rolling force/strip thickness diagramm
Walzkraftlager *n* main rollneck bearing
Walzkraftschaubild *n* rolling force diagramm
Wälzlager *n* anti-friction bearing; ball and roller bearing
Wälzlagerstahl *m* anti-friction bearing steel; ball and roller bearing steel; roller bearing steel
Walzleistung *f* rolling load; rolling power
Walzlinie *f* **(Bandwalzen)** pass line
Walzmannschaft *f* rolling mill crew
Walzmeister *m* boss roller; head roller; rolling-mill foreman
Walzmitte *f* centre line; pass line
Walzmoment *n* roll torque; rolling torque
Walznaht *f* rolling fin; seam
Walznarbe *f* roll pick-up
Walzöl *n* rolling oil
Walzplan *m* rolling program; rolling schedule
Walzplattieren *n* cladding by rolling
walzplattiert cladded by rolling
Wälzprägen *n* roller marking
Walzprofil *n* rolled section
Walzprofilieren *n* roll forming to shape
Walzprogramm *n* rolling program; rolling schedule
Walzrichten *n* roll[er] straightening; roller levelling
Walzrichten *n* **mit mehreren Walzen** mangling
Walzrichtung *f* direction of rolling; direction of the fiber; rolling direction
Walzriefe *f* mark from the roll; roll scratch
Walzring *m* cantilevered roll; overhung roll; roll; sleeve
Walzrunden *n* crimping; roll rounding
Walzscheibe *f* disc roll
Walzschlacke *f* mill scale
Walzschweißverfahren *n* sealed assembly rolling process
Walzsicken *n* roll beading
Walzsinterpulver *n* mill scale powder
Walzsinterschlammaufbereitung *f* mill scale sludge treatment
Walzspalt *m* mill bite; roll bite; roll gap
Walzspaltaustritt *m* delivery side of roll gap
Walzspaltform *f* roll gap geometry

Walzspaltgeometrie *f* roll gap geometry
Walzspaltregelung *f* roll gap control
Walzspaltverhältnis *n* roll gap ratio
Walzsplitter *mpl* sleavers
Walzstahl *m* rolled steel
Walzständer *m* housing
Walzstich *m* pass
Walzstichplan *m* rolling schedule; schedule
Walzstraße *f* mill train; rolling mill; rolling train
Walzstraße *f* **erster Hitze** primary mill
Walzstraße *f* **zur Herstellung von Bandstahl** manufacture of strip
Walzstrieme *f* roll pick-up
walztechnisch glatte Oberfläche *f* commercially smooth rolled surface
Walztextur *f* rolling texture
Walztisch *m* feed rollers
Walztoleranz *f* mill limits
Walzwerk *n* mill; rolling mill
Walzwerk *n* **erster Hitze** primary mill
Walzwerk *n* **für Flachprodukte** rolling mill for flat products
Walzwerk *n* **für kleine Bestellungen** jobbing mill
Walzwerk *n* **für Langprodukte** rolling mill for long products
Walzwerksantrieb *m* rolling mill drive
Walzwerkserzeugnis *n* rolling mill product
Walzwerkshilfsantriebe *mpl* mill auxiliaries
Walzwerksingenieur *m* rolling mill superintendent
Walzwerksofen *m* rolling-mill furnace
Walzwerkstiefofen *m* soaking pit for rolling mills
Walzwerksumlaufschrott *m* mill revert scrap
Walzwerk *n* **zweiter Hitze** secondary mill
Walzwinkel *m* roll angle; roll bite angle
Walzzeit *f* in roll time
Walzziehbiegen *n* roll draw bending to shape in a multiple-roll unit
Walzziehen *n* roll drawing
Walzziehen *n* **über festen Stopfen (Dorn)** roll drawing over stationary mandrel (plug)
Walzziehen *n* **über losen Stopfen (Dorn)** roll drawing over floating mandrel (plug)
Walzziehen *n* **über mitlaufende Stange** roll drawing over travelling [live] rod
Walzziehen *n* **von Bändern** roll drawing of strip
Walzzunder *m* mill scale; roll[ing] scale; secondary scale
Walzzunge *f* sliver
Walzzustand *m* as rolled; as rolled condition
Wand *f* wall
Wandauskleidung *f* panel lining
Wanddicke *f* wall thickness
Wanddicken-Empfindlichkeit *f* section sensitivity
Wanddickenmesser *m* wall thickness tester
Wanderfeldpumpe *f* travelling field pump
wandernde Versetzung *f* mobile dislocation
Wanderrost *m* travelling [fire] grate
Wanderrostbeschicker *m* chain grate stoker

Wandreibung *f* skin friction
Wandverlust *m* wall loss
wanken rock
Wanne *f* bath; tub
Wannenlage *f* flat position [welding]
Warenprobe *f* sample of commodities
Warenzeichen *n* registered trade mark; trade mark
Warmarbeitsstahl *m* hot forming tool steel; hot working steel; hot-work tool steel
Warmaushärten *n* artificial ag[e]ing
Warmauslagern *n* artificial ag[e]ing
Warmbadhärten *n* delayed martensite hardening; delayed martensitic hardening; hot quenching; warm bath hardening
Warmband *n* hot [rolled] strip
Warmbandkratzer *m* hot strip scratch
Warmbett *n* hot bank; hot bed
Warmbiegeversuch *m* hot bend test
Warmbildsamkeit *f* ductility at elevated temperatures
Warmblasen *n* hot blowing
Warmblechrichtmaschine *f* hot plate leveller; hot plate straightening machine
Warmblockschere *f* hot bloom shears
Warmbreitband *n* hot [rolled] wide strip
warmbrüchig hot short
Warmbrüchigkeit *f* hot shortness; red shortness
Warmchargieren *n* hot charging
Wärmdauer *f* heating time
Wärme *f* quantity of heat
Wärmeabfuhr *f* heat dissipation
Wärmeabfuhrgeschwindigkeit *f* heat dissipation rate
Wärmeabführvermögen *n* heat dissipation capability; heat transfer capability
Wärmeabgabe *f* heat dissipation
Wärme *f* **abgeben** dissipate heat
wärmeabgebende Mittel *npl* exothermic feeding materials
Wärmeableitung *f* dissipation of heat
Wärmeabschirmung *f* heat shield; thermal shield
Wärmeabstrahlung *f* thermal radiation
Wärmeangebot *n* heat evolved
Wärmeaufnahme *f* heat absorption
Wärmeausbreitung *f* heat propagation
Wärmeausdehnung *f* thermal expansion
Wärmeausdehnungskoeffizient *m* thermal expansion coefficient
Wärmeausgleich *m* heat equalization
Wärmeausgleichszeit *f* heat equalization time
Wärmeausnutzung *f* thermal efficiency
Wärmeaustausch *m* heat exchange; heat transfer
Wärmeaustauscher *m* heat exchanger
Wärmebeanspruchung *f* thermal stress
Wärmebedarf *m* heat required
wärmebeeinflußte Zone *f* **(WEZ)** heat-affected zone (HAZ)
Wärmebehandelbarkeit *f* capacity for heat treating
wärmebehandeln heat-treat
wärmebehandelt heat treated
Wärmebehandlung *f* heat treatment; thermal treatment

Wärmebehandlung *f* **diskontinuierliche** batch heat treatment
Wärmebehandlung *f* **kontinuierliche** continuous heat treatment
Wärmebehandlungsanlage *f* heat treatment installation
Wärmebehandlungseinrichtung *f* heat treatment facility
Wärmebehandlungsofen *m* heat-treating furnace
Wärmebehandlungsriß *m* thermal-induced crack
Wärmebelastung *f* thermal load
wärmebeständig heat resistant; heat resisting
Wärmebeständigkeit *f* thermal stability
Wärmebilanz *f* calorific balance; heat balance; thermal balance
wärmedämmender feuerfester Stoff insulating refractory
Wärmedämmung *f* heat insulation; thermal insulation
Wärmedehnung *f* dilatation; heat expansion; thermal expansion
Wärmedehnzahl *f* coefficient of thermal expansion
Wärmedurchgang *m* heat transition; heat transmission
Wärmedurchgangskoeffizient *m* coefficient of heat transition
Wärmedurchgangszahl *f* heat transfer coefficient
Wärmeeinbringen *n* heat input
Wärmeeinbringen *n* **(Schweißen)** heat input (welding)
Wärmeeinfluß *m* heat effect
Wärmeeinflußzone *f* **(WEZ)** heat-affected zone (HAZ)
Wärmeeinheit *f* heat unit; thermal unit; unit of heat
Wärmeeinsatz *m* hot charging
Wärmeentwicklung *f* recalescence
wärmeerzeugend heat producing
Wärmefluß *m* heat flow; heat flux; thermal flux
Wärmeformänderung *f* deformation under heat
Wärmeführung *f* heat control
Wärmegefälle *n* temperature gradient; thermal head
Wärmegleichgewicht *n* thermal equilibrium
wärmehärtend thermosetting
Wärmehaushalt *m* heat balance
Wärmeingenieur *m* fuel and heating engineer
Wärmeinhalt *m* heat capacity; heat contents
Wärmeisolierung *f* thermal insulation
Wärmekapazität *f* heat capacity
Wärmekapazität *f* **bei konstantem Volumen (Druck)** heat capacity at constant volume (pressure)
Wärmekapazität *f*, **spezifische** specific heat
Wärmekeil *m* wedge heating
Wärmekraftwerk *n* thermal power plant
wärmeleitend heat conductive
Wärmeleitfähigkeit *f* conductivity of heat; heat conductivity; thermal conductivity
Wärmeleitplatte *f* convector; heat-conducting plate
Wärmeleitscheibe *f* convector
Wärmeleitung *f* heat conduction; thermal conduction
Wärmeleitwiderstand *m* thermal inertia; thermal resistivity
Wärmeleitzahl *f* coefficient of thermal conductivity; thermal conductance

Wärmemenge *f* amount of heat; fuel energy; quantity of heat
Wärmemessung *f* calorimetry; heat measurement
wärmen heat
Wärmen *n* heating
Wärmenachbehandlung *f* post-weld heat treatment
Wärmenutzen *m* thermal effect
Wärmequelle *f* source of heat
Wärmer *m* heater
Wärmeriß *m* heat crack; hot crack; hot tear
Wärmerißbildung *f* heat cracking
Wärmerückgewinnung *f* heat reclamation
Wärmerückgewinnungsanlage *f* heat recovery system; heat-recovery plant
Wärmerückgewinnungseinrichtung *f* heat recovery equipment
Wärmeschutz *m* heat relief; protection against heat
Wärmeschutzglas *n* glass for protection against heat
Wärmeschutzmasse *f* heat insulation composition
Wärmespannung *f* temperature stress
Wärmespannungsriß *m* heat crack; thermal stress crack
Wärmespeicher *m* heat accumulator; regenerator
Wärmespeicherung *f* accumulation of heat
Wärmestau *m* heat concentration
Wärmestauung *f* accumulation of heat
Wärmestelle *f* fuel and power department
Wärmestrahlung *f* heat radiation
Wärmestrich *m* line heating
Wärmestrom *m* heat current; heat flow rate
Wärmestromdichte *f* heat current density
Wärmestufenschaubild *n* **(Hochofen)** Reichhardt heat diagram
Wärmetauscher *m* heat exchanger
Wärmetauscherabgas *n* exchanger exhaust
Wärmetauscheranlage *f* **(der Zyklonwärmetauscher)** heat exchanger (cyclone heat exchanger)
wärmetechnische Größe *f* thermic value
Wärmetönung *f* absorption of heat; evolution of heat; recalescence
Wärmeträgerflüssigkeit *f* heat transfer fluid
Wärmeübergang *m* heat transfer; heat transmission; transfer of heat
Wärmeübergangskoeffizient *m* coefficient of heat transfer; heat transfer coefficient
Wärmeübergangswiderstand *m* resistance to heat transfer
Wärmeübertragung *f* heat transfer; heat transmission; transfer of heat
Wärmeumwälzung *f* heat convection
Wärmeverbrauch *m* heat consumption
Wärmeverlust *m* calorific loss; heat loss
Wärmewiderstand *m* thermal resistance
Wärmewirkungsgrad *m* thermal officiency
Wärmewirtschaft *f* fuel economy; heat economy
Wärmezufuhr *f* heat input
Wärmezunahme *f* recalescence
warm fertiggewalztes Rohr *n* hot finished tube

warmfest creep resistant; creep resisting; resistant to deformation at elevated temperatures
warmfester Baustahl *m* high-temperature structural steel
warmfester Stahl *m* creep-resistant steel; high temperature steel
Warmfestigkeit *f* high-temperature strength; strength at elevated temperatures; strength at high temperatures
Warmfließkurve *f* hot flow curve
Warmformänderungsvermögen *n* hot forming property
Warmformgebung *f* hot forming; hot shaping; hot working
Warmformgebungshitze *f* working heat
Warmfräs- und -sägemaschine *f* hot milling and sawing machine
Wärmgeschwindigkeit *f* heating rate; rate of heating
warmgewalzter Flachstahl *m* hot rolled flats
warmgewalzter kleiner U-Stahl *m* hot rolled small U-section
warmgewalzter Rundstahl *m* hot rolled rounds
warmgewalzter Vierkantstahl *m* hot rolled squares
warmgewalzter Zustand *m* hot rolled condition
warmgewalztes Band *n* hot rolled strip
warmgezogenes Rohr *n* hot drawn tube
Warmhalteofen *m* holding furnace
Warmhärte *f* red hardness
warmharter Stahl *m* steel with a high degree of hardness at elevated temperatures
Warm-Kalt-Verfestigen *n* warm work hardening
Wärmkurve *f* heating curve
Warmlager *n* cooling bed; hot bed
Wärmofen *m* reheating furnace
Wärmofen *m* **für satzweisen Einsatz** in-and-out reheating furnace
Warmpressen *n* die pressing; hot pressing
Warmrichten *n* hot straightening
Warmricht- und Abschneidemaschine *f* hot straightening and cutting machine
Warmriß *m* chill crack; clink; fire check
warmrißanfällig hot short
Warmrissigkeit *f* hot shortness
Warmrissigkeit *f* **von warmgewalztem Stahl** hot shortness of hot rolled steel
Warmrundlaufversuch *m* thermal stability test
Warmsäge *f* hot saw
Warmschweißen *n* hot welding
Warmsprödigkeit *f* hot brittleness
Warmstahl-Schlittenschere *f* sliding hot saw
Warmstrangpressen *n* hot extrusion
Warmstraße *f* hot rolling train
Warmstreckgrenze *f* yield point at elevated temperature
Warmumformbarkeit *f* hot forming property
Warmumformprozeß *m* hot forming process
Warmumformung *f* hot forming; hot shaping
Warmumformung *f* **durch Schmieden** hot forming by forging
Warmverarbeitbarkeit *f* hot forming property
Warmversprödung *f* hot embrittlement

Wärmvorschrift *f* heating schedule
warmwalzen hot roll[ing]
Warmwalzen *n* hot rolling
Warmwalzen *n*, **direktes** hot direct rolling
Warmwalzstahl *m* hot rolling steel
Warmwalzwerk *n* hot rolling mill
Wärmzeit *f* heating time
Warmziehbank *f* **(für Hohlkörper)** push-bench
Warmzugversuch *m* hot tensile test; hot tension test
Warngerät *n* monitor
Warten *n* servicing
Warteschlange *f* line-up; queue
Wartezeit *f* holding time
Wartung *f* attendance; servicing; upkeep
Wartungszeit *f* maintenance time
Warzenblech *n* nipple plate; pinned plate
Waschberge *mpl* refuse slate; washery slag
waschen wash
waschen (Gas) purify
Wäscher *m* scrubber; washer
Waschöltank *m* scrubbing oil tank
Waschturm *m* scrubber tower
Wasser *n* water
Wasserabscheider *m* water separator
Wasserarmaturen *fpl* water fittings
Wasserbad *n* water bath
Wasserdampf *m* steam; water vapour
Wasserdampfspaltung *f* decomposition of wator vapour (corrosion)
Wasserdemineralisierung *f* water demineralization
wasserdicht water-tight
Wasserdraht *m* water hardened wire rod
Wasserdruckversuch *m* hydraulic [pressure] test; hydrostatic test
Wasserfangkasten *m* water wheel
Wasserfläche *f* sheet of water
wasserführende Schicht *f* water bearing stratum
Wassergas *n* water gas
wassergehärteter Federstahl *m* water-hardened spring steel
wassergehärteter Walzdraht *m* water-hardened wire rod
wassergekühltes Kabel *n* water cooled cable
Wasserglas *n* waterglass
wassergranulierter Schlackensand *m* water-spray granulated slag sand
Wasserhaltungspumpe *f* draining pump
Wasserhärte *f* hardness of water
Wasserhärten *n* water harden; water hardening
Wasserhärter *m* water hardening steel
Wasserkasten *m* water tank
Wasserklärung *f* water clearing
Wasserkraft *f* hydraulic power; water power
Wasserkreislauf *m* water circulation
Wasserkühlrad *n* water [cooling] wheel; wet cooler
Wasserkühlsystem *n* water-cooling system
Wasserkühlung *f* water cooling; water-cooling system
Wasserleute *pl* men who control coolers and check water flow (on a blast furnace)
wasserlöslich water based; water borne; water soluble
wasserlösliche Bindung *f* watersoluble binding
Wasserprobe-Entnahmegerät *n* water sampling device

Wasserreinigung *f* water purifying
Wassersäule *f* water ga[u]ge
Wasserschenkelstahl *m* window drip section
Wasserstandsanzeiger *m* water ga[u]ge
Wasserstandsregler *m* water level regulator
Wasserstoff *m* hydrogen
Wasserstoffaufnahme *f* hydrogen absorption
Wasserstoffentzug *m* **durch Glühen** baking
wasserstoffinduzierte Rißbildung *f* hydrogen-induced cracking (HIC)
wasserstoffinduzierte Spannungsrißkorrosion *f* hydrogen-induced stress corrosion cracking (HSCC)
Wasserstoffperoxid *n* hydrogen peroxide
Wasserstoffsprödigkeit *f* hydrogen embrittlement
Wasserstoffversprödung *f* hydrogen embrittlement
Wasserturbine *f* water turbine
Wasserturm *m* water tower
wasser- und aschefrei (waf) dry and ash free (daf)
Wasserverdüsung *f* water atomization; water spray atomizing
Wasservergüten *n* water quenching followed by tempering; water tempering
Wasserverschmutzung *f* water pollution
Wasserversorgung *f* water feeding; water supply
Wasserwaage *f* spirit level
Wasserwert *m* water equivalent
Wasserzerstäubung *f* water atomising
Wechselbeanspruchung *f* alternating stress; cyclic stress
Wechselbiegebeanspruchung *f* alternating bending stress
Wechselbiegung *f* alternate bending
Wechselduo *n* three-high stand with two-high roll set
Wechselentfestigung *f* cyclic softening
Wechselfestigkeit *f* endurance strength; fatigue resistance; fatigue strength
Wechselfestigkeit *f* **unter pulsierender Belastung** fatigue limit under pulsating stress
Wechselfolge *f* sequence of vessel changing
Wechselgerüst *n* change stand; interchangeable stand; spare stand
Wechselgetriebe *n* change speed gear
Wechselkanal *m* reversal conduit
Wechselkonverter *m* change vessel converter
wechselnde Belastung *f* alternating load
wechseln (Walzen) change
wechselseitig mutual
wechselseitige Beziehung *f* interrelationship
Wechselstrom *m* A.C.; alternating current
Wechselstromlichtbogenofen *m* AC arc furnace; AC electric arc furnace
Wechselstromschweißmaschine *f* AC-welding machine
Wechselstromschweißverfahren *n* AC-welding technique
Wechseltauchversuch *m* alternate immersion test
Wechselverfestigung *f* cyclic hardening
Wechselverformungsverhalten *n* cyclic stress strain behaviour

Wechselversuch *m* alternating stress test
Wechselverwindeversuch *m* alternating torsion test; reverse torsion test
Wechselwirkungskoeffizient *m* interaction coefficient
Wechselwirkungsparameter *m* interaction parameter
Weg *m* distance; path; way
wegfressen cut off; scour
wegnehmen remove
Weibulldiagramm *n* **(Testen von Lagerstahl)** Weibull diagram (testing of bearing steels)
Weiche *f* siding; switch
Weiche *f* **für Zahnradbahn** cog-rail type switch; switch for cog-rail type
Weicheisen *n* Armco iron; low carbon steel; mild steel
Weicheisengüte *f* soft iron grade
Weichensteller *m* switch man; switcher
Weichenzunge *f* switch blade
weicher Stahl *m* low carbon steel; mild steel; soft steel
weicher unlegierter Stahl *m* low-carbon steel
weiches Erz *n* soft ore
weiches Ferrochrom *n* low carbon ferro-chrome
Weichfleckigkeit *f* formation of soft spots; liability to harden with soft spots
weichgeglüht soft annealed; spheroidised
weichgeglüht und nicht entzundert black softened
weichglühen softening
Weichglühen *n* soft annealing; spheroidise annealing; spheroidizing
Weichglühgrad *m* spheroidizing degree
Weichhaut *f* soft skin
Weichkohle *f* bituminous coal
Weichlot *n* soft solder
weichlöten solder
Weichmachen *n* softening
weichmagnetischer metallischer Sinterwerkstoff *m* soft magnetic sintered material
weichmagnetischer Stahl *m* electrical quality steel; soft magnetic steel
Weichnitrieren *n* salt bath nitriding; soft nitriding
Weißband *n* tin strip
Weißbandzerteilanlage *f* tin plate shearing line
Weißbeize *f* white pickler
Weißblech *n* tinplate
Weiß[blech]band *n* tinplate strip
Weißblech *n* **mit dickerer Zinnschicht** charcoal tinplate
Weißblech *n* **mit dünnerer Zinnschicht** coke tinplate
Weißblechtafel *f* tinplate sheet
Weißblechwalzwerk *n* tinplate mill
weiße Bänder white bands
weißer Temperguß *m* white heart malleable [cast] iron
weißes Gußeisen *n* white cast iron
weißes Rauschen *n* white noise
weißes Roheisen *n* forge pigs; white pig [iron]
Weißglühen *n* white annealing
weißglühend incandescent; white hot
Weißglut *f* incandescense; white heat
Weißguß *m* chilled cast iron; white heart malleable [cast] iron

Weißkalk *m* white lime
Weißmetall *n* babbitt [metal]
Weißmetall-Ausguß *m* anti friction metal lining; babbitt bearing lining; lining
Weißrost *m* wet storage stain; white rust
Weite *f* diameter; range
weiten extend; widen
Weiten *n* expanding
Weiten *n* **durch Drücken** expanding by spinning
Weite *f* **(Öffnung)** aperture
Weiterschlag *m* **(Tiefziehen)** second draw
Weiterverarbeitung *f* further treatment; subsequent processing
weiterziehen redraw
Weiterziehen *n* redrawing
Wellbiegen *n* corrugating
Wellblech *n* corrugated sheet
Wellblechmaschine *f* corrugated sheet machine
Wellblechpresse *f* press for corrugated sheets
Wellblechwalzwerk *n* corrugating sheet rolling mill
Welle *f* arbor; corrugation; flopper; shape wave
Wellenbildung *f* **auf Schienen** rail corrugation
Wellenlänge *f* wave length
Wellenschälen *n* peeling shafts
Wellenschaubild *n* periodogram
Wellenwiderstand *m* capacitance
Wellenzahl *f* wave number
Wellenzerlegung *f* periodogram analysis
Welle *f* **(Riffelschiene)** corrugations (roaring rails)
wellige Oberfläche *f* rippled surface
Welligkeit *f* waviness
Wellrohr *n* corrugated tube
Wendeformmaschine *f* turn-over plate molding machine
Wendehaspel *f* reverse coiler
Wendekühlbett *n* rollover cooling bed
Wendelrohr *n* helical tube
wenden turn over
Wendevorrichtung *f* roll-over device; turn-over gear
weniger leicht schmelzbar less fusible
werfen distort; warp
Werk *n* achievement; mill; plant
Werkbank *f* work-bench
Werkmeister *m* foreman; master-mechanic
Werksbahn *f* works railway
Werksbescheinigung *f* certificate of compliance with the order; works' test certificate
Werksmarke *f* trade mark
Werksnorm *f* works standard specification
Werksprüfung *f* inspection test
Werksprüfzeugnis *n* works' test certificate
Werkstatt *f* shop; workshop
Werkstattbeleuchtung *f* workshop lighting
Werkstätte *f* workshop
Werkstätteneinrichtung *f* workshop installation
Werkstattschweißung *f* shop welding
Werkstattzusammenbau *m* shop assembly
Werkstoff *m* material
Werkstoffabtragung *f* stock removal
Werkstoffabtragungsgeschwindigkeit *f* stock removal rate
Werkstoff *m* **artgleicher** like material

Werkstoffausschuß *m* Committee for Materials
Werkstoffbeanspruchung *f* material stress
Werkstoffbeiwert *m* material coefficient
Werkstoffdatenbank *f* material data bank
Werkstoff *m*, **durchgehärteter** full-hard material
Werkstoffehler *m* material defect
Werkstoffeigenschaft *f* material property
Werkstoffermüdung *f* material fatigue
Werkstoff *m*, **feuerfester** fire proof material
Werkstoff *m* **für Thermobimetalle** material for thermobimetals
Werkstoffhöhe *f* height
Werkstoffkunde *f* material science; material technology
Werkstoffnachweis *m* material certificate
Werkstoffnormung *f* standardization of materials
Werkstoffnummer *f* material number; number of materials
Werkstoffpaarung *f* mating of materials
Werkstoffpaarung *f* **(Lager)** mating materials
Werkstoffprüfmaschine *f* material testing machine
Werkstoffprüfung *f* material testing; testing of materials
Werkstoffprüfung *f*, **zerstörungsfreie** non-destructive materials testing
Werkstoffschlüssel *m* materials code
Werkstofftrennung *f* discontinuity
Werkstoffübergang *m* **(Lichtbogen)** material transfer
Werkstoffverhalten *n* material behaviour
Werkstoffverlust *m* **durch Verzundern** fire waste; heat waste
Werkstück *n* work[ing] part; workpiece
Werkstückaufnahme *f* workholding device
Werkstückaufspannung *f* workpiece set-up
Werkstückeinspannung *f* workpiece clamping; workpiece set-up
Werkstückhalter *m* workholding device; workpiece contour; workpiece fixture
Werkstückträger *m* workholding fixture
Werkstückverhalten *n*, **anisotropes** anisotropic workpiece behaviour
Werkszeugnis *n* test report
Werktransport *m* works' transport
Werkzeug *n* tool
Werkzeugausrüstung *f* tooling
Werkzeugausstattung *f* **für Gießbühnen** casting platform tool outfit
Werkzeugausstattung *f* **für Gießer** casting operator tool outfit
Werkzeug-Hohlstahl *m* steel for fluting tool
Werkzeugmaschine *f* machine-tool
Werkzeugmaschinenguß *m* castings for machine-tools
Werkzeugsatz *m* tool set
Werkzeugschleifbock *m* tool grinder; tool-grinding machine
Werkzeugschneide *f* cutting edge; cutting lip
Werkzeugschrank *m* tool cupboard
Werkzeugstahl *m* tool steel
Werkzeugstahl *m* **für Kaltarbeit** cold forming tool steel

Werkzeugstahl *m*, **ledeburitischer** Ledeburitic tool steel
Werkzeugstahl *m*, **legiert** alloyed tool steel
Werkzeugstahl *m*, **unlegiert** unalloyed tool steel
Werkzeug- und Blechbearbeitungsmaschine *f* tool and sheet metal working machine
Wert *m* quartile; value
Wert *m* **der Veränderlichen** variate
Wertefluß *m* flow of cost values
werten evaluate
Wertigkeit *f* valency
Wertminderung *f* depreciation
Wertpapier *n* bond
Wertung *f* evaluation
Wertzahl *f* rating
wesentlich significant
Wettbewerbsfähigkeit *f* competitive position
Wetterbeständigkeit *f* resistance to weathering
wetterfester Stahl *m* patinable steel; weathering resistant steel; weathering steel
Wetterkorrosion *f* atmospheric corrosion
Whisker *m* whisker
Wickelanlage *f* **für Draht und Band** coiling apparatus for steel wire and strip
Wickeldorn *m* coiling mandrel; mandrel
Wickelhaspel *f* winding reel
Wickelhülse *f* sleeve
Wickelmantel *m* lay forming rim
Wickelmaschine *f* coiling machine; pouring reel; recoiler
wickeln coil; take-up; wind
Wickeln *n* multi-turn coiling
wickeln auf Scheibe winding on drum
wickeln von oben overcoiling; overwinding
wickeln von unten undercoiling; underwinding
Wickelplatte *f* front flange; rotary coil plate
Wickelspule *f* coiling reel
Wickeltrommel *f* coiling drum
Wickelverhältnis *n* **(Feder)** spring index
Wickelversuch *m* wrapping test
Wickelwerk *n* **(Trafo)** coil former
Wickler *m* **für Draht** dead block
Widerlager *n* skew back; support; thrust bearing
Widerlagerbalken *m* skewback channel
Widerlager *n* **(beim Pendelschlagwerk)** anvil
Widerlagerstein *m* bevel brick; first brick out
Widerlagerstütze *f* skewback channel
Widerstand *m* resistance
Widerstand *m* **(elektr.)** resistor
Widerstandsbeheizung *f* resistance heating
Widerstandsbolzenschweißen *n* resistance stud welding
Widerstandsfähigkeit *f* mechanical resistance; resistivity
Widerstandsfähigkeit *f*, **elektrische** electrical resistivity
Widerstandsfähigkeit *f*, **elektrische - der Heizleiterlegierungen** electrical resistivity of the heating conductor alloys
Widerstandslegierung *f* steel for electric resistance
Widerstandsmoment *n* moment of

resistance; section modulus
Widerstandspatentieren *n* resistance patenting
Widerstandsschmelzschweißen *n* resistance fusion welding
Widerstandsstumpfschweißen *n* resistance butt welding; resistance flash butt welding
Widerstandsthermometer *n* resistance thermometer
Widerstandswerkstoff *m* heating resistor material; resistance material
Widerstandszahl *f* resistance number
widerstehen stand
Widmannstättensches Gefüge *n* Widmannstätten structure
Wiederanblasen *n* putting in blast again; restarting
Wiederanlassen *n* restarting
Wiederaufarbeitung *f* recutting (of a die)
Wiederaufbau *m* rebuilding; reconstruction
wiederaufkohlen recarburise
Wiederaufkohlen *n* carbon restoration
Wiederaufkohlung *f* carbon restoration; recarburization
wiederaufnehmen resume
wiedereinschmelzen remelt
wiedererhitzen reheat
wiedererwärmen reheat
Wiedererwärmungsriß *m* reheat cracking
Wiedergewinnung *f* recovery; regeneration
wiederherstellen repair; restore
wiederholen (EDV) rerun
wiederholtes Biegen *n* repeated bending
Wiederholungsversuch *m* retest
Wiederholung *f* **von Gleichversuchen** replication
wiederinstandsetzen recondition; repair
Wiegebrücke *f* wagon weighbridge
Wiegebunker *m* weighing hopper
Wiegemeister *m* weighman
Wiesenerz *n* brown hematite; meadow ore
WIG-Aufschmelzen *n* TIG-dressing
WIG-Schweißen *n* TIG-welding (tungsten inert gas)
Wildmaßlänge *f* random length
Wind *m* blast; blow; vent
Winddruck *m* blast pressure
Winddüse *f* tuyère
Winde *f* crab; hoist; whim; windlass
Winden *n* winding
Windenhaus *n* winch house
Winderhitzen *n* blast heating
Winderhitzer *m* air preheater; blast preheater; Cowper
Winderhitzer *m* **auf Gas (auf Wind)** hot blast stove on gas (on blast)
Winderhitzerstein *m* Cowper brick; hot blast stove brick
Windform *f* blast tuyère; tuyère
windfrischen convert
Windfrischen *n* air refining; converting [with air]; purifying
Windfrischstahl *m* air refined steel
Windfrischverfahren *n* air refining process
Windkasten *m* air box; air chamber; blast box
Windleitung *f* blast inlet; blast main; blast pipe
Windloch *n* blast inlet
Windmenge *f* blast rate
Windring *m* air chamber
Windschieber *m* blast gate

Windsichten *n* air classification
Windsichter *m* cyclone; dust catcher
Windstock *m* blast connection
Windung *f* coil; lay; turn of a coil
Windungsdurchmesser *m* lay diameter
Windungsleger *m* layer; laying head or unit
Windungssammler *m* coil accumulating station
Windungstransportgerüst *n* vibrating frame; vibrating lay conveyor
Windverteilungsregler *m* **(Hochofen)** blast distribution controller
Winkel *m* angle; plane angle; solid angle
Winkelbeschleunigung *f* angular acceleration
Winkeleisen *n* angle iron
Winkelgeschwindigkeit *f* angular velocity
Winkelgetriebe *n* bevel gearing
Winkelkopf *m* **(zerstörungsfreie Prüfung)** angle probe
Winkellage *f* angular position
Winkelmesser *m* protractor
Winkelprüfung *f* fillet weld break test
Winkelstahl *m* angle steel; angles; round edge equal angles; square edge equal angles
Winkelstahl *m* **mit Leichtprofil** light section angle
Winkelstahl *m* **mit ungleichen Schenkeln** unequal [leg] angle
Winkelversatz *m* angular misalignment
Winkelzahn *m* herringbone tooth
Winkelzugversuch *m* angular tensile test
Wippe *f* depressing table (up-cut shear); tilting chute
wippen whip
Wippen *n* luffing
Wippkran *m* luffing crane
Wipptisch *m* rising table; tilting table
Wirbel *m* vortex; whirl
Wirbelbettpatentieren *n* fluidized bed patenting
Wirbelbettprozeß *m* fluidized-bed-process
Wirbelbrenner *m* turbulent burner
Wirbeldüse *f* eddy nozzle; swirl nozzle
Wirbeleinguß *m* whirl gate
wirbelig turbulent
Wirbelreduktionsverfahren *n* turbulence reduction method
Wirbelschicht *f* fluidised bed
Wirbelschichtofen *m* fluidised bed kiln
Wirbelschicht-Röstverfahren *n* fluid bed roasting process
Wirbelschichtverfahren *n* fluid bed process
Wirbelschlagpulver *n* eddy-mill powder
Wirbelsintern *n* fluidised bed sintering
Wirbelstrom *m* eddy current
Wirbelstrombremse *f* eddy current brake
Wirbelstromprüfung *f* eddy current test
Wirbelzone *f* raceway
Wirbler *m* cyclone dust catcher; cyclone gas washer; whirler
Wirklaststoß *m* active load impact
Wirkleistung *f* active power
Wirkleistung *f* **(elektr.)** real output capacity
wirksam efficient
Wirksamkeit *f* efficiency

Wirkschaltbild *n* wiring diagram
Wirkungsgrad *m* efficiency
Wirkungskoeffizient *m* interaction coefficient
Wirkungsparameter *m* interaction coefficient; interaction parameter
Wirkungsweise *f* blade action; mode of operation
Wirkwiderstand *m* effective resistance
Wirkwinkel *m* **(Spanen)** working angle
Wirtgitter *n* matrix lattice; solvent lattice
Wirtschaftlichkeit *f* economy efficiency
Wirtschaftlichkeitsrechnung *f* economics calculation
Wirtschaftsgeschichte *f* economic history
Wirtschaftspolitik *f* economic policy
Wirtschaftsprüfer *m* certified public accountant
Wirtschaftsvereinigung *f* Economic Union
Wismuth *n* bismuth
witterungsbeständig resistant to atmospheric conditions; resistant to atmospheric corrosion
Witterungsbeständigkeit *f* resistance to weathering
Wobbeleinrichtung *f* wobbling device
Wochendurchschnitt *m* average rate per week
Wochenendpendler *m* weekend commuter
Wöhlerkurve *f* Wöhler-curve
Wöhlerlinie *f* SN curve; stress cycle; stress number curve
Wöhlerversuch *m* Wöhler's method of fatigue testing
Wölber *m* arch brick
Wölbnaht *f* convex fillet weld
Wölbstein *m* end arch; roof brick; skew
Wölbung *f* arch; camber; crown
Wolfram *n* tungsten
Wolframcarbid *n* tungsten carbide; tunsten carbide
Wolfram-Inertgas-Schweißen *n* tungsten inert gas arc welding
Wolfram-Lichtbogenpunktschweißen *n* tungsten arc spot welding
Wolfram-Schutzgasschweißen *n* TIG welding
Wolframstahl *m* tungsten steel
Wolfram-Wasserstoff-Schweißen *n* atomic hydrogen [arc] welding
Wood-Metall *n* Wood's metal
Wrackblock *m* scrap ingot
wrackgewalztes Stück *n* cobble; reject
Wrackguß *m* spoiled casting
Wrackwalzen *n* cobbling
Wringwalzenabstreifer *m* scrubbing unit
Wuchtsieb *n* **(Erzvorbereitung)** reciprocating screen
Wulst *m* bead; build-up; bulb
Wulstdraht *m* bead wire
Wulstflachstahl *m* beaded flats; blub flats
Wulstflachstahl *m* **mit doppelseitigem Wulst** plain bulb
Wulst *m* **(Kaltband)** ridge
Würdigung *f* appreciation
Würfelfläche *f* cube face
Würfelkante *f* cube edge
Würfelmischer *m* cube mixer
Würfeltextur *f* cube texture
Würste *fpl* **(beim Drahtziehen)** balling up
Wüstit *m* wustite

X

Xeroradiographie *f* xeroradiography
X-Naht geschweißte Probe *f* double-vee butt welded specimen

Y

Y-Schwelle *f* Y threshold

Z

zäh ductile; tough
Zähbruch *m* ductile fracture
zäher Bruch *m* ductile fracture
zähflüssig viscous
Zähigkeit *f* ductility; tenacity; toughness
Zähigkeitseigenschaft *f* toughness property
Zählblatt *n* schedule
Zahl *f* **der Fälle** volume of cases
Zahlentafel *f* table
Zahlenverhältnis *n* ratio
Zähler *m* integrator; numerator
Zählrohr *n* counter tube
Zahlzeichen *n* digit
Zahn *m* cog
Zahnflanke *f* flank of a tooth
Zahnfräsen *n* gear cutting; gear tooth milling
Zahnfuß *m* dedendum
Zahnkranz *m* toothed rim
Zahnrad *n* cog[ged] wheel; gear[ing]; toothed wheel
Zahnräder-Formmaschine *f* gear wheel moulding machine
Zahnräderwerk *n* cogged gear
Zahnradgetriebe *n* gearing
Zahnradstahl *m* gear wheel steel
Zahnradübertragung *f* gear transmission
Zahnspindel *f* gear-type spindle
Zahnspitze *f* tip of a tooth
Zahnstange *f* rack; spur rack; toothed bar rack
Zahnwelle *f* serrated shaft; toothed shaft
Zange *f* dogs; pincers; pliers tongs
Zangenkanter *m* tongs-type manipulator
Zangenkran *m* dogging crane; ingot [tong] crane
Zäpfchen *n* **(ff. Stoffe)** stalactite
Zapfen *m* hollow; journal; roof drip; stalactites
Zapfen *m* **(Konverter)** trunnion
Zapfenlager *n* bearing; bush; chock; journal box
Zapfenloch *n* mortise
Zapfenlochmaschine *f* mortising machine
Zapfenspannloch *n* punch stem opening; tool shank hole
Zapfen *m* **(Strangguß)** pivot
Zapfen *m* **(Walze)** neck
Zapfen *m* **(Welle)** pin
Zargenreißer *m* cup wall fracture
Zaundraht *m* fence wire
Zeche *f* coal mine; mine; pit
Zechenhalde *f* mine dump
Zechenkoks *m* coke
Zechenteer *m* coke tar
Zeichen *n* mark
Zeichenbrett *n* drawing board
Zeichendreieck *n* set square
Zeichen *n* **(Steuerzeichen)** character
zeichnen draw
Zeichnung *f* drawing; plan
Zeiger *m* pointer

Zeilen *fpl* bands (structure)
Zeilenbildung *f* banding
Zeilendrucker *m* line printer
Zeilengefüge *n* banded structure; banding structure
Zeilen *fpl* **(Gußgefüge)** bands
Zeilenstruktur *f* banded structure
Zeit *f* time
Zeit-Abbau-Randkoordinaten [System] *n* time-reduction-marginal coordinates
Zeitbilanz *f* time utilisation schedule
Zeitdehngrenze *f* creep limit; stress to produce a given creep in a given time; time-yield limit
Zeitdehnung *f* creep
Zeit-Dehnungs-Kurve *f* creep curve
Zeit-Dehnungs-Schaubild *n* creep-time-diagram
Zeitdehnverhalten *n* creep characteristics
Zeitfestigkeit *f* creep strength depending on time; fatigue strength for finite life; finite life fatigue strength
Zeitglied *n* time function element; timer
Zeitintervall *n* time interval
zeitlich einstellen time
Zeitlohntarif *m* time wage rate
Zeit *f* **messen** time
Zeitplanregelung *f* programmed control; time pattern control; time program control
zeitraubend time consuming
Zeitregistrierinstrument *n* time recorder
Zeitschalter *m* time limit switch
Zeitschaltung *f* timer circuit
Zeitstandbedingung *f* creep condition
Zeitstandbruch *m* creep fracture; creep rupture
Zeitstandbruchdehnung *f* percentage elongation after fracture in creep rupture test
Zeitstand-Brucheinschnürung *f* percentage reduction of area after fracture in creep rupture test
Zeitstandbruchlinie *f* stress rupture curve
Zeitstandfestigkeit *f* creep rupture strength; creep strength; long period creep resistance
Zeitstandlebensdauer *f* creep life
Zeitstandprüfanlage *f* creep strength testing plant; creep strength testing rig
Zeitstandprüfmaschine *f* creep testing machine
Zeitstandprüfung *f* creep rupture test
Zeitstandriß *m* creep crack; creep rupture crack
Zeitstandschädigung *f* creep damage
Zeitstandverhalten *n* creep behaviour
Zeitstandversprödung *f* creep embrittlement
Zeitstandversuch *m* creep rupture test; creep test; long period creep test
Zeitstandwertetest *m* creep-stress rupture test
Zeitstauchgrenze *f* compression stress to produce a given creep in a given time; creep compression limit
Zeitstudien *fpl* time keeping; time study
Zeit-Temperatur-Anlaßdiagramm *n* time-temperature-tempering diagram

Zeit-Temperatur-Austenitisierungs-Diagramm *n* **(ZTA-Diagramm)** time-temperature-austenitisation diagram (TTA-diagram)
Zeit-Temperatur-Eigenschaften *fpl* time-temperature-properties
Zeit-Temperatur-Folge *f* thermal cycle
Zeit-Temperatur-Umwandlung *fpl* time-temperature-transformation
Zeit-Temperatur-Umwandlungs-Diagramm *n* **(ZTU-Diagramm)** time-temperature-transformation diagram
Zeitverhalten *n* dynamic behaviour; dynamic response; time response
Zeitverschiebung *f* time lag
Zeitvorgabe *f* **(beim Akkord)** system of time allowance; time allowed in advance
Zeitwirtschaft *f* time study
Zellentiefofen *m* cell pit furnace; cell type soaking pit
Zementfabrik *f* cement plant
zementieren caburise
Zementieren *n* carburize; carburizing
Zementit *m* cementite
Zementitzerfall *m* cementite breakdown
Zementmörtel *m* cement mortar
Zementstahl *m* blister bar; cemented bar; converted bar
Zentraleinheit *f* **mit Hauptspeicher und Rechenwerk** central processor with main memory and arithmetic unit
zentrieren center; locate
Zentriervorrichtung *f* centring device; side guide
Zentrifugalseparator *m* centrifugal separator
zentrifugieren centrifuge
zerbrechen break
Zerfall *m* break-up; degeneration; disintegration
zerfallen decompose; disintegrate; dissociate
Zerfallschlacke *f* disintegrating slag; slaking slag
Zerfallsprüfung *f* collapsibility test; degradation test; disintegration test
zerfressen bite
zerkleinern comminute; crush; pulverise
Zerkleinerung *f* comminution; crushing; disintegration
zerknallbares Gas *n* explosive gas; sharp gas
zerlegen decompose
Zerlegen *n* dismembering
Zerlegung *f* break-down; dissection
zermahlen crush
zerreiben levigate; pulverise
zerreißen tear
Zerreißfestigkeit *f* fracture strength; tearing strength; tensile strength
Zerreißprobe *f* tensile test [specimen]; tension test
Zerreiß[prüf]maschine *f* tensile testing machine
Zerreißspannung *f* tensile load; tensile stress
Zerreißstab *m* tensile test bar
Zerreißung *f* tear
Zerreißversuch *m* breaking test
zerschneiden cut up
Zerschneiden *n* cutting up
zersetzen break up; decompose; dissociate
Zersetzung *f* decay; decomposition; dissociation
Zerspanbarkeit *f* cutting property; free machining property; machinability

zerspanen cut; machine
zerspanende Bearbeitbarkeit *f* machinability
Zerspanungswerkzeug *n* machining tool
zerstäuben atomise; pulverise
Zerstäuben *n* atomisation
zerstören destroy
zerstörende Werkstoffprüfung *f* destructive testing
zerstörungsfreie Prüfung *f* non-destructive test[ing]
Zerteilanlage *f* cut-up line; shearing and slitting line
zerteilen divide; section
Zerteilen *n* severing
Zertifizierung *f* certification
Zertropfen *n* splittering
Zettel *m* schedule
Zickzackduo *n* staggered mill
Zickzacknahtschweiße *f* staggered weld
Zickzackschweiße *f* staggered weld
Zickzackstraße *f* staggered mill
Zickzacktrio *n* cross-country mill
Ziegel *m* block; brick
Ziegelbrennofen *m* brick kiln
ziegeln brick; briquette
Ziegeln *n* brick making; briquetting
Ziegelpresse *f* brick press
Ziegelstein *m* brick; clay brick
Ziehangel *f* drawing point
Ziehbank *f* drawing bench
Ziehbarkeit *f* drawability; ductility
Ziehblech *n* drawing sheet; sheet metal of deep drawing quality; sheet metal suitable for drawing
Ziehbonderflüssigkeit *f* bonder drawing lubricant
Ziehdorn *m* mandrel
Ziehdruck *m* drawing pressure
Ziehdüse *f* die; die plate; draw plate
Zieheisen *n* die; die plate; draw plate; wortle
Zieheisenhalter *m* die holder
Zieheisenkopf *m* draw head
ziehen drag; draw; pull
Ziehen *n* drawing; traction
ziehender Schnitt *m* oblique shearing
Ziehen *n* **über kurzen Stopfen** rodding
Zieherei *f* drawing plant
Ziehereierzeugnis *n* drawn product; product from drawing plants
Ziehfähigkeit *f* drawing quality
Ziehfeder *f* drawing pen
Ziehfett *n* drawing grease
Ziehgeschwindigkeit *f* drawing speed
Ziehgüte *f* drawing quality
Ziehherd *m* discharging end of furnace
Ziehhol *n* drawing hole; drawing pass; drawing tool geometry
Ziehhol-Neigungswinkel *m* angle of inclination of drawing hole
Ziehholöffnungswinkel *m* angle of aperture of drawing hole; drawing hole angle
Ziehkissen *n* die cushion
Ziehkopf *m* drawn head
Ziehkraft *f* drawing force; drawing stress
Ziehlochplatte *f* draw plate; wortle plate
Ziehmatrize *f* draw-die; drawing die
Ziehmittel *n* drawing agent
Ziehmittel *n* **(Fette, Öle, Seifen usw.)** drawing agents
Ziehpresse *f* drawing press
ziehreif ready for drawing
Ziehriefe *f* die mark; die scar; die scratch

Ziehriefen *fpl* **(im Innern eines über den Stopfen gezogenen Rohrs)** plug lines
Ziehring *m* drawing die
Ziehrohmaß *n* common draw size
Ziehschleifen *n* honing
Ziehsorte *f* deep drawing quality
Ziehspannung *f* drawing stress
Ziehstein *m* drawing die; wire die
Ziehstempel *m* drawing punch
Ziehtechnik *f* drawing practice
Ziehteil *n* drawing part; drawn part
Ziehtemperatur *f* discharging temperature; furnace drop out temperature
Ziehtiefe *f* depth of draw
Ziehtrichter *m* bell; die; drawing nozzle
Ziehtrommel *f* capstan
Ziehwalzen *n* drawing with roller dies
Ziehwalzwerk *n* **(Steckel)** coiler tension rolling mill
Ziehwerkzeug *n* drawing tool
Ziehwerkzeugfertigstellung *f* set
Ziel *n* aim; target
Ziffer *f* digit
Zink *n* spelter; zinc
Zinkasche *f* dross
zinkbeschichtet zinc coated
Zinkblech *n* galvanized sheet; zinc plate; zinc sheet
Zinkblumen *fpl* flowers of zinc; spangle pattern
Zinkoxid *n* zirconium oxide
Zinksalz *n* salt of zinc
Zinkstaub *m* zinc dust
Zinkstearat *n* zinc stearate
Zinküberzug *m* zinc coating
Zinn *n* tin
Zinnaufschmelzung *f* fusing of tin
Zinnrückgewinnung *f* scruff recovery
Zinnverbrauch *m* tin yield
Zipfel *m* distortion wedge; ear
Zipfelbildung *f* earing; formation of distortion wedges; tip formation
Zipfelzugprobe *f* wedge-draw test
Zirkel *m* compasses; pair of compasses
zirkonhaltig zirconium bearing
Zirkon[ium] *n* zircon[ium]
Zirkonsilicat *n* zirconium silicate
Zitronensäure *f* citric acid
zögern lag
Zolltarif *m* customs tarif
Zonenbildung *f* zoning
Zonengitterung *f* checkerwork arranged in stages
Zonenschmelzen *n* zone melting
Zone *f*, **tote** dead zone
Zone *f*, **wärmebeeinflußte** HAZ (heat affected zone)
Z-Stahl *m* zeds; Z-sections
ZTU-Schaubild *n* **für isothermes Umwandeln** time-temperature-transformation diagram (TTT-diagram)
ZTU-Schaubild *n* **für isothermische Abkühlung** isothermal transformation (TTT) diagram
ZTU-Schaubild *n* **für kontinuierliche Abkühlung** continuous cooling transformation (CCT) diagram
Zubehör *n* appliance; auxiliaries
Zubehörteile *npl* accessories; fittings
zubereiten condition; prepare
Zubrand *m* pickup
zubringen add; feed
Zubringer *m* feeder
Zubringerwagen *m* larry car; transfer car; travelling hopper
Zufall *m* chance
zufällig random

zufällig ausgewählte Gruppen *fpl* groups selected at random
zufällige Veränderliche *f* variate
Zufälligkeit *f* contingency
Zufallsanordnung *f* randomness
Zufallsfehler *m* accidental error
Zufallsfehlerbereich *m* confidence interval
Zufallsherstellung *f* randomisation
Zufallsstreuung *f* chance variation
Zufallszahl *f* sampling number
Zufuhr *f* supply
zuführen feed
Zufuhrrollgang *m* approach roller table; entry table; feed[ing] roller table
Zufuhrrollgang *m* **zum Walzwerk** mill approach table
Zuführungstisch *m* feeding table
Zuführung *f* **von Stahlkies oder Sand** steel grit or sand delivery pipe
Zufuhrvorrichtung *f* feeding device
Zug *m* downtake; draught; draw; lift; tension
Zugänglichkeit *f* accessibility
Zugband *n* tie member
Zugbeanspruchung *f* tensile strain; tensile stress
Zugbelastung *f* tensile load
Zugbruch *m* tensile fracture
Zugdehnung *f* tensile strain
Zug-Druck-Schwingfestigkeit *f* alternating tensile and compression stress fatigue strength
Zug-Druck-Umformen *n* push-pull forming; tenso-compressive reforming
Zug-Druck-Wechselfestigkeit *f* fatigue limit under reversed tension-compression stresses
zugekehrt facing
Zugfeder *f* tension spring
Zugfestigkeit *f* breaking strength; tensile strength; ultimate strength
Zugfließspannung *f* yield stress under tensile load
zuggeregeltes Walzen *n* tension-controlled rolling
Zughaken *m* drag bar; draw-hook
Zughaspel *f* tension reel
zügiger Regler *m* continuous controller
Zugkraft *f* drawing stress
Zugkraftmesser *m* die load meter
Zugluft *f* draft
Zugmesser *m* draught ga[u]ge
Zugprobe *f* tension test
Zugregler *m* draft regulating damper
Zugriffshäufigkeit *f* access frequency
Zugriffszeit *f* access cycle
Zugrollengerüst *n* tension bridle; tension rolls
Zugscherfestigkeit *f* tensile shear strength
Zugschwellbereich *m* range of fatigue under pulsating tensile stresses
Zugschwellfestigkeit *f* fatigue strength under pulsating tensile stresses
Zugseil *n* hauling cable
Zugspannung *f* tensile stress
Zugspannungsmesser *m* tensile strain ga[u]ge
Zugspindel-Drehbank *f* screw cutting lathe
Zugstange *f* **(Hochofen)** bell lifting rod
Zugstärke *f* draught pressure
Zugumformen *n* tensile reforming
Zugverformung *f* tensile strain
Zugversuch *m* tensile test; tension test

Zugwabe *f* tensile dimple
Zukaufschrott *m* bought scrap; external scrap; purchased scrap
zulässige Abweichung *f* allowable variation; tolerance
zulässige Beanspruchung *f* safe working stress
Zulässigkeitsgrenze *f* allowable limit
Zulauf *m* inlet
zumutbar tolerable
Zunahme *f* increase
Zündbarkeit *f* inflammability
Zunder *m* cinder; drawn-in scale; oxide
Zunderabspritzvorrichtung *f* descaling sprays; high-pressure scale sprays
Zunderarmglühen *n* bright annealing
Zunderarmglühen *n* **von kaltgewalztem Flachzeug** bright annealing of cold rolled flat products
Zunderausblühungen *fpl* scale efflorescence
zunderbeständig non-scaling; resistant to scaling
zunderbeständiger Stahl *m* scale resisting steel
Zunderbeständigkeit *f* non-scaling property; resistance to scaling; scaling resistance
Zunderbrecher *m* processor
Zunderbrechgerüst *n* descaling mill; processor; scale breaker [stand]
Zunderbrech- und Abrollvorrichtung *f* **(für Blechbunde)** processing uncoiler; processing unit; processor
Zunder *m* **eingegossener** drawn-in scale
Zundereinsprenkelung *f* **(durch unvollständiges Beizen)** pickle sticker
Zunderfleck *m* black patch; fleck scale; kisser
Zunderflecken *mpl* flashing
zunderfrei free from scale; scale free
Zunderfreiglühen *n* bright annealing
zundern scale
Zundern *n* high temperature oxidation; scaling
Zunderschicht *f* layer of scale; oxide layer
Zunderspülrinne *f* scale flume
Zunderstreifen *m* breaker roll scale; scale pattern
Zunderwäscher *m* descaling sprays
Zündflamme *f* pilot flame
Zündhaube *f* **(Sinter)** ignition hood
Zündtemperatur *f* ignition temperature
Zündung *f* firing; ignition
Zunge *f* **(Bandfehler)** sliver
Zuordner *m* translator
Zuordnung *f* co-ordination
Zurichterei *f* conditioning department; dressing shop; finishing department
Zurichtung *f* arrangement
zurückfordern reclaim
zurückhalten check; retain
zurückleiten reconduct
zurückstrahlen reflect
zurückweisen reject
zusammenbacken cake
zusammenballen cake; coalesce
Zusammenballung *f* balling; cluster; coalescence
Zusammenbau *m* assembly
zusammenbauen assemble; fabricate
zusammendrückbare Metalleinlage *f* crushable metal insertion
zusammengebogenes Rohr *n* **ohne Nahtschweißen** close-joint tube

zusammengesetzter Träger *m* built-up section; girder
zusammengesetzte Wahrscheinlichkeit *f* compound probability
zusammensetzen build up
Zusammensetzung *f* average chemical composition; composition; compound
Zusammenstellung *f* compilation
Zusammentreffen *n* coincidence
zusammenziehen contract; neck; shrink
Zusatz *m* addition
Zusatzdraht *m* filler wire
Zusätze *mpl* additions
Zusätze *mpl* **zum Fertigmachen (Schmelze)** finishing additions
Zusatzfeuerung *f* additional firing; supplementary firing
Zusatzlegierung *f* filler alloy
zusätzliche dynamische Scherbelastung *f* dynamic incremental shear loading
zusätzliche Wirkung *f* additive effect
Zusatzmetall *n* added metal; alloying metal
Zusatz *m*, **organischer** organic component
Zusatzwerkstoff *m* filler metal
Zuschlag *m* admixture; extra; fluxing agent
Zuschläge *mpl* additions; auxiliaries; fluxes
Zuschlagskosten *pl* controllable burden; overhead charges; overhead expenses
Zuschlag *m* **(zu Lohn oder Zeit)** allowance
Zuschneiden *n* **(von Feinblech)** reshearing; re-squaring
Zuschnitt *m* blank
zuschweißen weld up
zuspitzen point; scarf
Zustand *m* condition; state
Zustand *m*, **durchgehärteter** full-hard condition
Zustand *m*, **plastischer** plastic state
Zustandsfeld *n* phase field
Zustandsfeld *n* **(Zustandsschaubild)** phase region
Zustandsgleichung *f* equation of state
Zustandsschaubild *n* constitutional diagram; equilibrium diagram; phase diagram
zu stark gebeizt overpickled
zustellen line
Zustellung *f* relining
Zustellungskosten *pl* lining cost
Zustimmung *f* approval; consent
Zuteilung *f* allocation
Zuverlässigkeit *f* reliability
zuviel excess
Zuvollgehen *n* **(eines Kalibers)** overfilling (of a pass)
Zwanglauf *m* constrained motion; positive movement
Zwangsschnittgröße *f* sectional constraining values
Zwanzigwalzengerüst *n* stand with 20 rolls; twenty-roll stand
Zweckforschung *f* applied research
zweiachsig biaxial
zweiachsiger Spannungszustand *m* biaxial stress device
Zweierschritt *m* binary digit; bit
zweifelhafte Forderung *f* bad debt
zweigipflig bimodal
Zweilagenblech *n* clad sheet; two layer steel sheet
Zweipunktregler *m* on-off controller; two-position controller; two-step action
Zweisäulen-Presse *f* double column press

Zweischichtbetrieb *m* two shifts operation
Zweischlackenverfahren *n* two-slag practice
zweiseitige Kehlnaht[schweiße] *f* double fillet weld
Zweiständerschere *f* closed shear; double-standard shear
Zweistofflegierung *f* binary alloy
Zweistoffsystem *n* binary system
Zweistrang-Gießmaschine *f* twin strand casting machine
Zweistufenauslagern *n* two step ag[e]ing
zweistufig two-stage
Zweitakt-Gasmaschine *f* two-stroke cycle gas engine
zweite Wahl *f* second quality
Zweitluft *f* secondary air
Zweiwalzen-[Duo]-Walzwerk *n* two-high mill
Zweiwalzengerüst *n* two-high [rolling] mill; two-high [rolling] stand; two-high stand of rolls
Zweiwalzen-Gießmaschine *f* double roller
Zwei-Walzen-Richtmaschine *f* two-roll straightening machine
Zweiweg-Tiefofen *m* two way soaking pit
Zwillingsachsbüchse *f* twin journal box
Zwillingsantrieb *m* twin drive
Zwillingsbildung *f* twinning
Zwillingszug-Verbundkoksofen *m* twin draught compound coke oven
Zwischenblende *f* aperture
Zwischenblock *m* spacers
Zwischenbunker *m* intermediate hopper
Zwischenecho *n* intermediate echo
Zwischenentspannen *n* intermediate stress relieving
Zwischenerzeugnis *n* intermediate product
Zwischenformgebung *f* **(Walzen)** intermediate shaping
Zwischengefäß *n* **(Stranggießen)** pony ladle; tundish
zwischengeglühter Draht *m* interannealed wire; process annealed wire
zwischengeglühtes Feinblech *n* intermediate annealed sheet
Zwischengitteratom *n* interstitial atom
Zwischengitter-Mischkristall *m* interstitial solution
Zwischengitterplatz *m* ion in interstitial position
Zwischenglühen *n* intercritical annealing; intermediate annealing; process annealing
Zwischenglühung *f* intermediate anneal
Zwischengut *n* **(erzhaltiges Gestein)** middlings
Zwischenkorngrößen *fpl* intermediates
Zwischenkreis *m* intermediate circuit
Zwischenkreisumrichter *m* intermediate circuit
Zwischenpfanne *f* atmosphere controlled tundish; trough; tundish
Zwischenphase *f* intermediate phase
Zwischenraum *m* channel
Zwischenraum *m* **(Gitter)** interstitial space
Zwischenspindel *f* intermediate shaft
Zwischenstück *n* **des Hammersattels** bolster
Zwischenstufengefüge *n* bainite;

intermediate stage structure
Zwischenstufenhärtung *f* bainitic hardening
Zwischenstufenumwandeln *n* austempering
Zwischenstufenvergüten *n* austempering
Zwischenstufen-Vergütung *f* austempering
Zwischenwand *f* bridge wall
Zwischenwärmofen *m* intermediate reheating furnace
Zylinderkoordinate *f* cylinder coordinate
Zylinderkoordinaten[system] *n* cylinder coordinate [system]
Zylinderrohr *n* cylinder tube
Zylinderstauchversuch *m* cylindrical compression test; cylindrical upsetting test

II. Teil:
Englisch – Deutsch

Part II:
English – German

A

abate bekämpfen; beruhigen; niederschlagen
abatement Bekämpfung *f*
abatement (of furnace) Abgänge *mpl*
ability to achieve specifications setting accuracy Treffsicherheit *f*
able to work arbeitsfähig
above ground über Tage
abrade abreiben; abschleifen; verschleißen
abrading action Schleißwirkung *f*
abrasion Abnutzung *f;* Abrieb *m*
abrasion resistance Abriebfestigkeit *f*
abrasion wear Abrasivverschleiß *m*
abrasive Schleifmittel *n;* Schleifscheibe *f*
abrasive cut off Trennschleifen *n*
abrasive hardness Ritzhärte *f*
abrasive hardness test Ritzhärteprüfung *f*
abrasives Strahlmittel *n*
abrasive techniques Strahlmittel *n*
abrupt change stoßartige Änderung *f*
abscissa axis Abszisse *f*
absence Abwesenheit *f;* Fehlen *n*
absenteeism Abwesenheit *f* (von Arbeitern); Fehlen *n;* Fehlschicht *f*
absolute density (powder met.) Reindichte *f*
absorb absorbieren; aufnehmen (z. B. Kohlenstoff)
absorbed energy per cross sectional area Kerbschlagzähigkeit *f*
absorbent aufsaugefähig
absorption Absorption *f;* Aufnahme *f*
absorption capacity Aufsaugevermögen *n*
absorption of heat Wärmetönung *f*
abundance of isotopes Isotopenhäufigkeit *f*
A.C. Wechselstrom *m*
AC arc furnace Wechselstromlichtbogenofen *m*
accelerate beschleunigen
accelerated corrosion test Schnellkorrosionsversuch *m*
accelerated method Schnellbestimmungs-Verfahren *n*
accelerated test Kurzprüfverfahren *n*
accelerating incentive Leistungslohn *m*
acceleration Beschleunigung *f*
acceleration due to gravity Fallbeschleunigung *f*
acceleration of free fall Fallbeschleunigung *f*
accelerator Beschleunigungsmittel *n*
acceptable quality level (AQL) annehmbare Qualitätsgrenzlage *f*
acceptance Abnahme *f;* Abnahmeprüfzeugnis *n;* Akzeptanz *f*
acceptance certificate Abnahmeprüfzeugnis *n*
acceptance inspections Abnahmeprüfung *f*
acceptance-sampling Abnahmestichprobe *f;* Abnahmestichproben-Verfahren *n*
acceptance standard Abnahmenorm *f*
acceptance test Abnahmeprüfung *f*
access cycle Zugriffszeit *f*
access door Einsteigtür *f*
access frequency Zugriffshäufigkeit *f*
accessibility Zugänglichkeit *f*
accessories Armaturen *fpl;* Zubehörteile *npl*

accessory minerals Mineralien *npl*
accident Störung *f*
accidental error möglicher Fehler *m;* Zufallsfehler *m*
accident prevention Unfallschutz *m*
accompanying element Begleitelement *n*
according to delivery promise termingemäß
according to plan plangemäß
account Konto *n*
accounting Rechnungswesen *n*
accounts of movements within the business Konten *npl* der innerbetrieblichen Vorgänge
accounts receivable Forderungen *fpl*
accretions Ansätze *mpl*
accumulate häufen; speichern
accumulation Ansammlung *f* (Drahtziehen)
accumulation of heat Wärmespeicherung *f;* Wärmestauung *f*
accumulator Akkumulator *m*
accuracy Genauigkeit *f;* Schärfe *f*
accuracy to ga[u]ge Maßhaltigkeit *f*
accuracy to size Maßhaltigkeit *f*
AC electric arc furnace Drehstromlichtbogenofen *m;* Wechselstromlichtbogenofen *m*
acetylene Acetylen *n*
acetylene cutting Acetylen-Schneidverfahren *n*
acetylene production plant Acetylen-Erzeugungsanlage *f*
achievement Ausführung *f;* Werk *n*
acicular feinnadelig; nadelförmig
acicular cast iron Gußeisen *n* mit Zwischenstufengefüge
acicular crystal Nadelkristall *m*
acicular powder nadeliges Pulver *n;* splittriges Pulver *n*
acicular structure Gefüge *n* nadeliges; Kristallbildung *f;* nadelförmige Struktur *f* (Stahlblock)
acid sauer; Säure *f*
acid and lye resisting brick säure- und laugenbeständiger Stein *m*
acid and lye resisting cement säure- und laugenbeständiger Kitt *m*
acid Bessemer process Bessemerverfahren *n*
acid Bessemer steel Bessemerstahl *m*
acid converter process Bessemerverfahren *n*
acid lining saure Zustellung *f;* saures Futter *n*
acid number Säurezahl *f*
acid open hearth furnace Siemens-Martin-Ofen *m* saurer
acid process saures Verfahren *n*
acid proof säurebeständig; säurefest
acid proof lining säurefeste Auskleidung *f*
acid proof metal säurefestes Metall *n*
acid protection Säureschutz *m*
acid resistance Säurebeständigkeit *f*
acid resistant säurebeständig; säurefest
acid resisting säurebeständig
acid resisting castings säurebeständiger Guß *m*
acid resisting cement Säurekitt *m*
acid resisting steel säurebeständiger Stahl *m*
acid restisting säurebeständig
acid slag practice saure Schlackenführung *f*
acid steel saurer (Siemens-Martin-) Stahl *m*
acid sulphate process sulfatsaures Verfahren *n*
acid value Säuregrad *m*
acierage Verstählen *n*

acoustical shadow Schallschatten *m*
acoustic emission analysis Schallemissionsanalyse *f*
acoustic irradiation Beschallung *f*
acoustic shielding Schallschirm *m*
acoustographic imaging system akustographisches Bildwandler-Verfahren *n*
Ac-point Ac-Punkt *m;* Haltepunkt *m*
activated carbon Aktivkohle *f*
activated sludge process Schlammbelebungsverfahren *n*
activatibility Aktivierbarkeit *f* (Reaktorstähle)
activating agent Aktivierungsmittel *n;* Beschleunigungsmittel *n*
activation energy Ablöseenergie *f;* Aktivierungsenergie *f*
active accounts bewegte Konten *npl*
active gas Aktivgas *n*
active hot metal mixer Vorfrischmischer *m*
active load impact Wirklaststoß *m*
active power Wirkleistung *f*
actual costs Ist-Kosten *pl*
actual grain size vorhandene Korngröße *f*
actual production Ist-Leistung *f*
actual section Ist-Profil *n*
actual value Ist-Wert *m*
actuator Kraftschalter *m*
acute angle spitzer Winkel *m*
acute-angle bulging Knickbauchen *n*
acute angles scharfkantiger Winkelstahl *m*
AC-welding machine Wechselstromschweißmaschine *f*
AC-welding technique Wechselstromschweißverfahren *n*
adapt angleichen; anpassen
adapt[at]ion Angleichung *f*
adapting program logic logische Programmanpassung *f*
add hinzufügen; zubringen
added metal Zusatzmetall *n*
addition Zusatz *m*
additional firing Zusatzfeuerung *f*
addition of lime Kalkzuschlag *m*
additions Zusätze *mpl;* Zuschläge *mpl*
additive effect überlagernde Wirkung *f;* zusätzliche Wirkung *f*
adhere haften; kleben
adherence Haftfähigkeit *f;* Haftung *f*
adhesion Adhäsion *f;* Haftung *f*
adhesive Haftmittel *m;* Klebmittel *n*
adhesive bonding Klebeverbindung *f*
adhesive power Adhäsionskraft *f*
adhesive strength Haftfähigkeit *f;* Haftfestigkeit *f;* Klebekraft *f*
adjacent anliegend
adjust anpassen; ausrichten; einrichten; justieren
adjustable nachstellbar; verstellbar
adjustable broad side Breitseite *f* verstellbare
adjustable mould Einstellkokille *f*
adjustable speed direct current motor regelbarer Gleichstrommotor *m*
adjustible burner regelbarer Brenner *m*
adjusting control Anstellsteuerung *f*
adjusting equipment Anstellvorrichtung *f*
adjusting screw Druckschraube *f;* Stellschraube *f*
adjustment Einstellung *f;* Regelung *f*
administration building Verwaltungsgebäude *n*
admission Einlaß *m*
admixture Beimengung *f;* Zuschlag *m*
adsorptive capacity Adsorptions-

vermögen *n*
adsorptive properties Adsorptionseigenschaften *fpl*
adult training Erwachsenenschulung *f*
advance angeben; Vorschub *m*
advancing device Vorholvorrichtung *f*
advice centre for steel use Beratungsstelle *f* für Stahlverwendung
advisory committee Arbeitsauschuß *m*
aeration cell (corrosion) Belüftungselement *n*
aerial railway Drahtseilbahn *f;* Hängebahn *f*
aerial ropeway Drahtseilbahn *f;* Hängebahn *f*
aerosiderite Meteoreisenstein *m*
aerospace industry Raumfahrtindustrie *f*
affinity Affinität *f*
affinity agent Affinationsmittel *n*
after-blow nachblasen; Nachblasen *n*
after-contraction Nachschwindung *f*
after-expansion Nachwachsen *n* (ff. Steine)
after first pass nach der ersten Überschmiedung *f*
after-pour nachgießen
after pouring Nachgießen *n*
after-pouring process Nachgießverfahren *n*
aftertreatment Nachbehandlung *f;* Pfannennachbehandlung *f*
age altern; auslagern
age brittleness Alterungssprödigkeit *f*
age hardening Aushärtung *f;* Ausscheidungshärtung *f*
age-hardening crack Aufhärtungsriß *m*
age-hardening (metal) Alterung *f* (Metall)
age-hardening susceptibility Alterungsneigung *f*
ag[e]ing Altern *n;* Alterung *f;* Auslagerung *f*
ag[e]ing crack Alterungsriß *m*
ag[e]ing non-susceptibility Alterungsunempfindlichkeit *f*
ag[e]ing resistance Alterungsbeständigkeit *f*
ag[e]ing susceptibility Alterungsneigung *f*
ag[e]ing treatment Alterungsbehandlung *f;* Auslagern *n;* Auslagerungsbehandlung *f*
agent Mittel *n*
agent for protecting coats Schutzanstrichmittel *n*
agent for protection against corrosion Rostschutzmittel *n*
age of the furnace Ofenalter *n*
agglomerate Agglomerat *n;* agglomerieren; stückigmachen
agglomerating plant Sinteranlage *f*
agglomeration Agglomeration *f;* Anhäufung *f*
aggregate state Aggregatzustand *m*
aggressive medium Angriffsmittel *n*
aggressive slag scharfe Schlacke *f*
aggressivity Angriffsfreudigkeit *f*
agitate bewegen; umrühren
agitating apparatus Rührgerät *n*
agitation Bewegung *f;* Umrühren *n*
agitator Rührquirl *m*
agreement Übereinkommen *n;* Vertrag *m*
aim Ziel *n*
air blast Luftschleier *m*
air blast quenching Drucklufthärten *n;* Gebläselufthärten *n*
air box Windkasten *m*

air break contact Luftschütz *n*
air chamber Luftkammer *f;* Windkasten *m;* Windring *m*
air classification Windsichten *n*
air cleaner Luftreiniger *m*
air conditioning Klimatisierung *f*
air conditioning for clean room conditions Reinraumgerät *n*
air conditioning plant Klimaanlage *f*
air-cooled luftgekühlt
air cooler Luftkühler *m*
air cooling Luftabkühlen *n;* Luftabkühlung *f*
air cushion Luftkissen *n*
air damping Luftdämpfung *f*
air disintegration plant Luftzerlegungsanlage *f*
air draft Luftzug *m*
air dry lufttrocken
air duct Luftkanal *m;* Luftschacht *m;* Luftweg *m*
air filter Luftfilter *m*
air flap valve Luftklappe *f*
air flue Luftkanal *m;* Luftzug *m*
air freight traffic Luftfrachtverkehr *m*
air furnace Flammofen *m*
air gap relay Luftschütz *n*
air-gas mixing chamber Luftgasmischkammer *f*
air hammer Ausbruchhammer *m;* Lufthammer *m*
air hardening Lufthärten *n*
air hardening steel Lufthärtestahl *m*
air heater Lufterhitzer *m;* Luftvorwärmer *m*
air inleakage Falschlufteinbruch *m* (am Brennerrohr)
air inlet pipe Lufteinblasrohr *n*
air interchange Luftaustausch *m*
air jet Luftstrahl *m*
air lift gravity hammer Lufthammer *m*
air lift pump Drucklufttheber *m*
air lubrication Luftschmierung *f*
air patented luftpatentiert
air patenting Luftpatentieren *n*
air pipeline Luftführung *f*
air pollutant Luftverunreiniger *m*
air pollution Luftverunreinigung *f*
air pollution abatement Luftverunreinigungs-Bekämpfung *f*
air pollution control Luftreinhaltung *f*
air preheater Luftvorwärmer *m;* Winderhitzer *m*
air pressure test Innendruckversuch *m* mit Luft
air quenching Luftabschrecken *n*
air raid precautions Luftschutz *m*
air raid protection Luftschutz *m*
air refined steel Windfrischstahl *m*
air refining Windfrischen *n*
air-refining process Blasprozeß *m;* Windfrischverfahren *n*
air regenerator chamber Luftheizkammer *f*
air transport Luftfrachtverkehr *m*
air uptake Luftkanal *m;* Luftzug *m;* Luftzuggewölbe *n*
air washer Luftwäscher *m*
alcoholic nitric acid alkoholische Salpetersäure *f* (Ätzen)
alignment Fluchtlinie *f*
alitizing Alitieren *n;* Kalorisieren *n*
alkali measuring alkalimetrisch
alkaline alkalisch
alkaline solution Lauge *f*
all basic ganzbasisch
alligator cracking netzartige Rißbildung *f*
allocation Verteilung *f;* Zuteilung *f*
allotropy Allotropie *f*
allowable limit Zulässigkeitsgrenze *f*
allowable variation Abmaß *n;* Abweichung *f* zulässige; Spielraum

m; zulässige Abweichung *f*
allowance Abmaß *n* (Passungslehre); Bearbeitungszugabe *f;* Vorgabe *f*
allowance coal Deputatkohle *f*
allowance for contraction Schwindmaß *n*
alloy legieren; Legierung *f*
alloyant hopper Legierungsbunker *m*
alloy calculation Legierungsberechnung *f*
alloy carbide Sonderkarbid *n*
alloyed legiert
alloy[ed] steel legierter Stahl *m*
alloy[ed] structural steel Baustahl *m,* legierter
alloyed tool steel Werkzeugstahl *m,* legiert
alloy for electric resistance Heizleiter- und Widerstandslegierung *f*
alloying addition Legierungszusatz *m*
alloying coating Auflegierungsschicht *f*
alloying element Legierungselement *n*
alloying installation Legierungsanlage *f*
alloying metal Zusatzmetall *n*
alloying of steel melts Legieren *n* von Stahlschmelzen
alloy loss during arc transfer (welding) Abbrandverlust *m* an Legierungselementen (Schweißen)
alloy ore Legierungserz *n*
alloy strip legiertes Band *n*
alloy up auflegieren
all purpose furnace Mehrzweckofen *m*
alpha iron Alpha-Eisen *n*
alpha solid solution Alpha-Mischkristall *m*
alternate bending Wechselbiegung *f*
alternate immersion test Wechseltauchversuch *m*
alternating bending stress Wechselbiegebeanspruchung *f*
alternating bending test Hin- und Herbiegeversuch *m;* Rückbiegeversuch *m*
alternating bend test Biegeversuch *m* (Hin- und Her-Biegeversuch)
alternating current Drehstrom *m;* Wechselstrom *m*
alternating load wechselnde Belastung *f*
alternating stress Wechselbeanspruchung *f*
alternating stress amplitude Spannungsausschlag *m*
alternating stress fatigue test Dauerfestigkeitsversuch *m*
alternating stress test Dauerversuch *m* mit Wechselbeanspruchung; Wechselversuch *m*
alternating temperature loading Temperaturwechselbeanspruchung *f*
alternating tensile and compression stress fatigue strength Zug-Druck-Schwingfestigkeit *f*
alternating torsion fatigue test Dauerwechseldrehversuch *m*
alternating torsion test Wechselverwindeversuch *m*
alumetizing Alumetieren *n;* Spritzalitieren *n*
alumina Aluminiumoxid *n* (Tonerde); Tonerde *f*
aluminised aluminiert
aluminised by diffusion aluminiert durch Eindiffusion *f*
alumin[i]um Aluminium *n*

alumin[i]um clad (am.) aluminiumplattiert
alumin[i]um coated aluminiumbeschichtet
aluminium-coated flat products Flachzeug *n*, aluminiumbeschichtetes
aluminium-coating by spraying Alumetieren *n*
aluminium deoxidation Desoxidierung *f* von Aluminium
alumin[i]um-nickel alloy Aluminium-Nickel-Legierung *n*
alumin[i]um-nickel-cobalt alloy Aluminium-Nickel-Cobalt-Legierung *n*
aluminium nitride Aluminiumnitrid *n*
aluminium oxide Aluminiumoxid *n*
alumin[i]um plated aluminiumplattiert
aluminium plating Alumetieren *n*; Aluminiumplattieren *n*
alumin[i]um rolling mill Aluminium-Blechwalzwerk *n*
aluminium silicate Aluminiumsilicat *n*
alumin[i]um wire injection Al-Drahtinjektion *f*
aluminized sheet Feinblech *n*, aluminiertes
aluminized sheet (hot dip aluminized or cladded by rolling) Feinblech *n*, aluminiertes (feueraluminiert oder walzplattiert)
aluminizing Aluminieren *n*
aluminizing furnace Aluminierungsofen *m*
aluminous tonerdehaltig
aluminous cement Tonerde-Schmelzzement *m*
aluminum-coating by spraying Spritzalitieren *n*
aluminum zinc coated [steel] sheet Stahlblech *n*, Aluminium-Zink beschichtetes
Al wire reeling machine Al-Drahtinkjektionsanlage *f*
Al-Zn-coated Aluminium-Zink-beschichtet
amalgamation Vereinigung *f*; Vermischung *f*; Verschmelzung *f*
ambient air Außenluft *f*; umgebende Luft *f*
ambient atmosphere Außenluft *f*
ambient temperature Raumtemperatur *f*
ammonia Ammoniak *n*
ammonia recovery plant Ammoniakgewinnungsanlage *f*; Ammoniakwäscherei *f*
ammonia water Ammoniakwasser *n*
ammonium solution Ammoniaklösung *f*
amorphization Amorphisierung *f*
amorphous amorph
amorphous metals Gläser *npl*, metalllische; Metalle *npl*, amorphe
amount Anteil *m*; Betrag *m*; Menge *f*
amount of deformation Grad *m* der Verformung
amount of heat Wärmemenge *f*
amount of inspection Prüfumfang *m*
amount of substance Stoffmenge *f*
amount of substance concentration Molarität *f*
amount of wear Verschleißbetrag *m*
amount of working Verformungsgrad *m*
amperage Stromstärke *f*
amplifier Verstärker *m*
amplify ergänzen; vergrößern; verstärken
amplifying machine Verstärker-

maschine *f* (Lichtbogenofen)
amplitude Ausschlag *m*
analogue computer Analogrechner *m*
analogue-digital-converter Analog-Digital-Umformer *m*
analysis Analyse *f;* Auswertung *f;* Befund *m;* Untersuchung *f*
analysis of scatter Streuungszerlegung *f*
analysis of variance Streuungszerlegung *f*
analytical balance Analysenwaage *f;* chemische Waage *f;* Präzisionswaage *f*
analytical chemistry analytische Chemie *f*
analytic equipment Analysengerät *n*
anchor bolt Ankerbolzen *m;* Ankerschraube *f*
anchoring Verwachsung *f*
andalusite Andalusit *n*
angle Winkel *m*
angle iron Winkeleisen *n*
angle of aperture of drawing hole Ziehhol-Öffnungswinkel *m*
angle of beam spread Öffnungswinkel *m* (Ultraschall)
angle of bite Greifwinkel *m* (Walze)
angle of contact Greifwinkel *m* (Walze)
angle of die taper Düseneintrittswinkel *m*
angle of friction Reibwinkel *m*
angle of hearth slope Sohlenneigungswinkel *m*
angle of incidence Einfallswinkel *m* (Ultraschall); Einstellwinkel *m* (Spanen)
angle of inclination of drawing hole Ziehhol-Neigungswinkel *m*
angle of notch Kerbwinkel *m*
angle of repose Böschungswinkel *m* (einer Schüttung); Schüttwinkel *m*
angle of rotation transducer Dreh-winkel-Meßumformer *m*
angle of sonic radiation Einschallwinkel *m* (Ultraschallprüfung)
angle probe Winkelkopf *m* (zerstörungsfreie Prüfung)
angles Winkelstahl *m*
angle sections with webs of unequal thickness Domflansch-Winkelstahl *m*
angle steel Winkelstahl *m*
angular acceleration Winkelbeschleunigung *f*
angularity Eckigkeit *f*
angular misalignment Winkelversatz *m*
angular position Winkellage *f*
angular powder splittriges Pulver *n*
angular sound incidence Schrägeinschallung *f*
angular steel grit Stahlsand *m* (scharfkantig)
angular tensile test Winkelzugversuch *m*
angular velocity Kreisfrequenz *f;* Winkelgeschwindigkeit *f*
Angus Smith solution Teer *m* zum Korrosionsschutz
anharmonic unharmonisch
an hour's wages Stundenlohn *m*
anhydrous sodium carbonate calcinierte Soda *f*
anihilation of dislocations Auflösung *f* von Versetzungen
anisotropic anisotrop
anisotropic workpiece behaviour Werkstückverhalten *n*, anisotropes
anisotropy Anisotropie *f*
anisotropy energy Energie *f*, anisotrope

anisotropy of mechanical properties Anisotropie *f* der mechanischen Eigenschaften
anisotropy of properties Anisotropie *f* von Eigenschaften
anisotropy of the mechanical properties in dependence on the ratio of stretching during forging Anisotropie *f* der mechanischen Eigenschaften in Abhängigkeit des Verhältnisses der Dehnung beim Schmieden
anisotropy of the mechanical properties of free cutting steels Anisotropie *f* der mechanischen Eigenschaften von Automatenstahl
anisotropy of the mechanical properties of normal and high strength structural steels Anisotropie *f* der mechanischen Eigenschaften von normalen und hochfesten Baustählen
anisotropy of the mechanical properties of steels for line pipe Anisotropie *f* der mechanischen Eigenschaften von Stählen für Leitungsrohre
anisotropy of toughness Anisotropie *f* der Härte
anneal anlassen; glühen
annealed geglüht
annealed powder geglühtes Pulver *n*
annealed stained edge Glührand *m* (Bandfehler)
annealed tensile strength Glühfestigkeit *f*
annealing Glühen *n*
annealing bell Glühhaube *f*
annealing box Glühbehälter *m;* Glühkiste *f*
annealing colour Anlauffarbe *f*
annealing furnace Glühofen *m*
annealing hood Glühhaube *f*
annealing line Glühanlage *f*
annealing muffle Glühmuffel *f*
annealing of cold rolled flat products for cold forming Glühen *n* von kaltgewalztem Flachzeug für die Kaltumformung
annealing plant Glühanlage *f*
annealing pot Glühtopf *m*
annealing temperature Glühtemperatur *f*
annealing time Anlaßdauer *f;* Glühdauer *f*
annealing tube Glührohr *n*
anneal just below lower critical point umkristallisieren
annoyance (noise) Lästigkeit *f* (Lärm)
annual report Geschäftsbericht *m*
annular holder Faltenhalter *m*
annular jet discharge electron gun Elektronen-Ringstrahlkanone *f*
annular ring Faltenhalter *m*
anode Anode *f*
anodic protection anodischer Schutz *m* (Korrosion)
anodic voltametry anodische Amalgamvoltametrie *f*
anthracite Anthrazit *m;* Glanzkohle *f*
anthracite [glance coal] Anthrazit *m*
anti acid protective Säureschutzmittel *n*
anticipate a claim Patentanspruch *m* vorwegnehmen
anti corrosion mixture Korrosionsschutzmasse *f*
anti-corrosion paint Rostschutzfarbe *f*
anti corrosive compound Korrosionsschutzmittel *n*
anti-flutter roll Bandberuhigungsrolle *f*

antifreezing quality Kältebeständigkeit *f*
anti-friction bearing Wälzlager *n*
anti-friction bearing steel Wälzlagerstahl *m*
anti-friction bonderising bath Gleitbonderflüssigkeit *f*
anti friction metal lining Weißmetall-Ausguß *m*
antimagnetic antimagnetisch
antimagnetic steel Stahl *m*, antimagnetischer
antimony Antimon *n*
anti-pipe compound Lunkerabdeckmasse *f*
anti-piping powder Lunkerpulver *n*
antipollution umweltfreundlich
anti-sticker guide Bandabweiser *m* (Walze)
anvil Amboß *m;* Widerlager *n* (beim Pendelschlagwerk)
anvil block Schabotte *f*
AOD converter AOD-Konverter *m*
aperture Maschenweite *f;* Öffnung *f;* Weite *f* (Öffnung)
apparatus Einrichtung *f;* Gerät *n;* Vorrichtung *f*
apparatus to economise oil Ölspargerät *n*
apparent density Fülldichte *f;* Scheibendichte *f* (Pulvermet.)
apparent load Scheinlast *f*
apparent power Nennscheinleistung *f;* Scheinleistung *f*
apparent rating Nennscheinleistung *f*
appearance Beschaffenheit *f* (äußere)
appearance of corrosion Korrosionsform *f*
appearance potential Auftrittspotential *n*
appliance Einrichtung *f;* Gebrauch *m;* Gerät *n;* Vorrichtung *f*
applicability Anwendungsmöglichkeit *f*
application Anmeldung *f* (Patent); Anwendung *f;* Auftragen *n*
application of load Kraftangriff *m*
application technology Anwendungstechnik *f*
applicator roll Beschichtungswalze *f*
applied chemistry angewandte Chemie *f*
applied research Zweckforschung *f*
applied statistics angewandte Statistik *f*
apply (a protective coat) auftragen (Schutzüberzug)
apply by dropping auftropfen
apply for a patent Patent *n* anmelden
appreciation Bewertung *f;* Schätzung *f;* Würdigung *f*
apprentice Lehrling *m*
approach annähern
approach angle Konuswinkel *m;* Öffnungswinkel *m* (Ziehdüse)
approach roller table Zufuhrrollgang *m*
approval Zustimmung *f*
approximate length ungefähre Länge *f*
approximation Näherung *f*
apron conveyor Platten[förder]band *n*
aptitude for rolling Walzbarkeit *f*
aqua rogia Königswasser *n*
aqueous ammonia Ammoniak *n* wäßriges
aqueous corrosion Feuchtigkeitskorrosion *f*
arbitrary test Schiedsprobe *f*
arbitration test Schiedsprobe *f*

arbor Achse *f;* Bolzen *m;* Dorn *m;* Welle *f*
arc Bogen *m;* Kreisbogen *m;* Lichtbogen *m*
arc cutting Lichtbogenschneiden *n*
arc discharge Bogenentladung *f*
arc flare region Lichtbogenbereich *m*
arc furnace Lichtbogenofen *m*
arc-furnace brick Lichtbogenofenstein *m*
arch Bogen *m;* Gewölbe *n;* Gewölbebogen *m*
arch brick Wölber *m*
arched bombiert
arched plate Tonnenblech *n*
arched roof Deckengewölbe *n;* Gewölbe *n*
arched roof of hearth Herdgewölbe *n*
arched soaking pit lid gewölbter Tiefofendeckel *m*
arching Brückenbildung *f* (Bunker)
arch of a chamber Kammergewölbe *n*
arch rings Gewölbescharen *fpl*
arcing Brückenbildung *f* (Ultraschall)
arcing zone Brennfleck *m*
arc pressure welding Lichtbogen-Preßschweißen *n*
arc welder Elektroschweißer *m*
arc welding Lichtbogenschweißen *n*
ardometer Gesamtstrahlungspyrometer *n*
area Fläche *f;* Flächeninhalt *m;* Flächenraum *m*
areal ropeway Seilbahn *f*
area of contact Berührungsfläche *f*
area of exposure Aufnahmefeld *n*
area reduction at fracture Brucheinschnürung *f*
area relation law Flächenbeziehungsgesetz *n*
argillaceous ore toniges Erz *n*
argon Argon *n*
argon ladle purging Argonpfannenspülung *f*
argon oxygen decarburization (=AOD) Argon-Sauerstoff-Entkohlung *f*
argon oxygen decarburization process AOD-Verfahren *n*
argon purging device Argonspüleinrichtung *f*
argon stirring station Argonspüleinrichtung *f;* Argonspülstation *f*
argon wash[ing] station Argonspülstation *f*
arising interplant scrap Rücklaufschrott *m*
arithmetic mean arithmetisches Mittel *n*
armature load Ankerbelastung *f* (einer elektr. Maschine)
Armco iron Armco-Eisen *n;* Reineisen *n;* Weicheisen *n*
armoured glass Drahtglas *n*
armour plate Panzerplatte *f*
armour plate rolling mill Panzerplatten-Walzwerk *n*
Ar-point Ar-Punkt *m*
arrange anordnen
arranged in steps gestaffelt
arrange in order einordnen
arrangement Anordnung *f;* Einrichtung *f;* Regelung *f;* Zurichtung *f*
array Ordnung *f;* Reihe *f*
arresting device Anschlagvorrichtung *f;* Ausschlagvorrichtung *f;* Feststellvorrichtung *f*
arrest line Rastlinie *f*
arrest point Haltepunkt *m;* Umkehrpunkt *m*
arsenic pyrites Arsenkies *m*

arsenious acid arsenige Säure *f*
art Fertigkeit *f*
articulated dummy bar biegsamer Kaltstrang *m;* Gliederkaltstrang *m;* Kettenkaltstrang *m*
articulated spindle Gelenkspindel *f*
articulation Gelenk *n;* Struktur *f*
artificial künstlich
artificial ag[e]ing Auslagern *n* (warm); künstliches Altern *n;* Warmaushärten *n* Warmauslagern *n*
artificial defect künstlicher Fehler *m*
artificial weathering künstliche Bewitterung *f*
as annealed tensile strength Glühfestigkeit *f*
asbestos Asbest *m*
as cast im gegossenen Zustand *m*
ascension pipe Steigkanal *m;* Steigleitung *f;* Steigrohr *n*
as drawn im gezogenen Zustand *m*
ash[es] Asche *f;* Schlacke *f*
ash removal [device] Entaschungsanlage *f*
ash removal plant Entaschungsanlage *f*
ash residue Aschenrückstand *m*
asperities Rauspitzen *fpl*
asphalt coating Asphaltierung *f*
asphalt sheeting Asphaltüberzug *m* (warm aufgetragen)
asphalt varnish Asphaltlack *m*
as quenched hardness Härte *f* im abgeschreckten Zustand
as rolled Walzzustand *m*
as rolled condition Walzzustand *m*
assay probieren
assay office Laboratorium *n*
Assel mill Asselwalzwerk *n;* Schulterwalzwerk *n*
assemble fügen; montieren; zusammenbauen
assembling Montage *f*
assembly Aufstellung *f;* Einbau *m;* Montage *f;* Versammlung *f*
assembly engineer Montageingenieur *m*
assembly line Fließband *n*
assess bewerten
assessable [properties] prüfbar
assessment Beurteilung *f;* Bewertung *f*
assessment criteria Bewertungsmerkmal *n*
assessment group Bewertungsgruppe *f*
assort auslesen; auswählen
as-tempered hardness Anlaßhärte *f*
as-tempered tensile strength Anlaßfestigkeit *f*
asymetric moved mixer Taumelmischer *m*
athermal transformation athermische Umwandlung *f*
atmosphere controlled tundish Tundish *m* vor Luftzutritt geschützter; Zwischenpfanne *f*
atmospheric corrosion atmosphärische Korrosion *f;* Wetterkorrosion *f*
atmospheric pollution Staubgehalt *m*
atomic absorption spectrometer Atomabsorptions-Spektrometer *n*
atomic-fluorescence spectroscopy Atomfluoreszenzspektrometrie *f*
atomic hydrogen [arc] welding Wolfram-Wasserstoff Schweißen *n*
atomic nucleus Atomkern *m*
atomic number Ordnungszahl *f*
atomic percentage Stoffmengengehalt *m* in %
atomic power plant Atomkraftwerk *n*
atomic weight Atomgewicht *n*

atomisation Zerstäuben *n*
atomise zerstäuben
atomised powder Schleuderpulver *n*
atomized powder Druckverdüsungspulver *n;* Verdüsungspulver *n*
atrament process (see phosphate coating) Atramentverfahren *n*
attachment of bricks Aufhängevorrichtung *f* für Steine
attendance Bedienung *f;* Wartung *f*
attendant Bedienungsmann *m;* Steuermann *m*
attenuated air space gedämpfter Luftraum *m*
attenuation Dämpfung *f*
attractive force Anziehungskraft *f*
attribute Eigenschaft *f;* Kennzeichen *n;* Merkmal *n*
audio-frequency control Tonfrequenzsteuerung *f*
audio monitoring Gehörüberwachung *f*
audit Pflichtprüfung *f;* prüfen; Revision *f*
auditor Prüfer *m;* Revisor *m*
auditor's certificate Prüfbericht *m* (Bilanz)
Auger electron spectroscopy Auger Elektronenspektroskopie *f*
ausforming Austenitformhärten *n*
ausformpatenting Austenitformpatentieren *n*
austemper bainitisieren
austempering Bainitisieren *n;* Zwischenstufenumwandeln *n;* Zwischenstufenvergüten *n*
austenite Austenit *m*
austenite formation Austenitbildung *f*
austenitic austenitisch
austenitic grain growth controlling Kornwachstumskontrolle *f,* austenitische
austenitic grain size Austenitkorngröße *f*
austenitic manganese steel Manganhartstahl *m*
austenitic stainless steels Edelstahl *m,* austenitischer
austenitic steel austenitischer Stahl *m;* Stahl *m* austenitischer
austenitization Austenitisierung *f*
austenitization time Austenitisierungsdauer *f*
austen[it]ize austenitisieren
austenitizing Austenitisieren *n*
austenitizing temperature Austenitisiertemperatur *f;* Austenitisierungstemperatur *f*
austenitizing time Austenitisierungsdauer *f*
autobody Karosserie *f*
autobody component Karosserieteil *n*
autobody sheet Karosserieblech *n;* Kraftwagenblech *n*
autocorrelation Autokorrelation *f;* Eigenkorrelation *f*
automate automatisieren
automated process automatisiertes Verfahren *n*
automatic selbsttätig
automatic butt welding machine Abbrennstumpfschweißmaschine *f*
automatic combi-machine Combi-Automat *m*
automatic control selbsttätige Regelung *f*
automatic controller Regler *m*
automatic controller action Regelverhalten *n*
automatic control loop Regelkreis *m*
automatic coupling automatische Kupplung *f* (Eisenbahn); Kupplung

f automatische (Eisenbahn)
automatic discharge hopper car Selbstentladewagen *m*
automatic ga[u]ge control Banddikkenregelung *f* automatische; Dikkenregelung *f*
automatic helicoidal gear teeth cutting and slicing machine Abroll- und Abstech-Automat *m*, automatischer
automatic hot blast selbsttätige Winderhitzer-Umsteuerung *f*
automatic hot blast stove reversing device selbsttätige Winderhitzer-Umsteuerung *f*
automatic lathe component Drehautomatenteil *n*
automatic operation Steuerung *f*
automatic power peak limitation Leistungsspitzen-Begrenzungs-Automatik (LBA) *f*
automatic reinforcing system Bewehrungsstation *f*, automatische
automatic slow down Bremsautomatik *f*
automatic steel level control automatische Badspiegelregelung *f* (Stranggießen); Badspiegelregelung *f* automatische
automatic stirr-up bending machine Bügelbiegeautomat *m*
automatic stream centering control Strahlzentrierung *f* automatische
automatic strip edge control Bandkantenerfassungsautomat *m*
automatic welding Automatenschweißung *f*
automation Automatisierung *f*
automobile-body sheet Karosserieblech *n*
automotive crane Autokran *m*
autoradiography Autoradiographie *f*
autotempering Selbstanlassen *n*
auxiliaries Nebenbetriebe *mpl;* Zubehör *n;* Zuschläge *mpl*
auxiliary crane hoist Hilfskranzug *m*
auxiliary data Anhaltszahlen *fpl*
auxiliary department Hilfsbetrieb *m*
auxiliary material for iron and steel works Hüttenbedarf *m*
auxiliary materials Hilfsstoffe *mpl*
auxiliary metal Bindemetall *n*
auxiliary metal alloy Hilfsmetallegierung *f*
auxiliary metal (powder met.) Bindemetall *n*
auxiliary plants and shops Nebenbetriebe *mpl*
auxiliary tuyère Notform *f*
auxiliary variable Hilfsgröße *f*
availability for use Einsatzfähigkeit *f*
average Mittelwert *m* (Durchschnitt)
average chemical composition mittlere chemische Zusammensetzung *f*
average data recorder Mittelwertschreiber *m*
average rate per week Wochendurchschnitt *m*
average value Mittelwert *m*
aviation material Luftfahrtwerkstoff *m*
Av-T- curve Kerbschlagfestigkeits-Temperatur-Kurve *f*
award Belohnung *f*
axial conduit Ankerrohr *n*
axial [fine] porosity Fadenlunker *m*
axial load Axialbeanspruchung *f;* Längskraft *f*
axial ratio Achsenverhältnis *n*
axial stress mittige Beanspruchung *f*
axis Achse *f*
axisymmetric forming Umformvorgang *m*, axialsymmetrischer

axisymmetric state of stress Spannungszustand *m*, axialsymmetrischer
axle Achse *f*
axle bearing inside the wheels Innenachslager *n*
axle-bearing outside the wheels Außenachslager *n*
axle box Achsbüchse *f;* Achskasten *m;* Achslager *n*
axle journal grinding machine Achsschenkelschleifmaschine *f*

B

babbitt Lagerfutter *n*
babbitt bearing lining Weißmetall-Ausguß *m*
babbitt [metal] Lagermetall *n;* Weißmetall *n*
baby Bessemer converter Kleinbessemerbirne *f*
back gear Rädervorgelege *n;* Übersetzungszahnrad *n;* Vorgelege *n*
background noise Geräuschgrundpegel *m;* Rauschen *n*
backing Hinterstampfung *f*
backing coat Rückseitenlack *m*
backing insulating Hinterisolierung *f*
backing metal Grundmetall *n*
backlash Spielraum *m;* toter Gang *m;* totes Spiel *n*
back lining Dauerfutter *n*
back mill [roller] table Rollgang *m* hinter der Walze
back-pressure turbine Gegendruckturbine *f*
back pressure valve Rückschlagventil *n*
back pull Gegenzug *m*
back pull wire drawing Drahtziehen *n* mit Gegenzug
back reflection Rückstrahlung *f* (Röntgen)
backscatter electron image Rückstreuelektronenbild *n*
back scatter of beta rays Beta-Rückstrahlung *f*
back tension Bremszug *m;* Gegenzug *m;* Rückzug *m*
back twist Gegendrall *m*
back-up roll Stützwalze *f*
back-up roll bending Andruckrollen-Biegeverfahren *n*
back-up rolls Andruckrollen *fpl*
back wall Rückwand *f*
back wall skew back Rückwand-Widerlager *n*
backward extrusion Rückwärtsfließpressen *n;* Strangpressen *n*, indirektes
backward extrusion of hollows Hohl-Rückwärts-Strangpressen *n*
backward slip area Nacheilzone *f*
backward slip (rolling) Nacheilung *f* (Walzen)
backward slip [rolling] Rückstau *m*
bad debt zweifelhafte Forderung *f*
baffle plate Leitblech *n;* Prallblech *n;* Scheideblech *n*
bag Sack *m*
bag filter Beutelfilter *m;* Sackfilter *m;* Schlauchfilter *m*
bainite Bainit *m;* Zwischenstufengefüge *n*
bainite range Bainitstufe *f*
bainitic hardening Bainithärten *n;* Zwischenstufenhärtung *f*
bainitic steel Bainitstahl *m*
bake backen; brennen; sintern
bake-hardening steel Bake-Hardening-Stahl *m*
baking Einbrennen *n;* Wasserstoff-

entzug *m* durch Glühen
baking oven Brennofen *m;* Trockenkammer *f;* Trockenofen *m*
balance ausgleichen; Bilanz *f* technische; Gleichgewicht *n*
balance beam Waagebalken *m*
balance compensation Bilanzausgleich *m*
balanced sample kontrollierte ausgeglichene Stichprobe *f*
balanced station Hybridstation *f*
balanced steel halbberuhigter Stahl *m;* Stahl *m* halbberuhigter
balance (sheet) Bilanz *f* (kaufm.)
balance weight Gegengewicht *n*
balancing machine Ausrichtmaschine *f;* Auswuchtmaschine *f*
bale Ballen *m*
baled scrap paketierter Eisenschrott *m*
baling hoop Verpackungsband *n*
baling press Ballenpresse *f*
baling ring Tragring *m* (Schlackentopf)
baling wire Bindedraht *m*
ball Ballen *m;* Kugel *f*
ball and roller bearing Wälzlager *n*
ball and roller bearing steel Wälzlagerstahl *m*
ball bearing Kugellager *n*
ball bearing steel Kugellagerstahl *m*
ball hardness test Kugeldruck-Härteprüfung *f;* Kugeldruckversuch *m*
ball indentation test Kugeldruck-Härteprüfung *f;* Kugeldruckversuch *m*
balling Zusammenballung *f*
balling disc Pelletierteller *m*
balling up Würste *fpl* (beim Drahtziehen)
ball joint Kugelgelenk *n*
ball mill Kugelmühle *f*
ball pressure test Kugeldruckversuch *m*
band dent Beschädigung *f* durch Bandagieren
banded structure Zeilengefüge *n;* Zeilenstruktur *f*
banding Zeilenbildung *f*
banding of coils Abbinden *n* von Bunden
banding structure Zeilengefüge *n*
bands Zeilen *fpl* (Gußgefüge)
band saw Bandsäge *f;* Bandsäge[maschine] *f*
bands (structure) Zeilen *fpl*
bank dämmen; stampfen; Vorwärmer *m* (SM-Ofen)
banked blast furnace gedämpfter Hochofen *m*
bank (furnace) dämpfen
bank (of tubes) Bündel *n* (Rohrbündel)
bank of tubes Rohrbündel *n*
bank station for casting ladles and tundish Vorwärmstation *f* für Gießpfannen und Tundish
bar Stab *m;* Stabstahl *m;* Stange *f*
barbed wire Stacheldraht *m*
bar-cutting machine Blockschere *f*
bar drawing Stabziehen *n*
bar drawing bench Stangenziehbank *f*
bare-side surface unbeschichtete Seite *f*
bare welding rod Schweißdraht *m* blanker
bare wire Blankdraht *m*
bare wire electrode Elektrode *f* nackte
bar extrusion Strangpressen *n*
bargain Abschluß *m;* Gedinge *n*
bar grinding machine Schleifmaschine *f* für Stabstahl

bar [heating] furnace Platinenwärmofen *m*
bar hold vorbereitetes Ende *n* eines Schmiedestückes
barium ferrites for permanent magnets Bariumferrite *npl* für Dauermagnete
bar loader Bohrstangenwechselvorrichtung *f*
bar mill Stabstahlwalzwerk *n;* Stabstraße *f*
bar peeling machine Schälmaschine *f* für Stabstahl
barrel Ballen *m;* Faß *n*
barrel arch Tonnengewölbe *n*
barrel length Ballenlänge *f*
barrel-shaped mixer Rollmischer *m*
barrel sheet Faßblech *n*
barren taub
barren contact tauber Kontakt *m;* tauber Kontaktgang *m*
barren gangue Gestein *n* taubes
barretter Spannungsregler *m*
bar steadler Stangenwiderlager *n* (Rohrwalzwerk)
bar straightening and polishing line Stabricht- und -poliermaschine *f*
bar straightening and polishing machine Stabricht- und -poliermaschine *f*
bar turing [peeling] shop Stangenschälerei *f*
bascule bridge Hubbrücke *f*
base Base *f;* Grundfläche *f;* Grundlage *f;* Lauge *f*
base box (sheets) Normalkiste *f*
base-exchanger Basenaustauscher *m*
base material Grundstoff *m;* Grundwerkstoff *m*
base metal Grundmetall *n;* Grundwerkstoff *m*
base metal thermocouple unedles Thermopaar *n*
base-plate Grundplatte *f*
base rate Tariflohn *m*
base size Rohmaß *n*
base speed of mill Grunddrehzahl *f* (Walzwerk)
base steel Grundstahl *m*
base support Untersatz *m*
base thickness Bodendicke *f* (Fließpressen)
basic Bessemer ingot steel Thomasflußstahl *m*
basic Bessemer pig iron Thomasroheisen *n*
basic Bessemer process Thomasverfahren *n*
basic Bessemer steel Thomasstahl *m*
basic Bessemer [steel] converter Thomaskonverter *m* (Thomasbirne)
basic Bessemer steel works Thomasstahlwerk *n*
basic brick Stein *m*, basischer
basic converter process Thomasverfahren *n*
basic converter steel Thomasstahl *m*
basic dummy bar head Kaltstrangbasisanfahrkopf *m*
basic invariant Grundinvariante *f*
basicity Basengrad *m;* Basizität *f*
basic lining basische Zustellung *f;* basisches Futter *n*
basic open hearth furnace basischer Siemens-Martin-Ofen *m*
basic oxygen furnace (BOF) Blasstahlkonverter *m*
basic oxygen furnace steel Konverterstahl *m*
basic oxygen steel Sauerstoffblasstahl *m*

basic-oxygen steelmaking plant Blasstahl-Erzeugungsanlage *f;* Blasstahlwerk *n*
basic oxygen steelmaking process Sauerstoff[auf]blasverfahren *n*
basic oxygen steel plant Sauerstoffaufblasstahlwerk *n*
basic pig iron basisches Roheisen *n;* Roheisen *n* für basischen Siemens-Martin-Ofenbetrieb; Stahleisen *n*
basic principle Grundlage *f*
basic refractory [product] basisches feuerfestes Erzeugnis *n*
basic slag basische Schlacke *f;* Thomasschlacke *f*
basic slag grinding plant Thomasschlackenmühle *f*
basic slag practice basische Schlakkenführung *f*
basic type Grundsorte *f*
basic wage rate Grundlohn *m*
basket Korb *m*
basket charging Korbbeschickung *f;* Kübelbegichtung *f*
batch Einzellos *n;* Gemenge *n;* Gicht *f;* Satz *m*
batch annealing Haubenglühen *n;* Rekristallisationsglühen *n* (in der Haube)
batch cast Einzelabguß *m*
batch charging Beschickung *f* absatzweise; satzweises Beschicken *n*
batch furnace Ofen *m* für satzweisen Einsatz
batch heat treatment satzweise Wärmebehandlung *f;* Wärmebehandlung *f* diskontinuierliche
batch operated furnace Einsatzofen *m;* Einsetzofen *m*
batch patenting Tauchpatentieren *n*
batch-type annealing furnace Haubenglühofen *m*
batch [type] furnace Kammerofen *m*
bath Bad *n;* Wanne *f*
bath agitation Badbewegung *f*
bath aspect ratio Badschlankheitsgrad *m*
bath carburizing Badaufkohlen *n*
bath cyaniding Cyanbadhärten *n*
bath furnace Badofen *m*
bath nitriding Badnitrieren *n*
bath patenting Badpatentieren *n;* Tauchpatentieren *n*
bath roll Badrolle *f*
Battelle drop-weight tear test Fall-Riß-Versuch *m* nach Battelle
batter Ausbauchung *f* (eines Ofenschachtes); Neigung *f;* Schräge *f*
battery of coke ovens Koksofenbatterie *f*
battery of cylinders Flaschenbündel *n*
Bauschinger-effect Bauschinger-Effekt *m*
bauxite Bauxit *n*
bay Halle *f*
bay covering Erkerabdeckung *f*
bayonet coupling Schnellkupplung *f*
bead bördeln; Einlagedraht *m* (für Gummibereifung); Einlegedraht *m;* Schweißraupe *f;* Wulst *m*
bead bend specimen Aufschweißbiegeprobe *f*
bead bend test Aufschweißbiegeprobe *f*
bead chain Kugelkette *f*
beaded flats Wulstflachstahl *m*
beading Siokon *n;* Umlcgcn *n*
beading machine (for barrels etc.) Sickenmaschine *f*
bead-on-plate weld Einlagenschweißung *f*
bead wire Wulstdraht *m*
beam Strahl *m* (Licht); Träger *m*

beam blank Trägervorprofil *n*
beam rolling mill Trägerwalzwerk *n*
beam test Trägertest *m*
bean ore Bohnerz *n*
beans Kohlengrus *m*
bearing haltig; Lager *n* (Maschinenelement); Zapfenlager *n*
bearing area Auflagefläche *f*
bearing box Lagerbüchse *f;* Lagergehäuse *n*
bearing bush[ing] Lagerschale *f*
bearing capacity Lagertragfähigkeit *f;* Tragfähigkeit *f*
bearing collar Lagerkragen *m*
bearing distortion Verspannung *f* eines Lagers
bearing face Lauffläche *f*
bearing friction Lagerreibung *f*
bearing length Führungslänge *f*
bearing lining Lagerausgießung *f;* Lagerschale *f*
bearing load Traglast *f*
bearing pedestal Lagerständer *m*
bearing play Lagerspiel *n*
bearing pressure Lagerdruck *m*
bearing properties Tragverhalten *n*
bearing steel Lagerstahl *m*
bearing strength Tragfähigkeit *f*
bearing surface Auflage *f;* Lauffläche *f*
beater mill Schlagmühle *f*
beck aufweiten
becking mill Aufweitewalzwerk *n* (Rohre)
bed Flöz *n;* Lage *f;* Schicht *f*
bed coke Füllkoks *m*
bedding layer Rostbelag *m* (Sinter)
bed pig Masselform *f*
bed-plate Grundplatte *f*
beehive (coke) oven Bienenkorb(Koks)ofen *m*
before going on nach der 1. Probe *f* (beim SM-Ofen)
behaviour Verhalten *n*
bell Gießtrichter *m;* Glocke *f;* Trichter *m;* Ziehtrichter *m*
bell and hopper [arrangement] Gichtverschluß *m*
bell and spigot pipe Muffenrohr *n*
bell lifting rod Hubstange *f* für Glocke; Zugstange *f* (Hochofen)
bell mouth Eingangsschlüssel *m* (des Ziehsteins); Eingangsschlüssel *m*
bellows Dehnungsausgleicher *m*
bellows expansion joint Kompensator *m* (Dehnungsausgleicher); Kompensator *m*
bellshaped curve Glockenkurve *f* (Gaußsche)
bell-type annealing and pot annealing furnace Hauben- und Topfglühofen *m*
bell-type furnace Haubenofen *m*
belly ausbauchen; Bauch *m* (Konverter); Kohlensack *m*
below ground unter Tage
belt Anker *m* (eines Hochofens); Band *n;* Gurt *m;* Treibriemen *m*
belt casting Stranggießen *n* zwischen endlosen Bändern
belt conveyor Bandförderer *m;* Fließband *n;* Förderband *n*
belt fastener Bandverbinder *m;* Riemenklammer *f*
belt idler Bandrolle *f*
belt saw Bandsäge[maschine] *f*
belt wrapper Riemenwickler *m* (bei Bandwickelvorrichtung)
bench covering of chamotte slabs Tischbelag *m*
bend abbiegen (Strangguß); biegen; Biegung *f;* Krümmer *m*
bend at right angles kröpfen

bender Teil *n* eines Gesenkes
bending Biegen *n*
bending and straightening Biegerichten *n*
bending and straightening machine Biege- und Richtmaschine *f*
bending apparatus Biegeapparat *m*
bending crack Biegeriß *m*
bending cycles Biegewechselzahl *f*
bending fatigue strength Biegewechselfestigkeit *f;* Dauerbiegefestigkeit *f*
bending force Biegekraft *f*
bending fracture Biegebruch *m*
bending impact test Biegeschlagversuch *m*
bending machine Biegemaschine *f*
bending moment Biegemoment *n*
bending-off press Abkantpresse *f*
bending-off system Abkantanlage *f*
bending-off tool Abkantwerkzeug *n*
bending press Biegepresse *f*
bending property Biegefähigkeit *f*
bending radius Biegeradius *m*
bending roll Biegewalze *f;* Richtrolle *f*
bending rolls Biegerollen *fpl*
bending strain Biegedehnung *f*
bending strength Biegefestigkeit *f*
bending stress Biegebeanspruchung *f;* Biegespannung *f*
bend[ing] test Biegeversuch *m;* Faltversuch *m*
bending-to-failure test Biegebruchuntersuchung *f*
bending without radial force querkraftfreies Biegen *n*
bending yield stress Biegefließgrenze *f*
bending yield stress for various tool steels Biegefließgrenze *f* verschiedener Werkzeugstähle
bend-over test Faltversuch *m*
bend specimen Faltprobe *f*
bend test ductility Biegefähigkeit *f*
beneficiation Reduktion *f* (Erz)
bent corners verbogene Ecken *fpl*
bentonite binder Bentonitbinder *m*
bent steel ring gebogener Stahlring *m*
benzene Benzol *n*
benzol Benzol *n*
beryllium Beryllium *n*
Bessemer converter Konverter *m* nach Bessemer
Bessemer process Bessemerverfahren *n*
Bessemer steel Bessemerstahl *m*
best fit line Ausgleichsgerade *f*
betatron Betatron *n*
bethanising elektrolytische Durchlaufverzinkung *f*
bevel Abflachung *f;* abkanten; abschrägen; schief
bevel brick Widerlagerstein *m*
bevel gear Kegelrad *n;* konisches Getriebe *n*
bevel gear drive Kegeltrieb *m*
bevel gearing Winkelgetriebe *n*
bevel joint Stoß *m* schräger
bevelled abgeschrägt
BG-annealing Blankglühen *n*
bias Belastung *f* (= Überhang); einseitige Neigung *f;* Einseitigkeit *f;* Verfälschung *f*
bias of sampling Einseitigkeit *f* der Probenahme
biassed diode vorgespannte Diode *f*
biaxial zweiachsig
biaxial stress Spannungszustand *m,* zweiachsiger
biaxial stress device zweiachsiger Spannungszustand *m*
bifurcated launder Hosenrinne *f*

big end up mould Kokille *f* mit dem weiten Ende oben; Massekopfkokille *f* (mit dem weiten Ende oben)
billet Barren *m;* Knüppel *m;* Walzblock *m*
billet bank Knüppelputzerei *f*
billet caster Knüppelstranggießanlage *f*
billet chute Ausfallrutsche *f*
billet conditioning area Knüppelzurichterei *f*
billet drilling machine Rohrknüppelbohrmaschine *f*
billet ejector Knüppelauswerfer *m*
billet extractor Knüppelausziehmaschine *f*
billet finishing Knüppeladjustage *f*
billet mill Knüppelwalzwerk *n*
billet pull-out machine Knüppelausziehmaschine *f*
billet pusher Knüppeldrücker *m*
billet sequence Knüppelfolge *f*
billet shears Knüppelschere *f*
billet unscrambler Knüppelentstapler *m;* Knüppelordner *m*
billet withdrawing machine Knüppelausziehmaschine *f*
billet working machine Knüppelbearbeitungsmaschine *f*
billet yard Knüppellager *m*
bi-metal Bimetall *n;* Thermo-Bimetall *n*
bimodal zweigipflig
bin Behälter *m;* Bunker *m;* Füllrumpf *m;* Tasche *f*
binary alloy binäre Legierung *f;* Zweistofflegierung *f*
binary-coded decimal system binärdekadisches System *n*
binary digit Binärziffer *f;* Zweierschritt *m*
binary edge Randsystem *n;* Verbindungslinie *f*
binary system binäres System *n;* Dualsystem *n;* Zweistoffsystem *n*
binder (powder met.) Bindemetall *n*
binding Bindemittel *n;* Bindung *f*
binding agent Bindemittel *n*
binding machine for wire rod Bindemaschine *f* für Walzdraht
binding offer Angebot *n* verbindliches; verbindliches Angebot *n*
binding power Bindefähigkeit *f*
binding wax Bindemittel *n*
binding wire Bindedraht *m*
birefringence Doppelbrechung *f*
birefringent doppelbrechend
bismuth Wismuth *n*
bit Binärziffer *f;* Zweierschritt *m*
bite angreifen; Biß *m;* greifen; zerfressen
bite condition Greifbedingung *f*
bite mark Anstichwelle *f* (Bandrichten)
bite ratio Bißverhältnis *n;* Verhältnis *n* Bißbreite zu Werkstückhöhe
bitumen-asbestos-mastic Bitumen-Asbest-Überzug *m* (Korrosionsschutz)
bitumen lining Bitumenauskleidung *f;* Bitumenkorrosionsschutz *m* (Rohrinnenseite)
bituminization Bituminierung *f*
bituminous coal backende Kohle *f;* Gaskohle *f;* Kokskohle *f*
bivariate distribution Verteilung *f* in zwei Veränderlichen
black annealed wire Draht *m,* dunkelgeglühter
black band Kohleneisenstein *m*
black body radiation Strahlung *f* des schwarzen Körpers
black edge Glührand *m* (Bandfehler)
black edges schwarze Kanten *fpl*

blackening Schlichte *f*
black heart [malleable] castings schwarzer Temperguß *m*
black heart malleable cast iron schwarzer Temperguß *m*
black hematite Hartmanganerz *n*
blacking Formschwärze *f*
black mould dressing Formschwärze *f*
black patch Zunderfleck *m*
black-pickling Schwarzbeizen *n;* Vorbeizen *n*
black plate Feinstblech *n;* Schwarzblech *n*
black sheet Schwarzblech *n*
black shortness Schwarzbruch *m*
blacksmith Schmied *m*
black softened weichgeglüht und nicht entzundert
black strip nicht entzundertes Band *n*
black wash Formschwärze *f*
blade Blatt *n;* Flügel *m;* Klinge *f;* Schaufel *f*
blade action Wirkungsweise *f*
blade holder Messerhalter *m;* Sägeblatthalter *m*
blank ausgestanztes Stück *n;* ausschneiden; ausstanzen; Formling *m;* vorgewalzter Block *m*
blank carburize blindaufkohlen
blank carburizing Blindaufkohlen *n* (ohne Aufkohlungsmittel); Blindaufkohlen *n*
blanker Vorschmiedegesenk *n*
blank hardening Blindhärten *n*
blank hardness test Blindhärtungsversuch *m*
blank holder Blechhalter *m;* Niederhalter *m*
blankholder ring Blechhalterrahmen *m*
blankholder slide Blechhalterstößel *m*
blanking Rohformen *n*
blanking tool Schnitt *m;* Schnittwerkzeug *n;* Stanzwerkzeug *n*
blank nitride blindnitrieren
blank nitriding Blindnitrieren *n* (ohne Nitriermittel); Blindnitrieren *n*
blank test Blindversuch *m*
blank [value] Blindwert *m*
blast Gebläse *n;* Gebläseluft *f;* Wind *m*
blast air Gebläseluft *f*
blast box Windkasten *m*
blast cleaning Abblasen *n* (mit Schrot oder mit Sand)
blast connection Düsenstock *m;* Windstock *m*
blast distribution controller Windverteilungsregler *m* (Hochofen)
blast engine Gebläsemaschine *f*
blast engine house Gebläsehaus *n*
blast furnace Hochofen *m*
blast-furnace blast Hochofenwind *m*
blast-furnace blower Hochofengebläse *n*
blast-furnace brick Hochofenstein *m*
blast-furnace brickwork Hochofenmauerwerk *n*
blast-furnace burdening Hochofenmöllerung *f*
blast-furnace campaign Hochofenreise *f*
blast-furnace coke Hochofenkoks *m*
blast-furnace flue dust Gichtstaub *m*
blast-furnace foamed slag Hochofenschaumschlacke *f*
blast-furnace framework Hochofengerüst *n*
blast-furnace gas Gichtgas *n;* Hochofengas *n*

blast furnace gasdriven blowing engine Gichtgasgebläse *n*
blast furnace gas main Gichtgasleitung *f*
blast furnace gun Stichlochstopfmaschine *f*
blast-furnace hopper Hochofenbunker *m*
blast-furnace lines Hochofenprofil *n*
blast-furnace lining Hochofenauskleidung *f*
blast furnace man Hochöfner *m*
blast-furnace masonry Hochofenmauerwerk *n*
blast-furnace mud gun Stichlochstopfmaschine *f*
blast furnace operation Hochofenbetrieb *m*
blast furnace operator Hochöfner *m*
blast-furnace output Hochofenerzeugung *f*
blast furnace plant Hochofenanlage *f*
blast furnace practice Hochofenbetrieb *m*
blast-furnace probe Hochofensonde *f*
blast furnace process Hochofenverfahren *n*
blast-furnace product Hochofenerzeugnis *n*
blast-furnace shaft Hochofenschacht *m*
blast-furnace shell Hochofenmantel *m*
blast-furnace slag Hochofenschlacke *f*
blast-furnace slag cement Hochofenschlackenzement *m;* Hüttenzement *m*
blast-furnace stack Hochofenschacht *m*
blast-furnace steel jacket Hochofenpanzer *m*
blast-furnace steel structure Hochofengerüst *n*
blast furnace top closing device Gichtverschluß *m*
blast gate Windschieber *m*
blast heating Winderhitzen *n*
blasting Sprengung *f*
blast inlet Windleitung *f;* Windloch *n*
blast main Hauptblasrohr *n;* Hauptwindleitung *f;* Luftzuleitung *f*
blast pipe Blasrohr *n;* Düsenrohr *n;* Windleitung *f*
blast preheater Winderhitzer *m*
blast pressure Blasdruck *m;* Gebläsedruck *m;* Winddruck *m*
blast rate Windmenge *f*
blast tuyère Windform *f*
bleach bleichen
bled ingot ausgelaufener Block *m;* Block *m* ausgelaufener; Gußblock *m* mit flüssigem Kern
bleed abfackeln; anzapfen; auslaufen
bleeder Standrohr *n*
bleeder valve Anzapfventil *n* (Hochofen); Entlastungsventil *n;* Gasauslaßventil *n*
blend mischen; Mischung *f;* möllern; verschneiden
blending (of powder grain size) Ausgleichen *n*
blind hole Sackloch *n*
blind load impulse (arc furnace) Blindlaststoß *m*
blind pass blindes Kaliber *n;* Blindstich *m*
blind tuyère gestopftes Windloch *n*
blister Blase *f* (Stahloberfläche); Blase *f;* Naht *f*
blister bar Zementstahl *m*
blistering Blasenbildung *f* (Block)

bloat aufblähen (Steine)

Bloch-wall movement Blochwand-Bewegung *f*

block abfangen (Schmelze); Ziegel *m*

blocker Vorschmiedegesenk *n*

blocker roll Bandandrückrolle *f*

blocking Vorschmieden *n*

blocking effekt Sperrschichtwirkung *f* (Schmierung)

block slag Klotzschlacke *f*

bloom Block *m* vorgewalzter; Block *m;* Schmiedeblock *m;* vorblocken

bloom and billet finishing Vorblock- und Knüppeladjustage *f*

bloom caster Vorblockgießanlage *f*

bloom conditioning yard Vorblockputzerei *f*

bloomery [hearth] furnace Rennofen *m;* Stückofen *m*

bloom finishing Vorblockadjustage *f*

blooming mill Blockwalzwerk *n;* Grobwalzwerk *n*

blooming [mill] stand Blockgerüst *n;* Streckgerüst *n*

blooming pass Blockkaliber *n;* Vorkaliber *n;* Vorstich *m*

blooming roll Blockwalze *f*

blooming train Blockstraße *f;* Vorstraße *f*

bloom scrap Blockschrott *m*

bloom shears Blockschere *f*

blow abschäumen; anblasen; blasen; erblasen; Stoß *m*

blowability Blaseigenschaft *f;* Blaseignung *f;* Verblasbarkeit *f*

blow-back proof rückschlagsicher (Düsenmischbrenner)

blow down ausblasen; herunterfrischen; niederblasen

blower Blasemeister *m;* Gasbrenner *m;* Gebläse *n;* Schmelzer *m*

blower house Gebläsehaus *n*

blow forging press Schlagpresse *f*

blow full fertigblasen

blow hole Blase *f*

blowhole Blase *f* (Guß)

blow hole Gasblase *f;* Gaseinschluß *m;* Gußblase *f;* Lunker *m*

blowing Blasen *n*

blowing down Tiefblasen *n* (Hochofen)

blowing engine Gebläse *n;* Gebläsemaschine *f*

blowing engine house Gebläsehaus *n*

blowing natural gas Lanzen-Sauerstoff *m*

blowing operation Blasarbeit *f*

blowing period Blasezeit *f*

blow into einblasen

blown ingot Block *m* mit ausgeprägten Gasblasen

blown metal Vormetall *n*

blow-off header Abblasbalken *m*

blow-off pressure Abblasedruck *m*

blow-off valve (cowper) Abblaseschieber *m*

blow out ausblasen; niederblasen

blow-pie flame Lötrohrflamme *f*

blow pipe Blasrohr *n;* Brenner *m;* Lötrohr *n*

blow up aufblasen; aufpumpen; heißblasen

blowy ingot Block *m* mit ausgeprägten Gasblasen

blub flats Wulstflachstahl *m*

blue annealing Blauglühen *n*

bluo billy Purpurerz *n*

blue brittle bend specimen Blaubiegeprobe *f*

blue brittleness Blaubruch *m;* Blaubrüchigkeit *f;* Blausprödigkeit *f*

blued plate gebläutes Blech *n*

blueing Bläuen *n*

blu[e]ing (e.g. sheet) Bläuen *n*
blu[e]ing furnace Bläuofen *m*
blue print Blaupause *f;* Pause *f*
blue shortness Blaubruch *m;* Blaubrüchigkeit *f;* Blausprödigkeit *f*
blunted abgestumpft
blunting (of the crack tip) Abstumpfung *f* (der Rißspitze)
board [of directors] Aufsichtsrat *m*
bobbin Drahthaspel *f*
bobbin machine Drahtspulmaschine *f*
bobbin (wire) Drahtspule *f*
body Bahn *f* (Kaliber); Ballen *m* (Walze); Bauch *m* (Konverter)
body centered tetrahedron (bct) raumzentrierter Tetraeder *m*
body centred cubic lattice kubisch-raumzentriertes Gitter *n*
body length Ballenlänge *f*
BOF shop Blasstahlwerk *n*
BOF steel Aufblasstahl *m*
bogie casting Wagenguß *m*
bogie frame Drehgestell *n*
bogie hearth furnace Herdwagenofen *m*
bogie type [reheating] furnace Herdwagenofen *m;* Wagenherdofen *m*
bog iron ore Brauneisenerz *n;* Raseneisenerz *n;* Sumpferz *n*
bog ore Rasenerz *n*
boil kochen; sieden; wallen
boiler Kessel *m*
boiler accessories Kesseltrommel *f;* Kesselzubehör *n*
boiler and fittings Kessel *m* und Kesselarmatur
boiler bottom Kesselboden *m*
boiler connections Kesselanschlüsse *mpl*
boiler drum Kesseltrommel *f*
boiler end Kesselboden *m*
boiler feed water Kesselspeisewasser *n*
boiler feed water preparation Kesselspeisewasseraufbereitungsanlage *f*
boiler feed water softening plant Kesselspeisewasseraufbereitungsanlage *f*
boiler firing Kesselfeuerung *f*
boiler furnace Kesselfeuerung *f*
boiler house Kesselhaus *n*
boiler house control plant Kesselhaus-Überwachungsanlage *f*
boiler mountings Kesselanschlüsse *mpl*
boiler plant Kesselanlage *f*
boiler plate Kesselblech *n*
boiler scale Kesselstein *m*
boiler scale removal Kesselsteinentfernung *f*
boiler scale solvent Kesselstein-Lösungsmittel *n*
boiler setting Kesseleinmauern *n*
boiler tube Kesselrohr *n*
boiling Auskochen *n;* Kochen *n;* Sieden *n*
boiling point Siedepunkt *m*
boilings Abzugsschlacke *f;* Schlacke *f* übergeflossene; übergeflossene Schlacke *f*
boiling stage Konvektionsphase *f*
boiling test Kochversuch *m*
bolster Zwischenstück *n* des Hammersattels
bolt Bolzen *m;* Dorn[bolzen] *m;* Laschenbolzen *m;* Schraubenbolzen *m*
bolted steel chain Stahlbolzenkette *f*
bolt-head forging machine Bolzenkopfschmiedemaschine *f*
bolt stock Schraubendraht *m;*

Schraubenstahl *m*
bond Bindemittel *n;* Obligation *f;* Schuldschein *m;* Wertpapier *n*
bonder Verbundstein *m*
bonder drawing lubricant Ziehbonderflüssigkeit *f*
bonderize (see phosphate coating) bondern (siehe Phosphatieren)
bonding Verwachsung *f*
bonding agent Bindemittel *n*
bonding clay Bindeton *m*
bonding force Adhäsionskraft *f*
bonding of metals Metallkleben *n*
bonding properties Haftungseigenschaften *fpl*
bonding strength Bindefestigkeit *f;* Haftvermögen *n*
bond strength Verbundwiderstand *m*
bonus Gewinnanteil *m;* Prämie *f*
boom truck Dornhubwagen *m*
boom type jib crane Auslegerkran *m*
boost verdichten; verstärken
booster ejector Vorevakuator *m*
boot leg Düsenstock *m;* Kniestück *n* (des Düsenstocks)
border bördeln; einfassen; Fassung *f;* Kante *f;* säumen
bordering machine Bördelmaschine *f*
bore bohren; Bohrung *f*
bore hole Bohrloch *n;* Bohrung *f*
bore out ausbohren
boric acid Borsäure *f*
boric oxide Boroxid *n*
boriding borieren; Borieren *n*
boring Bohren *n*
boring and milling machine Bohr- und Fräsmaschine *f*
boring bar Bohrspindel *f;* Bohrstange *f*
boring machine Ausbohrbank *f;* Bohrbank *f;* Bohrmaschine *f*
boring machine with revolving table Karusselldrehbank *f*
boring oil Bohröl *n*
borings Bohrspäne *mpl*
boring tool Bohrstahl *m*
boring tools Bohrgestänge *n*
boron Bor *n*
boron carbide Borcarbid *n*
boron nitride Bornitrid *n*
boron steel Borstahl *m*
borrowed capital Fremdkapital *n*
bosh Rast *f*
bosh angle Rastwinkel *m*
bosh cooling plate Rastkühlplatte *f*
boshing machine Putzmaschine *f;* Reinigungsmaschine *f*
bosh parallels Kohlensack *m*
bosh tuyère Rastform *f*
bosh with steel jacket Rast *f* mit Stahlpanzer
boss Aufseher *m;* Betriebsleiter *m;* Erweiterung *f;* Meister *m*
boss roller Walzmeister *m*
bot[t] Stopfen *m*
botter rod Stopfenstange *f*
botting Einhalsen *n*
bottle-neck Engpaß *m;* engster Querschnitt *m*
bottle top mould Flaschenhalskokille *f*
bottling Einschnürung *f* (von Zerreißstäben); Verringern *n* des Durchmessers am Ende eines Hohlschmiedestücks
bottom block Bodenstein *m*
bottom blowing Durchblasen *n*
bottom blowing converter Konverter *m*, bodenblasender
bottom blown converter bodenblasender Konverter *m*
bottom cast steigend gießen
bottom casting Gespannplatte *f*

bottom echo Bodenecho *n* (Ultraschall); Rückwandecho *n*
bottom fin Bodenbart *m* (Block)
bottom fin (ingot) Bodenbart *m*
bottom flash Bodenbart *m* (Block)
bottom flash (ingot) Bodenbart *m*
bottom [hearth] maintenance Herdpflege *f*
bottom hole Sackloch *n*
bottoming material Packlage *f*
bottom of the casting Strangfuß *m*
bottom pass unteres Kaliber *n*
bottom plate Bodenblech *n;* Bodenplatte *f;* Gespann *n;* Unterlagplatte *f*
bottom pour gießen; steigend gießen
bottom pouring steigender Guß *m*
bottom pouring masonry mixture Gespann-Mauermasse *f*
bottom pouring plate Gespannplatte *f*
bottom-pour ladle Stopfenpfanne *f*
bottom punch Unterstempel *m*
bottom ramming machine Bodenstampfmaschine *f*
bottom roll Matrizenwalze *f;* Unterwalze *f*
bottom roll pressure Unterdruck *m*
bottom side of the strip Bandunterseite *f*
bottom splash Überwallung *f* (Oberflächenfehler); Überwalzung *f*
bottom splash (surface defect) Blockschale *f*
bottom-tap ladle Stopfenpfanne *f*
bottom tapping Bodenabstich *m*
bought scrap Fremdschrott *m;* Zukaufschrott *m*
boulder Geröll *n*
boulder crusher Grobbrecher *m*
boulder of quartzite Quarzitfindling *m*
boundary diffusion Korngrenzendiffusion *f*
boundary friction Grenz(schicht)reibung *f;* Grenzflächenreibung *f;* Grenzreibung *f*
boundary friction coefficient Grenzreibungszahl *f*
boundary layer Grenzschicht *f*
boundary lubrication Grenzschmierung *f*
boundary surface Grenzfläche *f*
bounding system Randsystem *n* (Dreistoffphasen)
bow Bombierung *f* (Blech)
Bowden wire Bowdenzug *m*
bowlder Geröll *n*
bow type continuous casting machine Bogengießanlage *f;* Bogenstranggießmaschine *f;* Kreisbogen-Stranggießmaschine *f*
box Buchse *f;* Gehäuse *n;* Kasten *m;* Lagerbock *m*
box anneal kastenglühen
box annealed sheet haubengeglühtes Feinblech *n;* kistengeglühtes Feinblech *n*
box annealing Haubenglühen *n;* Kastenglühen *n;* Rekristallisationsglühen *n* (von Blechen)
box annealing furnace Kastenglühofen *m;* Kistenglühofen *m*
box annealing of cold rolled flat products Kastenglühen *n* von kaltgewalztem Flachzeug
box carburizing Pulverzementieren *n*
box groove Flachkaliber *n;* geschlossenes Kaliber *n;* Kaliber *n*
box hole Flachkaliber *n;* geschlossenes Kaliber *n;* Kaliber *n*
box pass Flachkaliber *n;* Kaliber *n* geschlossenes; Kaliber *n*
box spanner Steckschlüssel *m*
box testing Pfannensinterversuch *m*

brace klammern; Strebe *f;* verspannen
bracing Abstützung *f*
bracket Lagerblech *n;* Pratzen *n*
braided wire Draht *m* umflochtener; Drahtlitze *f;* umsponnener Draht *m*
brake Bremse *f;* bremsen
brake drum Bremstrommel *f*
braking incline Bremsberg *m*
braking power Bremskraft *f*
branch Schenkel *m* (U-Rohr)
branched chain verzweigte Kette *f*
branks Seitenwände *fpl* (SM-Ofen)
branning machine Kleie-Putzmaschine *f* (Weißblech)
brass Lagerfutter *n;* Lagerschale *f;* Messing *n*
brass bearing Messinglager *n*
brate-bar Roststab *m*
braze hartlöten; löten
brazeability Lötbarkeit *f*
brazed joint Lötstelle *f*
brazing Löten *n*
brazing furnace Hartlötofen *m*
brazing solder Hartlot *n;* Lötmetall *n*
brazing torch Lötbrenner *m*
breadth Breite *f*
break abschalten; Bremse *f;* Bruch *m;* knicken; zerbrechen
break [a circuit] ausschalten; Stromkreis *m* unterbrechen
breakage Bruch *m*
break-down Betriebsstörung *f;* Betriebsunterbrechung *f;* Bruch *m;* herunterwalzen;Schlüsselergebnis *n;* Sturz *m;* vorstrecken; Vorsturz *m;* vorsturzen; Zerlegung *f*
breakdown of segregations Seigerungsausgleich *m*
breaker Ausschalter *m;* Brecher *m;* Mahlwerk *n*
breaker bar Brechstange *f*
breaker block Brechtopf *m*
breaker roll scale Zunderstreifen *m*
breaking by twisting Drehbrechen *n*
break[ing] down pass Streckkaliber *n;* Streckwalze *f;* Vorkaliber *n;* Vorstich *m;* Vorstreckwalze *f*
break[ing] down stand Vorgerüst *n*
break[ing] down train Vorstraße *f*
breaking load Bruchbelastung *f;* Bruchlast *f*
breaking strength Zugfestigkeit *f*
breaking strength (ultimate) Bruchfestigkeit *f*
breaking stress Bruchspannung *f*
breaking test Zerreißversuch *m*
break-out Ausbrechen *n;* Durchbruch *m;* Gestelldurchbruch *m*
breakout detection Durchbruchfrüherkennung *f*
break-out machine Ausbrechmaschine *f*
breakout warning system Durchbruchfrüherkennung *f*
break through durchbrechen
break-up abbrechen; abwracken; spalten; Zerfall *m;* zersetzen
breast pan Vorherd *m*
breast roller Ständerrolle *f;* Stufenrolle *f* erste
breather Entlüftung *f*
breather (am.) Gasmaske *f*
breathing apparatus Atemschutzgerät *n*
breeze Kohlengrus *m;* Koks *m* kleinstückiger; Koksgrus *m*
breeze oven Grusofen *m*
brick mauern; Ziegel *m;* ziegeln
brick backing Hintermauerung *f*
brick inclusions Einschlüsse *mpl* von Feuerfeststoffen
bricking up Ausmauerung *f;* Vermauerung *f*

brick kiln Ziegelbrennofen *m*
bricklayer Maurer *m*
brick lined ladle gemauerte Pfanne *f*
brick making Ziegeln *n*
brick making plant Steinfabrik *f*
brick press Steinpresse *f;* Ziegelpresse *f*
brick up vermauern
brickwork Mauerwerk *n*
bridge construction Brückenbau *m*
bridge conveyor Förderbrücke *f*
bridge rail Brückengleis *n*
bridge wall Scheidewand *f;* Zwischenwand *f*
bright blank
bright anneal blankglühen; Blankglühung *f*
bright annealing Blankglühen *n;* Zunderarmglühen *n;* Zunderfreiglühen *n*
bright-annealing furnace Blankglühofen *m*
bright annealing of cold rolled flat products Zunderarmglühen *n* von kaltgewalztem Flachzeug
bright-drawing Blankziehen *n*
bright-drawing shop Blankzicherei *f*
bright drawn blankgezogen; blankgezogen (Draht)
bright field image Hellfeldaufnahme *f*
bright-finished blank
bright hardening Blankhärten *n*
bright-luster sheet Hochglanzblech *n*
bright pickle blank beizen
bright [polished] sheet Glanzblech *n*
bright soft annealed blankweich geglüht
bright soft wire blankweichgeglühter Draht *m*
bright steel Blankstahl *m*
bright turned blankgedreht
bright turning Blankdrehen *n*
bright wet drawn wire naßblank gezogener Draht *m*
bright wire Draht *m*, blanker
brine Salzlösung *f*
brine hardening Härten mit Abschrecken in Salzwasser *n*
Brinell hardness Brinellhärte *f*
Brinell hardness number Brinell-Härtezahl *f*
Brinell hardness test Brinell-Härtemeßverfahren *n;* Brinell-Kugeldruckprobe *f*
bring down herunterschmelzen
bring into line aufeinander abstimmen
bring up erhöhen
briquette Brikett *n;* brikettieren; pressen; stückigmachen
briquetting Brikettieren *n;* Paketieren *n;* Ziegeln *n*
briquetting of coal and coke Britettieren *n* von Kohle und Koks
briquetting plant Brikettieranlage *f*
briquetting property Brikettierfähigkeit *f*
British reinforced concrete (BRC) fabric Betonstahlmatte *f*
brittle bröckelig; brüchig; faul; mürbe
brittle crack Sprödriß *m*
brittle failure Sprödbruch *m*
brittle fracture Bruch *m* verformungsloser; Sprödbruch *m*
brittle fracture transition temperature Sprödbruch-Übergangstemperatur *f*
brittleness Brüchigkeit *f;* Sprödigkeit *f*
broach räumen; Räumnadel *f;* Reibahle *f*

broach (e.g. finish plate bolt holes) aufdornen
broaching machine Räummaschine *f*
broadband noise Rauschen *n*
broad beam electron gun Elektronen-Flachstrahlkanone *f*
broad flanged breitfüßig
broad flanged beam Breitflanschträger *m*
broad jet burner Breitstrahlbrenner *m*
broadsiding pass Breitungsstich *m*
broad tool Breiteisen *n;* Spitzeisen *n*
broken back Folge *f* von Querrissen auf gezogenem Draht
broken castings Gußbruch *m*
broken corners rissige Kanten *fpl*
broken line (curve) gestrichelte Linie *f* (Kurve)
broken oxide Oxideinsprenkelung *f* (Kaltwalzen)
broken ring segment Anpaßstein *m* (Lichtbogenofengewölbe)
broken scrap Bruchschrott *m*
broken stones Schotter *m*
bronze bearing Bronzelager *n*
brown-coal briquette Braunkohlenbrikett *n*
brown fume brauner Rauch *m*
brown hematite Brauneisenstein *m;* Limonit *m;* Rasenerz *n*
brown iron ore Brauneisenstein *m*
bruised surface mechanisch beschädigte Oberfläche *f*
brush Bürste *f;* bürsten; leitendes Gleitstück *n;* Stromabnehmer *m*
brushing machine Bürstmaschine *f*
brush wire Bürstendraht *m*
brush (wire) spröde (Draht)
bubble Blase *f;* brodeln; sieden
bubble chain Blasenkette *f*
bubble memory Magnetblasenspeicher *m*
bubble plume Blasenstrahl *m;* Blasenzone *f*
bubbling Blasenbildung *f* (Flüssigkeit)
bucket Eimer *m;* Gefäß *n;* Korb *m;* Löffel *m*
bucket car Kübelwagen *m*
bucket charging Korbbeschickung *f*
bucket charging (am.) Kübelbegichtung *f*
bucket conveyor Becherwerk *n;* Kettenförderer *m;* Kübelaufzug *m*
bucket elevator Becherwerk *n;* Kettenförderer *m;* Kübelaufzug *m*
buckle knicken
buckled plate Buckelblech *n*
buckled sheet Buckelblech *n;* gebogenes Blech *n;* geknicktes Blech *n*
buckle plate Buckelblech *n*
buckling Ausbeulen *n*
buckling line Beulenbahn *f*
buckling (of coil) Einknicken *n* (Kaltwalzen)
buckling resistance Knickfestigkeit *f*
buckling strength Knickfestigkeit *f*
buckling stress Knickbeanspruchung *f;* Knickspannung *f*
buckling test Knickversuch *m*
buck-stay Ankersäule *f;* Verankerungsträger *m;* Versteifungsträger *m*
budgetary control Budgetrechnung *f*
buff polieren; Polierscheibe *f*
buffer Poliermaschine *f;* Puffer *m;* Vorstoß *m*
bug Mündungsbär *m*
buggy (am.) Lore *f;* Plattformlore *f*
buggy casting Wagenguß *m*
buggy ladle Pfannenwagen *m*
build bauen; erbauen; konstruieren

build in einbauen
building Aufschweißen *n*
building block principle Baukastenprinzip *n*
building components for furnaces Ofenbauteil *n*
building costs Baukosten *pl*
building material Baustoff *m*
building trade Hochbau *m*
building-up alloy Aufschweißlegierung *f*
build up aufbauen; aufschweißen; auftragen; Wulst *m;* zusammensetzen
build-up heat Aufbauschmelze *f*
build-up metal Auftragsmetall *n*
build-up welding Auftragschweißung *f*
built-up edge Aufbauschneide *f;* Schneideansatz *m* (Bearbeitung)
built-up section zusammengesetzter Träger *m*
bulb Glühlampe *f;* Wulst *m*
bulb plate Flachwulststahl *m;* Tränenblech *n*
bulge aufblähen; aufweiten; ausbauchen; Beule *f*
bulge profil Nasenprofil *n*
bulging Ausbauchen *n;* Knickbiegen *n;* Stauchen *n*
bulging test Aufweitversuch *m* (Rohre); Aufweitversuch *m;* Stauchversuch *m*
bulk Hauptmasse *f;* Masse *f*
bulk density Raumdichte *f;* Raumgewicht *n;* Schüttdichte *f*
bulk ferrite massiver Ferrit *m*
bulk forming process Massivumformverfahren *n*
bulk handling Massengutumschlag *m*
bulkhead Außenwand *f* des aufsteigenden Gas- oder Luftkanals (SM-Ofen)
bulkhead (of uptake) Spiegelwand *f* (SM-Ofen)
bulk material Schüttgut *n*
bulk material continuous conveyor Schüttgut-Stetigförderung *f*
bulk production Massenerzeugung *f*
bulk traffic wagon Wagen *m* für Massengut
bulk volume Rohvolumen *n*
bulk weight Schüttgewicht *n*
bull block Einzelblock *m;* schwerer Einzelblock *m*
bull-block machine Trommelziehmaschine *f*
bull dog Schlacke *f* für das Flicken von Schweißeisenöfen
bulldozer Biegepresse *f*
bullet Kugel *f*
bull head Polierwalzengerüst *n*
bullhead pass Flachbahnkaliber *n* (Walzwerk)
bull head rail Doppelkopfschiene *f*
bull ladle Gabelpfanne *f;* Handpfanne *f;* Mischpfanne *f*
bulwark rail section steel Relingstahl *m*
bumper Prellbock *m;* Puffer *m;* Stoßstange *f*
bumpless transfer stoßfreie Umschaltung *f*
bunch Ballen *m;* Bund *n;* Bündel *n;* häufen
bundle Bund *n;* bündeln
bundle of wire Drahtbund *n*
bundling plant Bündelanlage *f*
bung Spund *m*
bunker Behälter *m;* Bunker *m*
bunker C-standard oil Heizöl *n*
buoyancy Auftrieb *m* (Gas)
buoyancy force Auftriebskraft *f*

buoyancy plume Auftriebsfreistrahl *m*
buoyant plume Auftriebsfreistrahl *m*
burden beeinflußbare Zuschlagskosten *pl;* begichten; beschicken; Einsatz *m;* möllern
burden calculation Gattierung *f;* Möllerberechnung *f*
burden chain Krankette *f*
burden charge Gicht *f*
burdening Begichtung *f;* Belastung *f;* Möllerberechnung *f*
burden overhead cost Gemeinkosten *pl*
burden preparation Möllervorbereitung *f*
burden preparation plant Möllervorbereitungsanlage *f*
burden ratio Möllergewicht *n*
burden yield Möllerausbringen *n*
Bureau of Standards Normenausschuß *m* (am.); Normenbüro *n*
burn backen; brennen; flammen; verfeuern
burned steel Stahl *m,* heißbrüchiger
burner Brenner *m*
burner mouth Brennermaul *n*
burner natural gas Brenner-Erdgas *n*
burner port Brennerstein *m*
burner tip Brennerkopf *m*
burn in einbrennen
burning Brennen *n;* Verbrennen *n*
burning [in] Einbrennen *n*
burning kiln Brennofen *m*
burn[ing] out machine Aufbrennmaschine *f*
burning-out [the taphole] Aufbrennen *n* [des Stichlochs]
burning out the tap hole with the oxygen lance Aufbrennen *n* des Stichloches mit der Sauerstofflanze
burning period Brenndauer *f*
burning support Brennunterlage *f*
burnish bräunen; brünieren; glätten; schleifen
burnished chroming Glanzverchromen *n*
burnishing Brünieren *n*
burnishing stick Putzholz *n*
burn off Abbrand *m* (Elektroden); abbrennen
burn-off rate Abbrandgeschwindigkeit *f*
burnt gebrannt; heißbrüchig; verbrannt
burnt edge verbrannte Kante *f*
burn-through durchbrennen
burnt lime gebrannter Kalk *m;* Kalk *m* gebrannter
burnt magnesite Magnesiumoxid *n*
burnt out particles Schmelzkugeln *fpl*
burnt tuyère verbrannte Form *f*
burr abgraten; Bart *m;* Bohrgrat *m;* putzen
burr height Schneidgrat *m* (von Blechen)
burr removing machine Abgratmaschine *f*
burst aufreißen; aufspalten; bersten; platzen
burst blisters Tränen *fpl* (Blechfehler)
bursting Abplatzung *f*
bursting pressure Berstdruck *m*
bus bar Sammelschiene *f;* Stromschiene *f*
bus bar tower Stromschienensäule *f*
bush ausbuchsen; Büchse *f;* füttern
bush chain Buchsenkette *f*
bushelling Paketieren *n*
bush[ing] Büchse *f;* Lagerschale *f;* Laufbüchse *f*
bushing metal Lagermetall *n*

bustle pipe Ringleitung *f* (Wind); Ringleitung *f* zum Abziehen der Ofengase
butt stumpf aneinandersetzen; unteres Blockende *n*
butterfly valve Drosselklappe *f*; Drosselventil *n*
butt ingot kurzer Flußstahlblock *m*; Restblock *m*; Stummelblock *m*
butt-joint riveting Laschennietung *f*
button Bär *m*; Knopf *m*; Pfannenbär *m*
butt-welded joint Stumpfnaht *f* geschweißte
butt welding Stoßschweißung *f*; Stumpfschweißen *n*
butt welding machine Stumpfschweißmaschine *f*
bypass[ing] Umführung *f*; Umgehungsleitung *f*; Umleitungskanal *m*
by-product Abfallerzeugnis *n*; Nebenerzeugnis *n*

C

cable Drahtseil *n*; Kabel *n*; Leitung *f*
cable armouring Kabelarmierung *f*
cable drive Drahtseilbetrieb *m*; Drahtseiltrieb *m*; Seiltrieb *m*
cable duct Kabelkanal *m*
cable joint Drahtseilschloß *n*
cable protection Kabelschutz *m*
cable protection pipe Kabelschutzrohr *n*
cable railway Drahtseilbahn *f*
cable-stranding machine Kabelverseilmaschine *f*
cable tape Kabelband *n*
cable tape steel Kabelbandstahl *m*
cable transmission Drahtseilbetrieb *m*; Seilbetrieb *m*
cable wire Kabeldraht *m*
caburise einsetzen; zementieren
caburize anreichern mit Kohlenstoff
CAD construction CAD-Konstruktion *f*
cadmium plate verkadmieren
cadmium-plating Verkadmierung *f*
cage Fördergestell *n*; Förderkorb *m*; Gehäuse *n*
cage rotor Käfigläufer *m*
cage stranding machine Korbverseilmaschine *f*
cake backen; Kuchen *m*; sintern; zusammenballen
caking capacity Backfähigkeit *f*
caking coal backende Kohle *f*; Fettkohle *f*; Pechkohle *f*
calamine Galmei *m*
calcareous kalkhaltig
calcareous ore kalkiges Erz *n*
calciferous kalkhaltig
calcification Verkalkung *f*
calcination Brennen *n*; Calcinierung *f*; Oxidation *f*
calcine brennen; calcinieren; glühen
calcined ore Rösterz *n*
calcined pyrites Kiesabbrand *m*
calcined pyrites and slags Kiesabbrand *m* und Schlacken
calcining kiln Brennofen *m*; Calcinierofen *m*; Röstofen *m*
calcining of ores Rösten *n* der Erze
calcio-wustite Calciowüstit *m*
calcium Calcium *m*
calcium carbide Calciumcarbid *n*
calcium ferrite Calciumferrit *m*
calcium precipitation Kalkabscheidung *f*
calcium silicate Calciumsilikat *n*
calculate berechnen
calculated strength Berechnungsfestigkeit *f*

calculate the burden gattieren
calculating machine Rechenmaschine *f*
calculating punch Rechenlocher *m*
calculation Berechnung *f*
calibrate eichen; kalibrieren
calibrated standard defect size Ersatzfehlergröße *f* (zerstörungsfreies Prüfen)
calibration Vergleichsmessung *f*
calibration curve Eichkurve *f*
calibration solution Eichlösung *f*
calibration test piece Eichprobe *f*
callipering Messen *n*
calorific balance Wärmebilanz *f*
calorific loss Wärmeverlust *m*
calorific power Heizkraft *f;* Heizwert *m*
calorific value Heizkraft *f*
calorimeter Kalorimeter *n*
calorimetry Wärmemessung *f*
calorising Calorisieren *n;* Kalorisieren *n*
calorized steel alitierter Stahl *m*
calorizing Alitieren *n*
cam Kamm *m;* Knagge *f;* Kurvenscheibe *f;* Nase *f*
camber Ausbauchung *f;* Balligkeit *f;* biegen; Bombierung *f;* Wölbung *f*
cambered girder gebogener Träger *m*
cambering machine Vorbiegemaschine *f*
camera scanning Kameraabtastung *f*
campaign Ofenreise *f*
camshaft Nockenwelle *f*
cam-type bed Klinkenbett *n*
can Dose *f*
cannel coal Fettkohle *f*
cantilever Ausleger *m;* Kragarm *m;* Überhang *m*
cantilevered roll Walzring *m*
cantilever straightening roll Richtrolle *f* fliegend angeordnet
capability for carburization Aufkohlungsfähigkeit *f*
capability for carburization of case hardening steels Aufkohlungsfähigkeit *f* von Einsatzstählen
capacitance Wellenwiderstand *m*
capacitor Kondensator *m*
capacity Fassungsvermögen *n;* Leistung *f;* Leistungsfähigkeit *f*
capacity adjustment Kapazitätsabgleich *m*
capacity for cold shearing Kaltscherbarkeit *f*
capacity for decomposition Aufschließbarkeit *f*
capacity for heat treating Wärmebehandelbarkeit *f*
capacity for passivation Passivierbarkeit *f*
capacity for pickling Beizbarkeit *f*
capacity for retaining hardness Härtebeständigkeit *f*
capacity for soldering Lötbarkeit *f*
capacity to withstand stresses Beanspruchbarkeit *f*
capacity utilisation Kapazitätsauslastung *f*
capillary tube Kapillarrohr *n*
capital costs Anlagekosten *pl*
capital goods Investitionsgüter *npl*
capital scrap Altschrott *m*
cap pass Decklage *f* (Schweißen)
capping Abdecken *n*
capping (ingot) Deckelbildung *f* (Block)
capstan Drehkreuz *n;* Ziehtrommel *f*
cap stone Schlußstein *m* (Giebel)
car Fahrzeug *n;* Karre *f;* Wagen *m*
carbide Carbid *n*
carbide alloy Hartmetall-Legierung *f*

carbide banding Carbidzeiligkeit *f*
carbide cutting tool Hartmetallwerkzeug *n*
carbide distribution Carbidverteilung *f*
carbide-forming element Carbidbildner *m*
carbide precipitated during quenching Vorcarbidausscheidung *f*
carbide precipitation Carbidausscheidung *f*
carbide spacing Carbidanordnung *f*
carbide strengthening Carbidverstärkung *f*
carbide stringers Carbidzeiligkeit *f*
carbide tipped tool hartmetallbestücktes Werkzeug *n*
car body sheet Karosserieblech *n*
carbon Kohle *f;* Kohlenstoff *m*
carbonaceous kohlehaltig; Kohlenstoff *m* enthaltend
carbonaceous ironstone Kohleneisenstein *m*
carbon analyser Kohlenstoffbestimmungsgerät *n*
carbon arc welding Kohle-Lichtbogenschweißen *n*
carbon bearing Kohlelager *n*
carbon black Ruß *m*
carbon block Kohlenstoffstein *m*
carbon brick Kohlenstoffstein *m*
carbon brush Kohlebürste *f*
carbon burn-off Abbrand *m* von Kohlenstoff
carbon content Kohlegehalt *m*
carbon crucible Kohletiegel *m*
carbon dioxide Kohlensäure *f*
carbon drop Entkohlungswirkung *f;* Frischen *n;* Kohlenstoffabfall *m*
carbon electrode Kohleelektrode *f*
carbon elimination Frischen *n*
carbon equivalent Kohlenstoffäquivalent *n*
carbonisation Abgarung *f* (Koks); Schwelung *f;* Verkohlung *f*
carbonisation chamber Kokskammer *f*
carbonising period Garungsdauer *f*
carbonising time Garungsdauer *f*
carbonitriding carbonitrieren; Carbonitrieren *n;* Karbonitrieren *n*
carbonize ausgaren lassen; verkohlen; verkoken
carbonized gar (Koks)
carbon lining Kohlenstoffzustellung *f*
carbon monoxide Kohlenmonoxid *n*
carbon monoxide poisoning Kohlenmonoxidvergiftung *f*
carbon network Kohlenstoffgerüst *n*
carbon pickup Kohlenstoffaufnahme *f*
carbon potential Kohlenstoffpotential *n*
carbon replica technique Kohleaufdampfverfahren *n*
carbon restoration Wiederaufkohlen *n;* Wiederaufkohlung *f*
carbon rod furnace Kohlestabofen *m*
carbon saturated iron kohlenstoffgesättigtes Eisen *n*
carbon sliding contact Kohleschleifkontakt *m*
carbon slip piece Kohleschleifstück *n*
carbon slip stirrup Kohleschleifbügel *m*
carbon smut Beizrückstände *mpl*
carbon stabilization Kohlenstoffstabilisierung *f*
carbon stabilization in austenitic steels Kohlenstoffstabilisierung *f* in austenitischen Stählen
carbon steel unlegierter Stahl *m*

carbon steel roll Walze *f* (Kohlenstoffstahl)
carbon trolley shoe Kohleschleifstück *n*
carbonyl iron Carbonyleisen *n*
car bottom furnace Herdwagenofen *m*
car bottom furnace (am.) Wagenherdofen *m*
car-bottom hearth ausfahrbarer Herd *m*
carburation Carburierung *f;* Karburierung *f*
carburetted water gas installation Kohlenwassergasanlage *f*
carburetting Carburierung *f* (im SM-Ofen); Karburierung *f*
carburettor Vergaser *m*
carburisation Carburierung *f;* Einsatzhärtung *f;* Karburierung *f*
carburise Kohlenstoff *m* zugeben
carburiser Einsatzmittel *n* (für Einsatzhärtung)
carburization Aufkohlung *f*
carburization by pig iron Aufkohlen *n* mit Roheisen
carburization depth Aufkohlungstiefe *f*
carburization quenching Härten *n* aus dem Einsatz
carburize aufkohlen; Zementieren *n*
carburizing Aufkohlen *n;* Zementieren *n*
carburizing agent Aufkohlungsmittel *n*
carburizing depth Aufkohlungstiefe *f*
carburizing powder Aufkohlungspulver *n*
car casting Wagenguß *m*
card Karte *f*
Cardan joint Kardangelenk *n*
card-controlled tape punch kartengesteuerter Streifenlocher *m*
card punch Kartenlocher *m*
card wire Kratzendraht *m*
care of the hearth Herdpflege *f*
car hearth furnace Wagenherdofen *m*
carload Wagenladung *f;* Waggonladung *f*
carriage Schlitten *m*
carrier Bote *m;* Drehbankherz *n;* Fördergefäß *n;* Träger *m*
carrier gas Fördergas *n;* Trägergas *n*
carrier pinion Planetenrad *n*
carry leiten; tragen
carrying bar Tragstiel *m*
carrying capacity Tragfähigkeit *f*
carrying grid Tragrost *m*
carry-over acid Restsäure *f* (beim Schmieren)
carry-over separating device Trenneinrichtung *f*, mitlaufende
carry-over slag Mitlaufschlacke *f*
cart Karre *f;* Wagen *m*
cartage Rollgeld *n*
cartridge Kartusche *f*
cascade Kaskade *f*
cascade control [system] Folgeregler *m*
cascade reactor Kaskadenreaktor *m*
case Außenschicht *f;* Behälter *m;* Einsatzschicht *f;* Härteschicht *f;* Randschicht *f*
case depth Aufkohlungstiefe *f;* Einsatzhärtetiefe *f;* Härtetiefe *f*
case harden einsatzhärten; einsetzen; hartgießen
case hardening Einsatzhärten *n;* Randschichthärten *n*
case hardening carburiser Einsatzmittel *n* (für Einsatzhärtung)
case hardening compound Einsatzmittel *n* (für Einsatzhärtung)

case-hardening free-cutting steels Automatenstahl *m*, randschichtgehärteter
case hardening steel Einsatzstahl *m*
caseing Herstellung *f* von Gehäusen
casement section Einfassungseisen *n*
case refining Randhärten *n* (nach Aufkohlen)
casing Armierung *f;* Fassung *f;* Gehäuse *n;* Mantel *m;* Umhüllung *f*
cask hoop Bordeisen *n*
cast abgießen; Abguß *m;* gießen; Schmelze *f*
cast analysis Schmelzanalyse *f*
cast annealing pot gegossener Glühtopf *m*
cast around umgießen
cast basalt Schmelzbasalt *n*
cast blank gegossener Rohling *m*
cast chromium steel [material] Chromstahlguß *m*
castellated beam Träger *mpl* wieder verschweißte; Wabenträger *m*
castellated nut Kronenmutter *f*
caster Gießer *m*
cast history sheet Schmelzverlaufkarte *f*
casting Abguß *m;* gegossener Rohling *m;* Gießen *n;* Strang *m*
casting alloy Gußlegierung *f*
casting and solidification Gießen *n* und Erstarren
casting bay Gießhalle *f*
casting bogie Gießwagen *m*
casting car Gießwagen *m*
casting crane Gießkran *m*
casting cycle Abstichfolge *f*
casting defect Gießfehler *m*
casting drum Gießtrommel *f*
casting flux Gießpulver *n*
casting flux feeder Gießpulverzuführung *f*
casting for machine construction Maschinenguß *m*
casting ladle Gießkelle *f;* Gießlöffel *m;* Gießpfanne *f*
casting machine Gießmaschine *f*
casting operator tool outfit Werkzeugausstattung *f* für Gießer
casting pit Gießgrube *f;* Gießplatz *m;* Gießstelle *f*
casting pit operative Gießer *m*
casting pit refractories Stahlwerksverschleißmaterial *n;* Stahlwerksverschleißstoff *m*
casting plate Gießplatte *f*
casting platform Gießbühne *f*
casting platform cover Gießbühnenbelag *m*
casting platform tool outfit Werkzeugausstattung *f* für Gießbühnen
casting-pressing Gießpressen *n*
casting-pressing-rolling Gießwalzpressen *n*
casting rate Gießgeschwindigkeit *f*
castings for general engineering Maschinenguß *m*
castings for hydraulic structures Hydraulikguß *m*
castings for machine-tools Werkzeugmaschinenguß *m*
casting shell Schale *f* (Stranggießen)
casting speed Gießgeschwindigkeit *f*
casting start aid Gießanfahrhilfe *f*
casting team Gießkolonne *f*
casting wheel Gießrad *n*
casting-wheel plant Gießradanlage *f*
cast in one with angegossen
cast integral with angegossen
cast iron Eisenguß *m;* Gußeisen *n*
cast iron continuous casting Gußeisen-Strangguß *m*

cast iron for building purposes Bauguß *m*
cast iron mould casting Gußeisen-Formguß *m*
cast-iron products Eisengießerei-Erzeugnisse *npl*
cast-iron scrap Gußbruch *m*
cast-on angegossen
cast steel Stahl *m* vergossener; Stahlformguß *m;* Stahlguß *m;* Tiegelstahl *m*
cast steel pipe Stahlgußrohr *n*
cast steel products Stahlgießereierzeugnisse *npl*
cast steel roll Stahlgußwalze *f*
cast steel treatment Stahlgießbehandlung *f*
cast through the cinder notch Notabstich *m* (Hochofen)
cast up-hill gießen
cast uphill steigend gießen
cast welding Gießschweißen *n*
catalyst Beschleunigungsmittel *n;* Katalysator *m*
catch abfangen (Schmelze); Mitnehmer *m*
catch carbon heat Abfangschmelze *f;* Auffangschmelze *f*
catcher Greifvorrichtung *f;* Hinterwalzer *m;* Mann hinter der Walze *m*
catcher's side Austrittsseite *f* (an der Walze)
catcher's side (of rolls) Auslaufseite *f* (der Walzen)
catchweight coil Fabrikationsring *m;* Rollo *f* mit Zufallsgewicht
category Merkmalsklasse *f*
catenary control Banddurchhangsregelung *f*
caterpillar Raupe[nkette] *f*
caterpillar drawing machine Raupenziehmaschine *f*
cathode Kathode *f*
cathode ray tube Kathodenstrahlröhre *f*
cathode sputtering Kathodenzerstäubung *f*
cathodic oxide coating kathodischer Schutzüberzug *m*
cathodic protection Kathodenschutz *m;* kathodischer Schutz *m*
catwolk Laufsteg *m*
caulk abdichten; dichten; verschmieren
caulk welding Dichtschweißung *f;* Dichtungsschweißung *f*
caustic beißend; beizend; scharf
caustic cracking Laugensprödigkeit *f*
caustic embrittlement Laugensprödigkeit *f*
caustic soda Natronlauge *f*
cavern-type pore Kavernenpore *f*
cavitation Auswaschung *f;* Kavitation *f*
cavitation corrosion Kavitationskorrosion *f*
cavity Hohlraum *m;* Höhlung *f;* Innenlunker *m;* Vertiefung *f*
CC-billet Strangqußknüppel *m*
cc mould Stranggießkokille *f*
CC-product Stranggießerzeugnis *n*
ceiling sections Profile *npl* für Decken
cell Tiefofenzelle *f*
cell furnace Kammerofen *m*
cell pit furnace Zellentiefofen *m*
cell type soaking pit Zellentiefofen *m*
cementation steel Einsatzstahl *m*
cemented bar Zementstahl *m*
cemented carbide Hartlegierung *f*
cemented carbide alloy Hartmetall *n;* Hartmetall-Legierung *f*

cemented carbide [alloy] tip Hartmetallplättchen *n*
cementite Zementit *m*
cementite breakdown Zementitzerfall *m*
cement joint Mörtelfuge *f*
cement mortar Zementmörtel *m*
cement plant Zementfabrik *f*
center einstellen; Kern *m;* körnen
center distance Achsenabstand *m*
center of rotation Drehpol *m*
center [point] Mittelpunkt *m*
center punching Butzen *n* (beim Walzen von Stahlringen); Körnen *n*
center segregation Mittenseigerung *f*
central gate Einflußrohr *n;* Eingußrohr *n*
central heating of large rooms Großraumheizung *f*
central limiting value theorem Grenzwertsatz *m* (Statistik)
central porosity Fadenlunker *m*
central processor with main memory and arithmetic unit Zentraleinheit *f* mit Hauptspeicher und Rechenwerk
central roll Mittelwalze *f*
centre ankörnen
centre brick Mittelstein *m* (eines Blockgespannes)
centre frequency Mittenfrequenz *f*
centre lathe Spitzendrehbank *f*
centreless thread grinding machine spitzenlose Gewindeschleifmaschine *f*
centre line Walzmitte *f*
centre line average height (CLA) Mittenrauhwert *m*
centreline segregation Mittenseigerung *f*
centre of gravity Schwerpunkt *m*
centre riser Gießtrichter *m;* Trichterhaube *f;* Trichterrohr *n*
centre roll Mittelwalze *f*
centre runner Gießtrichter *m;* Trichterhaube *f;* Trichterrohr *n*
centre runner brick Trichterrohr *n*
centrifugal blower Schleudergebläse *n*
centrifugal casting Schleuderguß *m*
centrifugal casting mould Schleudergußkokille *f*
centrifugal casting process Schleudergießverfahren *n*
centrifugal compressor Kreiselverdichter *m*
centrifugal dust separator Fliehkraft-Staubabscheider *m*
centrifugal force Fliehkraft *f*
centrifugal grinding machine Fliehkraftschleifanlage *f*
centrifugal machine Schleudermaschine *f*
centrifugal separator Fliehkraftabscheider *m;* Zentrifugalseparator *m*
centrifuge zentrifugieren
centring device Zentriervorrichtung *f*
ceramic keramisch
ceramic burner for hot-blast stoves Brenner *m*, keramischer - für Winderhitzer
ceramic cutting material Schneidekeramik *f*
cerium Cer *n*
cermet Cermet *n;* Metall-Keramik-Werkstoff *m*
cer-misch-metal Cermischmetall *n*
certificate Abnahmeprüfzeugnis *n*
certificate of compliance with the order Werksbescheinigung *f*
certification Zertifizierung *f*
certified public accountant Wirt-

schaftsprüfer *m*
chafing (e. g. laps in a coil during transport) Scheuern *n*
chain Aufzug *m;* Kette *f;* Spannungsreihe *f*
chain block Kettenflaschenzug *m*
chain bushing Kettenhülse *f*
chain curtain Kettenschleier *m*
chain grate stoker Kettenrost-Beschickvorrichtung *f;* Wanderrostbeschicker *m*
chain gripper bar Greiferbrücke *f*
chain guide pulley Kettenleitrolle *f*
chain hoist Kettenflaschenzug *m*
chain link Kettenglied *n*
chainlink fence Viereckgeflecht *n*
chain pinion Kettennuß *f*
chain pitch Kettenteilung *f*
chain section Flacheisen *n* mit abgerundeten Kanten
chain shaft Kettenachse *f*
chain side bar Kettenlasche *f*
chain sling with hook Hakenkette *f*
chain steel Kettenstahl *m*
chain tightener Kettenspanner *m*
chain type dummy bar Gliederkaltstrang *m;* Kettenkaltstrang *m* (Stranggießen)
chain wheel Kettenrad *n*
chair rail Stuhlschiene *f*
chalking Kreidung *f*
chamber furnace Kammerofen *m*
chamfer abkanten; abrunden; Abrundung *f;* Abschrägung *f*
chamfered abgeschrägt
chamfering machine Anfasmaschine *f*
chance Möglichkeit *f;* Zufall *m*
chance variation Zufallsstreuung *f*
change wechseln (Walzen)
change in dimension Maßänderung *f*
change of section Formatwechsel *m*
change of shift Schichtwechsel *m*
change of site Platzwechsel *m* (Atom)
change on gas umstellen auf Gas (Winderhitzer)
change over umschalten; umsetzen; Umsetzung *f;* umsteuern
change over switch Umschalter *m*
change point Haltepunkt *m;* Umwandlungspunkt *m*
change speed gear Wechselgetriebe *n*
change stand Wechselgerüst *n*
change [the rolls] umbauen [der Walzen]; Walzen *fpl* wechseln
change vessel converter Wechselkonverter *m*
changing shift Schichtwechsel *m*
channel Kerb *m;* Rinne *f;* Zwischenraum *m*
channeled plate Riffelblech *n*
channel filter Kanalfilter *m;* Wabenfilter *m*
channel wheel pump Kanalradpumpe *f*
chaplet Kernbock *m;* Kernnagel *m;* Kernstütze *f*
character Zeichen *n* (Steuerzeichen)
character encoder Klarschriftcodierer *m*
characterisation Kennzeichnung *f*
characteristic data Kennzahlen *fpl*
characteristic value Kennzahl *f*
charcoal Holzkohle *f*
charcoal breeze Holzkohlengrieß *m*
charcoal hearth process Herdfrischverfahren *n;* Holzkohlenfrischverfahren *n*
charcoal pig iron Holzkohlen-Roheisen *n*
charcoal tinplate Weißblech *n* mit dickerer Zinnschicht

charge beladen; belasten; Belastung *f;* Beschickung *f;* einsetzen
charge into eingießen (füllen)
charge level [indicator] Gichtsonde *f;* Möllersonde *f;* Teufenanzeiger *m*
charge number Ladungszahl *f*
charge point Haltepunkt *m*
charge weight Einsatzgewicht *n*
charging Ofenbegichtung *f*
charging and discharging gantry crane Verladebrücke *f*
charging basket (am.) Gichtkübel *m*
charging box Beschickungsmulde *f;* Chargiermulde *f;* Einsetzmulde *f*
charging bucket (am.) Gichtkübel *m*
charging by aerial ropeway Begichtung *f* mit Hängebahn
charging by batches Beschickungskran *m;* satzweises Beschicken *n*
charging by trolley conveyor Begichtung *f* mit Hängebahn
charging car Füllwagen *m*
charging crane Beschickungskran *m*
charging device Beschickungsvorrichtung *f*
charging door Arbeitstür *f*
charging floor Einsetzbühne *f*
charging gear Begichtungsvorrichtung *f*
charging hole Einfüllöffnung *f;* Fülloch *n*
charging installation Begichtungsanlage *f*
charging ladle Chargierpfanne *f*
charging larry Füllwagen *m*
charging machine Chargiermaschine *f;* Einsetzmaschine *f*
charging platform Beschickungsbühne *f;* Gichtbühne *f;* Ladebühne *f*
charging position for lime Füllstellung *f* für Kalk
charging position for molten pig iron Füllstellung *f* für flüssiges Roheisen
charging rate Beschickungsgeschwindigkeit *f* (Ofen)
charging sequence Gichtenfolge *f*
charging side Beschickungsseite *f*
Charlier check Charlier-Probe *f*
Charpy hammer Pendelhammer *m* (Charpy-Hammer)
Charpy notch Kerb *m* (Charpy-Kerb)
Charpy-V-notch (CVN) Kerbschlagarbeit *f* an Spitzkerbproben nach ISO-V
chart Diagramm *n;* Karte *f;* Schaubild *n*
chaser Gewindeschneider *m;* Gewindestahl *m*
chassis Gestell *n*
chattering Brummer *m*
check absperren; Haarriß *m;* hemmen; Kontrolle *f;* Prüfung *f*
check analysis Kontrollanalyse *f;* Stückanalyse *f*
check crack Schrumpfriß *m*
checked edges rissige Kanten *fpl*
checker brick Gitterstein *m*
checker chamber Gltterkammer *f*
checker[ed] plate Raupenblech *n;* Riffelblech *n*
checker heating surface Gitterheizfläche *f*
checker plate with oval protrusions for gripping Tränenblech *n*
checkers Gitterwerk *n*
checker work Ausgitterung *f*
checkerwork Gitterpackung *f*
checker work Gitterwerk *n*
checkerwork arranged in stages Zonengitterung *f*
checking dimensions Nachmessen *n*
checking test Kontrollversuch *m*
check test Gegenprobe *f*

cheek mittlerer Formkasten *m;* Seitenteil *n*
cheek brake Backenbremse *f*
cheese Radreifen-Gußblock *m*
chemical agent Reagenz *n*
chemical composition chemische Zusammensetzung *f*
chemically bonded brick chemisch gebundener Stein *m*
chemical metallurgy Metallurgie *f*
chemical potential chemisches Potential *n*
chemical property chemische Eigenschaft *f*
chemical technology chemische Technologie *f*
chemical vapour deposition (CVD) CVD-Beschichtung *f*
chemical vapour deposition (CVD) (coating of tools) Bedampfen *f*, chemisches (Beschichtung von Werkzeugen)
chemico-technological test chemisch-technologische Prüfung *f*
chemistry Chemie *f*
chestnut Eisen *n* im Abstichloch erstarrt; erstarrtes Eisen *n* im Abstichloch
chicken wire [mesh] Hühnergeflecht *n*
chief engineer Ingenieur *m*
Chief Engineer leitender Ingenieur *m*
chill abkühlen; abschrecken; abschrecken (Roh- und Gußeisen); einfrieren; Schreckschicht *f*
chill cast hartgießen
chill casting Hartguß *m;* Kokillenguß *m;* Schalenhartguß *m*
chill cast roll Mantelwalze *f*
chill crack Warmriß *m*
chill crystal zone globulitische Randzone *f*
chilled casting Kokillenhartguß *m*
chilled cast iron Hartguß *m;* Weißguß *m*
chilled cast iron roll Hartgußwalze *f*
chilled roll Hartgußwalze *f*
chilling effect Schreckwirkung *f* (von Wasser durch die Kupferkühler/ Hochofen)
chilling layer Schreckschicht *f*
chill pass roll Walze *f* mit gehärteten Kalibern
chill scrap Kühlschrott *m*
chimney Kamin *m;* Rauchfang *m;* Schornstein *m*
chimney cooler Kühlturm *m*
chimney damper Kaminschieber *m*
chimney effect Kaminwirkung *f*
chimney slide valve Kaminschieber *m*
chimney type checkers Glattschachtgitter *n*
china clay Rohkaolin *n*
chip abspänen; meißeln; putzen (Blöcke)
chip breaker Spanbrecher *m*
chip density Raumerfüllung *f*
chip flow Spanablauf *m*
chi-phase ($Fe_{36}Cr_{12}Mo_{10}$) Chi-Phase
chipless nichtspanabhebend
chipless forming spanlose Formgebung *f*
chipless shaping spanlose Formgebung *f*
chip off abblättern; abplatzen
chipping Blockputzen *n*
chipping [shop] Blockputzerei *f*
chip upset Spanstauchung *f*
chisel Meißel *m;* meißeln
chisel steel Meißelstahl *m*
chi-square test Chi-Quadrat-Probe *f*
chloridise abbinden (Ti); chlorieren
chlorinate chlorieren (z. B. Kalk)

chock Bremskeil *m;* Einbaustück *n;* Zapfenlager *n*
choke drosseln; verstopfen
choker valve Drosselventil *n*
choking Stauung *f;* Verstopfung *f*
choking coil Drossel *f* (elektr.)
chopper bar Fallbügel *m*
chopper bar controller Fallbügelregler *m*
chopper type monitoring Fallbügelüberwachung *f*
chromated flat products Flachzeug *n,* chromatiertes
chromating chromatieren; chromatisieren
chromatograph Chromatograph *m*
chromatographic analysis chromatographische Prüfung *f*
chromatopassivating Chromatpassivieren *n*
chrome brick Chromitstein *m;* Chromstein *m*
chrome coating Chromüberzug *m*
chrome iron ore Chromeisenerz *n;* Chromeisenstein *m*
chromemagnesite brick Chrom-Magnesit-Stein *m*
chrome metal Chrommetall *n*
chrome nickel steel Chrom-Nickel Stahl *m*
chrome ore Chromerz *n*
chrome plate verchromen
chrome-plating Verchromung *f*
chrome steel Chromstahl *m*
chromise inchromieren; verchromen
chromising Chromieren *n*
chromite Chromeisenerz *n*
chromium Chrom *n*
chromium-bearing slag Blasschlakke *f*
chromium carbide Chromcarbid *n*
chromium coated flat products Flachzeug *n,* chromatiertes
chromium coating Chromüberzug *m*
chromium depleted-zone theory Chromverarmungstheorie *f* (interkristalline Korrosion)
chromium diffusion coating Diffusionschromieren *n*
chromium equivalent (stainless steel) Chromäquivalent *n* (nichtrostender Stahl)
chromium-iron-cobalt alloy Chrom-Eisen-Cobalt-Legierung *n*
chromium nickel steel Chrom-Nickel Stahl *m*
chromium recovery Chromausbringen *n*
chromium steel casting [product] Chromstahlguß *m*
chromizing Chromieren *n*
chromizing strip Chromierungsband *n*
chuck Aufspannvorrichtung *f;* einspannen; Spannfutter *n*
chuck jaw Einspannbacke *f*
chunky graphite Knotengraphit *m*
churn rühren
chute Rutsche *f;* Schurre *f*
chute charging Einsetzen *n* mit Rutschen
cinder Schlacke *f;* Zunder *m*
cinder notch Schlackenabstichloch *n;* Schlackenstichloch *n*
cinder pit Schlackengrube *f*
cinder pot Schlackenpfanne *f*
circling Rondenschneiden *n*
circuit Kreislauf *m;* Stromkreis *m*
circuit breaker Ausschalter *m*
circuitry Schaltplan *m*
circular aperture Kreisblende *f*
circular bending Rundbiegen *n*
circular blank Ronde *f*
circular-chart recorder Kreisblatt-

schreiber *m*
circular flanging press Kümpelpresse *f*
circular form bending Runden *n*
circularity tolerance Unrundheitstoleranz *f*
circular mixer Rundmischer *m*
circular pitch Teilkreis *m;* Umfangsteilung *f*
circular saw Kreissäge *f*
circular seam welding Rundnahtschweißen *n*
circular shears Kreisschere *f*
circular template Kreisführung *f*
circulating scrap Rücklaufschrott *m*
circulating water umlaufendes Wasser *n*
circulation Umführung *f;* Umlauf *m;* Umwälzung *f*
circulation degassing Umlaufentgasung *f* (RH-Verfahren); Umlaufentgasung *f*
circulation oiling Umlaufschmierung *f*
circulation plant Umlaufanlage *f*
circulation system lubrication Umlaufschmierung *f*
circumference to cross sectional area ratio Umfang-Querschnitt-Verhältnis *n*
circumferential welding Rundnahtschweißen *n*
cire perdu process Wachsausschmelzverfahren *n*
citric acid Zitronensäure *f*
city gas Leuchtgas *n*
clack valve Klappe *f*
clad plattieren
clad[ded] plattiert
cladded by rolling walzplattiert
clad[ded] steel sheet Stahlblech *n,* plattiertes
cladded tube Rohr *n,* plattiert
cladding Plattieren *n* (durch Aufwalzen); Plattierung *f;* Schweißplattieren *n*
cladding by rolling Walzplattieren *n*
cladding by weld deposition Aufschweißplattieren *n*
cladding material Auflagemetall *n;* Überzugsmetall *n*
cladding metal Plattierungsmetall *n*
clad metal Verbundmetall *n* plattiertes
clad plate plattiertes Blech *n*
clad sheet plattiertes Blech *n;* Zweilagenblech *n*
clad steel Stahl *m* durch Aufwalzen plattiert
clamp einspannen; Einspannvorrichtung *f;* Kontaktbacke *f*
clamping device Aufspannvorrichtung *f*
clamping head Einspannkopf *m;* Spannkopf *m*
clamping plate Klemmplatte *f*
clamping ring Faltenhalter *m*
clamshell type charging bucket Halbschalenkorb *m*
clarification Reinigung *f*
clarify klären
clarifying plant Kläranlage *f*
class Klasse *f;* klassieren
class centre Klassenmitte *f*
class frequency Klassenhäufigkeit *f*
classification Sorteneinteilung *f*
classification by dimensions Größenklassierung *f*
classification of ores Klassierung *f* der Erze
Classification Society Abnahmegesellschaft *f*
classifying jigging screen Klassierrüttelsieb *n*

classifying screen Klassiersieb *n*
class limit Klassengrenze *f*
class range Klassenbreite *f*
clay Lehm *m;* Ton *m*
clay band iron ore tonhaltiger Spateisenstein *m*
clay brick Ziegelstein *m*
clayey ore toniges Erz *n*
clay gun Stichlochstopfmaschine *f*
clay schist Schieferton *m*
clay slate Schieferton *m*
clean putzen (Gußstücke)
clean air regulations Gesetzgebung *f* zur Reinhaltung der Luft
cleaning plant Klärwerk *n*
cleaning shop Putzerei *f*
cleanliness Reinheitsgrad *m*
cleanness Reinheitsgrad *m*
cleanness of slag Schlackenreinheit *f*
clear eindeutig
clearance Aussparung *f;* freier Durchgang *m;* freier Durchlaß *m;* Spiel *n*
clearance angle Freiwinkel *m*
clearance between collars Kaliberöffnung *f*
clear chill roll Walze *f* (Hartguß)
clear coat Klarlack *m*
clear cut relationship unbedingte Abhängigkeit *f*
clear or plain chilled iron roll Walze *f* (Schalenguß)
clear with oxygen durchbrennen mit Sauerstoff
cleavage Aufspaltung *f*
cleavage brittleness interkristalline Brüchigkeit *f;* Spaltbrüchigkeit *f*
cleavage fatigue failure Spaltermüdungsbruch *m*
cleavage fracture Spaltbruch *m;* Trennbruch *m*
cleavage line Spaltlinie *f*
cleavage plane Spaltfläche *f*
cleaving property Spaltbarkeit *f*
climb of dislocations Klettern *n* von Versetzungen
clink Heißriß *m;* Spannungsriß *m;* Warmriß *m*
clinkered dolomite Dolomitklinker *m*
clip abgraten; Ausschnitt *m;* klammern
clipping Abgraten *n*
clockwise im Uhrzeigersinn *m;* Uhrzeigersinn *m*
clod coal Stückkohle *f*
clog verstopfen
clogging Verstopfung *f*
close dicht; genau; schließen
close annealing Kastenglühen *n*
close annealing furnace Kistenglühofen *m*
closed-die coining Massivprägen *n;* Vollprägen *n*
closed-die forming Gesenkformen *n* mit ganz umschlossenem Werkstück
closed-die press forming with flash Formpressen *n* mit Grat
closed-die press forming without flash Formpressen *n* ohne Grat
closed-die upsetting Formstauchen *n*
closed loop energy control Stromkreisregelung *f* (Lichtbogenofen)
closed moulding box geschlossener Formkasten *m*
closed pass geschlossenes Kaliber *n;* Kaliber *n*
closed shear Zweiständerschere *f*
closed top type housing geschlossener Walzenständer *m*
close-grained pig feinkörniges

Roheisen *n*
close grained steel Feinkornstahl *m*
close-in einziehen (zyl. Hohlkörper)
close-joint tube zusammengebogenes Rohr *n* ohne Nahtschweißen
close loop control Regelung *f*
closeness (estimation) Güte *f*
close sliding fit Schiebesitz *m* enger
closing Schmieden *n* eines halbkreisförmigen Abschlusses
closing device Gichtverschluß *m*
closing-in Reduzieren *n* (Tiefziehen)
closure Verschluß *m*
cloth filter Tuchfilter *m*
cloudburst treatment Strahlsandblasen *n*
clouding Trübe *f*
clover leaf neck Kleeblattzapfen *m*
clover leaf sleeve Kleeblattmuffe *f*
cluster Klumpen *m;* Nest *n;* Traube *f*
cluster bottom mould Königsstein *m*
cluster mill Vielwalzengerüst *n;* Vielwalzenwerk *n*
cluster sampling Klumpenauswahlverfahren *n;* Klumpenstichprobenverfahren *n;* Neststichprobe *f;* Verfahren *n*
clutch Kupplung *f;* schalten; Schaltung *f*
CNC-precision forging machine CNC-Präzisionsschmiedemaschine *f*
coach screw Schienenschraube *f;* Schwellenschraube *f*
coagulate erstarren; gerinnen
coal Glanzkohle *f;* Kohle *f*
coal by-product Kohlenwertstoff *m*
coal by-products recovery plant Kohlenwertstoffgewinnungsanlage *f*
coal charging device Kohlenaufgabeeinrichtung *f*
coal crushing plant Kohlenbrechanlage *f*
coal-cutting Schrämen *n*
coal dust Kohlenstaub *m*
coal dust firing plant Kohlenstaubfeuerung *f*
coalesce zusammenballen
coalescence Koaleszenz *f;* Zusammenballung *f*
coalescence (of a precipitate) Teilchenwachstum *n*
coal gas Leuchtgas *n*
coal gasification Kohlevergasung *f*
coal grinding plant Kohlemahlanlage *f*
coal injection Kohleeinblasen *n*
coal mine Grube *f;* Kohlenbergwerk *n;* Zeche *f*
coal mining Steinkohlen-Bergbau *m*
coal mixing plant Kohlenmischanlage *f*
coal preparation plant Aufbereitungsanlage *f* für Kohle
coal storage tower Kohlenturm *m*
coal tar extraction Dickteerabscheidung *f*
coal tar pitch Steinkohlenteerpech *n*
coal-to-gas plant Kohlevergasungsanlage *f*
coal tower Kohlenturm *m*
coal tower conveyor Kohlenturmgurtförderer *m*
coal unit Steinkohleneinheit *f* (SKE)
coal washing and grading plant Aufbereitungsanlage *f* für Kohle; Kohlenaufbereitungsanlage *f*
coal washing plant Kohlenwäsche *f*
coarse grob; roh
coarse breaking Grobzerkleinerung *f;* Vorbrechen *n;* Vorzerkleinerung *f*
coarse crushed slag Schlackenschotter *m*

coarse crushing Grobzerkleinerung *f;* Vorbrechen *n*
coarse draft Grobzug *m*
coarse drafting Grobzug *m*
coarse grain Grobkorn *n*
coarse grain annealing Grobkornglühen *n*
coarse grain development Grobkornbildung *f*
coarse-grained steel grobkörniger Stahl *m*
coarse grain steel Grobkornstahl *m*
coarse grain zone Grobkornzone *f*
coarse grinding Grobzerkleinerung *f*
coarsening of carbides Carbidvergröberung *f*
coarse powder Grobpulver *n*
coarse reduction impact crusher Prallbrecher *m*
coat anstreichen; Anstrich *m;* Auftrag *m* (Schicht); belegen
coated electrode Tauchelektrode *f;* umhüllte Elektrode *f*
coated sheet Feinblech *n*, beschichtetes
coating Beschichtung *f;* Deckschicht *f;* Schmierstoffträger *m* (Drahtziehen)
coat[ing] Überzug *m*
coat[ing] material Anstrichmasse *n;* Anstrichmittel *n*
coating method Beschichtungsverfahren *n*
coating plant Beschichtungsanlage *f*
coating sheet Bekleidungsblech *n*
coaxing Stufentrainieren *n* (Dauerfestigkeit verbessern)
cobalt Cobalt *n;* Kobalt *n*
cobalt plate verkobalten
cobalt-plating Verkobaltung *f*
cobalt steel Cobaltstahl *m*
cobble Fehlwalzung *f;* Kleber *m;* stauchen
cobble-baller Drahtschrott-Wickler *m*
cobble bar Schrottvorband *n*
cobbling Kleben *n* (des Walzgutes an der Walze); Wrackwalzen *n*
COD = crack opening displacement COD = crack opening displacement
code Norm *f*
coefficient Beiwert *m;* Koeffizient *m*
coefficient of friction Reibungsbeiwert *m;* Reibungskoeffizient *m*
coefficient of heat transfer Wärmeübergangskoeffizient *m*
coefficient of heat transition Wärmedurchgangskoeffizient *m*
coefficient of thermal conductivity Wärmeleitzahl *f*
coefficient of thermal expansion Wärmedehnzahl *f*
coefficient of variation Veränderungskoeffizient *m*
coercitive force Koerzitivkraft *f*
coercivity Koerzitivität *f*
cog Kamm *m;* Mitnehmer *m;* Vorblock *m;* Zahn *m*
cog down herunterwalzen; vorblokken; vorschmieden
cogged gear Zahnräderwerk *n*
cogged ingot Vorblock *m;* vorgewalzter Block *m*
cog[ged] wheel Kammrad *n;* Zahnrad *n*
cogging back Streckschmieden *n*
cogging [down] roll Streckwalze *f*
cogging mill Blockwalzwerk *n*
cogging [mill] stand Blockgerüst *n*
cogging pass Blockkaliber *n;* Vorstich *m;* Vorstreckkaliber *n*
cogging roll Blockwalze *f*
cogging stand Vorgerüst *n*
cogging train Blockstraße *f;* Vor-

straße *f*
cog-rail type switch Weiche *f* für Zahnradbahn
cohesive resistance Trennwiderstand *m*
cohesive strength Scherfestigkeit *f;* Trennfestigkeit *f*
cohesive Zone kohäsive Zone *f*
coil aufspulen; aufwickeln; Bandring *m;* Coil *n;* Rohrschlange *f*
coil accumulating station Windungssammler *m*
coil bander Umreifungsmaschine *f*
coil banding machine Umreifungsmaschine *f*
coil break Knick *m*
coil breaks Rollknicke *mpl* (Bandfehler)
coil build-up Bundbildlinie *f*
coil-coated steel flat products Stahlflachzeug *n,* rollenbeschichtetes
coil coating plant Bandbeschichtungsanlage *f*
coiled bar Stabstahl *m* in Ringen
coil[ed] spring Spiralfeder *f*
coiler Auflaufhaspel *f;* Haspel *f*
coiler tension rolling mill Ziehwalzwerk *n* (Steckel)
coil former Wickelwerk *n* (Trafo)
coiling Aufhaspeln *n* in Ringen (Bandstahl); Aufwickeln *n*
coiling apparatus for steel wire and strip Wickelanlage *f* für Draht und Band
coiling device Aufrollvorrichtung *f*
coiling drum Wickeltrommel *f*
coiling machine Wickelmaschine *f*
coiling mandrel Wickeldorn *m*
coiling reel Aufwickelhaspel *f;* Wickelspule *f*
coil lift truck Bundhubwagen *m*
coil magnet Coilmagnet *m*
coil of strip Bandstahlbund *n*
coil packing line Bundverpackungslinie *f*
coil patenting Bundpatentieren *n*
coil preparation Bundvorbereitung *f*
coil strapping machine Umreifungsanlage *f;* Umreifungsmaschine *f*
coil tying machine Umreifungsmaschine *f*
coil weight Bundgewicht *n*
coil winder Bundwickelmaschine *f*
coil wrench mark Knickstelle *f* im Band
coin massivprägen; prägen (Münze); Prägestempel *m*
coincidence Überlagerung *f;* Zusammentreffen *n*
coining Kalibrieren *n;* Massivprägen *n;* Massivpressen *n*
coining (press) Kalibrieren *n*
cokability Verkokbarkeit *f*
coke Koks *m;* Zechenkoks *m*
coke bin Koksfüllrumpf *m*
coke breeze Koksgrus *m*
coke bunker Koksbunker *m*
coke by-product Kokereinebenerzeugnis *n*
coke charging car Koksbegichtungswagen *m*
coke consumption Koksverbrauch *m*
coke crushing and screening plant Koksbrech- und Siebanlage *f*
coke crushing plant Koksbrechanlage *f*
coke derivative Kokereinebenerzeugnis *n*
coke dust Kokslösche *f*
coke fines Feinkoks *m*
coke guide Kokskuchenführungswagen *m*
coke loading Koksverladung *f*

coke loading bay Koksrampe *f*
coke lump Koksbrocken *m*
coke network Koksgerüst *n*
coke-oil rate Koks-Ölverbrauch *m*
coke-oven Kokereiofen *m;* Koksofen *m*
coke-oven battery Koksofenbatterie *f*
coke-oven chamber Koksofenkammer *f*
coke oven door Koksofentür *f*
coke-oven gas Kokereigas *n;* Koksofengas *n*
coke-oven gas processing Kokereigasbehandlung *f*
coke oven gas treatment plant Koksofengas-Behandlungsanlage *f*
coke oven operating machinery Koksofenbedienungsmaschine *f*
coke oven plant Kokerei *f;* Kokereianlage *f*
coke preparation plant Koksaufbereitungsanlage *f*
coke pusher machine Koksausdrückmaschine *f*
coke quenching car Kokslöschwagen *m*
coke quench tower Kokslöschturm *m*
coke ramming machine and pusher Koks-Stampf- und Ausdrückmaschine *f*
coke rate Kokssatz *m*
coke screening plant Kokssiebanlage *f*
coke side bench Koksrampenband *n*
coke storage bin Koksbunker *m;* Koksfüllrumpf *m*
coke strength Koksfestigkeit *f*
coke tar Zechenteer *m*
coke tinplate Weißblech *n* mit dünnerer Zinnschicht
coke wharf Koksrampe *f;* Schrägrampe *f*
coke yield Koksausbringen *n*
coking Garung *f;* Kokung *f;* Verkokung *f*
coking capacity Backfähigkeit *f*
coking chamber Kokskammer *f*
coking coal Fettkohle *f;* Kokskohle *f*
coking coal tower Kokskohlenturm *m*
coking fines Koksfeinkohle *f*
coking period Garungszeit *f*
coking plant Kokerei *f*
coking practice Kokereiwesen *n*
coking time Garungszeit *f*
coky centre Fadenlunker *m*
cold bending Kaltbiegen *n*
cold-blast kalt erblasen
cold-blast cupola Kaltwindkupolofen *m*
cold blast furnace Kaltwindofen *m*
cold blast sliding valve Kaltwindschieber *m*
cold blowing Kaltblasen *n*
cold bonderising Kaltbonderverfahren *n*
cold brittleness Kaltsprödigkeit *f*
cold charging Kalteinsatz *m*
cold compacting Kaltpressen *n*
cold compression strength Kaltdruckfestigkeit *f* (ff. Steine)
cold crack Kaltriß *m* (Schweißen); Kaltriß *m;* Spannungsriß *m* (im abkühlenden Guß)
cold cracking behaviour Spannungsrißverhalten *n*
cold cracking susceptibility Spannungsrißanfälligkeit *f*
cold cracking under the weld Kaltrißbildung *f* unter der Naht
cold draw kaltziehen; Kaltzug *m*
cold drawing Kaltziehen *n*

cold drawing tool Kaltziehmatrize *f*
cold drawn blankgezogen (Draht); kaltgezogen
cold drawn steel Blankstahl *m;* kaltgezogener Stahl *m*
cold edge trimming Kaltabkanten *n*
cold extruding Kaltstrangpressen *n*
cold extrusion Fließpressen *n* (kalt); Kaltfließpressen *n*
cold extrusion finish Oberflächenvorbehandlung *f* für das Kaltfließpressen
cold extrusion press Kaltfließdrückpresse *f*
cold extrusion pressing Kaltfließdrückpressen *n*
cold flow curve Kaltfließkurve *f*
cold flow forming press Kaltfließdrückpresse *f*
cold formability Kaltumformbarkeit *f*
cold formed light U-section Rahmenprofil *n*
cold forming Kaltformgebung *f;* Kaltumformen *n;* Kaltverformung *f*
cold forming by rolling Kaltverformung *f* durch Walzen
cold forming process Kaltumformprozeß *m*
cold forming steel Kaltwalzstahl *m*
cold forming tool Kaltarbeitswerkzeug *n*
cold forming tool steel Werkzeugstahl *m* für Kaltarbeit
cold galvanizing galvanische Verzinkung *f*
cold headed kaltgestaucht
cold headed wire kaltgestauchter Draht *m*
cold heading Kaltstauchen *n*
cold heading steel Kaltschlagstahl *m*
cold heading wire kaltgestauchter Draht *m;* Kaltschlagdraht *m*
cold impact forging Kaltschlagschmieden *n*
cold junction Kaltlötstelle *f*
cold lap Falte *f* (überwalzte); Grat *m* (überwalzt oder überschmiedet); überschmiedeter Grat *m;* überwalzter Grat *m*
cold metal shop Schmelzbetrieb *m* mit ausschließlich kaltem Einsatz
cold phase tote Phase *f* (Lichtbogenofen)
cold phosphating Kaltphosphatieren *n*
cold pilgered tube kaltgepilgertes Rohr *n*
cold pilger rolling Kaltpilgern *n*
cold pressing Kaltpressen *n*
cold-press nut-iron Kaltpreßmuttern-Eisen *n*
cold reduction Kaltverformung *f*
cold reduction mill Kaltwalzwerk *n*
cold reforming Kaltumformen *n*
cold repressing Kaltnachpressen *n*
cold rerolling Kaltnachwalzen *n*
cold rinse tank Kaltspritzbehälter *m*
cold-ripped concrete steel Betonstahl *m,* kaltgerippt
cold roll Kaltwalze *f;* kaltwalzen
cold rolled kaltgewalzt
cold rolled flat products Flachzeug *n,* kaltgewalztes
cold rolled product Erzeugnis *n,* kaltgewalztes
cold rolled section Kaltprofil *n*
cold rolled section from hot or cold rolled strip Kaltprofil *n* aus Warm- oder Kaltband
cold-rolled strip Band *n* (kaltgewalzt)
cold [rolled] strip Kaltband *n;* kaltgewalztes Band *n*

cold roll forming machine Einrollmaschine *f* (für Rohrstreifen); Kaltband-Profilwalzwerk *n*
cold rolling Kaltwalzen *n*
cold rolling cluster mill Mehrrollen-Kaltwalzwerk *n*
cold rolling mill Kaltwalzgerüst *n;* Kaltwalzwerk *n*
cold rolling mill products Kaltwalzwerkserzeugnis *n*
cold run trial Kaltlaufversuch *m*
cold saw Kaltsäge *f*
cold-shaped profile Kaltprofil *n*
cold shaping Kaltumformen *n*
cold shear Kaltblechschere *f*
cold short kaltbrüchig
cold shortness Kaltbruch *m;* Kaltbrüchigkeit *f*
coldshortness Kaltbrüchigkeit *f*
cold shut Falte *f* (beim Schmieden); Kaltschweiße *f;* Mattschweiße *f* (Blockfehler)
cold shuts Kaltläufer *mpl*
cold straining Kaltbeanspruchung *f;* Kaltrecken *n;* Kaltverformung *f*
cold strip Kaltband *n*
cold tundish plate Kaltverteilerplatte *f*
cold twisted reinforcing steel kaltverwundener Bewehrungsstahl *m*
cold twisted steel bars Stahl *m* durch Verdrillen kaltgereckter
cold twisting Kaltverwinden *n*
cold upsetting Kaltstauchen *n*
cold upsetting steel Kaltschlagstahl *m*
cold-upsetting test (compression test) Kaltstauchtest *m* (Kompressionstest)
cold wall vacuum furnace Kaltwand-Vakuumofen *m*
cold water test pressure Kaltwasser-Prüfdruck *m*
cold welding Kaltpreßschweißen *n*
cold workability Kaltumformbarkeit *f*
cold-worked steel kaltgewalzter und kaltgereckter Draht *m;* Stahl *m* kaltgewalzter und kaltgereckter
cold working Kaltbeanspruchung *f;* Kaltrecken *n;* Kaltumformen *n;* Kaltverformung *f*
cold work steel Kaltarbeitsstahl *m*
collapse einstürzen
collapsibility test Zerfallsprüfung *f*
collapsible mandrel Klappdorn *m*
collar Bund *n;* Kaliberrand *m;* Rand *m* (Kaliber)
collar forming Kragenziehen *n*
collaring holes by drawing Kragenziehen *n*
collar mould (ESR) Kragenkristallisator *m* (ESU)
collect (a gas) auffangen (ein Gas)
collected scrap Sammelschrott *m*
collecting main Sammelleitung *f*
colliery Grube *f;* Kohlenbergwerk *n*
colliery arches Grubenausbaustahl *m*
collision Verecken *n* (von Pfannen)
colloidal solution Kolloidlösung *f*
colorimetric pyrometer Farbpyrometer *n*
colorimetry Kolorimetrie *f*
columbium Niob *n*
column Pfeiler *m;* Säule *f;* Ständer *m*
columnar crystal Transkristall *m*
columnar crystallisation Transkristallisation *f*
columnar crystal zone Säulenstrukturzone *f*
columnar structure Stengelgefüge *n*
column strength Knickfestigkeit *f*
column type chromatography Säulenchromatographie *f*

combat bekämpfen; Bekämpfung *f*
combination blanking and piercing Gesamtschneiden *n*
combination firing Verbundbeheizung *f*
combination of materials Stoffpaar *n*
combine abbinden
combined blowing kombiniertes Blasen *n*
combined burner kombinierter Brenner *m*
combined carbon gebundener Kohlenstoff *m*
combined drawing gemeinsames Ziehen *n*
combined firing Verbundbeheizung *f*
combined-operation work Verbundarbeit *f*
combined oxygen blowing kombiniertes Sauerstoffblasverfahren *n*
combined rolling and sliding motion Wälzbewegung *f*
combined slab caster Kombi-Brammenstranggießanlage *f*
combined station Hybridstation *f*
combined [top-bottom] blowing converter Sauerstoffkonverter *m* mit kombinierter Blastechnik
combined utilities Verbundwirtschaft *f*
combustible brennbar; Brennstoff *m*
combustion Verbrennung *f*
combustion air Verbrennungsluft *f*
combustion chamber Brennkammer *f*; Brennschacht *m*; Feuerraum *m* (Ofen); Verbrennungskammer *f*
combustion coke Heizkoks *m*
combustion conditions Verbrennungsverhältnisse *npl*
combustion engine Verbrennungskraftmaschine *f*
combustion engineering verbrennungstechnisch
combustion heat Verbrennungswärme *f*
combustion phenomena Verbrennungsvorgänge *mpl*
command variable Führungsgröße *f*
commercial großtechnisch; handelsüblich
commercial grade einfache Handelsgüte *f*; Handelsgüte *f*
commercial grade sheet Handelsfeinblech *n*
commercially pure iron technisch reines Eisen *n*
commercially smooth rolled surface walztechnisch glatte Oberfläche *f*
commercial quality einfache Handelsgüte *f*; Handelsgüte *f*; Handelssorte *f*
commercial quality sheet Handelsfeinblech *n*
comminute pulvern; zerkleinern
comminution Zerkleinerung *f*
comminution of solid metals Feinzerkleinerung *f* fester Metalle
Committee for Materials Werkstoffausschuß *m*
Committee for Standardization Normenausschuß *m* (allgem.)
Committee for Standards Normenausschuß *m* (allgem.)
Committee of Mechanical Engineers Maschinenausschuß *m*
committee on projects Arbeitsausschuß *m*
common gemeinsam, üblich (math. gemeinsam)
common bus arrangement Sammelschiene *f* (elektr.)
common draw size Ziehrohmaß *n*
common iron pyrites Schwefelkies *m*

Common Market gemeinsamer Markt *m*
common salt Kochsalz *n*
communication process Kommunikationsprozess *m*
compact Preßkörper *m;* Preßling *m*
compact continuous annealing process Kompakt-Durchlaufglühverfahren *n*
compactibility Formbarkeit *f*
compacting by swaging Hämmerverdichten *n*
compacting by vibration Vibrationsverdichten *n*
compacting plant Kompaktieranlage *f*
compacting pressure Preßdruck *m*
compact in layers Schichtpreßkörper *m*
compact tensile specimens Kompaktzugproben *fpl*
companion element Eisenbegleitelement *n;* Stahlbegleitelement *n*
company management Geschäftsleitung *f*
comparative test Gleichversuch *m;* Vergleichsversuch *m*
comparative value Vergleichswert *m*
comparing element Vergleicher *m*
comparison test Vergleichsversuch *m*
compasses Zirkel *m*
compensate ausgleichen
compensation leads Ausgleichsleitung *f*
competitive position Wettbewerbsfähigkeit *f*
compilation Zusammenstellung *f*
complaint Beanstandung *f;* Beschwerde *f;* Einspruch *m*
complete ergänzen
complete decarburisation Gesamtentkohlung *f*
complete decarburization Auskohlung *f*
complete fusion Schmelzfluß *m*
complete rotation Umlauf *m*
component Bauteil *n*
component (part) Bestandteil *m*
composite Schichtkörper *m*
composite beam Verbundträger *m*
composite casting Verbundguß *m*
composite cast roll Verbundgußwalze *f*
composite chilled cast roll Verbundhartgußwalze *f*
composite construction Verbundbauweise *f*
composite diffraction pattern Verbundrückstrahlaufnahme *f*
composite material Verbundmaterial *n;* Verbundwerkstoff *m*
composite metal Verbundmetall *n;* Verbundwerkstoff *m*
composite powder Verbundpulver *n*
composite roll Verbundwalze *f*
composite steel Verbundstahl *m*
composite steel roll Verbundstahlwalze *f*
composite stereographic projection stereographische Verbundprojektion *f*
composite tube Verbundrohr *n*
composition Aufbau *m;* Verbindung *f;* Zusammensetzung *f*
composition bearing Preßstofflager *n*
composition of forces Kräftezusammensetzung *f*
compound Bindung *f;* Gemenge *n;* Mischung *f;* Verbindung *f*
compound casting Verbundguß *m*
compound drawing die Mehrfachziehstein *m*

compound firing Verbundbeheizung *f*
compound layer Verbindungsschicht *f*
compound probability zusammengesetzte Wahrscheinlichkeit *f*
compound ribs Rippenscharen *fpl*
compound steel Duplexstahl *m;* Verbundstahl *m*
compress verdichten
compressed air Druckluft *f*
compressed air container Druckluftkessel *m*
compressed air drop hammer Druckluft-Gesenkhammer *m*
compressed air hammer Drucklufthammer *m*
compressed air line Druckluftleitung *f*
compressed-air pipe Preßluftzuleitung *f*
compressed-air system Druckluftanlage *f*
compressed air tank Druckluftkessel *m*
compressed air tool Druckluftwerkzeug *n*
compressibility Preßbarkeit *f;* Verdichtbarkeit *f;* Verpreßbarkeit *f*
compression Druck *m;* Verdichtung *f*
compression casting Druckguß *m*
compression energy Staucharbeit *f*
compression fracture Druckbruch *m*
compression load Druckbeanspruchung *f*
compression member Druckstab *m*
compression pulsating fatigue strength Druckschwellfestigkeit *f*
compression ratio Verdichtungsverhältnis *n*
compression strain Druckverformung *f*
compression strength Druckfestigkeit *f*
compression strength (tool steels) Druckfestigkeit *f* (Werkzeugstähle)
compression stress Druckbeanspruchung *f;* Druckspannung *f*
compression stress to produce a given creep in a given time Zeitstauchgrenze *f*
compression surface finishing Glattprägen *n*
compression test Druckversuch *m;* Stauchversuch *m*
compressive force Druckkraft *f* (Pressen)
compressive reforming Druckumformen *n*
compressive strength Druckfestigkeit *f*
compressive stress Druckbeanspruchung *f*
compressive yield point Quetschgrenze *f*
compressor Verdichter *m*
compressor for grid gas transmission Ferngasverdichter *m*
compressor for long distance gas transmission Ferngasverdichter *m*
compulsory standard Norm *f* verbindliche
computation Berechnung *f*
compute berechnen; rechnen
computer Rechenmaschine *f;* Rechner *m*
computer-aided welding Schweißen *n*, automatisiertes
computer bureau Rechenzentrum *n*
computer control Rechnersteuerung *f*
computer installation Rechenanlage *f*

computing centre Rechenzentrum *n*
computing element Rechenglied *n*
concave fillet weld Hohlkehlnaht *f* (Schweißen)
concave milling cutter Halbkreisfräser *m*
concavity Höhlung *f*
concentrate anreichern; aufbereiten; Konzentrat *n*
concentrated konzentriert
concentration Anreicherung *f;* Gehalt *m;* Konzentration *f*
concentration plant Aufbereitungsanlage *f*
concentric konzentrisch
concertina-type expansion joint Dreiwellenkompensator *m*
conchoidal fracture Bruch *m* muscheliger
concrete Beton *m*
concrete product Betonware *f*
concrete reinforcing steel Betonstahl *m*
concrete reinforcing steel bars Betonstahl *m;* Moniereisen *n*
concrete reinforcing [steel] mat Betonstahlmatte *f*
concrete sealing agent Betondichtungsmittel *n*
concrete steel Betonstahl *m*
concrete testing machine Betonprüfmaschine *f*
concrete ware Betonware *f*
concussion Erschütterung *f*
condensation Kondensieren *n*
condensed water Schwitzwasser *n*
condenser Kühler *m*
condenser plant Kondensationsanlage *f*
condition aufbereiten; Beschaffenheit *f* (innere); Beschaffenheit *f;* Lage *f*
conditioner Konditionierer *m* (LD-Gasreinigung)
conditioning burner regelnder Brenner *m*
conditioning department Zurichterei *f*
condition of continuity Kontinuitätsgleichung *f*
condition of delivery Lieferzustand *m*
condition of treatment Behandlungszustand *m*
conduct führen; leiten
conductibility Leitfähigkeit *f* (magnet.)
conduction Leitung *f* (elektr.)
conduction electron polarisation Polarisation *f* von Leitungselektronen
conductivity Leitfähigkeit *f*
conductivity of heat Wärmeleitfähigkeit *f*
conduct of a heat Schmelzführung *f*
conductor Leiter *m* (elektr.)
conductor rail Stromschiene *f*
conductor rail tower Stromschienensäule *f*
conduit Kanal *m;* Rohrleitung *f*
cone Konus *m*
cone cooling system Hutkühlung *f*
cone crusher Kegelbrecher *m*
cone hardness test Kegelhärteprüfung *f*
cone impression Kegeleindruck *m*
cone thrust test Kegeldruckprobe *f;* Kegeldruckversuch *m*
cone upset test Kegelstauchversuch *m*
confidence Vertrauen *n*
confidence interval Fehlerbereich *m;* Vertrauensabstand *m;* Vertrauensbereich *m*

confidence limit Vertrauensgrenze *f*
confine tail-end of strip Bandende *n* festhalten
confluence analysis Konfluenzanalyse *f*
congeal fest werden; gerinnen
congealing Gerinnen *n*
congelation geronnene Masse *f*
conical compression [upsetting] test Kegelstauchversuch *m*
conical converter top Konverterhut *m*
conical die Matrize *f*, konische
conical roller bearing Kegelrollenlager *n*
conicity Konizität *f;* Verjüngung *f*
coning Kümpeln *n*
connect verbinden
connect a circuit einschalten; Stromkreis *m* schließen
connected load Anschlußwert *m* (elektr.)
connecting device Schaltglied *n*
connecting piece Stutzen *m*
connecting rod Pleuelstange *f;* Schubstange *f*
connecting terminal Anschlußklemme *f*
connect into circuit einschalten
connection Anschluß *m*
consent Zustimmung *f*
consideration Diskussion *f;* Erörterung *f*
consistence Dichte *f;* Festigkeit *f;* Konsistenz *f*
consistency Folgerichtigkeit *f;* Konsistenz *f;* Übereinstimmung *f*
consistent folgerichtig; stabil
consolidated statement Bilanz *f;* Konzernbilanz *f*
consolidation roll Abquetschrolle *f;* Abquetschwalze *f*
constancy of volume Raumbeständigkeit *f*
constant beständig; fest; gleichbleibend
constant-modulus alloy Legierung *f*, konstant module
constituent Bestandteil *m* (Gefüge); Gefügebestandteil *m*
constitutional diagram Zustandsschaubild *n*
constitutional supercooling konstitutionelle Unterkühlung *f*
constitutive equation Fließgesetz *n;* Fließregel *f*
constrained motion Zwanglauf *m*
constriction Einschnürung *f;* Verengung *f*
construct aufbauen; errichten
construction Aufbau *m;* Bauwesen *n*
constructional alloy[ed] steel Baustahl *m*, legierter
constructional cast Bauguß *m*
constructional feature Konstruktionsmerkmal *n*
constructional steel Baustahl *m*
construction lines Profil *n* (Hochofen)
construction of apparatus (plant manufacture) Apparatebau *m*
construction of assembly buildings Versammlungsstättenbau *m*
construction of halls Hallenbau *m*
consultative committee beratender Ausschuß *m*
consulting engineer beratender Ingenieur *m*
consulting engineer's Ingenieurbüro *n*
consumable-arc furnace Abschmelzofen *m*
consumable electrode Abbrandelektrode *f*

consumption Verbrauch *m*
consumption factor Verbrauchsfaktor *m*
consumption of the steel lance pipe Abbrand *m* der Stahlrohrlanze
contact controller Schrittregler *m*
contact force Anpreßkraft *f;* Anstellkraft *f* (Stranggießen)
contact line duct Schleifleitungskanal *m*
contact material (powder met.) Kontaktwerkstoff *m*
contact power Haftvermögen *n*
contact pressure Anpreßdruck *m*
contact spot Klebestelle *f* (Oberflächenfehler)
contact welding Kontaktschweißen *n*
contact wire suspension (electric traction) Fahrdrahtaufhängung *f*
contain enthalten; fassen
container Aufnehmer *m;* Behälter *m;* Rezipient *m*
containing enthaltend; haltig
contaminants (air pollution) Schadstoffe *mpl*
contaminated iron verunreinigtes Eisen *n*
contamination Verschmutzung *f;* Verunreinigung *f*
content Gehalt *m*
contingency Zufälligkeit *f*
continuous durchgehend; laufend; stetig
continuous annealing Durchlaufglühen *n;* Kontiglühen *n;* kontinuierliche Glühung *f*
continuous caster for blooms and slabs Vorblock- und Brammenstranggießanlage *f*
continuous casting Stranggießen *n;* vollkontinuierliches Stranggießen *n*
continuous-casting cooling Stranggußkühlung *f*
continuous casting machine Stranggießmaschine *f*
continuous casting method Stranggießverfahren *n*
continuous casting of strip kontinuierliches Bandgießen *n*
continuous casting plant Stranggießanlage *f*
continuous casting plant for beam blanks Beam-Blank Stanggießanlage *f*
continuous casting plant for billets Knüppelstranggießanlage *f*
continuous casting plant for blooms Vorblockstranggießanlage *f*
continuous casting plant for slabs Brammenstranggießanlage *f*
continuous casting roll Stranggießrolle *f*
continuous chip Scherspan *m*
continuous controller zügiger Regler *m*
continuous conveyor Stetigförderer *m*
continuous cooling transformation (CCT) diagram ZTU-Schaubild *n* für kontinuierliche Abkühlung
continuous cooling transformation curve kontinuierliches Kühlungs-Umwandlungsschaubild *n*
continuous cooling transformation curve (CCT) kontinuierliches ZTU-Diagramm *n;* ZTU-Schaubild *n* für kontinuierliches Abkühlen
continuous degassing Durchlaufentgasung *f*
continuous electrode Dauerelektrode *f*
continuous flow test Dauerflußversuch *m*
continuous frequency function steti-

ge Häufigkeitsfunktion *f*
continuous furnace Durchlaufofen *m;* Fließofen *m*
continuous furnace for tubes Rohrdurchlaufofen *m*
continuous furnace with grid hearth for annealing of round stock Rillenherd-Durchstoßofen *m* zum Wärmen von Rundmaterialien
continuous heat treatment kontinuierliche Wärmebehandlung *f;* Wärmebehandlung *f* kontinuierliche
continuously cast stranggegossen
continuously cast beam blank Strangußvorprofil *n*
continuously cast billet Strangußknüppel *m*
continuously cast product Stranggießerzeugnis *n*
continuously cast section Strangußprofil *n;* Strangußvorprofil *n*
continuously cast steel processing Strangußeisenverarbeitung *f*
continuous muffle type furnace Muffel-Durchziehofen *m*
continuous operation Dauerbetrieb *m*
continuous oxygen refining process kontinuierliches Sauerstofffrischverfahren *n*
continuous patenting Durchlaufpatentieren *n*
continuous process Fließvorgang *m*
continuous pusher type furnace Durchstoßofen *m;* Tunnelofen *m*
continuous roller-hearth annealing furnace Rollenherd-Durchlaufofen *m*
continuous roller-hearth furnace Rollenherddurchlaufofen *m*
continuous rolling Bandwalzen *n*
continuous [rolling] mill kontinuierliches Walzwerk *n*
continuous running Dauerbetrieb *m*
continuous service Dauerbetrieb *m*
continuous strand furnace Banddurchziehofen *m*
continuous strip annealing line Banddurchlauf-Glühanlage *f*
continuous tapping ununterbrochener Abstich *m*
continuous vacuum degassing Vakuumdurchlaufentgasung *f*
continuous wave transmission method Dauerschallverfahren *n*
contour of hole Düsenform *f*
contour profile cutter Umrißprofilschneider *m*
contract Gedinge *n;* Vertrag *m;* zusammenziehen
contracting by spinning Einhalsen *n* durch Drücken; Engen *n* durch Drücken
contraction Schrumpfung *f*
contract rate Akkordlohn *m*
contra effect Gegenläufigkeit *f;* Gegenwirkung *f*
contributor Mitarbeiter *m* (Mitverfasser)
control Bewirtschaftung *f;* Kontrolle *f;* nachprüfen; Prüfung *f;* steuern
control chain Steuerkette *f*
control chart Kontrollschaubild *n*
control current impulse Steuerstromimpuls *m*
control equipment Regelanlage *f*
control gear Steuerung *f*
control instrument Überwachungsgerät *n*
controllable burden Zuschlagskosten *pl*
controllable [extras] beeinflußbare Zuschlagskosten *pl*
controlled atmosphere geregelte Atmosphäre *f;* Schutzgas *n*

controlled atmosphere furnace Schutzgasofen *m*
controlled condition Regelgröße *f*
controlled cooling gesteuerte Kühlung *f*
controlled cooling conveyor Kühlband *n*
controlled directional solidification gelenkte Erstarrung *f*
controlled feed belt weigher Dosierbandwaage *f*
controlled oxidation gelenkte Oxidation *f*
controlled system Regelstrecke *f*
controlled variable Regelgröße *f*
controlled volume pump Dosierpumpe *f*
controller Regler *m;* Schaltwalze *f;* Steuergerät *n*
control lever Schalthebel *m;* Steuerhebel *m*
controlling device Steuerung *f*
controlling means Regeleinrichtung *f*
controlling secondary grain growth Subkornwachstumskontrolle *f*
controlling secondary grain growth in soft magnetic steel Subkornwachstumskontrolle *f* in weichmagnetischem Stahl
controlling sizes Nachmessen *n*
control of level in a bin Füllstandsregelung *f*
control plant Überwachungsanlage *f*
control platform Steuerbühne *f*
control pulpit Steuerbühne *f*
control rate Stellgeschwindigkeit *f* (Regelungstechnik)
control sample Stichprobe *f*
control sequence Befehlsfolge *f*
control stand Steuerstand *m*
control system Leitsystem *n;* Regeleinrichtung *f;* Regelkreis *m*
control with fixed set-point Festwertregelung *f*
convection Konvektion *f;* Umwälzung *f*
convection cooling Konvektionskühlung *f*
convector Konvektor *m;* Wärmeleitplatte *f;* Wärmeleitscheibe *f*
conventional milling Gegenlauffräsen *n*
conversion Umsetzung *f;* Umwandlung *f;* Verwandlung *f*
conversion costs Umwandlungskosten *pl*
conversion hardening Umwandlungshärten *n*
conversion layer Vorbehandlungsschicht *f*
conversion value Umrechnungswert *m*
convert überführen; umformen; umwandeln; windfrischen
converted bar Zementstahl *m*
converted to bezogen auf
converter Birne *f;* Konverter *m;* Umformer *m*
converter aisle Rauchschiff *n*
converter bearing Konverterlager *n*
converter bottom Konverterboden *m*
converter bottom mounting car Konverterboden-Einsetzwagen *m*
converter bottom tamping machine Konverterboden-Stampfmaschine *f*
converter brick Konverterstein *m*
converter casing Konvertereinhausung *f*
converter chimney Konverterkamin *m*
converter drive Konverterantrieb *m*
converter drying plant Konverter-Trocknungsanlage *f*

converter equipment Konverteranlage *f*
converter hood Konverterhut *m*
converter lining Konverterfutter *n*
converter [liquid] level measurement Badspiegelmessung *f* im Konverter
converter mouth Konvertermündung *f*
converter nose Konverterhals *m;* Konvertermündung *f*
converter practice Konverterbetrieb *m*
converter probes and sampling device Konverter-Temperatur- und Probenahmeeinrichtung *f*
converter process Konverterverfahren *n*
converter refining Konverterfrischen *n*
converter shape Birnenform *f*
converter shell Konvertermantel *m*
converter shop Konverteranlage *f;* Konverterbetrieb *m*
converter slopping and spatter Konverterauswurf *m*
converter steel Konverterstahl *m*
converter-taphole repair car Konverterabstichloch-Reparaturfahrzeug *n*
converter vessel Konvertergefäß *n*
converting [with air] Windfrischen *n*
convex fillet weld Wölbnaht *f*
convex milling cutter Halbkreisfräser *m*
convex profile gauge Konvexlehre *f*
convex weld volle Kehlnahtschweiße *f*
convey befördern; fördern; leiten
conveying appliance Fördermittel *npl*
conveying belt Förderband *n*
conveying bridge Förderbrücke *f*
conveying chain Transportkette *f*
conveying device Fördermittel *n*
conveying plant Förderanlage *f*
conveyor Förderer *m*
conveyor belt Förderband *n;* Transportband *n*
conveyor belt burdening installations Bandmöllerungsanlage *f*
conveyor belt charging Bandbegichtung *f* (Hochofen)
conveyor belt furnaces Förderbandöfen *mpl*
conveyor chain Förderkette *f*
conveyor-type bucket loader Bandschaufellader *m*
conveyor type weigher Bandwaage *f*
cool abkühlen; abkühlen (Wärmebehandlung); erkalten
coolant Abkühlungsmittel *n;* Kühlmittel *n*
coolant supply pipe Kühlmittelzuführung *f*
coolers Kühlkasten *m*
cooling Abkühlen *n;* Abkühlung *f* (Wärmebehandlung); Abkühlung *f;* Kühlung *f*
cooling air Kühlluft *f*
cooling bank Kühlbett *n*
cooling basin Kühlwasserbecken *n*
cooling bed Kühlbett *n;* Warmlager *n*
cooling bed approach table Kühlbettauflaufrollgang *m*
cooling bed cold shears Kühlbettkaltschere *f*
oooling bed run-in table Kühlbettauflaufrollgang *m*
cooling bed run-out table Kühlbettabfuhrrollgang *m*
cooling box Kühlkasten *m*
cooling condition Abkühlbedingung *f*

cooling cover Kühlhaube *f*
cooling crack Kühlspannungsriß *m;* Schrumpfriß *m*
cooling curve Abkühlkurve *f*
cooling element Kühlelement *n*
cooling from forging heat Abkühlung *f* aus der Schmiedehitze
cooling hood Kühlhaube *f*
cooling in a static fluid Kühlung *f* in ruhender Flüssigkeit
cooling in a static liquid Kühlung *f* in ruhender Flüssigkeit
cooling jacket Kühlschale *f*
cooling line Kühlstrecke *f*
cooling plate Kühlplatte *f*
cooling rate Abkühlgeschwindigkeit *f;* Abkühlungsgeschwindigkeit *f;* Abschreckgeschwindigkeit *f*
cooling ring Kühlring *m*
cooling time Abkühldauer *f;* Abkühlungsdauer *f;* Abkühlvorschrift *f*
cooling tower Kühlturm *m*
cooling tube roll bearing (bronze) Kühlrohr-Walzenlager *n* (Bronze)
cooling vat Abkühlungsbottich *m*
cooling water pipe Kühlwasserleitung *f*
cool melt matte Schmelze *f*
co-operation (on standardization) Gemeinschaftsarbeit *f*
cooperative research Gemeinschaftsforschung *f*
co-operative work Gemeinschaftsarbeit *f*
co-ordinate Koordinate *f;* Ortskoordinate *f*
co-ordination Zuordnung *f*
coping machine Ausklinkmaschine *f*
copper Kupfer *n*
copperas Eisenvitriol *n*
copper bearing kupferhaltig
copper bit Lötkolben *m*
copper cladding Kupferplattierung *f*
copper-clad metal kupferplattiertes Blech *n*
copper coat verkupfern
copper coating Feuerverkupferung *f;* Verkupferung *f*
coppering Kupferüberzug *m*
copper-nickel-iron alloy Kupfer-Nickel-Eisen-Legierung *f*
copper plate galvanisch verkupfern; verkupfern
copper plating Verkupferung *f*
copper steel Kupferstahl *m*
copper sulphate test Kupfersulfatprüfung *f*
core Kern *m*
core baking oven Kerntrockenkammer *f*
core blower Kernblasmaschine *f*
cored electrode Seelenelektrode *f*
cored wire Fülldraht *m*
cored-wire feeding machine Drahteinspulmaschine *f*
core hardenability Kernhärtbarkeit *f*
core hardening Kernhärten *n*
coreless induction furnace Hochfrequenz-Induktionsofen *m;* Hochfrequenzofen *m;* kernloser Induktionsofen *m*
core loss Kernverlust *m;* Ummagnetisierungsverlust *m*
core loss of electric [steel] sheet Kernverlust *m* von Elektroblech
core loss of magnetic [steel] sheet Kernverlust *m* von Elektroblech
core memory Kernspeicher *m* (EDV)
core mixture Kernmasse *f*
core oil Kernöl *n*
core print Kernmarke *f*
core refining Kernhärten *n* (nach Aufkohlung); Kernrückfeinen *n* (nach Aufkohlung); Kernrück-

feinung *f*
core rod Dorn *m*
core segregation Kernseigerung *f*
core store Kernspeicher *m* (EDV)
core structure Kerngefüge *n*
core type induction furnace Induktionsrinnenofen *m*
core welding wire Seelenschweißdraht *m*
corner casting (on freight container) Eckbeschlag *m*
corner crack Kantenriß *m*
corner weld test piece Ecknaht-Prüfstück *n*
corpuscular pollution korpuskuläre Verunreinigung *f*
corpuscular radiation Korpuskularstrahlung *f*
correcting condition (automatic control) Stellgröße *f*
correcting element Stellglied *n*
correcting unit Stellwerk *n*
corrective action Reglereingriff *m*
correlation coefficient Korrelationskoeffizient *m*
correlogram Beziehungsschaubild *n*
corrode anfressen; angreifen; ätzen; rosten
corrosion Korrosion *f*
corrosion behaviour Korrosionsverhalten *n*
corrosion by condensation of moisture Schwitzwasserkorrosion *f*
corrosion by condensed water Kondenswasserkorrosion *f*
corrosion cell Korrosionselement *n*
corrosion crack Korrosionsriß *m*
corrosion creep Korrosionsunterwanderung *f*
corrosion during shut down period of service Stillstandkorrosion *f*
corrosion equivalent Korrosionsäquivalent *n*
corrosion erosion Erosionskorrosion *f*
corrosion fatigue Dauerfestigkeit *f* unter gleichbleibendem Korrosionsangriff; Korrosionsdauerfestigkeit *f*; Korrosionsermüdung *f*
corrosion fatigue cracking Korrosionsermüdungsriß *m*
corrosion fatigue strength Korrosionsschwingfestigkeit *f*
corrosion inhibition Korrosionshemmung *f*
corrosion pit Korrosionsnarbe *f*; Rostnarbe *f*
corrosion protection Korrosionsschutz *m*
corrosion resistance Korrosionsbeständigkeit *f*; Korrosionsfestigkeit *f*; Korrosionswiderstand *m*
corrosion resistance of stainless steels Korrosionsresistenz *f* von Edelstahl
corrosion resistant rostbeständig
corrosion test[ing] Korrosionsprüfung *f*
corrosion type Korrosionsart *f*
corrosion under deposits Korrosion *f* unter Ablagerungen
corrosion under mechanical stress Korrosion *f* unter mechanischer Beanspruchung
corrosive ätzend; fressend; korrosiv
corrugated ingot mehrkantiger Block *m* (mit eingezogener Seitenfläche); Riffelblock *m*
corrugated mould gewellte Kokille *f*; Kokille *f* gewellte
corrugated roll Riffelwalze *f*
corrugated sheet Wellblech *n*
corrugated sheet machine Wellblechmaschine *f*

corrugated tube Wellrohr *n*
corrugating Wellbiegen *n*
corrugating sheet rolling mill Wellblechwalzwerk *n*
corrugation Welle *f*
corrugations Ratterwellen *fpl* (in Schienen)
corrugations (roaring rails) Welle *f* (Riffelschiene)
corter pin Splint *m*
corundum Korund *n*
corundum brick Korundstein *m*
cost account Kostenkonto *n*
cost accounting Kostenrechnung *f*
cost accounting department Betriebsbuchhaltung *f*
cost allocation on the basis of equipment life Kostenumlage *f* nach Gebrauchsdauer
cost allocation on the basis of floor space Kostenumlage *f* nach Raumgröße
cost allocation on the basis of material cost Kostenumlage *f* nach Stoffverbrauch
cost allocation on the basis of sales volume Kostenumlage *f* nach Umsatz
cost analysis Kostenanalyse *f*
cost bearer Kostenträger *m*
cost calculation guidelines Kostenrechnungs-Richtlinien *fpl*
cost center Kostenstelle *f*
cost comparison Kostenvergleich *m*
cost department Kostenabteilung *f*
cost [factory] accounting betriebliches Rechnungswesen *n*
cost finding Kostenermittlung *f*
costing Kostenrechnung *f*
cost price Kostenpreis *m*
cost[s] Kosten *pl*
cost saving Kostenersparnis *f*
costs of construction Baukosten *pl*
costs of installation Anlagekosten *pl*
cost type Kostenart *f*
cotter Keil *m*
cotter pin Splint *m*
Coulomb's friction law Coulombsches Reibungsgesetz *n*
coulometer Coulometer *n*
counterblow hammer Gegenschlaghammer *m*
counter bored hole Schulterbohrung *f*
counterclockwise gegen den Uhrzeigersinn *m*
counter-current heat exchanger Gegenstrom-Wärmeaustauscher *m*
counter electrode Gegenelektrode *f*
counterflow Gegenstrom *m*
counterflow heat exchanger Gegenstrom-Wärmeaustauscher *m*
countersink Senker *m;* versenken
countersunk bolt Senkschraube *f*
counter tube Zählrohr *n*
counterweight Gegengewicht *n*
country Feld *n;* Revier *n*
country rock Nebengestein *n*
counts per min Teilchen *npl* je Minute (Geigerzähler)
couple action Kontaktkorrosion *f*
coupling Kupplung *f*
coupling box Kuppelmuffe *f;* Kupplungsmuffe *f;* Muffe *f*
coupling bush Kupplungsbüchse *f*
coupling shaft Kupplungswelle *f*
coupling sleeve Walzentreffer *m*
coupling spindle Kuppelspindel *f*
course Gang *m* (des Hochofens); Gang *m;* Lage *f;* Schar *f*
course of curve Kurvenverlauf *m*
co-variation Mitveränderlichkeit *f*
cover abdecken; bedecken; Belag *m;* Decke *f*

cover car Deckelhubwagen *m*
cover carriage Deckelwagen *m*
cover coat enamel Deckemail *n*
covered electrode ummantelte Elektrode *f*
covering ability Deckfähigkeit *f;* Deckvermögen *n*
covering agent for melts Abdeckmasse *f;* Abdeckmittel *n*
covering plate Abdeckplatte *f*
covering powder Abdeckpulver *n*
cover lid Deckel *m*
cover lifting bogie for pit furnaces Deckelabhebewagen *m* für Tieföfen
cover manipulator Haubenmanipulator *m*
cover plate Abdeckblech *n* (allgemein)
cowper Cowper *m;* Heißwindofen *m;* Hochofen-Winderhitzer *m;* Winderhitzer *m*
cowper brick Cowperstein *m;* Winderhitzerstein *m*
crab Klauenkupplung *f;* Kupplung *f;* Laufkatze *f*
crack cracken; kracken; Riß *m;* Spalten *n*
crack area Rißfläche *f*
crack arrest Rißauffangen *n*
crack arresting test Rißauffangversuch *m*
crack arrest temperature Rißauffangtemperatur *f*
crack branching Rißverzweigung *f*
crack by corrosion fatigue Riß *m* durch Schwingungsrißkorrosion
crack by hydrogen-induced stress corrosion Riß *m* durch wasserstoffinduzierte Spannungsrißkorrosion
crack by intergranular corrosion Riß *m* durch interkristalline Korrosion
crack by stress corrosion Riß *m* durch Spannungskorrosion
crack caused by corrosion Riß *m* korrosionsbedingter
crack caused by mechanical load Bruch *m* mechanisch belasteter; Riß *m* mechanisch bedingter
crack configuration Rißverlauf *m*
crack-corrosion induced fracture Bruch *m* durch rißerzeugende Korrosion
crack depth Rißtiefe *f*
crack detector Rißprüfer *m*
cracked ammonia Ammoniakspaltgas *n*
cracked back Folge *f* von Querrissen auf gezogenem Draht
cracked edges rissige Kanten *fpl*
cracked gas Spaltgas *n*
crack edge Rißflanke *f*
cracker Brechwalze *f*
crack expansion Rißaufweitung *f*
crack extension Rißausbreitung *f*
crack front Rißfront *f*
crack growth velocity Rißausbreitungsgeschwindigkeit *f*
cracking Rißbildung *f*
cracking rate Reißgeschwindigkeit *f;* Wachstumsgeschwindigkeit *f* der Spannungsrisse
crack initiation Rißauslösung *f;* Rißbildung *f;* Rißentstehung *f*
crack initiation temperature Rißinitiierungstemperatur *f*
crack length Rißlänge *f*
crack nucleation Rißentstehung *f*
crack opening Rißaufweitung *f;* Rißöffnung *f*
crack parameter Rißkenngröße *f*
crack pattern Rißmuster *n*
crack propagation Rißausbreitung *f;* Rißwachstum *n*

crack propagation calculation Rißwachstumsberechnung *f*
crack propagation test Rißfortschrittsversuch *m*
crack sensitivity Rißempfindlichkeit *f*
cracks in welded joints Riß *m* in Schweißverbindungen
crack superficially anreißen (= Risse bekommen)
crack tip Rißspitze *f*
crack-tip blunting Rißspitzenabstumpfung *f*
crack tip opening angle Rißspitzenöffnungswinkel *m*
crack tip opening displacement (CTOD) Rißaufweitung *f*
cracky rissig
cradle Ablage *f* (für Kaltstrang); Bündeltasche *f;* Gestell *n*
cramp Klammer *f;* klammern
crane Kran *m*
crane dent Beschädigung *f* durch Krantransport
crane driver Kranführer *m*
crane gear Krangetriebe *n*
crane hook Kranhaken *m*
crane-operated ladle Kranpfanne *f*
crane operator Kranführer *m*
crane rail Kranschiene *f*
crane travel safety device Kranfahrsicherung *f*
crane trolley Krankatze *f*
crank kröpfen; Kurbel *f*
cranking Kröpfen *n;* Verkröpfung *f*
crank pin Kurbelzapfen *m*
crank press Kurbelpresse *f*
crankshaft gekröpfte Kurbelwelle *f;* Kurbelwelle *f*
crater Sumpf *m* (Stranggießen)
crater crack Erstarrungsriß *m*
cratering Auskolkung *f;* Kolkung *f*
cratering lip Kolklippe *f*
crater overhang Kraterüberstand *m*
crawl operation Schleppbetrieb *m*
crazing Brandriß *m* (in Kokillen); Netzwerk *n*
creative forming Urformen *n*
creep fließen; Fließen *n;* kriechen; Zeitdehnung *f*
creepage Unterwanderung *f*
creep behaviour Dauerstandverhalten *n;* Kriechverhalten *n;* Zeitstandverhalten *n*
creep buckling test Knick-Dauerstandversuch *m*
creep characteristics Dehnverhalten *n;* Zeitdehnverhalten *n*
creep compression limit Zeitstauchgrenze *f*
creep condition Zeitstandbedingung *f*
creep crack Kriechriß *m;* Zeitstandriß *m*
creep curve Kriechkurve *f;* Zeit-Dehnungs-Kurve *f*
creep curve characteristics Dehnverlauf *m*
creep damage Zeitstandschädigung *f*
creep deformation Kriechverformung *f*
creep elongation Kriechdehnung *f*
creep embrittlement Zeitstandversprödung *f*
creep fracture Kriechbruch *m;* Zeitstandbruch *m*
creeping Fließen *n*
creep[ing] strength Kriechfestigkeit *f;* Standfestigkeit *f*
creep life Zeitstandlebensdauer *f*
creep limit Dehngrenze *f*-0,002; Dehngrenze *f;* Kriechfestigkeit *f*
creep load Kriechbeanspruchung *f*

creep rate Kriechgeschwindigkeit *f*
creep resistance Dauerstandfestigkeit *f;* Kriechwiderstand *m*
creep resistant kriechfest; warmfest
creep-resistant steel kriechfester Stahl *m;* warmfester Stahl *m*
creep resisting kriechfest; warmfest
creep rupture Zeitstandbruch *m*
creep rupture crack Zeitstandriß *m*
creep [rupture] strength Dauerstandfestigkeit *f;* Kriech[bruch]festigkeit *f;* Zeitstandfestigkeit *f*
creep rupture test Dauerstandversuch *m;* Zeitstandprüfung *f;* Zeitstandversuch *m*
creep shaping Kriechformen *n*
creep speed Kriechgeschwindigkeit *f*
creep strain Kriechdehnung *f*
creep strength Kriech[bruch]festigkeit *f;* Zeitstandfestigkeit *f*
creep strength at elevated temperatures Dauerwarmfestigkeit *f*
creep strength depending on time Zeitfestigkeit *f*
creep strength testing plant Zeitstandprüfanlage *f*
creep strength testing rig Zeitstandprüfanlage *f*
creep-stress rupture test Zeitstandwertetest *m*
creep test Dauerstandversuch *m;* Dauerversuch *m;* Kriechversuch *m*
creep testing machine Zeitstandprüfmaschine *f*
creep time Kriechzeit *f*
creep-time-diagram Zeit-Dehnungs-Schaubild *n*
creep velocity Kriechgeschwindigkeit *f*
crest Gewindespitze *f*
crest line Hüllinie *f*
crest value Scheitelwert *m*
crevice corrosion Spaltkorrosion *f*
crevice corrosion at contact Berührungskorrosion *f*
crew Arbeitsgruppe *f;* Besatzung *f;* Mannschaft *f*
crimp falzen
crimped leather Ledermanschette *f*
crimping Walzrunden *n*
crimping machine Krippmaschine *f* (für das Drahtweben)
crinkle falten; knicken
critical cooling rate kritische Abkühlgeschwindigkeit *f;* kritischer Abkühlungsverlauf *m*
critical diameter kritischer Durchmesser *m*
critical grain growth kritisches Kornwachstum *n*
critical limiting concentration Konzentration *f*, kritische Begrenzungs-
critical point Haltepunkt *m;* Umwandlungspunkt *m*
critical range kritisches Feld *n*
critical shear stress kritische Schubspannung *f*
crocodile skin Netzwerk *n*
crooked schief (krumm)
crop abschneiden; abschopfen; Blockende *n*
crop chute Schrottrutsche *f*
crop coal Kohle *f* minderwertige
crop end abgeschnittenes Ende *n;* Ende *n* abgeschnittenes; Schopfende *n*
crop-loss Schopfverlust *m*
cropping tool Abschneidstempel *m* (Umformen)
crop shears Endenschere *f;* Schopfschere *f*
cross break Querbruch *m* (auf Feinblech)

cross classification Mehrfachaufteilung *f*
cross-country mill Zickzacktrio *n*
crossed nicols gekreuzte Nicols *pl*
cross flow heat exchanger Kreuzstrom-Wärmeaustauscher *m*
cross folding test Querfaltversuch *m*
cross-girder Querträger *m*
cross head Querhaupt *n*
crossing Kreuzung *f;* Schränken *n* (Walzen)
cross joint Kreuzungsstoß *m*
crossover bar Vorband *n*
cross-over joint Kreuznaht *f*
cross recessed screw Kreuzschlitzschraube *f*
cross roll friemeln
cross rolling Querwalzen *n*
cross rolling mill Schrägwalzwerk *n*
cross rolling of shapes Profil-Querwalzen *n*
cross-roll straightening machine Schrägrollen-Richtmaschine *f*
cross-section Querschnitt *m;* Schliff *m*
cross-sectional area Querschnittsfläche *f*
cross-sectional change Querschnittsänderung *f*
cross slip Quergleiten *n*
cross supports Querverankerung *f*
cross tabulation mehrfach gegliederte Tabelle *f*
crowd überfüllen; vollstopfen
crow feet Krähenfuß *m*
crown Balligkeit *f* (Band); Balligkeit *f* (Walze); Balligkeit *f;* Preßkopf *m*
crown bow Bombierung *f*
crown control Balligkeitssteuerung *f*
crowned ballig
crown generator Balligschleifenrichtung *f*
crub auswaschen; berieseln
crucible Tiegel *m*
crucible furnace Muldenofen *m;* Tiegelofen *m*
crucible steel Tiegelstahl *m*
crude roh
crude gas ungereinigtes Gas *n*
crude gas off-take Rohgasabzug *m*
crude iron runout Roheisenabstich *m* (Roheisenabfluß)
crude oil processing plant Rohölverarbeitungsbetrieb *m*
crude ore Fördererz *n;* Roherz *n*
crude phenol tank Rohphenolbehälter *m*
crude steel Rohstahl *m*
crude steel production Rohstahlproduktion *f*
crude steel weight (CSW) Rohstahlgewicht (RSG) *n*
crude tar tank Rohteerbehälter *m*
crude zinc Hüttenrohzink *n*
crumbly bröckelig
crush brechen; grobmahlen; mahlen; zermahlen
crushable metal insertion zusammendrückbare Metalleinlage *f*
crushed coke Brechkoks *m*
crusher Brecher *m;* Stachelwalze *f;* Vorreißer *m*
crusher ball Mahlkörper *m*
crusher roll Brechwalze *f*
crushing Quetschung *f;* Zerkleinerung *f*
crushing and mixing plant Mahl- und Mischanlage *f*
crushing mill Grobzerkleinerungsmühle *f*
crushing plant Brechanlage *f;* Brechanlage *f* (Erzaufbereitung); Mahlanlage *f*
crushing strength Druckfestigkeit *f*

crushing test Druckversuch *m*
crushing yield point Quetschgrenze *f*
cryogenic kaltzäh
cryogenic steel kaltzäher Stahl *m*
cryogenic steel casting kaltzäher Stahlguß *m*
cryogenic strength Kältebeständigkeit *f*
crystal Kristall *m*
crystal anisotropy Kristallanisotropie *f*
crystal grain Kristallkorn *n*
crystal growth Kristallwachstum *n*
crystal lattice Kristallgitter *n*
crystalline kristallin
crystalline fracture Bruch *m* kristalliner; kristalliner Bruch *m*
crystalline spot Fleck *m* kristalliner
crystalline structure Gefügeausbildung *f*
crystallisation Kristallbildung *f;* Kristallisation *f*
crystallite growth Kristallitwachstum *n*
crystallization Kristallbildung *f;* Kristallisierung *f*
crystallization process Kristallisierungsprozeß *m*
crystal orientation Kristallorientierung *f*
crystal recovery Kristallerholung *f*
crystal segregation Kristallseigerung *f*
crystal structure Kristallstruktur *f*
cube diagonal Raumdiagonale *f* des Würfels; Raumdiagonale *f*
cube edge Würfelkante *f*
cube face Würfelfläche *f*
cube face diagonal Flächendiagonale *f* des Elementarwürfels
cube mixer Würfelmischer *m*
cube texture Würfeltextur *f*
cubic body centered lattice kubischraumzentriertes Gitter *n*
cubic content Rauminhalt *m*
cubic face centered lattice kubischflächenzentriertes Gitter *n*
culvert Ablaufkanal *m*
cumulant gehäufter Wert *m;* Summenwert *m*
cumulating curve Summenkurve *f*
cumulative distribution curve Summenkurve *f* (bei Normalverteilung)
cumulative frequency curve Frequenzsummenkurve *f*
cumulative load curve Leistungssummenkurve *f*
cumulative value gehäufter Wert *m*
cup hohlziehen; Näpfchen *n* (Tiefzug); Schale *f*
cup and cone arrangement Gichtverschluß *m*
cup-and-cone fracture Becherbruch *m;* Fräserbruch *m;* Trichter- und Kegelbruch *m*
cup base fracture Bodenreißer *m*
cup leather Ledermanschette *f*
cupola [furnace] Kupolofen *m*
cupping Becherbruch *m;* Höhlung *f;* Reißkegelbildung *f* (bei Draht); Tiefziehen *n*
cupping index Erichsen-Tiefung *f*
cupping process Tiefziehverfahren *n*
cupping test Napfziehversuch *m;* Tiefungsversuch *m;* Tiefziehprobe *f*
cupping test machine Tiefungsprüfmaschine *f*
cupping test with clamped blanks Tiefungsversuch *m* nach Erichsen mit fest eingespannter Probe
cup spring Tellerfeder *f*
cup wall fracture Zargenreißer *m*
Curie temperature Temperatur *f* nach Curie

curing Einbrennen *n;* Härten *n*
curl einrollen; kräuseln
curling Einrollen *n;* Rollbiegen *n* (Blechumformen); Rollbiegen *n*
curling by spinning Randeinrollen *n* durch Drücken
currency Währung *f*
current Strom *m*
current assets Umlaufvermögen *n*
current collector Stromabnehmer *m*
current conducting electrode jib arms Elektrodentragarm *m*, stromführender
current consumption Stromverbrauch *m*
current density Stromdichte *f*
current financial strength Liquidität *f*
current from external source (corrosion) Fremdstrom *m*
current liabilities kurzfristige Verbindlichkeiten *fpl*
current meter Strömungsmesser *m*
current supply Stromversorgung *f*
current transformer Stromwandler *m*
current yield Stromausbeute *f*
curtaining Überwallung *f* (Oberflächenfehler)
curtaining (surface defect) Blockschale *f*
curtain wall plate Bekleidungsblech *n*
curtain wall sheet Bekleidungsblech *n*
curvature Krümmung *f*
curve Kurve *f;* Linie *f*
curved bogenförmig
curved groove ausgerundetes Kaliber *n*
curved mould gebogene Kokille *f;* Kokille *f* gebogene
curved mould casting machine Bogengießanlage *f*
curved mould continuous casting machine Bogengießanlage *f;* Bogenstranggießanlage *f;* Stranggieß-Kreisbogenanlage *f* mit gebogener Kokille
curved roller table Kurvenrollgang *m*
curved teeth coupling Bogenzahnkupplung *f*
curve fitting Anpassen *n* von Kurven; Kurvenanpassung *f*
curve template Kurvenlineal *n*
curvilinear gekrümmt
curvilinear correlation nichtlineare Korrelation *f*
customs tarif Zolltarif *m*
cut abtrennen; fräsen; fressen; Schliff *m;* zerspanen
cut back Durchbruchöffnung *f*
cut edge geschnittene Kante *f*
cut [in a die] Gravur *f*
cut length geschnittene Länge *f*
cutlery steel Messerstahl *m*
cut off abscheren; abschneiden; absperren (Leitung); abstechen; Schermesser *n;* wegfressen
cut-off devices (e. g.: valves) Absperrteile *npl*
cut off [die] Abschneidegesenk *n*
cut out ausschalten
cut out torque Abschaltmoment *n*
cuttability Schneidbarkeit *f*
cutter Fräser *m;* Messer *n;* Schneidstahl *m*
cutter blade Fräsermesser *n*
cutter head grinding machine Messerkopf-Schleifmaschine *f*
cutting Spanen *n;* Trennen *n*
cutting alloy Hartlegierung *f*
cutting blowpipe Schneidbrenner *m*

cutting capacity Spanleistung *f*
cutting compound Schneidöl *n*
cutting edge Schneide *f;* Schneidkante *f;* Schnittkante *f*
cutting edge of hard metal Hartmetallschneide *f*
cutting edge temperature Schneidentemperatur *f*
cutting fluid emulsion Bohrölwasser *n*
cutting lip Schneidkante *f;* Schnittkante *f;* Werkzeugschneide *f*
cutting off Abtrennen *n*
cutting power Schneidhaltigkeit *f;* Schnittkraft *f* (beim Drehen)
cutting property Zerspanbarkeit *f*
cutting ratio Spanstauchung *f*
cutting speed Schnittgeschwindigkeit *f*
cutting to length Querschneiden *n*
cutting tool Drehstahl *m;* Schneidwerkzeug *n;* Schnittwerkzeug *n*
cutting tool endurance Schneidhaltigkeit *f*
cutting tool life Schneidhaltigkeit *f*
cutting tool steel Schneidstahl *m*
cutting torch Schneidbrenner *m*
cutting torch for emergency Notschneidbrenner *m*
cutting up Zerschneiden *n*
cut to length Ablängen *n*
cut-to-length-line Querteilanlage *f*
cut up zerschneiden
cut-up line Zerteilanlage *f*
cut wire Drahtkorn *n*
CVD coating plant CVD-Beschichtungsanlage *f*
CVN-toughness Kerbschlagzähigkeit *f* (ISO-V)
cyanide hardening Cyanbadhärten *n*
cyaniding Badcarbonitrieren *n;* Cyanbadhärten *n;* Salzbadcarbonitrieren *n*
cycle pendeln; Periode *f* (elektr.); Spiel *n*
cycle annealing Pendelglühen *n*
cycle of charges Gichtenfolge *f*
cycles per second Perioden *fpl* je Sekunde
cyclic hardening Wechselverfestigung *f*
cyclic load Schwingbelastung *f*
cyclic softening Wechselentfestigung *f*
cyclic stress Dauerschwingbeanspruchung *f;* Wechselbeanspruchung *f*
cyclic stress strain behaviour Wechselverformungsverhalten *n*
cyclic work hardening Kaltverfestigung *f* (zyklische); Verfestigung *f* zyklische
cyclone Windsichter *m*
cyclone dust catcher Wirbler *m*
cyclone dust collector Drallabscheider *m;* Fliehkraft-Staubabscheider *m*
cyclone gas washer Wirbler *m*
cyclone separator Drallabscheider *m*
cylinder coordinate Zylinderkoordinate *f*
cylinder coordinate [system] Zylinderkoordinaten[system] *n*
cylinder [roll] bearing Walzenlager *n*
cylinder trolley Flaschenwagen *m*
cylinder tube Zylinderrohr *n*
cylindrical compression test Zylinderstauchversuch *m*
cylindrical grinding Rundschleifen *n*
cylindrical upsetting test Zylinderstauchversuch *m*

D

dab betupfen
dabbed spout Auslauf *m* ausgekleideter
dabber Kernhaltestift *m;* Sandhaltestift *m*
damage Beschädigung *f*
damage caused by smoke Rauchschaden *m*
damaged edge beschädigte Kante *f*
damage precaution Schadensverhütung *f*
damp dämpfen; feucht
damp down dämmen
damped-down blast furnace gedämpfter Hochofen *m;* Hochofen *m* gedämpfter
damper Luftschieber *m;* Register *n;* Schieber *m*
damping Dämpfung *f* (Schwingungskreis); Dämpfung *f*
damping capacity Dämpfungsfähigkeit *f*
dancer roll Tänzerrolle *f*
dark annealing Dunkelglühen *n*
dark field image Dunkelfeldaufnahme *f*
dashed line gestrichelte Kurve *f*
dash pot Ausgleichszylinder *m*
data Angaben *fpl;* Kennzahlen *fpl;* Meßwerte *mpl*
data access method Datenzugriffsmethode *f*
data acquisition Datenerfassung *f*
data bank Datenbank *f*
data base Datenbank *f*
data circuit-terminating equipment Datenübertragungseinrichtung *f*
data collection Datensammlung *f;* Meßwerterfassung *f*
data file Datei *f*
data file access module Datenzugriffsmodul *n*
data flow Datenfluß *m*
data logger Meßwertschreiber *m*
data logging Datenerfassung *f*
data processing Meßwertverarbeitung *f*
data processing system EDV-System *n*
data processing task Datenverarbeitungsaufgabe *f*
data recall Datenabruf *m*
data recording Datenaufschreibung *f*
data recovery Datenerfassung *f*
data storage Meßwertspeicherung *f*
data structure concept Datenstrukturierung *f*
data system adjusted application EDV-technische Anpassung *f*
data transfer Datenübertragung *f*
date granted Genehmigungsdatum *n* (Patent)
date of delivery Lieferfrist *f*
datum (pl.: data) Größe *f* (EDV)
daub beschmieren
day rates Tagelohn *m*
day shift Tagschicht *f*
day's pay Tagelohn *m*
day's wages Tagelohn *m*
DC arc furnace Gleichstromlichtbogenofen *m*
D. C. motor Gleichstrommotor *m*
DC-welding machine Gleichstromschweißmaschine *f*
DC-welding techniques Gleichstromschweißverfahren *n*
dead block Wickler *m* für Draht
dead burn totbrennen
dead burned dolomite Sinterdolomit *m*
dead burned magnesite Sinter-

magnesit *m*
dead cast wire totgezogener Draht *m*
dead cast wire coil Drahtring *m* ohne Spannungen aufgewickelt
dead-centre position Totlage *f*
dead-drawn wire biegungsfrei gezogener Draht *m*
deaden (flotation) passivieren
dead-flat eben
dead-head verlorener Kopf *m*
dead man toter Mann *m*
dead melt abstehen lassen (Schmelze)
dead room (free field condition) schalltoter Raum *m*
dead [soaking] pit Tiefofen *m* (ungeheizt); ungeheizter Tiefofen *m*
dead soft totweich
dead soft annealing Totglühen *n;* Totweichglühen *n*
dead stock Immobilien *fpl*
dead time Totzeit *f*
dead weight Eigengewicht *n*
dead zone Zone *f*, tote
debenzoling by cooler and heat exchanger Entbenzolung *f* mit Kühler und Wärmetauscher
debris Bergeversatz *m;* Trümmer *pl;* Überbleibsel *n*
debt Forderung *f*
debts Schulden *fpl*
debur entgraten
deburrer Entgrater *m*
deburring Abgraten *n;* Entgraten *n*
deburring machine Abgratmaschinc *f;* Entgratmaschine *f*
decalescence Dekaleszenz *f*
decanting of the strand Auswaschen des Stranges *n* (Stranggießen)
decarburise entkohlen
decarburising effect Entkohlungswirkung *f*
decarburization Entkohlung *f*
decarburization depth Entkohlungstiefe *f*
decarburize entkohlen
decay abklingen; Verfall *m;* Verminderung *f*
decay constant Abklingkonstante *f*
dechroming Entchromen *n*
decline Abfall *m;* Abnahme *f;* Verminderung *f*
decoder Entschlüßler *m*
decompose auflösen; zerfallen; zerlegen
decomposition Zersetzung *f*
decomposition of water-vapour (corrosion) Wasserdampfspaltung *f*
decontamination Entgiftung *f*
decrease Abfall *m;* Abnahme *f;* Rückgang *m*
decrement Abnahme *f;* Verminderung *f*
decremental hardening Teilhärten *n*
dedendum Zahnfuß *m*
deduct ableiten
deep cementing Tiefzementieren *n*
deep draw tiefziehen
deep drawing Tiefziehen *n;* Tiefzug *m*
deep-drawing die Tiefziehwerkzeug *n*
deep drawing grade Tiefziehgüte *f*
deep drawing part Tiefziehteil *n*
deep-drawing press Tiefziehpresse *f*
doop drowing proporty Tiofziohbarkeit *f;* Tiefziehfähigkeit *f*
deep drawing quality Tiefziehfähigkeit *f;* Tiefziehgüte *f;* Ziehsorte *f*
deep drawing quality steel Tiefziehstahl *m*
deep drawing sheet Tiefziehblech *n*

deep-drawing steel Tiefziehstahl *m*
deep drawing strip Tiefziehband *n*
deep drawing test Tiefungsversuch *m*
deep etching Tiefätzen *n*
deep mine Tiefbau *m* (Bergwerk)
deep penetration welding Tiefeinbrandschweißen *n*
deep pierce im Gesenk *n* hohlschmieden
deep webbed hochstegig
defect Fehler *m;* Fehlstelle *f;* Mangel *m*
defect arising in annealing (ingots) Glühfehler *m*
defect depth Halbwertsbreite *f*
defect echo Fehlerecho *n*
defect electron Defektelektron *n*
defect in forging Schmiededefekt *m*
defective fehlerhaft
defects detecting device Fehlerprüfgerät *n*
defect size Fehlergröße *f*
defect valuation Fehlerbewertung *f*
deferred assets transitorische Aktiva *npl*
deferred items transitorische Rechnungsposten *mpl*
deferred liabilities transitorische Passiva *npl*
deficiency Mangel *m*
deficiency of gas Gasmangel *m*
defined modulus of elasticity E-Modul *n,* definiertes
deflection Ausschlag *m* (Ultraschall); Durchbiegung *f* (elastisch); Federung *f*
deflection indicator Durchbiegungsmesser *m*
deflection of rolls Walzendurchbiegung *f*
deflection of the rolls Walzendurchbiegung *f*
deflector plate Leitblech *n*
deflector table Abwurftisch *m* (Sinter)
deform umformen; verformen
deformability Formänderungsvermögen *n;* Verformungsvermögen *n*
deformability behaviour Umformverhalten *n;* Verformungsverhalten *n*
deformation Formänderung *f;* Umformen *n;* Verformung *f*
deformation at low temperatures Kaltverformung *f*
deformation behaviour Formänderungsverhalten *n;* Verformungsverhalten *n*
deformation degree Umformgrad *m*
deformation due to hardening Härteverzug *m*
deformation energy Umformarbeit *f;* Verformungsarbeit *f*
deformation impediment Verformungsbehinderung *f* (bei Kerbzugproben); Verformungsbehinderung *f*
deformation mode Formänderungsverhalten *n*
deformation power Formänderungsleistung *f;* Umformleistung *f*
deformation rate Umformgeschwindigkeit *f*
deformation resistance Formänderungswiderstand *m*
deformation tensor Formänderungstensor *m;* Verzerrungstensor *m*
deformation under heat Wärmeformänderung *f*
deformation work Formänderungsarbeit *f*
deformation work density Formänderungsarbeitsdichte *f*

deformation zone Umformzone *f*
deformed membrane-type shut-off valve Scheibenmembranventil *n*
deformed zone Umformzone *f*
degas entgasen
degasifaction Ausgasung *f*
degasify entgasen
degassing Entgasung *f* (von Schmelzen); Entgasung *f*
degassing time Entgasungszeit *f*
degenerate pearlite entarteter Perlit *m*
degeneration Zerfall *m*
degradation test Zerfallsprüfung *f*
degrease entfetten
degreasing Entfetten *n;* Entfettung *f*
degreasing agent Entfettungsmittel *n*
degree Grad *m;* Maß *n*
degree of chemical utilisation of gas Gasausnutzung *f*
degree of disorder Fehlordnungsgrad *m*
degree of dissociation Dissoziationsgrad *m*
degree of dust extraction Entstaubungsgrad *m*
degree of dust removal Entstaubungsgrad *m*
degree of freedom from coarse nonmetallic inclusions makroskopischer Reinheitsgrad *m*
degree of fusion Aufschmelzgrad *m*
degree of grain coarsening Körnung *f*
degree of grain orientation [texture] Kornorientierungsgrad *m* [Textur]
degree of inflammability Pyrophorität *f*
degree of multiaxiality Mehrachsigkeitsgrad *m*
degree of purity Reinheitsgrad *m*
degree of sealing Dichtigkeit *f* (Ofen)
degree of shrinkage Schwindmaß *n*
delay Störung *f;* verzögern; Verzögerung *f*
delayed fracture Bruch *m* verzögerter
delayed martensite hardening Warmbadhärten *n*
delayed martensitic hardening Warmbadhärten *n*
delaying the sintering process sinterungshemmend
deliver abliefern
delivery Ablieferung *f;* Auslaß *m;* Beförderung *f;* Lieferung *f*
delivery beam Austrittsbalken *m*
delivery guide Ausführmeißel *m*
delivery pipe Auslaufrohr *n*
delivery promise Liefertermin *m*
delivery roller table Abfuhrrollgang *m;* Auslaufrollgang *m*
delivery side of roll gap Walzspaltaustritt *m*
delivery side (of rolls) Auslaufseite *f* (der Walzen)
delivery speed Austrittsgeschwindigkeit *f*
delta connection Dreieckschaltpunkt *m*
delta-gamma transformation Delta-Gamma-Umwandlung *f*
delta iron Delta-Eisen *n*
delta solid solution Delta-Mischkristall *m*
demagnetising Entmagnetisieren *n*
demolition equipment Ausbrecheinrichtung *f*
demolition scrap Abbruchschrott *m*
demolition stand Ausbrechstand *m*
demurrage Liegegeld *n*
dendrite Dendrit *m*

dendrite arm spacing Dendritenarmabstand *m*
dendritic dendritisch
dendritic crystal Kristall *n*, dendritisches
dendritic zone Dendritenstrukturzone *f*
denitriding Denitrieren *n*
denominator Nenner *m*
dense dicht
dense medium Schwertrübe *f*
densener Verdichtungseinlage *f*
dense smoke Qualm *m*
density Dichte *f*
density defect Dichtenfehler *m*
density exposure curve (spectrum analysis) Schwärzungskurve *f*
density ratio Raumerfüllung *f*
dent Beule *f*
de-oil entölen
deoxidant Desoxidationsmittel *n*
deoxidation Desoxidation *f*
deoxidation alloy Desoxidationslegierung *f*
deoxidation by diffusion Diffusionsdesoxidation *f*
deoxidation by oxide precipitation Fällungsdesoxidation *f*
deoxidation of steel melt Desoxidation *f* von Stahlschmelze
deoxidation product Desoxidationsprodukt *n*
deoxidation technology Desoxidationstechnik *f*
deoxidise desoxidieren
deoxidiser Desoxidationsmittel *n*
deoxidising Desoxidieren *n*
deoxidising agent Desoxidationsmittel *n*
deoxidising slag Desoxidationsschlacke *f*
deoxidize beruhigen; feinen
deoxidizing Beruhigung *f*
deoxidizing potential Desoxidationspotential *n*
departmental manager Abteilungsleiter *m*; Betriebsleiter *m*
departure Abweichung *f*
dependence Abhängigkeit *f*
dependent on abhängig von
dependent variable abhängige Veränderliche *f*
dephosphorization Entphosphorung *f*
dephosphorizing agent Entphosphorungsmittel *n*
depleted zone verdünnte Zone *f*
deposit abscheiden; absetzen; auftragen; Lager *n*
deposit attack Belagskorrosion *f*
deposited material Auftragswerkstoff *m*
deposit efficiency Abschmelzleistung *f* (Elektroden)
deposition welding Auftragschweißen *n*
deposit metal Auftragsmetall *n*
deposit (of contaminants) Ablagerung *f* (von Schadstoffen)
deposit welding Auftragschweißen *n*; Auftragschweißung *f*
depot Materiallagerplatz *m*
depreciation Abschreibung *f*; Wertminderung *f*
depreciation allocation Abschreibung *f* kalkulatorische; kalkulatorische Abschreibung *f*
depressing table (up-cut shear) Wippe *f*
depression Unterdruck *m*; Vertiefung *f*
depth Tiefe *f*
depth indication Tiefung *f*
depth of case Härtetiefe *f*

depth of chill Abschrecktiefe *f*; Härtetiefe *f*
depth of cut Spandicke *f*
depth of decarburization Entkohlungstiefe *f*
depth of draw Ziehtiefe *f*
depth of electrode immersion Elektrodeneintauchtiefe *f*
depth of hardening Einhärtungstiefe *f*
depth of nitration Nitrierhärtetiefe *f*
depth of nitriding Nitriertiefe *f*
depth of penetration Einbrandtiefe *f*; Eindringtiefe *f*
depth of roughness Rauhtiefe *f*
depth of the hearth Herdtiefe *f*
depth of transformation Einhärtungstiefe *f*
depth of web Steghöhe *f*
derivation Ableitung *f*
derivation action time Vorhaltezeit *f*
derivative abgeleitet; abgeleiteter Wert *m*; Nebenerzeugnis *n*
derivative action Vorhalt *m*
derive ableiten
derust entrosten
derusting agent Entrostungsmittel *n*
desalinated water entsalztes Wasser *n*
desalination Entsalzen *n* (Meerwasser)
desalting Entsalzen *n*
descale entzundern; entzundern (bei Blöcken)
descale (in acid) dekapieren
descaling Entzunderung *f*
descaling by bending Biegeentzunderung *f*
descaling mill Zunderbrechgerüst *n*
descaling plant Entzunderungsanlage *f*
descaling sprays Zunderabspritzvorrichtung *f*; Zunderwäscher *m*
descaling system Entzunderungsanlage *f*
descent of charge Absenken *n* der Gicht (Hochofen)
deseam brennputzen; Flämmputzen *n*; putzen (Blöcke)
design Bauart *f*; Entwurf *m*; Gestaltung *f*
design curve Gestaltungskurve *f*
designer Konstrukteur *m*
design of an experiment Anlage *f* eines Versuches; Versuchsplan *m*
design roll passes kalibrieren
desiliconising Verschlackung *f* von Silicium
desiliconize entsilicieren
desired value Sollwert *m*
deskulling stand Bärenausbrechstand *m*
deslag abschlacken; entschlacken
deslagging agent Entschlackungsmittel *n*
deslagging machine Abschlackmaschine *f*
deslime entschlämmen
desoldering Ablöten *n*
desorption Desorption *f*
despatch department Versandhalle *f*
destabilization of retained austenit Entstabilisierung *f* des Restaustenits
destroy zerstören
destructive testing zerstörende Werkstoffprüfung *f*
desulphurisation Entschwefelung *f*
desulphurisation agent Entschwefelungsmittel *n*
desulphurisation of pressure gas Druckgasentschwefelung *f*
desulphurisation plant Entschwefelungsanlage *f*

desulphurization equipment Entschwefelungsausrüstung *f*
desulphurization treatment Entschwefelungsbehandlung *f*
desulphurizing agent Entschwefelungsmittel *n*
desulphurizing mixture Entschwefelungsgemisch *n*
detach ablösen; abnehmen; abschalten
detachable abnehmbar; lösbar
detaching mill Lösewalzwerk *n*
detail Einzelheit *f*
detarring plant Entleerungsanlage *f*; Entteerungsanlage *f*
detecting element Meßfühler *m*
detergent Reinigungsmittel *n*
deteriorating schädigend; schädlich
determination Bestimmung *f*; Prüfung *f*
determination of actual size Ist-Messen *n*
determination of iron Eisenbestimmung *f*
determination of total iron Gesamteisenbestimmung *f*
determine bestimmen; feststellen; prüfen
detoxication Entgiftung *f*
development of gas Gasentwicklung *f*
deviance Abweichungssumme *f*; Summe *f* der Abweichungsquadrate
deviate abweichen
deviation Abweichung *f*; Regelabweichung *f*
deviator Deviator *m*
deviatoric stress Spannungsdeviator *m*
device Einrichtung *f*; Entwurf *m*; Gerät *n*; Plan *m*
device for coil compaction Preßbindeanlage *f*
dewater entwässern
dewatering Entwässerung *f*
dewax entfetten
dewax (powder met.) abbrennen
dew point Taupunkt *m*
dew point hygrometer Taupunktmeßgerät *n*
dewpoint recorder Feuchtigkeitsmeßgerät *n*
dezincification Entzinkung *f*
diaghragm Stauscheibe *f*
diagonal joint Stoß *m* schräger
diagram Schaubild *n*
dial error Ablesefehler *m*
dialogue program generator Dialogprogrammgenerator *m*
diameter Dicke *f*; Weite *f*
diameter of bore Bohrung *f*; Lochdurchmesser *m*
diameter of wire Drahtdurchmesser *m*
diametral pitch Durchmesserteilung *f*
di-ammonium sulphate Ammoniumsulfat *n*
diamond bearing alloy Diamantmetallegierung *f*
diamond cone Diamantkegel *m*
diamond drawing die Diamantziehstein *m*
diamond knurling Kordeln *n*
diamond pass Rautenkaliber *n*
diamond pyramid hardness number Vickershärte *f*
diaphragm Blende *f*; Staurand *m*
diaphragm measurement Messung *f* mit Staurand
dicalcium ferrite Dicalciumferrit *m*
dicalcium silicate Dicalciumsilicat *n*
die Düse *f*; Lochstempel *m*; Matrize *f*; Preßform *f*; Zieheisen *n*

die angle Büchsenwinkel *m* (Fließpressen)
die aperture Düsenöffnung *f*
die approach angle Düseneintrittswinkel *m;* Düsenwinkel *m*
die beading Gesenksicken *n*
die bending Biegen *n* im Gesenk; Gesenkbiegen *n*
die-bending press Gesenkbiegepresse *f*
die [block] Gesenk *n;* Matrizenblock *m*
die body Preßformgehäuse *n*
die bolster Matrizenmantel *m*
die casting Dauerformguß *m;* Dauerform-Gußstück *n;* Druckguß *m;* Preßguß *m*
die chanel surface Düsenwand *f*
die channel Düsenkanal *m*
die cushion Ziehkissen *n*
die entrance Düseneinlauf *m*
die entrance angle Düseneintrittswinkel *m*
die exit Düsenausgang *m;* Düsenauslauf *m*
die fill Füllhöhe *f*
die flanging Gesenkbördeln *n*
die forging Gesenkschmieden *n;* Schmieden *n* im Gesenk
die forging plant Gesenkschmiedeanlage *f*
die formed part Gesenkschmiedestück *n*
die forming Gesenkformen *n*
die forming by drawing Formstanzen *n;* Formziehen *n* im Gesenk; Gesenkziehen *n*
die forming with partly enclosed work Gesenkformen *n* mit teilweise geschlossenem Werkstück
die heading Kopfanstauchen *n* im Gesenk
die hobbing Einsenken *n*
die holder Düsenhalter *m;* Fassung *f* (bei Ziehsteinen); Zieheisenhalter *m*
die hood Kokillenhaube *f*
dielectric coefficient Dielektrizitätskonstante *f*
die lining Preßformauskleidung *f*
die load meter Zugkraftmesser *m*
die mark Ziehriefe *f*
die mouth Düseneinlauf *m;* Düseneintritt *m;* Holeintritt *m*
die plate Ziehdüse *f;* Zieheisen *n*
die pressing Warmpressen *n*
die reduction zone Düsenarbeitsfläche *f*
die ring Matrizenarmierung *f* (Fließpressen)
die rolling periodisches Walzen *n* (im Gesenk)
die scar Ziehriefe *f*
Diescher [rolling] mill Diescher-Walzwerk *n*
die scratch Ziehriefe *f*
diesel engine Dieselmotor *m*
die set Preßwerkzeug *n;* Säulenführungsgestell *n* (Feinstanzen)
die shape Düsenform *f*
die sinking Gravieren *n*
die squeezing Gesenkdrücken *n*
die steel Matrizenstahl *m*
die straightening Gesenkrichten *n*
die taper angle Matrizenöffnungswinkel *m*
die tonnage Düsenleistung *f*
die typing press Kalteinsenkpresse *f*
die upsetting Anstauchen *n* im Gesenk; Gesenkstauchen *n*
die wall Düsenwand *f*
die wall taper Düsenwand-Neigungswinkel *m*
die working zone Düsenarbeitsfläche *f*

difference Abweichung *f;* Differenz *f;* Unterschied *m*
differential flame photometry Differential-Flammenphotometrie *f*
differential gear Ausgleichgetriebe *n*
differentially coated tinplate differenzverzinntes Weißblech *n*
differential pressure Differenzdruck *m*
differential thermal analysis Differentialthermoanalyse *f* (DTA)
diffraction Beugung *f*
diffraction pattern Rückstrahlaufnahme *f*
diffractometer Diffraktometer *n*
diffuse diffundieren
diffusion Diffusion *f*
diffusion annealing Diffusionsglühen *n*
diffusion coating Diffusionsverfahren *n* für Metallüberzüge
diffusion coefficient Diffusionskoeffizient *m*
diffusion-controlled fracture Bruch *m* diffusionskontrollierter
diffusion welding Diffusionsschweißen *n*
diffusivity Diffusionsvermögen *n;* Diffusivität *f*
digit Zahlzeichen *n;* Ziffer *f*
digital computer Digitalrechner *m*
digital data processing digitale Informationsverarbeitung *f*
digital data storage digitale Datenspeicherung *f*
digital display Digitalanzeige *f*
digital input unit Digitaleingabe-Einheit *f*
digitally operating installation digital arbeitende Anlage *f*
digital output unit Digitalausgabe-Einheit *f*
digital state digitaler Zustand *m*
dilatation Ausdehnung *f;* Dehnung *f;* Wärmedehnung *f*
dilute verdünnen
dilute solution Lösung *f* (dissoziierte); verdünnte Lösung *f*
dimension Abmessung *f;* Maß *n*
dimensional accuracy Maßgenauigkeit *f;* Maßhaltigkeit *f*
dimensional change Abmessungsänderung *f*
dimensional variation Maßabweichung *f*
dimensioning Bemessung *f*
dimensioning basis Bemessungsgrundlage *f*
dimensionless parameter dimensionslose Kennzahl *f*
dimension to which a material is constrained by shrinkage forces Schrumpfmaß *n*
diminish abklingen; vermindern
dimple Wabe *f*
dimpled fracture Grübchenbruch *m;* Wabenbruch *m*
dimple fracture Wabenbruch *m*
dinas brick Dinasstein *m*
ding Beule *f*
dip eintauchen
dip brazing Tauchlöten *n*
dip coating with aluminium Tauchaluminieren *n*
dip hardening Tauchhärten *n*
dipole moment Dipolmoment *n*
dipped electrode Tauchelektrode *f*
direct unmittelbar
direct bar extrusion of solids Voll-Vorwärts-Strangpressen *n*
direct casting Fallendgießen *n*
direct-contact mechanism Wälzhebelgetriebe *n*
direct-current arc plasma jet excita-

tion source Gleichstrom-Plasmabogen-Generator *m*
direct current (D.C.) Gleichstrom *m*
direct current (DC) arc furnace Gleichstromlichtbogenofen *m*
direct current motor Gleichstrommotor *m*
direct extrusion of rods Voll-Vorwärts-Strangpressen *n*
direct hardening Direkthärten *n*
direct hardening of case hardening steels Direkthärten *n* von Einsatzstahl
direct impact extrusion of rods Voll-Vorwärts-Fließpressen *n*
direction Leitung *f;* Richtung *f*
directionality Richtungsabhängigkeit *f*
directional solidification gerichtete Erstarrung *f*
direction of rolling Walzrichtung *f*
direction of the fiber Walzrichtung *f*
directivity factor Richtwirkung *f*
director Leiter *m* (eines Unternehmens)
direct process for the production of wrought iron Rennverfahren *n*
direct process for the production of wrougth iron Erzfrischverfahren *n*
direct quenching direkt abschrecken
direct reduced iron (DRI) DRI *n*
direct reduction Direktreduktion *f*
direct reduction of iron ores Eisenerzdirektreduktion *f*
direct reduction plant Direktreduktionsanlage *f*
direct rolling Direktwalzen *n;* Pulverwalzen *n*
direct shear Abscheren *n*
direct strand reduction Gießwalzen *n;* Strangquerschnitts-Direktreduktion *f*
direct teem fallend [ver]gießen
direct tube extrusion Hohl-Vorwärts-Strangpressen *n*
direct tubular impact extrusion Hohl-Vorwärts-Fließpressen *n*
dirty sheet verschmutztes Blech *n*
dirty water Schmutzwasser *n*
disappearance of network pattern Netzzerfall *m*
disappearing filament optical pyrometer (D.F.) Glühfaden-Pyrometer *n*
disc Scheibe *f*
discard Abfall *m;* Ausschuß *m;* Entfall *m*
disc brake Scheibenbremse *f*
disc clutch Lamellenreibungskupplung *f*
disc for recorder Diagrammscheibe *f*
discharge Abgänge *mpl;* Ablaß *m;* ablassen; ausfließen; Ausstoß *m* (von Gasen); löschen
discharge duct Abzugsrohr *n*
discharge launder Ablaufrinne *f*
discharge (or: release) of gas from the coke ovens Gasaustritt *m* aus den Koksöfen
discharge pipe Abflußrohr *n*
discharge plough Austragschieber *m*
discharging device Austragsvorrichtung *f*
discharging end of furnace Ziehherd *m*
discharging temperature Ziehtemperatur *f*
disc memory Plattenspeicher *m* (EDV)
disc model Scheibenmodell *n*
disconnect abkuppeln; ausrücken; ausschalten
disconnecting switch Trennschalter *m*

discontinuity Auftrennung *f;* gelokkerte Stelle *f* (Gefüge); Lockerstelle *f*
discontinuous chain type of carbide precipitation perlenschnurartige Carbidausscheidung *f*
discontinuous chip Reißspan *m*
disc piercer Scheiben-Lochwalzwerk *n*
discrepancy in weight Gewichtsabweichung *f*
discrete variable unstetige Veränderliche *f*
discriminatory analysis of variance Trennverfahren *n*
disc roll Scheibenwalze *f;* Walzscheibe *f*
disc-spring column Tellerfedersäule *f*
disc store Magnetplattenspeicher *m*
disc type cooling bed Scheibenrollen-Kühlbett *n*
discussion Diskussion *f;* Erörterung *f*
disc wheel Scheibenrad *n*
disc wheel rolling mill Scheibenrad-Walzwerk *n*
disengage auslösen; ausrücken; entkuppeln
disengagement point Ausklinkpunkt *m*
disequilibrium Ungleichgewicht *n*
dish einbeulen; einbuchten; kümpeln
dished head gekümpelter Kesselboden *m;* gewölbter Kesselboden *m;* Kesselboden *m*
dished products Kümpelerzeugnisse *npl*
dishing Kümpeln *n*
dishing press Kümpelpresse *f*
disintegrate zerfallen
disintegrating slag Zerfallschlacke *f*
disintegration Zerfall *m;* Zerkleinerung *f*
disintegration test Zerfallsprüfung *f*
disintegrator Desintegrator *m*
disk roller table Scheibenrollgang *m*
dislocation Versetzung *f* (Kristallgitter)
dislocation density Versetzungsdichte *f*
dislocations of opposite sign ungleichnamige Versetzungen *fpl*
dismantle abbrechen; ausbauen; demontieren
dismantling Abbrucharbeiten *fpl;* Demontage *f*
dismembering Zerlegen *n*
disordered alloy fehlgeordnete Legierung *f*
disorder (structure) Fehlordnung *f*
dispatch Kommissionierung *f;* Versand *m*
dispatching Lastverteilung *f* (Strom)
dispatch warehouse Kommissionierungslager *n*
dispenser Druckförderer *m*
dispersing agent Dispersionsmittel *n*
dispersion Einlagerung *f;* Streuung *f*
dispersion hardening Ausscheidungshärten *n;* Dispersionshärten *n*
dispersion kneader Dispersionskneter *m*
displace verschieben
displaceable verfahrbar; verschiebbar
displaced segregation verlagerte Seigerung *f*
displacement by shear parallel to adjacent surfaces Verschieben *n*
display (computer) Anzeige *f*
disposable head Aufsteckkopf *m*

(Thermoelement)
disposal Absatz *m*
disposal system Entsorgungseinrichtung *f*
dissection Zerlegung *f*
dissipate heat Wärme *f* abgeben
dissipation Dissipation *f*
dissipation of heat Wärmeableitung *f*
dissociate zerfallen; zersetzen
dissociated dislocation aufgespaltene Versetzung *f*
dissociation Zersetzung *f*
dissolution Auflösung *f;* Lösung *f*
dissolve lösen
dissolve (in a solution) auflösen
distance Strecke *f;* Weg *m*
distance between supports Auflagerentfernung *f*
distance over which stopper is moved to control teeming rate Verstellweg *m* der Stopfenstange
distill destillieren
distillate fuel Benzin *n*
distillation Destillation *f*
distort verziehen; werfen
distortion Formänderung *f* (bei Wärmebehandlungen); Verwerfung *f;* Verziehen *n*
distortion due to hardening Härteverzug *m*
distortion energy criterion of yield or plastic flow Gestaltänderungsenergiehypothese *f*
distortion wedge Zipfel *m*
distribute schütten (Hochofen); verteilen
distributing bell Verteilerglocke *f*
distributing plant Schaltanlage *f*
distribution Verteilung *f*
distribution coefficient Verteilungskoeffizient *m*
distribution of forces Kraftfluß *m*
distribution of voids Lückengradverteilung *f*
distribution plant for electric current elektrische Verteileranlage *f*
distribution system Vertriebssystem *n*
district heating plant Fernheizungsanlage *f*
disturbance Störgröße *f;* Störung *f*
disturbance feed forward Störgrößenaufschaltung *f*
disturbed structure gestörtes Gefüge *n*
disturbing wave Störschwingung *f*
ditch Graben *m*
diverge abweichen (= unterscheiden)
divergence Divergenz *f*
divide teilen; verteilen; zerteilen
dividing shears Teilschere *f*
divisional meeting Fachsitzung *f;* Fachtagung *f*
dog Anschlag *m;* Knagge *f*
dog-bar type conveyor Daumenschlepper *m;* Knaggenschlepper *m*
dog-bone profile Hundeknochenprofil *n*
dog-bone shape Hundeknochenprofil *n*
dogging crane Zangenkran *m*
dog leg mechanische Oberflächenbeschädigung *f*
dogs Zange *f*
dog spike Schienennagel *m*
dog-type bed Klinkenbett *n*
dole Arbeitslosenunterstützung *f*
dolly bar Gegenhalter *m* (beim Nieten)
dolomite Dolomit *m*
dolomite brick Dolomitstein *m*
dolomite brick press Dolomitsteinpresse *f*

dolomite calcining kiln Dolomitbrennofen *m*
dolomite centrifuging machine Dolomit-Schleudermaschine *f*
dolomite plant Dolomitanlage *f*
dolomite product Dolomiterzeugnis *n*
dolomitic lime[stone] dolomitischer Kalk *m*
domain structure Bereichstruktur *f* (Kristall)
domain structure in soft magnetic materials Bereichsstruktur *f* in weichmagnetischen Materialen
dome Kuppel *f;* Kuppelgewölbe *n*
dome-shaped kalottenförmig
dome temperature Kuppeltemperatur *f*
donkey arms Aufgabeapparat *m*
door Klappe *f;* Tür *f*
door cooling frame Türkühlrahmen *m*
door jamb Türpfeiler *m*
door lining Türausmauerung *f*
door winch Türhebevorrichtung *f* (beim Ofen)
dope doticren
doping material kristallwachstumshemmender Zusatz *m*
dotscanning method Punktrasterverfahren *n*
dotted line gepunktete Kurve *f*
dotted line recorder Punktschreiber *m*
double doppeln; falten
double action pressing beidseitiges Pressen *n*
double-bevel butt joint Doppel-HV-Naht *f*
double bevel groove Doppel-HV-Fuge *f*
double-block drawing machine Doppelscheiben-Ziehmaschine *f*
double cold reducing mill Doppelreduzierstraße *f*
double column press Zweisäulen-Presse *f*
double disc wedge valve Doppelplattenkeilschieber *m* (Winderhitzer)
double draw Dopplung *f*
double-duo Doppelduowalzwerk *n*
double fillet weld Kehlnaht *f;* zweiseitige Kehlnaht[schweiße] *f*
double-flanged joint Bördelnaht *f*
double galvanising Doppelverzinken *n*
double handle [crutch] Traggabel *f*
double hardening Doppelhärten *n*
double hardening of case hardening steels Doppelhärten *n* von Einsatzstählen
double head pay-off reel Doppelkopf-Ablaufhaspel *f*
double helical gear Pfeilrad *n*
double-I butt joint (or weld) Doppel-HU-Naht *f*
double-poured roll Verbundgußwalze *f*
double press[ing] technique Doppelpreßtechnik *f*
double quenching Doppelhärten *n*
doubler Doppler *m*
double roller Zweiwalzen-Gießmaschine *f*
doubles paarweise gewalzte Bleche *npl*
double seam doppelbördeln
double seaming Doppelbördeln *n*
double skin Überwallung *f* (Oberflächenfehler); Überwalzung *f*
double skin (surface defect) Blockschale *f*
double-standard shear Zweiständer-

schere *f*
double-step joint Stoß *m* doppelt abgesetzter
double-tailed test Prüfen *n* nach beiden Ausläufern der Prüfverteilung
double teem (surface defect) Absatz *m*
double tempering Doppelanlassen *n*
double tension test Doppelspannungstest *m*
double two-high mill Doppelduowalzwerk *n*
double-U butt weld DU-Fuge *f*
double-V butt weld DV-Naht *f*
double-vee butt welded specimen X-Naht geschweißte Probe *f*
double-V groove Doppel-V-Fuge *f*
double walking beam furnace Gleichschrittofen *m*
double walking beam furnaces Gleichschrittöfen *mpl*
doubling test Faltversuch *m*
dovetail (joint between dummy bar and dummy bar head) Schwalbenschwanz *m*
dowel Dübel *m*
down-comer Fallrohr *n;* Gasabfang *m;* Gasabzug *m;* geneigter Hochofen *m*
downcomer Gichtgasabzugsrohr *n*
downcut milling Gleichlauffräsen *n*
down draft Saugzug *m*
down draft sintering Saugzugsinterung *f*
down gate Eingußtrichter *m*
down-gate Gießtrichter *m*
down-hill teem fallend [ver]gießen
downpipe Fallrohr *n*
down-spout Auslauf *m*
down spout Schurre *f*
downtake Abzugsrohrleitung *f;* Gichtgasabzug *m;* Zug *m*
downtime Ausfallzeit *f;* Nebenzeit *f*
downward weld Abwärtsnaht *f*
dozzle Blockaufsatz *m;* Gießaufsatz *m;* Speisekopf *m* (Block)
dozzle feeder [head] verlorener Kopf *m*
draft Abnahme *f* (Walzkaliber); Abnahme *f* je Stich; Abzug *m;* Kaliberdruck *m*
drafting of standard Aufstellung *f* eines Normenentwurfes
draft regulating damper Zugregler *m*
draft specification Normblattentwurf *m;* Normenentwurf *m*
draft standard Normenentwurf *m*
drag bremsen; hemmen; schleppen
drag angle Riefenwinkel *m*
drag bar Zughaken *m*
drag distance Tragweg *m*
drag grinding machine Schleppschleifanlage *f*
drag-line excavator Greifbagger *m*
drag-link mechanism Doppelkurbel *f*
drag mark Bearbeitungsriefe *f*
drag over Schlepper *m* (Walzen); überheben
drag reel Bremshaspel *f*
drag roll Schleppwalze *f*
drag uncoiler Ablaufschlepphaspel *f*
drain Ablaß *m;* ablaufen lassen; abtropfen (Draht); entwässern
drainage pipe Entwässerungsrohr *n*
draining ditch Abzugsrinne *f*
draining of the strand Auswaschen des Stranges *n* (Stranggießen)
draining plant Entwässerungsanlage *f*
draining pump Wasserhaltungspumpe *f*
drain [pipe] Abflußrohr *n*

draught Abnahme *f* (Walzkaliber); Anzug *m;* Stichabnahme *f;* Zug *m*
draught ga[u]ge Reißbrett *n;* Zugmesser *m*
draught per pass Stichabnahme *f*
draught pressure Zugstärke *f*
draw abheben; anlassen; recken; Schrumpfriß *m;* Zug *m*
drawability Ziehbarkeit *f*
draw bench with chains Kettenziehbank *f*
draw-die Ziehmatrize *f*
draw down abziehen
draw head Zieheisenkopf *m*
draw-hook Zughaken *m*
drawing Durchziehen *n;* Zeichnung *f;* Ziehen *n*
drawing agent Ziehmittel *n*
drawing agents Ziehmittel *n* (Fette, Öle, Seifen usw.)
drawing bench Ziehbank *f*
drawing board Zeichenbrett *n*
drawing (by a sliding action) Gleitziehen *n*
drawing device Ausziehvorrichtung *f*
drawing die Ziehmatrize *f;* Ziehring *m;* Ziehstein *m*
drawing down properties Herunterzieh-Eigenschaften *fpl*
drawing engine Fördermaschine *f;* Göpel *m*
drawing force Ziehkraft *f*
drawing grade Tiefziehgüte *f*
drawing grease Ziehfett *n*
drawing hole Ziehhol *n*
drawing hole angle Ziehholöffnungswinkel *m*
drawing machine for bars and sections Stangen- und Profilziehmaschine *f*
drawing nozzle Ziehtrichter *m*
drawing of tubular bodies Hohl-Gleitziehen *n*
drawing over mandrel Dornziehen *n*
drawing part Ziehteil *n*
drawing pass Ziehhol *n*
drawing pen Ziehfeder *f*
drawing plant Zieherei *f*
drawing point Ziehangel *f*
drawing practice Ziehtechnik *f*
drawing press Ziehpresse *f*
drawing pressure Ziehdruck *m*
drawing punch Ziehstempel *m*
drawing quality Ziehfähigkeit *f;* Ziehgüte *f*
drawing shaft Förderschacht *m*
drawing sheet Ziehblech *n*
drawing speed Ziehgeschwindigkeit *f*
drawing stress Ziehkraft *f;* Ziehspannung *f;* Zugkraft *f*
drawing through a die Gleitziehen *n*
drawing tool Ziehwerkzeug *n*
drawing tool geometry Ziehhol *n*
drawing with roller dies Ziehwalzen *n*
drawn head Ziehkopf *m*
drawn-in scale Zunder *m* eingegossener; Zunder *m*
drawn part Ziehteil *n*
drawn product Ziehereierzeugnis *n*
drawn steel bar gezogener Stabstahl *m*
drawn wire Draht *m,* gezogener
draw off ableiten; absaugen; abziehen
draw out herausziehen; recken; strecken
draw out switchgear design Schaltwagentechnik *f*
draw plate Ziehdüse *f;* Zieheisen *n;* Ziehlochplatte *f*
draw [up] a list Liste *f* aufstellen
draw with back pull Gegenzugziehen *n*

draw with back tension Gegenzugziehen *n*
dredger Bagger *m*
dredging slag Baggerschlacke *f*
dress abrichten; aufbereiten; dressieren; putzen (Gußstücke)
dressed edges nachgearbeitete Kanten *fpl*
dressing Aufbereitung *f* (Erz); Nacharbeiten *n*
dressing and straightening Adjustage *f*
dressing and straightening line Adjustageanlage *f*
dressing and straightening machine Adjustageanlage *f*; Adjustagemaschine *f*
dressing and straightening system for tubes Adjustageanlage *f* für Rohre
dressing by flotation Schwimmaufbereitung *f*
dressing by magnetic separation Aufbereitung *f* durch magnetische Trennung
dressing by screening Aufbereitung *f* durch Absieben (Erz)
dressing by washing Aufbereitung *f* durch Auswaschen
dressing plant for ore and auxiliaries Aufbereitungsanlage *f* für Erz und Zuschläge
dressing shop Putzerei *f*; Zurichterei *f*
DRI (=direct reduced iron) Eisenschwamm *m*
drift Dorn *m*
drift test Aufweitversuch *m*
drill bohren
drill-bit Drehbohrschneide *f*
driller Bohrer *m* (Facharbeiter)
drill for tapholes Stichlochbohrmaschine *f*
drill-friction Bohrreibung *f*
drill hole Bohrloch *n*
drilling Bohren *n* (mit Spiralbohrer)
drilling machine Bohrmaschine *f*
drilling shaft Bohrwelle *f*
drillings sampler Bohrprobenehmer *m*
drill manufacture Bohrerherstellung *f*
drill pipe Gestängerohr *n*
drill steel Bohrstahl *m*
drill tube Bohrrohr *n*
drinking water Trinkwasser *n*
dripping Tauchen *n*
drip point (arch) Tropfpunkt *m* (Gewölbe)
drive Antrieb *m*; Getriebe *n*; treiben
driver Steuermann *m*; Treiberprogramm *n*
driver's compartment Führerstand *m*
driving Treiben *n*
driving band Führungsring *m*
driving elements Antriebselemente *npl*
driving gear Getriebe *n*
driving motor Antriebsmotor *m*
driving pinion Antriebsritzel *n*
driving power Antriebskraft *f*
driving roll Treibrolle *f*
driving shaft Antriebswelle *f*
driving side gespanntes Trum *n*
drop Abnahme *f*; Fallbär *m*; Gefälle *n*
drop bottom bucket Setzkübel *m*
drop bottom tub Setzkübel *m*
drop detachement method Tropfenabrißverfahren *n*
drop forge die Schmiedegesenk *n*
drop forging Gesenkschmieden *n*; Gesenkschmiedestück *n*; Schmieden *n* im Gesenk

drop forging die steel Gesenkschmiedestahl *m*
drop forging press Gesenkschmiedepresse *f*
drop hammer Fallhammer *m*
drop hardness test Fallhärteprüfung *f*
drop in yield stress Streckgrenzenabfall *m*
drop of temperature Temperaturabfall *m*
dropping in Eintröpfelung *f*
drop plate-type moulding machine Absenkformmaschine *f*
drop press Fallhammer *m*
drop spraying limit Versprühgrenze *f*
drop stamper Fallhammer *m*
drop stamping Preßling *m*
drop test Schlagprobe *f;* Schlagversuch *m;* Stoßprobe *f*
drop weight Fallbirne *f*
drop weight method Tropfengewichtsverfahren *n*
drop-weight tear test Fall-Riß-Versuch *m*
drop weight tear test (DWTT) Fallgewichtsversuch *m*
drop weight test Fallversuch *m* (DWT)
drop-weight trial Drop-Weight-Probe *f*
dross Abstrich *m;* Gekrätz *n;* Schaum *m;* Zinkasche *f*
drum Kesselschuß *m;* Spule *f;* Trommel *f*
drum-chart recorder Trommelschreiber *m*
drum for recorder Diagrammrolle *f*
drum memory Trommelspeicher *m*
drum of a boiler Kesselschuß *m*
drum store Trommelspeicher *m*
drum strength Trommelfestigkeit *f*
drum type furnace Trommelofen *m*
drum type kiln Drehtrommelofen *m;* Trommelofen *m*
drum type pickler Trommelbeize *f*
drum type retort furnace Tonnenretortenofen *m*
dry trocken; trocknen
dry and ash free (daf) wasser- und aschefrei (waf)
dry binder Trockenbinder *m*
dry burning coal Magerkohle *f*
dry cleaning Trockenreinigung *f*
dry cleaning of blast furnace gas Trockenreinigung *f* für Hochofengas
dry cooling Trockenlöschen *n*
dry cooling tower Trockenkühlturm *m*
dry cyaniding Karbonitrieren *n*
dry dust catcher Trockenentstauber *m*
dry electric filter Trockenelektrofilter *m*
dry friction Reibung *f*, trockene
dry fritting mix Trockenfrittmasse *f* (ff.)
dry galvanising Trockenverzinkung *f*
dry galvanizing Staubverzinkung *f*
dry gas filter Trockengasfilter *m*
dry grinding Trockenmahlung *f*
drying house Trockenkammer *f*
drying hurdle Hordentrockner *m*
drying of building Bautentrocknung *f*
drying oven Trockenofen *m*
drying plant Trockenanlage *f;* Trocknungsanlage *f*
dry magnetic dressing trockenmagnetische Aufbereitung *f*
dry nitriding Gasnitrieren *n*
dry puddling Trockenpuddeln *n* (im

teigigen Zustand)
dry quenching Trockenlöschen *n*
dry-sand moulding Masseformerei *f*
dry strength Trockenfestigkeit *f* (Pellet)
dual-hearth furnace Doppelherdofen *m*
dual phase steel Dualphasenstahl *m*
duct Kanal *m;* Rinne *f;* Röhre *f*
ductile bildsam; formbar; verformbar
ductile cast iron Gußeisen *n* mit Kugelgraphit
ductile fracture Verformungsbruch *m;* Zähbruch *m;* zäher Bruch *m*
ductile iron roll Walze *f* (Sphäroguß)
ductility Bildsamkeit *f;* Dehnbarkeit *f;* Geschmeidigkeit *f;* Umformbarkeit *f*
ductility at elevated temperatures Warmbildsamkeit *f*
ductility-dip crack Sprödriß *m*
ductility test Dehnbarkeitsprüfung *f*
dulled abgestumpft
dull finish matte Oberfläche *f*
dull-finish sheet Mattblech *n*
dummy Gesenkschmiederohling *m*
dummy bar Anfahrstrang *m;* Anfahrstück *n;* Kaltstrang *m* (Stranggießen)
dummy bar bottom Kaltstrangfuß *m*
dummy bar car Kaltstrangwagen *m*
dummy bar chain Kaltstrangkette *f*
dummy bar chain conveyor Kaltstrangkettenförderer *m*
dummy bar head Anfahrkopf *m* (Strangguß); Kaltstrangkopf *m*
dummy bar heater Kaltstrangkopfheizung *f*
dummy bar pinch roll set Kaltstrangtreiber *m*
dummy bar preheater Kaltstrangaufheizvorrichtung *f*
dummy bar receiver Kaltstrangrinne *f*
dummy bar separator Kaltstrangausheber *m;* Kaltstrangentkuppler *m*
dummy bar serving platform Kaltstrangbedienungspodest *n*
dummy bar storage Kaltstranglagerung *f*
dummy bar storage device Kaltstrangaufnehmer *m;* Kaltstranglager *f*
dummy bar take-up Kaltstrangaufnehmer *m*
dummy bar tilter Kaltstrangwippe *f*
dummy bar winch Kaltstranghubwinde *f*
dummy bar withdrawal unit Kaltstrangtreiber *m*
dummy pass blindes Kaliber *n;* Stauchstich *m* (bei Schienen)
dummy roll Blindwalze *f*
dummy sheet Tragblech *n;* Unterlagsblech *n*
dump abkippen; Abladeplatz *m;* Halde *f;* schütten
dump cart Kippwagen *m*
dump cinder car Schlackenkipppfanne *f*
dumper Abladeanlage *f*
dumping device (am.) Kippvorrichtung *f*
dumping of coking coal Kokskohlenentladung *f*
dumping [refuse] Deponie *f*
dump test Stauchversuch *m*
duplex[ing] process Duplexverfahren *n*
duplex metal Bimetall *n*
duplex steel Duplexstahl *m*
duplicate production Reihenherstellung *f*

durability Dauerhaftigkeit *f;* Haltbarkeit *f*
duralumin Duraluminium *n*
duration of burning Brenndauer *f*
duration of [s]melting Schmelzdauer *f*
dust catcher Entstauber *m;* Entstaubungsanlage *f;* Staubfänger *m;* Windsichter *m*
dust-collecting machine Entstaubungsanlage *f*
dust content Staubgehalt *m*
dust deposit Staubablagerung *f;* Staubniederschlag *m*
dust deposit ga[u]ge Staubpegelwert *m*
dust emission Rauchemission *f*
dust evolving stauberzeugend
dust extraction Entstaubung *f*
dustfall Staubniederschlag *m*
dust layer Staubbelag *m*
dust level Staubpegelwert *m*
dust off entstauben
dust prevention measures Staubbekämpfung *f*
dust removal Entstaubung *f*
dust removing plant Entstaubungsanlage *f*
dust sampling Staubprobenahme *f*
dust separator Staubabscheider *m*
dust shield Staubschutz *m*
dust wetting plant Staubanfeuchter *m*
dusty staubförmig
DVM-creep limit DVM-Kriechgrenze *f*
dwell period Haltedauer *f*
dwell time Verweilzeit *f*
dye-penetrant farbdurchdringend
dye penetrant inspection Farbeindringprüfung *f*
dynamic behaviour Zeitverhalten *n*
dynamic incremental shear loading Scherbelastung *f* zusätzliche dynamische; zusätzliche dynamische Scherbelastung *f*
dynamic load Belastung *f* dynamische
dynamic recovery Erholung *f*, dynamische
dynamic recristallisation Rekristallisation *f*, dynamische
dynamic response Zeitverhalten *n*
dynamometer Kraftmeßglied *n;* Meßdose *f*

E

ear Zipfel *m*
earing Zipfelbildung *f*
early disability Frühinvalidität *f*
early shift Frühschicht *f*
ear protection Gehörschutz *m*
earth connection Erdschluß *m;* Erdung *f*
earthed kurzgeschlossen (Stromkreis)
earth fault Erdschluß *m*
earthing Erdung *f*
earth lead Erdungskabel *n*
earth leakage Erdschluß *m*
earthy ore erdiges Erz *n;* Erz *n* mulmiges
easily reducible ore Erz *n* leicht reduzierbares
easy drawing conveyor (EDC-process) (wire) Leichtziehförderer *m* (Draht)
easy drawing (ED-process) (wire) Leichtziehen *n* (Draht)
easy-machining steel Automatenstahl *m;* Sonderstahl *m* leichter Zerspanbarkeit
ebullition Aufwallen *n;* Kochen *n;*

Sieden *n*
eccentric abgesetzt (Welle)
eccentric bearing load außermittige Lagerlast *f*
eccentric bottom tapping (EBT) EBT (exzentrischer Bodenabstich) *m*
eccentricity außermittige Lage *f*
eccentricity of the rolls Walzenschlag *m*
E-channel (channel iron) U-Eisen *n*
economic history Wirtschaftsgeschichte *f*
economic policy Wirtschaftspolitik *f*
economics calculation Wirtschaftlichkeitsrechnung *f*
Economic Union Wirtschaftsvereinigung *f*
economic zinc alloy Sparzinklegierung *f*
economiser Luftvorwärmer *m;* Vorwärmer *m*
economy Energie- und Stoffwirtschaft *f*
economy efficiency Wirtschaftlichkeit *f*
eddy current Wirbelstrom *m*
eddy current brake Wirbelstrombremse *f*
eddy current test Wirbelstromprüfung *f*
eddy diffusion Diffusion *f* bei turbulenter Strömung
eddy-mill powder Wirbelschlagpulver *n*
eddy nozzle Wirbeldüse *f*
edge hochkant stellen; Kante *f;* kanten; Saum *m*
edge break Kantenriß *m*
edge breaks in hot rolling Kantenriß *m* beim Warmwalzen
edge buildup Bandkantenverdickung *f*
edge camber Seitengeradheit *f* (von Blechen)
edge crack Kantenriß *m*
edge cracking Kantenrissigkeit *f*
edge dislocation Stufenversetzung *f*
edge drop Bandkantenschärfung *f*
edge form Fugenform *f*
edge mill Kollergang *m*
edge of a crack Rißausläufer *m*
edge positioner Bandkantensteuerung *f*
edge-quenching apparatus Randabschreckvorrichtung *f*
edger Rund- und Verteilgesenk *n;* Schienenflachstich *m*
edge raising Hochkanten *n*
edge rolling Rollbiegen *n* (Blechumformen)
edge runner Kollergang *m*
edge strength Kantenfestigkeit *f*
edge tearing Einreißen *n* der Kante
edge trimming Beschneiden *n* von Kanten
edge wave Kantenwelle *f* (Kaltband)
edge waviness Kantenwelligkeit *f;* Randwelligkeit *f* (Band)
edge working Bandkantenbearbeitung *f*
edging Beschneiden *n* von Kanten (Band); Stauchen *n* (Breite)
edging machine Abkantanlage *f;* Abkantmaschine *f*
edging pass Stauchkaliber *n;* Stauchstich *m*
edging planer Blechkantenhobelmaschine *f*
edging press Abkantanlage *f*
EDT systems EDT-System *n*
effect Einwirkung *f*
effective acid Säuregrad *m*
effective case depth Einhärtungstiefe *f;* Einsatzhärtetiefe *f*

effective case depth after nitriding Nitrierhärtetiefe *f*
effective coefficient of friction in the groove Kaliberreibungsbeiwert *m*
effective cutting angle Eckenwinkel *m* (Spanen)
effective depth of hardening Einhärtetiefe *f*
effective groove diameter Walzendurchmesser *m*
effective hardening depth Einhärtetiefe *f*
effective [latent] heat of fusion Schmelzwärme *f*
effective length Fertiglänge *f;* Knicklänge *f*
effective resistance Wirkwiderstand *m*
effective strain Vergleichsformänderung *f;* Vergleichsumformgrad *m*
effective strain rate Vergleichsformänderungsgeschwindigkeit *f*
effective stress Vergleichsspannung *f*
effective value Effektivwert *m;* Ist-Wert *m*
effervescence Aufbrausen *n;* Aufwallen *n;* Schäumen *n*
effervescent steel steigender Stahl *m;* unberuhigter Stahl *m*
efficiency Brauchbarkeit *f;* Leistung *f;* Leistungsfähigkeit *f;* Wirksamkeit *f*
efficiency factor Leistungsgrad *m*
efficiency of deformation Umformwirkungsgrad *m*
efficient brauchbar; leistungsfähig; wirksam
effluent Auswurf *m*
effluent (of furnace) Abgänge *mpl*
effusiometer Gasdichtemesser *m*
eight-strand continuous casting machine Achtstrang-Gießmaschine *f*
eject ausheben; ausstoßen; auswerfen
ejector Ausstoßer *m;* Auswerfer *m*
ELA (extra-low-additions) ferritic steel Stahl *m*, ferritischer (extrem geringe Legierungsgehalte)
elastic deformation elastische Formänderung *f*
elastic energy of deformation elastische Formänderungsarbeit *f*
elasticity Elastizität *f*
elastic limit Elastizitätsgrenze *f*
elastic limit tensile strength ratio Streckgrenzenverhältnis *n*
elastic modulus Modul *n*, elastisches
elastic perfectly-plastic material behaviour Materialverhalten *n*, elastisch-idealplastisches
elastic plastic behaviour elastisch plastisches Verhalten *n*
elastic recovery Rückdehnung *f;* Rückfederung *f;* Rückfederungsdehnung *f*
elastic spring wire Sprungfederdraht *m*
elbow Kniestück *n;* Krümmer *m*
ELC (extra-low-carbon) steel Stahl *m*, mit extrem geringem Kohlenstoffgehalt
electrical conductivity elektrische Leitfähigkeit *f*
electrical discharge texturing EDT-Verfahren *n;* Funkenerodierverfahren *n*
electrical discharge texturing (EDT) elektroerosives Texturierverfahren *n*
electrical engineering Elektrotechnik *f*

electrical field elektrisches Feld *n*
electrical machinery elektrische Maschinen *fpl*
electrical potential method Potentialsondenverfahren *n*
electric[al] quality sheet Elektroblech *n;* Übertragerblech *n*
electrical quality steel Übertragerblech *n;* weichmagnetischer Stahl *m*
electrical resistivity Widerstandsfähigkeit *f,* elektrische
electrical resistivity of the heating conductor alloys Widerstandsfähigkeit *f,* elektrische - der Heizleiterlegierungen
electric arc Lichtbogen *m*
electric arc cutting Schmelzschneiden *n*
electric arc furnace Elektrolichtbogenofen *m;* Lichtbogenofen *m;* Lichtbogenofen *m* elektrischer
electric arc melting Erschmelzung *f* im Lichtbogen
electric arc reduction furnace Elektroreduktionsofen *m*
electric circuit Stromnetz *n*
electric contact line Schleifleitung *f*
electric control elektrische Steuerung *f*
electric displacement elektrische Verschiebung *f*
electric door-lifting mechanism Türaufzugsvorrichtung *f*
electric drive elektrischer Trieb *m*
electric driven tool Elektrowerkzeug *n*
electric energy Energie *f* elektrische
electric field strength elektrische Feldstärke *f*
electric furnace Elektroofen *m*
electric furnace charging device Beschickungsanlage *f* für Elektroöfen
electric furnace iron Elektroroheisen *n*
electric [furnace] steel Elektrostahl *m*
electric fusion welding Elektroschmelzschweißen *n*
electric heating elektrische Beheizung *f*
electric heating element Heizelement *n,* elektrisches
electric heating plant elektrische Beheizung *f*
electric hoist Elektrozug *m*
electrician Elektriker *m;* Elektromechaniker *m*
electric low shaft furnace Elektroniederschachtofen *m*
electric motor roller Elektrorolle *f*
electric ore reduction furnace Elektroreduktionsofen *m*
electric overhead trolley Elektrohängebahn *f*
electric power Leistung *f* elektrische
electric power house elektrische Zentrale *f*
electric pulley block Elektroflaschenzug *m*
electric rectifier Gleichrichter *m*
electric resistance welding (ERW process) Elektrisches Widerstandsschweißen *n* (ERW-Verfahren)
electric shaft furnace Elektrohochofen *m*
electric steel sheet Stahlblech *n,* Elektro-
electric storage battery Akkumulator *m;* elektrische Batterie *f*
electric strip Elektroband *n*
electric truck Elektrokarren *m*

electric turbo blower Elektroturbogebläse *n*
electric vehicle Elektrofahrzeug *n*
electrochemical mobility elektrochemische Beweglichkeit *f*
electrochemical potential elektrochemisches Potential *n*
electro-chemical series elektrochemische Spannungsreihe *f*
electro-chemical stripping elektrochemisches Ablösen *n* (Zinküberzug)
electrochemistry Elektrochemie *f*
electrocoating galvanisches Überziehen *n*
electrode Elektrode *f*
electrode arc strike Elektrodenzündstelle *f*
electrode arm Elektrodenarm *m*
electrode cap Elektrodenkappe *f*
electrode case Elektrodenköcher *m*
electrode clearance Elektrodenabstand *m*
electrode consumption Elektrodenverbrauch *m*
electrode control system Elektrodenregelung *f*
electrode current Elektrodenstrom *m*
electrode diameter Elektrodendurchmesser *m*
electrode feed roller Elektrodenvorschubrolle *f*
electrode guide Elektrodenführung *f*
electrode holder Elektrodenhalter *m*
electrode indentation defect Elektrodeneindruckfehler *m*
electrode jib arm Elektrodentragarm *m*
electrode jib arms Elektrodentragarm *m*
electrode joining Elektrodenaufbau *m*
electrode joining and lifting nipple equipment Annippelvorrichtung *f* für Elektroden
electrode paste Elektrodenmasse *f*
electrodeposited nickel undercoat elektrolytische Nickelunterschicht *f* (bei Weißblech)
electro-deposition elektrolytische Metallisierung *f*
electrode-pressure cylinder Elektrodenkraftzylinder *m*
electrodes arranged in a circle Elektroden *fpl* kreisförmig angeordnet
electrode scrap Elektrodenbruch *m*
electrodes off-furnace assembling Elektrodenaufbau *m* neben dem Ofen
electrodes on-furnace assembling Elektrodenaufbau *m* auf dem Ofen
electrode waste Elektrodenbruch *m*
electrode with basic sheath Elektrode *f* kalkbasisch umhüllte; kalkbasisch umhüllte Elektrode *f*
electro dry filter Elektro-Trockenfilter *m*
electro forming Elysieren *n*
electrogalvanised elektrolytisch verzinkt
electro galvanizing galvanische Verzinkung *f*
electrogalvanizing Verzinkung *f*, elektrolytische
electrogalvanizing plant Verzinkungsanlage *f*, elektrolytische
electro [gas] filter Elektrofilter *m*
electro gas welding Elektrogasschweißen *n*
electrolysis Elektrolyse *f*
electrolyte Elektrolyt *m*
electrolytic aluminizing Aluminieren *n*, elektrolytisch

electrolytic deposition elektrolytischer Niederschlag *m*
electrolytic polishing elektrolytisches Polieren *n*
electrolytic powder Elektrolytpulver *n*
electrolytic tinning elektrolytisches Verzinnen *n;* Verzinnung *f,* elektrolytische
electrolytic tinplate elektrolytisch verzinntes Weißblech *n*
electromagnet Elektromagnet *m*
electromagnetic elektromagnetisch
electromagnetic counter current elektromagnetischer Gegenstrom *m*
electromagnetic inverse current elektromagnetischer Gegenstrom *m*
electro-magnetic stirrer Rührer *m* elektromagnetisch
electromagnetic stirring elektromagnetisches Rühren *n;* Rühren *n,* induktives
electromagnetic stirring during continuous casting Rühren *n,* induktives, beim Stranggießen
electromagnetic stirring of the bath Badbewegung *f* induktive; induktive Badbewegung *f;* induktives Rühren *n* der Schmelze
electromagnetic testing elektromagnetische Prüfung *f*
electromotive force (EMF) elektromotorische Kraft *f* (EMK)
electron attenuation process Elektronendämpfungsverfahren *n*
electron beam cold hearth refining Elektronenstrahl-Kaltherdfrischen *n*
electron beam cutting Elektronenstrahlschneiden *n*
electron beam drilling Elektronenstrahlbohren *n*
electron beam melting process Elektronenstrahl-Schmelzverfahren *n*
electron beam process Elektronenstrahlverfahren *n*
electron beam welding Elektronenstrahlschweißen *n*
electron beam welding machine Elektronenstrahl-Schweißmaschine *f*
electron diffraction Elektronenbeugung *f*
electron emission microscope Emissions-Elektronenmikroskop *n*
electron fractography Elektronenfraktographie *f*
electron gun Elektronenstrahler *m*
electron gun with built-in self-acceleration Elektronenkanone *f* mit Selbstbeschleunigung
electron gun with external acceleration Elektronenkanone *f* mit Fremdbeschleunigung
electronic computer Elektronenrechner *m*
electronic data processing Datenverarbeitung *f;* elektronische Datenverarbeitung *f*
electronic valve Elektronenröhre *f*
electron-micrograph elektronenmikroskopische Aufnahme *f*
electron microscope Elektronenmikroskop *n*
electron microscopy Elektronenmikroskopie *f*
electron probe microanalysis (EPMA) Elektronenstrahl-Mikroanalyse *f;* Mikrosondenanalyse *f*
electron shell Elektronenschale *f*
electron spectroscopy for chemical analysis (ESCA) Elektronenspektroskopie *f* für chemische Analyse (ESCA)

electrophoresis Elektrophorese *f*
electroplate elektroplattieren
electroplating elektrolytische Metallisierung *f;* elektrolytisches Veredeln *n*
electroslag refining (ESR) Elektroschlackeumschmelzen *n* (ESU)
electroslag remelting (ESR) Elektroschlackeumschmelzen *n* (ESU); Elektroschlackeumschmelzverfahren *n* (ESU)
electro slag remelting plant Elektroschlacke-Umschmelzanlage *f*
electro slag welding Elektroschlacke-Schweißen *n*
electrostatic precipitator Elektrofilter *m*
electrotechnics Elektrotechnik *f*
electrothermal elektrothermisch
electro thermal upsetting Elektroanstauchen *n*
element Glied *n*
element analysis Elementanalyse *f*
elementary charge elektrische Elementarladung *f*
elementary plasticity theory (strip or slab method) Plastizitätstheorie *f*, elementare
elementary substance Grundstoff *m*
element burn-off Abbrand *m* der Legierungsbestandteile
elements other than iron Begleitelemente *npl*
elevated inclined chute Dachrutsche *f;* Hochlauf *m*
elevated road Hochstraße *f*
elevated tank Hochbehälter *m*
elevated temperature höhere Temperatur *f*
elevated-temperature alloys Legierungen *fpl*, hochwarmfeste
elevated-temperature material hochwarmfester Werkstoff *m*
elevated-temperature steel hochwarmfester Stahl *m*
elevating platform Hebebühne *f*
elevation Aufriß *m;* Aufsteigen *n;* Erhebung *f*
elevator (am.) Aufzug *m;* Hebevorrichtung *f*
elevator tee [guide] Aufzugführungsschiene *f*
elliptic spring Kegelfeder *f*
elongate dehnen
elongating Dehnen *n*
elongation Dehnung *f* (Bruchdehnung); Dehnung *f;* Längsstrecken *n;* Verlängerung *f*
elongation after fracture Bruchdehnung *f*
elongation [after fracture] Gleichmaßdehnung *f*
elongation rate Dehn[ungs]geschwindigkeit *f*
elongation rolling Reckwalzen *n*
elongation step Dehnungsstufe *f*
elongation with necking Einschnürdehnung *f*
elongation without necking Gleichmaßdehnung *f*
elucidation Aufklärung *f;* Erklärung *f;* Erläuterung *f*
elutriate schlämmen
elutriation Schlämmen *n;* Strömungssichten *n* (Pulvermet.)
embed einbetten
embedded steelwork Stahlbauteil *n* (eingegossen)
embedding Einbettung *f*
embedding material Einbettmaterial *n*
emboss hohlprägen
embossed sheet geprägtes Blech *n*
embossing Hohlprägen *n;* Prägung *f*
embrittle verspröden

embrittlement Versprödung *f*
embrittlement by sigma-phase Sigma-Phasen-Versprödung *f*
embryo Keim *m*
emergency Notfall *m*
emergency air accumulator Notluftspeicher *m*
emergency brake Notbremse *f*
emergency ladle Notpfanne *f*
emergency launder Notrinne *f*
emergency mould Notkokille *f*
emergency power system Notversorgungssystem *n*
emergency power unit Notstromaggregat *n*
emergency water tank Notwasserbehälter *m*
emery cloth Schmirgelleinen *n*
emery paper Sandpapier *n;* Schleifpapier *n*
EMF cell EMK-Sonde *f*
emf (cell voltage) EMK *f* (Zellspannung)
emission Ausstoß *m* (von Gasen); Auswurf *m;* Emission *f*
emission flame photometry Emissions-Flammenphotometrie *f*
emission of dust Staubauswurf *m*
emission (of furnace) Abgänge *mpl*
emission ratio Emissionsgrad *m*
emissive-agent coated electrode aktivierte Elektrode *f*
emissive coating Aktivierungsschicht *f*
emissively coated electrode aktivierte Elektrode *f*
emissivity Emissionsgrad *m*
empirical probability Erfahrungswahrscheinlichkeit *f;* Wahrscheinlichkeit *f*
employee Angestellter *m*
employers' liability insurance association Berufsgenossenschaft *f*
employment bureau Arbeitsamt *n*
employment factor Beschäftigungsgrad *m*
emptiness Leere *f*
empty entladen; entleeren; leer
emulsion Emulsion *f*
enamel emaillieren
enamel[ing] oven Emaillierofen *m*
enameling sheet Emaillierblech *n*
enamelled flat products Flachzeug *n,* emailliertes
enamelling steel sheet Stahlblech *n,* emaillierfähiges
enamel slip Emailschlicker *m*
encase einkapseln; ummanteln
enclosed resistance welding Kammerschweißen *n*
enclosure protective walls Konvertereinhausung *f*
encoder Verschlüßler *m*
end arch Ganzwölber *m* (ff. Stein); Wölbstein *m*
end arch brick Querwölber *m*
end burner Stirnbrenner *m*
end cutting edge Nebenschneide *f*
end dumping truck Hinterkipper *m*
end face Stirnseite *f*
ending machine Adjustagemaschine *f*
endogenous inclusion Pore *f*
endogenous solidification endogene Erstarrung *f*
endothermic endotherm
endothermic atmosphere endotherme Atmosphäre *f*
end-quench hardness curve Stirnabschreckhärtekurve *f*
end quench specimen Stirnabschreckprobe *f*
end-quench test curves Stirnabschreckdiagramm *n*

end-quench test [hardenability] Stirnabschreck-Prüfung *f* [Härtbarkeit]
end reduction degree Reduktionsschöpfung *f*
end shears Schopfschere *f*
end squared senkrecht beschnittenes Rohrende *n*
end thrust Schub *m;* Seitendruck *m*
endurance failure Dauerbruch *m*
endurance limit Dauerfestigkeit *f*
endurance limit in reversed bending Biegewechselfestigkeit *f*
endurance limit in tension Dauerverdrehfestigkeit *f*
endurance limit (service life) Dauerhaltbarkeit *f*
endurance strength Dauerfestigkeit *f;* Wechselfestigkeit *f*
endurance stress Dauerbeanspruchung *f*
endurance tensile strength Dauerzugfestigkeit *f*
endurance tension test Dauerzugversuch *m*
endurance test Dauerprüfung *f;* Dauerversuch *m;* Ermüdungsversuch *m*
endurance torsion test Dauerverdrehversuch *m*
endure aushalten; dauern
end wall Kopfwand *f;* Stirnwand *f*
energizer in carburizing Aufkohlungsbeschleuniger *m*
energy Arbeit *f;* Energie *f*
energy absorbed in fracturing Schlagarbeit *f*
energy consulting Energieberatung *f*
energy consumption Energieverbrauch *m*
energy dispersive X-ray analysis energiedispersive Röntgenanalyse *f*
energy efficiency Arbeitswirkungsgrad *m*
energy employment Energieverwendung *f*
energy expended Arbeitsaufwand *m*
energy flow Energiefluß *m*
energy input Energieeinbringen *n*
energy manager Energiewirtschaftsingenieur *m*
energy of blow Schlagarbeit *f*
energy optimizing furnace Energieoptimierungsofen *m*
energy optimizing furnace (EOF) Energieoptimierungsofen *m* (EOF)
energy savings Energieeinsparung *f*
energy source Energiequelle *f*
energy transfer medium Energieträger *m* (zum Schweißen)
engine Lokomotive *f*
engineer in charge Betriebsingenieur *m*
engineering Bauwesen *n*
engineering castings Maschinenguß *m*
engineering consultancy Ingenieurberatung *f*
engineering department Maschinenbetrieb *m*
engineering standard Fachnorm *f;* Norm *f* technische
engineering standards committee Fachnormenausschuß *m*
engineering steel Baustahl *m;* Maschinenbaustahl *m*
engineering stress Spannung *f,* konventionelle
engine fuel Kraftstoff *m*
engine house Maschinenhaus *n*
engine manufacture Motorenbau *m*
engrave gravieren; prägen
enhancement Erhöhung *f;* Steigerung *f;* Verbesserung *f*

enlarge aufweiten; erweitern; vergrößern
enlargement Aufweitung *f* (Ziehstein); Erweiterung *f*
enrich anreichern
enriched matte Konzentrationsstein *m*
enrichment Anreicherung *f*
enrichment of gas Gasanreicherung *f*
entanglement Drahtverwirrung *f*
enter einführen; einstecken; eintreten
entering angle Eintrittswinkel *m* (Walzen)
entering guide Einlaßführung *f*
enterprise Unternehmen *n*
enthalpy Bildungswärme *f;* Enthalpie *f*
entrained air Falschluft *f*
entrainment loss Ausschleppverlust *m* (beim Beizen)
entrance angle Konuswinkel *m*
entropy Entropie *f*
entropy of mixing Mischungsentropie *f*
entry guide Einführung *f;* Einlaßführung *f*
entry section Einlaufteil *n*
entry side of rolls Einsteckseite *f* (vor der Walze)
entry speed Einfahrgeschwindigkeit *f*
entry table Zufuhrrollgang *m*
envelop umhüllen
envirodangerous umweltschädlich
environment Umgebung *f*
environmental condition Umweltbedingung *f*
environmentally compatibility Umweltfreundlichkeit *f*
environmental pollution Umweltverschmutzung *f*
environmental protection Umweltschutz *m*
environmental testing procedure Umweltprüfverfahren *n*
environment conditions Umweltbedingungen *fpl*
envirosafe umweltfreundlich
E.P. (= extreme pressure) Höchstdruck *m*
epitaxial oxide epitaxiales Oxid *n*
epoxy Epoxid *n*
equalize abgleichen; ausgleichen
equal-leg angle gleichschenkliger Winkel *m*
equation Gleichung *f*
equation of state Zustandsgleichung *f*
equiaxed crystal Globularkristall *m;* kugeliger Kristall *m*
equiaxed crystal core zone globulitische Kernzone *f*
equiaxed crystals gleichgerichtete Kristalle *mpl*
equilibrium Gleichgewicht *n;* Gleichgewichtszustand *m*
equilibrium condition Gleichgewichtsbedingung *f*
equilibrium constant Gleichgewichtskonstante *f*
equilibrium diagram Gleichgewichtsschaubild *n;* Zustandsschaubild *n*
equilibrium index Gleichgewichtskennzahl *f*
equilibrium rest potential Ruhepotential *n*
equilibrium temperature Gleichgewichtstemperatur *f*
equilibrium value Gleichgewichtswert *m*
equip einrichten

equipment Anlage *f;* Ausrüstung *f;* Einrichtung *f*
equipment for large open cast brown coal mining Braunkohlen-Großabbauanlage *f*
equipment for surface treatment and refinement of strip Bandverarbeitungs- und -veredelungsanlage *f*
equivalence coefficient Gleichwertigkeitskoeffizient *m*
equivalent conductivity Äquivalentleitfähigkeit *f*
equivalent notch effect äquivalente Kerbwirkung *f*
equivalent quantity Vergleichsgröße *f*
equivalent ruling section gleichwertiger Durchmesser *m*
equivalent spherical drop diameter kugeläquivalenter Durchmesser *m*
equivalent strain Vergleichsformänderung *f*
equivalent strain rate Vergleichsumformgeschwindigkeit *f*
erect aufbauen; errichten; montieren
erection Aufbau *m;* Aufstellung *f*
erection (of a mill) Errichtung *f* (eines Werkes)
erector of industrial plant Montageunternehmer *m*
ergonomics Arbeitswissenschaft *f;* Ergonomie *f*
Erichsen cupping test Tiefziehversuch *m* nach Erichsen
erode anfressen; erodieren; fressen
erosion Erosion *f;* Verschleiß *m* (Auswaschung)
erosion allowance Verschleißzuschlag *m*
erosion characteristics Erosionsverhalten *n*
erratic value Streuwert *m*
error Abweichung *f;* Fehler *m*
escape valve Auslaßventil *n*
ESD (elongated single domain)-magnet Einzelbereichsmagnet *m,* gedehnter (ESD)
ESR-plant Elektroschlacke-Umschmelzanlage *f*
ESR slag ESU-Schlacke *f*
establishment Aufstellung *f;* Einrichtung *f*
establishment charges Anlagekosten *pl*
estimate bewerten; Kostenvoranschlag *m;* schätzen
estimated and actual curves (X-rays) Richt- und Istlinien *fpl*
estimate rate Schätzwert *m*
estimation Schätzung *f*
etch ätzen (Metallographie)
etchant Ätzmittel *n*
etched slice Beizscheibe *f*
etching Anätzung *f* (Fehler beim Kaltwalzen)
etching agent Ätzmittel *n*
etching figure Ätzbild *n*
etching medium Ätzmittel *n*
etching [re]agent Ätzmittel *n*
etch pit Ätzgrübchen *n*
etch print Beizprobe
European Communities Commission (ECC) Kommission *f* der Europäischen Gemeinschaften (KEG)
European Community for Steel and Coal (ECSC) Europäische Gemeinschaft für Kohle und Stahl (EGKS) *f*
eutectic eutektisch
eutectoid transformation eutektoidische Umwandlung *f*
evaluate bestimmen; bewerten; werten
evaluation Auswertung *f;* Bestimmung *f;* Wertung *f*

evaporate entgasen; verdampfen
evaporating systems Stromrohrsystem *n* (für Elektroöfen)
evaporation cooling Verdampfungskühlung *f*
evaporative cooling Verdunstungskühlung *f*
evolution Ausstoß *m* (von Gasen)
evolution of heat Wärmetönung *f*
evolve entwickeln (Rauch)
exact genau
exact length feste Länge *f*
examinate prüfen
examination Prüfung *f;* Untersuchung *f*
examine prüfen
excavation Ausschachtung *f*
excess zuviel
excess air Luftüberschuß *m*
excess blast-furnace gas burner Gichtgasfackel *f*
excess burner Abgasfackel *f*
excess costs Mehrkosten *pl*
excess free energy freie Überschußenthalpie *f*
excess gas burner Fackel *f* (Abgas)
excessive hardening Aufhärtung *f*
excessive holding Überzeiten *n*
excess pressure Überdruck *m*
excess voltage Überspannung *f*
exchange current density Austauschstromdichte *f*
exchanger exhaust Wärmetauscherabgas *n*
excite anregen; erregen
exclusion of air Luftabschluß *m*
executive committee Präsidium *n;* Vorstandsrat *m*
exfoliation Abblättern *n*
exhaust absaugen; ausblasen; Auspuff *m*
exhaust air Abluft *f*
exhauster Saugzuganlage *f*
exhaust gas Abgas *n;* Auspuffgas *n*
exhausting plant Absaugeanlage *f*
exhaustion Erschöpfung *f*
exhaustive erschöpfend
exhibiting internal cracks kernrissig
exit Ausgang *m;* Austritt *m*
exit guide Auslaßführung *f*
exit pipe Abflußrohr *n*
exit roller table Abfuhrrollgang *m*
exit section Auslaufteil *n*
exit thickness to roll diameter ratio in % Dickenverhältnis *n* (beim Walzen)
exit tube Abflußrohr *n*
exogenous inclusion Fremdeinschluß *m*
exogenous solidification exogene Erstarrung *f*
exothermic exotherm
exothermic feeder head mixture Haubenmasse *f*
exothermic feeding materials wärmeabgebende Mittel *npl*
expand aufblähen; aufgehen (Pulvermet.); ausdehnen; treiben
expandability Aufdornbarkeit *f* (Rohre)
expanded metal Streckmetall *n*
expander for pipes Rohraufweiter *m*
expanding Aufweiten *n;* Weiten *n*
expanding by spinning Weiten *n* durch Drücken
expanding coil Spreizhaspel *f*
expanding mandrel Spreizdorn *m*
expanding mill Aufweitwalzwerk *n*
expanding press Aufweitepresse *f*
expanding test Aufweitversuch *m* (Rohre)
expansion Ausdehnung *f;* Dehnung *f* (Raumdehnung); Dehnung *f;* Wachsen *n*

expansion coefficient Ausdehnungskoeffizient *m*
expansion joint Dehnfuge *f;* Stoßfuge *f*
expansion of the base of the crack Aufweitung *f* im Rißgrund
expansion pipe Kompensator *m* (Dehnungsausgleicher); Kompensator *m*
expansion pipe bellows Dehnungsausgleicher *m*
expansion test Aufweitversuch *m*
expectation Erwartung *f*
expectation value Erwartungswert *m*
expenditure Aufwand *m*
expense Gemeinkosten *pl*
experiment Probe *f;* Versuch *m*
experimental error Versuchsfehler *m*
experimental mill Versuchswalzwerk *n*
experimental plant Versuchsanlage *f*
experimental set-up Versuchsanordnung *f;* Versuchsaufbau *m*
experimental stage Versuchsstadium *n*
expert Fachmann *m;* Sachkundiger *m*
expert workman Facharbeiter *m*
exploit betreiben; gewinnen
exploitation of coal Kohlengewinnung *f*
exploration Abbau *m*
exploratory survey Probeerhebung *f*
explore schürfen
explosion forming Formen *n* durch Stoßwellen
explosive charge Sprengladung *f*
explosive cladding Sprengplattieren *n*
explosive force Sprengkraft *f*
explosive forming Schockumformung *f*
explosive gas zerknallbares Gas *n*
explosive welding Schockschweißen *n*
expose (phot.) belichten
exposure Belichtung *f*
exposure time Belichtungszeit *f;* Liegezeit *f;* Standzeit *f*
express analysis Schnellanalyse *f*
extend ausdehnen; erweitern; rekken; strecken
extended dislocation aufgespaltene Versetzung *f*
extender element Erweiterungsglied *n*
extender function Erweiterungsfunktion *f*
extending Dehnen *n*
extending by stretching Längen *n*
extensibility Streckbarkeit *f*
extension Ausdehnung *f;* Dehnung *f* (Längung); Dehnung *f;* Verlängerung *f*
extensometer Dehnungsmesser *m*
extent Maß *n;* Umfang *m*
external circumferential welding Außenrundnahtschweißen *n*
external control Fremdüberwachung *f*
externally fired hot blast heater fremdbeheizter Rekuperator *m*
external power supply Fremdstrombezug *m*
external pressure Außendruck *m*
external scrap Fremdschrott *m;* Zukaufschrott *m*
external seam welding Außennahtschweißen *n*
external sound level Fremdschallpegel *m*

extinguish löschen (Feuer)
extra Zuschlag *m*
extra deep drawing quality Sondertiefziehgüte *f*
extraneous rust Fremdrost *m*
extreme case Grenzfall *m*
extreme pressure additive Füllmittel *n* (Schmierung); Hochdruckzusatz *m* (Schmieren)
extrude kaltdrücken; strangpressen
extruding Durchdrücken *n*
extruding press Ausstoßpresse *f;* Strangpresse *f*
extrusion Strangpressen *n*
extrusion billet Preßbolzen *m* (Strangpressen); Strangpreßrohling *m*
extrusion die Preßdüse *f*
extrusion force Preßkraft *f*
extrusion press Strangpressen *n*
extrusion press for electrodes Elektrodenstrangpresse *f*
extrusion press for sections Strangpresse *f* für Profile
extrusion press for tubes Rohrpresse *f*
extrusion press tool Strangpreßwerkzeug *n*
extrusion rate Fließpreßgeschwindigkeit *f*
extrusion ratio Preßverhältnis *n*
extrusion remainder Preßrest *m*
extrusion speed Preßgeschwindigkeit *f*
eye Öse *f*
eyehole Schauloch *n*
eye protection Augenschutz *m*
eye protector Schutzbrille *f*

F

fabricate herstellen; zusammenbauen
fabricated steel sheet products and structures Blechkonstruktionen *fpl*
fabrication Erzeugung *f*
fabrication quality control Fertigungskontrolle *f*
fabrication weld Konstruktionsschweißung *f*
fabric wire Gewebedraht *m*
face Bahn *f;* belegen; Fläche *f;* schlichten
face centered cube space lattice kubisch-flächenzentriertes Gitter *n*
face grinding Planschleifen *n;* Stirnschleifen *n*
face length Ballenlänge *f*
face milling Planfräsen *n*
facilities Betriebsanlagen *fpl*
facility Einrichtung *f*
facing Belag *m;* Schlichte *f;* Überzug *m*
facing brick Verblendstein *m*
facing sand Modellsand *m*
factor Beiwert *m*
factorial analysis Einflußuntersuchung *f*
factorial design faktorielle Versuchsplanung *f*
factorial experiment Einflußversuch *m*
factory accounting Betriebsbuchhaltung *f*
factory building Fabrikgebäude *n*
fag[g]oting Paketieren *n*
fag[g]oting furnace Paketwärmofen *m*
fag[g]oting scrap Paketierschrott *m*

fag[g]ot iron Paketierschrott *m*
fagotted iron [scrap] paketierter Eisenschrott *m*
failure Bruch *m;* Fehlschlag *m;* Versagen *n*
falling weight test Fallprobe *f;* Schlagversuch *m*
fall over umfallen (im Kaliber); umschlagen
false air Falschluft *f*
false nitrogen Stickstoff *m,* falscher
falsify set-point values Sollwerte *mpl* verfälschen
family of curves Kurvenschar *f*
fan Gebläse *n;* Lüfter *m;* Ventilator *m*
fantail Verbindungskanal *m* (zwischen Schlacken- und Regeneratorkammer)
Faraday constant Faraday-Konstante *f*
fast acting solution Kurzzeitlösung *f;* Lösung *f* (rasch wirkende)
fast breeder [reactor] schneller Brüter *m*
fast coating festhaftender Überzug *m*
fasten befestigen
fast tool forging Schmieden *n* mit befestigtem Werkzeug
fatigue Ermüdung *f*
fatigue behaviour Schwingfestigkeitsverhalten *n*
fatigue bend test Dauerbiegeversuch *m*
fatigue corrosion Ermüdungskorrosion *f*
fatigue crack Ermüdungsriß *m*
fatigue endurance limit Dauerschwingfestigkeit *f*
fatigue failure Dauerbruch *m;* Ermüdungsbruch *m*
fatigue fracture Dauerbruch *m;* Dauerschwingbruch *m;* Ermüdungsbruch *m*
fatigue fracture due to torsion Torsionsschwingbruch *m*
fatigue fracture path Schwingbruchbahn *f*
fatigue fractures of machine components Schwingbruch *m* von Maschinenkomponenten
fatigue life Dauerstandfestigkeit *f*
fatigue limit Dauerfestigkeit *f;* Gesamtlebensdauer *f*
fatigue limit under pulsating stress Wechselfestigkeit *f* unter pulsierender Belastung
fatigue limit under reversed tension-compression stresses Zug-Druck-Wechselfestigkeit *f*
fatigue line Schwinglinie *f*
fatigue loading alternating stress Dauerschwingbeanspruchung *f*
fatigue notch factor Kerbwirkungszahl *f*
fatigue ratio Dauerfestigkeitsverhältnis *n*
fatigue resistance Dauerfestigkeit *f;* Wechselfestigkeit *f*
fatigue strength Dauerfestigkeit *f;* Dauerschwingfestigkeit *f;* Schwingfestigkeit *f*
fatigue strength for finite life Zeitfestigkeit *f*
fatigue strength reduction factor Kerbwirkungszahl *f*
fatigue strength test Dauerfestigkeitsversuch *m;* Dauerschwingprüfung *f;* Schwingfestigkeitsversuch *m*
fatigue strength under bending stress Biegedauerfestigkeit *f*
fatigue strength under completely reversed stress Dauer-

wechselfestigkeit *f*
fatigue strength under pulsating stresses Schwellfestigkeit *f*
fatigue strength under pulsating tensile stresses Zugschwellfestigkeit *f*
fatigue strength under repeated bending stresses Biegedauerfestigkeit *f* im Schwellbereich
fatigue strength under reversed bending stresses Biegewechselfestigkeit *f*
fatigue stress Dauerbeanspruchung *f;* Dauerfestigkeit *f*
fatigue striation Schwingstreifen
fatigue test Dauerprüfung *f;* Dauerschwingversuch *m;* Dauerversuch *m;* Ermüdungsversuch *m*
fatigue testing Festigkeitsuntersuchung *f*
fatigue testing machine Dauerprüfmaschine *f*
fatigue test in one load stage Einstufen-Dauerschwingversuch *m*
fatigue test under actual service conditions Betriebsschwingversuch *m*
fatigue test under operational stresses Betriebsfestigkeitsversuch *m*
fatigue test under reversed bending stresses Biegewechselfestigkeitsversuch *m*
fat lime Fettkalk *m*
fattening Aufbauchung *f* (Ziehstein)
fatty oil Fettöl *n*
faucet pipe (am.) Muffenrohr *n*
fault Fehler *m;* Fehlererscheinung *f;* Gangspalte *f*
faulty fehlerhaft
faulty cast Fehlguß *m*
feather end Spitzkeil *m* (ff. Stein)
feathering Dressierblumen *fpl*
feather key Federkeil *m*
feather (surface defect) Schliere *f*
feathery structures verästelte Strukturen *fpl*
feature Merkmal *n;* Qualitätsmerkmal *n*
feature vector Merkmalvektor *m*
feebly caking coal Magerkohle *f*
feed beschicken; Beschickung *f;* nachgießen; speisen; zuführen
feedback (automatic control) Rückführung *f*
feedback control system Regelung *f* mit Rückführung
feed control lever Vorschubschalthebel *m*
feeder Gießaufsatz *m;* Hebevorrichtung *f;* Speisevorrichtung *f*
feeder head Blockaufsatz *m;* Gießkopf *m;* Speisekopf *m*
feeder table Aufgabeteller *m*
feed hopper Beschickungstrichter *m;* Fülltrichter *m;* Schütttrichter *m*
feeding Einspeisen *n;* Nachsaugen *n* (Blöcke)
feeding apron Bandzuführtisch *m*
feeding device Beschickungsvorrichtung *f;* Speisevorrichtung *f;* Vorholvorrichtung *f*
feeding rate Beschickungsgeschwindigkeit *f*
feed[ing] roller table Zufuhrrollgang *m*
feeding side Beschickungsseite *f*
feeding table Zuführungstisch *m*
feed metal Vormetall *n*
feed ore Frischerz *n*
feed reel Ablaufhaspel *f*
feed reverse Vorschubumsteuerung *f*
feed rollers Walztisch *m*
feed runner Eingußrinne *f*

feed water Speisewasser *n*
feel fühlen; tasten
feeler ga[u]ge Fühler *m;* Meßnadel *f;* Tastnadel *f*
feeling elongation meter Tast-Dehnungsmesser *m*
feeling lever Fühlhebel *m;* Tasthebel *m*
FeNb cored wire FeNb Fülldraht *m*
fence bar Hespenstahl *m*
fence wire Gitterdraht *m;* Zaundraht *m*
fencing iron Hespenstahl *m*
ferric oxide Eisenoxid *n*
ferric oxide briquette Eisenerzbrikett *n*
ferriferous eisenhaltig
ferris wheel Aufbereitungs-Heberad *n*
ferrite Ferrit *m*
ferrite grain Ferritkorn *n*
ferrite lath Ferritspieß *m*
ferritic ferritisch
ferritic-austenitic stainless steel Edelstahl *m,* ferritisch-austenitischer
ferritic-austenitic steel Stahl *m,* ferritisch-austenitischer
ferritic stainless steel Edelstahl *m,* ferritischer
ferritic steel ferritischer Stahl *m*
ferro alloy Ferrolegierung *f*
ferroalloy plant Ferrolegierungsanlage *f*
ferrocarbide brick Ferrocarbidstein *m*
ferrochromium Ferrochrom *n*
ferroclad brick blechummantelter Stein *m*
ferroclip brick Ferroclipstein *m*
ferro-coke Ferrokoks *m*
ferroconcrete Stahlbeton *m*
ferromagnetic ferromagnetisch
ferro-manganese Ferromangan *n*
ferromolybdenum Ferromolybdän *n*
ferroniobium Ferro-Niob *n*
ferroniobium carbide Ferro-Niob-Carbid *n*
ferro-niobium powder Ferro-Niobium-Pulver *n*
ferrophosphorus Ferrophosphor *n*
ferrosilicon Ferrosilicium *n*
ferro-silicon Ferrosilicium *n*
ferro-silicon-manganese Ferro-Silicium-Magnesium *n*
ferrostatic pressure ferrostatischer Druck *m*
ferrotitanium Ferrotitan *n*
ferro-titanium Ferrotitan *n*
ferrotungsten Ferrowolfram *n*
ferro-tungsten Ferrowolfram *n*
ferrous material Eisenwerkstoff *m*
ferrous metallurgy Eisenhüttenkunde *f;* Eisenhüttenwesen *n*
ferrous oxide Eisenoxidul *n*
ferrous sulfate Eisensulfat *n*
ferrous sulphate Eisensulfat *n*
ferrovanadium Ferrovanadium *n*
ferrozinc Ferrozink *n*
ferruginous lime eisenschüssiger Kalk *m*
fettle abgraten; ausfüttern; flicken
fettler Abschläger *m* (Gießerei); Putzer *m*
fettling gun Spritzkanone *f*
fettling shop Putzerei *f*
fiber Faser *f*
fibering Faserstruktur *f*
fibre-ceramic moulded article Faserkeramikformteil *n*
fibre product Faserprodukt *n*
fibre reinforced material Faserverbundwerkstoff *m*
fibre reinforced metal faserverstärk-

tes Metall *n*
fibre reinforcement Faserverstärkung *f*
fibrous fracture Bruch *m* faserartiger; Faserbruch *m;* faseriger Bruch *m;* sehniger Bruch *m*
fibrous powder faseriges Pulver *n*
fibrous structure Faserstruktur *f*
field definition Feldanweisung *f*
field electron microscope Feldelektronenmikroskop *n*
field forcing device Schnellerregung *f*
field intensity Feldstärke *f*
field ion microscopy Feldionenmikroskopie *f*
field of application Anwendungsbereich *m*
fields of steel application Stahlanwendungsgebiete *npl;* Stahlverwendungsgebiete *npl*
field test Naturversuch *m* (Korrosion)
field variable Feldvariable *f*
field welding Baustellenschweißung *f*
filament Faden *m* (Faser); Faser *f*
file Datei *f;* Feile *f;* feilen
file steel Feilenstahl *m*
filiform corrosion Unterrostung *f*
filing date Anmeldetag *m* (Patent)
filings Feilspäne *mpl*
fill beladen; Füllgewicht *n* (Pulvermet.)
filler Dichtungsmasse *f* (für Mauerwerk); Füllmasse *f;* Füllstoff *m*
filler alloy Zusatzlegierung *f*
filler brick Besatzstein *m;* Nachsetzstein *m* (für SM-Ofengewölbe)
filler metal Aufschweißlegierung *f;* Schweißzusatzwerkstoff *m;* Zusatzwerkstoff *m*
filler rod Schweißdraht *m*
filler wire Zusatzdraht *m*
fillet Abrundung *f;* Hohlkehle *f*
fillet ga[u]ge Kehlnahtmeßlehre *f*
fillet weld Kehlnahtschweißen *n*
fillet weld break test Keilprüfung *f* (schmelzgeschweißter Stumpfnähte); Keilprüfung *f;* Winkelprüfung *f*
fillet welded connection Kehlnahtschweiße *f*
filling brick Füllstein *m*
filling hole Einfüllöffnung *f*
filling space Füllraum *m*
filling volume Füllvolumen *n*
film Folie *f*
film-boiling Filmverdampfung *f*
film of paint Farbschicht *f*
filter Filter *m;* filtern; filtrieren
filter bag Filterschlauch *m*
filter plant Filteranlage *f*
fin Grat *m;* Gratrippe *f;* Naht *f*
final accounts Abschlußkonten *npl*
final annealing Fertigglühung *f*
final control element Stellglied *n*
final density Fertigdichte *f* (Pulvermet.)
final hardening Schlußhärten *n*
finally annealed (condition) schlußgeglüht
final pass Decklage *f* (Schweißen)
final position Endstellung *f*
final release Endabnahme
final release of steel products (quality management) Stahlprodukte *npl* Endabnahme von - (Qualitätsmanagement)
final rolling temperature Walzendtemperatur *f*
final run Decklage *f* (Schweißen)
final sample Endprobe *f*
final sintering operation Fertigsinterung *f*

final slag Feinungsschlacke *f;* Fertigschlacke *f*
final temperature of rolling Walzendtemperatur *f*
final trimming Nachschneiden *n*
finance accounts Finanzkonten *npl*
financial accounts department Finanzbuchhaltung *f*
fin crack Gratriß *m*
fine cleaning Feinreinigung *f*
fine-edge blanking Feinschneiden *n*
fine grain Feinkorn *n*
fine-grained feinkörnig
fine-grained fracture feinkörniger Bruch *m*
fine grained low pearlite structural steel perlitarmer Sonderbaustahl *m* (PAS)
fine-grained mag Magnesitmehl *n*
fine-grained microstructure Mikrostruktur *f*, feinkörnige
fine grained steel Feinkornstahl *m*
fine-grained steel Stahl *m* feinkörniger
fine-grained steel slag Konverterkalk *m*
fine grained structural steel Feinkornbaustahl *m*
fine-grained structure feinkörniges Gefüge *n*
fine grain structural steel Profilstahl *m*, feinkörniger
fine grinding (powder met.) Feinzerkleinerung *f*
fineness Schlankheitsgrad *m* (Dendriten)
fine ore Feinerz *n*
fine pointed flame Stichflamme *f*
fine powder Feinpulver *n*
fine purification Feinreinigung *f*
fines bed Mischungsbett *n*
fine silicon Feinsilicium *n*
finest ga[u]ge feinste Abmessung *f*
fine structure Feingefüge *n*
fine wire Feindraht *m*
finish Beschaffenheit *f* (äußere); fertigmachen; nacharbeiten
finish as turned gedreht (Oberflächenzustand)
finished goods Fertigerzeugnis *n*
finished length Fertiglänge *f*
finished part fertiger Ziehling *m;* Fertigteil *n*
finished product Fertigerzeugnis *n*
finished size Fertigmaß *n*
finisher Fertiggerüst *n;* Fertiggesenk *n*
finishing Oberflächenveredelung *f*
finishing additions Zusätze *mpl* zum Fertigmachen (Schmelze)
finishing department Adjustage *f;* Zurichterei *f*
finishing die (drawing) Endstein *m* (Ziehen)
finishing groove Fertigkaliber *n*
finishing lathe Fertigdrehbank *f*
finishing mill for blooms and billets Vorblock- und Knüppeladjustage *f*
finishing pass Feinzug *m;* Fertigkaliber *n*
finishing [rolling] mill Fertigwalzwerk *n*
finishing shop Adjustage *f;* Zurichterei *f*
finishing slag Fertigschlacke *f*
finishing stand Fertiggerüst *n*
finishing train Fertigstraße *f*
finish-machined fein bearbeitet
finish machining Fertigbearbeitung *f*
finish quality Oberflächenzustand *m*
finish [roll] fertigwalzen
finish rolling by the infeed method Glattwalzen *n* im Einstechverfahren
finish rolling of bar stock by the

through-feed method Glattwalzen *n* von Stäben im Durchlaufverfahren
finish rolling temperature Walzendtemperatur *f*
finish shaving Nachschneiden *n*
finite element method (FEM) Finite-Elemente-Verfahren *n*
finite life fatigue strength Zeitfestigkeit *f*
finned tube Flossenrohr *n;* Rippenrohr *n*
fire anheizen; beheizen; brennen (Pellets)
fire box Brennkammer *f* (Glühofen)
firebrick feuerfester Stein *m*
fire-bridge Feuerbrücke *f*
fire check Brandriß *m;* Warmriß *m*
fire-clay feuerfester Ton *m*
fire clay Schamotte *f*
fire clay brick Schamottestein *m*
fire-clay brick Schamottstein *m*
fire crack Brandriß *m*
firecracker welding Elin-Hafergut-Verfahren *n;* Unter-Schiene-Schweißen *n*
fire crack transfer mark Brandrißabdruck *m* (Walzdrahtfehler)
fire detector Feuermelder *m*
fire-engine Feuerspritzenwagen *m*
fire extinguisher Feuerlöscher *m*
fireman Heizer *m;* Stocher *m*
fire place Feuerung *f;* Herd *m*
fire proof feuerfest
fire proof cement Schamottemörtel *m*
fireproof lining feuerfeste Ausmauerung *f*
fire proof material Werkstoff *m,* feuerfester
fire-proof wall Brandmauer *f*
fire protection Brandschutz *m*
fire resisting feuerbeständig; feuerfest
fire-resisting casting feuerbeständiger Guß *m*
fire spot Brennfleck *m*
fire-tube boiler Flammrohrkessel *m*
fire waste Werkstoffverlust *m* durch Verzundern
firing Beheizung *f;* Feuerung *f;* Heizung *f*
firing expansion Brennwachsen *n* (ff. Steine)
firing in Einbrennen *n*
firing plant Feuerungsanlage *f*
firing shrinkage Brennschwinden *n* (ff. Steine)
firmly adhering festhaftend
firmly bonded to festhaftend
firmness Haftfestigkeit *f*
first aid dispensary Unfallstation *f*
first brick out Widerlagerstein *m*
first cost Selbstkosten *pl*
first draw Anschlag *m* (Drahtziehen)
first helper Vorarbeiter *m*
first-operation drawing Tiefziehen *n* im Anschlag
first smelting pig iron Vorschmelzeisen *n*
fish eye Fischauge *n*
fish-plate Lasche *f;* Schale *f*
fish scale Fischschuppe *f*
fish scale fracture Schieferbruch *m*
fish tails Fischschwänze *mpl*
fissure Gangspalte *f;* Riß *m;* Spalt *m*
fissuring Rißbildung *f*
fit anpassen; justieren; Passung *f*
fit in einbauen
fitter Maschinenschlosser *m;* Monteur *m*
fitter's shop Schlosserei *f*
fitting key Federkeil *m*
fitting piece Paßstück *n*

fittings Fittings *pl;* Zubehörteile *npl*
fit-up aid Montagehilfe *f*
fit-up fixture Hilfsvorrichtung *f*
fix abbinden; abbinden (Ti); befestigen
fixation Abbinden *n* (des Stickstoffs)
fixed feststehend
fixed assets Anlagevermögen *n*
fixed carbon gebundener Kohlenstoff *m*
fixed costs feste Kosten *pl*
fixed flange Flansch *m*
fixed link Steg *m*
fixed price Festpreis *m*
fixed set point control Festwertregelung *f*
fixing bath Fixierbad *n*
fixing pin Haltestift *m*
fixture Aufspannvorrichtung *f*
flake abblättern; abplatzen; Flocke *f;* Schuppe *f*
flake crack Flockenriß *m;* Spannungsriß *m*
flake formation Flockenbildung *f*
flake graphite Lamellengraphit *m*
flake graphite roll Walzen *f* (Flockengraphitguß)
flaking Abblättern *n;* Abplatzung *f*
flaky blättchenförmig; plättchenförmig; schuppig
flaky fracture Schieferbruch *m*
flaky powder flittriges Pulver *n*
flame Flamme *f*
flame chipping Brennputzen *n*
flame cutting Brennschneiden *n*
flame cutting machine Brennschneidanlage *f*
flame-cutting machine Brennschneidmaschine *f*
flame descaling Brennputzen *n;* Flämmen *n*
flame deseaming Brennputzen *n;* Flämmen *n;* Flammstrahlen *n*
flame gouging Flämmhobeln *n*
flame hardening Brenn[er]härten *n;* Flamm[en]härten *n*
flame-hardening machine Brennhärtemaschine *f*
flame ionization detector Flammenionisationsdetektor *m*
flame out ausflammen
flame scarfing Brennputzen *n;* Flämmanlage *f;* Flämmen *n*
flame [surface] hardening Autogenhärten *n*
flange bördeln; Flansch *m;* krempen; Spurkranz *m*
flanged beam Flanschträger *m*
flanged head bolt Flanschverschraubung *f*
flanged pipe Bördelrohr *n*
flanged products Kümpelerzeugnisse *npl*
flanged profile Abkantprofil *n*
flange joint Flanschverbindung *f*
flange rail Breitfußschiene *f*
flange tube Flanschenrohr *n*
flanging Bördeln *n*
flanging machine Bördelmaschine *f;* Sickenmaschine *f*
flanging press Kümpelpresse *f*
flanging test Bördelversuch *m*
flank of a tooth Zahnflanke *f*
flap valve Klappe *f*
flare aufweiten; erweitern; flackern
flash Bart *m;* Grat *m;* Schmiedegrat *m*
flash annealing Glühen *n*
flash baker Blitztrockner *m;* Schnelltrockner *m*
flash butt weldability Abbrennstumpfschweißbarkeit *f*
flash [butt] welding Abbrenn[stumpf]schweißen *n;*

Abbrenn[stumpf]schweißung *f*
flash furnace Abbrennofen *m*
flash heat kurze Anwärmhitze *f*
flashing Zunderflecken *mpl*
flashing allowance Abbrennzugabe *f*
flashing period Abbrenndauer *f*
flash into steam verdampfen
flash nickel plating Vernickelung *f;* Vorvernicklung *f*
flash off abschmelzen
flash point Flammpunkt *m*
flash steam boiler Dampferzeuger *m*
flash tempering Stoßanlassen *n*
flash trim entgraten
flash trimmer Abgratmaschine *f;* Brennbartentfernungseinrichtung *f*
flash weldable abbrennschweißbar
flash welding unit Abbrennschweißanlage *f*
flask Formkasten *m*
flask annealing Kastenglühen *n*
flask conveyor Kastenförderer *m*
flat Flachprägen *n*
flat bar Flacheisen *n;* Flachstab *m*
flat-bending test Flachbiegeversuch *m*
flat bottom rail Breitfußschiene *f;* Vignolschiene *f*
flat die Flachmatrize *f*
flat-die thread rolling Gewinderollen *n*
flat drawing Flachziehen *n*
flat face fillet weld Flachnaht *f*
flat half rounds Flachhalbrundstahl *m*
flat-hearth type mixer Flachherdmischer *m*
flat joint Flachlasche *f*
flat longitudinal rolling Flach-Längswalzen *n*
flat longitudinal rolling of hollow items Flach-Längswalzen *n* von Hohlkörpern
flat longitudinal rolling of solid bodies Flach-Längswalzen *n* von Vollkörpern
flat material for cold forming Flachmaterial *n* für die Kaltumformung
flatness Planheit *f*
flatness of cold rolled flat products Planheit *f* von kaltgewalztem Flachzeug
flat or round rod wire Walzdraht *m*, flach oder rund
flat pass Flachstich *m*
flat position [welding] Wannenlage *f*
flat product Flachzeug *n*
flat products for cold forming Flachzeug *n* zum Kalt(um)formen
flat products with various metallic coatings Flachzeug *n* mit verschiedenen Metallbeschichtungen
flat roll Flachbahnwalze *f*
flat rolled products flachgewalzte Erzeugnisse *npl*
flat rolled steel Flachstahl *m*
flat rolling flachwalzen
flat rolling of round wire Flachwalzen *n* von Runddraht
flats Flachstahl *m*
flat sheet gerichtetes Blech *n*
flat sided oval gedrungenes Oval *n*
flat skew rolling Flach-Schrägwalzen *n*
flat slab Flachbramme *f*
flat steel Flachstahl *m*
flat steel bar Flachstahl *m*
flat steel production Flachstahlerzeugung *f*
flattened abgeflacht
flattener Richtrollenaggregat *n*
flattening Breiten *n;* Prägerichten *n*
flattening of periphery of a roll (by pressure) Walzenabplattung *f*

flattening (of sheets) Glätten *n*
flattening test Faltversuch *m*
flattening test on tubes Ringfaltversuch *m*
flat tensile test bar Flachzerreißstab *m*
flatting Verwerfen *n* nach Beanspruchung
flat transverse rolling Flach-Querwalzen *n*
flat wire Flachdraht *m*
flaw Anriß *m;* Einriß *m;* Fleck *m;* Spalte *f*
flaw detection Rißprüfung *f*
flaw detector Rißprüfer *m;* Rißprüfgerät *n*
flaw echo Fehlerecho *n*
flawless surface finish oberflächenrein
flaw location scale Fehlerortungsstab *m* (Ultraschall)
fleck scale Zunderfleck *m*
flexibility Anpassungsfähigkeit *f;* Biegsamkeit *f;* Dehnbarkeit *f*
flexible biegsam
flexible belt sander Bandschleifmaschine *f*
flexible connection nachgiebige Verbindung *f*
flexible dummy bar biegsamer Kaltstrang *m;* Kaltstrang *m* biegsamer
flexible joint bewegliche Kupplung *f* (Rohr)
flexible tube Schlauch *m*
flexible tubing biegbare Röhren *fpl*
flex levelling Walken *n* (Blechumformen)
flexural load Biegebeanspruchung *f*
flexural rigidity Biegesteifigkeit *f*
flexural strength Biegefestigkeit *f*
flexure Biegung *f;* Durchbiegung *f* (quer)
flexure fatigue test Dauerbiegeversuch *m*
flexure test Biegeversuch *m*
flicker flackern
flickering Flimmern *n*
flipper Schlaghaspel *f* (Drahtziehen)
flip-up window hochklappbares Schutzglas *n*
float schwimmen
float and sink apparatus Sinkscheider *m*
floating die gefederte Matrize *f;* Schwebemantelmatrize *f;* schwebende Matrize *f*
floating die pressing Pressen *n* mit schwebender Matrize
floating stopper schwimmender Stopfen *m*
floating taphole plug schwimmender Abstichverschluß *m*
flocculation Ausflockung *f;* Flockenausbildung *f*
flood a mine with water Grube *f* unter Wasser setzen
floor cover angle sections Bodenbelag-Winkelstahl *m*
floor covering sections Profile *npl* für Bodenbeläge
floor plate Abdeckblech *n* (Boden); Belagblech *n*
flopper Welle *f*
floppy disc drive Floppy disk-Laufwerk *n*
floppy disc reader Leseeinheit *f* für Disketten
flotation Flotation *f;* Schwimmaufbereitung *f*
flotation plant Schwimmaufbereitungsanlage *f*
flow Durchfluß *m;* fließen; Fluß *m*
flowability Fließvermögen *n*
flow behaviour Fließverhalten *n*

flowbien Container *m*
flow boiling cooling Kühlung *f* in strömender Flüssigkeit
flow characteristics Fließverhalten *n*
flow chart Ablaufschema *n*
flow chip Fließspan *m*
flow conditions Strömungsverhältnisse *npl*
flow curve Fließkurve *f;* Strömungskurve *f*
flow diagram Flußbild *n*
flowers of zinc Zinkblumen *fpl*
flow gate Steiger *m;* Steigtrichter *m*
flow-harden kaltverfestigen
flowing furnace Floßofen *m*
flow law Fließgesetz *n;* Fließregel *f*
flow limit Fließgrenze *f*
flow lines Fließfiguren *fpl* (Bleche)
flow meter Durchflußmesser *m;* Fließzeit-Meßgerät *n;* Strömungsmesser *m*
flow of cost values Wertefluß *m*
flow of material Stofffluß *m*
flow out ausfließen
flow pattern Strömungsbild *n*
flow pattern test Strömungsmodellversuch *m*
flow phenomena Strömungsvorgänge *mpl*
flow rate Fließdauer *f;* Fließgeschwindigkeit *f;* Fließzeit *f*
flow resistance Fließwiderstand *m*
flow sheet Stammbaum *m*
flow stress Fließspannung *f;* Fließwiderstand *m*
flow stress of steels Fließwiderstand *m* von Stählen
flow-time diagram Dehnungs-Zeit-Schaubild *n*
flow turning Abstreckdrücken *n;* Fließdrücken *n*
fluctuating fatigue strength Schwellfestigkeit *f*
fluctuation Schwankung *f*
fluctuation in the mains voltage Netzspannungsschwankung *f*
flue Abzugskanal *m;* Ofenzug *m;* Rauchabzug *m;* Zug *m*
flue ash Flugasche *f*
flue boiler Flammrohrkessel *m*
flue cinder Abgaskanal-Schlacke *f* (Wärmofen)
flue dust Flugstaub *m;* Gichtstaub *m*
flue dust briquetting plant Gichtstaubbrikettierungsanlage *f*
flue gas Abgas *n;* Rauchgas *n*
flue-gas tester Abgasprüfer *m*
flue-gas thermometer Abgasthermometer *n*
flue-gas valve Abgasschieber *m*
flue uptake Fuchs *m*
fluid flüssig; Flüssigkeit *f*
fluid bed process Wirbelschichtverfahren *n*
fluid bed roasting process Wirbelschicht-Röstverfahren *n*
fluid film friction Flüssigkeitsreibung *f*
fluid flow meter Mengenmesser *m*
fluid gear Flüssigkeitsgetriebe *n*
fluid iron ore reduction Reduktion *f* in der Wirbelschicht
fluidisation Verflüssigung *f*
fluidised bed Wirbelschicht *f*
fluidised bed kiln Wirbelschichtofen *m*
fluidised bed sintering Wirbelsintern *n*
fluidity Dünnflüssigkeit *f;* Fluidität *f*
fluidized bed Fluidatbett *n*
fluidized bed patenting Wirbelbettpatentieren *n*
fluidized-bed-process Wirbelbettprozeß *m*

fluid mechanics Strömungstechnik *f*
fluorescent strip lamp Leuchtstoffröhre *f*
fluoric acid Flußsäure *f*
fluoride Fluorid *n*
fluorine Fluor *n*
fluorometallic intensifying screen fluormetallische Verstärkungsfolie *f*
fluorspar Flußspat *m*
flush Spülversatz *m*
flushing cinder Abstichschlacke *f*; Vorlaufschlacke *f*
flush slag Abstichschlacke *f*; Vorlaufschlacke *f*
fluted ingot mehrkantiger Block *m* (mit eingezogener Seitenfläche); Riffelblock *m*
flux Flußmittel *n*; Schmelzmittel *n*
fluxed electrode Elektrode *f* mit Flußmittel
fluxes Zuschläge *mpl*
fluxes for pickling Flußmittel *npl* für das Beizen; Verzinken *n*
flux (for making slag) Schlackenbildner *m*
fluxing Fluxen *n*
fluxing agent Flußmittel *n*; Schmelzmittel *n*; Zuschlag *m*
flux powder Gießpulver *n*
fly ash Flugasche *f*
flyball governor Fliehkraftregler *m*
flying change fliegender Wechsel *m*
flying shears fliegende Schere *f*
flyover Hochstraße *f*
flywheel Schwungrad *n*
flywheel equaliser set Schwungradumformer *m*
flywheel motor-generator set Schwungradumformer *m*
foam Schaum *m*
foamed slag Hüttenbims *m*; Schaumschlacke *f*
foamed slag brick Hüttenschwemmstein *m*
foamed-slag concrete Schaumschlackenbeton *m*
foam filter Schaumfilter *m*
foam flotation Schaumflotation *f*
foaming Schäumen *n*
foaming slag Schaumschlacke *f*
foaming wheel Schaumrad *n*
foam washer Schaumwäscher *m*
focal point of power economy Energiewirtschafts-Schwerpunkt *m*
focal radius Leitstrahl *m*
focusing current Fokalisierungsstrom *m*
fog level (spectrum analysis) Untergrundschwärzung *f*
fog quenching Nebelhärten *n*
foil Folie *f*
foil butt seam welding Foliennahtschweißen *n*
foil coated folienbeschichtet
foil rolling mill Folienwalzwerk *n*
fold abkanten; doppeln; Falte *f*; falzen
fold crack Faltungsriß *m*
fold crevice Faltungsriß *m*
folded bundle Faltbund *n*
folding Abkanten *n*
folding machine Abkantanlage *f*
folding press Abkantanlage *f*
folding test Faltversuch *m*
follow-die cutting Folgeschneiden *n*
follower control device Nachlaufregler *m*
follow-up control Folgeregelung *f*
follow up draft Nachzug *m*
force Kraft *f*
forced draft fan Druckgebläse *n*
forced fracture Gewaltbruch *m*
forced lubrication Druckschmierung *f*

forcing pump Druckpumpe *f*
fore blow vorblasen
foreblow Vorblasen *n*
fore blow time Vorblasezeit *f*
forehearth Vorherd *m*
foreign atom Fremdatom *n*
foreign metallic inclusions Fremdmetalleinschlüsse *f*
foreign standard steel Normstahl *m*, ausländischer
foreign substance Fremdstoff *m* (Luftverunreinigung)
foreign trade Außenhandel *m*
foreign trade policy Handelspolitik *f*
foreman Meister *m;* Vormann *m;* Werkmeister *m*
fore plate Schaffplatte *f*
forge Hammerwerk *n;* Schmiede *f;* Schmiede[werkstatt] *f;* schmieden
forgeability Bildsamkeit *f;* Schmiedbarkeit *f*
forgeable schmiedbar
forgeable alloy Knetlegierung *f*
forge alloy Schmiedelegierung *f*
forge coal Schmiedekohle *f*
forged and pressed pieces Schmiede- und Preßteile *npl*
forged piece Schmiedestück *n*
forged roll Walze *f*, geschmiedete
forge from a bar schmieden von der Stange
forge from a billet schmieden vom Stück
forge-on anschmieden
forge pigs weißes Roheisen *n*
forger Schmied *m*
forge rolling Reckwalzen *n* (Schmiedewalzen); Schmiedewalzen *n*
forge welding Feuerschweißen *n;* Hammerschweißung *f;* Schmiedeschweißung *f*
forging Schmieden *n;* Schmiedestück *n*
forging and sizing press Gesenkschmiede- und Kalibrierpresse *f*
forging burst Kernzerschmiedung *f*
forging die Schmiedematritze *f;* Schmiedematrize *f*
forging furnace Schmiedeofen *m*
forging grade ingot Schmiedeblock *m*
forging grade steel Schmiedeeisen *n*
forging hammer Freiformschmiedeanlage *f;* Schmiedehammer *m*
forging ingot Schmiedeblock *m*
forging machine Schmiedemaschine *f*
forging manipulator Schmiedemanipulator *m*
forging method Schmiedemethode *f*
forging press Schmiedepresse *f*
forging reduction ratio Verschmiedungsgrad *m*
forging roll Schmiedewalzmaschine *f*
forging semi-finished products Schmiedehalbzeug *n*
forging steel Schmiedestahl *m*
fork Gabel *f*
forked runner Hosenrinne *f*
forked tapping spout Hosenrinne *f*
fork lift truck Gabelstapler *m;* Hubstapler *m*
fork piler Gabelstapler *m*
fork-test bar Gabelprobe *f*
form anfallen; Ausbildung *f;* fassonpressen; formen
formability Formänderungsvermögen *n;* Umformvermögen *n;* Verformbarkeit *f*
formation of beads Raupenbildung *f*
formation of cracks Rißbildung *f*
formation of distortion wedges Zipfelbildung *f*

formation of skull Bärenbildung *f*
formation of skull in ladle Pfannenrestbildung *f*
formation of soft spots Weichfleckigkeit *f*
formation of wrinkles Faltenbildung *f*
form bending Formbiegen *n*
form bending by a sliding-action draw Gleitziehbiegen *n*
formed coke Formkoks *m*
formed piece fertiger Ziehling *m*
formfactor (sphericity) Formfaktor *m* (Sphärizität)
form grinding Schablonenschleifen *n*
formic acid Ameisensäure *f*
forming Gestaltung *f;* Umformen *n;* Verformung *f*
forming bell Ziehtrichter *m*
forming by bending Biegeumformen *n*
forming force Umformkraft *f*
forming gas Formiergas *n*
forming limit curve Grenzformänderungskurve *f*
forming operation Formgebung *f*
forming pass Profilstich *m*
forming property Umformbarkeit *f*
form turning Formdrehen *n*
forward extrusion Strangpressen *n,* direktes; Vorwärtsstrangpressen *n*
forward extrusion of hollows Hohl-Vorwärts-Strangpressen *n*
forward slip Voreilung *f* (Walzen)
forward slip area Voreilzone *f*
forward tension Vorwärtszug *m*
fouling Verschweißen *n*
foundation Gründung *f*
foundation screw Ankerschraube *f*
founder Gießer *m*
foundry Gießerei *f*
foundry auxiliary material Gießereihilfsstoff *m*
foundry coke Gießereikoks *m*
foundry crane Gießereikran *m*
foundryman Gießer *m*
foundry materials Gießereibedarf *m*
foundry pig iron Gießereiroheisen *n*
foundry plants and equipments Gießereianlagen und -einrichtungen *fpl*
foundry product Gießereierzeugnis *n*
four arm capstan (for holding rod coils) Sammelkreuz *n*
four bar linkage Viergelenkgetriebe *n*
four-high mill Quartogerüst *n*
four high rolling stand Vierwalzengerüst *n*
four-high stand Quartogerüst *n*
Fourier equation Fouriergleichung *f*
fourstand plate mill viergerüstige Grobblechstraße *f*
four strand continuous casting machine vieradrige Stranggießmaschine *f*
four stroke gas engine Viertaktgasmaschine *f*
fractional blowtime partielle Aufblaszeit *f*
fractography Fraktographie *f*
fracture Bruch *m;* Bruchgefüge *n*
fracture analysis Bruchanalyse *f*
fracture appearance Bruchaussehen *n*
fracture appearance transition temperature (FATT) Bruchaussehens-Umwandlungs-Temperatur *f*
fracture behaviour Bruchverhalten *n*
fracture by normal stress Normalspannungsbruch *m*
fracture by shear stress Scherbruch *m;* Schubspannungsbruch *m*
fracture caused by corrosion Bruch

m korrosionsbedingter
fracture elongation Bruchdehnung *f*
fracture face Bruchstelle *f*
fracture initation Brucheinleitung *f*
fracture load Abreißkraft *f* (Tiefziehen)
fracture mechanical characteristics bruchmechanischer Kennwert *m*
fracture mechanics Bruchmechanik *f*
fracture mechanics testing bruchmechanische Prüfung *f*
fracture mechanism Bruchmechanismus *m*
fracture mode Bruchart *f*
fracture on working Verformungsbruch *m*
fracture plane Bruchebene *f*
fracture strength Reißfestigkeit *f;* Rißfestigkeit *f;* Zerreißfestigkeit *f*
fracture stress Bruchspannung *f*
fracture surface Bruchfläche *f*
fracture toughness Bruchzähigkeit *f;* Rißzähigkeit *f*
fracture toughness characteristics (property) Bruchzähigkeitseigenschaft *f*
fracture toughness test Bruchzähigkeitsversuch *m*
fracture toughness under corrosive conditions Bruchzähigkeit *f* unter korrosiven Bedingungen
fragility Brüchigkeit *f*
fragment Scherbe *f*
frame Bock *m;* Gerüst *n;* Gestell *n;* Rahmen *m*
framed structure Gitterfachwerk *n*
frame of accounts Kontenrahmen *m*
frame plate Rahmenblech *n*
frame section Einfassungseisen *n*
framework Fachwerk *n*
framework knote Fachwerkknoten *m*
fraze unsaubere Abgratkante *f*
freak value (data) Ausreißer *m*
free bending freies Biegen *n*
free-cutting steel Automatenstahl *m*
free cutting steel for horological industry Triebstahl *m*
freedom from brittle fracture Trennbruchsicherheit *f*
free electron (conduction electron) freies Elektron *n* (Leitungselektron)
free energy in standard state freie Energie *f* im Normalzustand
free energy of reaction Bildungsenergie *f*
free forming Freiformschmiedeanlage *f*
free from asbestos asbestfrei
free from mud entschlämmen
free from scale zunderfrei
free from twist effects verwindungsfrei
free jet burner Freistrahlbrenner *m*
freely suspended schwingend aufgehängt
free machining property Zerspanbarkeit *f*
free-machining steel Automatenstahl *m*
freeze einfrieren; erstarren; gefrieren
freezing Erstarren *n*
freezing point Erstarrungspunkt *m;* Gefrierpunkt *m*
freight car Güterwagen *m*
freight car scales Waggonwaage *f*
freight elevator Lastenaufzug *m*
freight space Laderaum *m*
French chalk Speckstein *m*
French curves Kurvenlineal *n*
frequency Frequenz *f;* Häufigkeit *f*
frequency analysis Geräuschspektrum *n*
frequency break Frequenzeinbruch *m*

frequency curve Häufigkeitskurve *f*
frequency diagram Häufigkeitsschaubild *n*
frequency distribution Häufigkeitsverteilung *f*
frequency of accidents Unfallhäufigkeit *f*
frequency of load alternations Lastwechselfrequenz *f*
frequency of load cycles Lastwechselfrequenz *f*
frequency research Großzahlforschung *f*
frequency response Frequenzgang *m*
frequent häufig; in geringer Entfernung *f* voneinander
fresh annealing Glühfrischen *n*
fretting corrosion Abriebkorrosion *f*; Reibkorrosion *f*
friable iron ore Erz *n* mulmiges
friction Reibung *f*
frictional force Reibungskraft *f*
frictional heat Reibungswärme *f*
frictional loss Gleitverlust *m*
frictional moment Reibungsmoment *n*
frictional shear factor Reibungsfaktor *m*
frictional state Reibungszustand *m*
frictional work Reibungsarbeit *f*
friction angle Reibungswinkel *m*
friction coefficient Reibungskoeffizient *m*; Reibungszahl *f*
friction disc Reibscheibe *f*
friction element Reibelement *n*
friction factor Reibungsfaktor *m*
friction factor model Reibungsfaktormodell *n*
friction-grip type gleitfester Typ *m*
friction hill theory Reibkegel-Theorie *f*
friction law Reibungsgesetz *n*
friction material (powder met.) Reibwerkstoff *m*
friction [of movement] Bewegungsreibung *f*
friction power Reibungsleistung *f*
friction sawing Trennschleifen *n*
friction shear stress Reibungsschubspannung *f*
friction torque Reibungsmoment *m*
friction welding Reibschweißen *n*
front cutting edge Nebenschneide *f*
front face Stirnseite *f*
front flange Wickelplatte *f*
front milling Stirnfräsen *n*
front mill [roller] table Rollgang *m* vor der Walze
froth Schaum *m*
froth flotation Schaumaufbereitung *f*
frozen layer Randzone *f* erstarrte
frozen shell Randzone *f* erstarrte
fuel Brennstoff *m*
fuel and heating engineer Wärmeingenieur *m*
fuel and power department Wärmestelle *f*
fuel coke Heizkoks *m*
fuel consumption Brennstoffverbrauch *m*
fuel economy Wärmewirtschaft *f*
fuel energy Wärmemenge *f*
fuel gas Brenngas *n*; Heizgas *n*
fuel gas conduit Heizgasleitung *f*
fuel oil Brennöl *n*; Heizöl *n*; Schweröl *n*
fuel particle Brennstoffteilchen *n*
fuel saving Brennstoffeinsparung *f*
fugacity Fugazität *f*
fugacity coefficient Fugazitätskoeffizient *m*
fulcrum Drehpunkt *m*
full annealing Ausglühen *n*; durch-

glühen; Hochglühen *n*
full center Mittenwelle *f* (Kaltband)
full discharge Restentleerung *f*
fuller Abschreckwerkzeug *n;* Streckgesenk *n;* Streckwerkzeug *n*
full-hard durchgehärtet
full-hard condition Zustand *m,* durchgehärteter
full hardening durchhärten; Durchhärtung *f*
full-hard material Werkstoff *m,* durchgehärteter
full-length durchgehend
full quenching and tempering Durchvergütung *f*
full scale fatigue test Dauerschwingversuch *m*
full strip gewölbtes Band *n*
fully carbonised völlig gar (Koks)
fully galvanised wire Draht *m* mit galvanischem Überzug
fully killed steel beruhigter Stahl *m*
fume Dampf *m;* Qualm *m;* Rauch *m*
fume emission Schadgasemission *f*
fundament standard Grundnorm *f*
funicular railway Drahtseilbahn *f*
funnel Trichter *m*
funnel-shaped mould Kokille *f* trichterförmige
furnace Ofen *m*
furnace atmosphere Ofenatmosphäre *f*
furnace bleeder Gichtgasfackel *f*
furnace bricking up Ausmauerung *f*
furnace campaign Ofenreise *f*
furnace casing Ofengefäß *n;* Ofenmantel *m*
furnace chamber Ofenraum *m*
furnace control station Ofenwarte *f*
furnace door Ofentür *f*
furnace drop out temperature Ziehtemperatur *f*
furnace gun Stichlochstopfmaschine *f*
furnace lining Ofenauskleidung *f;* Ofenfutter *n;* Ofenmauerung *f*
furnace operation Ofenbetrieb *m*
furnace optimization Ofenoptimierung *f*
furnace practice Ofenbetrieb *m*
furnace pressure control Ofenraum-Druckregelung *f*
furnace roll Ofenrolle *f*
furnace scale Ofenzunder *m;* Primärzunder *m*
furnace shell Ofengefäß *n*
furnace sow Bodensau *f*
furnace throat Gicht *f;* Gichtöffnung *f*
furnace top Gicht *f;* Gichtöffnung *f*
furnace top bell Gichtglocke *f*
furnace top hopper Gichttrichter *m*
furnace vessel Ofengefäß *n*
furnace with inert gas atmosphere Schutzgasofen *m*
furnace with mechanically driven hearth Ofen *m* mit mechanisch angetriebenem Herd
furnace working Ofengang *m*
further treatment Weiterverarbeitung *f*
fuse abschmelzen; Sicherung *f* (elektr.)
fused area Ausschmelzung *f*
fused corundum Schmelzkorund *m;* Sinterkorund *m*
fused-in extraneous matter eingeschmolzener Fremdstoff *m*
fused magnesite Schmelzmagnesit *m*
fuse superficially aufschmelzen
fusibility Schmelzbarkeit *f*
fusible schmelzbar; schmelzflüssig
fusible alloy Schmelzlegierung *f*

fusing Aufschmelzen *n;* Verschweißen *n*
fusing of tin Zinnaufschmelzung *f*
fusion Schmelzung *f;* Versinterung *f*
fusion cast product schmelzgegossenes Erzeugnis *n*
fusion edge Schmelzkante *f*
fusion hardening Schmelzhärten *n*
fusion point Erweichungspunkt *m;* Schmelzpunkt *m*
fusion weldable schmelzschweißbar
fusion welding Abschmelzschweißverfahren *n;* Schmelzschweißen *n*
fusion zone Anschmelzzone *f*

G

gab Ausladung *f*
gage meter equation Gagemeter-Gleichung *f*
gagger Sandhaken *m;* sperriges Stück *n*
gag press Richtpresse *f;* Stempelrichtpresse *f*
gain Verdienst *m* (Gewinn)
gall anfressen; festfressen; fressen; klemmen (sich)
galling fressender Verschleiß *m*
galling rust Passungsrost *m*
Gall's chain Gallsche Gelenkkette *f*
galvalume sheet Stahlblech *n,* Aluminium-Zink beschichtetes
galvaluming Aluminieren *n,* galvanisch
galvanic cell galvanische Kette *f;* galvanisches Element *n*
galvanic corrosion galvanische Korrosion *f;* Kontaktkorrosion *f*
galvanise galvanisieren; verzinken
galvanised sheet verzinktes Blech *n*
galvanised steel sheet in panels and coils verzinktes Stahlblech *n* in Tafeln und Rollen
galvanised strip verzinktes Band *n*
galvanising Verzinken *n;* Verzinkung *f*
galvanising furnace Verzinkungsofen *m*
galvanising kettle Verzinkungspfanne *f*
galvanising plant Verzinkerei *f*
galvanising pot Verzinkungspfanne *f*
galvanising shop Verzinkerei *f*
galvanize verzinken
galvanized verzinkt
galvanized iron wire Eisendraht *m,* verzinkter
galvanized sheet Zinkblech *n*
galvanized steel [strip] Bandstahl *m,* verzinkter
galvanizing Verzinken *n*
galvannaeled wire nach dem Verzinken wärmebehandelter Draht *m*
galvannealed sheet Blech *n* nach dem Verzinken wärmebehandelt
galvannealed wire Draht *m* nach Verzinken wärmebehandelt
galvannealing Verzinken *n* mit anschließendem Glühen
galvanostatic pulse method galvanostatische Impulsmethode *f*
gamma iron Gamma-Eisen *n*
gamma solid solution Gamma-Mischkristall *m*
gang Schicht *f* (Arbeiter)
gangue Gangart *f*
ganister Klebsand *m*
ganister brick Dinasstein *m*
ganister brick (am.) Kalkdinasstein *m*
gantry [crane] Bockkran *m*
gap Lücke *f;* Spalt *m*
gap time Bandfolgezeit *f*

gas Gas *n* (auf einen Ofen) geben (= anheizen); Gas *n*
gas analysis Gasanalyse *f*
gas aspirator Gassauger *m*
gas bell Gasglocke *f*
gas bubble Gasblase *f*
gas burner Gasbrenner *m*
gas carbonitriding Gascarbonitrieren *n*
gas carburising Gaseinsatzhärtung *f*
gas carburising furnace Gasaufkohlungsofen *m*
gas carburizing Gasaufkohlen *n;* Gaszementieren *n*
gas chamber Gaskammer *f*
gas cleaning Gasreinigung *f*
gas cleaning plant Gasreinigungsanlage *f*
gas coal Fettkohle *f;* Gaskohle *f*
gas coke Gaskoks *m*
gas collecting hood Gasfanghaube *f*
gas collecting main Gassammelleitung *f* (Vorlage)
gas collecting pipe Vorlage *f* (Koksofen)
gas compressor Gaskompressor *m*
gas conduit Gasleitung *f*
gas cooler Gaskühler *m*
gas cooling Gaskühlung *f*
gas cooling plant Gaskühlanlage *f*
gas cracking Gasspaltung *f*
gas cutting Brennschneiden *n;* Gasschneiden *n*
gas cutting practice Brennschneidtechnik *f*
gas cylinder manifold Flaschenbatterie *f*
gas density ga[u]ge Gasdichtemesser *m*
gas detector Gasprüfer *m;* Gasspürer *m*
gas discharge Gasdurchgang *m*
gas drying Gastrocknung *f*
gas duct Gaskanal *m*
gas end peep hole Spiegelschauloch *n*
gas engine power house Gasmaschinenzentrale *f*
gaseous inclusion Gaseinschluß *m*
gas extractor Gassauger *m*
gas fired gasbeheizt
gas-fired calcining kiln Gasröstofen *m* (Erze)
gas fired forging furnace Schmiedeofen *m,* gasbeheizt
gas [fired] furnace gasbeheizter Schmiedeofen *m;* Muffelofen *m* (Härteofen)
gas firing Gasbeheizung *f*
gas flue Gasabzug *m;* Gaskanal *m*
gas friction Gasreibung *f*
gas furnace Gasofen *m*
gas [fusion] welding autogenes Schweißen *n;* Gasschmelzschweißung *f*
gas grid Ferngasnetz *n*
gas heated gasbeheizt
gas holder Gasbehälter *m;* Gasglokke *f;* Gassammelbehälter *m*
gas holes Schaumstelle *f*
gas hose Gasschlauch *m*
gasification Vergasung *f*
gasify vergasen
gasifying machine Vergasungsmaschine *f*
gasifying method Vergasungstechnik *f*
gasifying plant Vergasungsanlage *f*
gas in bottles (for welding) Flaschengas *n* (zum Schweißen)
gas inlet pipe Gaszuleitung *f*
gas jet Gasbrenner *m;* Gasdüse *f*
gasket Dichtung *f* (Scheibendichtung); Dichtungsring *m*

gas line Gasleitung *f*
gas main Hauptgasleitung *f*
gas mask Gasmaske *f*
gas meter Gaszähler *m*
gas nitriding Gasnitrieren *n*
gas off-take Gasabzug *m;* Gasfang *m*
gasometer Gasbehälter *m;* Gasometer *m*
gasometric gasvolumetrisch
gas permeability Gasdurchlässigkeit *f*
gas phase Gasphase *f*
gas pickling Gasbeizen *n*
gas pick-up Gasaufnahme *f*
gas pipe Gasleitung *f;* Gasrohr *n;* Gaszufuhr *f*
gas pipeline Gasleitung *f*
gas pipeline accessories and fittings Gasarmaturen *fpl*
gas piston blower Kolbengebläse *n*
gas poker Gasstocher *m*
gas port Gasbrenner *m*
gas port block Brennerkopf *m*
gas port end Brennerkopf *m*
gas port peep hole Spiegelschauloch *n*
gas processing plant Gasverarbeitunganlage *f*
gas producer Gaserzeuger *m;* Gasgenerator *m*
gas purification Gasreinigung *f*
gas purifying plant Gasreinigungsanlage *f*
gas reformer Gasumsetzer *m*
gas reforming Gasspaltung *f*
gas regenerator chamber Gasheizkammer *f*
gas regression Gasrücktritt *m*
gas retort carbon Retortenkohle *f*
gas rinsing device Gasspüleinrichtung *f*
gas rinsing treatment Gasspülung *f*
gas sampling device Gasprobe-Entnahmevorrichtung *f*
gas scrubber Gaswäscher *m*
gas seal Gasschleuse *f*
gas separating plant Gastrennanlage *f*
gas separator Gasabscheider *m*
gas shrouding Schutzgas *n* (beim Gießen)
gassing Vergasen *n* (von Schmelzen)
gas stirring Gasspülen *n*
gas stirring treatment Gasspülung *f*
gas surfacing process Autogenauftragschweißverfahren *n*
gas-tight gasdicht
gas tuyère Gasdüse *f*
gas-type reduction Gasreduktion *f*
gas valve Gasventil *n*
gas water removal Gaswasserbeseitigung *f*
gas welding blow pipe Injektorbrenner *m*
gate anschneiden; Eingußtrichter *m;* Fenster *n* (EDV); Tor *n*
gate shear Tafelschere *f*
gate valve Absperrschieber *m;* Sperrschieber *m*
gathering Anstauchen *n;* Rollen *n* (Reckstauchen); Stauchen *n* eines Halbzeuges (Gesenkschmiede)
gathering by die stretching Reckstauchen *n*
gating (of moulds) Anschneiden *n* (von Formen); Anschnitt-Technik *f*
ga[u]ge Abmessung *f;* Dicke *f;* Durchmesser *m;* Lehre *f;* Maß *n;* Meißel *m;* Spurweite *f*
ga[u]ge length Meßlänge *f*
ga[u]ge marks Körnereinschläge *mpl*

ga[u]ge measuring device Banddikkenmeßgerät *n*
ga[u]ge reading (air pollution) Pegelwert *m*
ga[u]ge recording Banddickenschrieb *m*
ga[u]ge rod Spurstange *f*
ga[u]ge tracing Banddickenschrieb *m*
ga[u]ging Abtasten *n*
ga[u]ging Messen *n*
ga[u]ging Prüfung *f* (Maßkontrolle)
gear Haspel *f*
gear cutting Verwindung *f;* Verzahnung *f;* Zahnfräsen *n*
gear cutting machine Verzahnungsmaschine *f*
geared motor Getriebemotor *m*
gear[ing] Getriebe *n;* Übersetzung *f;* Verzahnung *f;* Zahnrad *n;* Zahnradgetriebe *n*
gear milling machine Räderfräsmaschine *f*
gear ratio Übersetzungsverhältnis *n*
gear reduction Räderuntersetzung *f*
gear rim Radkranz *m*
gear speed Getriebestufe *f*
gear tooth milling Zahnfräsen *n*
gear train Rädergetriebe *n*
gear transmission Zahnradübertragung *f*
gear transmission ratio Übersetzungsverhältnis *n*
gear-type spindle Zahnspindel *f*
gear wheel Übersetzungszahnrad *n*
gear wheel moulding machine Zahnräder-Formmaschine *f*
gear wheel steel Zahnradstahl *m*
general council Präsidium *n;* Vorstandsrat *m*
general expense Gemeinkosten *pl*
general specification allgemeine Norm *f*
general standard allgemeine Norm *f*
general structural steel Baustahl *m* allgemeiner
general symbol Grundschaltzeichen *n*
generation Erzeugung *f* (Strom)
generator Generator *m*
geological research procedure geologisches Untersuchungsverfahren *n*
geology Geologie *f*
geometric mean geometrisches Mittel *n*
geometry Gestaltung *f*
geophysics Geophysik *f*
German Industrial Standards Institute DIN (Deutsches Institut für Normung)
getter Getter *m*
getter (powder met.) Fangstoff *m*
ghost [line] Schattenlinie *f;* Schattenriß *m;* Schattenstreifen *m*
Gibbs free energy freie Enthalpie *f* (Gibbs)
gilled tube Rippenrohr *n*
giratory crusher Walzenbrecher *m*
girder Doppel-T-Träger *m;* Träger *m;* zusammengesetzter Träger *m*
girder pole Gittermast *m*
girder rail Rillenschiene *f*
girder rolling mill Trägerwalzwerk *n*
git Gießtrichter *m;* Trichter *m*
GKZ-annealing Glühen *n* auf kugelige Carbide
glance coal Anthrazit *m;* Magerkohle *f*
glasing tees Verglasungs-T-Stahl *m*
glass fiber filter Glasfaserfilter *m*
glass for protection against heat Wärmeschutzglas *n*
glass hard glashart

glass lined steel container Stahlbehälter *m* mit Glasauskleidung
glass lined steel tank Stahlbehälter *m* mit Glasauskleidung
glass lubrication Glasschmierung *f*
glass transition temperature Glasübergangstemperatur *f*
glaze glasieren; Glasur *f*
glazing Glasur *f*
glide gleiten; rutschen
glide plane Gleitebene *f*
global volume constancy Volumenkonstanz *f*, globale
globe valve Kugelventil *n*
globular kugelig
globular powder kugeliges Pulver *n*
gloss Glanz *m*
glow glimmen; glühen; Glut *f*
glow discharge Glimmentladung *f*
glow nitriding Glimmnitrieren *n*
goffered plate Waffelblech *n*
goggle valve Brillenschieber *m;* Schmidtsche Brille *f*
go-no-go gauge Betriebslehre *f*
goodness of [best] fit Güte *f* der Anpassung
goods in conveying plant Fördergut *n*
goods wagon Güterwagen *m*
gooseneck Anschlußstück *n;* Kniestück *n*
Goss texture Goss-Textur *f*
gothic groove Spitzbogenkaliber *n*
gothic pass Spitzbogenkaliber *n*
gouge Hohlbeitel *m;* Hohlmeißel *m;* Rille *f*
gouging out Aushobeln *n*
govern regeln
governing body Präsidium *n;* Vorstandsrat *m*
governor slide valve Regelschieber *m*
grab [bucket] Greifer *m*
grab crane Greiferkran *m*
gradation Abstufung *f;* Eichstrich *m*
grade abstufen; einteilen; Grad *m;* Gütestufe *f*
grade of steel Stahlgüte *f;* Stahlsorte *f*
gradient Gefälle *n*
grading Einstufung *f;* Klassierung *f*
grading jigging screen Klassierrüttelsieb *n*
grading of ores Klassieren *n* der Erze
grading screen Klassiersieb *n*
graduated circle Teilkreis *m* (Mikroskop)
graduated flask Meßkolben *m*
graduated scale Skala *f*
graduated test Stufenversuche *mpl*
graduation Gradeinteilung *f*
grain Korn *n*
grain boundary Korngrenze *f*
grain boundary attack Korngrenzenangriff *m*
grain boundary exudation Korngrenzenausscheidung *f*
grain boundary hardening Korngrenzenhärtung *f*
grain boundary migration Korngrenzenwanderung *f*
grain boundary network Korngrenzennetzwerk *n*
grain boundary precipitation Korngrenzenausscheidung *f*
grain boundary weakening korngrenzenschwächend
grain classification Korngrößeneinteilung *f*
grain coarsening Grobkornglühen *n;* Körnung *f;* Kornvergröberung *f*
grain growth Kornwachstum *n*
grain orientation Kornorientierung *f*

grain orientation in electric [steel] sheet Kornorientierung *f* in Elektroblech
grain-oriented electric steel sheet Stahlblech *n*, kornorientiertes Elektro-
grain oriented sheet kornorientiertes Blech *n*
grain refined C-Mn steel kornverfeinerter unlegierter Manganstahl *m*
grain refinement Kornfeinung *f* (Wärmebehandlung)
grain refinement by controlled precipitation of alumin[i]um nitride Kornfeinung *f* durch kontrollierte Ausscheidung von Aluminiumnitriden
grain refinement of heavy forgings Kornfeinung *f* von schweren Schmiedestücken
grain refining Kornfeinen *n*; Umkörnen *n*
grain roll Walze *f* (Stahlersatz)
grain shape Kornform *f*
grain size Korngröße *f*
grain size control by deoxidizing practice Feinkorn-Desoxidation *f*
grain size distribution Korngrößenverteilung *f*
grain size fraction Korngrößenfraktion *f*
grain size [number] Korngröße *f*
grain size range Korngrößenbereich *m*
grain sizing Kornklassierung *f*
grain structure Kornaufbau *m*; Korngefüge *n*
grant a patent Patent *n* erteilen
granular fracture körniger Bruch *m*
granularity Körnigkeit *f*
granular structure körniges Gefüge *n*
granulate körnen
granulated blast-furnace slag Hüttensand *m*
granulated material Granulat *n*
granulated slag gekörnte Schlacke *f*; granulierte Schlacke *f*
granulated slag brick Hüttenstein *m*
granulating of sinter mix Krümeln *n*
granulating plant Granulationsanlage *f*
granulating spout Granulierrinne *f*
granulation Kornbildung *f*; Körnung *f*
granulation characteristica [curve] Körnungskennlinie *f*; Kornverteilungskurve *f*
graph Diagramm *n*; Graph *m*; Netzplan *m*
graphical representation graphische Darstellung *f*
graphite Graphit *n*
graphite bearing Graphitlager *n*
graphite brick Graphitstein *m*
graphite electrode Graphitelektrode *f*
graphite forming Graphiteinformen *n*
graphite nodule Graphitknötchen *n*
graphite powder Graphitpulver *n*
graphite rod furnace Graphitstabofen *m*
graphite spherule Graphitkugel *f* (z.B. in Gußeisen)
graphite spherulite Graphitkugel *f* (z.B. in Gußeisen)
graphitic graphitisch
graphitic carbon Graphitkohle *f*; Graphitkohlenstoff *m*
graphitic corrosion Spongiose *f*
graphitic steel Stahl *m* graphitischer
graphitisation Graphitisierung *f*
graphitization Graphitisierung *f*

graphitizing Graphitisieren *n*
graph paper Koordinatenpapier *n*
grapple bucket Greifer *m*
grasp ergreifen; fassen
grate Rost *m* (Kessel)
grate hearth Rostfeuerung *f*
grate plane Netzebene *f*
graticule Teilkreis *m* (Mikroskop)
grating Abdeckrost *n*; Gitter *n* (Netz)
grating composition Gitteraufbau *m*
grating defect Gitterfehler *m*
grating distance Gitterebene *f*
grating spectrograph Gitterspektrometer *n*
grating strain Gitterdehnung *f*
gravel Grieß *m*; Kies *m*; Schotter *m*
gravimetric gewichtsanalytisch; gravimetrisch
gravitational separator Schwerkraftabscheider *m*
gravity chute Rutsche *f*
gravity conveyor Schwerkraftförderer *m*
gravity die casting Dauerformguß *m*; Dauerform-Gußstück *n*; Kokillenguß *m*
gravity [roller] conveyor Rollbahn *f*; Rutschbahn *f*
grease einfetten; schmieren; Schmierfett *n*
grease gun Fettpresse *f*
grease or dirt marks (surface defect) Fett- oder Schmutzgrübchen *npl*
grease or dirt pits Fett- oder Schmutzgrübchen *npl*
grease packed Fett *n* in - arbeitend (Lager)
greasing Abschmieren *n*
green ball Grünpellet *n*
green body Preßling *m*
green coal Förderkohle *f*
green compact Grünling *m*
green density Preßdichte *f*
green house effect Treibhauseffekt *m*
green pellet Grünpellet *n*
green rot Grünfäule *f* (bei innerer Oxidation von Ni-Cr-Legierungen)
green sand Grünsand *m*
green sand core Grünsandkern *m*
green strength Grünfestigkeit *f*; Kantenbeständigkeit *f* (Pulvermet.)
green vitriol Eisenvitriol *n*
grey [cast] iron Grauguß *m*
grey cast iron Gußeisen *n* mit Lamellengraphit
grey pig graues Roheisen *n*
grid Ferngasnetz *n*; Gitter *n* (Netz); Rost *m*; Verteilungsnetz *n*
grid element spacing Rasterabstand *m*
grid gas Ferngas *n*
grid gas supply Ferngasversorgung *f*
grid point Gitterpunkt *m*
grid welding machine Gitterschweißmaschine *f*
grind mahlen; schleifen
grindability Mahlbarkeit *f*
grindability of tool steel Mahlbarkeit *f* von Werkzeugstahl
grinder Schleifmaschine *f*
grinding check Schleifriß *m*
grinding crack Schleifriß *m*
grinding dust Schleifstaub *m*
grinding machine Schleifmaschine *f*
grinding machine for billets and slabs Knüppelschleifmaschine *f*
grinding mill Schleifmühle *f*
grinding shop Schleiferei *f*
grind[ing] stone Schleifstein *m*
grinding wheel Schleifscheibe *f*
grinding wheel travel Schleifweg *m*
grinding work Schleifarbeit *f*
grind off abschleifen

grind with emery abschmirgeln
grip einspannen; fassen; greifen
gripping condition Greifbedingung *f*
gripping head Einspannkopf *m;* Spannkopf *m*
gripping tongs Greifzange *f*
grip type tilter Greifkanter *m* (Walzen)
grit Grieß *m;* scharfkantiger Schrott *m;* Schleifpulver *n*
grit blasting Abblasen *n;* Sanden *n;* Stahlsandstrahlen *n*
grizzly Klassiersieb *n;* Siebrost *m*
grog gebrannter Ton *m;* gemahlene Schamotte *f;* Schamotte *f*
groove Auskehlung *f;* Einbrandkerbe *f;* Kaliber *n;* Kerb *m;* Rille *f*
groove collar Kaliberrand *m*
grooved rail Rillenschiene *f*
grooved roll Kaliberwalze *f;* kalibrierte Walze *f;* profilierte Walze *f*
grooved skelp in Kalibern gewalzter Rohrstreifen *m;* Rohrstreifen *m* in Kalibern gewalzt
grooved tube Rillenrohr *n*
groove grinding machine Kalibernutenschleif- und Fräsmaschine *f*
grooveless rolling kaliberloses Walzen *n*
groove rolling Kaliberwalzen *n*
grooving Einkerbung *f* (an d. Schweißnaht); Einkerbung *f;* Kerben *n*
gross caloric power (am.) Heizwert *m;* oberer Heizwert *m*
gross sample Großprobe *f*
gross weight Rohgewicht *n*
ground geschliffen
ground bar geschliffener Stab *m*
ground basic slag Thomasmehl *n*
grounded (am.) kurzgeschlossen (Stromkreis)
ground finish geschliffener Zustand *m*
ground level charging machine Einsetzmaschine *f*
ground level transportation gear Flurfördereinrichtung *f*
ground plate Bodenplatte *f;* Grundplatte *f;* Unterlagplatte *f*
ground powder gemahlenes Pulver *n*
ground vibration Bodenerschütterung *f*
group casting Gespannguß *m*
grouping Einstufung *f;* Gruppenbildung *f;* Gruppierung *f*
group of curves Kurvenschar *f*
groups selected at random zufällig ausgewählte Gruppen *fpl*
group teeming bottom plate Gespannplatte *f*
group teeming stool (am.) Gespannplatte *f*
grow wachsen
grub screw Gewindestift *m;* Schaftschraube *f*
grummet thimble Seilkausche *f*
guarantee range Gewährleistungsumfang *m*
guard Abstreifmeißel *m;* Schutzvorrichtung *f;* Unfallschutz *m*
guidance Führung *f*
guide Führung *f* (Maschinenteil); Führung *f*
guide box Führungskasten *m*
guide bush Führungsbüchse *f*
guide mark Führungskratzer *m*
guide pulley Umlenkrolle *f*
guide rail Leitschiene *f*
guide scar Führungskratzer *m*
guide scratch Führungskratzer *m*
guillotine shear Tafelschere *f*
gunning material Verputzmasse *f*
gusset [plate] Knotenblech *n*

gutter Gesenkrinne *f* zur Aufnahme des Grates; Rinne *f*
gutter sections Rinneneisen *n*
guy wire Versteifungsdraht *m*
gypsum Gips *m*
gyratory crusher Kreiselbrecher *m*
gyro-frequency Kreisfrequenz *f*

H

habit plane Habitusebene *f*
hack saw Bügelsäge *f;* Kaltsäge *f*
hair crack Haarriß *m*
hair hygrometer Haarhygrometer *n*
hair line Haarlinie *f*
hair [line] crack Haarriß *m;* Kapillarriß *m*
hair line pointer Fadenzeiger *m*
half die angle Düsenneigungswinkel *m*
half flat semifinished product halbflaches Halbzeug *n*
half gas firing Halbgasfeuerung *f*
half hard halbhart
half life Halbwertzeit *f*
half line width Halbwertsbreite *f*
half roasted lumps of iron ore Eisenerzstücke *npl;* halbgeröstete Eisenerzstücke *npl*
half rounds Halbrundstahl *m*
half round wire rod halbrunder Walzdraht *m*
half time width Halbwertsbreite *f*
half wedge brick Halbwölber *m* (ff. Stein)
hammer Hammer *m;* hämmern
hammer-cog vorschmieden
hammer crusher (hammer mill) Hammerbrecher *m*
hammer forging Flachstauchen *n;* Freiformschmieden *n;* Freiformschmiedestück *n;* Reckschmieden *n* (Recken)
hammer forging energy Reckarbeit *f*
hammer forging force Reckkraft *m*
hammer head Hammerkopf *m*
hammer mill Hammerwerk *n*
hand chisel Handmeißel *m*
hand forging Freiformschmieden *n*
handle bewegen; handhaben
hand lever Handhebel *m*
handling break Kantenbeschädigung *f*
handling capacity Umschlagleistung *f*
handling (material) Bewegung *f*
hand rammer Handstampfer *m*
hand setting Richten *n* von Hand
hand shank Stielpfanne *f;* Tragpfanne *f*
hand tight handfest geschraubt
hand tool Handwerkzeug *n*
hanger crack Haubenriß *m*
hanger-on Anschläger *m* (Kran)
hanging Hängen *n* (der Gicht)
hanging guard Hängemeißel *m*
hard chromium plating Hartverchromen *n*
hard drawn hartgezogen
hard drawn wire hartgezogener Draht *m*
harden härten; verhärten
hardenability Härtbarkeit *f*
hardenable härtbar
hardenable hard metal alloy Hart[stoff]legierung *f,* härtbare
harden and temper vergüten
hardened casting Guß *m* gehärteter
hardening Härtearbeit *f;* Härten *n;* Härtung *f*
hardening alloy Vorlegierung *f*
hardening and heat treating plant Härte- und Vergüteanlage *f*

hardening and tempering Vergüten *n*
hardening capacity Aufhärtbarkeit *f*
hardening crack sensitivity Härtungsrißempfindlichkeit *f*
hardening crucible Härtetiegel *m*
hardening degree Härtegrad *m*
hardening exponent Verfestigungsexponent *m*
hardening flaw Härteriß *m*
hardening fracture sensitivity Härtungsrißempfindlichkeit *f*
hardening from hot forming temperature Härten *n* aus der Warmumformhitze
hardening furnace Härteofen *m*
hardening grade Härtestufe *f*
hardening machine Härtemaschine *f*
hardening shop Härterei *f*
hardening shop installation Härtereianlage *f*
hardening stock Härtegut *n*
hardening test Härteprüfung *f*
hardening with subsequent drawing Vergüten *n*
hard-facing Aufschweißen *n* (oder Auflöten) von Hartmetallplättchen; Hartauftragsschweißung *f*
hard-facing alloy Aufschweißlegierung *f*
hard facing powder Aufschweißpulver *n*
hard ferrite Hartferrit *m*
hard magnetic sintered material hartmagnetischer metallischer Sinterwerkstoff *m*
hard material powder Hartstoffpulver *n*
hard metal Hartlegierung *f*
hard metal alloy Hartlegierung *f*; Hartmetall *n*; Hartmetall-Legierung *f*
hard metal draw die Hartmetall-Ziehstein *m*
hardness Härte *f*
hardness drop tester Fallhärteprüfer *m*
hardness improvement Härtesteigerung *f*
hardness increase Aufhärtung *f*
hardness of water Wasserhärte *f*
hardness penetrability Einhärtbarkeit *f*
hardness penetration [depth] Einhärtetiefe *f*; Einhärtung *f*; Einhärtungstiefe *f*; Härtetiefe *f*
hardness scatter band Härtestreuband *n*
hardness shape Härteverlauf *m*
hardness testing machine Härteprüfmaschine *f*
hard rubber Hartgummi *m*
hard solder Hartlot *n*
hard spots Härtungsgefüge *n* (Drahtfehler)
hard steel Stahl *m* mit hohem Kohenstoffgehalt
hardware configuration Gerätekonfiguration *f* (EDV)
hard wearing surface verschleißfeste Oberfläche *f*
harmonic distortion factor Klirrfaktor *m*
harmonic mean harmonisches Mittel *n*
harmonic oscillation Oberschwingung *f*
harmonic response Frequenzgang *m*
haulage gear Haspel *f*
hauling cable Zugseil *n*
hauling installation Förderanlage *f*
hauling plant Förderanlage *f*
haze dome Dunstglocke *f*
HAZ (heat affected zone) Zone *f*, wärmebeeinflußte

H-beam Doppel-T-Eisen *n*
head anstauchen; Druckhöhe *f;* Kopf *m*
head-end spotting Bandanfangerfassung *f*
header verlorener Kopf *m*
head frame Förderturm *m*
headgear Fördergerüst *n*
headless screw Gewindestift *m*
head office Generaldirektion *f;* Hauptverwaltungsbüro *n*
head of metal Metallsäule *f*
head roller Walzmeister *m*
headroom Kopfhöhe *f*
heap Halde *f;* Haufen *m;* häufen
hearing impairment Gehörschädigung *f*
hearing protection device Gehörschutz *m*
hearing protection measure Gehörschutzmaßnahme *f*
hearth Gestell *n;* Herd *m;* Hochofengestell *n;* Ofenraum *m*
hearth area Herdfläche *f*
hearth block Bodenstein *m*
hearth bottom Herdsohle *f*
hearth casing Gestellpanzer *m*
hearth jacket Gestellpanzer *m*
hearth load Gestellbelastung *f*
hearth mix Herdmasse *f*
hearth refining Herdfrischen *n*
hearth type furnace Herdofen *m*
hearth type melting process Herdschmelzverfahren *n*
hearth type steelmaking plant Herdstahlwerk *n*
heat beheizen; Charge *f;* einheizen; erwärmen
heat absorption Wärmeaufnahme *f*
heat accumulator Wärmespeicher *m*
heat-affected zone (HAZ) Übergangszone *f* (beim Schweißen); wärmebeeinflußte Zone *f* (WEZ); Wärmeeinflußzone *f* (WEZ)
heat-affected-zone hot-cracking tendency Aufschmelzrißneigung *f*
heat analysis Schmelzanalyse *f*
heat at constant volume (pressure) Molwärme *f* bei konstantem Volumen (Druck)
heat balance Wärmebilanz *f;* Wärmehaushalt *m*
heat capacity Wärmeinhalt *m;* Wärmekapazität *f*
heat capacity at constant volume (pressure) Wärmekapazität *f* bei konstantem Volumen (Druck)
heat concentration Wärmestau *m*
heat-conducting plate Konvektor *m;* Wärmeleitplatte *f*
heat conduction Wärmeleitung *f*
heat conductive wärmeleitend
heat conductivity Wärmeleitfähigkeit *f*
heat consumption Wärmeverbrauch *m*
heat contents Wärmeinhalt *m*
heat control Wärmeführung *f*
heat convection Wärmeumwälzung *f*
heat crack Wärmeriß *m;* Wärmespannungsriß *m*
heat cracking Wärmerißbildung *f*
heat current Wärmestrom *m*
heat current density Wärmestromdichte *f*
heat cycle Glühzyklus *m*
heat dissipation Wärmeabfuhr *f;* Wärmeabgabe *f*
heat dissipation capability Wärmeabführvermögen *n*
heat dissipation rate Wärmeabfuhrgeschwindigkeit *f*
heat economy Wärmewirtschaft *f*
heat effect Wärmeeinfluß *m*

heat equalization Wärmeausgleich *m*
heat equalization time Wärmeausgleichszeit *f*
heater Heizer *m;* Wärmer *m*
heat evolved Wärmeangebot *n*
heat exchange Wärmeaustausch *m*
heat exchanger Wärmeaustauscher *m;* Wärmetauscher *m*
heat exchanger (cyclone heat exchanger) Wärmetauscheranlage *f* (der Zyklonwärmetauscher)
heat expansion Wärmedehnung *f*
heat flow Wärmefluß *m*
heat flow rate Wärmestrom *m*
heat flux Wärmefluß *m*
heat hardening Hartbrennen *n*
heating Beheizung *f;* Erwärmen *n;* Feuerung *f;* Wärmen *n*
heating by arc Lichtbogenbeheizung *f*
heating conductor alloy Heizleiter-Legierung *f*
heating conductor material Heizleiter-Werkstoff *m*
heating curve Wärmkurve *f*
heating equipment Beheizungseinrichtung *f*
heating flue Heizgas-Sammelkanal *m;* Heizung *f*
heating installation Beheizungseinrichtung *f*
heating rate Wärmgeschwindigkeit *f*
heating resistor material Widerstandswerkstoff *m*
heating schedule Wärmvorschrift *f*
heating surface Heizfläche *f*
heat[ing] time Anwärmdauer *f;* Chargenzeit *f;* Erwärmdauer *f;* Wärmdauer *f;* Wärmzeit *f*
heating-up furnace Anwärmofen *m*
heat input (welding) Wärmeeinbringen *n* (Schweißen); Wärmezufuhr *f*
heat insulation Wärmedämmung *f*
heat insulation composition Wärmeschutzmasse *f*
heat loss Wärmeverlust *m*
heat measurement Wärmemessung *f*
heat of evaporation Verdampfungswärme *f*
heat of formation Bildungswärme *f*
heat of mixture Mischungswärme *f*
heat of solution Lösungswärme *f*
heat of transformation Umwandlungswärme *f*
heat producing wärmeerzeugend
heat propagation Wärmeausbreitung *f*
heat radiating lamp Temperaturstrahler *m*
heat radiation Wärmestrahlung *f*
heat reclamation Wärmerückgewinnung *f*
heat recovery equipment Wärmerückgewinnungseinrichtung *f*
heat-recovery plant Wärmerückgewinnungsanlage *f*
heat recovery system Wärmerückgewinnungsanlage *f*
heat recovery systems Stromrohrsystem *n* (für Elektroöfen)
heat relief Wärmeschutz *m*
heat required Wärmebedarf *m*
heat resistance Hitzebeständigkeit *f*
heat resistant hitzebeständig; wärmebeständig
heat resisting hitzebeständig; wärmebeständig
heat-resisting casting feuerbeständiger Guß *m*
heat resisting steel hitzebeständiger Stahl *m*
heat shield Wärmeabschirmung *f*

heat through durchwärmen
heat tint Anlauffarbe *f*
heat transfer Wärmeaustausch *m;* Wärmeübergang *m;* Wärmeübertragung *f*
heat transfer capability Wärmeabführvermögen *n*
heat transfer coefficient Wärmedurchgangszahl *f;* Wärmeübergangskoeffizient *m*
heat transfer fluid Wärmeträgerflüssigkeit *f*
heat transition Wärmedurchgang *m*
heat transmission Wärmedurchgang *m;* Wärmeübergang *m;* Wärmeübertragung *f*
heat-treat wärmebehandeln
heat treatability Vergütbarkeit *f*
heat treatable and surface hardening steels Stähle *mpl* vergütete und randschichtgehärtete
heat-treatable steel Vergütungsstahl *m*
heat treatable steel casting Vergütungsstahlguß *m*
heat treated wärmebehandelt
heat-treating furnace Wärmebehandlungsofen *m*
heat treating plant Vergütungsanlage *f*
heat treatment Wärmebehandlung *f*
heat treatment condition Bedingung *f* für die Wärmebehandlung
heat treatment crack Härteriß *m*
heat treatment facility Vergütungsanlage *f;* Wärmebehandlungseinrichtung *f*
heat treatment installation Wärmebehandlungsanlage *f*
heat unit Wärmeeinheit *f*
heat waste Werkstoffverlust *m* durch Verzundern
heat weight Abstichgewicht *n*
heavy current conductors Hochstrombahn *f*
heavy duty spring Hochleistungsfeder *f*
heavy forging Schmiedestück *n* schweres
heavy forgings schwere Schmiedestücke *npl*
heavy galvanising Starkverzinnung *f*
heavy-gauge strip Band *n* (Dickband)
heavy lorry Schwerlastfahrzeug *n*
heavy metal casting Schwermetallguß *m*
heavy plate Grobblech *n*
heavy scrap Blockschrott *m;* Schrott *m* schwerer
heavy sections schwerer Formstahl *m*
heavy zinc coating Starkverzinkung *f*
height Höhe *f;* Werkstoffhöhe *f*
helical gear Schraubenrad *n*
helical gearing Schrägverzahnung *f*
helical spring Schraubenfeder *f*
helical tube Wendelrohr *n*
helix Schraubenlinie *f*
Helmholtz free energy freie Energie *f* (Helmholtz)
hematite Hämatit *m*
hematite pig iron Hämatitroheisen *n*
hemisphere temperature Halbkugelpunkt *m* (Schmelzbarkeit von Kohle)
hemp rope Hanfseil *n*
hermetically sealed Luftabschluß *m;* unter Luftabschluß *m*
herringbone gear Pfeilrad *n*
herringbone tooth Pfeilzahn *m;* Winkelzahn *m*
heterogeneity Ungleichmäßigkeit *f;* Verschiedenartigkeit *f*

heterogeneous heterogen; ungleichartig; verschiedenartig
hexagonal sechskantig
hexagonal socket head cap screw Innensechskantschraube *f*
hexagon bars Sechskantstahl *m*
hex head screw Sechskantschraube *f*
H-girder Doppel-T-Eisen *n*
hierarchical process computing system hierarchisches Prozeßrechnersystem *n*
high alloy steel hochlegierter Stahl *m*
high angle tilt boundaries Großwinkelkorngrenzen *fpl*
high-bay warehouse Hochregallager *n*
high boiled stark kochend
high carbon steel Hartstahl *m* (unlegiert); hochgekohlter Stahl *m*; kohlenstoffreicher Stahl *m*
high carbon steel casting Hartstahlguß *m*
high centrifugal force cyclone Drallabscheider *m*
high current arc Hochleistungslichtbogen *m*
high-current conduction Hochstromleitung *f*
high duty cast iron hochfestes Gußeisen *n*
high energy rate forming Hochenergieumformung *f*
high energy scrubber Hochleistungswäscher *m*
high frequency induction furnace Hochfrequenz-Induktionsofen *m*; kernloser Induktionsofen *m*
high-grade casting Qualitätsguß *m*
high-grade iron Qualitätseisen *n*
high grade ore reichhaltiges Erz *n*
high-grade steel Edelstahl *m*; Qualitätsstahl *m*
high-grade structural steel Edelbaustahl *m*
high humidity and condensation test Feuchtigkeitslagerversuch *m*
high idle [run] Vollgas *n* bei Leerlauf
high intensity magnetic separation Starkfeldmagnetscheidung *f*
high level storage bunker Hochbunker *m*
high level tank Hochbehälter *m*
highly refractory brick hochfeuerfester Stein *m*
highly wear-resisting coating Beschichtung *f*, hochverschleißfeste
high melting schwerschmelzbar
high-melting metal hochschmelzendes Metall *n*
high-mirror-finished sheet Hochglanzblech *n*
high output burner Hochleistungsbrenner *m*
high power leistungsstark
high pressure accessories and fittings Hochdruckarmaturen *fpl*
high pressure boiler Druckkessel *m*
high pressure container Druckkessel *m*
high pressure die casting Druckguß *m*
high pressure gas main Hochdruckgasleitung *f*
high-pressure hydrogen resistant steel druckwasserstoffbeständiger Stahl *m*
high pressure lubricant Hochdruckschmiermittel *n*
high pressure manometer Hochdruckmanometer *n*
high pressure part Hochdruckteil *n*
high-pressure scale sprays Zunderabspritzvorrichtung *f*

high pressure tank Druckkessel *m*
high-purity iron Reinsteisen *n*
high quality hochwertig
high quality material Qualitätswerkstoff *m*
high-quality sheet metal Qualitätsblech *n*
high-quality steel Edelstahl *m*
high reduction mill Hochumformwalzwerk *n*
high-Si chilled iron roll Walze *f* (Mildhart)
high sintering Nachsintern *n*
high-speed billet caster Hochgeschwindigkeits-Knüppelstranggießanlage *f*
high speed forming Hochgeschwindigkeitsumformen *n*
high-speed lathe Schnelldrehbank *f*
high-speed steel Schnellarbeitsstahl *m*
high-speed stranding machine Schnellverseilmaschine *f*
high speed thermal image transducer thermischer Hochgeschwindigkeits-Bildumwandler *m*
high spot dicke Stelle *f*
high-strength cast iron Edelguß *m*
high strength (HS) structural steel Baustahl *m*, hochfester
high strength patented wire rope patentierter Seildraht *m* mit besonders hoher Zugfestigkeit
high strength steel hochfester Stahl *m;* Stahl *m* hochfester
high strength structural steel hochfester Baustahl *m*
high temperature alloy hochwarmfeste Legierung *f*
high temperature brittleness Hochtemperaturversprödung *f*
high-temperature burnt brick Hochbrandstein *m*
high temperature oxidation Verzunderung *f;* Zundern *n*
high temperature properties Hochtemperatureigenschaften *fpl*
high temperature steel warmfester Stahl *m*
high-temperature strength Warmfestigkeit *f*
high-temperature structural steel warmfester Baustahl *m*
high tensile steel hochfester Stahl *m;* Stahl *m* hochfester
high top pressure operation Hochdruckverfahren *n* (Hochofen)
high top pressure operation of blast furnace Hochofenbetrieb *m* mit Gegendruck an der Gicht
hight top ressure Gichtgegendruck *m*
high-vacuum arc furnace Hochvakuumlichtbogenofen *m*
high-vacuum electron beam welding Hochvakuum-Elektronenstrahlschweißen *n*
high-vacuum melting furnace Hochvakuumofen *m*
high velocity burner Hochgeschwindigkeitsbrenner *m*
high-voltage lines and equipment Hochspannungsanlagen *fpl*
high voltage spark generator Hochspannungsfunkenerzeuger *m*
hinge Gelenk *n;* Gelenk-Scharnier *n;* Scharnier *n*
hinge profile Gelenkbandprofil *n*
hire rolling Lohnwalzen *n*
histogram Stufenschaubild *n*
historical costing Nachkalkulation *f*
Hitchcock equation Hitchcock-Gleichung *f*
hob Gesenkmatrize *f;* Obergesenk *n;*

Ofenplatte *f*
hobbing Einsenken *n* (kalt)
hobbing press Kalteinsenkpresse *f*
hob cutter Schneckenfräser *m;* Wälzfräser *m*
hoist Fördermaschine *f;* fördern; heben; hochwinden
hoisting apparatus Hebezeug *n*
hoisting cage Fördergestell *n*
hoisting speed Hubgeschwindigkeit *f*
hoist shaft Förderschacht *m*
hold a ladle Pfanne *f* abstehen lassen
holding Halten *n*
holding capacity Fassungsvermögen *n*
holding down member (open hearth furnace) Gewölbeniederhalter *m*
holding furnace Warmhalteofen *m*
holding period Haltedauer *f*
holding temperature Haltetemperatur *f*
holding time Haltedauer *f;* Haltezeit *f;* Liegezeit *f;* Wartezeit *f*
hole Kaliber *n;* Loch *n;* Tiefofenzelle *f*
holes Löcher *npl* (Bandfehler)
holidays Ferien *pl*
hollow Höhlung *f;* Zapfen *m*
hollow axle Hohlachse *f*
hollow [body] Hohlkörper *m*
hollow brick Hohlblockstein *m;* Hohlstein *m;* Hohlziegel *m*
hollow casting Hohlguß *m*
hollow checker brick Gitterhohlstein *m*
hollow drill Hohlbohrer *m*
hollow drill steel Hohlbohrstahl *m*
hollow electrode Hohlelektrode *f*
hollow extrusion Hohlstrangpressen *n*
hollow forging Hohlschmieden *n;* Lochen *n;* Recken *n* von Hohlkörpern
hollow-punch piercing Hohldornen *n*
hollow roll Hohlwalze *f*
hollow section Hohlprofil *n*
hollow shape Hohlblockstein *m;* Hohlstein *m;* Hohlziegel *m*
hollow weld Kehlnaht *f;* leichte Kehlnaht *f*
home port Heimathafen *m*
home scrap Eigenschrott *m*
homogeneity Gleichartigkeit *f*
homogeneous gleichartig; gleichmäßig; homogen
homogeneousness Homogenität *f*
homogenised ore burden Möller *m* vorbereiteter; Möller *m*
homogenize homogenisieren
homogenizing Diffusionsglühen *n*
honeycomb type erosion löcherartige Ausfressung *f*
honing Honen *n;* Ziehschleifen *n*
honing machine Honmaschine *f*
hood Abzug *m;* Abzugshaube *f;* Kappe *f*
hood cooling Haubenkühlung *f*
hood type annealing furnace Haubenglühofen *m*
hook Haken *m*
hook conveyor Hakenbahn *f* (für Drahtringe)
hooked edge Bandkantenaufbiegung *f*
hooked tie plate Hakenplatte *f*
Hooke's law Hooke'sches Gesetz
Hooke's universal joint Kardangelenk *n;* Kreuzgelenk *n*
hook in einhaken
hook on einhaken
hoop Bandeisen *n*

hoop mill Bandstahlwalzwerk *n*
hopper Behälter *m;* Füllrumpf *m;* Klärsumpf *m;* Vorratstrichter *m*
hopper car Trichterwagen *m*
horizontal continuous casting machine Horizontalstranggießanlage *f*
horizontal continuous casting plant Horizontalstranggießanlage *f*
horizontal continuous strand furnace Horizontal-Banddurchziehofen *m*
horizontal milling machine Waagerechtfräsmaschine *f*
horizontal position welding horizontales Schweißen *n*
hose for oxygen Sauerstoffschlauch *m*
hose reels Schlauchhaspel *f*
host computer Fremdrechner *m*
hot air duct Heißluftleitung *f*
hot arms Elektrodentragarm *m,* stromführender
hot bank Warmbett *n*
hot bed Warmbett *n;* Warmlager *n*
hot bed approach table Kühlbettaufrollgang *m*
hot bend test Warmbiegeversuch *m*
hot blast Heißwind *m*
hot-blast cupola Heißwindkupolofen *m*
hot blast furnace Heißwindofen *m*
hot blast pipe Heißwindleitung *f*
hot blast [slide] valve Heißwindschieber *m*
hot blast stove Cowper *m;* Heißwindofen *m;* Winderhitzer *m*
hot blast stove brick Cowperstein *m;* Winderhitzerstein *m*
hot blast stove on gas (on blast) Winderhitzer *m* auf Gas (auf Wind)
hot-blast valves Heißwindarmatur *f*
hot bloom shears Warmblockschere *f*
hot blowing Warmblasen *n*
hot box Haspelofen *m*
hot brittleness Warmsprödigkeit *f*
hot charging Heißchargieren *n;* Warmchargieren *n;* Wärmeeinsatz *m*
hot compression strength Heißdruckfestigkeit *f* (ff. Steine)
hot cooling Heißkühlung *f;* Siedekühlung *f*
hot corrosion Heißgaskorrosion *f*
hot crack Heißriß *m* (Schweißen); Heißriß *m;* Wärmeriß *m*
hot dip aluminising Feueraluminieren *n*
hot dip aluminized feueraluminiert
hot [dip] galvanised feuerverzinkt
hot [dip] galvanising Feuerverzinken *n*
hot dip galvanising Feuerverzinkung *f;* Verzinkung *f*
hot dip galvanizing line Feuerverzinkungsanlage *f*
hot dip galvanizing plants equipment Feuerverzinkungsanlagenzubehör *n*
hot dip metal coating Schmelztauchverfahren *n*
hot-dipped tinplate feuerverzinntes Weißblech *n*
hot dip tinning Feuerverzinnen *n*
hot direct rolling Warmwalzen *n,* direktes
hot drawing Rohrziehen *n* (warm)
hot drawn tube warmgezogenes Rohr *n*
hot embrittlement Warmversprödung *f*
hot extruding Fließpressen *n*
hot extrusion Fließpressen *n* (warm); Warmstrangpressen *n*
hot finished tube warm fertiggewalztes Rohr *n*
hot flash welding Abbrennen *n* mit

Vorwärmen
hot flow curve Warmfließkurve *f*
hot forming Warmformgebung *f;* Warmumformung *f*
hot forming by forging Warmumformung *f* durch Schmieden
hot forming process Warmumformprozeß *m*
hot forming property Warmformänderungsvermögen *n;* Warmumformbarkeit *f;* Warmverarbeitbarkeit *f*
hot forming tool steel Warmarbeitsstahl *m*
hot galvanizing Feuerverzinkung *f*
hot heel Sumpf *m* flüssiger
hot immersion tank Heißspülbehälter *m*
hot material conveyor Heißgutförderer *m*
hot metal flüssiges Roheisen *n;* Roheisen *n* flüssiges
hot-metal desulphurization plant Roheisen-Entschwefelungsanlage *f*
hot metal ladle Roheisenpfanne *f*
hot-metal ladle car Roheisenpfannenwagen *m*
hot metal mixer Mischer *m;* Roheisenmischer *m*
hot metal process Schmelzen *n* mit flüssigem Einsatz
hot metal shop Schmelzbetrieb *m* mit heißem Einsatz
hot metal transfer car Roheisenübergabewagen *m*
hot milling and sawing machine Warmfräs- und -sägemaschine *f*
hot mixer Heißmischer *m*
hot plate leveller Warmblechrichtmaschine *f*
hot plate straightening machine Warmblechrichtmaschine *f*
hot press heißpressen
hot pressing Warmpressen *n*
hot quenching Abschrecken *n* gestuftes; Thermalhärtung *f;* Warmbadhärten *n*
hot repressing Heißnachpressen *n*
hot roll warmwalzen
hot rolled concrete steel Betonstahl *m,* warmgewalzt
hot rolled condition warmgewalzter Zustand *m*
hot-rolled flat products for cold forming Flachzeug *n,* warmgewalztes, zur Kalt(um)formung
hot rolled flats warmgewalzter Flachstahl *m*
hot rolled rounds warmgewalzter Rundstahl *m*
hot rolled small U-section warmgewalzter kleiner U-Stahl *m*
hot rolled special [steel] section Spezialprofil *n,* warmgewalzt
hot rolled squares warmgewalzter Vierkantstahl *m*
hot [rolled] strip Warmband *n;* warmgewalztes Band *n*
hot [rolled] wide strip Warmbreitband *n*
hot rolling Warmwalzen *n*
hot rolling mill Warmwalzwerk *n*
hot rolling of flats Flachstahl-Warmwalzen *n*
hot rolling steel Warmwalzstahl *m*
hot rolling train Warmstraße *f*
hot saw Warmsäge *f*
hot scarfing Heißflämmen *n*
hot shaping Warmformgebung *f;* Warmumformung *f*
hot short warmbrüchig; warmrißanfällig
hot shortness Heißbruch *m;* Warmbrüchigkeit *f;* Warmrissigkeit *f*

hot shortness of hot rolled steel Warmrissigkeit *f* von warmgewalztem Stahl
hot stage microscope Erhitzungsmikroskop *n;* Heiztischmikroskop *n*
hot straightening Warmrichten *n*
hot straightening and cutting machine Warmricht- und Abschneidemaschine *f*
hot strip scratch Warmbandkratzer *m*
hot tear Wärmeriß *m*
hot tempering Thermalhärtung *f*
hot tensile test Warmzugversuch *m*
hot tension test Warmzugversuch *m*
hot tinning Feuerverzinnung *f*
hot top Blockaufsatz *m;* Gießaufsatz *m;* Gießkopf *m;* verlorener Kopf *m*
hot top ingot Haubenblock *m*
hot top mould Massekopfkokille *f*
hot topping feeder head heating Blockkopfbeheizung *f*
hot water part Heißwasserteil *n*
hot welding Warmschweißen *n*
hot wide strip Warmbreitband *n*
hot working Warmformgebung *f*
hot working steel Warmarbeitsstahl *m*
hot-work tool steel Warmarbeitsstahl *m*
hourly output Stundenleistung *f*
housing Gehäuse *n;* Walzenständer *m;* Walzständer *m*
housing of the close top type geschlossener Walzenständer *m*
housing of the open top type Kappenständer *m*
housing screw Umstellspindel *f*
hub Nabe *f*
humidity Feuchtigkeit *f*
humidity cell Feuchtigkeitsgeber *m;* Taupunktmeßgerät *n*
hump plate Höckerplatte *f*
hunting pendelnd; schaukelnd; schwankend
hurdle type scrubber Hordenwäscher *m*
hurdle washer Hordenwäscher *m*
hurdle washing tower Hordenwäscher *m*
hybrid computer Hybridrechner *m*
hydraulic accumulator hydraulischer Akkumulator *m*
hydraulically operated bell type furnace hydraulischer Haubenofen *m*
hydraulic control hydraulische Steuerung *f*
hydraulic descaling hydraulische Entzunderung *f*
hydraulic drive Flüssigkeitsgetriebe *n;* hydraulischer Antrieb *m*
hydraulic fluid Druckflüssigkeit *f*
hydraulic forging press hydraulische Schmiedepresse *f*
hydraulic installations for metallurgical plants and rolling mills Hütten- und Walzwerkhydraulik *f*
hydraulic jack hydraulische Winde *f*
hydraulic machine hydraulische Maschine *f*
hydraulic piston Hydraulikkolben *m*
hydraulic power Wasserkraft *f*
hydraulic press hydraulische Presse *f;* Presse *f*, hydraulische
hydraulic [pressure] test Wasserdruckversuch *m*
hydraulics Hydraulik *f*
hydraulic stowing Spülversatzleitung *f*
hydraulic test Innendruckversuch *m* mit Wasser
hydraulic water Druckwasser *n*
hydride powder Hydridpulver *n*

hydrocarbon Kohlenwasserstoff *m*
hydrochloric acid Salzsäure *f*
hydrodynamic drawing hydrodynamisches Ziehen *n*
hydrodynamic friction hydrodynamische Reibung *f*
hydrodynamic lubrication Schmierung *f*, hydrodynamische
hydrodynamics Hydrodynamik *f*
hydrodynamic theory of rolling hydrodynamische Walztheorie *f*
hydrofluoric acid Flußsäure *f*
hydroforming Innenhochdruckumformen *n*
hydrogen Wasserstoff *m*
hydrogen absorption Wasserstoffaufnahme *f*
hydrogenate hydrieren
hydr[ogen]ation works Hydrierwerk *n*
hydrogen embrittlement Wasserstoffsprödigkeit *f*; Wasserstoffversprödung *f*
hydrogen induced corrosion (HIC) Korrosion *f* durch Wasserstoff
hydrogen-induced crack Riß *m* wasserstoffbedingter; Riß *m* wasserstoffinduzierter
hydrogen-induced cracking (HIC) wasserstoffinduzierte Rißbildung *f*
hydrogen-induced fracture Bruch *m* wasserstoffbedingter
hydrogen-induced stress corrosion cracking (HSCC) wasserstoffinduzierte Spannungsrißkorrosion *f*
hydrogen peroxide Wasserstoffperoxid *n*
hydromatic drawing tool hydromatisches Ziehwerkzeug *n*
hydrometallurgy Hydrometallurgie *f*
hydrosparking Formen *n* durch Stoßwellen
hydrostatic bar extrusion Strangpressen *n*, hydrostatisches
hydrostatic compacting hydrostatisches Pressen *n*; Schlauchpressen *n*
hydrostatic direct impact extrusion hydrostatisches Vorwärts-Fließpressen *n*
hydrostatic direct impact extrusion of rods hydrostatisches Voll-Vorwärts-Fließpressen *n*
hydrostatic direct rod extrusion hydrostatisches Vorwärts-Strangpressen *n*
hydrostatic direct tubular impact extrusion hydrostatisches Hohl-Vorwärts-Fließpressen *n*
hydrostatic state of stress Spannungszustand *m*, hydrostatischer
hydrostatic stress Spannungsanteil *n*, hydrostatischer
hydrostatic test Abpreßversuch *m*; Wasserdruckversuch *m*
hygrometer Luftfeuchtigkeitsmesser *m*
hypereutectic übereutektisch
hypereutectoid übereutektoidisch
hypereutectoid steel hypereutektoidischer Stahl *m*; Stahl *m* übereutektoidischer; übereutektoidischer Stahl *m*
hypoeutectic untereutektisch
hypoeutectoid steel untereutektoidischer Stahl *m*
hypothetical postulate Erscheinungsbild *n*
hysteresis loop Hystereseschleife *f*
hysteresis loss Hystereseverlust *m*

I

I-beam Doppel-T-Träger *m;* I-Profil *n*
iceberg Eisberg *m* (Eisenschwammberg im Ofen)
ideal ideal
ideal plastic idealplastisch
ideal solution ideale Lösung *f;* Lösung *f* (ideale)
identification Erkennung *f;* Feststellung *f;* Identifizierung *f*
identification figure Kennziffer *f*
identification marking Kennzeichnung *f* (von Erzeugnissen)
identification number Kennzahl *f*
idle [boiler] corrosion Stillstandkorrosion *f*
idle operation Leerlauf *m*
idle period Nebenzeit *f*
idler Schleppwalze *f*
idle roll Blindwalze *f;* Schleppwalze *f*
idle roller table nichtangetriebener Rollgang *m;* Rollgang *m* nicht angetriebener
idle-running period Leerlaufzeit *f*
idle-running time Leerlaufzeit *f*
idle stroke Leerhub *m*
idle time Stillstandzeit *f*
IF-steel IF-Stahl *m*
ignite anzünden; entzünden
ignition Entzündung *f;* Zündung *f*
ignition hood Zündhaube *f* (Sinter)
ignition loss Glühverlust *m*
ignition residue Glührückstand *m*
ignition temperature Zündtemperatur *f*
IIW-test (welding) IIW-Test *m* (Schweißen)
Ilgner [type motor generator] set Schwungradumformer *m*
illuminate beleuchten
illuminated dial balance Leuchtbildwaage *f*
illuminated mimic panel Leuchtschaltbild *n*
immerse eintauchen
immersed roll Tauchwalze *f*
immersing Tauchen *n*
immersion bulb Tauchrohr *n*
immersion electrode Eintauchelektrode *f*
immersion gas burner Tauchbrenner *m*
immersion hardening Tauchhärten *n*
immersion heater Tauchheizkörper *m*
immersion nozzle Tauchrohr *n*
immersion nozzle preheater Tauchrohraufheizer *m*
immersion patenting Badpatentieren *n;* Tauchpatentieren *n*
immersion pouring Metallzuführung *f* unter dem Gießspiegel
immersion prime coating Tauchgrundierung *f*
immersion thermocouple Tauchthermoelement *n*
immersion time Tauchdauer *f*
immersion tube Tauchrohr *n* (allgemein)
immersion well Tauchrohr *n*
immission Immission *f*
impact Anstoß *m;* Schlag *m;* Stoß *m*
impact ball hardness test Fallhärteprüfung *f*
impact bending strength Schlagbiegefestigkeit *f*
impact bending test Schlagbiegeversuch *m*
impact crusher Prallbrecher *m*
impact endurance test Dauerschlagfestigkeitsversuch *m*
impact energy Kerbschlagarbeit *f* an

Spitzkerbproben nach ISO-V; Schlagarbeit *f*
impacter Schlagschmiedemaschine *f*
impact extrusion Fließpressen *n*
impact extrusion press Fließdruckpresse *f*
impact extrusion with action media Fließpressen *n* mit Wirkmedien
impact extrusion with rigid tool Fließpressen *n* mit starrem Werkzeug
impact force Schlagkraft *f*
impact free stoßfrei
impact hardness test Schlaghärteprüfung *f*
impacting Kaltschlagschmieden *n*
impact load Stoßbeanspruchung *f;* Stoßbelastung *f*
impact noise Impulslärm *m*
impact on environment Umweltbeeinflussung *f*
impact strength Kerbschlagzähigkeit *f;* Schlagfestigkeit *f*
impact test Kerbschlagbiegeversuch *m;* Kerbschlagversuch *m;* Schlagversuch *m*
impact test specimen Schlagprobe *f*
impact torsion test Schlagdrehversuch *m*
impact transition temperature Übergangstemperatur *f*
impairment Schwächung *f*
impedance Impedanz *f;* Scheinwiderstand *m* (Lichbogenofen)
impedance voltage Nennkurzschlußspannung *f*
impeller Schaufelrad *n*
imperfection Fehlstelle *f*
impermeability Undurchlässigkeit *f*
impetus Anstoß *m;* Antrieb *m*
impinge anprallen; aufschlagen; auftreffen
impingement Brennfleck *m*
impingement of drops Tropfenschlag *m*
impinging face Auftrefffläche *f*
implant method Implantmethode *f*
implant test Implantversuch *m* (Schweißen)
impregnate imprägnieren
impregnating agent Imprägnierungsmittel *n*
impregnation Tränkung *f*
impressing Eindrücken *n*
impression Eindruck *m;* Vertiefung *f*
impression [of finished drop forging] Gravur *f*
improve verbessern; veredeln
improvement Verbesserung *f*
impulse Impuls *m*
impulse counter Impulszähler *m*
impulse heating Impulswärmen *n*
impulse reflection method Impuls-Echo-Verfahren *n*
impulse sender Impulsgeber *m*
impulse type remote control Impuls-Fernsteuerung *f*
impurity Beimengung *f;* Fremdkörper *m;* Unreinheit *f*
inaccuracy Ungenauigkeit *f;* Unschärfe *f*
inactive accounts ruhende Konten *npl*
inadequate unpassend
in-and-out reheating furnace Wärmofen *m* für satzweisen Einsatz
in-bath smelting Badschmelzen *n*
in-bath smelting [reduction] Schmelzreduktion *f* im Eisenbad
incandescense Weißglut *f*
incandescent weißglühend
incentive operator Akkordarbeiter *m*
incidental element Eisenbegleitelement *n*

incidental light microscopy Auflichtmikroskopie *f*
incident light microscope Auflichtmikroskop *n*
incinerate veraschen
incinerator Abfallverbrennungsanlage *f;* Verbrenner *m*
incipient crack Anbruch *m;* Anriß *m*
incipient tear Anriß *m*
inclination Gefälle *n;* Neigung *f* (Steigung); Steigung *f*
inclination balance Neigungswaage *f*
inclined geneigt; schief (geneigt)
inclined elevator Schrägaufzug *m*
inclined hoist Schrägaufzug *m*
inclined lift Schrägaufzug *m*
include in a list in eine Liste *f* eintragen
inclusion Einlagerung *f;* Einschluß *m*
inclusion value (bearing steel) Einschlußkennwert *m* (Lagerstahl)
in comparison with im Vergleich *m* mit (oder: zu)
incomplete decarbonization Abkohlung *f* (Kokerei)
incompressibility Inkompressibilität *f*
incorporated eingearbeitet
increase Ausdehnung *f;* erhöhen; Ertrag *m;* Zunahme *f*
increase of grain size Kornwachstum *n*
increase of ouput Leistungssteigerung *f*
incremental forging partielles Stauchen *n*
incremental forging in closed die Teilgesenkschmieden *n*
increment division method Inkrement-Teilungsverfahren *n*
increment sampling Inkrement-Probenahme *f*
incubation time Anlaufzeit *f* (gamma-alpha Umwandlung)
indefinite chill roll Walze *f* (Indefinitguß)
indent Vertiefung *f*
indentation Eindringen *n;* Eindruck *m;* Einschnitt *m*
indentation area Eindruckfläche *f*
indentation test Tiefungsprobe *f*
indenting Eindrücken *n*
index Kenngröße *f*
index card cabinet [library] Karteischrank *m*
index number Meßzahl *f*
index of deep drawing Tiefungswert *m*
indicate anzeigen
indicating instrument Anzeigegerät *n*
indication Anzeige *f*
indicator Fühler *m;* Gichtsonde *f*
indicator board Anzeigetafel *f*
indirect mittelbar
indirect bar extrusion of solids Voll-Rückwärts-Strangpressen *n*
indirect extrusion of rods Voll-Rückwärts-Strangpressen *n*
indirect extrusion of rods and tubes Rückwärts-Strangpressen *n*
indirect impact extrusion Rückwärtsfließpressen *n*
indirect impact extrusion of hollow items Massiv-Lochen *n*
indirect rod impact extrusion Voll-Rückwärts-Fließpressen *n*
indirect tube extrusion Hohl-Rückwärts-Strangpressen *n*
indirect tubular impact extrusion Hohl-Rückwärts-Fließpressen *n*
indirect tubular rod extrusion Hohl-Rückwärts-Strangpressen *n*

individual drive Einzelantrieb *m*
individual grain level Einzelkornskala *f*
individual joint (or weld) Einzelnaht *f*
individual journal box Einzelachsbüchse *f*
induced draft installation Saugzuganlage *f*
induced draught Saugzug *m*
inductance Induktivität *f*
induction furnace Induktionsofen *m*
induction-furnace mix Induktionsofenmasse *f*
induction hardening Induktionshärten *n*
induction heating Erwärmung *f*, induktive; Induktionserhitzen *n*
induction heating system Induktionserwärmungsanlage *f*
induction melting furnace Induktionsschmelzofen *m*
induction stirring induktive Badbewegung *f;* induktives Rühren *n;* Rühren *n*, induktives
induction welding induktives Schweißen *n*
inductive induktiv
inductively heated forging furnace Schmiedeofen *m*, induktiv beheizt
induration Hartbrennen *n*
industrial großtechnisch
industrial budgetary control Budgetrechnung *f*
industrial engineering Betriebswirtschaft *f*
Industrial Engineering Committee Ausschuß *m* für Betriebswirtschaft
industrial frequency Industrie-Frequenz *f*
industrial furnace Industrieofen *m*
industrial garbage Gewerbemüll *m*
industrial hygiene Arbeitshygiene *f;* Gewerbehygiene *f*
industrial legal protection gewerblicher Rechtsschutz *m*
industrial management Betriebswirtschaft *f*
industrial medicine Arbeitsmedizin *f*
industrial noise Industrielärm *m*
industrial operation Industriebetrieb *m*
industrial psychology Betriebspsychologie *f*
industrial structures Industriebauten *mpl*
industrial undertaking Industriebetrieb *m*
industrial waste Industrieabfall *m*
industrial waste sintering plant Industriemüll-Sinteranlage *f*
industrial waste water Industrieabwasser *n*
industrial workshop Lehrwerkstatt *f*
industry control office Gewerbeaufsichtsamt *n*
inert reaktionsträge
inert gas Edelgas *n;* Inertgas *n;* Schutzgas *n*
inert gas metal arc welding Metall-Inertgasschweißen *n;* Metall-Schutzgasschweißen *n*
inert gas plant Schutzgasanlage *f*
inert gas shielded arc welding Schutzgasschweißung *f*
inertia force Trägheitskraft *f*
inert materials Ballast *m* (Hochofen)
infill Setzpacklage *f* (Schlackenaufbereitung)
infiltrate einziehen; tränken
infiltrated air Falschluft *f;* Frischluft *f*
infiltration Tränkung *f*
infiltration by capillary force Kapillartränkung *f*

infiltration by dipping Tauchtränkung *f*
infiltration (powder met.) Auflagetränkung *f*
infinite dilution unendliche Verdünnung *f*
infinitely dilute solution unendlich verdünnte Lösung *f*
infinitely variable control of speed stufenlose Geschwindigkeitsregelung *f*
infinitely variable speed drive stufenloser Antrieb *m*
inflammability Zündbarkeit *f*
inflammable feuergefährlich
information demand Informationsbedarf *m*
information flow Informationsfluß *m*
information path Informationsweg *m*
information processing device informationsverarbeitendes Gerät *n*
infrared control system Infrarotsteueranlage *f*
infrared radiation furnace Infrarotstrahlungsofen *m*
infringement of a patent Patentverletzung *f*
in furnace sizes chargierfähig
infusibility Temperaturbeständigkeit *f*
infusible unschmelzbar
ingate Anschnitt *m;* Einguß *m*
ingoing table Zufuhrrollgang *m*
ingoing wire Einspannlänge *f*
ingot Block *m;* Rohblock *m;* Rohbramme *f* (der gegossene Rohstahlblock)
ingot breaker Blockbrecher *m*
ingot buggy Blockfähre *f;* Blockwagen *m*
ingot butt Blockrest *m;* Stummelblock *m*
ingot casting Blockguß *m*
ingot casting method Blockgießverfahren *n*
ingot charging crane Blockeinsetzkran *m*
ingot chariot Blockwagen *m*
ingot corner segregation Seigerung *f* in den Blockecken
ingot crusher Blockbrecher *m*
ingot dog Blockzange *f*
ingot drawing crane Blockausziehkran *m*
ingot [handling] crane Blockkran *m*
ingot iron Armco-Eisen *n*
ingotism Blockseigerung *f*
ingot lathe Blockdrehbank *f*
ingot mold stool (am.) Kokillenuntersatz *m*
ingot mould Blockform *f;* Blockkokille *f*
ingot mo[u]ld Kokille *f*
ingot mould blackening Kokillenschlichte *f*
ingot mould bottom plate Kokillenuntersatz *m*
ingot mo[u]ld buggy Kokillenwagen *m*
ingot mould coating Kokillenlack *m*
ingot mould coating material Kokillenanstrichmittel *n*
ingot mould dressing material Kokillenanstrichmittel *n*
ingot mould glasing Kokillenglasur *f*
ingot mould scrap Kokillenbruch *m*
ingot mould varnish Kokillenlack *m*
ingot mould washing plant Kokillenspritzeinrichtung *f*
ingot mould welding Kokillenschweißen *n*
ingot parting machine Blockabstechmaschine *f*

ingot pusher Blockdrücker *m*
ingot scum Blockschaum *m*
ingot segregation Blockseigerung *f*
ingot slab mill Block-Brammen-Walzwerk *n*
ingot steel Flußstahl *m*
ingot stripper Blockabstreifer *m*
ingot stripping crane Blockabstreifkran *m*
ingot suitable for rolling Walzblock *m*
ingot surface friction Blockmantelreibung *f*
ingot tilter Blockkipper *m*
ingot tipping device Blockkipper *m*
ingot [tong] crane Zangenkran *m*
ingot tongs Blockzange *f*
ingot tons Rohstahlerzeugung *f*
ingot top crust Deckelbildung *f* (Block)
ingot [transfer] car Blockfähre *f;* Blockwagen *m*
ingredient Beimischung *f;* Bestandteil *m*
in handy sizes chargierfähig
inherent arteigen
inherent stress Eigenspannung *f*
inherent stress condition Eigenspannungszustand *m*
inhibit hemmen; hindern
inhibiting effect Sparbeizwirkung *f*
inhibitor Beizzusatz *m;* Inhibitor *m;* Sparbeize *f*
inhomogeneity Inhomogenität *f*
in increments of in Teilmengen *fpl* von; Teilmenge *f* von
initial corrosion rate Anfangskorrosionsgeschwindigkeit *f*
initial costs Anlagekosten *pl;* Anschaffungskosten *pl*
initial easily removable rust Flugrost *m*
initial load Vorlast *f*
initial material Ausgangswerkstoff *m*
initial [pass] section Anfangsquerschnitt *m;* Anstichquerschnitt *m*
initial set Vorspannung *f*
initial size Ausgangsgröße *f*
initial temperature of rolling Walzanfangstemperatur *f*
initial tension Vorspannung *f*
initial test Erstprüfung *f*
initial thickness Ausgangsdicke *f*
initiation of a fatigue crack Einschwingen *n* eines Ermüdungsanrisses
inject einblasen
injected eingeblasen
injection blowing Einblasen *n*
injection device Einblasanlage *f*
injection fan Einspritzventilator *m*
injection material Muxmasse *f*
injection (of blast furnace flue dust) Einblasen *n* (von Gichtstaub)
injection processes for steel after-treatment in the ladle Einblasen *n* für die Nachbehandlung von Stahl in der Pfanne
injection pump Einspritzpumpe *f*
injection treatment Einspritzbehandlung *f*
inleaked air Falschluft *f*
inlet Einführung *f;* Einlaß *m;* Zulauf *m*
in-mould electromagnetic stirrer Strangrührer *m* elektromagnetischer
inner lining Verschleißfutter *n*
inner oxidation in heat resisting steels Innenoxidation *f* in wärmeresistenten Stählen
inoculant Impfstoff *m* (Gußeisen)
inoculate (cast iron) impfen

inoculating agent Impfstoff *m*
inoculation Impfung *f* (Gußeisen)
in-process stock Walzgut *n*
input Antrieb *m*
input connection Eingangsverbindung *f*
input information Eingangsinformation *f*
input primary status (IPS) Eingabe-Primärstatus *m*
input resolution (automatic control) Ansprechwert *m*
input secondary status (ISS) Eingabe-Sekundärstatus *m*
input shaft Antrieb *m*
input (signal) Eingangsgröße *f*
input time interval Eingabezeit *f*
input value Eingangswert *m*
input variable Eingangsgröße *f*; Rückmeldevariable *f*
inquiry Anfrage *f*; Umfrage *f*
in roll time Walzzeit *f*
in series hintereinander (geschaltet)
insert einbauen; Einbaustück *n*; Einlage *f*; einstecken
inserted wire mesh Stahleinlage *f* (Gewebe)
insertion Einbau *m*; Einfügung *f*; Einspannung *f*
in-service behaviour Betriebsverhalten *n*
inside diameter lichte Weite *f*
inside diameter matching Innenanpassung *f*
insoluble phase Bodenkörper *m*; unlösliche Phase *f*
inspect prüfen
inspection Abnahme *f* (von Maschinen); Abnahme *f*; Kontrolle *f*; Prüfung *f*
inspection certificate Abnahmeprüfzeugnis *n*
inspection port Schauloch *n*
inspection port cover Schaulochdeckel *m*
inspection report Abnahmeprüfprotokoll *n*
inspection test Werksprüfung *f*
inspector Abnahmebeamter *m*; Abnehmer *m*
install einbauen; einrichten
installation Anlage *f*; Aufstellung *f*; Einrichtung *f*
installation for carbon injection Einblasanlage *f* für Kohlenstoff
installation to inject coal into blast furnaces Einrichtung *f* zum Einblasen von Kohle in Hochöfen
installing Einrichtung *f* (z. B. einer Versuchsstation)
instantaneous cooling rate momentane Abkühlungsgeschwindigkeit *f*
instructional workshop Lehrwerkstatt *f*
insulated wire isolierter Draht *m*
insulating brick Isolierstein *m*
insulating material Dämm[werk]stoff *m*; Dämmstoff *m* (Isolierstoff); Isoliermaterial *n*
insulating refractory wärmedämmender feuerfester Stoff
insulating refractory brick Isolierstein *m*
insulating tube Isolierrohr *n*
insulation Dämm[werk]stoff *m*; Isolierung *f*
insulator Isolator *m*
intake Einlaßöffnung *f*; Einströmungsrohr *n*
in tandem with im Anschluß *m* an (Walzwerk)
integer ganze Zahl *f*
integral action time Nachstellzeit *f*
integral J J-Integral *n*

integrated iron and steel plant gemischtes Hüttenwerk *n*
integrated level measurement integrierende Pegelmessung *f*
integrated power system Energieverbundwirtschaft *f*
integrated system Gesamtkonzeption *f*
integrating control Summenregelung *f*
integrating controller Summenregler *m*
integration Einbindung *f*
integrator Zähler *m*
intensifier Verstärker *m*
intensity maximum Schwärzungsmaximum *n* (Röntgen)
intensity of current Stromstärke *f*
intensity of light Lichtstärke *f*
interaction coefficient Wechselwirkungskoeffizient *m;* Wirkungskoeffizient *m;* Wirkungsparameter *m*
interaction of spins Spinortskorrelation *f* (Atome und Elektronen)
interaction parameter Wechselwirkungsparameter *m;* Wirkungsparameter *m*
interannealed wire zwischengeglühter Draht *m*
interatomic bond interatomare Verbindung *f*
inter-bell area Raum *m* zwischen großer und kleiner Gichtglocke
intercept method Linienschnittverfahren *n* (Korngröße)
interchangeable stand Wechselgerüst *n*
intercom [system] Gegensprechanlage *f*
intercritical annealing Behandlung *f* im Zweiphasengebiet; Zwischenglühen *n*
intercritical [heat] treatment interkritische [Wärme]behandlung *f*
intercritical treatment Behandlung *f* im Zweiphasengebiet
intercrystalline corrosion interkristalline Korrosion *f;* Korrosion *f* (interkristalline)
intercrystalline fracture interkristalliner Bruch *m;* Korngrenzenbruch *m*
interdendritic interdendritisch
interdendritic graphite interdendritischer Graphit *m*
interdendritic space interdendritischer Bereich *m*
interdiffusion Interdiffusion *f*
interface Grenzfläche *f;* Kopplung *f;* Trennfläche *f*
interfacial corrosion Messerschnittkorrosion *f*
interfacial diffusion Korngrenzendiffusion *f*
interfacial force Grenzflächenkraft *f*
interfacial tension Grenzflächenspannung *f*
interference Störung *f*
interference coating microscopy Interferenzschichten-Mikroskopie *f*
intergranular attack Korngrenzenangriff *m*
intergranular corrosion interkristalline Korrosion *f;* Korngrenzenkorrosion *f;* Korrosion *f* (interkristalline)
intergranular dimple fracture interkristalliner Wabenbruch *m*
intergranular fracture Korngrenzenbruch *m*
intergrowth Verwachsung *f*
interior innen
interlamellar spacing Lamellenabstand *m*

interlinked gas grid system Gasverbundnetz *n*
interlocking [suspended] bricks ineinandergreifende Sondersteine *mpl* mit Aufhängung
intermediate anneal Zwischenglühung *f*
intermediate annealed sheet zwischengeglühtes Feinblech *n*
intermediate annealing Zwischenglühen *n*
intermediate circuit Zwischenkreis *m;* Zwischenkreisumrichter *m*
intermediate echo Zwischenecho *n*
intermediate hopper Zwischenbunker *m*
intermediate mill Mittelstraße *f*
intermediate phase intermediäre Phase *f;* Zwischenphase *f*
intermediate product Zwischenerzeugnis *n*
intermediate reheating furnace Zwischenwärmofen *m*
intermediate rolling mill Mittelwalzwerk *n*
intermediate roll stand Mittelgerüst *n*
intermediates Zwischenkorngrößen *fpl*
intermediate shaft Zwischenspindel *f*
intermediate shaping Zwischenformgebung *f* (Walzen)
intermediate stage structure Zwischenstufengefüge *n*
intermediate stress relieving Zwischenentspannen *n*
intermetallic compound intermetallische Verbindung *f;* Verbindung *f* intermetallische
intermittent feed Sprungschaltung *f*
intermittent operation intermittierende Betriebsweise *f*
intermittent weld unterbrochene Schweißnaht *f*
internal innere
internal consumption Eigenverbrauch *m*
internal crack Innenriß *m*
internal defect Innenfehler *m*
internal energy innere Energie *f*
internal evacuation Innenabsaugung *f*
internal exhaust Innenabsaugung *f*
internal fissure Innenriß *m*
internal high-pressure system Innenhochdruckumformung *f*
internal oxidation innere Oxidation *f;* Oxidation *f* innere
internal stress Eigenspannung *f*
internal welding Innenschweißen *n*
inter-pass annealing Glühen *n* zwischen zwei Zügen (Kaltziehen)
interpenetrating lattices Gitter *npl*
interpenetrating lattices (X-rays) ineinandergeschachtelte Gitter *npl*
interpretation of test results Versuchauswertung *f*
interrelationship wechselseitige Beziehung *f*
interrupted ag[e]ing unterbrochenes Altern *n*
interrupted hardening Stufenhärten *n*
interrupted quench hardening gebrochenes Härten *n*
interrupted quenching gebrochenes Abschrecken *n;* gebrochenes Härten *n;* Härten *n* (in Wärmebehandlung)
interrupted segment method Linienschnittverfahren *n* (Korngröße)
interruption Störung *f;* Unterbrechung *f*

intersection Schnittpunkt *m*
interstand strip tension Bandzug *m* (zwischen den Gerüsten)
interstitial atom Zwischengitteratom *n*
interstitial solid solution Einlagerungsmischkristall *m*
interstitial solution Zwischengitter-Mischkristall *m*
interstitial space Zwischenraum *m* (Gitter)
intervall Strecke *f*
in the form of lamellar streaks streifig lamellar
in the hot rolled condition im warmgewalzten Zustand *m*
intimate mixing innige Vermischung *f*
intraparticle diffusion Diffusion *f* innerhalb eines Teilchens
intrinsic bending fatigue strength Biegeschwellfestigkeit *f*
intrinsic fatigue strength Schwellfestigkeit *f*
introduce einführen; einstecken
introduce into an equation in eine Gleichung *f* einführen
introduction Einführung *f;* Einstich *m*
introduction of dummy bar Kaltstrangeinfahren *n*
invar alloy Invarlegierung *f*
invar effect Invareffekt *m*
invariant Invariante *f*
Invar steel Invarstahl *m*
inventory on-hand quantity Inventurbestand *m*
inventory stock Inventurbestand *m*
inverse feedback Gegenkopplung *f*
inverse segregation umgekehrte Seigerung *f*
invert umkehren
investigation Erforschung *f;* Untersuchung *f*
investment casting Genauguß *m;* Gießen *n* mit verlorener Gießform; verlorene Gießform *f*
invoice typewriter Fakturiermaschine *f*
inwall Schachtmauerwerk *n*
iodine number Jodzahl *f* (Schmieren)
ion exchange Ionenaustausch *m*
ionic bonding Ionenbindung *f*
ionic defect Ionenstörstelle *f*
ionic strength Ionenstärke *f*
ion in interstitial position Zwischengitterplatz *m*
ionisation state Ionisierungszustand *m* (Spektralanalyse)
ionitriding ionitrieren; Ionitrieren *n*
IPE-beam (European section) IPE-Träger *m* (IPE-Reihe)
iron Eisen *n*
iron and steel manufacture Eisenhüttenwesen *n*
iron and steel plant Eisenhüttenwerk *n*
iron and steel producing industry eisenschaffende Industrie *f*
iron and steel products Eisen- und Stahlerzeugnisse *npl*
iron and steel trade Eisen- und Stahlhandel *m*
iron and steel works Eisenhüttenwerk *n*
iron and steel works crane Hüttenwerkskran *m*
iron bath Eisenbad *n*
iron bath reactor Eisenbadreaktor *m*
iron carbide Eisencarbid *n*
iron carbon diagram Eisen-Kohlenstoff-Schaubild *n*
iron casting Eisenguß *m*

iron castings gußeiserne Formstükke *npl*
iron-cobalt-vanadium-chromium alloy Eisen-Cobalt-Vanadium-Chrom-Legierung *f*
iron content Eisengehalt *m*
iron foundry Eisengießerei *f*
iron glance Eisenglanz *m;* Hämatit *m*
iron hoop Bandstahl *m*
ironing Abstrecken *n;* Tiefziehen *n* (von Näpfchen)
iron loss Eisenverlust *m*
iron making Roheisenerzeugung *f*
ironmaking plant Roheisenerzeugungsanlage *f*
iron mine Eisenbergwerk *n*
iron nickel pyrites Eisennickelkies *m*
iron notch Eisenabstichloch *n*
iron ore Eisenerz *n*
iron ore briquette Eisenerzbrikett *n*
iron ore deposit Eisenerz-Lagerstätte *f*
iron oxide fume Eisenoxidrauch *m*
iron phosphide Eisen-Phosphor *n*
iron Portland cement Eisenportlandzement *m*
iron powder Eisenpulver *n*
iron precipitation Eisenausscheidung *f*
iron pyrites Eisenkies *m* (FeS_2); Schwefelkies *m* (FeS_2)
iron recovery plant Eisenrückgewinnungsanlage *f*
iron runner Roheisen-Abstichrinne *f*
iron saturated eisengesättigt
iron soap Eisenseife *f*
iron sulphate Eisenvitriol *n*
iron wire Eisendraht *m*
ironworker Hüttenmann *m*
ironworks Eisenhütte *f*
iron works Eisenwerk *n*
ironworks Hüttenwerk *n*
iron works chemistry Eisenhüttenchemie *f*
irradiate bestrahlen
irradiation method Durchstrahlungsverfahren *n*
irreversible irreversibel
irreversible alloy Legierung *f*, irreversible
irreversible temper brittleness Blaubrüchigkeit *f;* Blausprödigkeit *f;* Dreihundert-Grad (300 °C)-Versprödung *f*
isochronous curve Isochrone *f*
ISO draft ISO-Entwurf *m*
isoforming Umformperlitisieren *n*
isolated inclusion Einschluß *m* vereinzelter
isolated inclusions vereinzelte Einschlüsse *mpl*
isolation Isolierung *f*
ISO rough draft ISO-Vorentwurf *m*
isosceles triangle gleichschenkliges Dreieck *n*
isostatically pressed product Erzeugnis *n*, isostatisch gepreßtes
isothermal annealing perlitisieren; Perlitisieren *n*
isothermal transformation isothermische Umwandlung *f*
isothermal transformation (TTT) diagram ZTU-Schaubild *n* für isothermische Abkühlung
isotope Isotop *n*
isotropic material behaviour Materialverhalten *n*, isotropes
isotropy Isotropie *f*
issue Ausgang *m;* Ergebnis *n*
item Einheit *f;* Einzelheit *f;* einzelner Posten *m;* Position *f*
Ito's crack parameter Rißkenngröße *f* nach Ito
Ito-crack parameter Ito-Riß-Para-

meter *m*
Izod pendulum hammer Izod-Pendelhammer *m*
Izod test Kerbschlagversuch *m*
Izod value Kerbschlagwert *m*

J

jack Hebebock *m;* Hebel *m*
jacket Mantel *m;* Panzer *m* (Hochofen); umhüllen; ummanteln
jacketted jet pipe Mantelstahlrohr *n*
jam festfressen; festklemmen; klemmen
jar rütteln
jar ramming rollover moulding machine Umroll-Rüttelformmaschine *f*
jar-ram moulding machine Rüttelformmaschine *f*
jaw chuck Backenfutter *n*
jaw crusher Backenbrecher *m*
Jenkin's bend test Jenkin-Biegeversuch *m*
jerky drawing Rattern *n* (Drahtziehen)
jet Düse *f;* Gießloch *n;* Gießrinne *f*
jet process Düsenabstreifverfahren *n*
jet tapper Sprenglanze *f*
jet tapper (am.) Abstichladung *f*
jib crane Auslegerkran *m*
jig Aufspannvorrichtung *f;* Einspannvorrichtung *f;* Vorrichtung *f*
jigging Haltevorrichtung *f*
jigging machine Setzmaschine *f*
jigging screen Rüttelsieb *n;* Schüttelsieb *n;* Setzsieb *n*
job Arbeit *f*
job analysis Arbeitsanalyse *f*
job annealing Lohnglühung *f*
jobbing casting Handelsguß *m;* Kundenguß *m*
jobbing mill Walzwerk *n* für kleine Bestellungen
jobbing plate mill Mittelblech-Walzwerk *n*
jobbing [sheet] Blech *n* (mittel); Mittelblech *n*
jobbing sheet mill Mittelblech-Walzwerk *n*
job description Arbeitsbeschreibung *f*
job evaluation Arbeits[platz]bewertung *f*
job refining Lohnveredelung *f*
job requirement Arbeitsanforderung *f*
job rolling Lohnwalzen *n*
job work Akkordarbeit *f*
joggling machine Maschine *f* zum Verkröpfen und Ab- oder Durchsetzen
join stoßen
joiner's shop Tischlerei *f*
joinery Tischlerei *f*
joining Fügen *n*
joining by creative forming Fügen *n* durch Umformen
joining by flanging Fügen *n* durch Bördeln
join[t] anschließen; dichten; Dichtung *f;* Gelenk *n;* Stoß *m* (Trennstelle); Stoß *m* (Verbindungsstelle); Verband *m;* verbinden
joint bars and fishplates Laschen und Platten *fpl* (Eisenbahn-Oberbau)
joint distribution Mehrfachteilung *f;* verbundene Verteilung *f*
joint-divisional meeting Plenarsitzung *f*
join[t]ing Bindemittel *n;* Dichten *n;* Dichtung *f*

jointing and packing for rolling mills Dichtung *f* für Walzwerke
jointing compound Dichtungsmasse *f* (für Mauerwerk)
jointing compounds for furnace masonry Ofenmauer-Dichtungsmasse *f*
jointing mixture Ausfugmasse *f*
jointing time Fügezeit *f*
joint of the bed Lagerfuge *f*
joint ring Dichtungsring *m* (e. Rohrflanschverschraubung)
joint welding Verbindungsschweißen *n*
joist Doppel-T-Träger *m;* Träger *m*
joist rolling mill Trägerwalzwerk *n*
jolt rütteln
jolter Rüttelformmaschine *f*
jolt moulding machine Rüttelformmaschine *f*
jolt rollover moulding Umroll-Rüttelformmaschine *f*
Jominy curve Jominy-Kurve *f*
Jominy test Jominy-Versuch *m;* Stirnabschreckversuch *m*
Jominy test piece Stirnabschreckprobe *f*
journal Laufzapfen *m;* Zapfen *m*
journal bearing Achslager *n;* Zapfenlager *n*
journal box Achslager *n;* Zapfenlager *n*
jumbo Roheisenbehälter *m* auf Roheisentransportwagen; Roheisenbehälter *m*
jump Sprung *m*
jump roughing mill Springduowalzwerk *n;* Vorsturzwalzwerk *n*
jump test Stauchversuch *m*
junction Verbindung *f*

K

kaolin sand Kaolinsand *m*
keen scharf; schneidend
keen edge tool scharf schneidendes Werkzeug *n*
key Keil *m;* Keilstein *m;* Schlüssel *m*
key bar Keilstahl *m*
keyboard Tastatur *f*
keyed in eingekeilt
keyhole notch Schlüssellochkerb *m*
key letter Schlüsselbuchstabe *m* (bei Kurznamen)
keyway Keilnut *f*
kick-off transfer bar Schrottvorband *n*
kidney ore Eisenglanz *m;* Glaskopf *m* (Roteisenstein); Hämatit *m*
kieselguhr Kieselgur *f*
kill abstehen lassen; beruhigen
killed steel beruhigter Stahl *m;* entgaster Stahl *m;* Stahl *m* beruhigter
kiln Brennofen *m;* Ofen *m* (Brennofen)
kiln for ceramic industry Brennofen *m* für die keramische Industrie
kindling point Flammpunkt *m*
kinematic basic equation Grundgleichung *f*, kinematische
kinematic viscosity kinematische Viskosität *f*
kinetic energy kinetische Energie *f*
kinetics Kinetik *f*
king brick Königsstein *m*
kink Knick *m*
kinking Schleifenbildung *f*
kish Garschaum *m*
kish graphite Garschaumgraphit *m*
kisser Zunderfleck *m*
knead durcharbeiten; kneten

kneadable knetbar
knife-edge corrosion Messerschnittkorrosion *f*
knife-line corrosion Messerschnittkorrosion *f*
knife pass geteiltes Kaliber *n;* Kneifstich *m*
knifing Walzen *n* mit geteiltem Kaliber
kniking Verwerfen *n* nach Beanspruchung
knock schlagen; stoßen
knock down test Stauchversuch *m*
knock out ausstoßen (von Gasen)
knuckle Gelenk *n;* Herdgewölbe *n;* Knie *n;* Krümmung *f*
knuckle (open hearth furnace) Einschnürung *f* an beiden Enden des Hauptgewölbes (SM-Ofen)
knuckle (reheat furnace) Höcker *m*
knurl rändeln
knurled knob Rändelknopf *m*
knurled thumb screw Rändelschraube *f*

L

labelling machine Etikettiermaschine *f*
labile labil
laboratory Laboratorium *n;* Versuchsanstalt *f;* Versuchsraum *m*
laboratory apparatus Laboratoriumsgerät *n*
laboratory appliance Laboratoriumsgerät *n*
laboratory assistant Laborant *m*
laboratory mill Versuchswalzwerk *n*
laboratory research Laboratoriumsforschung *f*
labour agreement Tarifvertrag *m*
labour costs Lohnkosten *pl*
labour efficiency Arbeitsleistung *f*
labour element of cost Kostenanteil *m* des Arbeitslohnes
labourer Hilfsarbeiter *m*
labo[u]r office Arbeitsamt *n*
lack Fehlen *n;* Mangel *m*
lack of gas Gasmangel *m*
lacquer Lack *m;* lackieren (Band)
lacquer drawn wire naß gezogener Draht *m* (mit heller Oberfläche)
lacquered lackiert
lacquered sheet Feinblech *n,* lackiert
lacquer print Lackabdruck *m*
ladder Leiter *f*
ladle Pfanne *f*
ladle additions Pfannenzusätze *mpl*
ladle analysis Schmelzenanalyse *f*
ladle bogie Pfannenwagen *m*
ladle brick Pfannenstein *m*
ladle car Pfannenwagen *m*
ladle casing Pfannengehäuse *n*
ladle covering agent Pfannenabdeckmittel *n*
ladle covering compound Pfannenabdeckmasse *f;* Pfannenabdeckmittel *n*
ladle cover manipulator Pfannendeckelmanipulator *m*
ladle degassing Pfannenentgasung *f*
ladle drying plant Pfannentrocknungsanlage *f*
ladle emptying time Pfannenausgießzeit *f*
ladle furnace Pfannenaufheizvorrichtung *f;* Pfannenofen *m*
ladle heating plant Pfannenaufheizanlage *f*
ladle lining Pfannenausmauerung *f*
ladle lip Pfannenausguß *m*
ladle metallurgy Pfannenmetallurgie *f*

ladle metallurgy aftertreatment pfannenmetallurgische Nachbehandlung *f*
ladle-metallurgy plant Anlage *f*, pfannenmetallurgische
ladle metallurgy station Pfannenbehandlungsstation *f*
ladle mix Pfannenmasse *f*
ladle operator Pfannenbedienungsmann *m*
ladle operator stand Pfannenmannstand *m*
ladle pouring time Pfannengießzeit *f*
ladle refining Pfannenbehandlung *f*
ladle sample Schöpfprobe *f*
ladle service area Pfannenwirtschaft *f*
ladle shank Pfannengabel *f*
ladle shell Pfannengehäuse *n*
ladle shroud Schattenrohr *n*
ladle shroud system Pfanne-Schattenrohr-System *n*
ladle skimmer Schlackenüberlauf *m* (Pfanne)
ladle skull Pfannenbär *m*
ladle slide gate Pfannenschieber *m;* Schieberverschluß *m* (Pfanne)
ladle slide-gate material Stahlwerkspfannen-Schiebermaterial *n*
ladle slide-gate sand Pfannenschiebersand *m*
ladle stand Pfannenbock *m*
ladle stopper Gießstopfen *m;* Pfannenstopfen *m*
ladle swivelling unit Pfannenschwenker *m*
ladle take-over equipment Pfannenübernahmeeinrichtung *f*
ladle tank degassing Pfannenstandentgasung *f*
ladle tilting device Kippstuhl *m* für Pfannen
ladle to ladle stream degassing Vakuumdurchlaufentgasung *f*
ladle transfer car Pfannentransportwagen *m*
ladle treatment Pfannenbehandlung *f;* Pfannennachbehandlung *f*
ladle turntable Pfannendrehturm *m*
ladle turret Pfannendrehturm *m*
ladle turret with lifting arms Pfannendrehturm *m* mit Hubarmen
ladle weighing device Pfannenwägeeinrichtung *f*
lag hemmen; Phasenverschiebung *f* (elektr.); Verzögerung *f*
lag element Verzögerungsglied *n*
lagging Nacheilung *f* (Walzen)
lake iron ore Raseneisenerz *n;* See-Erz *n*
lamella pump Lamellenpumpe *f*
lamellar fracture Terrassenbruch *m*
lamellar graphite Lamellengraphit *m*
lamellar graphite cast iron Gußeisen *n* mit Lamellengraphit
lamellar streaks streifig lamellar
lamellar tearing Lamellenbruch *m* (Schweißen); Lamellenriß *m* (als Schweißfehler); Lamellenriß *m*
laminate Kunststoffolien *fpl* aufwalzen; laminieren
laminated material Verbundmaterial *n;* Verbundwerkstoff *m*
laminated spring Blattfeder *f*
lamination Dopplung *f* (im Stahlblock); Dopplung *f;* Kaschierung *f;* Überwalzung *f*
lamination (powder met.) Schieferung *f*
lance Lanze *f;* Strahlrohr *n*
lance carriage Lanzenschlitten *m*
lance carrier Lanzenwagen *m*
lance cost Lanzenkosten *pl*

lance roboter Lanzenroboter *m*
lance safety gear Lanzenfangvorrichtung *f*
lancing Einschneiden *n*
lancing stand Aufbrennstand *m*
landing skid Gleitkufe *f*
Lang's lay rope Gleichschlagseil *n*
lap Dopplung *f;* läppen (Oberfläche); Mattschweiße *f;* staubschleifen
lap joint überlappter Stoß *m;* Überlappung *f*
lap riveting Überlappungsnietung *f*
lap welded überlappt geschweißt
lapweld process Überlappschweißverfahren *n*
large boiler plant Großkesselanlage *f*
large compartment soaking pit Großraum-Tiefofen *m*
large-scale production trial Großversuch *m*
larry [car] Füllwagen *m;* Möllerwagen *m;* Zubringerwagen *m*
laser beam Laserstrahl *m*
laser-beam cutting Laserstrahlschneiden *n*
laser-beam cutting system Laserstrahlschneidanlage *f*
laser beam welding Laserstrahlschweißen *n*
laser-beam welding system Laserstrahlschweißanlage *f*
laser-cut sheet blank Blechzuschnitt *m,* laserstrahlgeschnitten
laser energy output Laserausgangsenergie *f*
laser microprobe Laser-Mikrosonde *f*
laser-welded sheet Feinblechererzeugnis *n,* laserstrahlgeschweißt
laser welding Lichtstrahlschweißen *n*
last aushalten; dauern
latch Klinke *f;* Riegel *m*
latent heat latente Wärme *f*
lateral bar extrusion Voll-Quer-Strangpressen *n*
lateral blow seitliches Blasen *n*
laterally sprung axle bearing Achslager *n* mit seitlichen Federabstützungen
lateral tube extrusion Hohl-Quer-Strangpressen *n*
late shift Spätschicht *f*
lathe Drehbank *f*
lath martensite Lanzettmartensit *m*
lattice Gitter *n* (Kristall); Netzwerk *n*
lattice defect Gitterbaufehler *m* (Kristall); Gitterfehlstelle *f;* Gitterstörung *f* (Kristall)
latticed girder pole Gittermast *m*
lattice dislocation Gitterversetzung *f*
lattice distortion Gitterstörung *f* (Kristall)
lattice girder Fachwerkträger *m*
lattice girder welding machine Gitterträger-Schweißautomat *m*
lattice grate Gitterrost *m*
lattice grate (for lighting) Lichtgitter *n*
lattice mast Gittermast *m*
lattice parameter Gitterkonstante *f*
lattice shearing Umklappen *n* des Gitters
lattice structure Gitterstruktur *f* (Kristall)
lattice transformation Gitterumwandlung *f* (Kristall); Umklappen *n* des Gitters
lattice vacant site Gitterleerstelle *f*
launch in Betrieb *m* setzen
launder Abstichrinne *f;* Gießrinne *f;* Rinne *f*
Laves-phase Laves-Phase *f*

lay Windung *f*
lay a course of (bricks) Lage *f* verlegen (von Steinen)
lay diameter Windungsdurchmesser *m*
lay down ablegen
layer Flöz *n;* Lage *f;* Metallschicht *f;* Schicht *f*
layer crystal Schichtkristall *m*
layer line (X-rays) Schichtlinie *f*
layer of air Luftschicht *f*
layer of scale Zunderschicht *f*
layer strength Schichtfestigkeit *f*
lay forming rim Wickelmantel *m*
laying head or unit Windungsleger *m*
laying reel Drehkorbhaspel *f;* Edenbornhaspel *f*
lay off workman Arbeiter *m* zeitweilig entlassener
lay-out Anlage *f;* Anordnung *f;* auslegen; Plan *m*
LD-AC process LD-AC-Verfahren *n*
LD lip ring Mündungsring *m*
LD process LD-Verfahren *n*
leach Lauge *f*
lead Blei *n;* führen; Ganghöhe *f* (Steigung); Leitung *f*
lead-bath hardening Bleibadhärten *n*
lead-bath patenting Bleipatentieren *n*
lead bath vat Bleibadkessel *m*
lead-coat verbleien
lead coated bleibeschichtet
lead coated flat product Flachzeug *n,* bleibeschichtetes
lead coating Verbleiung *f*
leaded bleihaltig; verbleit
leader Vorfertigstich *m*
lead froth Bleischaum *m* (Feuerverzinken)
leading dimensions Hauptabmessungen *fpl*
leading end Bandanfang *m* in der Straße; vorderes Ende *n*
leading oval Schlichtoval *n* (Walzen)
leading pass section Anstichquerschnitt *m*
leading spindle Leitspindel *f*
lead oxide test for testing valve steels Bleioxidtest *m* zum Test von Ventilstählen
lead oxide test [valve steel] Bleioxidversuch [Ventilstahl]
lead patented bleipatentiert
lead screw Leitspindel *f*
leaf Blatt *n;* Folie *f*
leaf aluminium rolling mill Aluminiumfolienanlage *f*
leaf coated sheet Feinblech *n,* folienbeschichtet
leaf spring Blattfeder *f*
leak auslaufen; Leck *n;* lecken
leak[age] Undichtheit *f*
leakage reactance Streureaktanz *f* (Lichtbogenofen)
leaker Ausläufer *m;* Läufer *m*
leaking tuyère leckende Form *f*
leak-proof dicht
leaky stopper Stopfenläufer *m*
lean coal Magerkohle *f*
lean gas armes Gas *n;* Schwachgas *n*
lean-gas firing Schwachgasheizung *f*
learner Anlernling *m*
least square kleinstes Quadrat *n*
ledeburite Ledeburit *m*
ledeburitic steel ledeburitischer Stahl *m*
Ledeburitic tool steel Werkzeugstahl *m,* ledeburitischer
left-handed thread Linksgewinde *n*
left hand welding Linksschweißung *f*

length gerade Länge *f* (Draht); Länge *f*
lengthen längen
lengthening Dehnen *n* (Längen)
length of contact arc Länge *f*, gedrückte
length of parallel Führungslänge *f* (Ziehstein)
length of the hearth Herdlänge *f*
length of wire drawn per unit of power consumed Kraftausbeute *f* beim Drahtziehen
less fusible weniger leicht schmelzbar
letters patent Patentschrift *f*
let well carbonize ausgaren lassen
level dressieren; ebnen; Höhe *f*; planieren
level height Höhe *f*
level indicator for bunker Bunkerfüllstandanzeiger *m*
levelling Richten *n* (Bleche)
levelling machine Richtmaschine *f* (Bleche)
levelling roll Richtrolle *f* (Band)
levelling roll cross-beam Richtrollentraverse *f*
levelling unit Richtrollenaggregat *n*
level of factors Abstufung *f* der Einflußgrößen
level of filling in a hopper Bunkerfüllstand *m*
level of significance Irrtumswahrscheinlichkeit *f*
lever Hebel *m*
lever arm method Hebelarmmethode *f*
lever arm ratio Hebelarmbeiwert *m*
lever factor Hebelarmbeiwert *m* (Walzen)
lever principle Hebelgesetz *n*
lever relationship rule Hebelbeziehung *f*
lever rule Hebelgesetz *n*
lever testing machine Prüfmaschine *f* mit Laufgewichtswaage
levigate pulverisieren; schlämmen; zerreiben
levitation melting Schwebeschmelzen *n*
liabilities Passiva *npl*
liability to Anfälligkeit *f* (für)
liability to brittle fracture Sprödbruchneigung *f*
liability to harden with soft spots Weichfleckigkeit *f*
liability to the formation of soft spots Neigung *f* zu Weichfleckigkeit
license Lizenz *f*
license agreement Lizenzvertrag *m*
licensee Lizenznehmer *m*
licenser Lizenzgeber *m*
lid Deckel *m*
life Haltbarkeit *f*; Lebensdauer *f*; Standzeit *f* (Werkzeug)
life durability Haltbarkeit *f*
life of arched roof Gewölbehaltbarkeit *f*
life of cutting tool (between regrindings) Schneidhaltigkeit *f*
life roller table Rollgang *m* angetriebener
life-time Lebensdauer *f*
lift Aufzug *m*; heben; hochheben; Last *f* (Ventil)
lifting apparatus Hebezeug *n*
lifting device Hebebühne *f*
lifting magnet Hubmagnet *m*; Lasthebemagnet *m*
lifting movement Hubbewegung *f* (Kran)
lifting processes in steelmaking Hebebewegung *f* bei der Stahlherstellung

lifting rod Vorheber *m*
lifting table Hebetisch *m*
lift[ing] truck Hubwagen *m*
light beleuchten
light barrier Lichtschranke *f*
light-ga[u]ge spring Feder *f* kleiner Abmessung
light ga[u]ge design Leichtbau *m*
light-ga[u]ge strip Band *n* (Dünnband)
light metal Leichtmetall *n*
light metal cast Leichtmetallguß *m*
light microscope Lichtmikroskop *n*
light microscopy Lichtmikroskopie *f*
light pen Lichtgriffel *m*
light petroleum distillate Benzin *n*
light plate Blech *n* (mittel); Mittelblech *n*
light print Ablichtung *f;* Lichtpause *f*
light section Leichtprofil *n*
light-section Lichtschnitt *m*
light-section analysis Lichtschnittanalyse *f*
light section angle Winkelstahl *m* mit Leichtprofil
light section rolling mill Feinstahl-Walzwerk *n;* Stabstahlwalzwerk *n*
light sections leichter Formstahl *m*
light signal plant Lichtrufanlage *f*
light source Lichtquelle *f*
light steel structure Stahlleichtbau *m*
light up anheizen
light-weight brick Leichtstein *m*
light weight refractory feuerfester Leichtstoff *m*
light-weight refractory brick Feuerleichtstein *m*
light-weight refractory mix Feuerleichtmasse *f*
light-weight scrap Kleinschrott *m*
light weight steel shape Stahlleichtprofil *n*
lignite Braunkohle *f*
lignite briquette Braunkohlenbrikett *n*
lignite coke Braunkohlenkoks *m*
like material Werkstoff *m* artgleicher
lime Kalk *m*
lime-alumina mixture Kalk-Tonerde-Gemisch *n*
lime-basic covering kalkbasische Umhüllung *f* (Schweißdraht)
lime boil Schlackenfrischreaktion *f*
lime-bonded silica brick kalkgebundener Silicastein *m*
lime bunker Kalkbunker *m*
lime-burning kiln Kalkbrennofen *m*
lime-coat kälken
lime dinas brick Kalkdinasstein *m*
lime injection equipment Kalkblasanlage *f*
lime-oxygen-dosing and injecting system Kalk-Sauerstoff-Dosier- und Einblasanlage *f*
lime powder Staubkalk *m*
lime set Kalkelend *n*
limestone Kalkstein *m*
limestone chips Kalksplitt *m*
limey ore kalkiges Erz *n*
liming Kälken *n* (Draht)
limit abgrenzen; beschränken; bestimmen; Termin *m*
limiting characteristic value Grenzmerkmal *n*
limiting creep stress Kriechgrenze *f*
limiting density Grenzpreßdichte *f*
limiting drawing ratio Grenzziehverhältnis *n*
limiting fatigue stress Dauerwechselfestigkeit *f*
limiting size Grenzmaß *n*
limiting spread factor Begrenzungsgrad *m* der Breitung (Walzen)

limiting strain Grenzumformgrad *m*
limiting value Grenzwert *m*
limit of error Fehlergrenze *f*
limit of proportionality Proportionalitätsgrenze *f*
limit switch Begrenzungsschalter *m;* Endschalter *m*
limonite Brauneisenerz *n;* Brauneisenstein *m;* Limonit *m*
line ausfüttern; Leitung *f;* Linie *f;* vermauern
linear contraction Verkürzung *f*
linear expansion Längen[aus]dehnung *f;* Längsdehnung *f*
linear expansion coefficient Längenausdehnungskoeffizient *m*
linear porosity Porenkette *f*
linear programming lineares Programmieren *n*
line assembly work Fließarbeit *f*
line frequency (am.) Netzfrequenz *f*
line frequency induction crucible melting furnace Netzfrequenz-Induktions-Tiegelschmelzofen *m*
line heating Wärmestrich *m*
line of best fit Mittelwertsgerade *f*
line of magnetic force Magnetisierungskraftline *f*
line out auskleiden
line pipe Großrohr *n;* Leitungsrohr *n*
linepipe Ölfeldrohr *n*
linepipe steel Großrohrstahl *m*
line printer Zeilendrucker *m*
liner Laufbüchse *f*
line reactor (am.) Drosselspule *f* (Lichtbogenofen)
line shaft Längswelle *f;* Übertragungswelle *f*
lines of stress Fließfiguren *fpl* (Bleche)
line-up Warteschlange *f*
line wire Leitungsdraht *m*
lining Ausgießen *n* (Lager); Auskleidung *f;* Ausmauerung *f;* Büchse *f*
lining cost Zustellungskosten *pl*
linings Auskleidung *f*
lining sheet Bekleidungsblech *n*
link Gelenk *n;* Glied *n;* Ring *m*
linkage Bindemittel *n;* Bindung *f*
linkage of bars Gestänge *n*
linking primer Bindemittel *n*
lintel Sturz *m* (Oberschwelle); Tragkranz *m* (Hochofen)
lintel girder Tragkranz *m* (Hochofen)
lip Ausguß *m;* Schnauze *f*
lip angle Keilwinkel *m* (Spanen)
lip ring Mündungsring *m;* Tragring *m* (Hochofen)
liquate seigern
liquation Seigerung *f*
liquation cracking Aufschmelzriß *m* (Schweißen)
liquefaction Schmelzung *f;* Verflüssigung *f*
liquid flüssig; Flüssigkeit *f*
liquid ammonia Ammoniakwasser *n*
liquid carburizing Badzementieren *n*
liquid crater flüssiger Sumpf *m;* Sumpf *m* flüssiger (Stranggießen)
liquid gas Flüssiggas *n*
liquid gas technology Flüssiggastechnologie *f*
liquid initial bath flüssiger Sumpf *m;* Sumpf *m* flüssiger
liquid metal embrittlement Lötbruch *m*
liquid metal level [in mould] Gießspiegel *m*
liquid phase flüssige Phase *f*
liquid phase sintering Schmelzsinterung *f*
liquid pool Bad *n,* flüssiges
liquid solubility Löslichkeit *f* im

flüssigen Zustand
liquid stage flüssige Phase *f*
liquid [steel] level Badspiegel *m*
liquid steel level control Badspiegelkontrolle *f*
liquid steel level in mould Kokillenbadspiegel *m*
liquid [steel] level measurement Badspiegelmessung *f*
liquidus [area] Liquidusfläche *f*
liquidus [line] Liquiduslinie *f*
liquify verflüssigen
list in eine Liste *f* eintragen; Liste *f*
list of standards Normenverzeichnis *n*
list of steel applications Stahleinsatzliste *f*
lithium Lithium *n*
live roller table angetriebener Rollgang *m*
live [soaking] pit geheizter Tiefofen *m*
Ilgner [type motorgenerator] set Ilgnersatz *m*
load Arbeitsbelastung *f;* aufladen; Beanspruchung *f;* beschicken
loadability Belastbarkeit *f*
load-bearing assembly Verbindung *f* tragende
load-bearing connection Kraftverbindung *f*
load bearing test Tragfähigkeitsversuch *m*
load bounding method Schrankenverfahren *n*
load capacity Tragfähigkeit *f*
load [carrying] capacity Belastungsfähigkeit *f*
load cell Kraftmeßdose *f*
load deflection curve for spring Federkennlinie *f*
load deflection measurement Kraft-Durchbiegungs-Messung *f*
loader Beladevorrichtung *f*
load extension curve Kraft-Verlängerungskurve *f*
load factor Auslastung *f*
load hook Lasthaken *m*
loading Aufladen *n;* Beschicken *n;* Ladung *f*
loading beam Lasttraverse *f*
loading bridge Ladebrücke *f;* Verladebrücke *f*
loading bunker Ladebehälter *m*
loading capability Belastbarkeit *f* (Elektroden)
loading capacity Besatzgewicht *n;* Ladefähigkeit *f*
loading curve Belastungskurve *f*
loading device Beladevorrichtung *f*
loading diagram Belastungskurve *f*
loading installation Verladeeinrichtung *f*
loading of broken out lining material Verladen *n* des Konverterausbruchs
loading plant Verladeanlage *f*
loading ramp Laderampe *f;* Verladerampe *f*
loading rate Belastungsgrad *m*
loading station Verladeanlage *f*
load level Belastungshöhe *f*
load lug Lastbolzen *m*
load stroke curve Kraft-Weg-Diagramm *n*
load swing Belastungsschwankung *f* (Lichtbogenofen)
load-time-curve Belastungs-Zeit-Verlauf *m*
load [up] beladen
loam Lehm *m*
loam iron roll Walze *f* (Lehmguß)
loamy sand Formsand *m;* Klebsand *m*
local buckling Knickung *f*

local cell Lokalelement *n* (Korrosion)
local corrosion örtliche Korrosion *f*
local corrosion phenomena Lokalkorrosionsphänomen *n*
local element Lokalelement *n* (Korrosion)
local hardening Flammhärten *n;* Härten *n* örtliches; örtliche Härtung *f*
localized corrosion Korrosion *f* (örtliche)
localized porosity Einzelprobe *f*
locate lagern; zentrieren
location Lage *f;* Standplatz *m;* Stellung *f*
lock absperren; schließen; Verschluß *m*
lock die Gesenk *n* mit gebrochener Teilfuge
locked coil rope geschlossenes Spiralseil *n;* Spiralseil *n* geschlossenes
lock forming Verlappen *n*
lock forming by twisting Drehverlappen *n*
locking device Verriegelungsvorrichtung *f*
locking plate Sicherungsblech *n* (Schraube)
locking wire Plombendraht *m*
lock nut Sicherungsmutter *f*
lock seaming Verlappen *n*
locksmith Schlosser *m*
locksmith's shop Schlosserei *f*
lock-woven mesh Betonstahlmatte *f*
locomotive Lokomotive *f*
log Betriebsbericht *m* (Zahlenaufstellung)
logical connective Grundverknüpfung *f;* logische Grundverknüpfung *f*
logic element digitales Verknüpfungsglied *n*
log sheet Aufschreibung *f* (Blatt)
lokal hardening Brennhärten *n*
long chain molecules langgestreckte Moleküle *npl;* langkettige Moleküle *npl*
long-distance gas Ferngas *n*
long-distance gas supply Ferngasversorgung *f*
long distance heating Fernheizung *f*
long-distance pipeline Fernleitung *f*
longitudinal bend specimen Längsbiegeprobe *f*
longitudinal corner crack Kantenlängsriß *m*
longitudinal crack Längsriß *m*
longitudinal facial crack Flächenlängsriß *m*
longitudinal force Längskraft *f*
longitudinal pass Längsstich *m*
longitudinal rolling Längswalzen *n*
longitudinal rolling of shapes Profil-Längswalzen *n*
longitudinal sampling Längsprobenahme *f*
longitudinal section Längsschnitt *m*
longitudinal slab slitting Brammenlängstrennen *n*
longitudinal stress Längsspannung *f*
longitudinal test specimen Längsprobe *f*
longitudinal thrust of the roof Gewölbelängsschub *m*
longitudinal tube welding system Längsnaht-Rohrschweißanlage *f*
longitudinal wave Longitudinalwelle *f*
long line prestressed concrete Stahlsaitenbeton *m*
long period creep resistance Zeitstandfestigkeit *f*

long period creep test Zeitstandversuch *m*
long range antiferromagnetic order antiferromagnetische Fernbereichsordnung *f*
long range order Fernordnung *f*
long-term embrittlement Langzeitversprödung *f*
long test bar Langstab *m*
long-time test Dauerversuch *m;* Langversuch *m;* Langzeitversuch *m*
loop Schleife *f;* Schlinge *f;* umführen
looper Schlingenkanal *m;* Schlingenspanner *m;* Umwalzer *m*
looping Schlingenbildung *f;* Umgehungsmechanismus *m* (bei Versetzungen)
looping car Schlingenwagen *m*
looping floor Schlingenkanal *m;* Tieflauf *m*
looping pit Schlingengrube *f*
looping roller Umwalzer *m*
looping [type] rolling mill Umsteckwalzwerk *n*
loop [lifter] Schlingenheber *m*
loop test bar Schlaufenprobe *f*
loop tower Bandspeicher *m*
loose bottom Nadelboden *m*
loose flange Überwurfflansch *m*
loosen lockern; lösen; losmachen
loosening Lösung *f*
loose powder ungepreßtes Pulver *n*
loose sliding fit Schiebesitz *m* weiter
loose tool forging Schmieden *n* mit unbefestigtem Werkzeug
loss Abbrand *m*
loss by burning Abbrand *m*
loss of energy Energieverlust *m*
loss of power Energieverlust *m*
loss of pressure Druckverlust *m*
loss of production Produktionsausfall *m*
loss of temperature Temperaturverlust *m*
lost-wax casting Wachsausschmelzguß *m*
lot Kollektiv *n* (Großzahlforschung); Los *n;* Posten *m*
lot size Losgröße *f*
loudness level (dB) Lautstärke *f*
low alloy steel niedriglegierter Stahl *m*
low carbon ferro-chrome weiches Ferrochrom *n*
low-carbon free-cutting steel kohlenstoffarmer Schnellautomatenstahl *m*
low carbon steel kohlenstoffarmer [weicher] Stahl *m;* niedrig gekohlter Stahl *m;* unlegierter kohlenstoffarmer Stahl *m;* Weicheisen *n;* weicher [unlegierter] Stahl *m*
low cycle corrosion fatigue Kurzzeit-Korrosionsermüdung *f*
low cycle fatigue Ermüdung *f* bei niedriger Lastspielzahl
low cycle fatigue strength Kurzzeitfestigkeit *f*
low density refractory feuerfester Leichtstoff *m*
low-ductility fracture verformungsarmer Bruch *m*
low energy electron diffraction Beugung *f* langsamer Elektronen
low-energy tear Riß *m* bei niedriger Energie
lower senken; vermindern
lower bainite Bainit *m* unterer; unterer Bainit *m*
lower bound Schranke *f,* untere
lower caloric value Heizwert *m* unterer; unterer Heizwert *m* (Hu)
lower die Matrize *f* (Untergesenk);

Untergesenk *n*
lower die block unterer Schmiedesattel *m*
lower frame (drag) Unterkasten *m*
lower furnace Unterofen *m*
lower pass unteres Kaliber *n*
lower ram Unterbär *m;* Unterkolben *m*
lower roll Unterwalze *f*
lower yield point Streckgrenze *f* untere; untere Streckgrenze *f*
lower yield strength Streckgrenze *f* untere
lower yield stress Streckgrenze *f* untere
low frequency induction furnace Niederfrequenzofen *m*
low frequency welding Niederfrequenzschweißen *n*
low grade minderwertig
low grade coal Kohle *f* minderwertige
low idle [run] niedrigster Leerlauf *m*
low in arm an
low intensity magnetic separation Schwachfeld-Magnetscheidung *f*
low load hardness Kleinlasthärte *f*
low melting metal niedrigschmelzendes Metall *n*
low-pearlite steel perlitarmer Stahl *m*
low pollution umweltfreundlich
low pressure cylinder Niederdruckzylinder *m*
low pressure gas main Niederdruckgasleitung *f*
low pressure manometer Niederdruckmanometer *n*
low pressure torch Injektorbrenner *m*
low-reactance electrode holder Elektrodenhalter *m* mit geringer Reaktanz
low shaft [blast] furnace Niederschachtofen *m*
low-slag refining schlackenarmes Frischen *n*
low-stress fracture Niederspannungsbruch *m*
low-surface tension water entspanntes Wasser *n*
low-temperature austenitic steel Stahl *m*, niedrigtemperatur-austenitischer
low temperature break LTB Niedrigtemperaturzerfall *m* NTZ
low temperature carbonisation Schwelung *f*
low temperature carbonisation furnace Schwelofen *m*
low temperature carbonising plant Schwelanlage *f*
low-temperature steel kaltzäher Stahl *m*
low tensile steel tube Rohr *n* mit geringer Festigkeit
low tension automatic circuit breaker Niederspannungsautomat *m*
low tension plant Niederspannungsanlage *f*
low voltage generator Niederspannungsgenerator *m*
lubricant Gleitmittel *n;* Schmiermittel *n;* Schmierstoff *m*
lubricant carrier Schmiermittelträger *m*
lubricate einfetten; schmieren
lubricating Abschmieren *n*
lubricating action Schmierwirkung *f*
lubricating grease Schmierfett *n;* Schmiermittel *n*
lubricating grease for rolls Walzenschmierung *f*

lubricating oil Schmieröl *n*
lubricating power Schmierfähigkeit *f*
lubricating pump Schmierpumpe *f*
lubricating residuals Schmierrückstände *mpl*
lubrication Schmierung *f*
lubrication machine Einölmaschine *f*
lubrification installation Fettschmieranlage *f*
Lüders' lines Fließfiguren *fpl*
luffing Wippen *n*
luffing crane Wippkran *m*
lufting Auf- und Abbewegung *f*
lug Ansatz *m;* Nase *f* (Vorsprung); Nocken *m;* Vorsprung *m*
luminous flame Flamme *f*
luminous source Lichtquelle *f*
lump coal Stückkohle *f*
lumpiness Stückigkeit *f*
lumping Klumpenbildung *f* (Schlakke)
lump ore Stückerz *n*
lumps Stücke *npl* (z.B. Erz)
lump scrap Bruchschrott *m;* Stückschrott *m*
lump slag Stückschlacke *f*
luncheon adress Tischrede *f*
lute dichten; kitten; verschmieren
lye Lauge *f;* laugen
lye-resisting laugenbeständig

M

machinability Bearbeitbarkeit *f* (zerspanend); Verarbeitbarkeit *f;* Zerspanbarkeit *f*
machinable hard metal alloy Hart[stoff]legierung *f,* zerspanbare
machine bearbeiten; zerspanen
machine casting Maschinenguß *m*
machine construction steel Maschinenbaustahl *m*
machined plate Blech *n,* bearbeitetes
machine for bending round plates Blechrundbiegemaschine *f*
machine for forming screws Maschine *f* zur spanlosen Herstellung von Schrauben
machine for structural engineering Baumaschine *f*
machine house Maschinenhaus *n*
machine master file Maschinenstamm *m*
machinery steel Maschinenbaustahl *m*
machine shop mechanische Werkstätte *f*
machine tight maschinell festgeschraubt
machine-tool Werkzeugmaschine *f*
machining mechanische Bearbeitung *f;* spanabhebende Umformung *f*
machining oil Metallbearbeitungsöl *n*
machining step Bearbeitungsstufe *f*
machining time Arbeitszeit *f;* Bearbeitungsdauer *f;* Bearbeitungszeit *f*
machining tool Zerspanungswerkzeug *n*
machinist Maschinist *m;* Steuermann *m*
macro-crack Makroriß *m*
macro-etching Grobätzung *f*
macro hardness test Makrohärteprüfung *f*
macro-mapping stereometrische Aufzeichnung *f*
macropore Grobpore *f*
macroscopic phenomenon Erscheinungsform *f* makroskopische

macroscopic residual stresses Eigenspannungen *fpl* 1. Art
macrosegregation Blockseigerung *f;* Makroseigerung *f;* Stückseigerung *f*
macrostructure Makrogefüge *n*
Maerz-Boelens furnace Maerz-Boelens-Ofen *m*
Maerz checkers Maerz-Gitter *n*
magazine elevator feeder Hebe- und Zufuhrvorrichtung *f*
magnaflux testing method Magnetpulver-Prüfverfahren *n*
magnesia Magnesia *f*
magnesia-limestone Dolomit *m*
magnesidon special brick Magnesidon-Spezialstein *m*
magnesio-wüstite Magnesiowüstit *m*
magnesite brick Magnesitstein *m*
magnesite chrome brick Magnesit-Chromerz-Stein *m*
magnesite ramming mass Magnesit-Stampfmasse *f*
magnesium Magnesium *n*
magnesium carbonate Magnesiumkarbonat *n*
magnet crane Magnetkran *m*
magnetic ag[e]ing magnetisches Altern *n*
magnetic anisotropy magnetische Anisotropie *f*
magnetic annealing Magnetfeldglühen *n*
magnetic change magnetische Störung *f*
magnetic core memory Magnetkernspeicher *m*
magnetic crack testing magnetische Rißprüfung *f*
magnetic disc memory Magnetplattenspeicher *m*
magnetic drum Magnettrommel *f*
magnetic field strength magnetische Feldstärke *f*
magnetic flaw detection magnetische Rißprüfung *f*
magnetic flow detection Durchflutungsprüfung *f*
magnetic flow meter Magnetmesser *m*
magnetic flux magnetischer Fluß *m*
magnetic flux density magnetische Induktion *f*
magnetic grader Magnet[ab]scheider *m*
magnetic hammer Magnethammer *m*
magnetic iron ore Magneteisenstein *m;* Magnetit *m*
magnetic leakage test magnetische Streuflußprüfung *f*
magnetic particle method Fluoreszenz-Magnetpulver-Verfahren *n*
magnetic particle testing Fluxen *n;* Magnetpulverprüfung *f*
magnetic powder testing method Magnetpulver-Prüfverfahren *n*
magnetic property magnetische Eigenschaft *f*
magnetic pyrites Magnetkies *m*
magnetic roasting magnetisierende Röstung *f*
magnetic roll for strip magnetische Bandumlenkwalze *f*
magnetic rotating field magnetisches Drehfeld *n*
magnetic separation magnetische Abscheidung *f*
magnetic separator Magnet[ab]scheider *m*
magnetic sheet Elektroblech *n*
magnetic steel Magnetstahl *m*
magnetic strip Elektroband *n*

magnetic structure examination apparatus Magneto-Strukturprüfgerät *n*
magnetic tape Magnetband *n*
magnetic tape control Magnetbandsteuerung *f*
magnetic tape memory Bandspeicher *m*
magnetic tape reel Magnetbandeinheit *f;* Magnetbandspule *f*
magnetisation axis Magnetisierungsachse *f*
magnetite Magneteisenstein *m;* Magnetit *m*
magnetizability Magnetisierbarkeit *f*
magnetization Magnetisierung *f*
magnetostriction Magnetostriktion *f*
magnetostrictive ultrasonic test magnetostriktive Ultraschallprüfung *f*
magnet yoke Joch *n;* magnetisches Joch *n*
magnification Vergrößerung *f* (metallographisch)
magnify vergrößern (Metallographie)
magnitude Betrag *m*
main crack Hauptriß *m*
main memory RAM-Speicher *m*
main production department Hauptbetrieb *m*
main rollneck bearing Walzkraftlager *n*
main roof Hauptgewölbe *n*
mains cable Tragseil *n*
mains circuit connection Netzanschluß *m*
main screw Druckschraube *f*
mains frequency Netzfrequenz *f*
main shear stress Hauptschubspannung *f*
mains water Leitungswasser *n*
maintaining Halten *n*
maintenance Instandhaltung *f*
maintenance department Erhaltungsbetrieb *m*
maintenance of the cutting edge Schneidhaltigkeit *f*
maintenance of the cutting power Schneidhaltigkeit *f*
maintenance spares Verschleißreserve *f*
maintenance time Wartungszeit *f*
major diameter Außendurchmesser *m*
major segregation Blockseigerung *f*
making the mixture Gattieren *n*
maladjustment falsche Einstellung *f*
malfunction monitoring computer Störmelderechner *m*
malleability Bildsamkeit *f;* Hämmerbarkeit *f;* Schmiedbarkeit *f*
malleable alloy Knetlegierung *f*
malleable [cast] iron Schmiedeeisen *n;* Temperguß *m*
malleable iron foundry Tempergießerei *f*
malleablise tempern (Gußeisen)
malleablising furnace Temperofen *m*
malleablising ore Tempererz *n*
malleablize by graphitisation glühfrischen
malleablizing tempern; Tempern *n*
malleablizing furnace Temperofen *m*
management Betriebsführung *f;* Führung *f;* Leitung *f* (Betriebsleitung)
manager Leiter *m* (eines Unternehmens)
mandrel Dorn *m;* Lochdorn *m;* Walzdorn *m;* Ziehdorn *m*
mandrel drawing Stopfenziehen *n*
mandrel piler Dornstapler *m*

mandrel rod Dornstange *f*
mandrel thrust block Dornwiderlager *n*
manganese Mangan *n*
manganese-alumin[i]um material Mangan-Aluminium-Material *n*
manganese metal Manganmetall *n*
manganese ore Braunstein *m;* Manganerz *n*
manganese steel Manganhartstahl *m;* Manganstahl *m*
manganese steel casting Mangan-Stahlguß *m*
manganiferous manganhaltig
mangle roll Richtrolle *f*
mangling Walzrichten *n* mit mehreren Walzen
man hole Mannloch *n*
man hour Arbeitsstunde *f*
manifold mehrfach
manipulated variable (am.) (automatic control) Stellgröße *f*
manipulating device Handhabungsgerät *n*
manipulation time Stichzeit *f*
manipulator Kantvorrichtung *f;* Manipulator *m*
manipulator for shifting Verschieber *m*
manipulator for shrouding nozzles Schattenrohrmanipulator *m*
manipulator for turning-over and shifting Kant- und Verschiebevorrichtung *f*
manipulator for turnover Kanter *m*
manipulator mark mechanische Oberflächenbeschädigung *f*
manned time Betriebszeit *f*
manning schedule Stellenbesetzungsplan *m*
manoeuverability Steuerbarkeit *f*
manometer Druckmesser *m*
man-power Arbeitseinsatz *m;* Arbeitskraft *f*
mantle Ofenstock *m*
mantle (am.) Tragkranz *m* (Hochofen)
mantle ring Tragring *m*
manual control Handregelung *f*
manual operation Handarbeit *f*
manual welding Handschweißen *n*
manual work Handarbeit *f*
manufacture Anfertigung *f;* Herstellung *f;* verarbeiten
manufacture of strip Walzstraße *f* zur Herstellung von Bandstahl
manufacturing Erzeugung *f*
manufacturing costs Herstellungskosten *pl;* Verarbeitungskosten *pl*
manufacturing-induced crack Riß *m* verarbeitungsbedingter
manufacturing-induced fracture Bruch *m* verarbeitungsbedingter
manufacturing of crank shaft Kurbelwellenfertigung *f*
manufacturing time Fertigungszeit *f*
marag[e]ing Martensitaushärten *n*
marag[e]ing steel martensitaushärtender Stahl *m*
maraging martensitaushärtend
maraging stainless steel Edelstahl *m*, martensitaushärtender
marble Marmor *m*
margin Gewinnspanne *f;* Spiel *n;* Spielraum *m*
margin of safety Sicherheitsgrad *m*
mark ankörnen; bezeichnen; kennzeichnen; Narbe *f;* Zeichen *n*
marker Markiervorrichtung *f*
mark from the roll Walzriefe *f*
marking Anzeichnen *n* (von Blechen)
marking device Signiereinrichtung *f*
marking ink Signierfarbe *f*
marking pencil Signierstift *m*

marking system Kennzeichnungsanlage *f*
marl Mergel *m*
marsh gas Sumpfgas *n*
marsh ore Raseneisenerz *n*
martempering Warmbadhärten *n*
martensite Martensit *m*
martensite breakdown Martensitzerfall *m*
martensite embrittlement Martensitversprödung *f*
martensite hardening martensitische Härtung *f*
martensite plate Martensitplatte *f*
martensite temperature Martensit-Start-Temperatur *f*
martensite tempering Martensitanlassen *n*
martensite transformation point Martensitpunkt *m*
martensitic martensitisch
martensitic stainless steel Edelstahl *m*, martensitischer
martensitic steel martensitischer Stahl *m*
martensitic temperature Temperatur *f*, martensitische
mash-seam welded quetschnahtgeschweißt
mash seam welding Preßnahtschweißen *n;* Quetschnahtschweißen *n*
mask an effect überdecken
mask prior to carburizing abdecken zum Aufkohlen
mask prior to nitriding abdecken zum Nitrieren
mason Maurer *m*
masonry Ausmauerung *f*
mass Masse *f*
mass absorption coefficient Massenschwächungskoeffizient *m*
mass action law Massenwirkungsgesetz *n*
mass attenuation coefficient Massenschwächungskoeffizient *m*
mass [bulk] flux Massenstrom *m*
mass concentration Massenkonzentration *f;* Partialdichte *f*
mass contents in % Massengehalt *m* in %
mass flux density Massenstromdichte *f*
mass fraction Massenbruch *m;* Massengehalt *m*
mass production Massenherstellung *f*
mass reaction Stoffumsatz *m*
mass spectrometry Massenspektrometrie *f*
mass-spring model Feder-Massenmodell *n*
mass storage device Massenspeicher *m*
mass transfer Stoffübergang *m*
mast Mast *m*
master controller Führungsregler *m*
master-mechanic Werkmeister *m*
master switch Hauptschalter *m*
match anpassen; aufeinanderlegen (Bleche); übereinanderlegen
material Material *n;* Werkstoff *m*
material behaviour Werkstoffverhalten *n*
material certificate Werkstoffnachweis *m*
material coefficient Werkstoffbeiwert *m*
material data bank Werkstoffdatenbank *f*
material defect Werkstoffehler *m*
material fatigue Werkstoffermüdung *f*
material for aircraft industry Luftfahrtwerkstoff *m*

material for thermobimetals Werkstoff *m* für Thermobimetalle
material level in a bin Bunkerfüllstand *m*
material management Materialwirtschaft *f*
material master file Materialstamm *m*
material number Werkstoff-Nummer *f*
material property Werkstoffeigenschaft *f*
materials balance Stoffbilanz *f*
material science Werkstoffkunde *f*
materials code Werkstoffschlüssel *m*
materials testing Materialprüfung *f*
material stress Werkstoffbeanspruchung *f*
material technology Werkstoffkunde *f*
material testing Werkstoffprüfung *f*
material testing machine Werkstoffprüfmaschine *f*
material tracking Materialverfolgung *f*
material transfer Werkstoffübergang *m* (Lichtbogen)
material withdrawal Materialentnahme *f*
mathematical model mathematisches Modell *n;* Modell *n* mathematisches
mathematics Mathematik *f*
mating materials Werkstoffpaarung *f* (Lager)
mating of materials Werkstoffpaarung *f*
matrix Gefügegrundmasse *f;* Grundmasse *f*
matrix lattice Wirtgitter *n*
mattress wire Matratzendraht *m*
maverick Ausreißer *m*
maximum achievable hardness Aufhärtbarkeit *f*
maximum allowable concentration höchstzulässiger Konzentrationswert *m*
maximum concentration at the work place maximale Arbeitsplatzkonzentration *f* MAK (an Schadstoffen)
maximum hardness obtainable Aufhärtbarkeit *f*
maximum torque Höchstdrehmoment *n*
McQuaid-Ehn grain size McQuaid-Ehn-Korngröße *f*
meadow ore Raseneisenerz *n;* Wiesenerz *n*
mean Mittel *n* (mathem.); Mittelwert *m* einer Gauß-Verteilung; Mittelwert *m*
mean error mittlerer Fehler *m*
mean flow stress Fließspannung *f,* mittlere
mean free path mittlere freie Weglänge *f*
mean normal stress Normalspannung *f,* mittlere
mean principal stress Normalspannungsmittelwert *m*
means of transportation Fördermittel *npl*
mean square deviation mittlere quadratische Streuung *f;* Standardabweichung *f*
mean strain rate Umformgeschwindigkeit *f,* mittlere
mean stress Spannungsanteil *n,* hydrostatischer
mean stress sensitivity Mittelspannungsempfindlichkeit *f*
mean yield stress Fließspannung *f,* mittlere

measure Maß *n;* messen
measured profile Ist-Profil *n*
measured value Meßwert *m*
measured variable Meßgröße *f*
measurement Messung *f*
measurement of sound conducted through solids Körperschallmessung *f*
measurement of spread Breitungsmaß *n*
measurement uncertainty Meßunsicherheit *f*
measure of variation Schwankungsbreite *f*
measuring Messen *n*
measuring arm Meßschenkel *m*
measuring device Meßeinrichtung *f*
measuring error Meßfehler *m*
measuring instrument Meßgerät *n*
measuring instrument cupboard Meßgeräteschrank *m*
measuring junction Meßstelle *f*
measuring leads Meßleitung *f*
measuring line Eichstrich *m*
measuring means Meßglied *n*
measuring orifice Meßblende *f;* Staubscheibe *f*
measuring pipe Meßleitung *f*
measuring point Meßort *m;* Meßstelle *f*
measuring point change-over switch Meßstellenumschalter *m*
measuring probe Meßsonde *f*
measuring rail Meßschiene *f*
measuring range Meßbereich *m*
measuring station Meßwarte *f*
measuring stop Maßvorstoß *m*
measuring tool Meßwerkzeug *n*
measuring transmitter Meßumformer *m*
measuring unit Meßglied *n*
mechanic Mechaniker *m*
mechanical alloying mechanisches Legieren *n*
mechanical assembly technique (MAT) Baukastenprinzip *n*
mechanical coating mechanisches Beschichten *n*
mechanical engineering Maschinenbau *m;* Maschinenwesen *n*
mechanical engineering department Maschinenbetrieb *m*
mechanical focussing mechanism mechanisches Einstellglied *n*
mechanical-induced fracture Bruch *m* mechanisch bedingter
mechanically-induced crack Riß *m* mechanisch bedingter
mechanical pre-strain hardening mechanisches Vordehnungshärten *n;* mechanisches Vorspannhärten *n;* mechanisches Vorumformhärten *n*
mechanical properties Festigkeitseigenschaften *fpl*
mechanical property mechanische Eigenschaft *f;* physikalische Eigenschaft *f*
mechanical resistance Widerstandsfähigkeit *f*
mechanical-technological examination Prüfung *f*, mechanisch-technologische
mechanical technology mechanische Technologie *f*
mechanical tube Rohr *n* für Konstruktionszwecke
mechanical workshop Bearbeitungswerkstatt *f;* mechanische Werkstätte *f*
median Mittelwert *m* (50%-Wert)
medium drawing Mittelzug *m*
medium frequency converter Mittelfrequenz-Umformer *m*

medium frequency transformer Mittelfrequenz-Umformer *m*
medium ga[u]ge wire Mitteldraht *m*
medium high vacuum electron beam welding Feinvakuum-Elektronenstrahlschweißen *n*
medium plate Blech *n* (mittel)
medium sheet Blech *n* (mittel); Mittelblech *n*
medium waviness Mittenwelligkeit *f* (Band)
medium wide strip Mittelband *n*
melt Schmelze *f;* schmelzen; Schmelzung *f*
melt down einschmelzen; herunterschmelzen; niederschmelzen (umschmelzen)
melt-down carbon Anlaufkohlenstoff *m;* Einlaufkohlenstoff *m;* Einschmelzkohlenstoff[gehalt] *m*
meltdown rate Aufschmelzgeschwindigkeit *f*
melt-down slag Einlaufschlacke *f;* Einschmelzschlacke *f*
melter Schmelzer *m*
melting bath Schmelze *f*
melting crack Aufschmelzriß *m*
melting down Einschmelzen *n* (Umschmelzen); Einschmelzen *n*
melting furnace Schmelzofen *m*
melting furnace for aluminium Aluminiumschmelzofen *m*
melting loss condition Abbrandverhältnis *n*
melting loss (in a liquid medium) Abbrand *m*
melting on Aufschmelzen *n*
melting out Herausschmelzen *n*
melting period Schmelzdauer *f*
melting point Schmelzpunkt *m*
melting pot Schmelzkessel *m;* Tiegel *m*
melting power Einschmelzleistung *f*
melting process Erschmelzungsart *f*
melting range Schmelzbereich *m*
melting rate Abschmelzgeschwindigkeit *f;* Schmelzgeschwindigkeit *f*
melting shop Stahlwerk *n;* Stahlwerkshalle *f*
melting start reduction degree Reduktionsschöpfung *f*
melt off abschmelzen
melt spinning Schmelz-Spinnen *n;* Schmelzverdüsung *f*
melt-spinning technique Schmelzverdüsungsverfahren *n*
membrane valve Membranventil *n*
memory Speicher *m* (EDV)
mender Blech *n* zweiter Wahl
meniscus Gießspiegel *m;* Spiegel *m*
men who control coolers and check water flow (on a blast furnace) Wasserleute *pl*
merchant bar Breitflachstahl *m*
merchant bars Handelsstabstahl *m;* Stabstahl *m*
merchant mill Stabstahlwalzwerk *n;* Universalwalzwerk *n*
merchant sheet Handelsblech *n*
mercury Quecksilber *n*
mercury pressure porosimeter Quecksilber-Volumenometer *n*
merit Verdienst *n* (anerkennenswerte Leistung)
merit rating Leistungseinstufung *f*
mesh Maschenweite *f* (Sieb)
mesh screen Maschensieb *n*
mesh sieve Maschensieb *n*
mesh size Siebweite *f*
message storage unit Nachrichtenspeicher *m*
metal Metall *n*
metal bath Metallbad *n*
metal bath furnace Metallbadofen *m*

metal bath patenting Badpatentieren *n* durch Metallschmelze
metal bonding Metallkleben *n*
metal cased brick blechummantelter Stein *m*
metal cleaner Metallreiniger *m*
metal coat Metallüberzug *m*
metal coating Metallschutz *m*
metal degreasing facility Metallentfettungsanlage *f*
metal dent Beschädigung *f* durch metallischen Überzug
metal forming Umformen *n;* Umformtechnik *f*
metal goods Metallwaren *fpl*
metal insertion Metallblecheinlage *f*
metal jacket Blechmantel *m*
metallic-arc welding Metall-Lichtbogenschweißen *n*
metallic charge Metalleinsatz *m*
metallic coating Metallüberzug *m*
metallic continuity Stoffschluß *m*
metallic glass metallisches Glas *n*
metallic inclusion Einlagerung *f,* metallische
metallic insert metallische Einlage *f*
metallic iron material Eisenprodukt *n,* metallisches
metallic loss Abbrand *m*
metallic resistance material Heizleiterlegierung *f*
metallised iron ore Eisenschwamm *m*
metallographical examination Prüfung *f,* metallographische
metallographic specimen Schliff *m*
metallography Metallkunde *f;* Metallographie *f*
metallurgical coke Hüttenkoks *m*
metallurgical load on a furnace Herdbelastung *f*
metallurgical plant Hütte *f;* Hüttenwerk *n*
metallurgical process metallurgischer Vorgang *m;* Prozeß *m,* metallurgischer; Verhüttung *f*
metallurgical test metallkundliche Prüfung *f*
metallurgical treatment Verhüttung *f*
metallurgical works Hütte *f*
metallurgist Hüttenmann *m*
metallurgy Eisenhüttenkunde *f;* Hüttenkunde *f;* Metallhüttenkunde *f*
metallurgy of iron Eisenhüttenwesen *n*
metal mixer Vorfrischmischer *m*
metal penetration Vererzung *f*
metal physics Metallphysik *f*
metal plate insert Innenblech *n* (ff. Steine); Innenblech *n*
metal plate insert (arch) Innenblech *n* (Gewölbe)
metal powder Metallpulver *n*
metal powder extruder Metallpulverpresse *f*
metal powder part Sinterteil *n*
metal processing line Metallbearbeitungsanlage *f*
metal residues Metallrückstände *mpl*
metal rolling mill Metallwalzwerk *n*
metal runner Eisenrinne *f*
metal sheet Feinblech *n*
metal soap Metallseife *f*
metal spinning Drücken *n* (Blechumformen)
metal spraying Metallspritzen *n*
metal strapping Bandstahl *m* für Verpackung
metal-to-metal joint Verbindung *f* metallische
metal tube press Metallrohrpresse *f*
metal ware Metallwaren *fpl*

metal working Umformtechnik *f*
metal-working component Umformtechnikkomponente *f*
metalworking industry metallverarbeitende Industrie *f*
metal working oil Metallbearbeitungsöl *n*
metastable metastabil
meteoric iron Meteoreisenstein *m*
meter dosieren; Messer *m*
metering Messen *n*
metering pump Dosierpumpe *f*
metering-type belt scales Dosierbandwaage *f*
methane Methan *n*
method Verfahren *n*
method of evalution Beurteilungsmaßstab *m;* Beurteilungsverfahren *n*
method of maximum likelihood Verfahren *n* der größten Wahrscheinlichkeit
method of working Arbeitsmethode *f*
micaceous iron ore Eisenglimmer *m*
microalloy Mikrolegierung *f*
microalloyed steel Stahl *f*, mikrolegiert
micro alloyed structural steel mikrolegierter Baustahl *m*
microalloying Mikrolegieren *n*
micro-crack Mikroriß *m*
micro-duplex structure Duplex-Mikro-Struktur *f*
micro etching Mikroätzen *n*
microfinishing Feinstbearbeitung *f*
microfractography Mikrofraktographie *f*
micrograph Gefügebild *n;* Schliffbild *n*
micrograph preparation Schliffpreparation *f*
microhardness Mikrohärte *f*
micro hardness testing Mikrohärteprüfung *f*
micrometer ga[u]ge Mikrometerschraube *f*
micromotion analysis Mikrobewegungsanalyse *f*
micro pelletising Mikropelletieren *n*
micropore Feinpore *f;* Mikropore *f*
microprobe Mikrosonde *f*
microprobe analyser Elektronenmikrosonde *f*
microscalping Nadelfräsen *n* (zur Beseitigung von entkohlten Schichten)
microscopic cleanliness mikroskopischer Reinheitsgrad *m* (metallographisch)
microscopic degree of purity mikroskopischer Reinheitsgrad *m*
microscopic phenomenon Erscheinungsform *f* mikroskopische
microscopic residual stresses Eigenspannungen *fpl* 2. Art; Eigenspannungen *fpl* 3. Art
microscopy Mikroskopie *f*
microsection metallographischer Schliff *m;* Mikroschliff *m*
microsegregation Kristallseigerung *f*
microstructural composition Gefügeaufbau *m*
microstructural defect Gefügefehler *m*
microstructural difference Gefügeunterschied *m*
microstructural transformation Gefügeumwandlung *f*
microstructure Feingefüge *n;* Gefüge *n;* Kerngefüge *n*
microstructure rating chart Gefügerichtreihe *f*
micro-train measurement Feindehnungsmessung *f*

microvoid Mikropore *f*
middle roll Mittelwalze *f*
middling Schmieden *n* eines mittleren dünneren Teiles
middlings Zwischengut *n* (erzhaltiges Gestein)
MIG welding Metall-Inertgasschweißen *n*
mild drawn wire Draht *m* mit geringer Querschnittsabnahme gezogen
mild-hard roll Walze *f* (Mildhart)
mild sheet steel Flußstahlblech *n*
mild steel Baustahl *m*, unlegiert; kohlenstoffarmer weicher Stahl *m*; Stahl *m* mit niedrigem Kohlenstoff; Weicheisen *n*
milk of lime Kalkmilch *f*
mill Betriebsanlage *f*; fräsen; Hütte *f*; Mühle *f*
mill accident Betriebsunfall *m*
mill annealed geglüht vom Lieferanten
mill approach table Zufuhrrollgang *m* zum Walzwerk
mill auxiliaries Walzwerkshilfsantriebe *mpl*
mill bar Platine *f*; Puddelluppe *f*; Rohschiene *f*
mill bite Walzspalt *m*
milled edge gerändelte Kante *f*
mill edge Naturkante *f*; unbeschnittene Kante *f*
milled powder gemahlenes Pulver *n*
mill floor level Hüttenflur *m*
mill housing Walzenständer *m*
mill housing post Ständerholm *m*
milling and boring machine Fräs- und Bohrmaschine *f*; Fräs- und Bohrwerk *n*
milling cutter Fräser *m*
milling machine Fräsmaschine *f*
millings Frässpäne *mpl*
mill length Lagerlänge *f* (Walzstäbe)
mill limits Walztoleranz *f*
mill modulus Gerüstmodul *n*
mill pinion Kammwalze *f*
mill revert scrap Walzwerksumlaufschrott *m*
mill roll diameter Walzendurchmesser *m*
mill scale Glühzunder *m*; Walzensinter *m*; Walzschlaçke *f*
mill scale powder Walzsinterpulver *n*
mill scale sludge treatment Walzsinterschlammaufbereitung *f*
mill scrap Rücklaufschrott *m*
mill set-up value Straßensetzwert *m*
mill shearing Paketschneiden *n* (Blech)
mill spring Walzensprung *m*
mill stand Walzgerüst *n*
mill stand characteristic curve Gerüstkennlinie *f*
mill stand modulus Gerüstmodul *n*
mill stand of a forging-rolling unit Walzkassette *f*
mill train Walzstraße *f*
mill utilization factor Straßenauslastungsgrad *m*; Straßennutzungsgrad *m*
mine Zeche *f*
mine car Förderwagen *m*
mine dump Zechenhalde *f*
mine kibble Drahtseilkübel *m*
mine matting Grubenmatte *f*
mineral component Mineralbestandteil *m* (Kohle)
mineral matter Mineralbestandteil *m* (Kohle)
mineralogy Mineralogie *f*
mineral oil Mineralöl *n*
mineral wool Schlackenwolle *f*
miner summation Miner-Summierung *f*

mine tram Förderwagen *m*
minette Minette *f*
mini ingot Miniblock *m*
mini mill Kompaktstahlwerksanlage *f*
minimum elongation Mindestdehnung *f*
minimum stress Unterspannung *f*
minimum tensile strength Mindestzugfestigkeit *f*
minimum [value] Mindestwert *m*
mining Bergbau *m*
mining activity Bergwirtschaft *f*
mining by deep level workings Gewinnung *f* im Tiefbau
mining by open-cast method Gewinnung *f* im Tagebau
mining drill steel Gesteinsbohrstahl *m*
mining equipment Bergbauausrüstung *f*
mining industry Montanindustrie *f*
minor constituent Eisenbegleitelement *n*
minor diameter Kerndurchmesser *m* (Gewinde)
minor segregation Kristallseigerung *f*
minute current Schwachstrom *m*
misalignment Versatz *m* (der Schweißkanten)
miscibility gap Mischungslücke *f*
miscible mischbar
misfit cast Fehlschmelze *f*
mismatch Fehler *m* durch nicht genau übereinandor oitzonde Gesenkhälften
mis-run [casting] Fehlguß *m*
mist lubrication Nebelschmierung *f*
mitre gear Kegelrad *n*
mix mischen
mixable mischbar
mixed coke oven gas-oxygen burner Koksgas-Sauerstoff-Brenner *m*
mixed crystal Mischkristall *m*
mixed friction Mischreibung *f*
mixed gas Mischgas *n*
mixed logic gemischte Logik *f*
mixed ore pellet Mischerzpellet *n*
mixed phase Mischphase *f*
mixer Mischer *m*
mixer metal Mischerroheisen *n*
mixer type hot metal car fahrbarer Roheisenmischer *m*
mixing ratio Mischungsverhältnis *n*
mixture Gemisch *n;* Mischung *f*
mobile beweglich; fahrbar; verfahrbar
mobile dislocation wandernde Versetzung *f*
mobile drum type ladle fahrbare Trommelpfanne *f*
mobile hearth ausfahrbarer Herd *m;* Herd *m*
mobile prime costs bewegliche Herstellungskosten *pl*
mode Art und Weise *f;* dichtester Wert *m;* wahrscheinlichster Wert *m*
mode echo Nebenecho *n*
model Modell *n*
model chart of accounts Kontenrahmen *m*
mode of loading Art *f* der Belastung
mode of operation Betriebsweise *f;* Wirkungsweise *f*
moderate mäßig
modification Modifikation *f*
modular building brick principle Baukastenprinzip *n*
modulus Modul *m*
modulus of compression Kompressionsmodul *m* (K-Modul)
modulus of elasticity Elastizitätsmodul *m;* E-Modul *m*

modulus of elasticity in shear Gleitmodul *m*
modulus of rigidity Schubmodul *m*
Mohr circle [of stresses] Mohrscher Spannungskreis *m*
moisture Feuchtigkeit *f*
moisture content Nässegehalt *m* (Probenahme)
moisture meter Feuchtigkeitsgradmesser *m* (bei festen Stoffen)
moisture sample Nässeprobe *f*
molality Molalität *f*
molar flux Stoffmengenstrom *m*
molar heat capacity molare Wärmekapazität *f*
molarity Molarität *f*
molar mass molare Masse *f*
mold Gießsturz *m*
molecular heat at constant volume (pressure) Molwärme *f* bei konstantem Volumen (Druck)
molecular sieve Molekularsieb *n*
mole fraction Molenbruch *m;* Stoffmengengehalt *m*
molten iron flüssiges Eisen *n*
molten level measurement system Gießspicgelmeßsystem *n*
molten metal bath schmelzflüssiges Metallbad *n*
molten metal charge flüssiger Einsatz *m*
molten metal pressure welding Gießpreßschweißen *n*
molten pig iron schmelzflüssiges Eisen *n*
molybdenum Molybdän *n*
molybdenum oxide Molybdänoxid *n*
moment of inertia Trägheitsmoment *n*
moment of resistance Widerstandsmoment *n*
momentum flow rate Impulsstrom *m*
monitor Warngerät *n*
monitoring Überwachung *f*
monkey Fallhammer *m;* Kühlkasten *m;* Schlackenform *f*
monkey cooler Schlackenkühler *m;* Schlackenloch-Kühlring *m* (Hochofen)
monocrystal Einkristall *m*
monolithic roll housing einteiliger Walzständer *m*
monorail Einschienenbahn *f*
monotonic state Monotonie *f*
mordant Ätzmittel *n;* Beize *f*
Morgan mill kontinuierliches Walzwerk *n*
mortar Mörtel *m*
mortar mixer Mörtelmischer *m*
mortise einzapfen; verzapfen; Zapfenloch *n*
mortising Verzapfung *f*
mortising machine Zapfenlochmaschine *f*
motion Bewegung *f*
motor Motor *m*
motor car Kraftfahrzeug *n*
motorcar body sheet Karosserieblech *n;* Kraftwagenblech *n*
motor-car engine Kraftwagenmotor *m*
motor construction Motorenbau *m*
motor fuel Treibstoff *m*
motor generator set house Umformerhaus *n*
motor scraper Motorschürfwagen *m*
mottled fleckig; gesprenkelt; halbiert
mould Blockform *f*
mo[u]ld Form *f;* formen; Gießform *f;* Kokille *f;* Kristallisator *m*
mould aligning stand Kokillenausrichtstand *m*
mould cooling jacket Kokillenkühlwassermantel *m;* Kühlschale *f*

mould cooling system Kokillenkühlung *f*
mould cover Kokillenabdeckung *f*
mo[u]lder Vorsturz *m*
mould exhaust system Kokillenabsaugung *f*
mould frame Kokillenhubtisch *m*
moulding blackening Formschwärze *f*
moulding machine Formmaschine *f*
moulding material Formstoff *m*
moulding mixture for steel castings Stahlformmasse *f*
moulding sand Formsand *m*
mo[u]ld insert Kokilleneinsatz *f*
mould level control Füllstandsregelung *f;* Gießspiegelregelung *f;* Kokillenbadspiegelregelung *f*
mould maintenance shop Kokillenwartungswerkstatt *f*
mould oscillation Kokillenoszillation *f*
mould oscillator Kokillenhubvorrichtung *f*
mould oscillator drive Kokillenoszillationsantrieb *m;* Kokillenoszillatorantrieb *m*
mould oscillator system Kokillenoszillationssystem *n*
mould parking stand Kokillenabsetzstand *m*
mould preparation area Kokillenwirtschaft *f*
mould reciprocation Kokillenoszillation *f*
mould scrap Kokillenbruch *m*
mo[u]ld spray protection Kokillenspritzschutz *m*
mould sticker Block *m* in der Kokille steckengebliebener
mould testing stand Kokillenprüfstand *m*
mould turning device Kokillendrehvorrichtung *f*
mould wall Kokillenwand *f*
mould wash Formschlichte *f;* Kokillenanstrichmittel *n*
mould water basin Kokillenwasserbecken *n*
mount einbauen; einspannen; Fassung *f* (Ziehstein); montieren
mountain railway Bergbahn *f*
mounting Aufstellung *f;* Einbau *m;* Einspannung *f*
mouth Mündung *f* (Konverter); Trichter *m* (Ziehen)
mouth of die Eingangsschlüssel *m*
mouth skull Mündungsbär *m*
movable beweglich; fahrbar; verfahrbar
move bewegen; verschieben; versetzen
movement Bewegung *f*
moving average gleitender Durchschnitt *m*
moving-coil measuring system Drehspulmeßwerk *n*
moving in opposite directions gegenläufig
moving load bewegte Last *f*
Ms point Martensitpunkt *m*
muck bar Puddelluppe *f;* Rohschiene *f*
muck mill Puddelstahl-Walzwerk *n*
mud gun Stichlochstopfmaschine *f*
mud remover Schlammräumer *m*
mud thickener Schlammeindicker *m*
muffle furnace Muffelofen *m*
muller Kollergang *m;* Mahlläufer *m*
mullite Mullit *n*
multi-axial stress condition mehrachsiger Spannungszustand *m*
multicolour plotter Mehrfarbenschreiber *m*

multicolour recorder Mehrfarbenschreiber *m*
multicomponent system Mehrstoffsystem *n*
multi-fuel annular burner system Mantelbrenner *m*
multi hole brick Viellochstein *m*
multi-jet bricked burner furnace Steinstrahlofen *m*
multi-loop control system vermaschter Regelkreis *m*
multimodal distribution vielgipflige Verteilung *f*
multiple mehrfach
multiple blow [impact] test Mehrfachschlagversuch *m*
multiple cropping Mehrfachabschneiden *n*
multiple die press Stufenpresse *f*
multiple disc clutch Mehrscheibenkupplung *f*
multiple disk brake Lamellenbremse *f*
multiple drafting Mehrfachzug *m*
multiple drawing Mehrfachzug *m*
multiple drawing bench Mehrfachziehmaschine *f*
multiple drawing machine Mehrfachziehmaschine *f*
multiple drill pass Gelenkspindel-Bohrmaschine *f*
multiple factor experiment Mehreinflußversuch *m*
multiple folding Mehrfachabbiegen *n*
multiple gas jet brazing Flammenfeldlöten *n*
multiple nozzle lance Mehrdüsenlanze *f*
multiple pressing Mehrfachpreßtechnik *f*
multiple production Reihenherstellung *f*
multiple recorder Mehrfachschreiber *m*
multiple spline shaft Sternkeilwelle *f*; Vielkeilwelle *f*
multiple stage gas cleaning mehrstufige Gasreinigung *f*
multiple stand rolling mill mehrgerüstiges Walzwerk *n*
multi[ple] strand casting machine mehrsträngige Gießmaschine *f*
multiple testing machine Vielprobenmaschine *f*
multiple V-form bending Mehrfachkeilbiegen *n*
multiple zone furnace Mehrzonenofen *m*
multi stage cooling Mehrstufenkühlung *f*
multi stage fatigue test Mehrstufen-Dauerschwingversuch *m*
multi strand line Mehrbandanlage *f*
multi-turn coiling Wickeln *n*
multi variate distribution mehrdimensionale Verteilung *f*
muriatic acid Salzsäure *f*
mushroom valve Tellerventil *n*
mushy zone heterogene Zone *f*
music wire Klavier[saiten]draht *m*
mutual wechselseitig
mutual repulsion gegenseitiges Ausweichen *n*

N

nail Drahtstift *m;* Nagel *m;* nageln
name plate Firmenschild *n;* Namensschild *n*
name plate rating Nennleistung *f* (Ofentransformator)
narrow eng; schmal

narrow-band analyser Schmalbandanalysator *m*
narrow flange I-beam schmaler I-Träger *m*
narrow strip Schmalband *n*
natural natürlich
natural ag[e]ing Auslagern *n* (kalt); Kaltauslagern *n;* natürliches Altern *n*
natural circulation Naturumlauf *m*
natural gas Erdgas *n;* Naturgas *n*
natural gas burner Erdgasbrenner *m*
natural gas firing Naturgasfeuerung *f*
naturally hard naturhart
natural oscillation Eigenschwingung *f*
natural strain Umformgrad *m*
nature Beschaffenheit *f*
near contact friction Epilamenreibung *f*
near-net-shape casting Dünnbandgießen *n;* endabmessungsnahes Gießen *n*
near-net-shape strip casting Bandgießen *n*
near-net strip Vorband *n*
neat rein; sauber
neat's foot oil Klauenfett *n*
neck einschnüren; einziehen; Laufzapfen *m;* zusammenziehen
necked-down bolt Dehnschraube *f*
necking [down] Einschnürung *f* (von Zerreißstäben); Querschnittsverminderung *f*
necking of the strip Bandeinschnürung *f*
needle Nadel *f*
needle bearing Nadellager *n*
needle bottom Nadelboden *m*
needle wire Nadeldraht *m*
negative correlation gegensinniger Kurvenverlauf *m*
negative feedback Gegenkopplung *f*
negative pressure Unterdruck *m*
negative segregation umgekehrte Seigerung *f*
Nelson diagram Nelson-Diagramm *n*
neodymium-iron material Neodym-Eisen-Werkstoff *m*
net caloric power (am.) Heizwert *m* unterer; unterer Heizwert *m* (Hu)
net heat consumption Netto-Wärmeverbrauch *m*
net result Fazit *n;* Reinergebnis *n*
netting wire Maschendraht *m*
net wage Nettolohn *m*
network plan Netzplan *m*
neural net[work] Netz *n*, neuronales
neutralise neutralisieren; unschädlich machen
neutral point Fließscheide *f* (beim Walzen)
neutron absorption cross section Absorptionsquerschnitt *m*
neutron activation Neutronenaktivierung *f*
neutron radiation Neutronenbestrahlung *f*
new lining Neuzustellung *f*
new shape Form *f* neue
Newton's cooling law Newtonsches Abkühlungsgesetz *n*
nibbling Knabberschneiden *n* (Blech); Nibbeln *n* (Blech)
nick einkerben; Kerb *m*
nick bend test Kerbbiegeprobe *f;* Kerbbiegeversuch *m*
nicked fracture test Kerbbiegeprobe *f;* Kerbbiegeversuch *m*
nickel Nickel *n*
nickel-base alloy Nickelbasislegierung *f*
nickel cladding Nickelplattierung *f*

nickel-clad metal nickelplattiertes Blech *n*
nickel equivalent (stainless steel) Nickeläquivalent *n* (nichtrostender Stahl)
nickel martensite nickelmartensitisch
nickel martensitic stainless steel nickelmartensitischer nichtrostender Stahl *m*
nickel niobium Nickelniobium *n*
nickel plating vernickeln; Vernickeln *n*
nickel silver Alpacca *n;* Neusilber *n*
nickel steel Nickelstahl *m*
nicopyrite Eisennickelkies *m*
night-gang Nachtschicht *f*
night-shift Nachtarbeit *f;* Nachtschicht *f*
night turn Nachtarbeit *f;* Nachtschicht *f*
nil-ductility transition temperature Sprödbruchübergangstemperatur *f*
niobium Niob *n*
niobium carbide Niobcarbid *n*
nipple Anschlußstück *n;* Nippel *m*
nipple plate Warzenblech *n*
nitric acid Salpetersäure *f*
nitride Nitrid *n*
nitrided case nitrierte Schicht *f*
nitride former Nitridbildner *m*
nitriding Aufsticken *n;* Nitrieren *n;* Nitrierhärten *n*
nitriding agent Nitridbildner *m*
nitriding steel Nitrierstahl *m*
nitrocarburizing nitrocarburieren
nitrogen Stickstoff *m*
nitrogen-alloyed austenitic steel stickstofflegierter austenitischer Stahl *m*
nitrogen concentrating agent Aufstickungsmittel *n*
nitrogen content increase Aufsticken *n*
nitrogen decomposition Stickstoffabbau *m*
nitrogen hardening Nitrierhärten *n*
nitrogen pick-up Aufsticken *n*
nitrogen removal Denitrieren *n*
nodular [graphite] cast iron Gußeisen *n* mit Kugelgraphit; Kugelgraphit-Gußeisen *n;* sphärolithisches Gußeisen *n*
nodular iron roll Walze *f* (Sphäroguß)
nodulising Kugelsintern *n*
noise abatement Lärmbekämpfung *f*
noise-absorbing sheet (metal-plastics-metal) Antiphon Blech *n*
noise level Geräuschpegel *m;* Störpegel *m*
noise reduction Lärmminderung *f;* Schallminderung *f*
no-load roll gap Leerlaufwalzspalt *m*
no-load voltage Leerlaufspannung *f*
nominal capacity Nennleistung *f*
nominal diameter Solldurchmesser *m*
nominal fatigue strength Nenn-Dauerfestigkeit *f*
nominal rating Nennscheinleistung *f*
nominal size Nennmaß *n;* Paßmaß *n*
nominal speed Nenndrehzahl *f*
nominal temperature Solltemperatur *f*
nominal [value] Nennwert *m;* Sollwert *m*
nomogram Nomogramm *n*
non-ageing alterungsbeständig
non automatic control nichtselbsttätige Regelung *f*
non-caking coal Magerkohle *f*
noncircular unrund
non-coke charge Leergicht *f* (Hoch-

ofen)
noncoking unverkokbar
non-conducting nicht leitend
non-consumable electrode nichtabschmelzende Elektrode *f*
non-corrodible korrosionssicher
non corroding nichtrostend
non deforming steel verzugsbeständiger Stahl *m*; verzugsfreier Stahl *m*
non-destructive materials testing Werkstoffprüfung *f*, zerstörungsfreie
non-destructive test[ing] zerstörungsfreie Prüfung *f*
non distorting steel verzugsfreier Stahl *m*
non equiaxial grains ungleichachsige Körner *npl*
non-ferrous alloy Nichteisenlegierung *f*
non-ferrous metal Buntmetall *n*; NE-Metall *n*; Nichteisenmetall *n*
non-grain-oriented electric steel sheet Elektroblech *n*, nichtkornorientiertes
non-grain-oriented magnetic steel sheet Elektroblech *n*, nichtkornorientiertes
non-grain-oriented steel sheet Stahlblech *n* nicht kornorientiertes
non-hardened ungehärtet
non-linear member nichtlineares Glied *n*
non-load-bearing assembly Verbindung *f* nichttragende
non-load time Leerlaufzeit *f*
non-machined unbearbeitet
non-magnetizable steel nichtmagnetisierbarer Stahl *m*
non metallic inclusion nichtmetallischer Einschluß *m*
non-operating expenditure neutraler Aufwand *m*
non-operating income and expenditure accounts neutrale Aufwands- und Ertragskonten *npl*
non-ore charge Leergicht *f* (Hochofen)
non-oriented nichtkornorientiert
non phosphorous pig iron Stahleisen *n*; Stahlroheisen *n*
non-pressure thermit welding Gießschmelzschweißen *n*
non-propagating fatigue crack nicht fortschreitender Dauerbruch *m*
non-return valve Rückschlagventil *n*
non-scaling feuerbeständig; zunderbeständig
non-scaling property Zunderbeständigkeit *f*
nonsense correlation sinnwidrige Korrelation *f*
non-sizing nicht maßhaltig
non slip drawing gleitloses Ziehen *n*
no[n]slip point Fließscheide *f*
nonsteady-state forming process Umformprozeß *m*, instationärer
non-swirl nozzle Düse *f* mit wirbelfreiem Strahl; nichtwirbelnde Düse *f* (Stranggießen)
non uniformity Ungleichmäßigkeit *f*
non uniform powder ungleichförmiges Pulver *n*
non warping steel verzugsfreier Stahl *m*
non-woven mill roll Vliesstoffwalze *f*
normal anisotropy Anisotropie *f*, senkrechte
normal beam schmaler I-Träger *m*
normal distribution Normalverteilung *f*
normal force Normalkraft *f*
normal freezing gerichtete Erstarrung *f*

normalise glühen; normalglühen
normalising Normalglühen *n*
normalising forming normalisierendes Umformen *n*
normalizing Glühen *n;* Normalglühen *n*
normalizing rolling normalisierendes Walzen *n*
normal sound incidence Senkrechteinschallung *f*
normal strength structural steel Baustahl *m,* normalfester
normal stress Normalspannung *f*
normal U sections rundkantiger U-Stahl *m*
normal wear and tear Verschleiß *m* normaler
nose Mündung *f;* Nase *f;* Schnauze *f*
nosing Anspitzen *n* (Stauchen)
not blistered (steel) blasenfrei
notch Einbrandkerbe *f;* einkerben; Einkerbung *f;* Kerb *m*
notch bending test Kerbfallprüfung *f*
notch bend test Kerbbiegeprobe *f;* Kerbbiegeversuch *m*
notch brittleness Kerbsprödigkeit *f*
notch diameter Kerbdurchmesser *m*
notched [bar] bend test Kerbbiegeversuch *m*
notched bar impact bend test Kerbschlagbiegeversuch *m*
notched bar impact endurance test Dauerkerbschlagversuch *m*
notched bar impact fatigue test Dauerkerbschlagversuch *m*
notched bar impact strength Kerbschlagzähigkeit *f*
notched bar impact test Kerbschlagprüfung *f;* Kerbschlagversuch *m*
notched creep test Kerbdauerstandversuch *m*
notched hearth furnace Nockenherdofen *m*
notched sample Kerbprobe *f*
notched tension test Kerbzugversuch *m*
notched torsion test Kerbverdrehversuch *m*
notched transverse bend specimen gekerbte Querbiegeprobe *f* (mat. test)
notch effect Kerbwirkung *f*
notch effect in UHS steel Kerbwirkung *f* in UHS-Stahl
notch factor Kerbwirkungszahl *f*
notch-free transition kerbfreier Übergang *m* (der Oberflächen einer Schweißverbindung)
notch impact energy Kerbschlagarbeit *f*
notch impact energy = Av Kerbschlagfestigkeit *f*
notch impact energy transition temperature Kerbschlagübergangstemperatur *f*
notch impact toughness Kerbschlagzähigkeit *f*
notch sensitivity Kerbempfindlichkeit *f*
notch toughness Kerbschlagwert *m*
not cut to pattern nicht maßhaltig geschnitten
not determined nicht nachgewiesen (in Tabellen: n. n.)
not flat (sheet) uneben (Blech)
not machined unbearbeitet
not susceptible to brittle fracture sprödbruchunempfindlich
novel object of invention neuer Erfindungsgedanke *m* (Patent)
novelty neuer Erfindungsgedanke *m* (Patent)
nozzle Ausguß *m;* Düse *f;* Schnauze *f*

nozzle brick Lochstein *m*
nozzle cross sectional area Düsenquerschnitt *m*
nozzle for descaling Düse *f* für die Entzunderung
nozzle fouling Düsenverschmutzung *f*
nozzle of a ladle Pfannenausguß *m*
nozzle setting angle Düsenanstellwinkel *m* (therm. Schneiden)
nozzling Herstellen *n* eines Ziehendes (Rohr)
nuclear energy Atomenergie *f*; Kernenergie *f*
nuclear fission Kernspaltung *f*
nuclear physics Kernphysik *f*
nuclear power Kernenergie *f*
nuclear power plant Atomkraftwerk *n*
nuclear power station Kernkraftwerk *n*
nuclear reactor Atomreaktor *m*; Kernreaktor *m*
nucleate-boiling Blasenverdampfung *f*
nucleation Keimbildung *f*
nucleus Keim *m*; Kern *m*
nuisance from odours Geruchsbelästigung *f*
number of alternations Schwingungszahl *f*
number of alternations to fracture Bruchlastspielzahl *f*
number of bends Biegezahl *f*
number of cycles Lastspielzahl *f*
number of cycles to fracture Druch lastspielzahl *f*
number of data places Datenstellenzahl *f*
number of materials Werkstoffnummer *f*
number of operatives Personalbestand *m*
number of oscillations Schwingungszahl *f*
number of particles Teilchenzahl *f*
number of revolutions Drehzahl *f*
number of stress cycles Schwingspielzahl *f*
number of stress cycles to fracture Bruchschwingspielzahl *f*
numerator Zähler *m*
nut Schraubenmutter *f*
n-value N-Wert *m*
n-value of flat products for cold forming N-Wert *m* von Flachzeug zur Kalt[um]formung

O

object Gegenstand *m*
objection Beanstandung *f*
obligatory standard Norm *f* verbindliche
oblique geneigt; schief; schief (schräg); schräg
oblique rif Schrägrippe *f*
oblique shearing ziehender Schnitt *m*
oblique sputtering Schrägbedampfung *f*
oblong länglich
oblong hole Langloch *n*
obnoxious odour Geruchsbelästigung *f*
observation hole Schauloch *n*
observe feststellen
obsolet überholt
obstruction Störung *f*; Verstopfung *f*
obtaining of equilibrium Gleichgewichtseinstellung *f*
obtuse (angle) stumpf (stumpfer Winkel)

occluded gases Gase *npl* im Stahl
occlusion Gaseinschluß *m*
occupational disease Berufskrankheit *f*
occupational group Berufsgruppe *f*
occurence in beds Vorkommen *n*
occurence in floors Vorkommen *n*
occurence in veins gangförmiges Vorkommen *n;* Vorkommen *n*
octagons Achtkantstahl *m*
octave analysis Oktavspektrum *n*
ocular micrometer Okularmikrometer *n*
od banding umreifen
OD banding Umreifung *f*
off-cast Fehlguß *m*
off centre außermittig; versetzt
offer anbieten; Angebot *n*
offer without obligation Angebot *n* unverbindliches; unverbindliches Angebot *n*
off-flatness Bandplanheitsabweichung *f;* Planheitsfehler *m*
off-ga[u]ge Fehlabmessung *f* (beim Kaltwalzen); nicht maßhaltig; Überdicke *f;* Unterdicke *f*
off grade iron Übergangseisen *n*
off-hand forming under compression conditions Freiformen *n*
offhand grinding Freihandschleifen *n*
off-hand piercing Dornen *n*
off-hand rounding freies Runden *n*
off-heat Fehlschmelze *f*
office Büro *n*
off-loader Abheber *m*
off-normal memory Störwertspeicher *m*
offset Absatz *m;* absetzen; Biegung *f;* geschränkt; Versetzung *f*
offsetting Kröpfen *n*
offset tool depth ga[u]ge Drehstrahltaster *m*
offset yield strength Dehngrenze *f* - 0,001
offset yield stress Dehngrenze *f;* Streckgrenze *f*
off-size Abmaß *n* (Maßzeichnung); Abmaß *n;* nicht formhaltig
off-take Abzug *m;* Abzugskanal *m*
ohmic resistance ohmscher Widerstand *m*
oil Öl *n;* ölen; schmieren
oil burner Ölbrenner *m*
oil carburising plant Ölkarburierungsanlage *f*
oil change Ölwechsel *m*
oil contaminated soil ölverseuchtes Erdreich *n*
oil cooler Ölkühler *m*
oiled finish eingeölt
oil emulsive ölhaltig
oil filled cable Öldruckkabel *n*
oil film Ölfilm *m*
oil film bearing Ölflutlager *n*
oil-fired ölgefeuert
oil firing Ölfeuerung *f*
oil/gas-oxygen burner Öl/Gas-Sauerstoffbrenner *m*
oil hardening Ölhärten *n*
oil hardening steel Ölhärter *m*
oil hydraulics Ölhydraulik *f*
oil impregnation Öltränkung *f*
oiling Schmierung *f*
oil mist lubrication Ölnebelschmierung *f*
oil mist spray Ölnebelschmierung *f*
oil quenched and tempered wire ölvergüteter Draht *m*
oil quenching Ölhärten *n*
oil-retaining layer ölhaltende Schicht *f*
oil seal Ölabdichtung *f*
oil separator Entöler *m;* Ölabscheider *m*

oil shale Ölschiefer *m*
oil spray lubrication Ölnebelschmierung *f*
oil tempering Ölanlassen *n*
oil wedge Ölkeil *m*
oily ölhaltig
old sites Altlast *f*
oligiste iron ore Eisenglanz *m;* Glanzeisenstein *m*
one circuit lance Einkreislanze *f*
on edge hochkantig
one hand burner Einhandbrenner *m*
one tube welded across on top of another im Kreuzstoß *m* geschweißte Rohre; Kreuzstoß geschweißte Rohre *npl* (im ...)
one-way top-fired soaking pit Einwegaufblas-Tiefofen *m*
on-fraction Siebrückstand *m*
on-hand-status check Verfügbarkeitskontrolle *f*
on-line direkt prozessgekoppelt
on-line computation prozeßsynchrone Rechenarbeit *f*
on-line inquiry Dialogauskunft *f*
on-line open loop offen prozeßgekoppelt
on-line processing Dialogverarbeitung *f*
on-off controller Zweipunktregler *m*
oolitic [iron] ore Minette *f*
oolitic limonite Brauneisenoolith *m*
oolitic ore oolithisches Erz *n*
ooze Schlamm *m* (Erzaufbereitung)
opaque undurchsichtig
open annealing Blauglühen *n*
open-centre reel Haspelspule *f*
open coil annealing Offenbundglühen *n*
open-coil annealing furnace Offenbundglühofen *m*
open cut Tagebau *m*
open-cut mining Gewinnung *f* im Tagebau; Tagebau *m*
open die offenes Gesenk *n*
open die forging Freiformschmieden *n*
open-die forging plant Freiformschmiedeanlage *f*
open-die forging press Freifromschmiedeanlage *f*
open die forming Freiformen *n*
open fired beheizt, offen
open grain Grobkorn *n*
open groove Kaliber *n;* offenes Kaliber *n*
open hearth furnace Siemens-Martin-Ofen *m*
open hearth furnace port end Siemens-Martin-Ofenkopf *m*
open-hearth ingot steel SM-Flußstahl *m*
open hearth process Herdfrischverfahren *n;* Siemens-Martin-Verfahren *n*
open hearth steel Siemens-Martin-Stahl *m*
open hearth steel plant Siemens-Martin-Stahlwerk *n*
opening Öffnung *f*
opening in back Durchbruchöffnung *f*
opening up of crack by rolling Aufwalzung *f* (Stranggießen)
open joint tube Rohr *n* mit offener Naht
open loop control offene Steuerung *f;* Steuerung *f* offene
open moulding box geöffneter Formkasten *m*
open pass Kaliber *n;* offenes Kaliber *n*
open pit Gießgrube *f;* Tagebau *m*
open seam tube Schlitzrohr *n*

open top mould offene Kokille *f*
open-web girder Wabenträger *m*
operate betreiben
operating Betrieb *m* in; in Betrieb *m*
operating characteristics Betriebskennzahlen *fpl*
operating costs Betriebskosten *pl*
operating desk Schaltpult *n*
operating equipment Betriebseinrichtung *f*
operating figures Betriebszahlen *fpl*
operating lever Bedienungshebel *m;* Schalthebel *m*
operating material Betriebsstoff *m*
operating numbers Betriebszahlen *fpl*
operating panel Schaltpult *n*
operating pulpit Steuerbühne *f*
operating report Betriebsbericht *m*
operating result Betriebsergebnis *n*
operating safety Betriebssicherheit *f*
operating sequence control Betriebsablaufsteuerung *f*
operating stand Steuerstand *m*
operating time Arbeitszeit *f*
operating trouble Betriebsstörung *f*
operating voltage Arbeitsspannung *f*
operation Arbeitsvorgang *m;* Bedienung *f;* Betrieb *m;* Führung *f* (Ofen)
operational computer Betriebsrechner *m*
operational data Betriebsdaten *npl*
operational experience Betriebserfahrung *f*
operational facility Arbeitsmittel *n*
operational means Arbeitsmittel *n*
operational plant Betriebsanlage *f*
operational record[ing] Betriebsaufschreibung *f*
operational research Planungsforschung *f*
operation and error indicators Operations- und Fehleranzeigen *fpl*
operation characteristic (OC) Kennkurve *f*
operation first costs Betriebsselbstkosten *pl*
operation prime costs Betriebsselbstkosten *pl*
operation rate Leistung *f*
operation scheduling Ablaufplanung *f*
operations research Ablauf- und Planungsforschung *f*
operative Arbeiter *m;* Bedienungsmann *m*
operative pressure Betriebsdruck *m*
operator Arbeiter *m;* Bedienungsmann *m;* Steuermann *m*
operator's platform Bedienungsbühne *f*
oppose a patent Einspruch *m* einlegen gegen ein Patent
opposite pole Gegenpol *m*
opposition to a patent Patenteinspruch *m*
O-press installation Rundformpresse *f* (O-Presse)
optical basicity optische Basizität *f*
optical microscopy Lichtmikroskopie *f*
optical pyrometer optisches Pyrometer *n;* Teilstrahlungspyrometer *n*
optimisation Optimierung *f*
orange peel Orangenhaut *f* (Bandfehler)
orange peel bucket Polypengreifer *m*
orange-peel type charging basket Segmentverschlußkorb *m*
orbital welding Rundnahtschweißen *n*
order Auftrag *m;* Ordnung *f*
ordered weight Bestellgewicht *n*

order of magnitude Größenordnung *f*
order transformation Ordnungs-Umwandlung *f*
order transmitting device Befehlsgerät *n*
ordinary gewöhnlich
ordinary lay rope Kreuzschlagseil *n*
ordinary quality einfache Handelsgüte *f*
ore Erz *n*
ore bearing erzführend; erzhaltig
ore benefication plant Aufbereitungsanlage *f* für Erz
ore beneficiation Eisenerzvorbereitung *f*
ore bin Erzbunker *m*
ore burden Erzgicht *f*
ore coke pellet Eisenerz-Koks Pellet *n*
ore committee Erzausschuß *m*
ore concentrate Erzkonzentrat *n*
ore concentration Erzaufbereitung *f*
ore crusher Erzbrecher *m*
ore dressing Erzaufbereitung *f*
ore dressing facility Erzaufbereitungsanlage *f*
ore dressing plant Aufbereitungsanlage *f* für Erz; Erzaufbereitungsanlage *f*; Erzvorbereitungsanlage *f*
ore fines Erzklein *n*; Feinerz *n*
ore freighter Erzfrachter *m*
ore preparation plant Erzaufbereitungsanlage *f*
ore roasting plant Röstanlage *f* für Erze
ore sintering plant Sinteranlage *f*
ore storage bunker Erzbunker *m*
ore up erzen (Erz zusetzen)
ore vein Erzader *f*
organic component Zusatz *m*, organischer
organic matter organischer Stoff *m*
organisation of power and material supply Energie- und Stoffwirtschaft *f*
organization of research on standards Normenprüfstelle *f*
organosol Organosol *n*
orientation dependence Orientierungsabhängigkeit *f*
orientation distribution function (ODF) Orientierungsverteilungsfunktion *f* (OVF)
orientation index Ausrichtungsgrad *m* (Kristall)
orientation of the fracture surface Orientierung *f* der Bruchfläche
orifice Ausflußöffnung *f*; Blende *f*; Öffnung *f*; Stauscheibe *f*
orifice measurement Differenzdruck *m*; Messung *f* mit Staurand
original cost Gestehungskosten *pl*
original cross-sectional area of the parallel length Anfangsquerschnitt *m* (Zugprobe)
origination of the crack Rißausgang *m*
origin of fracture Bruchanfang *m*; Bruchausgang *m*
orthosilicate Orthosilicat *n*
orthotropy Orthotropie *f*
oscillating conveyor Schüttelrutsche *f*; Schwingrinne *f*
oscillating crank Schwinge *f*
oscillating mould Kokille *f* oszillierende
oscillating saw Pendelsäge *f*; Schwingsäge *f*
oscillation Oszillation *f*; Pendelung *f*; Schwingung *f*
oscillation mark Hubmarke *f*
oscillation marks Hubmarken *fpl* (Stranggießen)

oscillograph Oszillograph *m*
osmotic pressure osmotischer Druck *m*
Ostwald ripening Ostwald-Reifung *f*
outage Ausfall *m* (Generator)
outdoor transformer Freilufttransformator *m*
outer lining Dauerfutter *n*
outgoing side (of rolls) Auslaufseite *f* (der Walzen)
outlet Abfluß *m;* Ausgang *m;* Ausguß *m*
outlet gate Auslaßschütz *n*
outlet pipe Abflußrohr *n;* Auslaß *m*
outlier Ausreißer *m*
outlines Profil *n* (Hochofen)
outmoded obsolete überholt (veraltet)
out of alignment schiefgestellt (Welle)
out of straightness Durchbiegung *f*
output Ausbeute *f;* Ausbringen *n;* Ertrag *m;* Erzeugungsmenge *f*
output data Erzeugungsangaben *fpl*
output of coal Kohlengewinnung *f*
output of hearth surface Herdflächenleistung *f*
output rates Produktionszahlen *fpl*
output shaft Abtrieb *m* (Stranggießen)
output variable Ausgangsgröße *f*
outside diameter Außendurchmesser *m*
oval bow-type continuous casting machine Stranggieß-Ovalbogenanlage *f*
oval groove Ovalkaliber *n*
ovality Ovalität *f*
oval pass Ovalkaliber *n*
oven Ofen *m* (Kokerei)
overage überaltern
overag[e]ing Überaltern *n*
over-ag[e]ing of UHS steels Überalterung *f* von UHS-Stählen
overall deflexion Durchbiegung *f* gesamte
overall noise Gesamtschallpegel *m*
overall power consumption Stromanschlußwert *m*
overall precision Gesamtpräzision *f* (Probenahme)
overall reduction Gesamtquerschnittsabnahme *f*
overarm Gegenhalter *m* (Fräsmaschine); Gegenhalter *m*
over blow überblasen
over-blowing Überblasen *n*
over-blown steel übergarer Stahl *m*
overburden Abraum *m*
overburdening Übermöllerung *f*
over capacity Überkapazität *f*
overcarburizing Überkohlung *f*
overcharging Überbelasten *n* (eines SM-Ofens)
overclosed gear übergeschlossenes Getriebe *n*
overclosed mechanism übergeschlossenes Getriebe *n*
overcoiling wickeln von oben
overdraft überziehen
overextended current liabilities Kreditanspannung *f*
overfill überfüllen; Überfüllung *f*
overfilled überhöht (Schweißen)
overfilling Stoffüberschuß *m*
overfilling (of a pass) Zuvollgehen *n* (eines Kalibers)
overflowed roll Walze *f* (Verbundguß)
overflow slag [boilings] übergeflossene Schlacke *f*
overflow tube Überlaufrohr *n*
overhang Ausladung *f;* Überhängen *n*

overhaul überholen
overhead beam Deckenbalken *m;* Fahrschiene *f*
overhead charges Zuschlagskosten *pl*
overhead conveyor furnace Hängebahnofen *m*
overhead cost Gemeinkosten *pl*
overhead expense distribution sheet Betriebsabrechnungsbogen *m*
overhead expenses Zuschlagskosten *pl*
overhead hopper Hochbunker *m*
overhead pay off Überkopfablauf *m*
overhead [position] welding Überkopfschweißen *n*
overhead take off Überkopfablauf *m*
overhead travelling crane (OTC) Laufkran *m*
overhead trolley Hängebahn *f*
overheating Überhitzen *n*
overheating sensitivity Überhitzungsempfindlichkeit *f*
overhung ausladend angeordnet; fliegend angeordnet
overhung roll Walzring *m*
overhung straightening roll Richtrolle *f* fliegend angeordnet
overlap überdecken; überlappen; Überlappung *f*
overlap joint Überlappstoß *m*
overlapped joint weld überlappte Stoßschweiße *f*
overlapping Überwalzung *f*
overlapping joint Übergreifungsstoß *m*
overlaying welding Auftragschweißung *f*
overload capacity Überlastbarkeit *f*
overloading Überlastung *f*
overload safety device Überlastsicherung *f*
over-oxidation Überfrischen *n*
overpickled zu stark gebeizt
overpressure Überdruck *m*
oversintered übersintert
oversize Rückgut *n;* Überkorn *n;* Übermaß *n*
oversized material Grobgut *n*
oversize product Rückstand *m* (Aufbereitung); Überlauf *m* (beim Sieben)
overstressing Überbeanspruchung *f*
overtiming Überzeiten *n*
overvoltage Überspannung *f*
overwinding wickeln von oben
own scrap Rücklaufschrott *m*
own scrap arisings Kreislaufschrott *m*
own use Eigenverbrauch *m*
oxacetylene welding Gasschmelzschweißung *f*
oxidant Oxidationsmittel *n*
oxidation Frischen *n;* Oxidation *f;* Verbrennen *n*
oxide Oxid *n;* Zunder *m*
oxide coating Oxidbelag *m*
oxide-dissolving capacity Oxidlösevermögen *n*
oxide film Oxidbelag *m*
oxide inclusion Oxideinschluß *m*
oxide inclusion in steel Sauerstoffeinlagerung *f* in Stahl
oxide layer Zunderschicht *f*
oxide skin Oxidhaut *f*
oxidise frischen; oxidieren; verschmoren
oxidise at high temperatures verzundern
oxidising period Frischperiode *f*
oxidising reaction Frischwirkung *f*
oxidising slag Frischschlacke *f*
oxidizing Frischen *n*
oxidizing length Abbrandlänge *f*

oxidizing loss (in a gaseous medium) Abbrand *m*
oxyacetylene cutting Brennschneiden *n*
oxyacetylene cutting process Autogenbrennschneidverfahren *n*
oxyacetylene process Azetylen-Sauerstoff-Verfahren *n*
oxyacetylene welding autogenes Schweißen *n*
oxy fuel burner Sauerstoff-Brennstoff-Brenner *m*
oxygen Sauerstoff *m*
oxygen blowing Sauerstoffblasen *n*
oxygen carrier Sauerstoffträger *m*
oxygen consumption type of corrosion Korrosion *f* unter Sauerstoffverbrauch
oxygen converter steel plant Sauerstoff-Blasstahlwerk *n*
oxygen enriched air blast sauerstoffangereicherter Wind *m*
oxygen-enriched blast sauerstoffangereicherte Luft *f*
oxygen lance Sauerstoffblaslanze *f*; Sauerstofflanze *f*
oxygen lance equipment Sauerstofflanzenausrüstung *f*
oxygen lance powder converter OLP-Konverter *m*
oxygen-lancing process Sauerstoff[auf]blasverfahren *n*
oxygen nozzle Sauerstoffdüse *f*
oxygen powder lance Sauerstoffpulverlanze *f*
oxygen probe Sauerstoffmeßsonde *f*
oxygen production plant Sauerstoffgewinnungsanlage *f*
oxygen refined steel Sauerstoffstahl *m*
oxygen refining Blasfrischen *n*; Sauerstofffrischen *n*
oxygen removal Sauerstoffabbau *m*
oxygen roof lance Sauerstoffgewölbelanze *f*
oxygen sensor Sauerstoffmeßsonde *f*
oxygen steel Sauerstoffblasstahl *m*
oxygen steelmaking Blasstahlerzeugung *f*
oxygen steelmaking process Sauerstoffblasverfahren *n*

P

pace Schritt *m;* Tempo *n*
pack abdichten; Bergeversatz *m;* Lage *f;* packen
packaging Konfektionierung *f;* Verpackung *f*
packaging control Konfektionierungssteuerung *f*
packaging line Verpackungslinie *f*
packaging planning Konfektionierungsplanung *f*
pack annealing Sturzenglühen *n*
pack carburising Kastenaufkohlen *n;* Pulveraufkohlen *n*
pack carburizing Pulverzementieren *n*
packed bed Schüttung *f*
packed height Schüttguthöhe *f*
pack heating furnace Paketwärmofen *m;* Sturzenwärmofen *m*
packing Dichtung *f* (Rohre); Dichtung *f;* Packung *f;* Verdichtung *f*
packing box Stopfbüchse *f*
packing density Packungsdichte *f;* Schüttdichte *f*
packing machine Packmaschine *f*
packing material Dichtungswerkstoff *m;* Einbettmaterial *n*
packing of a lattice direction (X-

rays) Besetzung *f* einer Gittergeraden
packing of spheres Kugelpackung *f*
packing plate Verpackungsblech *n*
packing ring Dichtungsring *m*
pack rolling Paketwalzen *n*
paddle mixer Paddelmischer *m;* Schaufelmischer *m*
paint baking Lackeinbrennbehandlung *f*
paint coating line Farbbeschichtungsanlage *f*
paint[ing] medium Anstrichmittel *n*
paint marking plant Farbsignieranlage *f*
paint marking system Farbsignieranlage *f*
paint spraying process Farbspritzverfahren *n*
paint spraying system Farbspritzanlage *f*
paint systems Lacksysteme *npl*
pair of compasses Zirkel *m*
pallet Fördergestell *n;* Gleitbahn *f;* Gleitfläche *f;* Röstwagen *m;* Tragbrett *n*
palletised in Palettenverpackung *f*
pan Schüssel *f;* Tiegel *m*
panel Platte *f;* Tafel *f;* Verkleidung *f*
panelling sheet Bekleidungsblech *n*
panel lining Wandauskleidung *f*
pan grind kollern
pan grinder Kollergang *m*
pantograph Storchschnabelgetriebe *n*
pan type annealing furnace Topfglühofen *m*
paper Abhandlung *f;* Vertrag *m*
paper bag Papiersack *m*
parallel flanged beam Parallelflanschträger *m*
parallel flanged joist Parallelflanschträger *m*
paramagnetism Paramagnetismus *m*
parameter Kenngröße *f;* Parameter *m*
parcel Päckchen *n*
parching mixture Ausflickmasse *f*
parent material Grundwerkstoff *m*
parent metal Grundmetall *n*
parent population Grundgesamtheit *f*
parent solution Stammlösung *f*
parity check Gleichheitsprüfung *f*
Parkerising Parkerverfahren *n*
Parry type cup and cone arrangement Parry-Kegel *m* (Parry-Verschluß)
partial decarbonization Abkohlung *f* (Kokerei)
partial decarburization Abkohlung *f* (Stahl)
partial derivative partielle Ableitung *f;* Teilabgeleitete *f*
partially alloyed powder teillegiertes Pulver *n*
partial parting by chiseling Einschroten *n*
partial pressure Partialdruck *m;* Teildruck *m*
partial radiation pyrometer Teilstrahlungspyrometer *n*
partial regression line Ausgleichsgerade *f*
partial spreading Einspritzen *n*
particle Korn *n;* Teilchen *n*
particle shape Kornform *f;* Teilchenform *f*
particle size Korngröße *f;* Teilchengröße *f*
particle size determination Teilchengrößenbestimmung *f*
particle size distribution Korngrößenverteilung *f*

particle size fraction Korngrößenklasse *f*
particle-size network Körnungsnetz *n*
particle size range Korngrößenbereich *m*
particle sizing Kornklassierung *f*
particle true density Kompaktdichte *f;* Reindichte *f*
parting Trennen *n*
parting layer Sperrschicht *f* (Schmieren)
parting line Teilfuge *f;* Teillinie *f;* Trennungslinie *f*
parting-off tool Abstechstahl *m*
parting shears Teilschere *f*
partition Verteilung *f*
partition wall Scheidewand *f*
partly recrystallized steel teilrekristallisierter Stahl *m*
pass Einstich *m;* Kaliber *n;* Schweißlage *f;* Stich *m*
passage Durchfluß *m;* Gang *m* (des Hochofens)
passage of current Stromdurchgang *m*
pass condition Durchziehbedingung *f*
pass design Kaliberbauart *f;* Kalibrieren *n*
passenger lift Personenaufzug *m*
passing Glätten *n*
passivation Passivierung *f*
passive layer Passivschicht *f*
passivity Passivität *f*
pass life between redressing Kaliberstandzeit *f*
pass-line angestrebte Bandlaufebene *f;* Walzlinie *f* (Bandwalzen); Walzmitte *f*
pass over mill Übergabewalzwerk *n;* Überhebewalzwerk *n*
pass sequence Stichfolge *f;* Stichtabelle *f*
password protection Passwortsicherung *f*
paste carburising Pastenaufkohlen *n;* Pastenzementieren *n*
paste process Pastenverfahren *n*
pasty teigig
patch flicken; Flickmasse *f* (für Ofenherde)
patching mortar Flickmörtel *m*
patent patentieren
patentable novelty patentschutzfähige Neuheit *f*
patent agent Patentanwalt *m*
patent application Patentanmeldung *f*
patent applied for Patent *n* angemeldet
patented steel wire patentierter Stahldraht *m*
patentee Patentinhaber *m*
patent flattening Glätten *n*
patenting patentieren; Patentieren *n;* Perlitisieren *n* (von Draht)
patenting plant Patentieranlage *f*
patenting treatment of wire rod for cold drawing Perlitisieren *n* von Draht für das Kaltziehen
patenting (wire) patentieren
patent office Patentamt *n*
patent specification Patentbeschreibung *f*
path Kurve *f;* Weg *m*
path length Kurvenlänge *f;* Laufweg *m*
path running Gang *m* (des Hochofens)
patinable steel wetterfester Stahl *m*
pattern Form *f* (der Modellabdruck); Modell *n*
pattern recognition Mustererken-

nung *f*
pattern rolled steel Stahl mit eingewalztem Muster *m*
pattern sheet gemustertes Blech *n*
pattern shop Modellschreinerei *f*
pawl-type bed Klinkenbett *n*
pawl type skid Klinkenschlepper *m*
pay-off package Mehrwegbehälter *m*
pay-off reel Abhaspelvorrichtung *f;* Ablaufhaspel *f;* Abspulgerät *n*
payroll Lohnliste *f;* Personalkosten *pl*
pea coke Perlkoks *m*
peak power Eckleistung *f*
peak to mean line height Glättungstiefe *f*
peak value Scheitelwert *m;* Spitzenwert *m*
pearlite Perlit *m*
pearlite cast iron Perlitguß *m*
pearlite colony Perlitkolonie *f*
pearlite content Perlitgehalt *m*
pearlite formation (shape) Perlitbildung *f* (Form)
pearlite-free fine-grained steel perlitfreier Feinkornstahl *m*
pearlite grain Perlitkorn *n*
pearlitic perlitisch
pearlitic steel perlitischer Stahl *m*
pearlitizing Perlitisieren *n*
peas Kohlengrus *m*
peat coke Torfkoks *m*
pedestal bearing Stehlager *n*
peel abplatzen; Chargierschwengel *m;* Schwengel *m* (Chargiermaschine)
peeling Abblättern *n*
peeling shafts Wellenschälen *n*
peeling tool Schälmesser *n*
peel off abschälen
peen hämmern; kalthämmern
peg Dübel *m;* Keil *m*
pellet Pellet *n*
pelletise pelletieren
pelletising Pelletierung *f*
pelletising disc Pelletierteller *m*
pelletising drum Pelletiertrommel *f*
pelletising plant Pelletieranlage *f*
pelletizing plant Pelletieranlage *f*
pellet slide bar Gleitschiene *f*
pencil of rays Strahlenbüschel *n*
pendulum impact test machine Pendelhammerschlagwerk *n*
pendulum shears Schwingschere *f*
penetrant Eindringmittel *n*
penetrating body Eindringkörper *m* (bei der Härteprüfung)
penetration Durchdringung *f;* Eindringen *n*
penetration depth Einbrandtiefe *f*
penetration zone Einbrandzone *f*
pen stock Düsenstock *m;* Kniestück *n*
pentlandite Eisennickelkies *m*
pepperbox Oberflächenporen *fpl*
percentage elongation after fracture Bruchdehnung *f*
percentage elongation after fracture in creep rupture test Zeitstandbruchdehnung *f*
percentage reduction of area Brucheinschnürung *f*
percentage reduction of area after fracture in creep rupture test Zeitstand-Brucheinschnürung *f*
percolate filtrieren
percussion drill Schlagbohrer *m*
perfectly plastic ideal plastisch
perforate perforieren
perforated brick Lochstein *m*
perforated card Lochkarte *f*
perforated plate gelochtes Blech *n;* Lochblech *n*
perforated tape Lochband *n;* Lochstreifen *m*

perforating machine Perforiermaschine *f*
perforation Lochung *f*
perforation corrosion Lochkorrosion *f*
performance Leistung *f*
performance index Leistungsgrad *m*
perimeter Umkreis *m*
periodic system Periodensystem *n* der chemischen Elemente
periodic systematic sampling Probenahme *f* periodische systematische
periodogram Wellenschaubild *n*
periodogram analysis Wellenzerlegung *f*
peripheral equipment for robots Peripheriegerät *n* für Roboter
peripheral recession Nacheilung *f* (Walzen)
peritectic Peritektikum *n*
peritectic transformation peritektische Umwandlung *f*
perlitic microstructure perlitisches Gefüge *n*
permanent magnet Dauermagnet *m*; Permanentmagnet *m*
permanent magnet material Dauermagnetwerkstoff *m*
permanent mo[u]ld Dauerform *f*
permanent mo[u]ld casting Dauerformguß *m*; Dauerform-Gußstück *n*
permanent set bleibende Verformung *f*; Durchbiegung *f* bleibende
permanent set strength Dehngrenze *f* bei bleibender Dehnung
permanent strain bleibende Verformung *f* (Zugversuch)
permanent way material Oberbaumaterial *n*
permeability Permeabilität *f*
permeability to gas Gasdurchlässigkeit *f*
permeable formation Schicht *f* durchlässige
permissible variation Abmaß *n*; Toleranz *f*
permitted dimensional tolerance Maßabweichung *f*
permittivity Dielektrizitätskonstante *f*
perpendicular depth Seigerteufe *f*
Perrin effect Perrineffekt *m*
persistent anhaltend
personnel management Menschenführung *f*
petrochemistry Petrochemie *f*
petrographic thin section petrographischer Dünnschliff *m*
petroleum Erdöl *n*; Petroleum *n*; Rohöl *n*
petroleum coke Petroleumkoks *m*; Petrolkoks *m*
pewter Hartzinn *n*; Lötmetall *n*
phase Phase *f*
phase advancer Phasenschieber *m*
phase angle Phasenwinkel *m*
phase boundary Phasengrenze *f*
phase boundary reaction Phasengrenzreaktion *f*
phase contrast microscopy Phasenkontrastmikroskopie *f*
phase diagram Zustandsschaubild *n*
phase disintegration Phasenzertrümmerung *f*
phase displacement Phasenverschiebung *f* (elektr.)
phase field Zustandsfeld *n*
phase region Phasenraum *m* (Zustandsschaubild); Zustandsfeld *n* (Zustandsschaubild)
phase separation Entmischung *f*; Phasenentmischung *f*
phase shifter Phasenschieber *m*
phase transformation Phasenum-

wandlung *f*
phase voltage Phasenspannung *f*
phenol extraction from the gas water Entphenolung *f* des Gaswassers
phenol water disposal Phenolwasserverwertung *f*
phenol water removal Phenolwasserbeseitigung *f*
phenomenon Erscheinung *f;* Phänomen *n*
phosphate phosphatieren
phosphate coat phosphatieren
phosphate coating Phosphatieren *n*
phosphate coating line Phosphatieranlage *f*
phosphated flat product Flachzeug *n,* phosphatiertes
phosphate treated phosphatiert
phosphating Phosphatierung *f*
phosphatizing agent Phosphatiermittel *n*
phosphide streak Phosphidseigerungsstreifen *m*
phosphoric pig iron phosphorhaltiges Roheisen *n*
phosphorus Phosphor *m*
phosporic acid Phosphorsäure *f*
photoelastic investigation spannungsoptische Untersuchung *f*
photoelectric amplifier lichtelektrischer Verstärker *m*
photoelectric cell Photozelle *f*
photomicrograph Schliffbild *n*
pH-value Säurewert *m*
pH-value regulating instrument pH-Wert Regler *m*
physical chemistry physikalische Chemie *f*
physical metallurgy Metallkunde *f*
physical property physikalische Eigenschaft *f*
physics Physik *f*
piano wire Klavier[saiten]draht *m*
pick klauben
pick [axe] Picke *f*
picking plant Klaubanlage *f*
picking table Klaubetisch *m*
pickle abbeizen; Beize *f;* beizen
pickle brittleness Beizsprödigkeit *f*
pickle liquor Beizflüssigkeit *f;* Beizmittel *n*
pickle sticker Zundereinsprenkelung *f* (durch unvollständiges Beizen)
pickle test Beizprobe *f*
pickling Beizen *n*
pickling acid regeneration Rückgewinnung *f* von Beizsäure
pickling acid waste Beizablauge *f*
pickling agent Beizmittel *n*
pickling agents Beizbedarf *m*
pickling basket Beizkorb *m*
pickling bath Beizbad *n;* Beize *f*
pickling blistering Beizblasen *fpl*
pickling blow holes Beizblasen *fpl*
pickling compound Beizzusatz *m*
pickling crade Beizkorb *m*
pickling department Beizerei *f*
pickling deposit Beizbast *m*
pickling equipment Beizausrüstung *f*
pickling fluid Beizflüssigkeit *f*
pickling hook Beizhaken *m*
pickling inhibitor Beizinhibitor *m*
pickling line Beizlinie *f;* Beizstrecke *f*
pickling machine Beizmaschine *f*
pickling plant Beizanlage *f*
pickling product Beizprodukt *n*
pickling residue Beizrückstand *m*
pickling residues Beizrückstand *m*
pickling section Beizstrecke *f*
pickling smut Beizrückstand *m*
pickling solution Beize *f;* Beizlösung *f*
pickling tank Beizbottich *m*

pickling vat Beizbehälter *m;* Beizbottich *m;* Beizkasten *m*
pick-up Abgriff *m* (EDV); Pickelbildung *f;* Meßwertgeber *m;* Zubrand *m*
pick up mitnehmen
piece Walzgut *n*
piece rate Stückzeit *f*
piece rate setting Stückzeitermittlung *f*
piece rate wages Akkordlohn *m*
pieces in handy sizes chargierfähige Stücke *npl*
piece work Akkordarbeit *f;* Gedingearbeit *f*
piece worker Akkordarbeiter *m*
piel schälen
pierce dornen; durchbrechen; lochen
piercer Dorn *m;* Lochdorn *m;* Lochwalzwerk *n*
piercing Durchlochen *n;* Lochen *n* (Rohre); Lochen *n*
piercing die Kaltschlagmatrize *f;* Lochstempel *m*
piercing holes Lochen *n*
piercing mandrel Lochdorn *m;* Lochstempel *m*
piercing mill Lochwalzwerk *n;* Stopfenwalzwerk *n*
pig Massel *f*
pig and ore process Roheisen-Erz-Verfahren *n*
pig and scrap process Schrott-Roheisen-Verfahren *n*
pig bed Masselbett *n*
pig breaker Masselbrecher *m;* Masselschläger *m*
pig-breaking travelling crane Massel-Schlagwerkskran *m*
pig-casting machine Masselgießmaschine *f;* Roheisen[massel]gießmaschine *f*
piggyback motors Huckepackmotoren *mpl*
pig iron festes Roheisen *n*
pig iron grade Roheisensorte *f*
pig iron ladle Roheisenpfanne *f*
pig iron ladle car Roheisentransportwagen *m*
pig iron mixer Roheisenmischer *m*
pig iron ore process Roheisen-Erz-Verfahren *n*
pig iron runout Roheisenabstich *m* (Roheisenabfluß)
pig iron scrap process Roheisen-Schrott-Verfahren *n*
pigmentation Pigmentierung *f*
pig mould Masselform *f*
pig moulding machine Masselformmaschine *f*
pile häufen; Reaktor *m;* Stapel *m*
pile driver Pfahlramme *f*
pilger mill of the Mannesmann type Pilgerschritt-Rohrwalzwerk *n*
pilger mill rolling Pilgerschrittwalzen *n*
pilger roll Pilgerwalze *f*
pilger step-by-step-type seamless tube rolling mill Pilgerschritt-Rohrwalzwerk *n*
piling section Spundprofil *n*
pillow block (am.) Stehlager *n*
pilot halbtechnisch
pilot control Vorsteuerung *f*
pilot fire Lockfeuer *n*
pilot flame Zündflamme *f*
pilot lot Versuchsserie *f*
pilot plant Versuchsanlage *f;* Versuchsbetrieb *m*
pilot relay Kraftschalter *m*
pilot test Vorprobe *f*
pin Drahtstift *m;* Nadel *f;* Zapfen *m* (Welle)
pincers Zange *f*

pinch Längsüberwalzungsfehler *m*
pincher Falte *f;* Überwalzungsfehler *m*
pinch pass rolling mill Kaltnachwalzwerk *n*
pinch roll Absenkwalze *f;* Abziehrolle *f;* Klemmrolle *f;* Treibrolle *f*
pinch roll carrier arm Treibrollenarm *m*
pinch roll crack Quetschriß *m* (Strangguß)
pinch roll cross-beam Treibrollentraverse *f*
pinch roll gap Treibrollenspalt *m*
pinch rolling oberflächliches Walzen *n* mit geringem Druck
pinch roll parting Treibrollenspalt *m*
pin hole Gasblase *f;* Loch *n*
pinhole Nadelstichpore *f*
pinhole detector Lochsuchgerät *n*
pinhole plug Nadelboden *m*
pinholes Oberflächenporen *fpl*
pinion Kammwalze *f;* Ritzel *n*
pinion gear unit Kammwalzengetriebe *n*
pinion housing Kammwalzgerüst *n*
pinion stand Kammwalzgerüst *n*
pink noise Rauschen *n* rosa
pinned plate Warzenblech *n*
pinning (of dislocations) Verankerung *f* (von Versetzungen)
pip Impuls *m* kurzer; Spannungsstoß *m*
pipe Lunker *m;* Rohr *n*
pipe bend Rohrkrümmer *m*
pipe branch Rohrabzweigstück *n*
pipe bridge Rohrleitungsbrücke *f*
pipe coil Rohrschlange *f*
pipe connection Rohrverbinder *m*
pipe coupling Rohrleitungskupplung *f*
pipe elbow Rohrkrümmer *m*
pipe eliminator Lunkerabdeckmasse *f*
pipe eradicator Lunkerabdeckmasse *f*
pipeline Pipeline *f;* Rohrleitung *f*
pipeline construction Rohrleitungsbau *m*
pipeline fitting Rohrleitungsarmatur *f*
pipe-line pressure Leitungsdruck *m*
pipe line symbol Rohrleitungssymbol *n*
pipe nipple Rohrnippel *m*
pipe reducing [rolling] mill Rohrreduzierwalzwerk *n*
pipe [rolling] mill Rohrwalzstraße *f;* Rohrwalzwerk *n*
pipe routing drawing Rohrleitungsplan *m*
pipe sleeve Rohrmuffe *f*
pipe socket Rohrflansch *m;* Rohrmuffe *f*
pipe spinning machine Schleudergießmaschine *f* (für Rohre)
pipe support Rohrkonsole *f*
pipette pipettieren
pipe tunnel Rohrleitungskanal *m*
pipe union Rohrmuffe *f*
pipework drawing Rohrleitungsplan *m*
pipe wrapping compound Rohrwikkelmasse *f*
piping Lunkerbildung *f*
piping and piling Schlot- und Pfeilerbildung *f* (Aufbereitung)
piping component Rohrleitungsteil *n*
pipline tracer heating system Rohrleitungsheizeinrichtung *f*
piston Kolben *m*
piston pump Kolbenpumpe *f*
piston ring Kolbenring *m*
piston ring spring Kolbenringfeder *f*

piston stroke Kolbenhub *m*
pit anfressen; fressen; Grübchen *n;* Narbe *f*
pit annealing Grubenglühen *n*
pit arch steel Kappenstahl *m*
pitch Pech *n;* Pfeilhöhe *f;* Teilung *f* (Zahnrad)
pitch circle Elektrodenteilkreis *m;* Teilkreis *m*
pitch circle diameter Teilkreisdurchmesser *m* (Lichtbogenofen)
pitch coal Pechkohle *f*
pitch line neutrale Linie *f* (eines Walzkalibers); Teilkreislinie *f*
pit coal Steinkohle *f*
pit (cold rolling) scharfkantige Vertiefung *f* (Kaltwalzen)
pit furnace cover Tiefofendeckel *m*
pit furnace crane Tiefofenkran *m*
pithead frame Förderturm *m*
pithead gear Fördergerüst *n*
pit hoist Förderturm *m*
pit hole Blasenloch *n*
pitman Druckstange *f*
pit railway Grubenbahn *f*
pitted surface Oberflächenporen *fpl*
pitticite Eisenpecherz *n*
pitting Grübchenbildung *f;* Lochfraß *m;* Lochkorrosion *f*
pitting corrosion Lochkorrosion *f*
pitting corrosion potential Lochfraßpotential *n*
pitting potential of stainless steels Porenpotential *n* von Edelstählen
pitting resistance equivalent Lochkorrosionsresistenzäquivalent *n*
pitting tendency at the surface of case hardened steels Lochkorrosionstendenz *f* an der Oberfläche von Einsatzstählen
pit trench Grube *f*
pit [type] furnace Tiefofen *m*
pivot Drehpunkt *m;* Drehzapfen *m;* Zapfen *m* (Strangguß)
place on edge hochkant stellen
plain axle bearing Gleitachslager *n*
plain bearing Gleitlager *n;* offenes Gleitlager *n*
plain bulb Wulstflachstahl *m* mit doppelseitigem Wulst
plain carbon steel Kohlenstoffstahl *m* (unlegierter Stahl); Kohlenstoffstahl *m* unlegiert; unlegierter kohlenstoffreicher Stahl *m*
plain die offenes Gesenk *n*
plain end tube Glattendrohr *n*
plain milling cutter Walzenfräser *m*
plain roll glatte Walze *f;* Glattwalze *f*
plain roof glattes Gewölbe *n*
plain sheet Flachblech *n*
plain strain Flachverformung *f*
plain surface roll (am.) Flachbahnwalze *f*
plan Entwurf *m;* Zeichnung *f*
planar anisotropy Anisotropie *f,* ebene
Planck constant Planck-Konstante *f*
plane Ebene *f;* Fläche *f;* hobeln
plane angle ebener Winkel *m;* Winkel *m*
plane roof rippenloses Gewölbe *n*
plane sided flachwandig (Kokillen)
plane state of strain Formänderungszustand *m,* ebener
plane state of stress Spannungszustand *m,* ebener; Spannungszustand *m,* zweiachsiger
plane strain upsetting test Flachstauchversuch *m*
plane stress Spannungszustand *m,* zweiachsiger
plane stress state Spannungszustand *m,* zweiachsiger
planetary cross rolling mill Plane-

tenschrägwalzwerk *n*
planetary mill Planetenwalzwerk *n*
planetary rolling Planetenwalzen *n*
planet wheel Planetenrad *n*
planing machine Hobelmaschine *f*
planing tool Hobelmesser *n*
planish glattdrücken; glätten
planishing Glattdrücken *n*
planishing stand Poliergerüst *n*
planishing system Polieranlage *f*
planned economy Planwirtschaft *f*
plano-milling Langtischfräsen *n*
plant Anlage *f;* Betrieb *m;* Hütte *f;* Werk *n*
plant economics Betriebswirtschaft *f*
plant engineering Anlagentechnik *f*
plant management Betriebsführung *f*
plant record Betriebsaufzeichnung *f*
plant scrap Eigenschrott *m*
plant superintendent Betriebsleiter *m*
plant techniques Anlagentechnik *f*
plan view Grundriß *m*
plasma arc welding Plasmalichtbogenschweißen *n*
plasma cutting facility Plasmaschneidanlage *f*
plasma-cutting system Plasmaschneidanlage *f*
plasma cutting torch Plasmaschneidbrenner *m*
plasma-CVD Plasma-CVD-Beschichten *n*
plasma-CVD-plant Plasma-CVD-Anlage *f*
plasma jet welding Plasmastrahlschweißen *n*
plasma ladle-furnace Plasma-Pfannenofen *m*
plasma nitride plasmanitrieren
plasma nitriding Plasmanitrieren *n*
plasma nitriding plant Plasmanitrieranlage *f*
plasma nozzle Plasmadüse *f*
plasma-powder-deposit welding Plasma-Pulver-Auftragschweißen *n*
plasma power generator Plasma-Generator *m*
plasma spraying Plasmaspritzen *n*
plasma tundish heating Plasma-Tundish-Beheizung *f*
plaster Gips *m*
plaster casting method Gipsabgußverfahren *n*
plastic bildsam; formbar; Kunststoff *m*
plastic articulation plastisches Gelenk *n*
plastic coated sheet and strip kunststoffbeschichtetes Stahlblech und -band *n*
plastic coating Kunstharzüberzug *m*
plastic coating line Kunststoffbeschichtungsanlage *f*
plastic deformation bildsame Formgebung *f;* plastische Formänderung *f;* plastische Verformung *f*
plasticiser Plastifizierungsmittel *n*
plasticity Bildsamkeit *f;* Plastizität *f;* Umformbarkeit *f*
plastic metal working Umformtechnik *f*
plastic potential Potential *n,* plastisches
plastic shaping bildsame Formgebung *f*
plastic state Zustand *m,* plastischer
plastic strain bleibende Verformung *f* (Zugversuch)
plastisol Plastisol *n*
plate Blech *n;* Grobblech *n;* Ziehdüse *f*
plate bending machine Blechbiegemaschine *f;* Blechrundbiegemaschine *f*

plate bending press Blechrundbiegemaschine *f*
plate brushing machine Blechbürstmaschine *f*
plate clippings Blechabfälle *mpl*
plate doubler Blechdoppler *m*
plate drying table Blechtrockentisch *m*
plate-edge bending press Blechkantenanbiegepresse *f*
plate ga[u]ge Blechlehre *f*
plate girder Blechträger *m;* Vollwandträger *m*
plate gripping tongs Blechzange *f*
plate-laying Gleisbau *m*
plate-like powder tellerartiges Pulver *n*
plate link chain Gallkette *f*
plate mill Blechstraße *f*
plate mo[u]ld Plattenkokille *f*
plate-refining industry Blechveredelungsindustrie *f*
plate roll Blechwalze *f*
plate [rolling] mill Blechwalzwerk *n* (grob); Grobblech-Walzwerk *n*
plate scrap Blechschrott *m*
plate shears Blechschere *f;* Tafelschere *f*
plate stretcher Plattenstrecker *m*
plate structures Blecharbeiten *fpl*
plate testing machine Blechprüfmaschine *f*
plate working machine Blechbearbeitungsmaschine *f*
plating installation Plattieranlage f
platinum Platin *n*
platinum-cobalt Platin-Cobalt *n*
platinum-cobalt material for permanent magnets Platin-Cobalt *n* für Dauermagnete
plenary meeting Plenarsitzung *f*
pliable biegsam
pliers Drahtzange *f*
pliers tongs Zange *f*
plot graphische Darstellung *f*
plough for removing cooled sinter Räumerarm *m* (Sinterkühler)
plucking fressender Verschleiß *m*
plug Konverterboden *m;* Lochdorn *m;* Stecker *m;* verstopfen
plug bottom Düsenboden *m*
plug drawing Dornziehen *n*
plug flow ideale Strömung *f*
plug lines Ziehriefen *fpl* (im Innern eines über den Stopfen gezogenen Rohrs)
plug mill Stopfenwalzwerk *n*
plug ramming machine Bodenstampfmaschine *f*
plug rolling Stopfenwalzen *n*
plug weld Lochschweiße *f;* Nietschweiße *f*
plumbago Graphit *m*
plumbago [refractory] feuerfestes Graphit-Ton-Erzeugnis *n*
plummer block Stehlager *n*
plunge cut grinding Einstechschleifen *n*
plunger Plunger[kolben] *m;* Tauchkolben *m*
ply-metal Verbundmetall *n*
PM-metal PM-Metall *n*
PM-steel PM-Stahl *m*
pneumatic chisel Preßluftmeißel *m*
pneumatic grinder Preßluftschleifmaschine *f*
pneumatic method pneumatischer Prozeß *m*
pneumatic rammer Preßluftstampfer *m*
pneumatic refining Blasfrischen *n*
pneumatics Pneumatik *f*
pneumatic tool Druckluftwerkzeug *n*
pocket Tasche *f*

point stellen; zuspitzen
point counting method Punktzählverfahren *n* (Metallographie)
pointed cobblestoning Drachenzähne *mpl* (im Konus einer Torpedopfanne)
pointer Zeiger *m*
pointing Anspitzen *n*
pointing by forging Anspitzen *n*
point of [application of] load Lastangriffspunkt *m*
point of common coupling (pcc) Punkt *m* gemeinsamer Kupplung (Lichtbogenofen)
point of contact Griffstelle *f*
poison Gift *n*
poisonous giftig
poisson ratio Querkontraktionszahl *f*
Poisson's ratio Kontraktionszahl *f;* Poissonsche Zahl *f*
poker Schüreisen *n;* Stocheisen *n*
polar bond Polarbindung *f*
polar chain Polarkette *f*
polar compound Polarverbindung *f*
polar head Polarkopf *m*
polarization Polarisierung *f*
polar molecule polares Molekül *n*
polarography Polarographie *f*
pole Mast *m;* Pol *m*
pole figure Polfigur *f*
pole sheet Polblech
polish glätten; polieren
polishability of tool steel Polierbarkeit *f* von Werkzeugstahl
polished and etched micro section polierter und geätzter Schliff *m*
polished and etched microsection Schliff *m* poliert und geätzt
polishing frame Polierbock *m*
pollutant Fremdstoff *m* (Luftverunreinigung); Schmutzstoff *m*
pollution Verschmutzung *f;* Verunreinigung *f*
pollution abatement Reinhaltung *f* (Luft)
pollution abatement program Umweltschutzprogramm *n*
pollution of in-house atmosphere Immission *f*
polycrystal Mehrkristall *m*
polyphase alloy mehrphasige Legierung *f*
Polytechnic Institute Technische Hochschule *f*
polyurethane-coated roll Walze *f* mit Polyurethan-Beschichtung
ponderable wägbar
pony ladle Zwischengefäß *n* (Stranggießen)
pony rougher Vorstreckgerüst *n*
poor quality schlechte Qualität *f*
pop marks Körnereinschläge *mpl*
poppet valve Tellerventil *n*
population Grundgesamtheit *f*
pore Pore *f*
pore forming material Porenbildner *m*
pork pie furnace Maerz-Boelens-Ofen *m*
porosity Gasdurchlässigkeit *f;* Porosität *f*
porous porig; porös
porous plug Spülstein *m*
porous structure lockeres Gefüge *n*
portable tragbar; versetzbar
portable cover furnace Haubenofen *m*
portal crane Portalkran *m*
port block Ofenkopf *m*
port[end] Kopf *m;* Ofenkopf *m*
porter bar Lagerbock *m*
portion of the roof Gewölbeteil *n*
position Lage *f*
position of fracture Bruchlage *f*

position of sample Probenlage *f*
position regulator Stellungsregler *m*
positive movement Zwanglauf *m*
possessed of inertia träge
possibility Möglichkeit *f*
post combustion Nachverbrennung *f*
postponed output retardierter Ausgang *m*
post sintering operations Nachbearbeitung *f* nach dem Sintern
post treatment Nachbehandlung *f*
post-weld heat treatment Wärmenachbehandlung *f*
pot annealing furnace Topfglühofen *m*
potassium Kalium *n*
potassium soap Kaliseife *f*
potential Potential *n*
potential hardness increase Aufhärtbarkeit *f;* Einhärtbarkeit *f*
potentiometer Potentiometer *n*
pour abgießen; abkippen; eingießen (füllen); vergießen
pouring Abguß *m;* Guß *m;* Vergießen *n*
pouring bay Gießhalle *f*
pouring car Gießwagen *m*
pouring crane Gießkran *m*
pouring end Eingießende *n*
pouring gate Gießtrichter *m*
pouring ladle Gießpfanne *f*
pouring-ladle closing device Gießpfannenverschluß *m*
pouring ladle firing plant Gießpfannenbeheizung *f*
pouring ladle for melting shops Gießpfanne *f* für Stahlwerke
pouring ladle lip Gießpfannenschnabel *m*
pouring lip Gießschnauze *f*
pouring platform Gießbühne *f*
pouring reel Ablaufhaspel *f;* Wickelmaschine *f*
pouring spout Gießrinne *f*
pouring stream Gießstrahl *m*
pouring-stream protection Gießstrahlschutz *m*
pouring stream shielding Gießstrahlschutz *m*
pouring stream treatment Gießstrahlbehandlung *f*
powder carburising Pulveraufkohlen *n;* Pulverzementieren *n*
powder coating Pulverbeschichtung *f*
powder cutting Pulverbrennschneiden *n*
powdered blast-furnace slag Hüttenkalk *m*
powder metallurgy Pulvermetallurgie *f*
powder nitriding Pulvernitrieren *n*
powder particle Pulverteilchen *n*
powder spraying Pulverspritzen *n*
power Kraft *f;* Leistung *f;* Leistungsfähigkeit *f*
power and material Energie- und Stoffwirtschaft *f*
power cable Leistungskabel *n*
power consumption Energieverbrauch *m*
power conversion Energieumwandlung *f*
power density Leistungsdichte *f*
power drive Kraftantrieb *m*
power drive transmission Verteilergetriebe *n*
power factor Leistungsfaktor *m*
power failure Stromausfall *m*
power fuel Treibstoff *m*
power generation Stromerzeugung *f*
power house Kraftwerk *n*
powerless stromlos
power loss of electric [steel] sheet Leistungsverlust *m* von Elektro-

blech

power loss of magnetic [steel] sheet Leistungsverlust *m* von Elektroblech

power-off-time Nebenzeit *f*

power-on period Einschaltdauer *f*

power-on-time Stromflußzeit *f*

power plant Krafterzeugungsanlage *f*

power punch Stanzpresse *f*

power required Energiebedarf *m*

power station elektrische Zentrale *f;* Kraftwerk *n;* Maschinenhaus *n*

power supply Energieversorgung *f*

power supply interlinked system energiewirtschaftliches Verbundsystem *n*

power supply line with change-over switching umschaltbare Stromzuleitung *f*

power supply network system Stromversorgungsnetz *n*

power-to-weight ratio Leistungsgewicht *n*

power transmission Kraftübertragung *f*

practical result Betriebsergebnis *n*

practice Betrieb *m;* Einarbeitung *f;* Führung *f*

prealloy Vorlegierung *f*

prealloyed powder Vorlegierungspulver *n*

preblow vorblasen

preceding pass Vorkaliber *n*

precipitate ausscheiden; Ausscheidung *f* (Produkt); fällen; niederschlagen

precipitated powder Fällungspulver *n;* gefälltes Pulver *n*

precipitating Auslagern *n*

precipitation Ausscheidung *f* (Vorgang); Fällung *f*

precipitation brittleness Alterungssprödigkeit *f*

precipitation crack Ausscheidungsriß *m*

precipitation deoxidation Fällungsdesoxidation *f*

precipitation hardening Aushärten *n;* Aushärtung *f;* Ausscheidungshärten *n*

precipitation hardening alloy for springs Federlegierung *f,* aushärtbare

precipitation hardening treatment Aushärtung *f*

precipitation heat treatment Aushärten *n*

precipitation-induced crack Ausscheidungsriß *m*

precise genau

precision Genauigkeit *f*

precision cast Genauigkeitsabguß *m*

precision cast alloy Genaugußlegierung *f;* Genauigkeitsabgußlegierung *f*

precision casting Feinguß *m*

precision forging Formschmieden *n;* Genauschmieden *n*

precision ground feingeschliffen

precision investment casting Präzisionsguß *m;* Wachsausschmelzguß *m*

precision machine element Präzisionsmaschinenteil *n*

precision measurement Feinmessung *f*

precision of measurement Meßgenauigkeit *f*

precision sizing block Präzisionswalzsystem *n*

precision steel tube Präzisionsstahlrohr *n*

precision stopper device Präzisions-Stopfen-Vorrichtung *f*

precompressed mild steel vorgestauchter weicher Stahl *m*
predetermined standard rates Plankosten *pl;* Richtkosten *pl*
preeutectic voreutektisch
preeutectoid ferrite voreutektoidischer Ferrit *m*
prefabricated vorgefertigt
prefabricated member Fertigbauteil *n*
prefabricated unit Fertigbauteil *n*
prefabrication Vorfertigung *f*
prefered direction of magnetisation magnetische Vorzugsrichtung *f*
preferencial corrosion selektive Oxidation *f*
preheat vorwärmen
preheat bore Heizdüse *f* (Gasschweißen)
preheater for air Vorwärmer *m* für Luft
preheater for gas Vorwärmer *m* für Gas
preheater for water Vorwärmer *m* für Wasser
preheat gas way Heizdüse *f* (Gasschweißen)
preheating Vorwärmen *n*
preheat orifice Heizdüse *f* (Gasschweißen)
preinduced crack Anriß *m*
preliminary annealing Vorglühen *n*
preliminary calculation Vorkalkulation *f*
preliminary dust extraction Grobentstaubung *f*
preliminary load Vorbelastung *f*
preliminary oxidation Vorfrischen *n*
preliminary purification Vorreinigung *f*
preliminary refining mixer Vorfrischmischer *m*
preliminary sample Vorprobe *f*
preliminary section Vorprofil *n*
preliminary separator Vorabscheider *m*
preliminary stress Vorspannung *f*
preliminary test Vorprobe *f*
preliminary transformation Vorumwandlung *f*
premelted iron Vorschmelzeisen *n*
premium bonus system Prämienlohnsystem *n*
premix vormischen
preparation Aufbereitung *f* (Kohle)
preparation of samples Probenvorbereitung *f*
preparation of slags Schlackenaufbereitung *f*
preparation of used refractories Aufbereitung *f* von gebrauchten Feuerfeststoffen
preparation plant Aufbereitungsanlage *f*
prepare vorbereiten; zubereiten
prepared ore burden Möller *m* vorbereiteter; Möller *m*
prepressing Vorpressen *n*
prereduction Vorreduktion *f*
pre-screening Vorabsiebung *f* (Erz)
preselector Vorwählschalter *m*
pre-settling basin Vorabscheidungsbecken *n*
presettling tank Vorlaufbehälter *m* (Gasreinigung)
preshaped (blocked) workpiece freiformgeschmiedetes (vorgeschmiedetes) Werkstück *n*
pre-shredder Shredderanlage *f*
presintering Vorsinterung *f*
presparking time Vorfunkzeit *f* (Spektralanalyse)
press Presse *f;* pressen
press brake Abkantanlage *f*

press brake (am.) Biegepresse *f*
press die forming Formstanzen *n*
pressed part Preßteil *n*
press fit Preßspannung *f*
press for corrugated sheets Wellblechpresse *f*
press forging in geschlossenem Gesenk in der Presse hergestellt
pressing Biegen *n;* Preßteil *n*
pressing die Preßmatritze *f*
pressing force Preßkraft *f*
pressing on Anpressen *n*
press quenching Preßhärten *n*
press rating Nennkraft *f* einer Presse
press stroke Pressenhub *m;* Preßweg *m*
pressure Druck *m*
pressure casting mo[u]ld Druckgießkokille *f*
pressure cell Druckmeßdose *f*
pressure die casting Druckguß *m;* Druckgußstück *n;* Spritzguß *m*
pressure drop Druckabfall *m*
pressure forging Stauchen *n*
pressure forming Druckumformen *n*
pressure ga[u]ge Druckluftmeßgerät *n;* Druckmesser *m*
pressure governor Druckregler *m*
pressureless sintering Sintern von losem Pulver *n*
pressure line Stützlinie *f* (SM-Ofen)
pressure lubrication Preßdruckschmierung *f*
pressure marking Druckmarkierung *f*
pressure of rolling Walzdruck *m*
pressure pad Drucktopf *m* (Walzen)
pressure per unit of area Flächendruck *m*
pressure per unit of surface Flächendruck *m*
pressure piece Drucktopf *m* (Walzen)
pressure pouring Druckguß *m*
pressure reducing valve Druckminderventil *n*
pressure shell Druckmantel *m*
pressure spray process Druckspritzverfahren *n*
pressure spring Druckfeder *f*
pressure stage Druckstufe *f*
pressure thermit welding Gießpreßschweißen *n*
pressure vessel Druckbehälter *m*
pressure vessel test Druckgefäßversuch *m*
pressure water Druckwasser *n*
pressure weldable preßschweißbar
pressure welding Druckschweißung *f;* Preßschweißen *n*
pre-stip casting Vorbandgießen *n*
prestraining Vorspannung *f*
prestress vorspannen
prestressed vorbelastet
prestressed concrete Spannbeton *m*
prestressed concrete steel Spannbetonstahl *m*
prestressed concrete strand Spannbetonlitze *f*
prestressed rolling stand vorgespanntes Walzgerüst *n*
prestressing Vorverspannung *f*
prestressing steel Spannstahl *m*
pre-strip Vorband *n*
pretest Vorversuch *m*
pretreatment Vorbehandlung *f*
prevention of accidents Unfallverhütung *f*
preventive maintenance Instandhaltung *f*, vorbeugende; vorbeugende Wartung *f*
price Preis *m*
price allowance Preisnachlaß *m*
price cut Preisherabsetzung *f*
price maintenance Preisbindung *f*

price reduction Preisherabsetzung *f*
price rise Preissteigerung *f*
pricker Nadel *f*
primary air Frischluft *f*
primary arm Hauptast *m* (Dendriten)
primary carbide Primärcarbid *m*
primary cleaning Grobreinigung *f*; Vorreinigung *f*
primary element Meßwertgeber *m*
primary element (am.) Meßfühler *m*
primary forming Urformen *n*
primary industry Grundstoffindustrie *f*
primary material Vorwerkstoff *m*
primary microstructure Primärgefüge *n*
primary mill Walzstraße *f* erster Hitze; Walzwerk *n* erster Hitze
primary point Primärfleck *m* (Röntgen)
primary product Roherzeugnis *n*
primary voltage Oberspannung *f*
prime cost Gestehungskosten *pl*
primer Grundierung *f*
primer material Spachtelmase *f*
primes Blech *n* erster Wahl
prime sheet Blech *n* erster Wahl
priming coat Grundanstrich *m*; Grundbeschichtung *f*
principal axis system Hauptachsensystem *n*
principal standard Hauptnorm *f*
principal stress Hauptnormalspannung *f*; Hauptspannung *f*
printing machine Druckereimaschine *f*
printing office Druckerei *f*
print-out Druckerausgabe *f* (EDV); Niederschrift *f* (EDV)
prior plastic deformation Vorformgebung *f*
prior use Patentvorbenutzung *f*
prismatic spectrum Prismenspektrum *n*
probability Wahrscheinlichkeit *f*
probability density Wahrscheinlichkeitsdichte *f*
probability paper Wahrscheinlichkeitspapier *n*
probability ratio test Wahrscheinlichkeitsverhältnisprobe *f*
probe fühlen; Fühler *m*
procedure Verfahren *n*
process verarbeiten; Verfahren *n*; Verlauf *m*
process annealed wire zwischengeglühter Draht *m*
process annealing Rekristallisationsglühen *n*; Zwischenglühen *n*
process auxiliaries Verfahrensstoffe *mpl*
process card Materialbegleitkarte *f*
process control Prozeßlenkung *f*; Prozeßsteuerung *f*; rechnergestützte Prozeßleitung *f*
process control system Prozeßsteuerung *f*
process data Prozeßdaten *npl*
processed wire vorgezogener Draht *m*
process-gas screw compressor Prozeßgas-Schraubenkompressor *m*
process identification Prozeßidentifikation *f*
processing Verarbeitung *f*
processing defect Verarbeitungsfehler *m*
processing line Betriebseinrichtung *f*
processing module Verarbeitungsmodul *n*
processing of semi finished product Halbzeugzurichtung *f*

processing plant Aufbereitungsanlage *f*
processing uncoiler Zunderbrech- und Abrollvorrichtung *f* (für Blechbunde)
processing unit Zunderbrech- und Abrollvorrichtung *f* (für Blechbunde)
processing water Industriewasser *n*
process metallurgy Metallurgie *f*
process monitoring rechnergestützte Prozeß- und Anlagenüberwachung *f*
process of buckling Knickvorgang *m*
process of deformation Formänderungsverlauf *m*
processor Zunderbrech- und Abrollvorrichtung *f* (für Blechbunde); Zunderbrecher *m;* Zunderbrechgerüst *n*
process planning Ablaufplanung *f*
process scrap Umlaufschrott *m*
process step Verfahrensschritt *m*
process step in steelmaking Verfahrensschritt *m* bei der Stahlerzeugung
process technology Verfahrenstechnik *f*
process variable Prozeßgröße *f*
process visualisation Verfahrensdatenanzeige *f*
produce entwickeln (Rauch); erzeugen (Dampf); herstellen
producer Erzeuger *m;* Generator *m* (Gas)
producer coal Generatorkohle *f*
producer gas Generatorgas *n*
product Produkt *n*
product analysis Produktanalyse *f;* Stückanalyse *f*
product from cold rolling mills Kaltwalzwerkerzeugnis *n*
product from drawing plants Ziehereierzeugnis *n*
production Erzeugung *f;* Fertigung *f;* Herstellung *f;* Produktion *f*
production and evaluation review technique Netzplantechnik *f*
production cast Betriebsschmelze *f*
production control Fertigungssteuerung *f;* Produktionssteuerung *f;* rechnergestützte Betriebsleitung *f*
production data Erzeugungsangaben *fpl*
production data aquisition rechnergestützte Betriebsdatenerfassung *f*
production facility Produktionsmittel *n*
production figures Produktionszahlen *fpl*
production flow Fertigungsablauf *m*
production heat Betriebsschmelze *f*
production of seamless steel cylinders Fertigung *f* nahtloser Stahlzylinder
production of textures Texturausbildung *f*
production process Herstellungsverfahren *n*
production rate Erzeugungsleistung *f*
production report Produktionsbericht *m*
production start Produktionsbeginn *m*
production step Produktionsschritt *m*
production time Fertigungszeit *f*
production trial Betriebsversuch *m*
productivity Produktivität *f*
proeutectoid constituent voreutektoidische Ausscheidung *f*
professional organization Fachgruppe *f*

professional standards committee Fachnormenausschuß *m*
profile Gestalt *f;* Profil *n*
profiled steel sheet Stahlblech *n*, profiliertes
profile grinding Formschleifen *n*
profit Ertrag *m;* Gewinn *m*
profit and loss accounts Gewinn- und Verlustkonten *npl*
profit sharing Gewinnbeteiligung *f*
program programmieren
program card Programmkarte *f*
program control Folgeregelung *f;* Programmregelung *f*
programmed control Zeitplanregelung *f*
program memory Programmspeicher *m*
program storage Programmspeicher *m*
progressive ageing gestuftes Warmauslagern *n*
progressive flanging fortschreitendes Bördeln *n*
progressive hardening Vorschubhärten *n*
progress of refining Frischverlauf *m*
projected contact area Fläche *f*, gedrückte
projection Vorsprung *m*
projection sphere Lagekugel *f* (Röntgen)
promote fördern
proof strength (0.2%) Dehngrenze *f* -0,002
proof strength (non proportional extension) Dehngrenze *f* bei nichtproportionaler Dehnung
proof strength (total extension) Dehngrenze *f* bei gesamter Dehnung
proof stress Dehngrenze *f;* Streckgrenze *f*
prop abstützen
properly proportioned for stress and strain festigkeitsgerecht
property Eigenschaft *f*
proportional action controller P-Regeleinrichtung *f*
proportional limit Proportionalitätsgrenze *f*
proportional plus rate [derivative] action controller PD-Regler *m*
proportional plus reset action controller PI-Regler *m*
proportional strain Formänderung *f*, proportionale
proportional test bar Proportionalstab *m*
proportioning mixer Mischbrenner *m*
proposal Vorschlag *m*
proposed standard Versuchsform *f*
protected crystal geschützter Schwinger *m* (Ultraschallprüfung)
protecting goggles Schutzbrille *f*
protection against corrosion Korrosionsschutz *m*
protection against heat Wärmeschutz *m*
protection against noise Lärmschutz *m*
protection against oxidation Oxidationsschutz *m*
protection of the environment Umweltschutz *m*
protective atmosphere Schutzgas *n*
protective circuit Schutzschaltung *f*
protective clothing Schutzkleidung *f*
protective coating Schutzanstrich *m;* Schutzüberzug *m*
protective cover Schutzabdeckung *f*
protective film Schutzfilm *m*
protective finish Schutzanstrich *m*
protective gas Schutzgas *n*

protective grease coating Schutzbefettung *f*
protective helmet Schutzhelm *m*
protective layer Deckschicht *f;* Schutzschicht *f*
protective paint Schutzanstrich *m*
protest Einspruch *m*
protractor Winkelmesser *m*
pseudocarburising Blindaufkohlen *n*
pseudonitriding Blindnitrieren *n*
psilomelane Hartmanganerz *n*
puddle pig Puddelroheisen *n*
puddle process Puddelverfahren *n*
puff out treiben
pull klaffender Querriß *m;* Wärmeriß *m;* ziehen
pull crack Haarriß *m*
pulley Riemenscheibe *f*
pulley block Flaschenzug *m*
pulley drive Scheibenantrieb *m*
pulling-in dog Einziehzange *f*
pulling [pinch] roll Treibrolle *f*
pull over überheben
pull over mill Überhebewalzwerk *n*
pull slag abziehen
pulp Trübe *f*
pulpit Leitstand *m*
pulsatance Kreisfrequenz *f*
pulsating bending fatigue limit Biegedauerfestigkeit *f* im Schwellbereich
pulsating fatigue strength under bending stresses Biegeschwellfestigkeit *f*
pulsating load Belastung *f* stoßweise; schwellende Belastung *f*
pulsating stress Schwellbeanspruchung *f*
pulse echo technique Impuls-Echo-Verfahren *n*
pulse envelope Impulsform *f* (Ultraschall)
pulse frequency Pulsfrequenz *f*
pulse generator Impulsgeber *m*
pulse shaper Impulsformer *m*
pulverise pulverisieren; pulvern; zerkleinern; zerstäuben
pulverised coal Kohlenstaub *m*
pulverised coal/gas combined burner Kohlenstaubgasbrenner *m*
pulverised coal firing Kohlenstaubfeuerung *f*
pulverised coal firing plant Kohlenstaub-Feuerungsanlage *f*
pulverising Zerkleinerung *f*
pulverize mahlen
pulverized-coal injection-lance Kohlenstaubeinblaslanze *f*
pumice slag Hüttenbims *m*
pumice slag brick Hüttenschwemmstein *m*
pump house attendant Pumpenhauswärter *m*
pumping house Pumpenhaus *n*
pumping machine Pumpmaschine *f*
pump switch Pumpenschalter *m*
punch lochen; Locher *m;* Lochstempel *m;* Stempel *m*
punch[ed] card Lochkarte *f*
punched-card control Lochkartensteuerung *f*
punched card reader and punch Lochkartenleser und -stanzer *m*
punched hole gestanztes Loch *n*
punched tape Lochband *n;* Lochstreifen *m*
punching and drawing press Loch- und Ziehpresse *f*
punching die Stanzmatrize *f*
punching press Lochstanze *f;* Stanzpresse *f*
punching sheet Stanzblech *n*
punching test Lochprobe *f;* Lochversuch *m*

punching tool Lochwerkzeug *n;* Stanzwerkzeug *n*
punch marking Körnen *n*
punch steel Döpperstahl *m*
punch stem opening Zapfenspannloch *n*
purchased scrap Zukaufschrott *m*
purchasing department Einkauf *m;* Einkaufsabteilung *f*
pure iron Reineisen *n*
pure substance reiner Stoff *m*
pure tone Einzelton *m*
purification Reinigung *f*
purify feinen; reinigen; waschen (Gas)
purifying Windfrischen *n*
purity Reinheit *f*
purity degree Reinheitsgrad *m*
push drücken
push bench Stoßbank *f*
push-bench Warmziehbank *f* (für Hohlkörper)
push bench bloom Stoßbankluppe *f*
pusher Abschiebevorrichtung *f;* Drücker *m;* Einstoßvorrichtung *f*
pusher ram Koksausdrückmaschine *f*
pusher type billet heating furnace Knüppelstoßofen *m*
pusher type furnace Durchstoßofen *m;* Stoßofen *m*
pusher type furnace Tunnelofen *m*
pushing device Abschiebevorrichtung *f;* Einstoßvorrichtung *f*
pushing rods Schiebergestänge *m*
pushing through durchdrücken
push pickler Schubbeize *f*
push pull Gegentakt *m*
push-pull forming Zug-Druck-Umformen *n*
put into operation in Betrieb *m* setzen
put out ausbringen
put through a pilger mill pilgern
putting in blast again Wiederanblasen *n*
putty Kitt *m*
PVC coated iron wire PVC-ummantelter Eisendraht *m*
PVD-coating PVD-Beschichtung *f*
PVD coating plant PVD-Beschichtungsanlage *f*
pyramid hardness number Vickershärte *f*
pyrites Kies *m*
pyrites cinders Pyritabbrand *m*
pyroforic blast-furnace flue dust pyrophorer Gichtstaub *m*
pyrometer Pyrometer *n*
pyrometric cone equivalent Kegelfallpunkt *m*
pyrometric efficiency pyrometrischer Wirkungsgrad *m*
pyrometric rod Temperaturfühler *m* mit Schutzrohr

Q

Q-BOP process OBM-Verfahren *n*
QT-plant Vergütungsanlage *f*
QT-steel Vergütungsstahl *m*
quadrant nozzle Viertelkreisdüse *f*
quadratic mean quadratisches Mittel *n*
qualification test Eignungsprüfung *f*
quality Beschaffenheit *f* (innere); Güte *f;* Gütestufe *f*
quality aim Qualitätsziel *n*
quality assurance Qualitätssicherung *f*
quality characteristic Qualitätsmerkmal *n*
quality control Güteüberwachung *f;*

Qualitätskontrolle *f;* Qualitätsüberwachung *f*
quality control organization Güteschutzgemeinschaft *f*
quality control point Qualitätsstelle *f*
quality documentation Qualitätsdokumentation *f*
quality group Gütegruppe *f* (von Stählen)
quality index Gütezahl *f*
quality inspection Qualitätsüberwachung *f*
quality management Qualitätsmangement *n;* Qualitätssicherung *f*
quality of fit Güte *f* der Anpassung
quality planning Qualitätsprüfung *f*
quality sheet metal Qualitätsblech *n*
quality specification Gütevorschrift *f*
quality steel Qualitätsstahl *m*
quality testing during production Qualitätsprüfung *f* während der Herstellung
quality verification Gütenachweis *m*
quanta Quanten *npl*
quantile Mengenwert *m*
quantitative quantitativ
quantitative television microscope Fernsehmikroskop *n*
quantity Größe *f;* Menge *f*
quantity of heat Wärme *f;* Wärmemenge *f*
quantity production Massenherstellung *f*
quantize quantisieren
quantum Quant *n*
quarry ausbrechen (Gestein); Grube *f;* Steinbruch *m*
quarter hard viertelhart
quartile Quartil *n;* Wert *m*
quartz Quarz *m*
quartz grog brick Quarz-Schamotte-Stein *m*
quartzite Quarzit *m*
quasi-binary section quasi-binärer Schnitt *m*
quasiisotropy Quasiisotropie *f*
quaternary system Vierstoffsystem *n*
quench abschrecken; abschrecken (Stahl); löschen
quench-age hardening Abschreckalterung *f*
quench ag[e]ing Abschreckalterung *f*
quench and temper vergüten
quench bending test Abschreckbiegeversuch *m*
quench bending test [specimen] Abschreckbiegeprobe *f*
quench crack Härteriß *m*
quenched gehärtet
quenched and tempered vergütet
quenched and tempered free-cutting steel Schnellarbeitsstahl *m*, vergüteter
quenched and tempered steel (QT steel) vergüteter Stahl *m*
quench hardenability Abschreckhärtbarkeit *f*
quenchharden and temper vergüten
quench hardening Abschreckhärten *n;* Härtung *f*
quench hardening agent Abschreckhärtemittel *n*
quenchhardening with subsequent tempering Vergüten *n*
quench hardness Abschreckhärte *f*
quenching Abschrecken *n;* Löschen *n*
quenching and tempering Vergüten *n*
quenching and tempering of high-strength structural steel Vergütung *f* von Edelbaustahl

quenching bath Abschreckbad *n*
quenching capacity Abkühlvermögen *n*
quenching car Löschwagen *m*
quenching intensity Abkühlvermögen *n*
quenching medium Abkühlungsmittel *n* (Wärmebehandlung); Abschreckmittel *n*
quenching temperature Ablöschtemperatur *f;* Abschrecktemperatur *f;* Härtetemperatur *f*
quench[ing] time Abschreckdauer *f*
quenching tower Löschturm *m*
quenching water Löschwasser *n*
quenching wharf Löschrampe *f*
questionnaire Fragebogen *m*
queue Warteschlange *f*
quick-change mill stand Schnellwechselgerüst *n*
quick heating Schnellbeheizung *f*
quick immersion thermocouple Schnelltauchthermoelement *n*
quicklime gebrannter Kalk *m;* Kalk *m* ungelöschter
quick-start ejector Vorevakuator *m*
quota Kontingent *n;* Quote *f;* Teilmenge *f*
quota sampling Quotenauswahl *f;* Quotenstichprobe *f*

R

rabble Krätzer *m*
race Laufring *m*
raceway Laufbahn *f;* Wirbelzone *f*
rack Gestell *n;* Zahnstange *f*
rack oil Erdnaphtha *n*
rack wheel Schaltrad *n;* Sperrad *n*
radar-aided charge-level measurement for torpedo cars Torpedowagen-Radar-Füllstands-Meßeinrichtung *f*
radar-aided stock-line measurement Radar-Teufen-Meßeinrichtung *f*
radial die forming Gesenkrunden *n*
radial drilling machine Radialbohrmaschine *f*
radial forging Radialschmieden *n*
radial forging machine Radialschmiedemaschine *f*
radial stress Querkraft *f*
radial test Radialprobe *f*
radiant tube Stahlrohr *n*
radiant tube bell type annealing furnace Haubenglühofen *m* mit Strahlheizrohren
radiant tube burner Stahlrohrbrenner *m*
radiant tube heating Strahlrohrbeheizung *f*
radiant wall segment Rohrwandsegment *n*
radiating Strahlen *n*
radiation Strahlung *f*
radiation coefficient Strahlungsaustauschzahl *f*
radiation damage Strahlenschaden *m*
radiation loss Abstrahlungsverlust *m*
radiation protection Strahlenschutz *m*
radiation-tube continuous bright-annealing furnace Strahlrohr-Durchlauf-Blankglühofen *m*
radiator Radiator *m*
radiator heating Umwälzbeheizung *f*
radioactive decay radioaktiver Zerfall *m*
radioactive isotope radioaktives Isotop *n*
radioactive tracers radioaktive Spurenelemente *npl*

radioactivity Radioaktivität *f*
radio-chemical test radiochemische Untersuchung *f*
radio-frequency generator Hochfrequenz-Generator *m*
radio-frequency welder Hochfrequenzschweißgerät *n*
radiographic test Röntgenuntersuchung *f*
radiography Radiographie *f;* Röntgenographie *f*
radius Radius *m*
radius of bend Biegeradius *m*
radius of gyration Trägheitsradius *m*
rag einhauen (Walzen); einkerben; rauhen
ragging Hauen *n*
rail Eisenbahnschiene *f;* Schiene *f*
rail accessories Eisenbahnoberbaustoffe *mpl*
rail and beam mill Schienen- und Trägerstraße *f*
rail base Schienenfuß *m*
rail brake Gleisbremsanlage *f*
rail clamping plate Schienenklemmplatte *f*
rail corrugation Wellenbildung *f* auf Schienen
rail fastening element Schienenbefestigung *f*
rail flange Schienenfuß *m*
rail foot Schienenfuß *m*
rail frame Schienenrahmen *m*
rail head Schienenkopf *m*
rail joint Schienenstoß *m*
rail joint bar Schienenlasche *f*
railmounted gleisgebunden
rail [rolling] mill Schienenwalzwerk *n*
rail shape Schienenprofil *n*
rail steel Schienenstahl *m*
rail straightener Schienenrichtmaschine *f*
rail strength Schienenfestigkeit *f*
rail top edge Schienenoberkante *f*
rail vehicle Schienenfahrzeug *n*
rail wagon with compartments for taking red hot ingots Thermoswagen *m*
railway loading installation Eisenbahn-Verladeanlage *f*
railway material Eisenbahnbedarf *m;* Eisenbahnzeug *n*
railway track Gleisanlage *f*
railway transport vessel Eisenbahn-Transportkessel *m*
railway tyre Eisenbahnradreifen *m*
railway wagon construction Eisenbahnwagenbau *m*
railway wagon plant Waggonbauanstalt *f*
raise erzeugen (Dampf); heben; hochheben
raise edges hochkanten
raisening Treiben *n*
raising delay Einschalt-Verzögerung *f*
raising of coal Kohlengewinnung *f*
Rajacovicz evaluation (creep) Rajacovicz-Auswertung *f* (Kriechen)
rake Feuerkratze *f*
rake angle Neigungswinkel *m* (Spanen); Spanwinkel *m*
rake for cleaning the cooling water main Rechen *m* für die Kühlwasserleitung
rake type cooling bed Rechenkühlbett *n*
ram Preßkolben *m;* Preßstempel *m;* Stößel *m*
rammed and sintered bottom Hartherd *m*
rammed bottom gestampfter Boden *m;* Stampfherd *m*

rammed hearth Stampfherd *m*
ramming form Stampfschablone *f*
ramming machine Stampfmaschine *f*
ramming mix Stampfmasse *f*
ramp Herdgewölbe *n;* Schräggewölbe *n*
ramp roof Führungsbogen *m*
ram truck Dornhubwagen *m*
ram (tup) Hammerbär *m*
random regellos; zufällig
random fatigue strength characteristics Betriebsfestigkeitskennwert *m*
random fatigue test Betriebsfestigkeitsversuch *m*
randomisation Zufallsherstellung *f*
randomised blocks Blöcke *mpl* zufällig ausgewählte
random length Wildmaßlänge *f*
randomness Zufallsanordnung *f*
random sample Probe *f* (Stichprobe)
random sampling Stichprobenprüfung *f*
range Bereich *m;* Reichweite *f;* Umfang *m;* Weite *f*
range for pulsating compressive stresses Druckschwellbereich *m*
range of adjustment Regelbereich *m*
range of application Verwendungszweck *m*
range of fatigue under pulsating tensile stresses Zugschwellbereich *m*
range of proportionality Proportionalbereich *m*
range of pulsating stress Schwellbereich *m*
range of temperature Temperaturbereich *m*
rank correlation Rangkorrelation *f*
rank correlation coefficient Rangkorrelationskoeffizient *m*
ranked data gegliederte Unterlagen *fpl*
rap klopfen (rütteln)
rapid action valve Schnellschlußventil *n*
rapid charging machine Schnellbeschickungsvorrichtung *f* (SM-Ofen)
rapid cooling schnelle Abkühlung *f*
rapid determination Schnellbestimmung *f*
rapid heating Schnellbeheizung *f*
rapid quenching Abschrecken *n* schnelles; Schnellabschrecken *n*
rapid testing procedure Schnellprüfverfahren *n*
rare earth elements Seltene Erden *fpl*
rare earths Seltene Erden *fpl*
rare gas Edelgas *n*
rare metal Metall *n* seltenes
Rastegaev specimen Rastegaev-Probe *f*
ratchet Sperrad *n*
rate Geschwindigkeit *f;* Maß *n;* Preis *m*
rate action Vorhalt *m*
rate constant Geschwindigkeitskonstante *f*
rated capacity Nennleistung *f*
rated diameter Solldurchmesser *m*
rated fatigue limit Nenn-Dauerfestigkeit *f*
rated power Nennleistung *f*
rate fixing standard Akkordvorgabe *f*
rate of attack Angriffsfreudigkeit *f*
rate of carbon drop Frischgeschwindigkeit *f*
rate of carbon elimination Frischgeschwindigkeit *f*
rate of combustion Verbrennungs-

geschwindigkeit *f*
rate of cooling Abschreckgeschwindigkeit *f*
rate of corrosion Korrosionsgeschwindigkeit *f*
rate of crack propagation Rißwachstumsgeschwindigkeit *f*
rate of deposition Abschmelzgeschwindigkeit *f*
rate of heating Wärmgeschwindigkeit *f*
rate of reaction Reaktionsgeschwindigkeit *f*
rate time Vorhaltzeit *f*
rating Nennzahl *f;* Wertzahl *f*
ratio Verhältnis *n;* Zahlenverhältnis *n*
ratio of extension Reckgrad *m*
ratio of extension by rolling Streckgrad *m*
ratio of iron in slag to iron in bath Verschlackungsverhältnis *n*
ratio of reduction by forging Verschmiedungsgrad *m*
ratio of yield stress to tensile strength Streckgrenzenverhältnis *n*
rattler test Trommelprobe *f*
raw material Rohstoff *m*
raw materials Rohstoffe *mpl*
raw material source Rohstoffquelle *f*
raw material supply Rohstoffversorgung *f*
rayotube pyrometer Gesamtstrahlungspyrometer *n*
reach Bereich *m;* Reichweite *f*
react umsetzen
reactance Blindwiderstand *m;* Reaktanz *f*
reactance coil Drossel *f* (elektr.)
reacting force Gegenkraft *f*
reaction Umsetzung *f*
reaction rate curve Umwandlungsgeschwindigkeitskurve *f*
reactive current Blindstrom *m*
reactive wire drawing Drahtziehen *n* mit Gegenzug
reactivity Reaktionsfähigkeit *f*
reactor pressure vessel Reaktordruckgefäß *n*
react with abbinden
readiness Einsatzfähigkeit *f*
reading Ablesung *f*
reading error Ablesefehler *m*
read in of information Informationsübernahme *f*
ready for drawing ziehreif
ready for industrial application betriebsreif
ready for operation betriebsfertig
ready (for operation) fertig
real estate Grundbesitz *m;* Immobilien *fpl*
real output capacity Wirkleistung *f* (elektr.)
real time processing Realzeitbetrieb *m*
ream reiben
reanneal nachglühen
rear axle Hinterachse *f*
rear view Rückansicht *f*
re-bars Betonrippenstahl *m*
rebend test (reinforcing steel) Rückbiegeversuch *m* (Betonstahl)
rebound crusher Prallmühle *f*
rebound hardness test Rückprallhärteprüfung *f*
rebound loss Abprallverlust *m*
robuild Erneuerung *f*
rebuilding Umbau *m;* Wiederaufbau *m*
recalescence Rekaleszenz *f;* Temperaturanstieg *m* (nach T-Abfall); Wärmeentwicklung *f;* Wärmezunahme *f*

recalescence point Haltepunkt *m*
recarburisation Rückkohlung *f*
recarburise rückkohlen; wiederaufkohlen
recarburising agent Rückkohlmittel *n*
recarburization Aufkohlung *f;* Wiederaufkohlung *f*
recarburizing agent Abkohlungsmittel *n;* Aufkohlungsmittel *n*
receipt Annahme *f;* Eingang *m* (Empfang); Empfang *m*
receiver Abnehmer *m;* Gefäß *n*
receiving hopper Gichtkübel *m;* Gichttrichter *m;* Trichterkübel *m*
receptacle Gefäß *n*
reception test Eignungsprüfung *f;* Eingangsprüfung *f*
recess Absatz *m*
recheck nachprüfen (messen); Nachprüfung *f*
reciprocal lattice reziprokes Gitter *n*
reciprocal value Kehrwert *m*
reciprocating blowing engine Kolbengebläse *n*
reciprocating mill Pilgerwalzwerk *n*
reciprocating rolling process Pilgerschrittverfahren *n*
reciprocating screen Wuchtsieb *n* (Erzvorbereitung)
reciprocation marks Gießwellen *fpl;* Hubmarken *fpl* (Stranggießen)
reclaim rückgewinnen; zurückfordern
reclaimation Rückgewinnung *f*
reclaimed material Mischung *f* vom Mischbett
recoiler Haspel *f;* Wickelmaschine *f*
recoiling line Umwickelanlage *f*
recondition wiederinstandsetzen
reconditioning costs Instandsetzungskosten *pl*
reconduct zurückleiten
reconstitution Rückbildung *f* einer kristallographischen Phase
reconstruction Umbau *m;* Wiederaufbau *m*
recooling plant Rückkühlanlage *f*
recorder Schreiber *m*
recording instrument Schreiber *m*
recover rückgewinnen
recovery Erholung *f;* Rückgewinnung *f;* Wiedergewinnung *f*
recovery annealing Erholungsglühen *n*
recovery plant for recovering the scrubbing agents Regenerieranlage *f* zum Regenerieren der Waschmedien
recruits (for training) Nachwuchs *m*
recrystallisation Rekristallisation *f*
recrystallisation annealing Rekristallisationsglühen *n*
recrystallisation combined with grain growth Sammelrekristallisation *f;* sekundäre Rekristallisation *f*
recrystallization Rekristallisationsglühen *n*
recrystallization annealing Rekristallisationsglühen *n*
rectangular rechteckig
rectangular billet Rechteckknüppel *m*
rectangular hollow section Rechteckhohlprofil *n*
rectilinear sliding gear Schubgelenk *n*
recuperation Rückgewinnung *f*
recuperator Luftvorwärmer *m;* Rekuperator *m*
recuperator burner Rekuperatorbrenner *m*
recurrent lap Anhäufung *f* von Mattschweißen

recutting (of a die) Wiederaufarbeitung *f*
recycled coal Kreislaufkohle *f*
recycling of top gas Gichtgasrückführung *f*
recyclings Reststoffe *mpl*
red brass Rotguß *m*
red brass bearing Rotgußlager *n*
redeem tilgen
redemption Tilgung *f*
redesign Umbau *m;* umbauen
red hardness Warmhärte *f*
red heat Rotglut *f*
redistribution of moments Momentumlagerung *f*
red mud Rotschlamm *m*
redox potential Redoxpotential *n*
redraw weiterziehen
redrawing Weiterziehen *n*
red shortness Rotbruch *m;* Rotbrüchigkeit *f;* Warmbrüchigkeit *f*
red shortness of free-cutting steel Rotbrüchigkeit *f* von Automatenstahl
reduce einziehen; reduzieren; vermindern
reducibility Reduzierbarkeit *f*
reducing Einstoßen *n;* Reduzieren *n* (Tiefziehen); Verjüngen *n*
reducing agent Reduktionsmittel *n*
reducing by roll stretching Streckreduzierwalzen *n*
reducing carbon Reduktionskohle *f*
reducing die Reduziergesenk *n;* Reduziermatritze *f*
reducing medium Reduktionsmittel *n*
reduction Abnahme *f;* Verminderung *f*
reduction degradation index RDI Niedrigtemperaturzerfall *m* NTZ
reduction gear Vorgelege *n*
reduction of area Brucheinschnürung *f;* Einschnürung *f*
reduction of cross-sectional area Bruchquerschnittverminderung *f*
reduction of solids Feststoffreduktion *f*
reduction per pass Abnahme *f* je Stich
reduction ratio Reduktionsgrad *m*
reduction sequence Stichfolge *f* (beim Walzen)
reduction step Reduktionsschritt *m*
reel glätten; glätten (Rohre); Haspel *f;* richten (Rohr)
reel break Kantenbeschädigung *f* (durch eine Haspel)
reeler Friemelwalzwerk *n;* Glättwalzwerk *n*
reel for strip Bandhaspel *f*
reel furnace Haspelofen *m*
reeling mill Glättwalzwerk *n*
reeling mill (for tubes) Friemelwalzwerk *n*
reeling of tubes by the through-feed method Glattwalzen *n* von Rohren im Durchlaufverfahren
reeling plant Haspelanlage *f*
reels and coiler Auf- und Abwickelhaspel *f*
reel tension Haspelzug *m*
reference data Anhaltszahlen *fpl*
reference input Führungsgröße *f*
reference junction Vergleichsstelle *f* (Thermopaar)
reference material Analysenkontrollprobe *f*
reference quantity Vergleichsgröße *f*
reference sample Belegstück *n;* Vergleichsmuster *n*
reference specimen Vergleichsprobe *f*
reference test piece Bezugsprobe *f*

reference value Bezugswert *m*
reference voltage Vergleichsspannung *f* (elektr.)
refine feinen; frischen; garen; veredeln
refinery Raffinerie *f*
refining Frischen *n*
refining action Frischwirkung *f*
refining agent Frischmittel *n*
refining department Verfeinerungsbetrieb *m*
refining lance Frischlanze *f*
refining period Frischperiode *f*
refining process Frischprozeß *m;* Frischvorgang *m*
refining rate Frischzeit *f*
refining slag Feinungsschlacke *f;* Fertigschlacke *f*
refining steel by top-blowing Lanzenfrischen *n*
refining vessel Frischgefäß *n*
reflect zurückstrahlen
reflectivity Reflexionsvermögen *n*
reform umformen
reformability Umformbarkeit *f*
reformed gas Spaltgas *n*
reformer Reformer *m*
reforming Umformen *n*
refractability Feuerfestigkeit *f*
refractibility Feuerbeständigkeit *f* (eines Steines)
refractories industry Feuerfest-Industrie *f*
refractoriness Feuerfestigkeit *f;* Hitzebeständigkeit *f*
refractoriness under load Druckfeuerbeständigkeit *f*
refractory feuerfest; hitzebeständig; hitzebeständig (Steine)
refractory breaks Feuerfestausbruch *m* (Entfallstoff)
refractory brick feuerfester Stein *m*
refractory building material feuerfester Baustoff *m*
refractory cement feuerfester Mörtel *m*
refractory clay feuerfester Ton *m*
refractory coating feuerfeste Anstrichmasse *f*
refractory concrete Feuerbeton *m*
refractory lining feuerfeste Auskleidung *f;* feuerfestes Futter *n*
refractory [material] Feuerfestmaterial *n*
refractory mixture feuerfeste Masse *f;* Gießmasse *f*
refractory mortar (am.) feuerfester Mörtel *m;* Feuerzement *m*
refractory mouldable material plastische feuerfeste Masse *f*
refractory painting mixture Anstrichmasse *f*
refractory patching mass feuerfeste Flickmasse *f*
refractory producing plant Anlage *f* zur Herstellung von feuerfesten Werkstoffen
refractory [product] Erzeugnis *n*, feuerfestes
refractory quality Feuerbeständigkeit *f* (eines Steines)
refractory ramming mixture feuerfeste Stampfmasse *f*
refractory system System *n*, feuerfestes
refractory tamping clay Stampfmasse *f*, feuerfeste
refrigerate abkühlen; gefrieren
refrigerating machine Kältemaschine *f*
refuse Gekrätz *n*
refuse incineration plant Müllverbrennungsanlage *f*
refuse mixing plant Müllmischanlage *f*

refuse slate Waschberge *mpl*
regenerate nachschärfen (Beizbad); regenerieren
regeneration Rückgewinnung *f*; Wiedergewinnung *f*
regeneration of pickling solution Abfallbeizen-Aufarbeitung *f*
regeneration of spent pickle liquor Abfallbeizen-Aufarbeitung *f*
regeneration plant Regenerierungsanlage *f*
regenerative annealing Umkörnen *n*
regenerative burner Regenerativbrenner *m*
regenerative furnace Regenerativfeuerung *f*
regenerative reverberatory furnace Regenerativ-Flammofen *m*
regenerator Regenerator *m*; Wärmespeicher *m*
region of homogeneity Homogenitätsbereich *m*
region of rejection Ablehnungsbereich *m*
region of the notch Kerbbereich *m* (bei Schweißgut)
registered design Gebrauchsmuster *n*
registered name gesetzlich geschützter Name *m*
registered pattern Gebrauchsmuster *n*
registered share Namensaktie *f*
registered trade mark Warenzeichen *n*
rogrinding Nachschleifen *n*
regular lay rope Kreuzschlagseil *n*
regular power furnace Normalleistungsofen *m*
regular section Normalprofil *n*
regulate regeln
regulating cock Regulierhahn *m*
regulaing drive Regelantrieb *m*
regulaing resistance Regelwiderstand *m*
regulaing voltage transformer Regumspanner *m*
reheat wiedererhitzen; wiedererwärmen
reheat cracking Rißbildung *f* bei Wieererwärmung; Wiedererwärmungsriß *m*
reheating furnace Nachwärmofen *m*; Wärmofen *m*
Reichhardt heat diagram Wärmestufenschaubild *n* (Hochofen)
reinforce abstützen; verdicken; verstärken
reinforced concrete Stahlbeton *m*
reinforced concrete column Stahlbetonstütze *f*
reinforced concrete construction Stahlbetonbau *m*
reinforced concrete floor Stahlbetondecke *f*
reinforced concrete girder Stahlbetonträger *m*
reinforced concrete pavement Stahlbetonboden *m*
reinforced concrete roof truss Stahlbetondachbinder *m*
reinforced concrete structure Stahlbetonbauwerk *n*
reinforcement rod Bewehrungsdraht *m*
reinforcing bar Betonstahl *m*
reinforcing steel Betonstahl *m*; Bewehrungsstahl *m*
reinforcing steel for prestressed concrete Vorspannstahl *m*
reinforcing wire Bewehrungsdraht *m*
reinforcing wire mesh Baustahlmatte *f*; Bewehrungsmatte *f*

reject Abfall *m;* Ausschuß *m;* beanstanden; wrackgewalztes Stück *n*
rejection Abnahmeverweigerung *f;* Beanstandung *f*
reladle umfüllen
reladling method Umschüttverfahren *n* (Entschwefelung außerhalb des Hochofens)
relative atomic mass relative Atommasse *f*
relative humidity relative Feuchtigkeit *f*
relative molecular mass relative Molekülmasse *f*
relative standard deviation relative Standardabweichung *f*
relative value Bezugswert *m*
relative wattless power Blindleistung *f*
relaxation Relaxation *f*
relaxation behaviour Entspannungsverhalten *n;* Relaxationsverhalten *n*
relaxation crack Relaxationsriß *m*
relaxation of stress Spannungsausgleich *m*
relaxation test Relaxationsversuch *m*
relaxation time Relaxationszeit *f*
relay-operated controler Regler *m* mit Hilfsenergie
release lösen; Lösung *f* (einer Schraube)
release apron Schlingenleitblech *n*
reliability Zuverlässigkeit *f*
reline flicken; neu zustellen
relining Neuzustellung *f;* Zustellung *f*
relining stand Ausmauerungsstand *m*
remanence Remanenz *f*
remelt umschmelzen; wiedereinschmelzen
remelt heat Umschmelze *f*
remelting electrode Umschmelzelektrode *f*
remodelling Umbau *m;* Umgestaltung *f*
remote control Fernsteuerung *f*
remote control device Nachlaufregler *m*
remote control[led] grab Ferngreifer *m*
remote transmitter Fernsender *m*
removable abnehmbar
removable bottom Losboden *m* (Konverter)
removal of carbon Entkohlung *f*
removal of gangue Entfernen *n* der Gangart; Gangartentfernung *f*
removal of load Entlastung *f*
removal of nitrogen Entstickung *f*
removal of stress Entspannung *f*
removal of workhardening Entfestigung *f*
remove entfernen; wegnehmen
remove dust entstauben
remove slag entschlacken
removing Abtragen *n*
render harmless unschädlich machen
rendering plaster Verputz *m*
render suitable geeignet machen
renew erneuern
renewed formation Neubildung *f*
reoxidation Reoxidation *f;* Rückoxidation *f*
repair flicken; instandsetzen; wiederherstellen
repair compound Reparaturmasse *f*
repairing costs Instandsetzungskosten *pl*
repair of cracks and engravings Reparatur *f* von Rissen und Gravuren

repair shop mechanische Werkstätte *f*; Reparaturbetrieb *m*
repair stand Ausbesserungsstand *m*
repair welding Reparatur-Schweißung *f*
repartition Verteilung *f*
repeated bending wiederholtes Biegen *n*
repeated impact bending strength Dauerschlagbiegefestigkeit *f*
repeated impact bending test Dauerschlagbiegeversuch *m*
repeated impact tension test Dauerschlagzugversuch *m*
repeated impact test Dauerschlagfestigkeitsversuch *m*
repeated torsion test Dauerverdrehversuch *m*
repeater Umführung *f*
rephosphorisation Rückphosphorung *f*
replace ersetzen
replacement Ersatz *m*
replace stand Ersatzgerüst *n*
replenishing solution Ersatzbad *n*
replica technique Abdruckverfahren *n*
replication Parallelversuch *m*; Verfahren *n* wiederholter Gleichversuche; Wiederholung *f* von Gleichversuchen
reporting Protokollierung *f*
repour nachgießen
repress nachpressen (Pulvermet.)
repressing Nachpressen *n*
request Anfrage *f*
requirement Anforderung *f*
reroll nachwalzen
rerun wiederholen (EDV)
research Erforschung *f*; Forschung *f*; Prüfung *f* (Forschung)
research lab[oratory] Versuchsanstalt *f*
reset abgleichen
reset time Nachstellzeit *f*
resetting up time Umrüstzeit *f*
reshearing Zuschneiden *n* (von Feinblech)
residence time Verweilzeit *f*
residence-time behaviour Verweilzeitverhalten *n*
residual Restwert *m*
residual austenite Restaustenit *m*
residual coke Koksrückstand *m*
residual curvature Bogigkeit *f* (von Blechen)
residual fracture Restbruch *m*
residual fracture surface Restbruchfläche *f*
residual gas Restgas *n* (Kohleveredlung)
residual lime Restkalk *m*
residual magnetism Remanenz *f*
residual moisture Restfeuchtigkeit *f*
residual oxygen Restsauerstoff *m*
residual spring excursion Restfederweg *m*
residual stress Eigenspannung *f*; Restspannung *f*
residuary product Abfallerzeugnis *n*
residue Überbleibsel *n*
residue from combustion Verbrennungsrückstand *m*
residues Überlauf *m* (beim Sieben)
resilience Durchfederung *f*; Spannung *f* (elastische)
resilience in bending Biegeschlagfestigkeit *f*
resin Harz *n*
resintering Nachsintern *n*
resistance Festigkeit *f*; Sprödbruchbeständigkeit *f*; Widerstand *m*
resistance-arc furnace Lichtbogen-Widerstandsofen *m*

resistance butt welding Widerstandsstumpfschweißen *n*
resistance flash butt welding Widerstandsstumpfschweißen *n*
resistance flash welding Abbrennschweißung *f*
resistance fusion welding Widerstandsschmelzschweißen *n*
resistance heating Widerstandsbeheizung *f*
resistance material Widerstandswerkstoff *m*
resistance number Widerstandszahl *f*
resistance patenting Widerstandspatentieren *n*
resistance stud welding Widerstandsbolzenschweißen *n*
resistance thermometer Widerstandsthermometer *n*
resistance to ag[e]ing Alterungsbeständigkeit *f*
resistance to brittle fracture Sprödbruchwiderstand *m*
resistance to cold Kältebeständigkeit *f*
resistance to crushing Druckfestigkeit *f*
resistance to failure Bruchsicherheit *f*
resistance to forming Umformwiderstand *m*
resistance to heat transfer Wärmeübergangswiderstand *m*
resistance to high-pressure hydrogen Hochdruckwasserstoffbeständigkeit *f*
resistance to incipient cracking Anbruchsicherheit *f*
resistance to repeated impact Dauerschlagfestigkeit *f*
resistance to rupture Trennwiderstand *m*
resistance to scaling Zunderbeständigkeit *f*
resistance to scratching Kratzbeständigkeit *f*
resistance to shearing Scherfestigkeit *f*
resistance to slip Gleitwiderstand *m*
resistance to tempering Anlaßbeständigkeit *f*
resistance to thermal fatigue Temperaturwechselbeständigkeit *f*
resistance to thermal shocks Temperaturwechselbeständigkeit *f*
resistance to wear Verschleißfestigkeit *f*; Verschleißwiderstand *m*
resistance to weathering Wetterbeständigkeit *f*; Witterungsbeständigkeit *f*
resistant to atmospheric conditions witterungsbeständig
resistant to atmospheric corrosion witterungsbeständig
resistant to caustic cracking laugenrißbeständig
resistant to caustic embrittlement laugenbeständig
resistant to cavitation kavitationsbeständig
resistant to corrosion korrosionsbeständig
resistant to deformation at elevated temperatures warmfest
resistant to heat hitzebeständig; hitzebeständig (Stahl)
resistant to scaling zunderbeständig
resistivity Widerstandsfähigkeit *f*
resistivity [electrical] spezifischer Widerstand *m* [elektrisch]
resistometric measurement of temperature Temperaturmessung *f* durch Widerstandsmessung

resistor Widerstand *m* (elektr.)
resizing Nachprägen *n*
resoluble lösbar
resolution (of the standards committee) Beschluß *m* (des Normenausschusses)
resolve erweichen
resonance method Resonanzverfahren *n*
response Verlauf *m*
response time Einstellzeit *f* (EDV)
re-squaring Zuschneiden *n* (von Feinblech)
resqueezing Nachdrücken *n*
rest lagern
restarting Wiederanblasen *n;* Wiederanlassen *n*
rest bar for carrying guides and guards Walzbalken *m*
restore erneuern; wiederherstellen
restoring force Rückstellkraft *f*
restraint stress Flanschstärke *f*
restriction Einschränkung *f*
restrictive beschränkend; einschränkend
restriking kurzes Nachrichten *n;* Nachschlagen *n*
result anfallen; ergeben; Ergebnis *n*
resume wiederaufnehmen
retain behalten; zurückhalten
retained austenite Abschreckaustenit *m;* Restaustenit *m*
retaining valve Absperrventil *n;* Rückschlagventil *n*
retaining wall Staumauer *f*
retard vorzögern
retardation Verzögerung *f*
retardation of boiling Siedeverzug *m*
retardation time Haltezeit *f*
retarding Verzögerung *f*
retention of shape Formbeständigkeit *f*
retest Nachfahrversuch *m;* Wiederholungsversuch *m*
reticular netzförmig
retirement pension expectancy Rentenanwartschaft *f*
retort Retorte *f*
retort oven Kammerofen *m*
retract einziehen
retractable höhenverstellbar
retracting die Abzugsmantelmatrize *f* (Pulvermet.)
retransformation Rückumwandlung *f*
retrograde rückläufig
return rückführen
return[ed] fines Rückgut *n*
return fines conveyor Rückgutband *n*
returning fines Rückgut *n*
return material Rückgut *n*
return pass Rückstich *m*
returns Rückgut *n*
return stroke Aufwärtshub *m* (e. Ziehstempels); Rückgang *m;* Rücklauf *m*
return travel Rückgang *m;* Rücklauf *m*
revamp ausbessern; flicken; Umbau *m*
reverberant room schallharter Raum *m*
reverberation Nachhall *m*
reverberatory flammenbeheizt
reverberatory furnace Flammofen *m*
reversal Umkehr *f;* Umsteuerung *f*
reversal conduit Wechselkanal *m*
reversal of stress Lastwechsel *m*
reversal time Umstellzeit *f*
reverse umkehren; umsteuern
reverse bend test Hin- und Herbiegeversuch *m*

reverse coiler Wendehaspel *f*
reversed fatigue strength Wechselfestigkeit *f*
reverse drawing Stülpziehen *n*
reverse extrusion Strangpressen *n*, indirektes
reverse torsion test Hin- und Herverdrehversuch *m;* Wechselverwindeversuch *m*
reverse twist Kreuzschlag *m*
reversible drive Umkehrantrieb *m*
reversible switch Kippschalter *m*
reversible temper embrittlement Anlaßprödigkeit *f* reversible
reversing drive Umkehrantrieb *m*
reversing gear valve Umsteuerschieber *m*
reversing mill Reversiergerüst *n;* Umkehrstraße *f*
reversing mill motor Umkehrwalzmotor *m*
reversing rolling mill Umkehrwalzwerk *n*
reversing stand Reversiergerüst *n*
reversing train Umkehrstraße *f*
reversing valve Umsteuerventil *n*
reversing valve gear Schieberumsteuerung *f*
revert scrap Rücklaufschrott *m*
review Referat *n*
revise a claim Patentanspruch *m* berichtigen
revised standard Norm *f* verbesserte
revolution Drehung *f;* Umdrehung *f;* Umwälzung *f*
revolution per min Umdrehung *f* pro Minute
revolvable drehbar
revolve drehen
revolving drehend
revolving cylindrical furnace Drehrohrofen *m*
revolving furnace Karussellofen *m*
revolving grate gas producer Drehrost-Gaserzeuger *m*
revolving hearth Drehgestell *n* (beim Drehofen zum Wiedererhitzen)
revolving table Drehtisch *m*
revolving top Verteilertrichter *m*
revolving tubular kiln Drehrohrofen *m*
re-weld nachschweißen
rewind umwickeln
rewinder Umwickelanlage *f*
rheology Rheologie *f*
rheostat Rheostat *m*
rhombic lattice rhombisches Gitter *n*
rhomb-shaped rautenförmig
rib Rippe *f*
ribbed gerippt
ribbed flats Nasenprofil *n*
ribbed pipe Rippenrohr *n*
ribbed rebars Rippenbetonstahl *m*
ribbed reinforcing bars Betonrippenstahl *m;* Rippentorstahl *m*
ribbed roof Rippengewölbe *n*
ribbed sole plate Rippenplatte *f*
ribbon chip Bandspan *m*
rich gas Gas *n* starkes; hochwertiges Gas *n*
rich gas heating Starkgasheizung *f*
rich ore reichhaltiges Erz *n*
riddle Sieb *n*
ridge Wulst *m* (Kaltband)
ridging plate Firstblech *n*
riffler Lochfeile *f*
riffler tool steel Riffelstahl *m*
right-handed thread Rechtsgewinde *n*
rigid starr
rigid ideal [perfectly]-plastic material behaviour Materialverhalten *n*, starr-idealplastisches

rigidity Steifigkeit *f*
rigid-plastic starr-plastisch
rim Außenzone *f;* Felge *f;* Kranz *m* (Rad); Spurkranz *m*
rimmed steel unberuhigter Stahl *m*
rimmed steel (am.) Stahl *m* unberuhigter; unberuhigter Stahl *m*
rimming steel Stahl *m* unberuhigter; unberuhigter Stahl *m*
ring balance Ringwaage *f*
ring blank press Ringrohlingpresse *f*
ring compression test Ringstauchversuch *m*
ringed roof Kranzgewölbe *n*
ring expanding test Ringaufdornversuch *m*
ringing Ringbildung *f* (Drahtziehen)
ring inside a filter bag Kollapsring *m*
ring oilbearing Ringschmierlager *n*
ring rolling Ringwalzen *n*
ring rolling machine Ringwalzmaschine *f*
rinse abspülen; spülen
rinsing gas Spülgas *n*
rinsing plant Spülanlage *f*
ripped gerippt
ripped bars Betonrippenstahl *m*
ripping erster Zug *m* (beim Kaltziehen)
rippled surface wellige Oberfläche *f*
ripple mark Hubmarke *f*
ripple marks Hubmarken *fpl* (Stranggießen)
rise steigen (Stahl); Treiben *n* (der Blöoko)
rise of crown Gewölbestich *m*
rise of the crown Gewölbestich *m*
riser Steiger *m;* Steigkanal *m;* Steigleitung *f;* Steigtrichter *m*
rise time (automatic control) Anlaufzeit *f*
rising casting steigender Guß *m*
rising flow Aufwärtsströmung *f*
rising head verlorener Kopf *m*
rising steel steigender Stahl *m;* unberuhigter Stahl *m*
rising table Wipptisch *m*
rivet Niet *m;* nieten
riveted joint Nietverbindung *f*
rivet hole Nietloch *n*
riveting machine Nietmaschiene *f*
rivet steel Nietstahl *m*
rivet test Nietprüfung *f*
road building slag Straßenbauschlacke *f*
roak ungeschweißter Oberflächenriß *m*
roaring rails Riffelschiene *f*
roast abrösten (Erze); rösten
roasted iron ore geröstetes Eisenerz *n*
roasted spathic carbonate Rostspat *m*
roasted spathic iron ore Rostspat *m*
roasting Brennen *n*
roasting kiln Röstofen *m*
roasting of ores Rösten *n* der Erze
roasting plant Röstanlage *f*
rob Raubbau *m*
rock schaukeln; schwingen; wanken
rock drill Gesteinsbohrer *m*
rocked tube kaltgepilgertes Rohr *n*
rocker Kippwiege *f;* Schwinge *f*
rocker-bar type furnace Balkenherdofen *m;* Hubbalkenofen *m*
rocker bearing Kipplager *n*
rocking distributor Schaukelverteiler *m*
rocking mixer Taumelmischer *m*
rocking runner Schaukelrinne *f*
rocking spout Schaukelrinne *f*
rocking type furnace Kippofen *m;* Schaukelofen *m*

rocksalt lattice Kochsalzgitter *n*
Rockwell hardness test Rockwell-Härteprüfung *f*
rod Stab *m;* Stange *f*
rodding Ziehen *n* über kurzen Stopfen
rod drawing Stabziehen *n;* Stangenziehen *n*
rod drawing bench Stabziehbank *f;* Stangenziehbank *f*
rod drawing machine Stangenziehmaschine *f*
rod drawing test Stabziehversuch *m*
rod electrode Stabelektrode *f*
rod extrusion Vollfließpressen *n*
rod mat for concrete reinforcing steel Bewehrungsmatte *f* für Stahlbeton
rod mats for concrete reinforcement Bewehrungsmatte *f*
rod mill Stabwalzwerk *n*
rod mill rougher Drahtvorwalzgerüst *n*
rod polishing machine Stangenpoliermaschine *f*
rod reel Drahthaspel *f*
rod [rolling] mill Drahtwalzwerk *n*
rod wire Walzdraht *m*
roke tiefer Einzelriß *m;* ungeschweißter Oberflächenriß *m*
rokes Schalenstreifen *mpl* (Bandfehler)
roll rollen; Walze *f;* walzen; Walzring *m*
rollability Walzbarkeit *f*
roll adjustment Walzenanstellung *f*
roll angle Walzwinkel *m*
roll barrel Walzenballen *m*
roll beading Walzsicken *n*
roll bearing Walzenlager *n*
roll bearing assembly Walzenlagerung *f*
roll bending Walzbiegen *n;* Walzenbiegung *f*
roll bending method (of crown control) Walzenbiegungsverfahren *n* (zur Einhaltung der Balligkeit)
roll bite Walzspalt *m*
roll bite angle Walzwinkel *m*
roll body Walzenballen *m*
roll brush Walzenbürste *f*
roll camber Balligkeit *f* der Walze; Walzenballigkeit *f*
roll changing Walzenwechsel *m*
roll changing sledge Walzenwechselschlitten *m*
roll clearence Walzenöffnung *f*
roll coating Walzbeschichtung *f;* Walzenbeschichtung *f*
roll cooling Walzenkühlung *f*
roll crown Balligkeit *f* (Walze); Balligkeit *f* der Walze; Walzenballigkeit *f*
roll crown control Balligkeitsregelung *f*
roll-deadening device Walzenmattieranlage *f*
roll deformation Walzendurchbiegung *f*
roll down herunterwalzen
roll drafting Kalibrieren *n;* Kalibrierung *f;* Walzenkalibrieren *n*
roll drafting machine Walzenkalibriermaschine *f*
roll draw bending to shape in a multiple-roll unit Walzziehbiegen *n*
roll drawing Walzziehen *n*
roll drawing of hollow items without central tool Hohl-Walzziehen *n*
roll drawing of strip Walzziehen *n* von Bändern
roll drawing over floating mandrel (plug) Walzziehen *n* über losen

Stopfen (Dorn)
roll drawing over stationary mandrel (plug) Walzziehen *n* über festen Stopfen (Dorn)
roll drawing over travelling [live] rod Walzziehen *n* über mitlaufende Stange
roll dressing Walzennachschliff *m*
roll eccentricity Walzenexzentrizität *f*
rolled diameter of stock gewalzter Durchmesser *m* des Walzgutes
rolled-in extraneous matter Einwalzung *f*
rolled-in scrap eingewalzter Splitter *m*
rolled [mill] edge Walzkante *f*
rolled piece Walzgut *n*
rolled product Walzerzeugnis *n*
rolled section Walzprofil *n*
rolled steel Walzstahl *m*
rolled stock Walzgut *n*
roll embossing Prägewalzen *n*
roller Rund- und Verteilgesenk *n;* Walzer *m*
roller apron Strangführung *f*
roller bearing Rollenlager *n*
roller bearing axle box Rollenachslager *n*
roller bearing steel Wälzlagerstahl *m*
roller chain Rollenkette *f*
roller-conveyor Rollenförderer *m*
roller-conveyor furnace Rollenherdofen *m*
roller cooling bank Rollenkühlbett *n*
roller cooling bed Rollenkühlbett *n*
roller flattening Rollenrichten *n*
roller hearth and walking beam furnace Rollenherd- und Hubbalkenofen *m*
roller hearth chamber furnace Rollenherd-Kammerofen *m*
roller hearth furnace Rollenherdofen *m;* Rollofen *m*
roller hearth furnace for coils Ringdurchziehofen *m*
roller-hearth soaking furnace Tunnelofen *m*
roller leveller Rollenrichtmaschine *f*
roller levelling Walzrichten *n*
roller levelling machine Rollenrichtmaschine *f*
roller marking Wälzprägen *n*
roller mill Walzenmühle *f*
roller on the entry side of rolls Vorderwalzer *m*
roller pug mill Kollergang *m*
roller rack Rollgangsrahmen *m*
roller seam welding Rollennahtschweißen *n*
roller spinning Drückwalzen *n;* Reckdrücken *n* (Drückwalzen)
roller spinning of sheet metal components Drückwalzen *n* von Blechteilen
roller spinning of sheets Drückwalzen *n* von Blechteilen
roller spinning over conical mandrel Drückwalzen *n* über kegeligen Dorn
roller spinning over cylindrical mandrel Drückwalzen *n* über zylindrischen Dorn
roller's side Einsteckseite *f* (vor der Walze)
roller straightener Rollenrichtapparat *m*
roll[er] straightening Walzrichten *n*
roller straightening dent Beschädigung *f* durch Richtmaschine
roller table Rollgang *m*
roller twister units Drallrollen *fpl*
roll extracting device Walzenausfahrvorrichtung *f*

roll extractor Walzenausfahrvorrichtung *f*
roll flanging Walzbördeln *n*
roll flattening Walzenabplattung *f*
roll force Walzkraft *f*
rollforming Rollformen *n*
roll-forming of strips Profilwalzen *n* von Bändern
roll forming to shape Walzprofilieren *n*
roll for roller tables Rollgangsrolle *f*
roll for skin pass rolling mill Dressierwalze *f*
roll for tube mills Walze *f* für Rohrwalzwerke
roll fracture Walzenbruch *m*
roll friction Rollreibung *f*
roll gap Walzspalt *m*
roll gap control Walzspaltregelung *f*
roll gap geometry Walzspaltform *f*; Walzspaltgeometrie *f*
roll gap ratio Walzspaltverhältnis *n*
roll grinder Walzenschleifmaschine *f*
roll grinding machine Walzenschleifmaschine *f*
roll grinding shop Walzenschleiferei *f*
roll groove Walzenkaliber *n*
roll [guide] mark Abdruck *m* (Walzdrahtfehler)
roll heat-treating furnace Walzenvergüteofen *m*
roll housing Walzengehäuse *n*; Walzenständer *m*
roll identity number Walzenkennnummer *f*
roll in einwalzen
rolling Toleranz *f*; Walzen *n*
rolling circle envelope Hüllprofil *n* (Rauheitsmessung)
rolling crusher Walzenbrecher *m*
rolling defect Walzfehler *m*
rolling direction Walzrichtung *f*
rolling fin Walznaht *f*
rolling force Walzkraft *f*
rolling force/strip thickness diagramm Walzkraft/Banddicken-Schaubild *n*
rolling force diagramm Walzkraftschaubild *n*
rolling horsepower Walzarbeit *f*
rolling key clutch Drehkeilkupplung *f*
rolling load Walzkraft *f*; Walzleistung *f*
rolling mill Walzstraße *f*; Walzwerk *n*
rolling mill crew Walzmannschaft *f*
rolling mill drive Walzwerksantrieb *m*
rolling-mill foreman Walzmeister *m*
rolling mill for flat products Walzwerk *n* für Flachprodukte
rolling mill for long products Walzwerk *n* für Langprodukte
rolling mill for medium-sized products Mittelstahl-Walzwerk *n*
rolling mill for rods and light-sections Draht- und Feinstahlwalzwerk *n*
rolling mill for semi finished products Halbzeug-Walzwerk *n*
rolling mill furnace Walzwerksofen *m*
rolling mill product Walzwerkserzeugnis *n*
rolling mill superintendent Walzwerksingenieur *m*
rolling of bars (wire) Walzen *n* von Stäben (Draht)
rolling of multiple-spline shafts Walzen *n* von Vielnut-Wellen
rolling of sectional bars Walzen *n* von Profilstäben

rolling of square tubes Walzen *n* von Vierkantrohren
rolling of strip (sheet) Walzen *n* von Band (Blech)
rolling oil Walzöl *n*
rolling power Walzleistung *f*
rolling program Walzplan *m;* Walzprogramm *n*
roll[ing] scale Walzzunder *m*
rolling schedule Walzplan *m;* Walzprogramm *n;* Walzstichplan *m*
rolling sequence Walzfolge *f*
rolling skin Walzhaut *f*
rolling speed Walzgeschwindigkeit *f*
rolling stand Walzgerüst *n*
rolling stock rollendes Material *n;* Walzgut *n*
rolling stock characteristic curve Walzgutkennlinie *f,* plastische; Walzgutkennlinie *f*
rolling texture Walztextur *f*
rolling torque Walzmoment *m*
rolling train Walzstraße *f*
rolling train for heavy products Grobstraße *f*
rolling wear rollender Verschleiß *m*
roll in steps Staffelwalze *f;* Stufenwalze *f*
roll jaw Walzenbacke *f* (Brecher)
roll lath Walzendrehmaschine *f*
roll lathe Walzendrehbank *f*
roll machining device Walzenbearbeitungsmaschine *f*
roll mark Walzennarbe *f* am Band; Walzennarbe *f*
roll neck Walzenzapfen *m*
roll neck bearing Walzenzapfenlager *n*
roll nip Walzspalt *m*
rollover cooling bed Wendekühlbett *n*
roll-over device Wendevorrichtung *f*
roll-over plate molding machine Umrollformmaschine *f*
roll-over type furnace Rollofen *m*
roll pass design Kalibrieren *n;* Kalibrierung *f;* Walzenkalibrieren *n*
roll pass dressing machine Kaliberbearbeitungsmaschine *f*
roll pass life Kaliberstandzeit *f*
roll pick-up Walznarbe *f;* Walzstrieme *f*
roll pressure Walzdruck *m*
roll profile Walzenprofil *n*
roll regrind Walzennachschliff *m*
roll ring Walzenring *m;* Walzring *m*
roll rounding Walzrunden *n*
roll scale Walzhaut *f*
roll scratch Walzriefe *f*
roll [separating] force Walzkraft *f*
roll spring Auffederung *f;* Walzensprung *m*
roll storage rack Walzenlagerregal *n*
roll torque Walzmoment *n*
roll turning lathe Walzendrehmaschine *f*
roll turning shop Walzendreherei *f*
roll type crusher Walzenbrecher *m*
roll wear Walzenverschleiß *m*
roof Dach *n;* Decke *f;* Gewölbe *n*
roof (arc furnace) Deckel *m*
roof brick Deckenstein *m;* Gewölbestein *m;* Wölbstein *m*
roof drip Zapfen *m*
roof elbow Deckelkrümmer *m*
roofing sheet Dachblech *n;* Dachpfannenblech *n;* Pfannenblech *n*
roofing tin Dachbedeckungsblech *n*
roof life Gewölbehaltbarkeit *f*
roof panel Feld *n* (Gewölbe)
roof portion Gewölbeausschnitt *m*
roof rise Gewölbestich *m*
roof skewback Deckelauflage *f*
roof tile Dachziegel *m*

roof with fixed skewback Gewölbe *n* mit festem Widerlager
room temperature precipitation hardening Kaltaushärtung *f*
root Gewindegrund *m*
root-bead defect Grundnahtfehler *m*
root mean square height (RMS) Mittenrauhwert *m;* quadratischer Mittenrauhwert *m*
rope Seil *n*
rope drag Seilschlepper *m*
rope wire Seildraht *m*
roping Streifenbildung *f*
rotary drehbar; umlaufend
rotary beam endurance limit Dauerwechselfestigkeit *f*
rotary bit Drehbohrschneide *f*
rotary chute Drehschurre *f*
rotary coil plate Wickelplatte *f*
rotary converter Drehkonverter *m*
rotary crane Drehkran *m*
rotary crusher Kreiselbrecher *m*
rotary feed table Drehteller *m*
rotary forge mill Schrägwalzwerk *n*
rotary forge process Stoßbankverfahren *n* (Ehrhardt-Verfahren)
rotary furnace Drehofen *m*
rotary grate gas producer Drehrost-Gaserzeuger *m*
rotary hammer swaging Drahtreduktion *f* mit Hammermaschinen; Reduktion *f* von Draht mit Hammermaschinen
rotary hearth furnace Drehherdofen *m*
rotary kiln Drehrohrofen *m*
rotary ladle nozzle Drehschieber *m* (Pfanne)
rotary piercing mill Hohlwalzwerk *n;* Schrägwalzwerk *n*
rotary piercing mill (tubes) Schrägwalzwerk *n* (Rohre)
rotary piercing of tubes over a plug Walzen *n* von Rohren über Stange
rotary piston blowing engine Drehkolbengebläse *n*
rotary piston meter Ringkolbenzähler *m*
rotary reverberatory furnace Drehflammofen *m*
rotary shear blade Rollenscherenmesser *n*
rotary shear knive Schermesser *n,* rotierendes
rotary shears Kreisschere *f;* rotierende Schere *f;* Trommelschere *f* (Kaltband)
rotary sintering kiln Drehrohr-Sinterofen *m;* Trommelsinterofen *m*
rotary [slide] valve Drehschieber *m*
rotary sputtering Drehbedampfung *f* (Elektronenmikroskop)
rotary straightening Umlaufbiegen *n*
rotary swaging Formrundkneten *n*
rotary swaging by the high-feed method Rundkneten *n* im Vorschubverfahren
rotary swaging by the infeed method Rundkneten *n* im Einstechverfahren
rotary swaging (for reducing bars or tubes) Rundkneten *n*
rotary swaging of external shapes Formrundkneten *n* von Außenformen
rotary swaging of internal shapes Formrundkneten *n* von Innenformen
rotary table Drehtisch *m*
rotate drehen; umlaufen
rotating bar bending fracture Umlaufbiegebruch *m*
rotating bar fatigue test Umlaufbiegeversuch *m*
rotating beam fatigue test Drehst-

abdauerfestigkeit *f*
rotating crystal photograph Drehkristallaufnahme *f*
rotating table press Drehtischpresse *f*
rotating union Drehverbindung *f*
rotation Drehung *f*
rotational motion Drehbewegung *f*
rotatory capacity Rotationsvermögen *n*
rotor Läufer *m;* Rotor *m*
rotor wheel Laufrad *n*
rough unbearbeitet; vorstrecken
rough adjustment Grobeinstellung *f*
rough cleaning Vorreinigung *f*
rough down herunterwalzen
roughdown vorstrecken
rough draft of a standard Normenvorentwurf *m*
roughed slab Vorbramme *f*
roughen einhauen (Walzen); einkerben
roughening Aufrauhen *n*
rougher Vorgerüst *n;* Vorschmiedegesenk *n*
rough-forge vorschmieden
rough forging Schmiederohling *m*
rough grinding Vorschleifen *n* (Gußputz)
roughing Vorstraße *f*
roughing [down] stand Vorgerüst *n*
roughing mill Vorwalzwerk *n*
roughing [mill] stand Blockgerüst *n*
roughing pass Blockkaliber *n;* Streckstich *m;* Vorstich *m*
roughing slag Nachschlacke *f* (Hochofen)
rough-machined vorbearbeitet
rough-machined steel Stahl *m,* vorbearbeitet
roughness Rauhigkeit *f;* Unebenheit *f*
roughness measurement Rauheitsmessung *f*
round bar Rundeisen *n*
round blank Ronde *f*
round caster Rundstranggießanlage *f*
round die thread rolling Gewindewalzen *n*
rounded edge arrondierte Kante *f*
round edge equal angles gleichschenkliger rundkantiger Winkelstahl *m;* Winkelstahl *m*
round edge unequal angles ungleichschenkliger rundkantiger Winkelstahl *m;* Winkelstahl *m*
rounded weld Kehlnaht *f;* volle Schweiße *f*
rounding off Abrundung *f*
rounding off of the edges Kantenabrundung *f*
round kneading Rundkneten *n*
round link chain Rundstahlkette *f*
roundness Rundheit *f*
round off abrunden
round robin program Ringversuchsprogramm *n*
round robin test Ringuntersuchung *f*
route card Laufkarte *f*
royalty Lizenzgebühr *f*
rpm drop Drehzahlabfall *m*
RS bistable element RS-Kippglied *n*
rub reiben
rubber Gummi *n*
rubber drive belt Gummitreibriemen *m*
rubber gasket Gummidichtung *f*
rubber hose Gummischlauch *m*
rubber roller Abquetschwalze *f;* Gummiwalze *f*
rubber spring wheels gummigefederte Räder *npl*
rubbing surface Reibungsfläche *f*

rubble Abraum *m*
rubbly culm coke Feinkoks *m;* Perlkoks *m*
rub off abreiben
rule Maßstab *m*
rule of thumb Faustregel *f*
ruling section maßgeblicher Querschnitt *m*
rumpling erster Zug *m* (beim Kaltziehen)
run fließen; Gang *m* (des Hochofens); Lauf *m;* rinnen
run a hydraulic pressure test Abdrücken *n* (Rohre); abdrücken (Rohre); abpressen (von Rohren)
run and guide bushes Lauf- und Führungsbüchsen *fpl*
run-in roller table Einlaufrollgang *m*
runner Abstichrinne *f;* Gießrinne *f;* Gleisrad *n*
runner- and taphole lining Rinnen- und Stichlochmasse *f*
runner brick Kanalstein *m*
runner core Königsstein *m*
runner gate Einguß *m*
runner head Gießkopf *m*
running-in period Einlaufperiode *f*
running out nicht maßhaltig
running slag Laufschlacke *f*
running stopper Stopfenläufer *m*
running surface Lauffläche *f*
run-off Abstich *m*
run-of-mine Fördererz *n*
run of piping Rohrstrang *m*
run-out roller table Abfuhrrollgang *m*
rupture Bruch *m;* Trennbruch *m*
rupturing capacity Abschaltleistung *f*
rust Rost *m;* verrosten
rust from external sources Fremdrost *m*
rustless nichtrostend
rust removal Entrostung *f*
rust resistant rostbeständig
rust resisting property Korrosionsbeständigkeit *f*
rutile electrode Titansäureelektrode *f*
r-value r-Wert *m*

S

sadden nachwärmen
saddening Vorblocken *n* vor Zwischenaufheizung
saddle Sattel *m* (für Schmiededorn)
saddle segment Sattelsegment *n*
safe end Anschweißende *n* (Rohre)
safety Sicherheit *f*
safety against failure Bruchsicherheit *f*
safety appliance Schutzvorrichtung *f;* Sicherheitsvorrichtung *f*
safety area Sicherheitsbereich *m*
safety campaign Unfallverhütungskampagne *f*
safety cut out Sicherheitsschaltung *f*
safety device Schutzvorrichtung *f;* Sicherheitsvorrichtung *f*
safety factor Sicherheitsbeiwert *m;* Sicherheitsfaktor *m*
safety-friction clutch Rutschkupplung *f*
safety goggles Schutzbrille *f;* Sicherheitsbrille *f*
safety lining Dauerfutter *n*
safety official Sicherheitsbeauftragter *m*
safety precaution Schadensverhütung *f*
safety socket Schuko-Steckdose *f*
safety technics Sicherheitstechnik *f*

safety valve Sicherheitsventil *n*
safe working stress zulässige Beanspruchung *f*
sag sacken; senken
sagger Schiffchen *n*
sagging point Erweichungspunkt *m*
sag resistance Eindruckbeständigkeit *f*
salamander Bodensau *f;* Ofenbär *m;* Ofensau *f*
salaried worker Angestellter *m*
salary Gehalt *n*
salary earner Gehaltsempfänger *m*
sale Absatz *m;* Verkauf *m*
sales account Verkaufskonto *n*
sales department Verkaufsabteilung *f*
sales office Verkaufsbüro *n*
sales tax Umsatzssteuer *f*
salt bath carburizing Salzbadaufkohlen *n*
salt bath furnace Salzbadofen *m*
salt bath hardening Salzbadhärten *n;* Salzbadhärtung *f*
salt bath nitriding Badnitrieren *n;* Salzbadnitrieren *n;* Weichnitrieren *n*
salt bath patenting Salzbadpatentieren *n*
salt of zinc Zinksalz *n*
salt spray test Salzsprühtest *m;* Salzsprühversuch *m*
salvage Erhaltung *f* (z. B. durch Ausbesserung).
sample auswählen; Muster *n;* Probe *f*
sample design Anlage *f* eines Stichprobenverfahrens; Stichprobenmuster *n;* Stichprobenplan *m*
sample of commodities Warenprobe *f*
sampler Probennehmer *m*
sample thief Probenheber *m*
sampling Auswahl *f;* Auswahlverfahren *n;* Probenahme *f;* Stichprobenerhebung *f*
sampling error Stichprobenfehler *m*
sampling length Bezugsstrecke *f*
sampling number Zufallszahl *f*
sampling plan Stichprobenplan *m*
sand-blast abstrahlen
sand blast sandstrahlen
sand blast apparatus Sandstrahleinrichtung *f*
sand blast cleaning shop Sandputzerei *f*
sandblasting abblasen (mit Sand); Strahlputzen *n*
sand blasting machine Sandputzmaschine *f*
sand blasting shot Strahlmittel *n*
sand blasting work Sandstrahlgebläse-Arbeit *f*
sand inclusion Sandeinschluß *m*
sand [mark] (surface defect) Sandstelle *f*
sand molding machine Sandformmaschine *f*
sand seal Sandabdichtung *f*
sandstone Sandstein *m*
sandwich rolling Plattieren *n*
saponification Verseifung *f*
saponification number Verseifungszahl *f*
sappy fracture feinkörniger Bruch *m*
sappy structure feinkörniges Gefüge *n*
sash and casement sections Fensterstahl *m*
sash section Einfassungseisen *n*
satisfaction of energy requirement Energiebedarfsdeckung *f*
saturable sättigungsfähig
saturate sättigen

saturated activity Sättigungsaktivität *f*
saturated steam Sattdampf *m*
saturated vapour Sattdampf *m*
saturation Sättigung *f;* Sättigungszustand *m*
saturation activation Sättigungsaktivierung *f*
saturation concentration Sättigungskonzentration *f*
saturation degree Sättigungsstufe *f*
saturation density Sättigungsdichte *f*
saturation intensity Sättigungsgrad *m* (Magnetisieren)
saturation limit Sättigungsgrenze *f*
saturation line Sättigungslinie *f*
saturation magnetisation Sättigungsmagnetisierung *f*
saturation point Sättigungspunkt *m*
saturation polarization Sättigungspolarisierung *f*
saturation pressure Sättigungsdruck *m*
saturation state Sättigungszustand *m*
saturation temperature Sättigungstemperatur *f*
saturator Sättiger *m* (LD-Gasreinigung)
saucer spring Tellerfedersäule *f*
saving Einsparung *f;* Ersparnis *f*
saw Säge *f;* sägen
saw blade sharpening machine Sägeblatt-Schärfmaschine *f*
saw cutting Sägen *n*
saw dust Sägespäne *mpl*
sawing machine Sägemaschine *f*
saw steel Sägenstahl *m*
scab Ansatz *m* (Hochofen); Ansatz *m* (Oberflächenfehler); Sandstelle *f* (Gußfehler); Schorf *m*
scabbiness Schuppen und Schalen *fpl*
scabby schalig; schuppig
scabs Schalen *fpl* (Walzfehler)
scaffold Ansatz *m* (Schachtofen); Gerüst *n;* Versetzung *f*
scaffolding Hängen *n* (der Gicht)
scale abblättern; abbrennen; abbröckeln; abschuppen; Leiter *f;* zundern
scale breaker [stand] Zunderbrechgerüst *n*
scale build-up Verzunderung *f*
scale deposit Kesselsteinablagerung *f*
scale efflorescence Zunderausblühungen *fpl*
scale flume Zunderspülrinne *f*
scale for conveyor Transportbandwaage *f*
scale free zunderfrei
scale loss Abbrand *m*
scale pattern Zunderstreifen *m*
scale pit Sinterbrunnen *m* (Walzwerk); Sintergrube *f*
scale-pitted surface rauhe Oberfläche *f* (durch Zunder)
scaler Vorsturz *m*
scale removal by bending Biegeentzundern *n;* Biegeentzunderung *f*
scale-resisting feuerbeständig
scale resisting steel zunderbeständiger Stahl *m*
scale roke Schlackenzeile *f*
scaling Abblättern *n;* Bereichsanpassung *f* (EDV); Splittern *n;* Verzunderung *f*
scaling loss Abbrand *m*
scaling loss condition Abbrandverhältnis *n*
scaling resistance Zunderbeständigkeit *f*
scalping Schälen *n*

scaly schuppig
scan abtasten; genau prüfen
scanner Abtaster *m* (EDV)
scanning electron microscope (SEM) Rasterelektronenmikroskop *n* (REM)
scanning element Abtastglied *n*
scanning tunneling microscope (STM) Raster-Tunnelmikroskop *n* (RTM)
scar Ansatz *m* (auf Ofenwänden); Narbe *f*
scarf abschrägen; zuspitzen
scarfer exhaust system Flämmaschinenabsaugung *f*
scarfing Flammstrahlen *n*
scatter Streubereich *m;* streuen; Streuung *f*
scatter analysis Streuungszerlegung *f*
scatter band Streubereich *m*
scatter band of Jominy hardenability Härtestreuband *n*
scatter value Streuwert *m*
schedule Formblatt *n;* Fragebogen *m;* in eine Liste *f* eintragen; Walzstichplan *m*
scheduled production Soll-Leistung *f*
schedule work Planarbeit *f*
scheduling Ablaufplanung *f*
Schnadt specimen Schnadt-Probe *f*
Schoop's metal spraying process Schoopsches Metallspritzverfahren *n*
scintillation counter Szintillationszähler *m*
scleroscope hardness Kugelfallhärte *f;* Rücksprunghärte *f;* Shorehärte *f*
scleroscope hardness test Rücksprunghärteprüfung *f*
scoop Schaufel *f*
scope Anwendungsbereich *m;* Bereich *m*
scope of testing Prüfumfang *m*
scorched steel Stahl *m* mit nadelartigem oder kristallinischem Gefüge
scorching nadelförmige Kristallbildung *f* (Stahlblock)
score einkerben; kratzen
scorify verschlacken
scoring Riefenbildung *f;* Verschleißlinien *fpl*
scoring pattern Verschleißlinienbild *n*
scotch abfangen (Schmelze); einkerben
scotch block Auswechselteil *n* an Generatorgasbrennern
scour festfressen; fressen; wegfressen
scouring of the valve seat Fressen *n* des Ventilsitzes
scragging Setzen *n* (Feder)
scragging machine for testing springs Federn-Schwingprüfmaschine *f*
scrap Abfall *m;* Ausschuß *m;* Schrott *m;* verschrotten
scrap arising Schrottaufkommen *n*
scrap baling press Paketierpresse *f;* Schrottpaketierpresse *f*
scrap baller Schrottwickelmaschine *f*
scrap basket Schrottkorb *m*
scrap box Schrottkübel *m*
scrap bucket Schrottkübel *m*
scrap bucket car Schrottkübelwagen *m*
scrap bundling press Schrottpaketierpresse *f*
scrap buy Schrottzukauf *m*
scrap car Schrottwagen *m*
scrap carburisation process Schrottkohlungsverfahren *n*

scrap charge make-up Schrottgattierung *f*
scrap charging box handling crane Schrottmuldenkran *m*
scrap chopper Schrotthacker *m;* Schrottzerhacker *m*
scrap chute Schrottrutsche *f*
scrap coke Abfallkoks *m*
scrap conveyor Schrotttransportsystem *n*
scrap crushing plant Schrottzerkleinerungsanlage *f*
scrap dealer Schrotthändler *m*
scrap drop crane Schrottschlagkran *m*
scrape kratzen; schaben
scraper Ausdrückmaschine *f;* Schrapper *m;* Schürfwagen *m*
scraper loader Schrapperlader *m*
scrap for cooling Kühlschrott *m*
scrap handling area Schrottwirtschaft *f*
scrap handling system Schrotttransportsystem *n*
scraping device Schrappvorrichtung *f*
scrap ingot Wrackblock *m*
scrap iron Alteisen *n;* Schrott *m*
scrap mark Einwalzung *f*
scrap mill Schrottmühle *f*
scrap of blooms Blockschrott *m*
scrap of ingot moulds Kokillenbruch *m*
scrapping Verschrotten *n*
scrapping off plant Verschrottungsbetrieb *m*
scrap preheating plant Schrottvorwärmanlage *f*
scrap preparation plant Schrottaufbereitungsanlage *f*
scrap shears Schrottschere *f;* Schrottschermesser *n*
scrap [s]melting Schrotteinschmelzen *f*
scrap wholesale traders Schrottgroßhandel *m*
scrap yard Schrottlagerplatz *m;* Schrottplatz *m*
scratch kratzen; Kratzer *m;* Riefe *f;* Schramme *f*
scratch hardness Ritzhärte *f*
screen aussieben; Blende *f;* Raster *n*
screen analysis Siebanalyse *f*
screen for cleaning the cooling water Sieb *n* für die Kühlwasserreinigung
screening Sieben *n*
screening machine Siebmaschine *f*
screening of lump coal and culm Grob- und Feinkokssieberei *f*
screening plant Siebanlage *f*
screenings Siebrückstand *m*
screen [out] absieben; sieben
screen size Rasterweite *f* (Rasterformat); Teilchengröße *f*
screw Schraube *f* (mutternlose); schrauben; Spindel *f* (in Druckschraube)
screw bolt Schraubenbolzen *m*
screw cutting lathe Zugspindel-Drehbank *f*
screw cutting tool Gewindeschneidwerkzeug *n*
screw die Schneideisen *n*
screw dislocation Schraubenversetzung *f*
screw down Anstellschraube *f;* Druckschraube *f*
screw down control Anstellsteuerung *f*
screw down [gear] Schrauben-Anstellvorrichtung *f*
screw-down nut Druckmutter *f*
screwed and socketed (joint) ver-

bunden mit Schraubmuffe *f* (Rohr)
screwed flange Gewindeflansch *m*
screwed joint Schraubmuffenverbindung *f;* Verschraubung *f*
screw hook Hakenschraube *f*
screwing machine Gewindeschneidmaschine *f*
screw joint Schraubverbindung *f*
screw like schraubenförmig
screw nail Schraubennagel *m*
screw on anschrauben; aufnippeln (Elektrode)
screw pitch Gewindesteigung *f*
screw plug Verschlußschraube *f*
screw press Spindelpresse *f*
screw slip band Schraubengleitband *n*
screw steel Schraubenstahl *m*
screw stock Schraubenwerkstoff *m*
screw tap Gewindebohrer *m*
screw-thread Gewinde *n*
screw thread Schraubengewinde *n*
screw threading die Schraubengewinde-Schneideisen *n*
scribing line marking Anreißen *n*
scrub schruppen
scrubber Berieselungsturm *m;* Naßreiniger *m;* Wäscher *m*
scrubber tower Waschturm *m*
scrubbing oil tank Waschöltank *m*
scrubbing unit Wringwalzenabstreifer *m*
scruff recovery Zinnrückgewinnung *f*
scuff abnutzen
scuffing Verschleiß *m*
scum Abstrich *m,* Schaum *m*
scythe steel Sensenstahl *m*
seal Dichtung *f* (Wellen); Dichtung *f;* Verschluß *m*
seal coat Poren *fpl* mit Mineralöl schließen
sealed assembly rolling process Walzschweißverfahren *n*
seal gas Dichtgas *n*
sealing liquid Sperrflüssigkeit *f*
sealing ring Abschlußring *m*
sealing wire Glaseinschmelzdraht *m*
seal ring Dichtungsring *m*
seal welding Dichtschweißung *f;* Dichtungsschweißung *f*
seal wire Plombendraht *m*
seam bördeln; Faltungsriß *m;* falzen; Gang *m;* Saum *m* (ungeschweißter)
seaming Falzen *n* (Anlegen eines Bordes)
seaming by spinning Falzen *n* durch Drücken
seamless nahtlos
seamless ring Ring *m,* nahtlos gewalzt
seamless tube nahtlos gewalztes Rohr *n*
seam on auffalzen
seam welding Nahtschweißung *f*
seamy rissig
search forschen; untersuchen
seasoning (tools) Alterung *f* (Werkzeuge)
seat grinding Einschleifen *n*
seating Auflagefläche *f*
secondary air Zweitluft *f*
secondary arm (dendrites) Nebenast *m* (Dendriten)
secondary cleaning Feinreinigung *f;* Nachreinigung *f*
secondary crushing Nachzerkleinern *n*
secondary dust removal Feinentstaubung *f*
secondary grain growth Subkornwachstum *n*
secondary hardening Sekundärhärten *n;* Sekundärhärtung *f*
secondary hardness Sekundärhärte *f*

secondary metallurgy Sekundärmetallurgie *f*
secondary mill Walzwerk *n* zweiter Hitze
secondary pipe sekundärer Lunker *m*
secondary scale Walzzunder *m*
secondary steelmaking plant Anlage *f*, sekundärmetallurgische
secondary stress Nebenspannung *f*
secondary voltage verkettete Spannung *f*
secondary work embrittlement sekundäre Kaltverfestigung *f;* Umformversprödung *f;* Versprödung *f* während der Umformung
second draw Weiterschlag *m* (Tiefziehen)
second-hand steelmaking plant Second-Hand-Stahlwerksanlage *f*
second-operation drawing Tiefziehen *n* im Weiterschlag
second quality zweite Wahl *f*
seconds Blech *n* zweiter Wahl
section Formstahl *m;* Profil *n;* Querschnitt *m;* schwerer Formstahl *m*
sectional area of hardening Härtequerschnitt *m*
sectional constraining values Zwangsschnittgröße *f*
section[al] steel Formstahl *m;* Profilstahl *m*
sectional view Aufriß *m*
section drawing Profilziehen *n*
section machine Profilmaschine *f*
section mill Formwalzwerk *n;* Profilwalzwerk *n*
section modulus Widerstandsmoment *n*
section of the hearth Herdquerschnitt *m*
section [rolling] mill Formstahl-Walzwerk *n;* Formwalzwerk *n;* Profilstahl-Walzwerk *n*
section sensitivity Wanddicken-Empfindlichkeit *f*
section shearing machine Profilschere *f*
section stacker Profilstapelvorrichtung *f*
section steel Formstahl *m*
section wire Profildraht *m*
sedimentation analysis Sedimentationsanalyse *f*
sedimentation basin Absetzbecken *n*
seed impfen
seeding Impfen *n*
seepage Durchsickern *n*
Seger cone Segerkegel *m*
Seger cone softening point Segerkegel-Fallpunkt *m*
segmental saw blade Segment-Sägeblatt *n*
segregate aussortieren (Schrott); seigern
segregation Aussonderung *f;* Entmischung *f;* Seigerung *f*
segregation behaviour Seigerungsverhalten *n*
segregation line Seigerungsstreifen *m*
segregation of elements to grain boundaries Seigerung *f* von Elementen zur Korngrenze
segregation streaks Seigerungszeilen *fpl*
segregation streamer Seigerungsstreifen *m*
seize anfressen; fassen; festfressen; greifen
seizing Fressen *n;* fressender Verschleiß *m*
select auswählen

selective corrosion Korrosion *f* (selektive); Lochfraßkorrosion *f;* selektive Korrosion *f*
selective hardening Teilhärten *n*
selective heating Teilerhitzung *f;* Teilwärmen *n*
selective quenching Teilabschrekkung *f*
selectivity Trennschärfe *f*
selenium Selen *n*
selenium rectifier Selen-Gleichrichter *m*
self acting selbsttätig
self aligning bearings Pendellager *n*
self aligning roller bearing Pendelrollenlager *n*
self balancing selbsttätig abgleichend
self diffusion Selbstdiffusion *f*
self disconnecting selbstausschaltend
self-dumping scrap bucket Schrottkübel *m* selbstentleerend
self-fluxing selbstfließend
self fluxing ore selbstgehendes Erz *n*
self fluxing sinter selbstgängiger Sinter *m*
self hardening steel Selbsthärtestahl *m*
self-hardening steel Stahl *m* lufthärtender
self inspiration burner Einregelungsbrenner *m*
self locking nut selbstsichernde Mutter *f*
self oiling selbstschmierend
self-operated controller Regler *m* ohne Hilfsenergie
self propelled selbstangetrieben
self-quenching selbstabschrecken
self sharpening Selbstschärfung *f*
self skimming selbstentschlackend
self temper selbstanlassen
self tempering Selbstanlassen *n*
selling costs Verkaufskosten *pl*
selling price Verkaufspreis *m*
selvage Saum *m*
semiautomatic welding halbautomatische Schweißung *f*
semi-bituminous coal Flammkohle *f;* halbfette Kohle *f;* Magerkohle *f*
semi-circular arch Tonnengewölbe *n*
semicircular groove halbkreisförmiger Kerb *m* (e. Flachprobe)
semi-coke Schwelkoks *m*
semi commercial halbtechnisch
semi conducter Halbleiter *m*
semicontinuous rolling mill halbkontinuierliches Walzwerk *n*
semi finished vorgefrischt
semi finished products Halbzeug *n*
semifluid dickflüssig
semi killed halbberuhigt
semi killed steel halbberuhigter Stahl *m;* Stahl *m* halbberuhigter
semi product conditioning department Halbzeugputzerei *f*
semi rimming steel halbberuhigter Stahl *m*
semi-skilled worker angelernter Arbeiter *m*
semi-steel Gußeisen *n* mit Stahlschrottzusatz
semi suspended roof Hängestützgewölbe *n*
sense Richtungssinn *m*
sensibility to disturbances Störanfälligkeit *f*
sensible heat Eigenwärme *f;* fühlbare Wärme *f*
sensing device Meßfühler *m*
sensitising Sensibilisieren *n*
sensitive feed feinstufiger Vorschub *m*

sensitiveness Ansprechempfindlichkeit *f*
sensitiveness (to) Anfälligkeit *f* (für); Empfindlichkeit *f* (gegen)
sensitive pressure gauge Feinmeßmanometer *n*
sensitive to heating erhitzungsempfindlich
sensitivity regulator Empfindlichkeitsregler *m*
sensitivity to ag[e]ing Alterungsempfindlichkeit *f*
sensitivity to hardening Härteempfindlichkeit *f*
sensitivity to temperature Temperaturempfindlichkeit *f*
sensitivity to welding cracks Schweißrißempfindlichkeit *f*
sensitization Sensibilisierung *f*
sensitize sensibilisieren
sensor Fühler *m;* Prüfkopf *m*
sensor system Sensorsystem *n*
separate spalten; trennen
separating Trennen *n*
separating drum Separationstrommel *f*
separating shears Trennschere *f*
separation Abscheidung *f;* Bruchaufreißung *f;* Bruchaufspaltung *f;* Trennung *f*
separation magnet Separationsmagnet *m*
separation process Trennverfahren *n*
separator Abscheider *m;* Setzmaschine *f*
sequence casting Sequenzgießen *n;* vollkontinuierliches Stranggießen *n*
sequence of vessel changing Wechselfolge *f*
sequential analysis of variance Folgeprüfung *f;* fortschreitendes Stichprobenverfahren *n;* Vielfachprüfung *f*
sequential control Ablaufprogrammsteuerung *f;* Folgesteuerung *f*
sequential method of sampling Folgestichprobenverfahren *n*
sequential programm Ablaufprogramm *n*
sequential sampling Folgestichprobe *f*
sequential test Folgeprüfung *f*
series hintereinander (geschaltet); Reihe *f*
series armature circuit Ankerreihenschaltung *f* (elektr. Antrieb)
series arranged according to magnitude Anordnung *f* nach der Größe
series expansion (math.) Reihenentwicklung *f* (math.)
series of experiments Versuchsreihe *f*
series of moulds Kokillenband *n*
series of reference diagrams Gefügerichtreihe *f*
serrated shaft Zahnwelle *f*
service Bedienung *f;* Betrieb *m;* Kundendienst *m*
serviceable brauchbar
service and secondary process department Hilfs- und Nebenbetrieb *m*
service bunker Kokskohlenkomponentenbunker *m*
service department Hilfsbetrieb *m*
service-induced crack Riß *m* betriebsbedingter
service-induced fracture Bruch *m* betriebsbedingter
service life Dauerhaltbarkeit *f*
service life cutting speed curve Standzeit-Schnittgeschwindigkeit-Kurve *f*

service requirements Beanspruchung *f*
service stage Betriebsreife *f*
service test Betriebsversuch *m*
servicing Warten *n;* Wartung *f*
servo-mechanism Betriebsregelsatz *m;* Folgeregelung *f*
servomotor Stellmotor *m*
sessile drop method Verfahren *n* des ruhenden Tropfens
set ausrichten; bleibende Durchbiegung *f;* Durchbiegung *f* bleibende; einrichten; stellen
set alight entflammen
set (cement) abbinden (Zement)
set-down absetzen
set-down bucket Aufsetzkübel *m*
set of roll[er]s Walzensatz *m*
set-point Festwertregelung *f*
set point Sollwert *m*
set-point controller Sollwertsteller *m*
set square Zeichendreieck *n*
setter Teil *n* eines Gesenkes
setting Schränken *n* (Säge)
setting angle Freiwinkel *m*
setting increment Stelleinheit *f* (Walzwerk)
setting range [of screw-down] Verstellweg *m*
setting shrinkage Abbindungsschwindung *f*
setting up Einrichtung *f* (z. B. einer Versuchsstation)
settle out abscheiden; absetzen
settler Klärbecken *n*
settling basin Klärbecken *n*
settling chamber Absetzkammer *f* (Staub)
settling (of contaminants) Ablagerung *f* (von Schadstoffen)
settling slime Klärschlamm *m*
settling sludge Klärschlamm *m*
settling tank Klärbecken *n*
settling tank (gas cleaning) Absetzbecken *n*
settling time (automatic control) Anlaufzeit *f*
set-up angeheftet (zum Schweißen)
setup Vorrichtung *f*
set-up Vorrichtung *f*
set up for calculating machine Rechenschaltung *f*
set-up time Rüstzeit *f* (zum Einrichten)
set value control Festwertregelung *f*
severing Zerteilen *n*
severity of quench Abkühlvermögen *n*
sewage Abwasser *n*
sewer castings Kanalguß *m*
shade of blackness Schwärzegrad *m*
shading (spectrum analysis) Schwärzung *f*
shadow line Härteader *f* (Bandfehler)
shaft Achse *f;* Hochofenschacht *m;* Schacht *m;* Welle *f*
shaft furnace Schachtofen *m*
shafting Polieren und Handrichten *n;* Schälen *n*
shake rütteln; schütteln
shake out auspacken (Formen)
shaker Polterwerk *n* (Draht); Schüttelwerk *n*
shaking barrel Rommelfaß *n;* Scheuerfaß *n*
shaking screen Schüttelsieb *n*
shale Schiefer *m*
shallow form napfziehen
shallow forming Napfziehen *n*
shallow pit formation Muldenkorrosion *f*
shank Gabel *f;* Gießlöffel *m;* Gießpfanne *f*

shank ladle Gabelpfanne *f;* Handpfanne *f*
shank threaded screw Schaftschraube *f*
shape fassonpressen; Form *f;* Formänderung *f;* Formteil *n;* Profil *n*
shape anisotropy Formanisotropie *f*
shape control Planheitsregelung *f*
shaped profiliert
shaped brick Formstein *m*
shaped roll profilierte Walze *f*
shaped wire Profildraht *m*
shape factor Formfaktor *m* (Metallographie)
shape memory alloy Formgedächtnislegierung *f*
shapemeter Bandplanheitsmeßgerät *n*
shape roll Profilwalze *f*
shape [rolling] mill Formstahl-Walzwerk *n;* Profilstahl-Walzwerk *n*
shape wave Welle *f*
shaping Formgebung *f;* Gestaltung *f;* Profilierung *f;* Verformung *f*
shaping groove Profilkaliber *n*
shaping pass Fertigstich *m;* Formstich *m*
share Anteil *m*
sharp edged scharfkantig
sharpen anspitzen; schärfen; schleifen
sharp gas zerknallbares Gas *n*
shatter crack Haarriß *m;* Innenriß *m;* Nierenbruch *m* (Schiene)
shattering of grains Kornzertrümmerung *f*
shatter marks Ratterwellen *fpl;* Schlagwellen *fpl* (Feinblech)
shatter strength Sturzfestigkeit *f* (Koks)
shatter test Fallprobe *f*
shaved [wire] geschält [Draht]
shear abscheren; Abscherung *f;* abschneiden; Schiebung *f*
shear blade Schermesser *n*
shear centre Schubmittelpunkt *m*
sheared edge beschnittene Kante *f;* geschnittene Kante *f*
shear factor Reibungsfaktor *m*
shear flow stress Schubfließspannung *f*
shear forming Schubumformen *n*
shear fracture Gleitbruch *m*
shearing Abscheren *n*
shearing action Abscherwirkung *f*
shearing and slitting line Zerteilanlage *f*
shearing chip Scherspan *m*
shearing cut Scherschnitt *m*
shearing force Scherkraft *f*
shearing machine and power punching Profilschere und Lochstanze *f*
shear[ing] strength Scherfestigkeit *f;* Schubfestigkeit *f*
shear[ing] stress Schubspannung *f*
shear[ing] test Scherversuch *m*
shearing yield Scherleistung *f*
shear knife Schermesser *n*
shear line Gleitlinie *f*
shear modulus Gleitmodul *m;* Schubmodul *m*
shear off abscheren
shears Schere *f*
shear spinning Abstreckdrücken *n*
shear strain rate Schiebungsgeschwindigkeit *f*
shear strength Scherfestigkeit *f*
shear stress hypothesis Schubspannungshypothese *f*
shear stress strain behaviour Schubspannungsgleitungsverhalten *n*
shear to length ablängen

shear wave Schubwelle *f* (Ultraschallprüfung)
shear yield stress Schubfließspannung *f*
sheathed electrode umhüllte Elektrode *f*; ummantelte Elektrode *f*
sheath tube Schutzrohr *n* (für Tauchthermoelement)
sheave Rolle *f*; Scheibe *f*
sheet Blatt *n*; Bogen *m*; Feinblech *n*; Metallplatte *f*
sheet bar Platine *f*; Vorblech *n*
sheet bar multiple Platinenstab *m* mehrfacher Länge
sheet bar reheating furnace Platinenwärmofen *m*
sheet bar rolling mill Platinenwalzwerk *n*
sheet bar weight Platinengewicht *n*
sheet clippings Blechabfälle *mpl*
sheet deformation Blechumformung *f*
sheet fabricating industry blechverarbeitende Industrie *f*
sheet for galvanising Verzinkungsblech *n*
sheet ga[u]ge Blechlehre *f*
sheet greasing machine Blecheinfettmaschine *f*
sheet heating furnace Paketwärmofen *m*; Sturzenwärmofen *m*
sheet metal Feinblech *n*
sheet metal bending rolls Blechrundbiegemaschine *f*
sheet metal container Blechbehälter *m*
sheet metal forming Blechumformung *f*
sheet [metal] forming process Blechumformverfahren *n*
sheet metal of commercial quality Handelsblech *n*
sheet metal of deep drawing quality Ziehblech *n*
sheet metal slitting and cut-to-length line Blechlängs- und -querteilanlage *f*
sheet-metal stacking device Blechstapeleinrichtung *f*
sheet-metal stacking machine Blechstapler *m*
sheet metal suitable for drawing Ziehblech *n*
sheet-metal working machine Blechverarbeitungsmaschine *f*
sheet mill Blechstraße *f*
sheet of water Wasserfläche *f*
sheet pack Blechpaket *n*
sheet panel Blechtafel *f*
sheet piling Spundwand *f*; Stahlrammpfahl *m*
sheet [printing] Druckbogen *m*
sheet rolling Flachwalzen *n*
sheet [rolling] mill Blechwalzwerk *n* (fein); Feinblech-Walzwerk *n*
sheets and plates Blech *n* (Oberbegriff)
sheet scrap Blechabfälle *mpl*; Blechschrott *m*
sheet-steel duct Stahlblechkanal *m*
sheet-steel enclosed stahlblechgekapselt; stahlblechummantelt
sheet-steel enclosure Stahlblechkapselung *f*
sheet steel piling Spundwandeisen *n*
sheet straightening machine Blechrichtmaschine *f*
sheet suitable for press work Preßblech *n*
sheet sweep genaues Aufeinanderlegen *n* von Blechen (vor dem Glühen)
sheet with good bending properties Falzblech *n*

sheet wrench mark Knickstelle *f* im Blech
shelf Regal *n*
shell abplatzen; Becher *m;* Gehäuse *n* (Ofen); Hohlgeschoß *n;* Schale *f*
shell burner Mantelbrenner *m*
shell hardening Randschichthärten *n*
shelling Ausbrechen *n* von Teilchen (aus der Walzoberfläche)
shell mould Formmaske *f*
shell steel Granatenstahl *m*
shelly schalig
shelly spot Ausbruch *m* (Schienen)
sherardise sherardisieren; überziehen (mit Zink)
sherardizing Diffusionsverzinken *n;* Staubverzinkung *f*
shielded arc welding Schutzgasschweißung *f*
shielded electrode umhüllte Elektrode *f*
shielding Abschirmung *f*
shielding gas Schutzgas *n*
shift umstellen; verschieben
shipbuilding material Schiffbaumaterial *n*
shipbuilding plate Schiffsblech *n*
shipbuilding profile Schiffbauprofil *n*
shipbuilding steel Schiffbaustahl *m*
ship plate Schiffsblech *n*
shock Erschütterung *f;* Schlag *m;* Stoß *m*
shock proof erschütterungssicher
shock tempering Stoßanlassen *n*
shock wave forming Schockwellenumformung *f*
shooting and blasting Sprengarbeit *f*
shooting flame Stichflamme *f*
shop Halle *f;* Werkstatt *f*
shop assembly Werkstattzusammenbau *m*
shop committee Betriebsrat *m*
shop floor level Hüttenflur *m*
shop for steel structures Eisenbau-Werkstätte *f*
shop for structural engineering Eisenbau-Werkstätte *f*
shop manager Betriebsleiter *m*
shop morale Betriebsklima *n*
shop welding Werkstattschweißung *f*
Shore hardness Shorehärte *f*
Shore scleroscope hardness test Rücksprunghärteprüfung *f*
short Unterlänge *f*
shortage Knappheit *f;* Mangel *m*
short-brittle faulbrüchig
short-cut method abgekürztes Verfahren *n*
short distance conveying plant Nahförderanlage *f*
short dummy bar Kurzkaltstrang *m*
short dummy bar winch Kurzkaltstranghubwinde *f*
short end Abfallende *n*
short length Restlänge *f;* Unterlänge *f*
shortness Brüchigkeit *f*
short poured mould Form *f* nichtausgefüllte
short range order Nahordnung *f*
shorts Siebrückstand *m*
short-stroke drop hammer Kurzhubgesenkhammer *m*
short test bar Kurzstab *m*
short-time test Kurzversuch *m*
shot Kies *m;* Schuß *m;* Strahlmittel *n*
shot blase texturing Schleuderradverfahren *n*
shot blast strahlen
shot-blast glass-bead Strahl-Glasperle *f*

shot blasting Stahlsandstrahlen *n;* Strahlentzundern *n;* Strahlentzunderung *f*
shot-blasting machine for rolls Walzenstrahlmaschine *f*
shot peen forming Kugelstrahlumformen *n*
shot peening Kugelstrahlen *n;* Stahlsandstrahlen *n;* Strahlsandblasen *n*
shoulder Ansatz *m;* Bund *n;* Schulter *f* (Welle)
shouldered die Ansatzmatrize *f*
shoulder screw Paßschraube *f*
shove schieben; Schub *m;* Stoß *m*
shovel Schaufel *f;* schaufeln
shred Shreddern *n*
shredded scrap Shredder-Schrott *m*
shredder plant Shredderanlage *f*
shredding plant Schredderanlage *f*
shrink schrumpfen; schwinden; zusammenziehen
shrinkage Schrumpfung *f;* Schwindung *f;* Schwund *m*
shrinkage cavity Lunker *m;* Schwindungshohlraum *m*
shrinkage crack Schrumpfriß *m;* Schwindungsriß *m*
shrinkage in height Höhenschwund *m*
shrinkage in length Längsschwund *m*
shrink away abheben
shrink bob verlorener Kopf *m*
shrink head Gießkopf *m*
shrink head casing Blockaufsatz *m*
shrink hole Lunker *m;* Schwindungshohlraum *m*
shrinking Lunkerbildung *f*
shrink on aufschrumpfen
shrink point Abhebepunkt *m* (Stranggießen)
shroud Schattenrohr *n*
shroud assembly stand Schattenrohr-Montagestand *m*
shrouding of steel flow Gießstrahlabschirmung *f*
shroud manipulator Schattenrohr-Manipulator *m*
shunt Nebenschluß *m;* rangieren; verschieben
shunting siding Rangieranlage *f*
shunt wound motor Nebenschlußmotor *m*
shut Überlappung *f*
shut down außer Betrieb *m* setzen; stillsetzen; Stillstand *m*
shut-down time Rüstzeit *f* nach Arbeitsschluß
shut off absperren (Leitung); abstellen
shut-off valve Abschlußventil *n*
shutter Schieber *m*
shuttle valve Pendelklappe *f*
side blowing converter seitlich blasender Konverter *m*
side blown converter seitlich blasender Konverter *m*
side cut shear Besäumschere *f*
side dumping truck Seitenkipper-Lastwagen *m*
side guard seitliche Führung *f*
side guards manipulator Kant- und Verschiebevorrichtung *f*
side guide Zentriervorrichtung *f*
side milling cutter Scheibenfräser *m*
side rate Spitzen-Rate *f*
siderite Spateisenstein *m*
side shearing Beschneiden *n* von Kanten (Band)
side thrust Seitendruck *m*
side view Seitenansicht *f;* Seitenriß *m* (Zeichnung)
side walls Seitenwände *fpl* (E-Ofen)

siding Ausweichplatz *m;* Nebengleise *npl;* Weiche *f*
sieve absieben; Sieb *n*
sieve analysis Siebanalyse *f*
sieve bottom Siebboden *m*
sift absieben; sichten; sieben
sifting Sieben *n*
sight glass Schauglas *n*
sight hole Schauloch *n*
sigma phase embrittlement Sigma-Phasen-Versprödung *f*
signal Signal (EDV) *n*
signal flow plan Signalflußplan *m*
signaling equipment Nachrichtenanlage *f*
signal light Leuchtmelder *m*
signalling equipment Signalanlage *f*
signal processing Signalverarbeitung *f*
significance Bedeutung *f;* Sicherheit *f;* Signifikanz *f*
significance level Sicherheitsschwelle *f;* Signifikanzschwelle *f*
significance of means statistische Sicherung *f* von Mittelwerten
significance test Prüfung *f* der statistischen Sicherung
significant aufschlußreich; bedeutungsvoll; bezeichnend; wesentlich
significant difference statistisch gesicherter Unterschied *m*
significant digit gesicherte Dezimalstelle *f*
sign of wear Verschleißanzeichen *n*
silencer Schalldämpfer *m*
silent chain geräuschlose Kette *f*
silica Kieselsäure *f;* Siliciumdioxid *n* (SiO2)
silica brick Dinasstein *m;* Silicastein *m;* Silikastein *m*
silica sand Quarzsand *m*
silicate Silikat *n*
silicate area Sandstelle *f*
siliceous ore kieseliges Erz *n*
silicic acid Kieselsäure *f*
silico-manganese Mangan-Silicium *n*
silico-manganese steel Mangan-Silicium-Stahl *m*
silicon Silicium *n*
silicon carbide brick Siliciumcarbidstein *m*
silicon-carbide brick Siliciumcarbidstein *m*
siliconise silicieren
siliconizing silicieren
silicon steel Siliciumstahl *m*
silicon steel sheet Elektroblech *n*
silico phosphate Silicophosphat *n*
silicosis Silikose *f*
silky fracture seidiger Bruch *m*
sillimanite Sillimanit *n*
sillimanite brick Sillimanitstein *m*
silo Bunker *m;* Silo *m*
silt up verschlammen
silver Silber *n*
silver coat versilbern
silver coating Feuerversilberung *f;* Versilberung *f*
silver plate galvanisch versilbern; versilbern
silver steel Silberstahl *m*
similarity number Ähnlichkeitskennzahl *f*
similar (welded) artgleich (geschweißt)
similitude basic number Ähnlichkeitskennzahl *f*
similitude theory Ähnlichkeitstheorie *f*
simple einfach
simplification Vereinfachung *f*
simplification work Typisierung *f*
simplified practice Typisierung *f*

simulation Nachbildung *f;* Simulation *f*
simulation model Simulationsmodell *n*
simulation test Modellversuch *m*
simulator Analogiemodell *n*
simultaneous gleichzeitig
single action pressing einseitiges Pressen *n*
single bending Einfachbiegen *n*
single block Einzelblock *m*
single-component nozzle Einstoffdüse *f*
single cropping Einfachabschneiden *n*
single crystal Einkristall *m*
single [crystal] particle Primärteilchen *n*
single cylinder steam engine Einzylinder-Dampfmaschine *f*
single disc cartridge Einzelplattenkassette *f* (für Datenspeicherung)
single drive Einzelantrieb *m*
single fillet weld Kehlnaht *f*
single groove plug mill Einkaliber-Stopfenwalzwerk *n*
single hardening treatment Einfachhärtung *f*
single hole nozzle Einlochdüse *f*
single-layer enamelling Einschichtemaillieren *n*
single on-hand quantity Einzelbestand *m* (im Lager)
single or double shear lap joint Einzel- oder Doppelüberlappverbindung *f*
single or multiple spot welding specimen Einzel- oder Mehrpunktschweißprobe *f*
single pass welding Einlagenschweißung *f*
single press technique Einfachpreßtechnik *f*
single-purpose machine-tool Einzweckmaschine *f*
single [quench] hardening Einfachhärten *n*
single slag process Einschlackenverfahren *n*
single stack furnace Ein-Stapel-Ofen *m*
single-stage einstufig
single step test Einstufenversuch *m*
single strand Einstrangbetrieb *m*
single strand casting machine Einstrang-Gießmaschine *f*
single strand continuous furnace Einstrang-Durchlaufofen *m*
single strand process Einstrangverfahren *n*
single-tailed test Prüfen *n* nach einem Ausläufer der Prüfverteilung
single test Einzelversuch *m*
single torsion test Verwindeversuch *m*
single way furnace Einwegofen *m*
single weight Stückgewicht *n*
sink abteufen; austiefen; kaltpressen (Rohre); senken
sinkhead Gießaufsatz *m;* Gießkopf *m;* verlorener Kopf *m*
sinkhead mould Massekopfkokille *f*
sink hole Lunker *m;* Senkloch *n*
sink in eintauchen
sinking Hohl-Gleitziehen *n;* Hohlzug *m* (Rohr); Rohrziehen *n* (kalt)
sinking mill Reduzierwalzwerk *n;* Reduzier-Walzwerk *n*
sinking speed Sinkgeschwindigkeit *f*
sinter sintern; stückigmachen
sinter cake Sinterkuchen *m*
sinter density Sinterdichte *f*
sintered bronze Sinterbronze *f*
sintered carbide alloy Hartmetall *n;* Hartmetall-Legierung *f*

sintered compact Sinterformteil *n*
sintered hard metal Sinterhartmetall *n*
sintered iron Sintereisen *n*
sintered magnesite Schmelzmagnesit *m;* Sintermagnesit *m*
sintered metal PM-Metall *n;* Sintermetall *n*
sintered metal-metaloid-material Metall-Metalloid-Sinterwerkstoff *m*
sintered part Sinterteil *n*
sintered steel Sinterstahl *m*
sintering Aufschmelzen *n*
sintering and infiltration technique Sintertränktechnik *f*
sintering belt Sinterband *n*
sintering box Sinterkasten *m*
sintering dressing Sinterabscheidung *f*
sintering furnace Sinterofen *m*
sintering grate Verblaserost *m*
sintering pallet Sinterpfanne *f*
sintering pan Sinterpfanne *f*
sintering plant Sinteranlage *f*
sintering point Erweichungspunkt *m*
sintering press Sinterpresse *f*
sintering strand Sinterband *n*
sintering under pressure Drucksintern *n*
sintering with a liquid phase Sinterung *f* mit flüssiger Phase
sinter magnet material Sintermagnetwerkstoff *m*
sinter material Sinterwerkstoff *m*
sinusoidal sinusförmig
siphon tap Selbstabstich *m*
site Standort *m*
site welding Baustellenschweißung *f*
situation Lage *f*
six phase arc furnace Sechsphasen-Lichtbogenofen *m*
six strand continuous casting machine Sechsstrang-Gießmaschine *f*
size Abmessung *f;* Größe *f;* kalibrieren; Maschenweite *f* (Sieb)
size distribution Größenverteilung *f;* Kornband *n*
size factor Größenfaktor *m*
size grading Kornzusammensetzung *f*
size sample Größenprobe *f*
size variation Maßabweichung *f*
sizing Bemessung *f;* Kalibrieren *n* (Rohrenden); Kalibrieren *n*
sizing jigging screen Klassierrüttelsieb *n*
sizing mill Kalibrierwalzwerk *n;* Maßwalzwerk *n*
sizing of ores Klassieren *n* der Erze
sizing [rolling] mill Maßwalzwerk *n*
sizing rolls Maßwalzwerk *n*
sizing screen Klassiersieb *n*
sizing stand Nachwalzgerüst *n*
skelp Röhrenstreifen *m*
skelp [rolling] mill Röhrenstreifen-Walzwerk *n*
skelp roughing mill Rohrstreifen-Vorwalzwerk *n*
sketch plate Skizzenblech *n*
skew schiefwinklig; Wölbstein *m*
skew back Widerlager *n*
skewback channel Widerlagerbalken *m;* Widerlagerstütze *f*
skewed abgeschrägt; schief; schiefgestellt (Rolle)
skew gear Schraubrad *n*
skewness Schiefe *f;* Schräge *f*
skew roller table Schrägrollgang *m*
skew rolling Schrägwalzen *n*
skew-rolling mill Schrägwalzwerk *n*
skew rolling of shapes Profil-Schrägwalzen *n*
skew rolling of solid sections Profil-

Schrägwalzen *n* von Vollkörpern
skew rolling of tubular shapes Profil-Schrägwalzen *n* von Hohlkörpern
skid Förderkasten *m;* Ladegestell *n;* Querschlepper *m*
skid bank Austragskühlbett *n*
skid mark Kühlschatten *m;* Schienenstelle *f* (von Stoßofen)
skid pipe Gleitrohr *n*
skid [rail] Gleitschiene *f*
skid transfer Schlepper *m* (Walzen)
skilled worker Facharbeiter *m*
skilled workman Facharbeiter *m*
skim abstreichen; säubern
skimmer Abstreifer *m;* Fuchs *m;* Schlackenüberlauf *m*
skimmer rod Krammstock *m*
skin Glätten *n;* Randschicht *f;* Walzhaut *f*
skin decarburisation Randentkohlung *f*
skin friction Wandreibung *f*
skin holes Oberflächenporen *fpl*
skin passing Glätten *n* (von Feinblech)
skin pass mill Dressierwalzwerk *n*
skin pass mill stand Nachwalzgerüst *n*
skin pass roll Dressierwalze *f*
skin pass rolling Dressieren *n;* Kaltnachwalzen *n;* Nachwalzen *n*
skin pass rolling mill Dressiergerüst *n*
skip Förderkorb *m;* Förderkübel *m;* Gichtkübel *m*
skip bridge Gichtbrücke *f* (Hochofen)
skip car Kippkübel *m;* Kübelwagen *m*
skip filling Kippkübel-Begichtung *f*
skip hoist Laufkatze *f;* Schrägaufzug *m*
skip incline Schrägaufzug *m* (Gichtkübel)
skull Bär *m;* Pfannenbär *m*
skull breakout stand Bärenausbrechstand *m*
skull cracker Fallwerk *n* (Schrottzerkleinerung); Schlagwerk *n* (Schrottzerkleinerung)
slab Bramme *f;* flachwalzen
slab billet Flachknüppel *m*
slabbing mill Brammenstraße *f;* Brammenwalzwerk *n*
slabbing pass Brammenkaliber *n*
slab caster Brammenstranggießanlage *f*
slab cogging mill Brammenwalzwerk *n*
slab cooling boiler Brammenkühlkessel *m*
slab cut-to-length and slitting line Brammen-Quer- und Längsteilanlage *f*
slab finishing Brammenadjustage *f*
slab grinder Brammenschleifmaschine *f*
slab ingot Brammenblock *m;* Rohbramme *f*
slab roll Brammenwalze *f*
slab shears Brammenschere *f*
slab slitters or cutters Brammen-Quer- und Längsteilanlage *f*
slab turning device Brammendrehvorrichtung *f*
slab turn-over device Brammenwendevorrichtung *f*
slack Durchhang *m*
slack strand loses Trum *n*
slag Schlacke *f;* verschlacken
slag bed Schlackenbett *n*
slag blanket Schlackendecke *f*
slag blasting agent Schlackenstrahlmittel *n*

slag box Abschlackbehälter *m*
slag brick Schlackenstein *m*
slag brick press Schlackensteinpresse *f*
slag car Schlackenwagen *m*
slag carry-over Schlackemitlaufen *n*
slag chamber Schlackenkammer *f*
slag clouds Trübe *f*
slag concrete Schlackenbeton *m*
slag control Schlackenführung *f*
slag dam Schlackendamm *m* (in der Pfanne)
slag detection Schlackenerfassung *f*
slag dump Schlackenhalde *f;* Schlakkenkippe *f*
slag dumping car Schlackenkipppfanne *f*
slag foaming Schlackeschäumen *n*
slag forming addition Schlackenbildner *m*
slag-free tapping schlackenfreier Abstich *m*
slagging Schlacke *f* abziehen
slagging practice Schlackenführung *f*
slag granulation Schlackengranulierung *f;* Schlackenkörnung *f*
slag gravel Schlackensplitt *m*
slag grinding plant Schlackenmühle *f*
slaggy patch Schlackenstelle *f*
slag hole Schlackenabstichloch *n;* Schlackenloch *n*
slag inclusion Schlackeneinschluß *m*
slag ladle Schlackenpfanne *f*
slag ladle car Schlackenpfannenwagen *m;* Schlackenwagen *m*
slag launder Schlackenrinne *f*
slag lime Hüttenkalk *m*
slag line Schlackenlinie *f;* Schlakkenspiegel *m;* Schlackenstand *m*
slag monkey Schlackenform *f*
slag notch Schlackenabstichloch *n;* Schlackenform *f;* Schlackenloch *n*
slag off abschlacken
slag overflow Schlackenüberlauf *m*
slag patch Schlackenfleck *m*
slag pocket Schlackenkammer *f;* Schlackentasche *f*
slag Portland cement Eisenportlandzement *m*
slag pot Schlackenkübel *m;* Schlakkenpfanne *f*
slag pot transporter Schlackenpfannen-Transporter *m*
slag pumice Schlackenbims *m*
slag ratio Basizitätsgrad *m;* Basizitätsverhältnis *n;* Schlackenzahl *f*
slag reduction plant Schlackenaufbereitungsanlage *f*
slag resistance Schlackenbeständigkeit *f*
slag runner Schlackenrinne *f*
slag sample Schlackenprobe *f*
slag sand Schlackensand *m*
slag separation Schlackentrennung *f*
slag separator Schlackenabscheider *m*
slag skimmer Schlackenfang *m;* Schlackenfuchs *m*
slag specimen Schlackenprobe *f*
slag spout Schlackenrinne *f*
slag test Schlackenprobe *f*
slag tip Schlackenhalde *f;* Schlakkenkippe *f*
slag tuyère Schlackenform *f*
slag wool Hüttenwolle *f;* Schlackenwolle *f*
slake ablöschen (Kalk); löschen (Kalk); zerfallen
slaked lime gelöschter Kalk *m;* Kalk *m* gelöschter

slaking Löschen *n* (Kalk)
slaking slag Zerfallschlacke *f*
slant rolling mill Schrägwalzwerk *n*
slate Schiefer *m*
slaty fracture Schieferbruch *m*
sleavers Walzsplitter *mpl*
sleeper Schwelle *f*
sleeve Walzring *m;* Wickelhülse *f*
sleeve back-up roll Mantelstützwalze *f*
sleeve bearing geschlossenes Gleitlager *n;* Gleitlager *n*
sleeve brick Stopfenstangenrohr *n;* Trichterrohr *n*
sleeve coupling Muffenkupplung *f*
slenderness degree Schlankheitsgrad *m*
slenderness ratio Schlankheitsgrad *m*
slewing crane Drehkran *m*
slicing lathe Abstechdrehbank *f*
slick Schlich *m*
slide Gleitbahn *f;* gleiten; Gleitfläche *f;* rutschen
slide bearing geschlossenes Gleitlager *n*
slide gate Schieber *m;* Schieberverschluß *m*
slide gate assembly stand Schiebermontagestand *m*
slide gate hydraulics Schieberhydraulik *f*
slide gate mechanism Schiebermechanismus *m*
slide gate nozzle Schieberverschluß *m*
slide gate nozzle ceramics Schiebeverschlußkeramik *f*
slide gate preparing area Schieberwirtschaft *f*
slide (microscope) Deckglas *n*
slide-rute Rechenschieber *m*
slide valve Absperrschieber *m;* Schieber *m*
slideways Verstellweg *m*
sliding agent Gleitmittel *n*
sliding caliper Meßschieber *m*
sliding coupling Schiebekupplung *f*
sliding cutting lathe Leitspindel-Drehbank *f*
sliding feather key Gleitfeder *f*
sliding fit Schiebesitz *m*
sliding frame Schlitten *m*
sliding frame hot saw Schlittensäge *f*
sliding friction Gleitreibung *f*
sliding hot saw Warmstahl-Schlittenschere *f*
sliding plane Gleitebene *f*
sliding plate Schieberplatte *f*
sliding shoe Gleitschuh *m*
sliding weight Laufgewicht *n*
slitting and cut-to-length line Längs- und Querteilanlage *f*
slime Trübe *f*
slinger Schleudermaschine *f*
slinger mass Schleudermasse *f*
slip gleiten; rutschen; schieben; schlüpfen
slip band Gleitband *n;* Gleitlinienstreifen *m*
slip band fracture Gleitbandbruch *m*
slip blackening Formschwärze *f*
slip casting Schlickergießen *n*
slip clutch Schlupfkupplung *f*
slip dimple Schubwabe *f*
slip forward voreilen
slip joint Schrumpfverbindung *f*
slip line Gleitlinie *f*
slip line field Gleitlinienfeld *n*
slip line field theory Gleitlinientheorie *f*
slip line theory Gleitlinientheorie *f*
slipping Gleitung *f*

slip[ping] Stürzen *n* der Gicht
slipping clutch Rutschkupplung *f*
slip surface Gleitebene *f*
slip system Gleitsystem *n*
slip-type drawing Gleitziehen *n*
slit Schlitz *m;* Spalte *f*
slit strip Spaltband *n*
slitter Spaltschere *f*
slitting Längsschneiden *n;* Längsteilen *n;* Spalten *n* (von Band)
slitting and cut-to-length line Längs- und Querteilanlage *f*
slitting line Längsteilanlage *f*
slitting shears Längsteilschere *f*
sliver Schale *f* (Oberflächenfehler); Splitter *m;* Walzzunge *f*
slope Gefälle *n;* Neigung *f;* Steigung *f*
slope angle Neigungswinkel *m* (Spanen)
sloping back wall Schrägrückwand *f* (Siemens-Martin-Ofen)
sloping bench Schrägrampe *f*
sloping flange geneigter Flansch *m*
sloping loop channel Schlingenkanal *m;* Tieflauf *m*
slop ingot Block *m* durch Nachgießen in den Lunker ausgefüllter
slopping Auswurf *m*
slot nuten
slot and groove Feder und Nut *f*
slot cover Schlitzabdeckung *f*
slotted head screw Schlitzschraube *f*
slotted section Selbstbauprofil *n*
slotting cutter Lochfräser *m*
slotting machine Stoßmaschine *f*
slot welding Schlitznahtschweiße *f*
slow acting bath Langzeitbad *n*
slow cooling langsame Abkühlung *f*
slow cooling Langsamkühlung *f*
slow down abbremsen
sludge Bodenkörper *m;* Schlamm *m*
sludge activation Schlammbelebung *f*
sludge dewatering Schlammentwässerung *f*
sludge digestion Schlammfaulung *f*
sludge drying Schlammtrocknung *f*
sludge pump Dickstoffpumpe *f;* Schlammpumpe *f*
sludge utilisation Schlammverwertung *f*
slug Metallklumpen *m;* Putzen *n;* Rohling *m*
sluggish träge
sluggish in reaction reaktionsträge
slug test Stauchversuch *m*
sluice Schleuse *f*
slurry Aufschlämmung *f;* Schlamm *m;* Schlicker *m* (Pulvermet.)
slurry pump Dickstoffpumpe *f*
slush casting Hohlguß *m*
slushed eingeölt
slush pump Dickstoffpumpe *f*
small angle grain boundary Kleinwinkelkorngrenze *f*
small coke Koks *m* kleinstückiger
small end up (S.E.U.) mould Kokille *f* mit dem dünnen Ende oben
small grained feinkörnig
small iron ware Kleineisenzeug *n*
small section mill Feinstraße *f*
small-section roll Feineisenwalze *f*
small-section rolling mill Feinstahl-Walzwerk *n*
small section rolling mill Stabstahlwalzwerk *n*
small sections Feineisen *n*
small zone yielding Kleinzonenfliessen *n*
smear bestreichen; schmieren
smelt einschmelzen; verhütten
smelt down einschmelzen

smelting Verhütten *n*
smelting down Einschmelzen *n*
smelting reduction Schmelzreduktion *f*
smelting reduction plant Schmelzreduktionsanlage *f*
smelting reduction process schmelzmetallurgischer Prozeß *m*
smelting section Reduktionszone *f*
smith Schmied *m*
smith hammer forging Freiform-Schmiedestück *n*
smog Smog *m*
smoke Qualm *m;* Rauch *m*
smokeless rauchlos
smoke meter Rauchdichtemesser *m*
smoke plume Rauchfahne *f*
smoke streamer Rauchfahne *f*
smooth glatt; glätten; Glattprägen *n*
smoothing rolls Glättwalzwerk *n*
smoothing trowel Spachtel *m*
smooth roll Glattwalze *f*
smooth rolling of tubular shapes Profilglattwalzen *n* von Hohlkörpern
smoulder schwelen
snag putzen (Gußstücke)
snaker Biegegesenk *n;* Vorkröpfgesenk *n*
snaky edge Glührand *m* (Bandfehler)
snap riveting set Nietstempel *m*
snarl Drahtzink *m*
snarl test Schleifenprobe *f;* Schlingenprobe *f* (Draht)
SN curve Wöhlerlinie *f*
soak ausgleichen; halten
soaking Halten *n*
soaking chamber Ausgleichsherd *m;* Schweißherd *m*
soaking furnace Tunnelofen *m*
soaking hearth Ausgleichsherd *m;* Schweißherd *m*
soaking pit Ausgleichsgrube *f;* Tiefofen *m*
soaking-pit cover carriage Deckelwagen *m*
soaking pit crane Tiefofenkran *m*
soaking pit for annealing Glüh-Tiefofen *m*
soaking pit for rolling mills Walzwerkstiefofen *m*
soaking temperature Durchwärmtemperatur *f*
soaking time Durchwärmdauer *f;* Haltedauer *f*
soaking zone Ausgleichszone *f*
soap balls Seifenknoten *mpl* (Drahtziehen)
soap drawn wire seifegezogener Draht *m*
soaping out Ausfällen *n* (Drahtziehen)
soap stone Speckstein *m*
social charges soziale Lasten *fpl*
social net return Sozialertrag *m;* Sozialprodukt *n*
socket Muffe *f;* Stutzen *m*
socket pipe Muffenrohr *n*
soda Soda *n*
sodium sulphate Natriumsulfat *n*
soft annealed weichgeglüht
soft annealing Ausglühen *n;* Weichglühen *n*
soft center steel sheet Dreilagen-stahlblech *n*
soft drawn wire Draht *m* mit geringer Querschnittsabnahme gezogen
soften erweichen
softened water enthärtetes Wasser *n*
softener Enthärtungsanlage *f*
softening weichglühen; Weichmachen *n*
softening point Erweichungspunkt *m;* Schmelzpunkt *m*

softening under load (refractory bricks) Druckerweichung *f* (ff. Steine)
soft fired schwach gebrannt
soft free-cutting steel Automatenweichstahl *m;* Schnellautomaten-Weichstahl *m*
soft free-machining steel Automatenweichstahl *m;* Schnellautomaten-Weichstahl *m*
soft iron Weicheisen *n*
soft iron grade Weicheisengüte *f*
soft magnetic sintered material weichmagnetischer metallischer Sinterwerkstoff *m*
soft magnetic steel weichmagnetischer Stahl *m*
soft mill Feinblech-Vorwalzgerüst *n* mit ungehärteten Gußwalzen
soft nitriding Weichnitrieren *n*
soft ore weiches Erz *n*
soft skin Weichhaut *f*
soft solder Weichlot *n*
soft steel weicher Stahl *m*
software Programmausrüstung *f* (Computer)
software documentation Programmdokumentation *f*
soil corrosion test Bodenkorrosionsversuch *m*
solder Lötmetall *n;* weichlöten
solder brittleness Lötbrüchigkeit *f*
soldered joint Lötstelle *f*
soldered seam Lötnaht *f*
soldering Löten *n*
soldering burner Lötbrenner *m*
soldering fluid Lötwasser *n*
soldering iron Lötkolben *m*
soldering tin Lötzinn *n*
sole flue Sohlkanal *m*
solenoid valve Magnetventil *n*
sole plate (permanent way) Dachschwelle *f* (Eisenbahnoberbau)
solid fest; Festkörper *m;* Feststoff *m*
solid abrasive Strahlmittel *n,* festes
solid angle räumlicher Winkel *m;* Winkel *m*
solid carburizing Pulveraufkohlen *n*
solid converter bottom Konverterboden *m*
solid drawn tube nahtlos gezogenes Rohr *n*
solid electrolyte cell EMK-Sonde *f*
solid extrusion Vollfließpressen *n*
solid forming Massivumformung *f*
solidification Erstarrung *f*
solidification crack Erstarrungsriß *m*
solidification microstructure Erstarrungsgefüge *n*
solidification range Erstarrungsbereich *m*
solidification structure Erstarrungsgefüge *n*
solidify erstarren
solidifying Erstarren *n*
solidifying pig erstarrender Metallblock *m*
solid inclusion Feststoffeinschluß *m*
solid length Blocklänge *f*
solid matter Feststoff *m*
solid phase feste Phase *f*
solid solubility Löslichkeit *f* im festen Zustand
solid solution feste Lösung *f;* Lösung *f* (feste); Mischkristall *m* (als Lösung)
solid solution hardening Mischkristallhärtung *f;* Mischkristallverfestigung *f*
solid solution segregation Mischkristallseigerung *f*
solid solution strengthening Mischkristallverfestigung *f*

solid stage feste Phase *f*
solid state fester Zustand *m*
solid-state body Festkörper *m*
solid state friction Festkörperreibung *f*
solid state reduction Direktreduktion *f*
solid steel beruhigter Stahl *m*
solidus area Solidusfläche *f*
solidus line Soliduslinie *f*
solid wheel Vollrad *n*
solubility Löslichkeit *f*
soluble oil Bohröl *n;* Kühlöl *n*
soluble oil emulsion Bohrölwasser *n*
solution Lösung *f*
solution annealing Lösungsglühen *n* mit Abschrecken; Lösungsglühen *n*
solution entropy Lösungsentropie *f*
solution [heat] treatment (precipitation hardening) Lösungsbehandlung *f;* Lösungsglühen *n*
solvent Lösemittel *n;* Lösungsmittel *n*
solvent capacity Lösungsfähigkeit *f*
solvent lattice Wirtgitter *n*
solvent power Auflösungsfähigkeit *f;* Lösungsfähigkeit *f*
sonic image method Schallsicht-Verfahren *n*
soot Ruß *m*
sooty rußhaltig
sorbite Sorbit *m*
sort auslesen; aussondern; sortieren
sorter Sortierer *m*
sorting belt Klaubband *n;* Leseband *n*
sorting conveyor Sortierförderanlage *f*
sorting out Aussonderung *f*
sorting out cylinder Sortierzylinder *m*
sound gesund; sondieren
sound absorbant screen Schalldämpferkulisse *f*
sound absorbing wall Schallschluckwand *f*
sound absorption Schalldämpfung *f;* Schallschlucken *n*
sound absorption in rooms Raumschalldämpfung *f*
sound analyser Einzelton-Analysator *m*
sound attenuation Schallminderung *f*
sound beam Schallbündel *n*
sound insulation Schalldämmung *f*
sound isolating enclosure Schallschutzhaube *f*
sound level meter Schallpegelmesser *m*
sound power level Schalleistungspegel *m*
sound pressure level Schalldruckpegel *m*
soundproofing Geräuschdämpfung *f*
sound protecting window Schallschutzfenster *n*
sound radiation Schallabstrahlung *f*
sound ray Schallstrahl *m*
sound scattering Schallstreuung *f*
sound search untersuchen
sound test piece fehlerfreie Probe *f*
sound wave Schallwelle *f*
source Quelle *f*
source of air pollution Luftverunreiniger *m*
source of defect Fehlerquelle *f*
source of error Fehlerquelle *f*
source of heat Wärmequelle *f*
source of ore Erzlager *n*
sow Ofensau *f*
space lattice Raumgitter *n*
spacers Zwischenblock *m*

spacer sheet Distanzblech *n*
spall abblättern; abplatzen; abspalten
spall fracture Splitterbruch *m*
spalling Abblättern *n* (Schienen); Absplittern *n;* Splittern *n*
spalling resistance Temperaturwechselbeständigkeit *f*
spalling test Prüfung *f* auf Abplatzverhalten; Spaltprobe *f*
span Spanne *f;* Spannweite *f;* Stützweite *f*
spangle pattern Zinkblumen *fpl*
spanner Schraubenschlüssel *m*
spare part Ersatzteil *n*
spare part for wheel Radersatzteil *n*
spare stand Ersatzgerüst *n;* Wechselgerüst *n*
spark erosion Elektroerosion *f*
spark excitation Funkenanregung *f*
spark gap Elektrodenabstand *m* (Spektralanalyse)
sparking time Funkzeit *f*
spark machining Elektroerosion *f*
spark spot Anfunkfleck *m*
sparry iron ore Spateisenstein *m*
spathic iron Eisenspat *m*
spatial arrangement räumliche Anordnung *f* (Metallographie)
spatial kinematics Raumkinematik *f*
spatial mechanism Raumgetriebe *n*
spatic spatig
spatic iron ore Spateisenstein *m*
spatter and slopping Auswurf *m*
spattered powder spratziges Pulver *n*
spattering Stahlspritzer *mpl*
spatula Spachtel *m*
special adhesive Spezialkleber *m*
special alloy Speziallegierung *f*
special and alloy[ed] steel Sonderstahl *m* und legierter Stahl
special brick Sonderstein *m*
special cast iron Edelguß *m*
special crude iron Spezialroheisen *n* (für GGG)
special designed burner Brenner-Sonderanfertigung *f*
special fittings for blast-furnace cooling Spezialarmatur *f* für die Hochofenkühlung
specialist Fachmann *m*
specially chromized spezialverchromt
specially chromized black plate Feinstblech *n,* spezialverchromtes
special machine Spezialmaschine *f*
special metal Sondermetall *n*
special purpose crude iron Spezial- und Sonderroheisen *n*
specials Sondererzeugnisse *npl*
special section tube Profilrohr *n*
special shape turned part Fassondrehteil *n*
special steel Edelstahl *m;* Sonderbaustahl *m;* Sonderstahl *m*
special steel casting Edelstahlguß *m*
special steel section Spezialprofil *n*
special steel section mill Spezialprofilwalzwerk *n*
specific bezogen
specfication Norm *f*
specfic deformation work Formänderungsarbeit *f,* spezifische
specific dimensional change Abmessungsänderung *f,* spezifische
specific energy efficiency bezogener Arbeitswirkungsgrad *m*
specific gravity spezifisches Gewicht *n*
specific heat Wärmekapazität *f,* spezifische
specific heat capacity spezifische Wärme *f*
specific inductive capacity Dielektri-

zitätskonstante *f*
specific strain energy Formänderungsarbeit *f*, spezifische
specific total loss Ummagnetisierungsverlust *m*
specific weight spezifisches Gewicht *n*
specified depth of case hardening Einsatzhärtetiefe *f;* vereinbarte Einsatzhärtetiefe *f*
specified length fixe Länge *f*
specimen Probe *f*
specimen holder Objektträger *m* (Elektronenmikroskop); Spannkopf *m*
spectrochemical analysis spektrochemische Prüfung *f*
spectrographic analysis Spektralanalyse *f*
spectrography Spektrographie *f*
spectrometer Spektrometer *n*
spectrophotometry Spektralphotometrie *f*
spectroscopy Spektroskopie *f*
spectrum analysis Spektralanalyse *f*
specular iron ore Eisenglanz *m*
speed Drehzahl *f;* Geschwindigkeit *f;* Schnelligkeit *f*
speed characteristic Drehzahlverlauf *m*
speed drop Drehzahlabfall *m*
speed of light in vacuum Vakuum-Lichtgeschwindigkeit *f*
speed of testing Prüfgeschwindigkeit *f*
speed ratio Übersetzungsverhältnis *n*
speed reduction Untersetzung *f*
spell Schichtzeit *f*
spelter Hartzink *m;* Lötmetall *n;* Zink *n*
spelterizing Hartverzinkung *f*
spent gas Abgas *n*
spent pickle liquor Beizablauge *f*
spent pickling solution Beizablauge *f*
sphere Kugel *f*
sphere of action Einwirkungsbereich *m* (Gas)
spherical powder kugeliges Pulver *n*
spheroidal kugelig
spheroidal cast roll Sphärogußwalze *f*
spheroidal graphite Kugelgraphit *m*
spheroidal graphite cast iron Gußeisen *n* mit Kugelgraphit; Kugelgraphit-Gußeisen *n*
spheroidal [graphite] cast iron sphärolithisches Gußeisen *n*
spheroidal graphite [iron] roll Walze *f* (Sphäroguß)
spheroidal graphite roll Sphärogußwalze *f*
spheroidal powder rundliches Pulver *n*
spheroidise annealing Weichglühen *n*
spheroidised weichgeglüht
spheroidised carbide kugelförmiger Zementit *m*
spheroidising Einformen *n;* Glühen *n* auf kugelige Carbide; Glühen *n* auf kugeligen Zementit (GKZ); Kugeligglühen *n*
spheroidization Einformung *f*
spheroidize annealing Glühen *n* auf globularen Perlit
spheroidizing Weichglühen *n*
spheroidizing annealing Weichglühen *n*
spheroidizing degree Weichglühgrad *m*
spider Königsstein *m;* Kreuzgelenk *n;* Stern *m* (Rad)

spiegel iron Spiegeleisen *n*
spike Schienennagel *m*
spiked roll Stachelwalze *f*
spill Schale *f* (Oberflächenfehler); verschütten; verspritzen
spillage sand Haufensand *m*
spin drücken
spin casting Schleudergießverfahren *n*
spindle Antriebsspindel *f* (Walzen); Spindel *f*
spindle steel Spindelstahl *m*
spindle torque Spindeldrehmoment *n*
spin forming (tubes) Abstreckdrükken *n*
spinning Drücken *n;* Streckplanieren *n*
spinning of external flanges Drükken *n* von Außenborden
spinning of hollow items Drücken *n* von Hohlkörpern
spinning of inside beads Drücken *n* von Innenborden; Innenborden *n* durch Drücken
spinodal decomposition spinodaler Zerfall *m*
spin wave spectrum Spinwellenspektrum *n*
spiral cast spiralförmig steigend beim Aufwinden (Drahtring)
spiral drill Spiralbohrer *m*
spiral looper accumulator Aufwickler *m* mit spiralenförmiger Bandspeicherung
spiral [mould] Gießspirale *f*
spiral spring Spiralfeder *f*
spiral tooth bevel gear Kegelrad-Spiralverzahnung *f*
spiral tube welding installation Spiralrohranlage *f*
spiral welding Spiralschweißen *n*
spirit level Wasserwaage *f*
spitting Auswurf *m*
splash verspritzen
splash board Spritzblech *n*
splashes Stahlspritzer *mpl*
splash lubrication Tauchschmierung *f*
splice bar Lasche *f*
splicing Überlaschung *f*
spline[d] shaft Keilwelle *f* (aus dem Vollen herausgearbeitet)
splinter absplittern; Span *m;* Splitt *m*
split brechen (von Emulsionen); Längsriß *m;* spalten
split away abplatzen
split chuck Spannpatrone *f*
split die geteilte Matrize *f*
split ends gespaltene Enden *npl*
split off abspalten; absplittern
split pin Splint *m*
splittering Zertropfen *n*
splitting Bruchaufreißung *f;* Spaltung *f*
split tube Schlitzrohr *n*
spoiled casting Wrackguß *m*
spoke wire Speichendraht *m*
sponge iron Eisenschwamm *m*
sponge iron made from lump ore Eisenschwamm *m* aus Stückerz
sponge iron pellet Eisenschwamm-pellet *n*
sponge powder Schwammpulver *n*
spongy surface brüchige Fläche *f* (Blockfehler)
spontaneous combustion Selbstentzündung *f*
spontaneous fracture Gewaltbruch *m*
spool aufspulen; Spule *f;* spulen
spooler Spuler *m*
spoon Löffel *m*

spoon sample Schöpfprobe *f*
spoon test specimen Löffelprobe *f*
spot arrangement Punktanordnung *f* (bei Elektroden)
spot Charlier check stichprobenartige Überprüfung *f*
spot check stichprobenartige Überprüfung *f*
spot test Tüpfelprobe *f*
spot welder Punktschweißmaschine *f*
spot welding Punktschweißen *n;* Punktschweißung *f*
spot welding electrode holder Punktschweißzange *f*
spot welding machine Punktschweißmaschine *f*
spout Ausgußrinne *f*
spouted bed Sprudelbett *n*
spouted ladle Schnabelpfanne *f*
spray aluminising Spritzaluminieren *n*
spray coating Spritzüberzug *m*
spray compacting Sprühkompaktieren *n*
spray cooling Rieselkühlung *f;* Sprühkühlung *f*
spray cooling tank Flächenberieselungskühler *m*
spray deposition plant Sprühkompaktieranlage *f*
spray drying Sprühtrocknung *f*
spray hardening Sprühhärten *n*
spraying agent Anspritzmittel *n*
spraying and repair mixtures Spritz- und Reparaturmasse *f*
spraying gun Spritzpistole *f*
spraying machine Spritzmaschine *f*
spraying mixture Spritzmasse *f*
spraying system Spritzrohr *n*
spray nozzle Spritzdüse *f*
spray roasting system Sprühröstverfahren *n*
spray scrubber Berieselungswäscher *m*
spray steelmaking Strahldüsenfrischverfahren *n*
spray test Sprühprobe *f;* Sprühversuch *m*
spray tower Berieselungsturm *m*
spray unit Spritzanlage *f*
spray water level cooling Spritzwasserkühlung *f*
spray wire Spritzdraht *m*
spread ausbreiten; breiten; Breitenänderung *f;* streuen
spread equation Breitungsgleichung *f*
spreader mark (surface defect) Rutschstelle *f*
spread fully contained Breitung *f* vollkommen verhinderte
spreading Breiten *n*
spreading pass Breitungsstich *m*
spread ratio Breitungsgrad *m*
spread shape Breitungskontur *f*
spring abstützen; Feder *f;* Federung *f*
spring blade Federblatt *n*
spring factor (powder met.) Aufgehmaß *n*
spring housing Federführungshülse *f*
spring index Wickelverhältnis *n* (Feder)
spring leaf Federblatt *n*
spring-operated safety valve Feder-Sicherheitsventil *n*
spring plate Federblatt *n*
spring plate bend test Federblech Biegeversuch *m*
spring pressure device (or attachment) Federdruckapparat *m*
spring pressure gauge Federdruckmesser *m*

spring ring closing machine Sprengring-Einwalzmaschine *f*
spring steel Federstahl *m*
spring steel grade Federstahlsorte *f*
spring steel wire Federstahldraht *m*
spring-supported abgefedert
spring supported die Federmatrize *f*
spring suspension federnde Aufhängung *f*
spring testing machine Federprüfmaschine *f*
spring washer Federring *m;* Federscheibe *f* (screw)
spring wire Federdraht *m*
sprocket Kettenzahnrad *n*
sprocket chain Kettenrad *n;* Kettenradkette *f*
sprocket wheel Kettenrad *n*
sprue Eingußtrichter *m;* Gießtrichter *m;* Griff *m* (am Gesenkschmiedestück)
sprue canal Speiserinne *f*
sprung abgefedert
sprung arch eingespanntes Gewölbe *n;* Gewölbebogen *m*
sprung roof abgestütztes Gewölbe *n;* Stützgewölbe *n*
sprung type roof Gewölbe *n* mit beweglichem Widerlager
spun iron pipe Schleudergußrohr *n*
spur gear Stirnrad *n*
spurious echo Störecho *n*
spur rack Zahnstange *f*
spurt Strahl *m*
spur wheel Stirnrad *n*
sputtering (electron microscope) Bedampfung *f*
squabbing roll Staffelwalze *f* (für Flachstahl)
square beschneiden; quadratisch
square [bar] steel Quadratstahl *m;* Vierkantstahl *m*
square edge equal angles gleichschenkliger scharfkantiger Winkelstahl *m;* Winkelstahl *m*
square head cap screw Vierkantschraube *f*
square ingot Vierkantblock *m*
square iron Vierkanteisen *n*
square root Quadratwurzel *f*
squares Vierkantstahl *m*
square thread Flachgewinde *n*
squaring shears Kopfschere *f*
squash load Traglast *f* nach der Fließtheorie
squatting test Erweichungsprobe *f*
squeeze durcharbeiten; kneten; prägeziehen; quetschen
squeeze-forging Gießschmieden *n*
squeeze roll Abquetschrolle *f* (Bramme)
squirt ausspritzen; Spritze *f;* spritzen
stabilisation Stabilisieren *n*
stabilisation annealing Stabilglühen *n*
stabilising Stabilglühen *n*
stability Beständigkeit *f;* Haltbarkeit *f;* Standfestigkeit *f*
stability of shape Formbeständigkeit *f*
stabilization of retained austenite Stabilisierung *f* des Restaustenits
stabilizing stabilisieren
stable beständig; stabil
stable equilibrium stabiles Gleichgewicht *n*
stack aufschichten; häufen; Hochofenschacht *m;* Schacht *m*
stack batter Ausbauchung *f* (eines Ofenschachtes)
stack cooling plate Schachtkühlbalken *m* (Hochofen); Schachtkühlplatte *f*
stack diameter Gichtdurchmesser

m; Schachtdurchmesser *m*
stacker Stapelvorrichtung *f;* Stapler *m*
stack flue Fuchs *m*
stack gas Abgas *n*
stacking fault precipitation Stapelfehlerausscheidung *f*
stack kiln Röstofen *m*
stack lining Schachtmauerwerk *n*
stack of finished steel sheets Fertigstapel *m*
stack of sheets Blechpaket *n*
stack valve Kaminschieber *m*
staff department Personalbüro *n*
stage Objekttisch *m* (Mikroskop); Schmelzbühne *f*
staggered gestaffelt; versetzt angeordnet
staggered mill Zickzackduo *n;* Zickzackstraße *f*
staggered roll Staffelwalze *f*
staggered roll[ing] train gestaffelte Walzstraße *f*
staggered teeth milling cutter kreuzverzahnter Fräser *m*
staggered tooth pinion Kammrad *n* mit versetzten Zähnen
staggered weld Zickzacknahtschweiße *f;* Zickzackschweiße *f*
staging Gerüst *n* (Baugerüst)
stain Flecken *m*
stained sheet fleckiges Blech *n*
stainless nichtrostend; rostbeständig; rostfrei
stainless concrete steel Betonstahl *m*, nichtrostend
stainless property Korrosionsbeständigkeit *f*
stainless spring steel wire Federstahldraht *m*, nichtrostend
stainless steel chemisch beständiger Stahl *m;* Edelstahl *m;* nichtrostender Stahl *m*
stainless steel fitting Armatur *f*, nichtrostend
stainless welding rod Schweißdraht *m*, nichtrostend
stalactite Zäpfchen *n* (ff. Stoffe)
stalactites Zapfen *m*
stalk like structure Stengelgefüge *n*
stamp pressen; stanzen; Stempel *m*
stamped part Stanzteil *n*
stamping Prägen *n;* Preßteil *n*
stamping (characters into the surface of a workpiece) Einprägen *n*
stamping die Stanze *f*
stamping machine Stempelmaschine *f*
stamping quality Preßgüte *f*
stampings Preßrohlinge *mpl*
stamping tool Prägestempel *m;* Stanzwerkzeug *n*
stamp mill Pochwerk *n*
stamp on aufstampfen
stamp shoe Pochschuh *m*
stamp stem Pochschuh *m*
stanchion steel Rungenstahl *m*
stand aushalten; Gerüst *n;* widerstehen
standard einheitlich; Maschinenständer *m;* Norm *f*
standard acceleration of free fall Normfallbeschleunigung *f*
standard as published endgültige Norm *f*
standard beam Doppel-T-Träger *m*
standard chart Gefügerichtreihe *f*
standard costing Standardkostenrechnung *f*
standard deviation mittlere Abweichung *f;* Standardabweichung *f*
standard distribution Prüfverteilung *f*
standard error mittlerer Fehler *m*

standard free energy of reaction freie Standardreaktionsenthalpie *f*
standardisation Normung *f;* Vereinheitlichung *f*
standardised genormt; vereinheitlicht
standardization of materials Werkstoffnormung *f*
standardization practice Normung *f*
standardization work Normungsarbeiten *f*
standardized member Normteil *n*
standardized part Normteil *n*
standardizing practice Normungsarbeiten *f;* Normungswesen *n;* verbindlich erklären
standard length produced Herstellänge *f*
standard nozzle Normdüse *f*
standard of performance Leistungsnorm *f*
standard of quality Gütenorm *f*
standard orifice Normblende *f*
standard part Normteil *n*
standard production Soll-Leistung *f*
standard pyrometric cone Segerkegel *m;* Temperaturmeßkegel *m*
standard quality Standardgüte *f*
Standards Association Normenausschuß *m* (am.)
standards council Vorstandsrat *m*
standard sheet Normblatt *n*
standard sheet and plate metal gauge Blechlehre *f*
Standards Institute Normenausschuß *m* (engl.)
Standards Institution Normenausschuß *m* (engl.)
standard size Normgröße *f*
standard specification Normvorschrift *f*
standard specimen Normprobe *f*
standard square [brick] Normalstein *m*
standard steel Normstahl *m*
standard [structural] section Normalprofil *n*
standard [structural] shape Normalprofil *n*
standard test bar Normprobe *f*
standard value Richtwert *m*
standing time Standzeit *f* (im Ofen); Standzeit *f*
stand of rolls Walzgerüst *n*
standpipe Standrohr *n;* Steigkanal *m;* Steigleitung *f*
stand ring Stützring *m* (Pfanne)
stands in tandem hintereinander angeordnete Walzgerüste *npl;* Walzgerüste *npl* hintereinander angeordnet
stand with 20 rolls Zwanzigwalzengerüst *n*
staple Öse *f*
start anfahren; anlassen
starting Ingangsetzen *n*
starting bar Anfahrstrang *m;* Kaltstrang *m*
starting material Ausgangswerkstoff *m*
starting moment Anlaufmoment *n;* Drehmoment *n*
starting section Anfangsquerschnitt *m*
start of casting Angießen *n*
start temperature of rolling Walzanfangstemperatur *f*
start-up graph Anfahrdiagramm *n*
start-up time Rüstzeit *f* bei Arbeitsbeginn
state Beschaffenheit *f;* feststellen; Lage *f*
state employment bureau Arbeitsamt *n*

statement [of accounts] Bilanz *f*; Rechnungsabschluß *m*
state of strain Formänderungszustand *m*
state of stress Spannungszustand *m*
state of the atmosphere (at the workplace) Klima *n* (am Arbeitsplatz)
static statisch
static basic equation Grundgleichung *f*, statische
static bed Festbett *n*
static friction Haftreibung *f*; Halbreibung *f*
static friction zone Haftzone *f*
static load ruhende Belastung *f*
static recovery Erholung *f*, statische
static recrystallisation Rekristallisation *f*, statische
statics Statik *f*
static test Standversuch *m*
stationary feststehend; ortsfest
stationary test Standversuch *m*
statistic Kennzahl *f*; Parameter *m*; Stichprobenparameter *m*
statistical evaluation statistische Auswertung *f*
statistical evaluation method Auswertemethode *f*, statistische
statistical inference statistischer Rückschluß *m*
statistical interpretation Großzahlauswertung *f*
statistics Statistik *f*
statistics [data] Unterlagen *fpl*
statistic value Schätzwert *m*
staying Absteifung *f*
stay[ing time] Aufenthalt *m*; Liegezeit *f*; Standzeit *f*; Verweilzeit *f*
stay wire Verankerungsdraht *m*
steady Gegenführung *f*; stetig
steady-state condition (automatic control) Beharrungszustand *m*; stationärer Zustand *m*
steady-state forming process Umformprozeß *m*, stationärer
steam Dampf *m*; Wasserdampf *m*
steam atomising Dampfzerstäubung *f*
steam blowing engine Dampfkolbengebläse *n*
steam bluing Dampfanlassen *n*
steam boiler Dampfkessel *m*
steam boiler firing Dampfkesselfeuerung *f*
steam crane Dampfkran *m*
steam credit Dampfgutschrift *f*
steam drum Dampffaß *n*
steam engine Dampfmaschine *f*
steam fittings Dampfarmaturen *fpl*
steam generation plant Dampferzeugungsanlage *f*
steam hammer Dampfhammer *m*
steamjacket gas producer Dampfmantel-Gaserzeuger *m*
steam jet blower Dampfstrahlgebläse *n*
steam pipe Dampfrohr *n*
steam piston blowing engine Dampfkolbengebläse *n*
steam power station Dampf-Kraftwerk *n*
steam shovel Löffeldampfbagger *m*
steam test Dampfversuch *m* (Korrosion)
steam trap Kondenstopf *m*
steam turbine Dampfturbine *f*
stearate Stearat *n*
Steckel mill Steckel-Walzwerk *n*
steel Stahl *m*
steel advisory centre Stahlberatungsstelle *f*
steel aftertreatment Stahlnachbehandlung *f*

steel and rope wire grade Stahl- und Seildrahtgüte *f*
steel arch Stahlbogen *m*
steel armoured conduit Stahlpanzerrohr *n*
steel ball Stahlkugel *f*
steel band Bandstahl *m* für Verpakkung
steel bars Stabstahl *m*
steel-base roll Walze *f* (Halbstahl)
steel beam Stahlträger *m* (gewalzt)
steel bushing Stahlbuchse *f*
steel cased brick Stahlmantelstein *m*
steel casing Blechmantel *m;* Blechpanzer *m*
steel casting Stahlguß *m* (Erzeugnis); Stahlgußteil *n*
steel casting foundry Stahlgießerei *f*
steel castings Stahlformguß *m*
steel castings having high impact strength at low temperature kaltzäher Stahlguß *m*
steel conduit Stahlpanzerrohr *n*
steel conduit-end sleeve Stahlpanzerrohr-Endhülse *f*
steel conduit fitting Stahlpanzerrohrfitting *n*
steel cord Drahtseil *n;* Stahlcord *m*
steel degassing Stahlentgasung *f*
steel degassing plant Stahlentgasungsanlage *f*
steel desulphurization plant Stahlentschwefelungsanlage *f*
steel die Gesenk *n*
steel drill Stahlbohrer *m*
steel expansion joint Stahlkompensator *m*
steel fabricator Stahlbaufirma *f*
steel facing Auflöten *n* (von Stahlplättchen); Aufschweißen *n;* Stahlplättchen-Aufschweißen *n*
steel fitting Stahlfitting *n*
steel foil Stahlfolie *f*
steel for blanking or punching dies Schnittstahl *m*
steel for building construction Hochbaustahl *m*
steel for chains Kettenstahl *m*
steel for cold forming Kalt[um]fomstahl *m;* Stahl *m* zum Kaltumformen
steel for cold heading Kaltschlagstahl *m*
steel for cold upsetting Kaltstauchstahl *m*
steel for colliery arches Grubenausbaustahl *m*
steel for deep drawing Stahl *m* für Tiefziehzwecke
steel for electric resistance Widerstandslegierung *f*
steel for elevated temperatures Stahl *m*, warmfester
steel for flame and induction hardening Stahl *m* für Flamm- und Induktionshärten
steel for fluting tool Riffelstahl *m;* Werkzeug-Hohlstahl *m*
steel for hardening and tempering Vergütungsstahl *m*
steel for high-pressure hydrogenation vessels druckwasserstoffbeständiger Stahl *m*
steel for linepipe Stahl *m* für Leitungsrohre
steel for mechanical engineering Maschinenbaustahl *m*
steel for nuclear power plant Stahl *m* für Kernenergie-Erzeugungsanlagen
steel for nuts Stahl *m* für Schraubenmuttern
steel for permanent-way material Stahl *m* für Oberbaumaterial

steel for rivets Stahl *m* für Nieten
steel for screws Stahl *m* für Schrauben
steel for sheet piling Spundwandstahl *m*
steel for steel structural work Stahlbaustahl *m*
steel for structural steelwork Hochbaustahl *m*
steel for superficial hardening Stahl *m* für Oberflächenhärtung
steel for surface hardening Stahl *m* für Randschichthärten
steel for track material (rails) Schienenstahl *m*
steel for valves Ventilstahl *m*
steel for wagon construction Wagenbaustahl *m*
steel for welded round link chains Stahl *m* für geschweißte Rundstahlketten
steel foundry moulding compound Stahlformmasse *f*
steel-framed construction Stahlskelettkonstruktion *f*
steel-framed structure Stahlbinderbauweise *f*
steel frame superstructure Stahlhochbau *m*
steel framework Stahlfachwerkkonstruktion *f*
steel framework construction Stahlskelettbau *m*
steel girder Eisenträger *m* (Baustahlträger)
steel grado Stahlklasse *f*; Stahlsorte *f*
steel grit or sand delivery pipe Zuführung *f* von Stahlkies oder Sand
steel having a high impact strength at low temperature kaltzäher Stahl *m*
steel having particular thermal expansion properties Stahl *m* mit besonderer Wärmeausdehnung
steel hoop Bandstahl *m*
steel hydraulic engineering Stahlwasserbau *m*
steel ingot Rohstahlblock *m*
steel jacket Blechmantel *m*; Panzer *m* (Hochofen)
steel level Badspiegel *m*
steel link chain Stahlgelenkkette *f*
steel maker Stahlwerker *m*
steelmaking plant Stahlwerk *n*
steel man Eisenhüttenmann *m*
steel melt Stahlschmelze *f*
steel melting furnace Stahlschmelzofen *m*
steel melting shop Stahlwerk *n*
steel pipe Stahlrohr *n* (allgemein); Stahlrohr *n* (warmgewalzt); Stahlrohr *n*
steel pit Grübchen *n* (Oberflächenfehler)
steel plate Stahlblech *n* (mittel); Stahlblech *n*
steel plate lining Panzer *m* (Hochofen)
steel pouring ladle Stahlgießpfanne *f*
steel pouring ladle car Stahlgießwagen *m*
steel powder Stahlpulver *n*
steel processing industry eisenverarbeitende Industrie *f*
steel property Stahleigenschaft *f*
steel refining ore Stahlwerks-Frischerz *n*
steel reinforcement Stahlbewehrung *f*; Stahleinlage *f* (Bauwesen)
steel reinforcement welding Betonstahlschweißen *n*

steel resistant to weathering Stahl *m*, wetterfester
steel rod Stange *f*
steel sample Stahlprobe *f*
steel section Profil *n*
steels for cold upsetting and cold extrusion Kaltstauch- und Kaltfließpreßstähle *mpl*
steel shape Formstahl *m;* Profilstahl *m*
steel sheet Stahlblech *n* (fein); Stahlblech *n*
steel sheet casing Blechpanzer *m*
steel sheet piling Spundwandstahl *m*
steel sheet piling section Stahlspundwandprofil *n*
steel sheet suitable for enamalling Stahlblech *n*, emaillierfähiges
steel shelf Stahlregal *n*
steel shell Blechpanzer *m*
steel shot Stahlkies *m;* Stahlsand *m*
steel sleeper Stahlschwelle *f*
steel spring Stahlfeder *f*
steel strip Bandstahl *m* für Verpakkung; Stahlband *n*
steel strip for packaging Stahlband *n* für Verpackungszwecke
steel strip for springs Federbandstahl *m*
steel strip strapping Stahlbandumreifung *f*
steel structural engineering Stahlhochbau *m*
steel structural section Stahlbauprofil *n*
steel structural work Stahlbau *m*
steel structure Stahlkonstruktion *f*
steel structures Stahl[hoch]bau *m*
steel suitable for welding Schweißstahl *m* (Schweißgüte)
steel supply conditions Stahl-Eisen-Lieferbedingungen *fpl*
steel test specification Stahl-Eisen-Prüfblatt *n*
steel tie (am.) Stahlschwelle *f*
steel transfer car Stahlübergabewagen *m*
steel truss Stahlbinder *m*
steel tube Stahlrohr *n* (kaltgezogen); Stahlrohr *n*
steel tube extrusion Stahlrohrstrangpresse *f;* Stahlrohrstrangpressen *n*
steel user Stahlverbraucher *m*
steel users Stahlverarbeitende Industrie *f*
steel window section Stahlfenster-Profil *n*
steel wire Stahldraht *m*
steel with a high degree of hardness at elevated temperatures warmharter Stahl *m*
steel with little segregation seigerungsarmer Stahl *m*
steel with special physical properties Stahl *m* mit besonderen physikalischen Eigenschaften
steelwork ore Stahlwerkserz *n*
steel works Stahlwerk *n*
steel work's blower Stahlwerksgebläse *n*
steel work's blowing engine Stahlwerksgebläse *n*
steelworks ore Stahlwerkserz *n*
steepening incentive Leistungslohn *m*
steer steuern
steerage Steuer *n*
steering Steuerung *f*
steering roll Steuerrolle *f*
Stefan-Boltzmann law Stefan-Boltzmann-Gesetz *n*
stellite Stellit *m*

step Absatz *m;* absetzen (= Absatz bilden); abstufen; Stufe *f*
step back welding Pilgerschrittschweiße *f*
step control Schrittregelung *f*
step-down test Stufendrehversuch *m*
step function response Übergangsfunktion *f*
stepped abgesetzt (Stempel)
stepped extrusion abgesetzte Verformung *f*
stepped hardening Stufenhärten *n*
stepped joint Stoß *m* überlappter
stepped roll Staffelwalze *f;* Stufenwalze *f*
stepped torsion test Stufendrehversuch *m*
step point mode Schrittmodus
step quenching Abschrecken *n* gestuftes; gestuftes Abschrecken *n;* Härten *n* (in Wärmebehandlung)
step response Sprungantwort *f*
steps Treppenleiter *f*
stereographic projection stereographische Projektion *f*
sterile taub; unhaltig (Bergbau)
stick kleben
sticker Blechpaket *n;* Block *m* in der Kokille steckengebliebener; Kleber *m*
sticker break Oberflächen-Aufreißung *f* (durch Zusammenkleben beim Walzen)
sticker mark Klebestelle *f* (Oberflächenfehler)
sticking Kleben *n* (dünner Bleche); Verklebung *f*
sticking in the guides (lamination) Festbrennen *n* auf den Führungen
sticking of dolomite during bottom fettling Ansintern *n* des bei Herdreparaturen aufgeworfenen Dolomits
sticking scale Klebzunder *m*
sticking type of breakout Kleberdurchbruch *m* (Stranggießen)
sticky blast-furnace flue dust klebriger Gichtstaub *m*
sticky sand Klebsand *m*
Stiefel-type disc piercer Stiefelsches [Scheiben-] Lochwalzwerk *n*
stiffen absteifen
stiffening Absteifen *n*
stiffness Steifigkeit *f*
stiftener Längsträger *m*
stillage Hubuntersatz *m*
stippling Stippenbildung *f*
stir rühren; schüren; stochen
stirr spülen
stirring Rühren *n*
stirring coil Rührspule *f*
stirring gas Rührgas *n;* Spülgas *n*
stirring gas coupling station Spülgas-Kuppelstation *f*
stirring gear Rührgerät *n*
stirring hole Schürloch *n*
stirring test (corrosion) Rührversuch *m*
stirring treatment Spülbehandlung *f*
stitching wire Heftdraht *m*
stitch welding Heftschweiße *f;* Steppschweißen *n*
stock lagern; Material *n;* Möller *m;* Vorrat *m*
stock bin Vorratsbehälter *m*
stock column Beschickungssäule *f* (Hochofen)
stock-control oriented materialflußorientiert
stocker Dampfkessel *m*
stock flow Bandlauf *m*
stock[house] Lager *n*
stocking ground Lagerplatz *m*

stock level [indicator] Gichtsonde *f*
stock level indicator Teufenanzeiger *m*
stock line ga[u]ge Gichtsonde *f;* Möllersonde *f;* Teufenanzeiger *m*
stock line indicator Möllersonde *f;* Teufenanzeiger *m*
stock line recorder Gichtsonde *f;* Möllersonde *f;* Teufenanzeiger *m*
stock on-hand-quantity Materialbestand *m*
stock on the fly Walzgut *n*
stock pile Lagerplatz *m*
stock plan Materialplan *m*
stock registration Bestandsführung *f* (EDV)
stock release Materialfreigabe *f*
stock removal Werkstoffabtragung *f*
stock removal rate Werkstoffabtragungsgeschwindigkeit *f*
stock requirement Materialbedarf *m*
stock size Lagergröße *f*
stock to be rolled Walzgut *n*
stock transfer Materialbewegung *f*
stock yard Lagerplatz *m*
stoichiometric number stöchiometrische Zahl *f*
stoichiometry Stöchiometrie *f*
stoke stochen
stoker Heizer *m;* Kohlenbeschickvorrichtung *f;* Stocher *m*
stool Schemel *m;* Stuhl *m;* Unterlagplatte *f*
stool for bottom casting Gespannplatte *f*
stop anhalten; hemmen; stillsetzen
stop bath Unterbrecher *m*
stop cock Absperrhahn *m*
stope filling Bergeversatz *m*
stoppage Betriebsunterbrechung *f;* Stillstand *m;* Störung *f*
stopper Keil *m;* Stopfen *m;* Stopper *m*
stopper bell Gichtglocke *f*
stopper ladle Stopfenpfanne *f*
stopper preparation Stopfen-Setzstand *m*
stopper preparation area Stopfenwirtschaft *f*
stopper preparation stand Stopfensetzstand *m*
stopper rod Stopfenstange *f*
stopper rod brick Stopfenstangenrohr *n*
stopper rod control Stopfenstangenverschluß *m*
stopper rod mechanism Stopfenstangenmechanismus *m*
stopper travel Stopfenweg *m*
stopping Halten *n;* Verstopfung *f*
storage Lagerung *f*
storage bunker Speicherbunker *m;* Vorratsbehälter *m*
storage capacity Speichervermögen *n*
storage pit Speichergrube *f*
storage tank Sammelbehälter *m*
storage yard Lagerplatz *m*
store Auslagern *n;* Lager *n;* lagern; speichern
stored heat (Cowper) Speicherwärme *f*
store-keeping Lagerhaltung *f*
stores equipment Betriebslagereinrichtung *f;* Magazineinrichtung *f*
storing capacity Speicherfähigkeit *f*
stove Koksofen *m;* Ofen *m*
stove reversing gear selbsttätige Winderhitzer-Umsteuerung *f*
stoving Trocknen *n* durch Erwärmen
stowage Bergeversatz *m*
stracking factor Stapelfaktor *m*
straddle carrier Portalhubwagen *m*
straight gerade; gewöhnlich; rein
straight as in the rolled condition

walzgerade
straight as rolled walzgerade
straight bead welding Längsnahtschweißen *n*
straight blast-furnace gas unvermischtes Hochofengas *n*
straight cast gerade vom Ring *m* ablaufend
straight chained geradkettig (Moleküle)
straight coke oven gas Koksofengas *n* ungemischtes
straight cutting oil Schneidöl *n*
straighten ausrichten; geraderichten; richten
straightening Richten *n*
straightening by stretching Recken *n* von Flachstäben in der Halbzeugfertigung; Streckrichten *n*
straightening in patterned dies Prägerichten *n*
straightening machine Richtmaschine *f*
straightening plate Richtplatte *f*
straightening point Biegepunkt *m* (Stranggießen)
straightening press Richtpresse *f*
straightening roll Richtrolle *f;* Richtwalze *f*
straightening segment Richtsegment *n*
straight flash welding Preßstumpfschweißen *n*
straight grate pellet Bandpellet *n*
straightline chart Nomogramm *n*
straight lino drawing machine Geradeausziehmaschine *f*
straight line spot welding Reihenpunktschweißen *n*
straight manganese steel Manganhartstahl *m*
straight mineral oil Blankwalzöl *n*
straightness Geradheit *f*
straight shear knive Schermesser *n*, stehendes
straight tooth bevels Geradverzahnung *f*
straight tubular rod extrusion Hohl-Vorwärts-Strangpressen *n*
strain Anforderung *f;* ansetzen (Bad); Anspannung *f;* Beanspruchung *f;* Spannung *f* (deformierende)
strain age hardening Reckaltern *n*
strain ag[e]ing Altern *n* nach Deformation; Reckaltern *n;* Reckalterung *f*
strain coefficient Anstrengungsgrad *m*
strained wire Streckdraht *m*
strainer Filter *m* (EDV)
strainer core Siebkern *m*
strain ga[u]ge Dehnungsmesser *m;* Dehnungsmeßstreifen *m;* Spannungsmesser *m*
strain harden kaltverfestigen; verfestigen
strain hardenability Kalthärtbarkeit *f*
strain hardened steel kaltverfestigter Stahl *m*
strain hardening Kalthärtung *f;* Kaltverfestigung *f;* Reckalterung *f;* Verfestigung *f*
strain hardening coefficient Verfestigungsexponent *m*
strain increment Formänderungsinkrement *n*
strain-induced martensite Verformungsmartensit *m*
straining rate Beanspruchungsgrad *m*
strain line etching Kraftwirkungsfiguren-Ätzverfahren *n*
strain rate Dehn[ungs]geschwindig-

keit *f;* Formänderungsgeschwindigkeit *f;* Umformgeschwindigkeit *f*
strain state Formänderungszustand *m*
strand Ader *f;* flechten; Gießader *f;* Strang *m*
strand cooling Strangkühlung *f*
strand cutting equipment Strangtrenneinrichtung *f*
stranded wire Litze *f*
strand guide Strangführung *f*
strand guide roll Strangführungsrolle *f*
strand guide segment Strangführungssegment *n*
stranding machine Verseilmaschine *f*
stranding wire Seildraht *m*
strand of a chain Kettenspanner *m*
strand of rolls Walzenstrang *m;* Walzenstrecke *f*
strand roll Strangwalze *f*
strand seal Strangabdichtung *f*
strand shell Stranghaut *f;* Strangschale *f*
strand sintering Bandsintern *n*
strand sintering plant Bandsinteranlage *f*
strand support Strangabstützung *f;* Strangstützung *f*
strand wire Litzendraht *m*
strap joint assembly Laschenstoß *m*
strap saw Bandsäge[maschine] *f*
stratification Schichtung *f*
stratum Schicht *f* (geol.); Schicht *f*
stratum of air Luftschicht *f*
stray current Irrstrom *m*
stray field energy Streufeldenergie *f*
stray flux Streufluß *m*
stream centering Strahlzentrierung *f*
strength Festigkeit *f;* Haltbarkeit *f;* Stärke *f*
strength at elevated temperature Hochtemperaturfestigkeit *f*
strength at elevated temperatures Warmfestigkeit *f*
strength at high temperatures Hochtemperaturfestigkeit *f;* Warmfestigkeit *f*
strength at low temperature Kaltfestigkeit *f*
strength characteristics Festigkeitseigenschaften *fpl*
strength depending on design Gestaltfestigkeit *f*
strength depending on shape Gestaltfestigkeit *f*
strengthen verfestigen; verstärken
strengthening Verfestigen *n*
strengthening by cold working Kaltverfestigung *f*
strengthening mechanism Verfestigungsmechanismus *m*
strengthening phase verfestigende Phase *f* (in Legierungen)
strength of sinter Sinterfestigkeit *f*
strength properties Festigkeitseigenschaften *fpl*
strength value Festigkeitswert *m*
strength weld Festigkeitsschweiße *f*
stress beanspruchen; Beanspruchung *f;* Dehnung *f* (unterhalb der E-Grenze); Spannung *f*
stress analysis Kräftebestimmung *f*
stress concentration factor Formzahl *f*
stress corrosion Spannungsrißkorrosion *f*
stress corrosion by molten zinc Lötbruch *m* (Feuerverzinken)
stress corrosion cracking, hydrogen-induced Spannungsrißkorrosion *f,* wasserstoffinduzierte
stress corrosion cracking (= SCC)

Spannungsrißkorrosion *f*
stress corrosion crack (SCC) Spannungskorrosionsriß *m*
stress corrosion test Spannungskorrosionsversuch *m*
stress crack Spannungsriß *m*
stress curve Belastungskurve *f*
stress cycle Wöhlerlinie *f*
stress diagram Belastungskurve *f*
stress field Spannungsfeld *n*
stress-intensity factor Spannungsintensitätsfaktor *m*
stress number curve Wöhlerlinie *f*
stress relaxation test Spannungsrelaxationsversuch *m*
stress relief Spannungsabbau *m*
stress relief [anneal] anlassen
stress relief annealing Entspannungsglühen *n;* Spannungsarmglühen *n*
stress-relief cracking Spannungsentlastungsrißbildung *f*
stress relief heat treatment Spannungsarmglühen *n*
stress relieved angelassen
stress relieving Entspannung *f;* Spannungsarmglühen *n*
stress relieving anneal Spannungsarmglühung *f*
stress removal Entlastung *f*
stress rupture curve Zeitstandbruchlinie *f*
stress state Spannungszustand *m*
stress strain behaviour Spannungs-Dehnungsverhalten *n*
stress strain curve Fließkurve *f;* Spannungs-Dehnungs-Kurve *f;* Spannungs-Dehnungs-Schaubild *n*
stress strain diagram Spannungs-Dehnungs-Schaubild *n*
stress strain relation Spannungs-Dehnungs-Beziehung *f*
stress tensor Spannungstensor *m*
stress to produce a given creep in a given time Zeitdehngrenze *f*
stretch dehnen; Dehnung *f* (elastischer Werkstoffproben); Dehnung *f;* strecken
stretchability Abstreckbarkeit *f*
stretched steel Streckstahl *m*
stretched wire Streckdraht *m*
stretched zone Dehnungszone *f*
stretcher brick Läuferstein *m* (Kokerei)
stretcher leveller Richtmaschine *f* (Feinblech); Spannmaschine *f;* Streckmaschine *f*
stretcher levelling Streckrichten *n*
stretcher lines Fließfiguren *fpl;* Kraftwirkungsfiguren *fpl*
stretcher strains Fließfiguren *fpl* (Oberfläche); Kraftwirkungsfiguren *fpl*
stretch forming Formrecken *n;* Rekken *n;* Strecken *n;* Streckziehen *n*
stretching Dehnen *n*
stretch levelling facility Streckrichtanlage *f*
stretch levelling machine Streckrichtmaschine *f*
stretch reducing by roll drawing Nachziehen *n*
stretch reducing mill Streckreduzierwalzwerk *n*
stretch reduction Streckreduzieren *n*
stretch reduction mill Streckreduzierwalzwerk *n*
stretch rolling Reckwalzen *n*
striation Schwingungsmarke *f* (Bruchfläche)
strickle moulding Schablonenformerei *f*
strickle moulding mixture Schabloniermasse *f*

striker Anschläger *m* (Kran); Hammerschneide *f* (beim Pendelschlagwerk)
striking energy Schlagarbeit *f*
striking the arc Lichtbogenzünden *n*
stringers Schilfer *mpl*
strip abstreifen (Kokillen oder Dorn); Band *n;* Bandstahl *m;* strippen
strip air-wipe system Bandabblasung *f*
strip annealing furnace Bandstahl-Glühofen *m*
strip blow-off Bandabblasung *f*
strip blow-off device Bandblaseinrichtung *f*
strip brake Bandbremse *f*
strip breakage Bandriß *m*
strip casting Bandgießen *n*
strip casting plant Bandgießanlage *f*
strip centering Bandzentrierung *f*
strip chart recorder Bandschreiber *m*
strip coating Bandbeschichtung *f*
strip cooling Bandkühlung *f*
strip crown Bandprofil *n* (Wölbung); Bandwölbung *f*
strip cutting-off machine Bandabschneidmaschine *f*
strip deflector Bandabweiser *m*
strip edge detection Bandkantenerfassung *f*
strip edge heating Bandkantenerwärmung *f*
strip edge-working machine Bandkantenbearbeitungsmaschine *f*
strip flash butt welder Abbrennstumpfschweißmaschine *f* (für Band)
strip flatness Bandplanheit *f;* Ebenheit *f* des Bandes
strip flatness measuring roll Bandplanheitsmeßrolle *f*
strip flatness sensor Bandplanheitsmeßgerät *n*
strip flattener Bandrichtaggregat *n*
strip flow Bandlauf *m*
strip gauge Banddicke *f;* Bandvorstoß *m*
strip gauge error Banddickenfehler *m*
strip gauge variation Banddickenänderung *f*
strip grinding machine Bandschleifmaschine *f*
strip guide Bandführung *f*
strip guiding apron Bandführungstisch *m*
strip guiding table Bandführungstisch *m*
strip head end Bandanfang *m*
strip heating Banderwärmung *f*
strip hold-down roll Bandandrückrolle *f*
strip joiner Bandheftmaschine *f*
strip lead Bandführung *f*
strip length Bandlänge *f*
strip leveller Bandrichtaggregat *n;* Bandrichtmaschine *f*
strip mill Bandwalzwerk *n*
strip or slab model Streifenmodell *n*
strip [overlay] surfacing Bandauftragschweißen *n*
strip passline Bandlaufebene *f*
stripper [guide] Abstreifer *m;* Ausführhund *m;* Blockabstreifer *m;* Hund *m* (Abstreifmeißel)
stripper plate Abstreifplatte *f*
stripper pressure Niederhaltedruck *m*
stripping Abstreifen *n* (von Blockformen); Abstreifen *n*
stripping bay Abstreifhalle *f*
stripping crane Abstreifkran *m;* Stripperkran *m*

stripping plate Abstreifmeißel *m*
stripping plate molding machine Durchzugformmaschine *f*
stripping test Tauchprobe *f* (für Metallüberzüge)
strip processing line Bandbehandlungsanlage *f*
strip processing plant Bandverarbeitungsanlage *f*
strip profile Bandprofil *n*
strip profile error Profilfehler *m*
strip profile measurement Bandprofilmessung *f*
strip refining plant Bandveredelungsanlage *f*
strip [rolling] mill Bandwalzwerk *n;* Streifenwalzwerk *n*
strip sabre Säbel *m* (Bandwalzen)
strip shape Bandprofil *n*
strip shape control Bandprofilregelung *f*
strip slitting machine Bandzerteilanlage *f*
strip slitting plant Bandzerteilanlage *f*
strip [steel] Bandstahl *m*
strip [steel] mill Bandstahlwalzwerk *n;* Bandwalzwerk *n;* Streifenwalzwerk *n*
strip stiffness Bandsteifigkeit *f*
strip stitcher Bandheftmaschine *f*
strip straightening machine Bandrichtmaschine *f*
strip straigthening machine Bandrichtmaschine *f*
strip support apron Bandeinfädeltisch *m*
strip tail end Bandende *n*
strip tail-end detection Bandendenerfassung *f*
strip tensiometer Bandzugmeßsystem *n*
strip tension Bandzug *m;* Längszug *m*
strip tension control Bandzugsteuerung *f*
strip tension measuring system Bandzugmeßsystem *n*
strip thickness Banddicke *f*
strip thickness gauge Banddickenmeßgerät *n*
strip thickness measuring device Banddickenmeßgerät *n*
strip threading apron Bandeinfädeltisch *m*
strip tinning Bandverzinnen *n*
strip travel Bandlauf *m*
strip welder Bandschweißmaschine *f*
strip welding machine Bandschweißmaschine *f*
strip width Bandbreite *f*
strip width adjustment Bandbreitenverstellung *f*
strip width recording Bandbreitenschrieb *m*
strip winder Bandwickler *m*
strip winder line Bandwickelgerüst *n*
stroke Hub *m;* Schlag *m;* Stich *m*
stroke arresting device Hubbegrenzer *m*
stroke length Hubhöhe *f*
strong gas heating Starkgasheizung *f*
strontium Strontium *n*
strontium ferrites for permanent magnets Strontiumferrite *mpl* für Dauermagnete
structural engineering workshop Eisenbahn-Werkstätte *f*
structural member Bauteil *n*
structural pipe Konstruktionsrohr *n*
structural sections Formstahl *m*
structural shape Formstahl *m*
structural shapes Baustahl *m;* Profilstahl *m*

structural stability Gefügestabilität *f*
structural steel Baustahl *m;* Formstahl *m;* Profilstahl *m*
structural steel component Stahlbauteil *n*
structural steel element Stahlbauteil *n*
structural steel engineering Stahlhochbau *m*
structural steel for reactors Reaktorbaustahl *m*
structural steel framework Stahlskelettbau *m*
structural steel plate Baublech *n*
structural [steel rolling] mill Formstahl-Walzwerk *n;* Profilstahl-Walzwerk *n*
structural steel sheet Baublech *n*
structural steel tube Stahlkonstruktionsrohr *n*
structural steel work Stahlbau *m*
structural steelwork Stahlbauten *fpl;* Stahlkonstruktion *f*
structural tube Rohr *n* für Konstruktionszwecke
structure Aufbau *m;* Struktur *f*
structure as tempered Anlaßgefüge *n*
strut abstützen; verstreben
stub column kurze Stützen *fpl*
stud Stift *m;* Stiftschraube *f;* Zapfen *m*
stud screw Stiftschraube *f*
stud welding Bolzenanschweißen *n;* Bolzenschweißung *f*
study group Arbeitsgemeinschaft *f*
stuffing Dichtung *f;* Dichtungsring *m;* Packung *f*
stuffing box Stopfbüchse *f*
S-type continuous casting machine with straight mould Stranggieß-Kreisbogenanlage *f* mit gerader Kokille
sub-committee Unterausschuß *m*
subcontractor Unterlieferant *m*
subcutaneous blow hole Randblase *f*
subdivision Untergruppe *f*
subgrain Unterkorn *n* (metallographisch)
subject Gegenstand *m*
subject to design certification bauartgenehmigungspflichtig
sublance Sublanze *f*
sublicense Unterlizenz *f*
sublimation Sublimieren *n*
submerged arc verdeckter Lichtbogen *m*
submerged arc welding Lichtbogenschweißen *n* verdecktes; Unter-Pulver-Schweißen *n* (UP-Schweißen); verdeckte Lichtbogenschweißung *f*
submerged entry nozzle Tauchrohr *n*
submerged lance Tauchlanze *f*
submerged nozzle Tauchausguß *m;* Tauchrohr *n*
submerged nozzle spraying device Tauchrohr-Spritzvorrichtung *f*
submerged pouring Metallzuführung *f* unter dem Gießspiegel; Tauchrohrgießen *n*
submersible pump Tauchpumpe *f*
sub-sample Unterprobe *f*
subsequent charging Nachsetzen *n*
subsequent processing Weiterverarbeitung *f*
subset Teilmenge *f* (von Fähigkeiten)
subsidiary crack Nebenriß *m*
subsidiary manufacturing company Betriebsgesellschaft *f*
sub-sieve powder Feinstpulver *n;* Siebdurchgang *m*

substitute defect size Ersatzfehlergrösse *f*
substitute gear Ersatzgetriebe *n*
substitute material Austauschwerkstoff *m*
substitute mechanism Ersatzgetriebe *n*
substitute steel Austauschstahl *m*
substitution Ersatz *m*
substitution solid solution Substitutionsmischkristall *m*
substrate Trägerwerkstoff *m*
sub-surface porosity Porosität *f* unter der Oberfläche
sub-system Teilsystem *n* (elektr.)
subterranean water Grundwasser *n*
sub-zero cool tiefkühlen
subzero refrigeration Tiefkühlen *n*
subzero steel kaltzäher Stahl *m*
sub-zero treat tieftemperaturbehandeln
successive operation Folgeschnitt *m*
sucking Kneifen *n*
sucking-off plant Absaugeanlage *f*
suck off absaugen
suction apparatus Absaugegerät *n*
suction area Saugfläche *f* (Sinter)
suction basket Saugkopf *m*
suction hood Absaugehaube *f*; Saughaube *f*
suction line Ansaugleitung *f*
suction output Ansaugeleistung *f*
suction plant Absaugeanlage *f*
suction power Ansaugeleistung *f*
ouotion pyrometer Durchfluß-Thermoelement *n*
sufficient erschöpfend; hinreichend
suggestion Vorschlag *m*
suggestion scheme Vorschlagswesen *n* betriebliches
suggestion system Vorschlagswesen *n* betriebliches
suitability test Eignungsprüfung *f*
suitable for enamelling emaillierfähig
sulfidation Aufschwefelung *f*
sulfide inclusion Sulfideinschluß *m*
sulfide shape Sulfidform *f*
sulfur Schwefel *m*
sullage piece verlorener Kopf *m*
sull coat anlaufen lassen
sull coating Abbrausen *n* (Draht); Abspritzen *n*
sulphate Sulfat *n*
sulphide Sulfid *n*
sulphide scale efflorescence Schwefelpocken *fpl*
sulphidizing Sulfidieren *n*
sulphite Sulfit *n*
sulphonitriding Sulfonitrieren *n*
sulphur Schwefel *m*
sulphur bearing schwefelhaltig
sulphuric acid Schwefelsäure *f*
sulphur pockmarks (corrosion) Schwefelpocken *fpl*
sulphur print Baumann-Abdruck *m*; Schwefelabdruck *m*
sulphur set Schwefelelend *n*
sum total Fazit *n* (Schlüsselergebnis)
sunken hopper Tiefbunker *m*
supercarburisation Überkohlung *f*
supercharger Überverdichter *m*
superconducting transition temperature Sprungpunkt *m*; Sprungpunkttemperatur *f*
superconductivity Supraleitfähigkeit *f*; Supraleitung *f*
supercooling Unterkühlung *f*
supercritically annealed and quenched geglüht oberhalb des Umwandlungsbereiches *m* und gehärtet

superferrite Superferrit *m*
superferritic stainless steel superferritischer nichtrostender Stahl *m*
superfines Feinstanteil *m*
superfinishing Feinstziehschleifen *n;* Gleitschleifen *n*
superheat Überhitzung *f*
superheater tube Überhitzerrohr *n*
superheating Überhitzung *f*
super high strength steel höchstfester Stahl *m*
superimposed überlagert
superintendent Abteilungsleiter *m;* Betriebschef *m*
superintendent steelmaking department Stahlwerksdirektor *m*
superlattice Überstruktur *f*
superposition Überlagerung *f*
supersaturation Übersättigung *f*
supersonic test Ultraschallprüfung *f*
supervision Überwachung *f*
supervisor Aufsichtsbeamter *m;* Vorgesetzter *m*
supplementary firing Zusatzfeuerung *f*
supplementary measurement Ergänzungsmessung *f*
supplementary reactor Drosselspule *f* (Lichtbogenofen)
supplementary reactor rating Drosselleistung *f* (Lichtbogenofen)
supplementary report Ergänzungsbericht *m*
supplier Lieferwerk *n*
supply liefern; Lieferung *f;* versorgen; Vorrat *m*
supply network system Stromversorgungsnetz *n*
supply system loading Netzbelastung *f*
supply transformer Einspeisetrafo *m*
supply voltage Speisespannung *f*
support abstützen; Lager *n;* lagern; unterlegen
support for slag ladle Tragkorb *m* für Schlackenpfanne
supporting bolt Tragbolzen *m*
supporting bracket Lagerbock *m*
supporting grid Tragrost *m*
supporting hoop for barrels Faßreifen-Bandstahl *m*
supporting roller Tragrolle *f*
support of the weld pool Abstützen *n* des Schweißbads (Schmelzbads)
support roll Stützrolle *f* (Strang)
suppressed combustion unterdrückte Verbrennung *f;* Verbrennung *f* unterdrückte
surface Fläche *f;* Oberfläche *f*
surface active agent oberflächenaktiver Stoff *m*
surface area Oberfläche *f*
surface bands Fließfiguren *fpl* (Bleche)
surface characteristics Oberflächenmerkmal *n*
surface concentration Oberflächenkonzentration *f*
surface condition Oberflächenbeschaffenheit *f*
surface crack Oberflächenriß *m*
surface decarburisation Randentkohlung *f*
surface decarburization Randentkohlung *f*
surface defect Oberflächenfehler *m;* Randfehler *m*
surface defect on ingot castings Oberflächenfehler *m* beim Blockguß
surface digging Tagebau *m*
surface drying Oberfllächentrocknung *f*
surface factor Oberflächeneinfluß-

faktor *m*
surface finish Oberflächenbeschaffenheit *f*
surface finishing Oberflächenveredlung *f*
surface grinding Flachschleifen *n;* Planschleifen *n*
surface hardenability of case hardening steels Oberflächenhärtbarkeit *f* von Einsatzstählen
surface hardenable steel Stahl *m,* oberflächenhärtbar
surface hardening Randschichthärten *n*
surface hardening steel randschichthärtender Stahl *m*
surface hardness Oberflächenhärte *f*
surface imperfection Oberflächenfehler *m;* unganze Stelle *f* (e. Oberfläche)
surface injection converter Aufblaskonverter *m*
surface injection method Aufblasverfahren *n*
surface inspection Oberflächeninspektion *f*
surface integrity Oberflächenbeschaffenheit *f*
surface layer Deckschicht *f*
surface layer hardening Randschichthärten *n*
surface-layer welding Auftragschweißung *f*
surface milling Flächenfräsen *n*
surface of fracture Bruchfläche *f*
surface of metal (in a mould) Gießspiegel *m;* Spiegel *m*
surface oxidation Oberflächenoxidation *f*
surface preparation Oberflächenvorbereitung *f*
surface pressing Flächenpressung *f*
surface protection Oberflächenschutz *m*
surface protection of valves Oberflächenschutz *m* von Ventilen
surface protective agent Oberflächenschutzmittel *n*
surface quality Oberflächenbeschaffenheit *f;* Oberflächenzustand *m*
surface replica Oberflächenabdruck *m* (Mikroskopie)
surface scratching test Ritzhärteprüfung *f*
surface tear Oberflächenriß *m*
surface techniques Oberflächentechnik *f*
surface tension Oberflächenspannung *f*
surface treatment Oberflächenbehandlung *f;* Oberflächenveredelung *f*
surface treatment line Oberflächenbehandlungsanlage *f*
surface zone Randzone *f*
surfacing Auftragschweißung *f;* Flachprägen *n*
surfacing (am.) Hartauftragsschweißung *f*
surge Spannungsdurchschlag *m* (Lichtbogenofen)
surge hopper Ausgleichstrichter *m*
surge tank Druckausgleichbehälter *m;* Hochbehälter *m;* Überlaufbehälter *m*
surging lap Anhäufung *f* von Mattschweißen
surplus blast-furnace gas burner Gichtgasfackel *f*
surplus capacity Überkapazität *f*
surplus gas Überschußgas *n*
surplus gas burner Abgasfackel *f;* Fackel *f* (Abgas)
surplus length Überlänge *f*

surrounding conditions Umweltbedingungen *fpl;* Umweltverhältnisse *npl*
survey Rundfrage *f;* Stichprobenerhebung *f;* Überwachung *f*
survey of the production plan Produktionsplanungsübersicht *f*
surveyor Abnehmer *m*
susceptibility Neigung *f*
susceptibility of welding seams to cracking Schweißnahtrissigkeit *f*
susceptibility (to) Anfälligkeit *f* (für); Empfindlichkeit *f* (gegen); Suszeptibilität *f*
susceptibility to ag[e]ing Alterungsempfindlichkeit *f*
susceptibility to grain coarsening Grobkornanfälligkeit *f*
susceptibility to hardening Härteempfindlichkeit *f*
susceptibility to quench cracking Abschreckrißempfindlichkeit *f*
susceptibility to trouble Störanfälligkeit *f*
susceptibility to welding fissures Schweißrissigkeit *f*
suspended arch Hängedecke *f*
suspended roof Hängedecke *f*
suspended roof for pusher-type furnace Stoßofen-Hängedecke *f*
suspended solid particle Schwebe-Feststoffteilchen *n*
suspended substance Schwebstoff *m*
suspended wall Hängewand *f*
suspension Aufhängung *f*
suspension of bricks Aufhängevorrichtung *f* für Steine
suspension rope Spannseil *n*
sustained deviation (am.) bleibende Regelabweichung *f*
swab anstreichen
swage anspitzen; Gesenk *n;* verjüngen
swage block Lochplatte *f* (Schmieden)
swaged and rolled high-purity steel im Gesenk geschmiedetes und gewalztes Reinsteisen *n*
swaged forging Gesenkschmiedestück *n*
swager Streckgesenk *n;* Streckwerkzeug *n*
swaging Gesenkschmieden *n*
swaging hammer Gesenkhammer *m*
swallowing capacity Schluckvermögen *n*
swallowing capacity of moulds Kokillenschluckvermögen *n*
swarf Drehspäne *mpl;* Span *m*
swarfless nichtspanabhebend; spanlos
swash plate [tilting box] Taumelscheibe *f*
swealed surface verschmorte Oberfläche *f*
sweep bestreichen; Bogen *m;* Hohlung *f* (Walze)
swell aufgehen; blähen; schwellen; wachsen
swelling Auffederung *f* (Draht); Schwellen *n* (Pellet)
swelling binder Quellbinder *m*
swelling index Blähgrad *m* (Koks)
swelling property Blähgrad *m* (Koks)
swift Abwickelgerüst *n* (z. B. für Drahtringe); Drehteller *m*
swill abspülen
swing Ausladung *f;* Ausschlag *m;* Kredithöhe *f* (bei Verrechungsabkommen); schwingen
swing grinding machine Pendelschleifmaschine *f*

swinging launder Schaukelrinne *f*
swing roof arc furnace Lichtbogenofen *m* mit Schwenkdeckel
swing type arc furnace Lichtbogen-Schaukelofen *m*
swirl burner Drallbrenner *m*
swirl nozzle Wirbeldüse *f*
swirl promoter Drallrohr *n*
switch Einschalter *m;* schalten; Umschalter *m*
switch blade Weichenzunge *f*
switch board Schaltbrett *n*
switch cupboard Schaltschrank *m;* Verteilanlage *f*
switcher Weichensteller *m*
switch for cog-rail type Weiche *f* für Zahnradbahn
switch gear Schaltanlage *f*
switching period (motor) Einschaltdauer *f*
switch installation Schaltanlage *f*
switch lever Schalthebel *m*
switch man Weichensteller *m*
switch panel Schaltbrett *n*
swivel-joint Drehgelenk *n*
swivelling drehbar; schwenkbar
swivelling cover Schwenkdeckel *m*
swivelling launder Schwenkrinne *f*
swivelling tundish Verteilerrinne *f*, drehbare
swivelling vessel Schwenkkonverter *m*
symmetrical rolling Walzen *n*, symmetrisches
symmetrisation Symmetrierung *f*
symmotry Symmetrie *f*
synchronism Gleichlauf *m*
synthetic resin bearing Kunstharzlager *n*
syphon Fuchs *m*
system-controlled netzgeführt
system of coordinates Liniennetz *n*
system of ore dressing Aufbereitungsstammbaum *m*
system of time allowance Zeitvorgabe *f* (beim Akkord)

T

table Liste *f;* Tabelle *f;* Tafel *f;* Verzeichnis *n*
tabulator Tabelliermaschine *f*
tab washer Sicherungsblech *n* (Schraube)
tack Drahtstift *m;* heften; Nagel *m*
tackle Flaschenzug *m;* Haspel *f*
tack weld Heftschweiße *f*
tacky slag klebrige Schlacke *f*
tag angeln (= mit Schwanzende versehen); Anhängeschild *n*
tagged atoms Spurenelemente *npl*
taggers dünnes Feinblech *n*
tail Ausläufer *m*
tail end hinteres Ende *n;* Schwanz *m*
tail-end pinch roll set Restendentreiber *m*
tail-end spotting Bandendenerfassung *f*
tail-end-to-head-end time Bandfolgezeit *f*
tailings Berge *mpl;* Erzabfälle *mpl;* Gangart *f*
tailored beam Tailored Beam *m;* Trägerzuschnitt *m*, maßgeschneiderter; Trägerzuschnitt *m*
tailored blanks Tailored Blanks *npl* (Blechzuschnitte)
tailoring Abrundung *f*
tails Schlamm *m* (Erzaufbereitung)
take off abheben; abnehmen; ausbauen (Walzen)
take-up wickeln
tallow Schmiere *f;* Talg *m*

tamp stampfen
tamp down aufstampfen
tamped bottom gestampfter Boden *m*
tamping clay Stampfmasse *f*
tamping dolomite Stampfdolomit *m*
tandem arc Tandembogen *m*
tandem mill Tandemwalzwerk *n*
tangential point Biegepunkt *m* (Stranggießen)
tangential test Tangentialprobe *f*
tank Behälter *m;* Bottich *m;* Schleifenspeicher *m* (EDV)
tank and container sheet Tank- und Behälterblech *n*
tank bottom Behälterboden *m*
tank truck Tankwagen *m*
tantalum Tantal *n*
tap Abgriff *m;* ablassen; abstechen; abziehen (Schlacke); schneiden (Gewinde)
tap bar Stichlochstopfstange *f*
tap changer Lastschalter *m* (Lichbogenofen)
tap density Klopfdichte *f*
tape Band *n;* Bandmaß *n;* umwickeln
tape perforator Streifenlocher *m*
taper Anzug *m* (Kaliber); Konizität *f;* Konus *m;* verjüngen
tape reader Lochstreifenleser *m*
tape recorder Magnetbandspeicher *m*
tapered roller bearing Kegelrollenlager *n*
tapered section entering the rolls Walzkeil *m*
tapering of the cross section Querschnittsverjüngung *f*
taper of a groove Kaliberanzug *m*
taper pin Kegelstift *m*
tape to card converter streifengesteuerter Kartenlocher *m*
tap hole Abstichloch *n*
taphole Hut *m* (LD-Verfahren)
tap hole Stichloch *n*
taphole brick Abstichstein *m*
tap hole gun Stichlochstopfmaschine *f*
tap hole valve Abstichschieber *m*
taping machine Bandwickler *m*
tapping Abstechen *n;* Abstich *m;* Gewindebohren *n;* Innengewindeschneiden *n*
tapping device Abstichvorrichtung *f*
tapping machine Innengewinde-Schneidmaschine *f*
tapping rod Stopfenstange *f*
tapping screw Blechschraube *f*
tapping spout Abstichrinne *f*
tapping temperature Abstichtemperatur *f*
tap slag abschlacken
tap-to-tap cycle time Abstichtaktzeit *f*
tap-to-tap time Abstich-zu-Abstich-Zeit *f*
tap-to-tap times Schmelzenfolgezeiten *fpl*
tap volume Klopfvolumen *n*
tap weight Abstichgewicht *n*
tar Teer *m*
tar-bonded teergebunden
tar-bonded magnesite Teermagnesit *m*
tar dolomite brick Teerdolomitstein *m*
tar for steel making purposes Stahlwerksteer *m*
target Planziel *n;* Soll *n;* Ziel *n*
target tube Röntgenröhre *f*
tarif agreement Tarifabkommen *n*
tar-impregnated teergetaucht
tar macadam plant Schotter-Teerungsanlage *f*

tarnish anlaufen; beschlagen; mattieren
tar processing plant Teerverarbeitungsanlage *f*
task Kernprogramm *n*
task-work performance Akkordleistung *f*
tax Abgabe *f;* Steuer *f*
teaching workshop Lehrwerkstatt *f*
team Arbeitsgruppe *f;* Mannschaft *f*
team work Gruppenarbeit *f*
tear zerreißen; Zerreißung *f*
tearing Rißbildung *f*
tearing chip Reißspan *m*
tearing in Einreißen *n*
tearing resistance Reißfestigkeit *f*
tearing strength Zerreißfestigkeit *f*
technical association (or organization) Fachverband *m*
technical breakdown technische Störung *f*
technical fair technische Messe *f*
technical gas Gas *n,* technisches
technical inadequacies in the testing prüftechnische Mängel *f*
technical literature Fachliteratur *f*
technical school for engineers Ingenieurschule *f*
technical standards division Fachnormenausschuß *m*
techniques Technik *f*
technological property Eigenschaft *f,* technologische
technological test technologische Prüfung *f*
toohnological testing method Prüfverfahren *n,* technologisches
technology Technologie *f*
tee-bar T-Träger *m*
tee head bolt Hammerschraube *f*
teem abgießen; abstechen; gießen; vergießen
teem direct fallend [ver]gießen; gießen
teem down-hill fallend [ver]gießen
teeming Abguß *m;* Vergießen *n*
teeming arrest (surface defect) Absatz *m*
teeming ladle Gießpfanne *f*
teeming lap Mattschweiße *f* (Blockfehler)
teeming platform Gießbühne *f*
teeming rate Gießgeschwindigkeit *f*
teem off abgießen
telecommunication system Fernmeldeanlage *f*
telemeter Fernmeßgerät *n*
telemetering Fernmessung *f*
teleprinter Fernschreiber *m*
tele-transmission of measured values Fernübertragung *f* von Meßgrößen
teletransmitter Ferngeber *m*
television transmission Fernsehübertragung *f*
telewriter Fernschreiber *m*
tellurium Tellur *n*
telpher line elektrische Drahtseilbahn *f;* Elektrohängebahn *f;* Hängebahn *f*
temper anfeuchten (Steine); anlassen; prozentuale Längenzunahme *f* (eines Bleches beim Kaltwalzen)
temper air line Kaltwindzusatzleitung *f*
temperature Temperatur *f*
temperature coefficient Temperaturkoeffizient *m*
temperature control Temperaturführung *f*
temperature control apparatus Temperaturregler *m*
temperature-controlled hot forming temperaturgeregelte Warmumformung *f*

temperature gradient Temperaturgradient *m;* Temperaturverlauf *m;* Wärmegefälle *n*
temperature loss Temperaturverlust *m*
temperature measuring instrument Temperaturmeßgerät *n*
temperature of quenching Ablöschtemperatur *f*
temperature range Temperaturbereich *m*
temperature-reduction-marginal coordinates [system] Temperatur-Abbau-Randkoordinaten [-System] *n*
temperature resistance Temperaturbeständigkeit *f*
temperature rise Temperaturanstieg *m*
temperature sensitivity Temperaturempfindlichkeit *f*
temperature stability Temperaturbeständigkeit *f*
temperature stress Wärmespannung *f*
temper brittleness Anlaßsprödigkeit *f*
temper carbon Temperkohle *f*
temper colour Anlaßfarbe *f;* Anlauffarbe *f;* Glühfarbe *f*
tempered angelassen; vergütet
temper embrittlement Anlaßversprödung *f*
temper etching Anlaßätzung *f*
tempering anlassen; Anlassen *n;* Einvergütung *f*
tempering diagram Anlaßschaubild *n*
tempering from hot-forming temperature Vergüten *n* aus der Warmformgebungshitze
tempering furnace Anlaßofen *m*
tempering in oil Ölvergüten *n*
tempering parameter Anlaßkenngröße *f;* Anlaßparameter *m*
tempering resistance Anlaßbeständigkeit *f*
tempering steel Vergütungsstahl *m*
tempering strength Anlaßbeständigkeit *f*
tempering temperature Anlaßtemperatur *f*
tempering time Anlaßdauer *f*
temper mill Kaltnachwalzwerk *n*
temper [pass] mill Dressierwalzwerk *n*
temper [pass] rolling Dressieren *n;* oberflächliches Walzen *n* mit geringem Druck
temper [pass] rolling mill Dressierwalzwerk *n*
temper pass rolling mill Kaltnachwalzwerk *n*
temper-resistant steel anlaßbeständiger Stahl *m*
temper rolling Nachwalzen *n*
temping clay Stampfmasse *f*
template Lehre *f;* Schablone *f;* Stichmaß *n*
template moulding Schablonenformerei *f*
tenacity Festigkeit *f;* Zähigkeit *f*
tendency Neigung *f* (Tendenz)
tendency to cracking Rißneigung *f*
tendency to edge corner Kantenrissigkeit *f*
tendency to porosity Porenneigung *f*
tender anbieten; Angebot *n*
tensile dimple Zugwabe *f*
tensile fracture Zugbruch *m*
tensile load Zerreißspannung *f;* Zugbelastung *f*
tensile properties Festigkeitseigenschaften *fpl*

tensile reforming Zugumformen *n*
tensile shear strength Zugscherfestigkeit *f*
tensile shear test Scherzugversuch *m*
tensile shock test Schlagzerreißversuch *m*
tensile state Spannungszustand *m*
tensile strain Reckgrad *m;* Zugbeanspruchung *f;* Zugdehnung *f*
tensile strain ga[u]ge Zugspannungsmesser *m*
tensile strength Festigkeit *f;* Zerreißfestigkeit *f;* Zugfestigkeit *f*
tensile stress Zerreißspannung *f;* Zugbeanspruchung *f;* Zugspannung *f*
tensile test Zugversuch *m*
tensile test across the grain Querzugversuch *m*
tensile test across the rolling direction Querzugversuch *m*
tensile test bar Zerreißstab *m*
tensile testing machine Zerreiß[prüf]maschine *f*
tensile test [specimen] Zerreißprobe *f*
tensile test specimen Zugprobe
tension Spannung *f* (mechanische); Spannung *f;* Zug *m*
tension bridle Spannrollensatz *m;* Zugrollengerüst *n*
tension-controlled rolling zuggeregeltes Walzen *n*
tension crack Spannungsriß *m*
tension levelling machine Streckrichtmaschine *f*
tension reel Zughaspel *f*
tension rolls Zugrollengerüst *n*
tension spring Zugfeder *f*
tension test Biegungsprobe *f;* Druckprobe *f;* Zerreißprobe *f;* Zugversuch *m*
tenso-compressive reforming Zug-Druck-Umformen *n*
tentative standard Vornorm *f*
tentative standard (or specification) Norm *f* vorläufige
term Glied *n*
term of delivery Lieferfrist *f*
termoplastic thermoplastisch
terms of delivery Lieferbedingungen *fpl*
terms of supply Lieferbedingungen *fpl*
ternary ternär
ternary system Dreistoffsystem *n*
terne überziehen mit einer Blei-Zinn-Legierung
terne plate Dachbedeckungsblech *n;* Mattblech *n;* Ternblech *n*
terne strip Ternband *n*
tessellated stresses schachbrettartig verlaufende Spannungen *fpl*
test erproben; Probe *f;* prüfen; untersuchen
test bar Probestab *m;* Prüfstab *m*
test by free oscillations Ausschwingversuch *m*
test category Prüfklasse *f*
test census Probezählung *f*
test certificate Prüfbescheinigung *f*
tested for cracks in the "as delivered" condition rißgeprüfter Lieferzustand *m*
test for randomness Prüfung *f* auf Zufälligkeit
toot in boiling liquids Kochversuch *m*
test[ing] Prüfung *f;* Untersuchung *f*
testing facility Prüfeinrichtung *f*
testing for brittle fracture sensitivity Sprödbruchprüfung *f*
testing laboratory Versuchsanstalt *f*

testing machine Prüfmaschine *f*
testing method Prüfverfahren *n*
testing of materials Werkstoffprüfung *f*
testing of weakest points in a design Schwachstellenprüfung *f*
testing set Prüfgerät *n*
test load Prüflast *f*
test of quality of fit Probe *f* auf die Güte der Anpassung
test piece Probe *f;* Probekörper *m;* Probestück *n*
test piece with a U notch Rundkerbprobe *f*
test report Werkszeugnis *n*
test rod Meßschwert *n*
tests by progressive loadings Stufenversuche *mpl*
test series Versuchsreihe *f*
test set-up Versuchsanordnung *f;* Versuchsaufbau *m*
test sheet Versuchsblech *n*
test specimen Probe *f;* Probekörper *m;* Probemuster *n;* Prüfstück *n*
test spoon Probelöffel *m*
test value Prüfwert *m*
test weld Versuchsschweißung *f*
tetracalcium phosphate Tetracalciumphosphat *n*
tetragonal lattice tetragonales Gitter *n*
text communication Textkommunikation *f*
texture Textur *f*
The High Authority Hohe Behörde *f*
Theisen disintegrator Theisen-Wäscher *m*
theoretical to actual die pull ratio Formänderungswirkungsgrad *m* (beim Drahtziehen)
theoretic value Sollwert *m*
theory of probability Wahrscheinlichkeitsrechnung *f*
thermal balance Wärmebilanz *f*
thermal capacity spezifische Wärme *f*
thermal conductance Wärmeleitzahl *f*
thermal conduction Wärmeleitung *f*
thermal conductivity Wärmeleitfähigkeit *f*
thermal cycle Zeit-Temperatur-Folge *f*
thermal diffusivity Temperaturleitfähigkeit *f;* Temperaturleitzahl *f*
thermal effect Wärmenutzen *m*
thermal efficiency Wärmeausnutzung *f;* Wärmewirkungsgrad *m*
thermal equilibrium Temperaturausgleich *m;* Wärmegleichgewicht *n*
thermal expansion Wärmeausdehnung *f;* Wärmedehnung *f*
thermal expansion coefficient Wärmeausdehnungskoeffizient *m*
thermal fatigue resistance Temperaturwechselbeständigkeit *f*
thermal flux Wärmefluß *m*
thermal head Wärmegefälle *n*
thermal-induced crack Wärmebehandlungsriß *m*
thermal inertia Wärmeleitwiderstand *m*
thermal insulation Wärmedämmung *f;* Wärmeisolierung *f*
thermal load Hitzebelastung *f;* Wärmebelastung *f*
thermal power plant Wärmekraftwerk *n*
thermal radiation Wärmeabstrahlung *f*
thermal resistance Wärmewiderstand *m*
thermal resistivity Wärmeleitwiderstand *m*

thermal shield Wärmeabschirmung *f*
thermal shock crack Thermoschockriß *m*
thermal shock stress Temperaturwechselbeanspruchung *f*
thermal spraying Spritzen *n*, thermisches; thermisches Spritzen *n*
thermal stability Wärmebeständigkeit *f*
thermal stability test Warmrundlaufversuch *m*
thermal stress Wärmebeanspruchung *f*
thermal stress crack Wärmespannungsriß *m*
thermal treatment Wärmebehandlung *f*
thermal unit Wärmeeinheit *f*
thermic value wärmetechnische Größe *f*
thermistor Thermistor *m*
thermite welding aluminothermisches Schweißen *n*; Thermitschweißung *f*
thermo-chemical test thermochemische Untersuchung *f*
thermochemical treatment thermochemische Behandlung *f*
thermocouple Thermoelement *n*; Thermopaar *n*
thermodynamics Thermodynamik *f*
thermodynamic statistical thermodynamische statistische Größe *f*
thermoelectric force thermoelektrische Kraft *f*
thermographic method Thermografieverfahren *n*
thermomechanical forming thermomechanisches Umformen *n*
thermomechanical rolling thermomechanisches Walzen *n*
thermomechanical treatment thermomechanische Behandlung *f*
thermometer probe Temperaturfühler *m*
thermopile Thermokette *f*; Thermosäule *f*
thermosetting wärmehärtend
thermoshock resistance Thermoschockbeständigkeit *f*
thicken absteifen; verdicken
thickening Eindicken *n*
thickness Dicke *f*; Stärke *f*
thickness ga[u]ge Dickenmeßgerät *n*
thickness measurement Dickenmessung *f*
thickness measuring device using isotopes Isotopen-Dickenmeßanlage *f*
thickness of boundary layer Grenzschichtdicke *f*
thickness of case hardening Einsatzhärtetiefe *f*
thickness of chip Spandicke *f*
thickness taper Keiligkeit *f* (bei Grobblechen)
thimble Kausche *f*; Seilkausche *f*
thin dünn; verdünnen; verflüssigen
thin film lubrication Grenzschmierung *f*
thin foil technique Dünnschichtverfahren *n* (für Stahldrähte)
thinning Dengeln *n*
thin section Dünnschliff *m*
thin slab Dünnbramme *f*
thin-slab caster Dünnbrammengießanlage *f*; Vorbandgießanlage *f*
thin slab casting Dünnbrammengießen *n*
thin slab casting line Dünnbrammengießanlage *f*
thin strip casting Bandgießen *n*; Dünnbandgießen *n*

thin strip casting plant Dünnbandgießanlage *f*
thin walled steel structural element Stahlbauteil *n* dünnwandiges
thiourea Thioharnstoff *m*
Thomas converter Thomaskonverter *m* (Thomasbirne)
Thomas low carbon steel kohlenstoffarmer Thomasstahl *m*
thomasphosphate Thomasphosphat *n*
Thomas pig iron Thomasroheisen *n*
Thomas process Thomasverfahren *n*
Thomas steel Thomasstahl *m*
Thomas steel works Thomasstahlwerk *n*
thoroughly work durcharbeiten
thread einfädeln (in Kaliber); einführen (in Kaliber); Gewinde *n*
thread cutting Gewindeschneiden *n*
threaded coupling Gewindekupplung *f*
threaded pin Gewindebolzen *m*
threaded pipe Gewinderohr *n*
threaded rod Gewindestange *f*
thread grooving Gewindefurchen *n*
threading Gewindeschneiden *n* (außen)
threading device Einfädelvorrichtung *f*
thread of steel conduit Stahlpanzerrohrgewinde *n*
thread rolling Gewindedrücken *n*
thread rolling by the plungecut method Gewindewalzen *n* im Einstechverfahren
thread rolling by the throughfeed method Gewindewalzen *n* im Durchlaufverfahren
thread rolling machine Gewindewalzmaschine *f*
thread spinning Gewindedrücken *n*
three bell hopper arrangement Drei-Glocken-Gichtverschluß *m*
three-cornered dreieckig
three dimensional (3D) state of stress Spannungszustand *m*, dreiachsiger
three-dimensional (3D) strain state Formänderungszustand *m*, dreiachsiger
three-dimensional shape factor Raumformfaktor *m* (Kristall)
threefold dreifach
three furnace process Triplexverfahren *n*
three-head dummy bar dreiteiliger Anfahrkopf *m*
three-high mill Triowalzwerk *n*
three-high rolling stand Dreiwalzengerüst *n*
three-high stand Triogerüst *n*
three-high stand with two-high roll set Wechselduo *n*
three-high train Triostraße *f*
three-hole nozzle Dreilochdüse *f*
three-layer steel Dreilagenstahl *m*
three phase alternating current Drehstrom *m*
three phase arc furnace Drehstromlichtbogenofen *m*
three phase current Drehstrom *m*
three phase [current] motor Drehstrommotor *m*
three-phase star inverse parallel connection Dreiphasen-Sterngegenparallelschaltung *f*
three phase to direct current motor generator set Drehstrom-Gleichstrom-Umformer *m*
three-ply plate Dreilagenblech *n*
three-point bending test Dreipunktbiegeversuch *m*
three shift operation Dreischichtbe-

trieb *m*
three-stage dreistufig
three-stage transmission filter Dreistufenfilter *m* (Spektralanalyse)
three-step dreistufig
three strand machine Dreistrangmaschine *f*
threshold Schwelle *f* (Grenzwert)
threshold value Grenzwert *m;* Schwellenwert *m*
throat Ausladung *f* (e. Presse); Ausladung *f* (Hochofen); Gicht *f*
throat armour Schlagpanzer *m*
throat diameter Gichtdurchmesser *m*
throat dust Gichtstaub *m*
throat opening Gichtöffnung *f*
throat stopper Gichtverschluß *m*
throttle Drossel *f* (elektr.); drosseln
throttle valve Drosselklappe *f;* Drosselventil *n*
through durchgehend
through fraction Siebdurchgang *m*
through-hardenability Durchhärtbarkeit *f*
through-hardenability of bearing steels Durchhärtbarkeit *f* von Lagerstahl
through-hardening Durchhärtung *f*
throughhole Durchgangsloch *n*
through transmission method Durchschallungsverfahren *n*
throwing power Tiefenstreuung *f;* Tiefenwirkung *f*
throw out ausrücken
throw over umschalten
thrust Druck *m;* Schub *m;* Stoß *m*
thrust bearing Drucklager *n;* Widerlager *n*
thrust block bearing Druckwiderlager *n* (Rohrwalzwerk)
thrust of roof Gewölbeschub *m*
tie binden; verankern; verbinden
tie (am.) Trogschwelle *f*
tie bar Ankerschiene *f*
tie bolt Ankerbolzen *m*
tied rank gebundener Rang *m*
tie element Anker *m*
tie line Konode *f*
tie member Zugband *n*
tie plate Unterlagplatte *f*
tier Lage *f;* Reihe *f*
tiering truck Hubwagen *m*
tie rod Spurstange *f*
tie-wire Bandagendraht *m*
TIG-dressing WIG-Aufschmelzen *n*
tight dicht
tight coil annealing Festbundglühen *n*
tight coil table Festbundtisch *m*
tighten abdichten; anziehen
tightening material Dichtungsmasse *f* (für Mauerwerk)
tightness weld Dichtheitsschweiße *f;* Festigkeitsschweiße *f*
tight side gespanntes Trum *n*
TIG-welding (tungsten inert gas) WIG-Schweißen *n;* Wolfram-Schutzgasschweißen *n*
tile Dachziegel *m;* Hohlstein *m* (Rekuperator); Hohlstein *m*
tilting chute Wippe *f*
tilting converter Kippkonverter *m*
tilting device Kantvorrichtung *f;* Kippstuhl *m;* Kippvorrichtung *f*
tilting fingers Hakenkanter *m*
tilting furnace Kippofen *m;* Schaukelofen *m*
tilting hearth Kippherd *m*
tilting ladle Kipppfanne *f*
tilting mechanism Kippvorrichtung *f*
tilting moment Kippmoment *n*
tilting moment Verkantungsmoment *n* (Walzen)

tilting over Umfallen *n* (im Kaliber); Umschlagen *n* (im Kaliber)
tilting skip Kippkübel *m*
tilting table Kipptisch *m;* Wipptisch *m*
tilting tundish Verteilerrinne *f* kippbar
tilting type [hot metal] receiver kippbarer Vorherd *m*
time einstellen; regeln; Zeit *f* messen; zeitlich einstellen
time allowed in advance Zeitvorgabe *f* (beim Akkord)
time and motion study Arbeitsstudie *f*
time consuming zeitraubend
time-consuming lag Bearbeitungsdauer *f;* Verzögerung *f*
time elapsed Standzeit *f*
time function element Zeitglied *n*
time interval Zeitintervall *n*
time in the mould Standzeit *f*
time keeping Stechen *n* an der Kontrolluhr; Zeitstudien *fpl*
time lag Zeitverschiebung *f*
time limit Termin *m*
time limit switch Zeitschalter *m*
time of exposure Standzeit *f;* Verweilzeit *f*
time of flight Laufzeit *f* (Ultraschall)
time of operation Betriebsdauer *f;* Betriebszeit *f*
time of [s]melting Schmelzdauer *f*
time pattern control Zeitplanregelung *f*
time planning Terminwirtschaft *f*
time program control Programmregelung *f;* Zeitplanregelung *f*
time quenching gebrochenes Härten *n*
timer Zeitglied *n*
timer circuit Zeitschaltung *f*
time recorder Zeitregistrierinstrument *n*
time-reduction-marginal coordinates Zeit-Abbau-Randkoordinaten [System] *n*
time required for changing (the rolls) Umrüstzeit *f*
time required for roll changing Umbauzeit *f* (Walzenwechsel)
time response Übergangsfunktion *f;* Zeitverhalten *n*
time schedule Terminplan *m*
time shifting Terminverschiebung *f*
time study Zeitstudien *fpl;* Zeitwirtschaft *f*
time-temperature austenitisation diagram (TTA-diagram) Temperatur-Austenitisierungs-Schaubild *n;* Zeit-Temperatur-Austenitisierungs-Diagramm *n* (ZTA-Diagramm)
time-temperature-properties Zeit-Temperatur-Eigenschaften *fpl*
time-temperature-tempering diagram Zeit-Temperatur-Anlaßdiagramm *n*
time-temperature-transformation Zeit-Temperatur-Umwandlung *fpl*
time-temperature-transformation diagram (TTT-diagram) Zeit-Temperatur-Umwandlungs-Diagramm *n* (ZTU-Diagramm); ZTU-Schaubild *n* für isothermes Umwandeln
time under load Belastungsdauer *f*
time utilisation schedule Zeitbilanz *f*
time wage rate Stundenlohntarif *m;* Zeitlohntarif *m*
time-yield Dauerstandstreckgrenze *f*
time-yield limit Zeitdehngrenze *f*
timing Terminierung *f*
timing wire Trenndraht *m*

tin verzinnen; Zinn *n*
tin coated verzinnt
tin-coated flat product Flachprodukt *n*, verzinntes
tin coating Feuerverzinnung *f*; Verzinnung *f*
tin mill black plate Schwarzblech *n* in Weißblechgröße
tinned verzinnt
tin[ned] plate Blech *n*, verzinntes
tinned strip verzinntes Band *n*
tinning Verzinnen *n*; Verzinnung *f*
tinning department Verzinnerei *f*
tinning house Verzinnerei *f*
tinning plant Verzinnungsanlage *f*
tinning pot Verzinnungsherd *m*
tinning roll Verzinnungswalze *f*
tinning stack Verzinnungsherd *m*
tin plate galvanisch verzinnen
tinplate Weißblech *n*
tinplate alloy layer Legierungszwischenschicht *f* bei Weißblech
tinplate bar Platine *f* für Weißblechherstellung
tinplate mill Weißblechwalzwerk *n*
tin plate shearing line Weißbandzerteilanlage *f*
tinplate sheet Weißblechtafel *f*
tinplate strip Weiß[blech]band *n*
tin strip verzinnter Bandstahl *m*; Weißband *n*
tiny crack Haarriß *m*
tin yield Zinnverbrauch *m*
tip abkippen; Ablageplatz *m*; bestükken; kippen (Pfanne)
tip consumption Spitzenverbrauch *m*
tip diameter Spitzendurchmesser *m*
tip formation Zipfelbildung *f*
tip of a tooth Zahnspitze *f*
tip of the crack Rißspitze *f*
tipping Kippen *n*
tipping bucket Kippkübel *m*
tipping converter Kippkonverter *m*
tipping device Kippstuhl *m*; Kippvorrichtung *f*
tipp[l]er Kipper *m*
tire ingot Radreifenblock *m*
tire [rolling] mill Radreifen-Walzwerk *n*
T-iron T-Eisen *n*
titaniferous iron Titaneisen *n*
titanium Titan *n*
titanium alloy Titanlegierung *f*
titanium carbide Titancarbid *n*
titanium dioxide Titandioxid *n*
titration Titration *f*
titrimeter Titrimeter *n*
titrimetric titrimetrisch
to-and fro-bend test Biegeversuch *m* (Hin- und Her-Biegeversuch)
toe-crack Kerbriß *m* (als Schweißfehler)
toggle Kniehebel *m*
tolerable zumutbar
tolerance Maßgrenze *f* (Spielraum); Spiel *n*; Spielraum *m*; zulässige Abweichung *f*
tolerance on size Maßtoleranz *f*
tolerance zone Toleranzfeld *n*
tong hold vorbereitetes Ende *n* eines Schmiedestückes
tongs Zange *f*
tongs-type manipulator Zangenkanter *m*
tongue Feder *f*
tongue and groove Feder und Nut *f*
tongue and groove pass geschlossenes Stauchkaliber *n*
tonnage oxygen technischer Sauerstoff *m*
tonnage oxygen plant Sauerstoffgewinnungsanlage *f*
tonnage production Massenherstellung *f*

tool Werkzeug *n*
tool and sheet metal working machine Werkzeug- und Blechbearbeitungsmaschine *f*
tool blank Rohling *m*
tool cupboard Werkzeugschrank *m*
tool cutting edge angle Einstellwinkel *m* (Spanen)
tool cutting edge inclination Neigungswinkel *m* (Spanen)
tool grinder Werkzeugschleifbock *m*
tool-grinding machine Werkzeugschleifbock *m*
tool [holder] bit Drehling *m*
tooling Werkzeugausrüstung *f*
tool life/tool path test Stand-Weg-Versuch *m*
tool life at elevated temperature Temperaturstandzeit *f*
tool mark Bearbeitungsriefe *f*
tool set Werkzeugsatz *m*
tool shank hole Zapfenspannloch *n*
tool steel Werkzeugstahl *m*
toothed bar rack Zahnstange *f*
toothed rim Zahnkranz *m*
toothed shaft Zahnwelle *f*
toothed wheel Zahnrad *n*
top Blockende *n* oberes; Gicht *f;* Kappe *f;* Kopf *m*
top blowing Aufblasen *n*
top-blowing converter Aufblaskonverter *m*
top blowing process Aufblasverfahren *n;* LD-Verfahren *n*
top-blown oxygen content Sauerstoffmenge *f* aufgeblasene
top-cast fallend; fallend [ver]gießen; gießen
top-charging hoist Begichtungsaufzug *m*
top coat Deckschicht *f*
top crust (in tundish or mould) Dekkel *m* (in Gießwanne oder Form); Deckel *m*
top discard verlorener Kopf *m*
top discard scrap Kopfschrott *m*
top edge of rail Schienenoberkante *f*
top fin Kopfbart *m*
top flash Kopfbart *m*
top freezing (ingot) Deckelbildung *f* (Block)
top gas Gichtgas *n*
top gases (tops) Topgase *npl*
top-gas expander Gichtgasentspannungsmaschine *f*
top gas main Gichtgasleitung *f*
top hat furnace Haubenofen *m*
topography Topographie *f*
topping Abschlagen *n* des verlorenen Kopfes
top plate on mould Deckring *m*
top platform Gichtbühne *f*
top pour fallend [ver]gießen; gießen
top pouring fallender Guß *m;* Fallendgießen *n*
top-pouring pig iron ladle Roheisenpfanne *f* mit Obenentleerung
top rake Neigungswinkel *m* (Spanen)
top roll Oberwalze *f*
top roll pressure Oberdruck *m*
top side of the strip Bandoberseite *f*
top slag Abdeckschlacke *f*
top tool carrier Obersatteltraverse *f*
top up auffrischen; nachschärfen (Beizbad)
top water Leitungswasser *n*
torch Brenner *m*
torch cutting Brennschneiden *n*
torch-cutting unit Brennschneidanlage *f*
torch deseaming Brennputzen *n*
torch for lighting fuse Stichflamme *f*
torch welding Gasschweißen *n*

torpedo car Torpedowagen *m*
torpedo ladle Torpedopfanne *f*
torpedo ladle brick Torpedomischerstein *m*
torque Drehmoment *n;* Walzarbeit *f*
torsion Drehung *f;* Torsion *f;* Verdrillen *n;* Verwinden *n*
torsional buckling Drillknicken *n*
torsional fatigue endurance limit Verdrehdauerfestigkeit *f;* Verdrehungswechselfestigkeit *f;* Verdrehwechselfestigkeit *f*
torsional fatigue strength Drehwechselfestigkeit *f;* Verdrehdauerfestigkeit *f;* Verdrehwechselfestigkeit *f*
torsional-flexural buckling Biegedrillknicken *n*
torsional strength Drehfestigkeit *f;* Verdrehfestigkeit *f*
torsional stress Verdrehbeanspruchung *f;* Verdrehungsbeanspruchung *f*
torsional vibration strength Drehschwingungsfestigkeit *f*
torsional vibration test[ing] stand Drehschwingprüfstand *m*
torsion failure Verdrehungsbruch *m*
torsion fatigue test Dauerverdrehversuch *m*
torsion fracture Torsionsbruch *m*
torsion impact test Schlagdrehversuch *m*
torsion resistance Torsionssteifigkeit *f*
torsion test Torsionsversuch *m;* Verdrehversuch *m;* Verwindungsprobe *f*
torsion testing machine Torsionsprüfmaschine *f*
tortuosity factor Labyrinthfaktor *m*
total carbon Gesamtkohlenstoff *m*
total elongation Gesamtdehnung *f*
total immersion test Dauertauchversuch *m*
total plastic strain bleibende Gesamtverformung *f*
total radiation pyrometer Gesamtstrahlungspyrometer *n*
total ratio of extension by hammer forging Gesamtreckgrad *m*
total ratio of extension by rolling Gesamtstreckgrad *m*
total ratio of reduction by forging Gesamtverschmiedungsgrad *m*
total reliability Gesamtverfügbarkeit *f* (EDV)
total specimen Gesamtprobe *f*
total strain Gesamtformänderung *f*
total torque Gesamtmoment *m*
total weight Gesamtgewicht *n*
touch tasten
touching lever Fühlhebel *m;* Tasthebel *m*
touch rod Kontaktelektrode *f*
touch-up Retuschieren *n*
tough zäh
tough at subzero steel kaltzäher Stahl *m*
tough at subzero temperature kaltzäh
toughness Zähigkeit *f*
toughness property Zähigkeitseigenschaft *f*
tower washer Naßreiniger *m*
town gas Leuchtgas *n;* Stadtgas *n*
town water Leitungswasser *n*
TP monitor Dialogmonitor *m*
trace anreißen; Gleis *n;* nachspüren; Spur *f*
trace element Stahlbegleitelement *n*
trace of curve Kurvenverlauf *m*
trace of the stress tensor Spur *f* des Spannungstensors

trace press Strangpresse *f*
tracer Taster *m* (Fühlersteuerung)
tracer-controlled fühlergesteuert
tracer gas Indikatorgas *n*
tracers Spurenelemente *npl*
tracing Stoffflußverfolgung *f*
track Bahn *f;* Gleis *n*
trackbound gleisgebunden
track bound schienengebunden
track cable Tragseil *n*
tracker ball Rollkugel *f*
tracking Verfolgung *f*
track laying machine Gleisbaumaschine *f*
track material Eisenbahnzeug *n;* Oberbaumaterial *n*
track time Reisezeit *f* (eines Blokkes)
tracktime Transportdauer *f* (bei Blöcken)
track time Übergabezeit *f* (von Blöcken)
traction Ziehen *n*
tractoloader Schürflader *m*
tractor Schlepper *m*
trade balance Handelsbilanz *f*
trade mark gesetzlich geschützter Name *m;* Schutzmarke *f;* Warenzeichen *n*
trade scrap Sammelschrott *m*
trade union Gewerkschaft *f*
traditional melting herkömmliche Erschmelzung *f*
traffic Verkehr *m*
trail edge Nebenschneide *f*
trailer Anhänger *m* (Wagen)
trailing end hinteres Ende *n*
trailing pointer Schleppzeiger *m*
trailing thermocouple Schleppthermoelement *n*
train Straße *f;* Strecke *f;* Zug *m*
trainee Anlernling *m*
training Einarbeitung *f*
train of stands nebeneinander angeordnete Walzgerüste *npl*
tram Lore *f*
tramlines parallele Längsfehler *mpl* durch Überwalzen
tramp element Begleitelement *n;* Spurenelement *n;* Stahlbegleitelement *n*
tramp elements Spurenelemente *npl*
tram[way] rail Rillenschiene *f*
transcrystalline corrosion transkristalline Korrosion *f*
transcrystalline fracture transkristalliner Bruch *m*
transducer Meßumformer *m;* Signalumformer *m*
transfer übertragen; Übertragung *f*
transfer bar Transportstange *f;* Vorband *n*
transfer bar edge heater Vorbandkantenerwärmung *f*
transfer car Förderwagen *m;* Zubringerwagen *m*
transfer element Übertragungsglied *n*
transfer of heat Wärmeübergang *m;* Wärmeübertragung *f*
transfer printing Transferdruck *m*
transfer table [railway] Schiebebühne *f*
transform umformen
transformation Umwandlung *f* (Gefüge)
transformation diagram Umwandlungsschaubild *n*
transformation hardening Härten *n* (in Wärmebehandlung)
transformation point Haltepunkt *m;* Umwandlungspunkt *m*
transformation range Umwandlungsbereich *m*

transformation stress Umwandlungsspannung *f*
transformation substructure Umwandlungsuntergefüge *n*
transformation temperature Umwandlungstemperatur *f*
transformer Transformator *m;* Umformer *m;* Umspanner *m*
transformer sheet Transformatorenblech *n*
transformer sheet steel Transformatorenstahl *m*
transformer tap Transformatorstufe *f* (sekundär)
transgranular corrosion transkristalline Korrosion *f*
transgranular fracture Bruch *m* transkristalliner
transient behaviour Zeitverhalten *n*
transient response Übergangsfunktion *f*
transition metal Übergangsmetall *n*
transition point Übergangspunkt *m;* Umwandlungspunkt *m*
transition temperature Übergangstemperatur *f;* Umwandlungstemperatur *f*
transit time Laufzeit *f*
translating device Signalumformer (EDV) *m*
translational motion Schubbewegung *f*
translator Zuordner *m*
transmission Getriebe *n;* Übersetzung *f;* Übertragung *f*
transmission electron microscopy (TEM) Transmissionselektronenmikroskopie *f* (TEM)
transmission gear Vorgelege *n*
transmission range Vorstrahlbereich *m* (Röntgen)
transmission shaft Übertragungswelle *f*
transmitter Geber *m;* Meßumformer *m*
transparent cut Dünnschliff *m*
transport and conveying plant Transportanlage *f*
transportation manipulator Transportmanipulator *m*
transportation means Verkehrsmittel *n*
transport box Transportkasten *m*
transport device Transporteinrichtung *f*
transport guidance Transportführung *f*
transporting appliance Transportgerät *n*
transport number Überführungszahl *f*
transverse bending test Querbiegeversuch *m*
transverse bend specimen Querbiegeprobe *f*
transverse corner crack Kantenquerriß *m*
transverse crack Querriß *m*
transverse extrusion of rods and tubes Quer-Strangpressen *n*
transverse facial crack Flächenquerriß *m*
transverse fatigue test Biege-Ermüdungsversuch *m*
transverse impact extrusion Querfließpressen *n*
transverse lap Querfalte *f*
transverse microsection Querschliff *m*
transverse rod [impact] extrusion Voll-Quer-Fließpressen *n*
transverse roller table Kreuzrollgang *m*
transverse rolling Querwalzen *n*

transverse rupture strength Biegefestigkeit *f* (Guß)
transverse sampling Querprobenahme *f*
transverse section Querschnitt *m*
transverse strain Querdehnung *f*
transverse test Biegeversuch *m* (quer)
transverse test specimen Querprobe *f*
transverse tubular extrusion Hohl-Quer-Strangpressen *n*
transverse tubular impact extrusion Hohl-Quer-Fließpressen *n*
transverse wave Schubwelle *f* (Ultraschallprüfung)
trap abschließen; auffangen (ein Gas); aufhalten; Falle *f*
trapezoids Trapezstahl *m*
travel Durchgang *m;* fahren; Lauf *m*
travelling fahrbar
travelling crane Laufkran *m*
travelling field pump Wanderfeldpumpe *f*
travelling [fire] grate Wanderrost *m*
travelling hopper Zubringerwagen *m*
travelling roller table fahrbarer Rollgang *m*
travel time Laufzeit *f*
traversing wheel Laufrad *n*
tray Kasten *m;* Kübel *m;* Schale *f*
tread Lauffläche *f*
tread roll Laufflächenwalze *f*
treat bearbeiten; behandeln; verarbeiten
treated surface nachbehandelte Oberfläche *f*
treated water aufbereitetes Wasser *n*
treating Bearbeitung *f*
treatise Abhandlung *f;* Aufsatz *m*
treatment Behandlung *f;* Verfahren *n*
tree (surface defect) Rutschstelle *f*
trellis Gitter *n*
trench Graben *m;* Grube *f;* Rinne *f*
trend Entwicklung *f;* Entwicklungsrichtung *f;* Grundrichtung *f*
trepanned core Radialbohrkern *m*
trepanning Ausstechen *n*
Tresca's yield surface Tresca-Zylinder *m*
trestle Bock *m;* Gerüst *n;* Gestell *n*
trial Probe *f;* Probefahrt *f;* Versuch *m*
trial plant Versuchsanlage *f*
trial run Probefahrt *f*
triangle head cap screw Dreikantschraube *f*
triangular dreieckig
triangular section Dreilagenblech *n*
triangular section steel Dreikantstahl *m*
triaxial stress Spannungsmehrachsigkeit *f*
tribology Tribologie *f*
tricalcium silicate Tricalciumsilicat *n*
trickle sickern; tropfen
trickling filter Tropfkörper *m* (Wasserreinigung)
trim abgraten; abstechen; besäumen
trimming Abgraten *n;* Besäumen *n*
trimming die Abgratmatrize *f*
trimming lathe Abstechdrehbank *f*
trimming press Abgratpresse *f*
trimming shear Besäumschere *f*
trip auslösen; schalten
triple cast bloom Vorblock-Drillingsguß *m*
triple casting Drillingsguß *m*
triple mould Triple-Kokille *f*
trolley Laufkatze *f*
trommel test Trommelprobe *f*

Tropenas converter seitlich blasender Konverter *m*
trouble Beschwerde *f;* Störung *f;* Verwerfung *f*
troubles due to an excess of lime Kalkelend *n*
troubles due to an excess of sulphur Schwefelelend *n*
trough Behälter *m;* Rinne *f;* Zwischenpfanne *f*
trough conveyor Trogförderer *m*
trough rubbish Rinnenschutt *m*
trough sections Rinneneisen *n*
trough shaped steel sleeper Trogschwelle *f*
truck Hubwagen *m;* Karre *f;* Lastkraftwagen *m*
true mean wahrer Mittelwert *m*
trueness to ga[u]ge Maßhaltigkeit *f*
true strain Umformgrad *m*
true stress Spannung *f,* wahre
true-stress/true-strain curve wahre Spannungs-Dehnungskurve *f*
true tensile stress Reißfestigkeit *f*
true to dimension maßgenau
true to shape formgerecht
true to size maßgenau
trumpet Eingußrohr *n;* Gießtrichter *m;* Trichter *m*
truncated abgestumpft; gestutzt (Statistik)
truncated frequency distribution Rumpfverteilung *f*
truncated (math.) abgebrochen (math.)
trunctional error Rundungsfehler *m*
trunnion Ritzel *n;* Zapfen *m* (Konverter)
trunnion ring Konverterring *m;* Tragring *m*
truss Fachwerk *n;* Strebe *f;* Stütze *f*
try prüfen; versuchen
T-steel bar T-Träger *m*
tub Kübel *m;* Wanne *f*
tube Rohr *n;* Röhre *f*
tube and becking mill Rohr- und Aufweitewalzwerk *n*
tube bend Rohrbogen *m*
tube bending Rohrbiegen *n*
tube bending machine Rohrbiegemaschine *f*
tube billet Röhrenknüppel *m*
tube blank Rohling *m;* Rohrluppe *f*
tube broaching press Rohraufweitepresse *f*
tube cooler Rohrkühler *m*
tube cutting-off bench Rohrabstechbank *f*
tube deburring device Rohrentgrateinrichtung *f*
tube deburring machine Rohrentgratmaschine *f*
tube drawing Rohrziehen *n*
tube drawing bench Rohrziehbank *f*
tube drawing machine Rohrziehmaschine *f*
tube drawing with a plug Rohrstopfenzug *m*
tube-end sizing and upsetting press Rohrenden-Kalibrier- und Stauchpresse *f*
tube expanding press Rohraufweitepresse *f*
tube furnace Rohrofen *m*
tube grinder Rohrschleifmaschine *f*
tube marking device Rohrbeschriftungseinrichtung *f*
tube material Röhrenmaterial *n*
tube model Röhrenmodell *n*
tube-piercing bench Rohrstoßbank *f*
tube plate Röhrenblech *n*
tube pointing machine Rohranspitzmaschine *f*
tube radiator Röhrenradiator *m*

tubercular corrosion Lochfraß *m*
tube [rolling] mill Röhren-Walzwerk *n;* Rohrwalzwerk *n*
tube round Rohrrohling *m*
tube rounds Halbzeug *n* für Röhren; Halbzeug *n;* Röhrenrundstahl *m*
tube sawing installation Rohrsägeanlage *f*
tube sinking Rohrziehen *n*
tube sinking bench Rohrziehbank *f*
tube square Rohrrohling *m*
tube stack Rohrbündel *n*
tube strip Röhrenstreifen *m*
tube strip rolling mill Röhrenstreifen-Walzwerk *n*
tube testing installation Rohrprüfanlage *f*
tube welding installation Rohrschweißanlage *f*
tube welding plant Rohrschweißanlage *f*
tub filling Kübelbegichtung *f*
tubing Rohrziehen *n*
tubular rohrförmig
tubular bifurcated rivet wire röhrenförmiger zweigeteilter Nietedraht *m*
tubular mo[u]ld Rohrkokille *f*
tubular mould Rohrkokille *f*
tubular product Rohrerzeugnis *n*
tubular recuperator Röhrenrekuperator *m*
tubular steel scaffolding Stahlrohrgerüst *n*
tubular strander Rohrverseilmaschine *f*
tumbler Putztrommel *f;* Rommelfaß *n;* Scheuerfaß *n*
tumbler strength (am.) Trommelfestigkeit *f*
tumbling Rommeln *n;* Scheuern *n*
tumbling barrel Rommelfaß *n;* Scheuerfaß *n*
tundish Gießwanne *f;* Tundish *m;* Verteiler *m;* Zwischenpfanne *f*
tundish car Verteilerwagen *m*
tundish cold lining Verteilerkaltauskleidung *f*
tundish compound Tundish-Masse *f*
tundish cover Verteilerdeckel *m*
tundish covering compound Verteilerabdeckmittel *n*
tundish discharge Verteilerablauf *m*
tundish emerging parking stand Verteiler-Notabsetzbock *m*
tundish handling tackle Verteiler-Transporttraverse *f*
tundish heating Tundish-Beheizung *f*
tundish hot lining Verteilerwarmauskleidung *f*
tundish mass Tundish-Masse *f*
tundish nozzle Verteilerausgußdüse *f*
tundish overflow launder Verteiler-Überlaufrinne *f*
tundish preheater Verteileraufheizeinrichtung *f*
tundish preheating station Verteiler-Vorwärmstation *f*
tundish preheat station Verteileraufheizeinrichtung *f*
tundish preparation area Verteiler-Wirtschaft *f*
tundish protective cover Verteiler-Schutzbelag *m*
tundish slide gates Verteilerrinnenschieber *m*
tundish swivelling unit Verteilerschwenker *m*
tundish tilter Rinnenwender *m*
tundish turner Verteiler-Wendevorrichtung *f*
tuned abgestimmt (EDV)
tungsten Wolfram *n*
tungsten arc spot welding Wolfram-Lichtbogenpunktschweißen *n*

tungsten carbide Wolframcarbid *n*
tungsten carbide alloy Hartmetall *n;* Hartmetall-Legierung *f*
tungsten inert gas arc welding Wolfram-Inertgas-Schweißen *n*
tungsten steel Wolframstahl *m*
tunnel Eingußrohr *n* (steigender Guß)
tunnel type furnace Kanalofen *m*
tunsten carbide Wolframcarbid *n*
tup Bär *m;* Fallbär *m;* Fallbirne *f*
turbine blade sections Profile *npl* für Turbinenschaufeln
turboblower Kreiselgebläse *n*
turbulence reduction method Wirbelreduktionsverfahren *n*
turbulent wirbelig
turbulent burner Wirbelbrenner *m*
turn drehen; Drehung *f;* kanten
turn down umlegen (Sauerstoffkonverter)
turn-down of rolling stock Skibildung *f* am Walzgut
turned finish gedreht (Oberflächenzustand)
turner Dreher *m*
turning Dreharbeit *f;* drehbar
turning crusher Spänebrecher *m*
turning lathe Drehbank *f*
turning motion Drehbewegung *f*
turning over device Kantvorrichtung *f*
turning place Drehpunkt *m* des Wechselwagens
turnings Drehspäne *mpl*
turning techniques Drehverfahren *n*
turning tool Drehmeißel *m;* Drehmesser *n;* Drehstahl *m*
turn into line with beidrehen (Kristall vor der Erstarrungsfront)
turnkey (mini plants) schlüsselfertig
turn of a coil Windung *f*
turn off abdrehen
turn over kanten; umfallen (im Kaliber); umschlagen; wenden
turn-over gear Wendevorrichtung *f*
turn-over plate molding machine Wendeformmaschine *f*
turn-round (of goods) Güterumschlag *m;* Umschlag *m* (von Gütern)
turntable Drehscheibe *f;* Drehtisch *m*
turn-up of rolling stock Skibildung *f* am Walzgut
turret arresting drive Drehturmarretiereinrichtung *f*
turret cover Drehturmabdeckung *f*
turret lathe Revolverdrehbank *f*
turret slewing drive Drehturmdrehantrieb *m*
tuyère Blasform *f;* Düse *f;* Form *f;* Windform *f*
tuyère area Düsenquerschnitt *m*
tuyère bottom Düsenboden *m*
tuyère changing cart Blasformwechselwagen *m*
tuyère holder Düsenhalter *m*
tuyère level Blasformebene *f*
tuyère nozzle Formenrüssel *m*
tuyère snout Formenrüssel *m;* Rüssel *m*
tuyère stock Düsenstock *m*
tuyère stock changing cart Düsenstockausbauwagen *m*
twenty-roll stand Zwanzigwalzengerüst *n*
twin-bore Doppelbohrung *f*
twin draught compound coke oven Zwillingszug-Verbundkoksofen *m*
twin drive Einzelwalzenantrieb *m* bei Duo-Umkehrstraßen (Zwillingsantrieb); Zwillingsantrieb *m*
twin electrode wheel machine Doppelrollenmaschine *f*

twin journal box Zwillingsachsbüchse *f*
twin mould Twin-Kokille *f*
twinning Zwillingsbildung *f*
twin strand casting machine Zweistrang-Gießmaschine *f*
twist Drall *m;* verdrallen; verdrehen; Verwindung *f*
twist drill Schlangenbohrer *m;* Spiralbohrer *m*
twisted [reinforcement] bulb steel Drillwulststahl *m*
twisted strip verzogenes Band *n*
twist guide Drehführung *f*
twisting Tordieren *n*
twist[ing] guide Drallbüchse *f;* Drallführung *f*
twisting machine Verwindemaschine *f*
twisting moment Drillmoment *n*
twisting strength Drehfestigkeit *f;* Verdrehfestigkeit *f*
twisting stress Verdrehbeanspruchung *f;* Verdrehungsbeanspruchung *f*
twisting with rotary tool movement Verdrehen *n*
two-dimensional (2D) strain state Formänderungszustand *m,* zweiachsiger
two dimensional (2D) stress state Spannungszustand *m,* zweiachsiger
two-high cold reduction mill Duo-Kaltwalzwerk *n*
two-high mill Zweiwalzen-[Duo]-Walzwerk *n*
two-high [rolling] mill Duostraße *f;* Zweiwalzengerüst *n*
two-high [rolling] stand Duowalzwerk *n;* Zweiwalzengerüst *n*
two-high stand of rolls Zweiwalzengerüst *n*
two-layer steel sheet Zweilagenblech *n*
two-phase region Mischungslücke *f*
two-position controller Zweipunktregler *m*
two-roll straightening machine Zwei-Walzen-Richtmaschine *f*
two shifts operation Zweischichtbetrieb *m*
two sided clad steel Dreilagenstahl *m*
two-slag practice Zweischlackenverfahren *n*
two-stage zweistufig
two-step action Zweipunktregler *m*
two step ag[e]ing Zweistufenauslagern *n*
two-stroke cycle gas engine Zweitakt-Gasmaschine *f*
two way soaking pit Zweiweg-Tiefofen *m*
tying of bar bundles Abbinden *n* von Stahlstabbunden
tying of coils Abbinden *n* von Bunden
tying wire Bindedraht *m*
type Bauart *f*
type of corrosion Korrosionsart *f*
type of loading Belastungsform *f*
type sample Ausfallmuster *n*
tyre Bandage *f;* Radreifen *m*
tyre cord wire Reifencorddraht *m*

U

U-fired soaking pit umkehrflammenbeheizter Tiefofen *m*
UHP furnace Hochleistungslichtbogenofen *m*
U-leather Ledermanschette *f*

ultimate bending strength Biegebruchfestigkeit *f*
ultimate breaking load Bruchlast *f*
ultimate load Belastungsgrenze *f*
ultimate number of cycles Grenzlastspielzahl *f*
ultimate strength Zugfestigkeit *f*
ultimate stress Bruchbelastung *f;* Bruchspannung *f*
ultimate tensile strength Bruchfestigkeit *f;* Zugfestigkeit *f*
ultrahigh power [arc] furnace Hochleistungslichtbogenofen *m*
ultra high strength (UHS) structural steel Baustahl *m,* höchstfester
ultrasonic Ultraschall *m*
ultrasonic examination method Ultraschallprüfverfahren *n*
ultrasonic image Schallbild *n*
ultrasonic shear wave Ultraschall-Scherwelle *f*
ultrasonic testing Ultraschallprüfung *f*
ultrasonic testing apparatus Ultraschallimpuls[prüf]gerät *n;* Ultraschallprüfeinrichtung *f*
ultrasonic testing probe Ultraschall-Prüfkopf *m*
ultrasonic wave Überschallwelle *f*
ultrasonic welding Ultraschallschweißen *n*
ultra thin strip Feinstband *n*
unalloyed unlegiert
unalloyed steel unlegierter Stahl *m*
unalloyed tool steel Werkzeugstahl *m,* unlegiert
unbiased frei von systematischen Fehlern; unbeeinflußt; unbelastet; unverfälscht
unbonded strain ga[u]ge Setzdehnungsmesser *m*
unburnt gas Frischgas *n*
uncoil abwickeln
uncoiler Ablaufhaspel *f;* Abrollhaspel *f*
uncoiling device Kronengestell *n*
uncoiling reel Abrollhaspel *f*
uncontrolled cooling Luftabkühlung *f;* ungesteuerte Kühlung *f*
uncouple auskuppeln; entkuppeln
undeformed chip thickness Spanungsdicke *f*
underburdening Untermöllerung *f*
under-cladding crack Unterplattierungsriß *m*
undercoiling wickeln von unten
under construction in Bau *m*
undercut Hinterschneidung *f*
undercutting Unterhöhlung *f* (Fräslöcher)
underdraft Unterzug *m*
underfeed furnace Unterschubfeuerung *f*
underfeed stocker Unterschubfeuerung *f*
underfeed stoker Rostbeschicker *m*
underfilling (ingot defect) Stoffmangel *m*
underfloor duct Unterflurleitung *f*
undergrate air firing Unterwindfeuerung *f*
undergrate firing Unterfeuerung *f*
underground unter Tage
underground gasification (of coal) Untertagevergasung *f* (von Kohle)
underground level Grube *f* (Untertagebau); Grube *f*
underground winning Gewinnung *f* unter Tage; Grubenbau *m*
under-hearth cooling Bodenkühlung *f* (Hochofen)
undersintered untersintert
undersize Mindermaß *n;* Siebdurchgang *m;* Unterkorn *n*

undertaking Unternehmen *n*
underwinding wickeln von unten
undesirable element unerwünschtes Begleitelement *n*
undesulphurised nicht entschwefelt
unemployed [man] Arbeitsloser *m*
unemployment benefit Arbeitslosenunterstützung *f*
unequal angle ungleichschenkliges Winkeleisen *n*
unequal [leg] angle Winkelstahl *m* mit ungleichen Schenkeln
uniaxial elongation ebener Dehnungszustand *m*
uniaxial stress ebener Spannungszustand *m*
uniaxial stress condition einachsiger Spannungszustand *m;* Spannzungszustand *m* einachsiger
unidirected gleichgerichtet
uniflow furnace Einwegofen *m*
uniform einheitlich; gleichmäßig
uniform attack gleichmäßiger Angriff *m*
uniform attack (corrosion) ebenmäßiger Angriff *m*
uniform corrosion Korrosion *f,* gleichmäßige
uniform elongation Gleichmaßdehnung *f*
uniformity Gleichmäßigkeit *f*
uniform true strain Gleichmaßumformgrad *m*
unimodal eingipflig
uninflammable coal magere Steinkohle *f*
union Gewerkschaft *f;* Verbindung *f*
unit Einheit *f;* Los *n*
unitary einheitlich
unit cell Elementarwürfel *m;* Elementarzelle *f*
unit construction principle Baukastenprinzip *n*
unit form Einheitsformat *n*
unit load Flächeneinheitslast *f*
unit of heat Kalorie *f;* Wärmeeinheit *f*
unit shape Einheitsformat *n*
universal beam mill Universal-Trägerstraße *f*
universal bending off machine Universalabkantmaschine *f*
universal coiling machine Universalwickler *m*
universal computer universaler Rechner *m*
universal cutting machine Universalbrennschneidemaschine *f*
universal mill Universalstahlwalzwerk *n*
universal [mill] plate Breitflachstahl *m;* Universalstahl *m*
universal mill stand Universalgerüst *n*
universal roughing stand Universal-Vorgerüst *n*
universe Kollektiv *n* (Großzahlforschung)
unkilled steel unberuhigter Stahl *m*
unleaded bleifrei
unload entladen; löschen
unloading facilities Entladeanlage *f*
unnotched specimen Vollstab *m*
U notch U-Kerb *m*
unpickled ungebeizt
unscrew abschrauben
unsintered body Preßling *m*
unskilled workman Hilfsarbeiter *m;* ungelernter Arbeiter *m*
unsuitable unpassend
unsymmetrical rolling Walzen *n,* nichtsymmetrisches
unwind abwickeln; abziehen
unwinding box Ablaufkasten *m*
unwind reel Ablaufhaspel *f*

unworkable bed Flöz *n* nichtabbauwürdiges
upcut milling Gegenlauffräsen *n*
upend hochkant stellen
up-ender Kippstuhl *m*
upending by the electric heating method Elektroanstauchen *n*
upending test Stauchversuch *m*
uphill casting steigendes Gießen *n*
upkeep Instandhaltung *f;* Unterhaltung *f;* Wartung *f*
upmilling Gegenlauffräsen *n*
upper bainite Bainit *m* oberer; oberer Bainit *m*
upper caloric value Heizwert *m* oberer; oberer Heizwert *m*
upper die block oberer Schmiedesattel *m* (das Obergesenk)
upper frame [cope] Oberkasten *m*
upper punch Oberstempel *m*
upper ram Oberbär *m;* Oberkolben *m*
upper roll Oberwalze *f*
upper shelf Hochlage *f*
upper shelf energy Hochlage *f* im Kerbschlagversuch
upper yield point obere Streckgrenze *f;* Streckgrenze *f* obere
upper yield strength Streckgrenze *f* obere
upper yield stress Streckgrenze *f* obere
U-pressing installation Vorrunde-Presse *f* (U-Presse)
upright Ständer *m*
up-running steigendes Gießen *n*
upset anstauchen; stauchen; stauchen (schmieden); umschlagen (im Kaliber)
upset forging Anstauchen *n* im Gesenk
upset forging compression Stauchen *n*
upset pass Stauchstich *m*
upsetter Stauchpresse *f*
upsetting Flachrecken *n* mit Breitung; Stauchen *n*
upsetting die Stauchmatrize *f*
upsetting force Stauchkraft *f*
upsetting machine Stauchmaschine *f*
upsetting press Stauchpresse *f*
upsetting reduction ratio Stauchgrad *m*
upsetting test Stauchversuch *m*
upsetting wire Stauchdraht *m*
upsetting with electric resistance heating Elektrostauchverfahren *n*
upsetting without die Anstauchen *n* ohne Gesenk
upsetting work Staucharbeit *f*
upshot Endergebnis *n;* Fazit *n*
uptake Fuchs *m;* Kanal *m;* Luftkanal *m*
use benutzen; Benutzung *f;* verarbeiten; verwenden; vorschmieden
use hot blast heißblasen
user facility Leistungsmerkmal *n*
user program procedure Kommandoprogramm *n*
U-shaped frequency distribution U-förmige Häufigkeitsverteilung *f*
utilisation Verwertung *f*
utility patent Gebrauchsmuster *n*
utilization Ausnutzung *f*

V

vacancy Leerstelle *f*
vacation Ferien *pl*
Vacher-Hamilton relationship Vacher-Hamilton-Gleichung *f*
vacuum Leere *f;* Unterdruck *m*

vacuum annealing furnace Vakuumglühofen *m*
vacuum arc melting Vakuumlichtbogenschmelzen *n*
vacuum casting Vakuumgießen *n*
vacuum channel-type furnace Vakuumrinnenofen *m*
vacuum circulation process Vakuumumlaufverfahren *n*
vacuum cleaner Staubsauger *m*
vacuum-degassed steel vakuumentgaster Stahl *m*
vacuum deoxidation Vakuumdesoxidation *f*
vacuum deposition Vakuumbedampfen *n*
vacuum electron beam welding Grobvakuum-Elektronenstrahlschweißen *n*
vacuum furnace Vakuumofen *m*
vacuum hardening furnace Vakuumhärteofen *m*
vacuum hot extraction Heißextraktion *f;* Vakuumheißextraktion *f*
vacuum hot wall furnace Vakuumheißwandofen *m*
vacuum induction melting Vakuuminduktionsschmelzen *n*
vacuum induction melting furnace Vakuum-Induktions-Schmelzofen *m*
vacuum ingot casting Vakuumblockguß *m*
vacuum ladle degassing Vakuum-Pfannendurchlaufentgasung *f*
vacuum levitation melting Vakuumschwebeschmelzen *n*
vacuum lift process (DH-process) Vakuumheberverfahren *n* (DH-Verfahren)
vacuum melting Vakuumschmelzen *n*
vacuum melting method Vakuumschmelzprozeß *m*
vacuum melting plant Vakuumschmelzanlage *f*
vacuum oxygen decarburization converter (VODC) VOD-Konverter
vacuum plasma melting Vakuumplasmaschmelzen *n*
vacuum refining Vakuumfrischen *n;* Vakuumraffination *f*
vacuum refining process Vakuumfrischprozeß *m*
vacuum remelting Umschmelzen *n* unter Vakuum
vacuum sintering bell Vakuumsinterglocke *f*
vacuum stream degassing Vakuumgießstrahlentgasung *f*
vacuum treatment Vakuumbehandlung *f*
vacuum tube lamp Leuchtstofflampe *f;* Leuchtstoffröhre *f*
vagabond current corrosion Streustrom-Korrosion *f*
valency Wertigkeit *f*
valency electron Valenzelektron *n*
valid gültig
valley location Tallage *f* (Atomreihe)
valuation Beurteilung *f;* Bewertung *f;* Schätzung *f*
value Wert *m*
valve Schieber *m;* Ventil *n*
valve for hot-blast stoves Armatur *f* für Hochofen-Winderhitzer
valve seal-type top-charging Gichtverschluß *m* durch Tellerventile
valve seat Ventilsitz *m*
valve spring wire Ventilfederdraht *m*
valve steel Ventilstahl *m*
valve stem extension Schieberspindelverlängerung *f*
valve tongue Schieberzunge *f*

vanadium Vanadium *n*
vanadium metal Vanadiummetall *n*
vanadiumpentoxide Vanadiumpentoxid *n*
vanadium steel Vanadinstahl *m*
vane Flügel *m;* Schaufel *f*
vaporisation Verdampfen *n*
vaporize abrauchen; verdampfen
vapour Dampf *m*
vapour blanket stage Dampfhautphase *f*
vapour deposition Aufdampfen *n* (Metallüberzug); Bedampfen *n*
vapour pressure Dampfdruck *m*
variability Veränderlichkeit *f*
variable Größe *f;* veränderlich; Veränderliche *f*
variable costs veränderliche Kosten *pl*
variable prime costs bewegliche Herstellungskosten *pl*
variance analysis Streuungszerlegung *f*
variance comparison Soll-Ist-Vergleich *m*
variant selection Variantenselektion *f*
variate Veränderliche *f* zufällige; verändern; Wert *m* der Veränderlichen
variation Schwankung *f;* Streuung *f*
variational principle Variationsprinzip *n*
variation in dimension Abmaß *n;* Maßabweichung *f*
variation in hardness Härteverlauf *m*
variety Abart *f*
varnish Lack *m;* lackieren
varnished lackiert
varnished sheet Feinblech *n,* lackiert
varnishing Firnissen *n*
vary verändern
varying unterschiedlich
vat Bottich *m;* Kübel *m*
V-belt Keilriemen *m*
V-die bending Knickbiegen *n*
vehicle Fahrzeug *n*
vehicle spring Fahrzeugfeder *f*
vein Ader *f;* Flöz *n;* Gang *m* (des Hochofens); Gangspalte *f*
velocity Geschwindigkeit *f*
velocity field Geschwindigkeitsfeld *n*
velocity of descent Sinkgeschwindigkeit *f*
velocity of exit Austrittsgeschwindigkeit *f*
velocity potential Geschwindigkeitspotential *n*
velocity vector Geschwindigkeitsvektor *m*
vent lüften; Luftzug *m;* Wind *m*
ventilating device Belüfter *m*
ventilating flap Belüftungsklappe *f*
ventilating system Entlüftungsanlage *f*
ventilation Belüftung *f;* Entlüften *n*
ventilation plant Lüftungsanlage *f*
ventilator Gebläse *n;* Lüfter *m;* Ventilator *m*
ventilator cowl Lüftungsaufsatz *m*
venting Entlüftung *f*
verification Nachprüfung *f;* Prüfen *n* auf Richtigkeit
verifier Prüfer *m* (Maschine)
verify nachprüfen; prüfen; überprüfen
verifying machine operator Prüfer *m* (Arbeiter)
vermiculite Vermiculit *n*
versatile vielseitig
vertex Scheitelpunkt *m* (eines Winkels); Scheitelpunkt *m*
vertex angle Spitzenwinkel *m*
vertical anisotropy Anisotropie *f,* vertikale

vertical boring and turning mill Karusselldrehbank *f*
vertical continuous casting installation Senkrecht-Stranggießanlage *f*
vertical continuous casting plant Vertikalstranggießanlage *f*
vertical continuous strand furnace Vertikal-Banddurchziehofen *m*
vertical cutting Vertikalschneiden *n*
vertical down senkrecht nach unten
vertical flue oven Horizontalkammerofen *m*
vertical furnace charging hoist senkrechter Gichtaufzug *m*
vertically adjustable heb- und senkbar; senkrecht verstellbar
vertical stand vibration Vertikalschwingung *f*
vertical turret boring machine Karusselldrehbank *f;* Senkrecht-Bohrmaschine *f*
vertical type continuous casting plant with bending of the strand Stranggießanlage *f* vertikaler Bauart mit Strangabbiegung
vertical up senkrecht nach oben
vertical welding Senkrechtschweißung *f*
vessel Bottich *m;* Gefäß *n;* Konverter *m*
vessel cooling Gefäßkühlung *f*
V-form bending Keilbiegen *n*
vibrating apparatus Rüttelgerät *n*
vibrating compound Vibrationsmasse *f*
vibrating conveyor Schwingförderer *m*
vibrating frame Windungstransportgerüst *n*
vibrating lay conveyor Windungstransportgerüst *n*
vibrating screen Rüttelsieb *n;* Schüttelsieb *n*
vibrating sieve Rüttelsieb *n;* Schüttelsieb *n*
vibration damper Schwingungsdämpfer *m*
vibration isolation Schwingungsisolierung *f*
vibration testing machine Schwingungsprüfmaschine *f*
vibrator Rüttler *m;* Schwinger *m* (Ultraschall)
vibratory grinding Gleitschleifen *n*
vibratory mill Schwingmühle *f;* Vibrationsmühle *f*
vice Schraubstock *m*
Vickers hardness Vickershärte *f*
video-signal Fernsehsignal *n*
vignol rail Vignolschiene *f*
virtual input virtueller Eingang *m*
visco-elastic visco-elastisch
viscoelasticity Viskoelastizität *f*
viscosity Viskosität *f;* Zähigkeit *f*
viscous dickflüssig; zähflüssig
viscous friction Flüssigkeitsreibung *f*
visioplasticity Methode *f*, visioplastische; Visioplastizität *f*
vitreous slag glasige Schlacke *f;* Schlackenglas *n*
vitrify dichtbrennen (ff. Steine); glasig werden; sintern
V-notch Spitzkerb *m*
V-notch specimen Spitzkerbprobe *f*
void Fehlstelle *f;* Höhlung *f;* Pore *f*
voidage Lückengrad *m*
voids fraction Lückengrad *m*
volatile flüchtig
volatile components flüchtige Bestandteile *mpl*
volatile matter flüchtige Bestandteile *mpl*
volatilise verdampfen; verflüchtigen
voltage Spannung *f* (elektrische)

voltage regulator Spannungsregler *m*
voltage tap Spannungsstufe *f;* Transformatorstufe *f* (sekundär)
volume Rauminhalt *m;* Volumen *n*
volume change Volumenänderung *f*
volume concentration Volumenkonzentration *f*
volume constancy Volumenkonstanz *f*
volume expansion Raumausdehnung *f*
volume fraction Volumenbruch *m*
volume of cases Zahl *f* der Fälle
volume ratio Raumerfüllung *f*
volume regulator Mengenregler *m*
volume stability Raumbeständigkeit *f*
volumeter Mengenmesser *m*
volumetric volumetrisch
volumetric liquid counter volumetrischer Flüssigkeitszähler *m*
von Mises' yield surface von-Mises-Zylinder *m*
vortex Wirbel *m*
voucher copy Belegexemplar *n*

W

wad vorgeformte dünne Metallschicht *f*
wage Lohn *m*
wage conforming to the tarif Tariflohn *m*
wage costs Lohnkosten *pl*
wage earner Lohnempfänger *m*
wage incentive Lohnanreiz *m*
wagon Wagen *m;* Waggon *m*
wagon hoist Wagenaufzug *m*
wagon weighbridge Gleiswaage *f;* Wiegebrücke *f*
walking-beam annealing furnace Balkenherd-Glühofen *m*
walking beam conveyor Hubbalkenförderer *m*
walking beam furnace Balkenherdofen *m;* Hubbalkenofen *m*
walking beam system Hubsystem *n*
walking beam [type] heating furnace Balkenherdofen *m*
wall Mauer *f;* Wand *f*
wall arch nose Gewölbenase *f;* Gewölbezwickel *m*
walling up Ausmauerung *f*
wall loss Wandverlust *m*
wall thickness Wanddicke *f*
wall thickness tester Wanddickenmesser *m*
wall up aufmauern; vermauern
wap Windung *f*
warehouse Lager *n;* Lagerhalle *f*
warehouse control Lagerwesen *n*
warehouse equipment Betriebslagereinrichtung *f;* Magazineinrichtung *f*
warehouse locations master file Lagerplatzstamm *m*
warehouse master file Lagerortstamm *m*
warehouse on-hand quantity Lagerbestand *m*
warm erwärmen
warm bath hardening Warmbadhärten *n*
warm forming Halbwarmumformung *f*
warm up anwärmen
warm work hardening Warm-Kalt-Verfestigen *n*
warm working Halbwarmverformung *f*
warp verziehen; werfen
warping Verwerfung *f;* Verziehen *n;* Verzug *m*

wash reinigen; waschen
washer Unterlegscheibe *f;* Wäscher *m*
washery slag Waschberge *mpl*
wash heating furnace Abschweißofen *m*
washing attack Auswaschung *f*
wash[ing] heat Schweißhitze *f* (zum Abschweißen und Entzundern von Blöcken)
washing tower sludge Gichtschlamm *m*
wash tower Berieselungsturm *m*
waste Abfall *m;* Ausschuß *m;* Schrott *m*
waste air Abluft *f*
waste casting Fehlguß *m*
waste coal Abfallkohle *f*
waste disposal Abfallbeseitigung *f;* Müllbeseitigung *f*
waste gas Abgas *n;* verbrauchtes Gas *n*
waste gas collecting Abgaserfassung *f*
waste-gas control Abgasüberwachung *f*
waste gas main Abgasabführung *f*
waste gas probe Abgas-Entnahmesonde *f*
waste-gas recirculation Abgasumwälzung *f*
waste-gas recirculation heating Abgas-Umwälzbeheizung *f*
waste heat Abhitze *f*
waste heat boiler Abhitzekessel *m;* Abwärmekessel *m*
waste heat flue Abgaskanal *m*
waste heat recuperation Abwärmeverwertung *f*
waste heat steam recovery Abhitzedampfgewinnung *f*
waste heat utilization Abhitzeverwertung *f;* Abwärmeverwertung *f*
waste heat utilization plant Abwärme-Verwertungsanlage *f*
waste incineration plant Abfallverbrennungsanlage *f*
waste materials Abfallstoffe *mpl*
waste pickle liquor Beizablauge *f;* Beizabwasser *n*
waste product Abfallerzeugnis *n*
waster Ausschußblech *n;* Fehlguß *m*
waste sheet Ausschußblech *n*
waste water Abwasser *n*
waste water clarifying plant Abwasser-Kläranlage *f*
waste water cleaning Abwasserreinigung *f*
waste water pump Abwasserpumpe *f*
waste water recovering plant Abwasser-Rückgewinnungsanlage *f*
waste-wax process Wachsausschmelzverfahren *n*
watchdog Systemüberwachungseinheit *f*
water Wasser *n*
water atomising Wasserzerstäubung *f*
water atomization Wasserverdüsung *f*
water based wasserlöslich
water bath Wasserbad *n*
water bearing stratum wasserführende Schicht *f*
water boiler tube Siederohr *n*
water borne wasserlöslich
water circulation Wasserkreislauf *m*
water clearing Wasserklärung *f*
water cooled cable wassergekühltes Kabel *n*
water cooling Wasserkühlung *f*
water-cooling system Wasserkühlsystem *n;* Wasserkühlung *f*

water [cooling] wheel Wasserkühlrad *n*
water demineralization Wasserdemineralisierung *f*
water equivalent Wasserwert *m*
water feeding Wasserversorgung *f*
water fit for industrial use Brauchwasser *n*
water fittings Wasserarmaturen *fpl*
water gas Wassergas *n*
water ga[u]ge Wassersäule *f;* Wasserstandsanzeiger *m*
waterglass Wasserglas *n*
water harden Wasserhärten *n*
water-hardened spring steel wassergehärteter Federstahl *m*
water-hardened wire rod Wasserdraht *m;* wassergehärteter Walzdraht *m*
water hardening Wasserhärten *n*
water hardening steel Wasserhärter *m*
water level regulator Wasserstandsregler *m*
water mill Kühlstraße *f*
water pollution Wasserverschmutzung *f*
water power Wasserkraft *f*
water pressure pump Preßwasserpumpe *f*
water purifying Wasserreinigung *f*
water quenching followed by tempering Wasservergüten *n*
water sampling device Wasserprobe-Entnahmegerät *n*
water separator Wasserabscheider *m*
water soluble wasserlöslich
watersoluble binding wasserlösliche Bindung *f*
water spray atomizing Wasserverdüsung *f*
water spray collector Naßabscheider *m*
water-spray granulated slag sand wassergranulierter Schlackensand *m*
water supply Wasserversorgung *f*
water tank Wasserkasten *m*
water tempering Wasservergüten *n*
water-tight wasserdicht
water-tight partition wall Schott *n*
water tower Wasserturm *m*
water trough Löschtrog *m*
water turbine Wasserturbine *f*
water vapour Wasserdampf *m*
water wheel Wasserfangkasten *m*
wattless current Blindstrom *m*
wattless power (arc furnace) Blindlaststoß *m*
wave attenuation Schallschwächung *f*
wave length Wellenlänge *f*
wave number Wellenzahl *f*
waviness Welligkeit *f*
wavy edge Kante *f* wellige
wavy edges Randwellen *fpl* (Bandfehler)
way Lauf *m;* Weg *m*
weak current Schwachstrom *m*
weak gas Schwachgas *n*
weak gas firing Schwachgasheizung *f*
weakly caking coal Magerkohle *f*
weak spheroidising schwachkörnige Einformung *f*
wear Abnutzung *f;* verschleißen
wearability Abnutzungsbeständigkeit *f*
wear [and tear] Abnutzung *f;* Verschleiß *m*
wear by rubbing abreiben
wear hardening Kalthärtung *f;* Kaltverfestigung *f*

wear index Verschleißzahl *f*
wearing behaviour Verschleißverhalten *n*
wearing liner Verschleißplatte *f*
wearing plate Verschleißplatte *f*
wear mechanism Verschleißmechanismus *m*
wear off abnutzen
wear of the lining Verschleiß *m* der Ausmauerung
wear of top face Flächenverschleiß *m;* Freiflächenverschleiß *m*
wear out verschleißen
wear pattern Verschleißbild *n;* Verschleißmuster *n*
wear performance Verschleißverhalten *n*
wear plate Verschleißplatte *f*
wear-resistance Abnutzungsbeständigkeit *f;* Verschleißfestigkeit *f;* Verschleißwiderstand *m*
wear resistant verschleißfest
wear-resistant steel Stahl *m*, verschleißfester
wear resisting collar Verschleißring *m*
wear [resisting] life Verschleißstandzeit *f*
wear resisting part Verschleißteil *n*
wear-resisting property Verschleißeigenschaft *f*
wear resisting steel verschleißfester Stahl *m*
wear strength Verschleißfestigkeit *f*
wear take up Verschleißausgleich *m*
wear test Verschleißprüfung *f*
wear testing machine Verschleißprüfmaschine *f*
weather verwittern
weathering resistant steel wetterfester Stahl *m*
weathering steel wetterfester Stahl *m*
weathering test Bewitterungsversuch *m*
weave with electrode (welding) pendeln mit Schweißelektrode
web Steg *m* (Träger)
web girder Vollwandträger *m*
wedge Keil *m;* Keilstein *m;* Wölbstein *m*
wedge-action cutting Keilschneiden *n*
wedge adjusting equipment Keilanstellung *f*
wedge brick Ganzwölber *m* (ff. Stein)
wedge draw cupping test Keilzug-Tiefungsverfahren *n*
wedge-draw specimen Keilzugprobe *f*
wedge-draw test Zipfelzugprobe *f*
wedge heating Wärmekeil *m*
wedge section keilförmiger Querschnitt *m* (Band)
wedge shape keilförmiger Querschnitt *m* (Band)
wedge-type pore Keilpore *f*
weekend commuter Wochenendpendler *m*
week-end iron Sonntagseisen *n*
Weibull diagram (testing of bearing steels) Weibulldiagramm *n* (Testen von Lagerstahl)
weighbridge Brückenwaage *f;* Plattformwaage *f*
weighed sample Einwaage *f*
weighing hopper Wiegebunker *m*
weighman Wiegemeister *m*
weight Gewicht *n*
weight deviation Gewichtsabweichung *f*
weighted average gewogenes Mittel *n*
weighted mean gewogenes Mittel *n*

weighting Gewichtung *f*
weighting curve Bewertungskurve *f*
weight per meter Metergewicht *n*
weight saving construction Leichtbauweise *f*
weir across ladle mouth (to retain slag) Sperrbrücke *f*
weld Naht *f;* Schweiße *f;* schweißen; Schweißstelle *f*
weldability Schweißbarkeit *f*
weldable schweißbar
weldable fine grained structural steel Feinkornbaustahl *m,* schweißbarer
weldable steel schweißbarer Stahl *m*
weld bead bend test Aufschweißbiegeversuch *m*
weld-bead removal Raupe *f*
welded body Schweißkörper *m*
welded butt joint geschweißte Stumpfnaht *f*
welded container geschweißter Behälter *m*
welded joint geschweißter Stoß *m;* Schweißnaht *f;* Schweißverbindung *f*
welded pipe geschweißtes Rohr *n*
welded precision steel tube Präzisionsstahlrohr *n,* geschweißt
welded section Profil *n,* geschweißtes
welded steel tube Stahlrohr *n,* geschweißt
welded wire fabric Baustahlmatte *f;* Betonstahlmatte *f*
welded wire mesh Baustahlmatte *f;* Betonstahlmatte *f*
welded wire reinforcing fabric Betonstahlmatte *f*
welder Schweißer *m*
welding Schweißarbeit *f;* Schweißen *n;* Schweißung *f*
welding apparatus and tool Schweißwerkzeug *n*
welding appliance Schweißvorrichtung *f*
welding auxiliaries Schweißzubehör *n*
welding bead Schweißraupe *f*
welding blow-pipe Schweißbrenner *m*
welding burr Schweißgrat *m*
welding crack Schweißriß *m*
welding department Schweißwerk *n*
welding electrode Schweißelektrode *f*
welding joint Schweißfuge *f;* Schweißstoß *m*
welding large tubes made of sheets Herstellung *f* geschweißter Blech-Großrohre
welding machine Schweißmaschine *f*
welding material Schweißwerkstoff *m*
welding on Aufschweißen *n*
welding plant Schweißwerk *n*
welding property Schweißbarkeit *f*
welding rectifier Schweißgleichrichter *m*
welding robot Schweißroboter *m*
welding rod Drahtelektrode *f;* Schweißdraht *m;* Stabelektrode *f*
welding seam Schweißnaht *f*
welding shop Schweißwerk *n*
welding structure Schweißkonstruktion *f*
welding stud Anschweißschraube *f*
welding technology Schweißtechnik *f*
welding torch Schweißbrenner *m*
welding transformer Schweißumformer *m*

welding wire Schweißdraht *m*
weld metal Schweißgut *n*
weld nugget Schweißkern *m*
weld on anschweißen; aufschweißen
weld position Schweißlage *f*
weld reinforcement Nahtüberhöhung *f*
weld toe Einbrandkerbe *f*
weld together verschweißen
weld up zuschweißen
well Bohrloch *n;* Brunnen *m;* Gestell *n;* Tauchrohr *n*
well planned planmäßig
well wagon Tiefladewagen *m*
wet and dry bulb thermometer Thermometer *n* zur Feuchtigkeitsmessung
wet bottom gas producer Schlackenabstich-Gaserzeuger *m*
wet cooler Wasserkühlrad *n*
wet cooling tower Naßkühlturm *m*
wet drawing Naßziehen *n*
wet draw[ing] Naßzug *m*
wet drawn wire naß gezogener Draht *m* (mit heller Oberfläche)
wet dust removing Naßentstaubung *f*
wet electro filter Naßelektrofilter *m*
wet galvanising Naßverzinkung *f*
wet [gas] cleaning Naß[gas]reinigung *f*
wet grinding Naßmahlung *f*
wet magnetic dressing naßmagnetische Aufbereitung *f*
wet-pit pump Tauchpumpe *f*
wet-puddling Puddeln *n* im flüssigen Zustand
wet quenching Naßlöschen *n*
wet scrubber Hordenwäscher *m;* Naßreiniger *m*
wet separator Naßabscheider *m*
wet sizing Naßklassieren *n*
wet spraying mass Schlämmspritzmasse *f*
wet storage stain Weißrost *m*
wettability Benetzbarkeit *f*
wetting Benetzung *f*
wetting agent Benetzungsmittel *n*
wetting angle of contact Benetzungswinkel *m*
wetting power Benetzungsfähigkeit *f*
wharf Rampe *f*
wheel base Radstand *m*
wheel body Radkörper *m*
wheel caster Gießrad *n*
wheel disc Radscheibe *f*
wheel hub Radnabe *f*
wheel rim Radkranz *m*
wheel set Radsatz *m*
wheel strip width Rollenbandbreite *f*
wheels with spring action by rubber gummigefederte Räder *npl*
wheel tire Radreifen *m*
wheel tyre Radreifen *m*
wheting Dengeln *n*
whetstone Schleifstein *m*
whetting material Schleifmittel *n*
whim Haspel *f;* Winde *f*
whip wippen
whipping of the work rolls Durchbiegen *n* der Arbeitswalzen
whirl Wirbel *m*
whirler Wirbler *m*
whirl gate Wirbeleinguß *m*
whisker Fadenkristall *m;* Haarkristall *m;* Whisker *m*
whiskers Bart *m* (Nägel)
white annealing Weißglühen *n*
white arsenic Arsenik *n*
white bands weiße Bänder
white cast iron weißes Gußeisen *n*
white heart malleable [cast] iron weißer Temperguß *m;* Weißguß *m*
white heat Weißglut *f*

white hot weißglühend
white lime Weißkalk *m*
white noise Rauschen *n* weißes; weißes Rauschen *n*
white pickler Weißbeize *f*
white pig [iron] weißes Roheisen *n;* weiß erstarrendes Roheisen *n*
white rust Weißrost *m*
wide end up (W.E.U.) mould Kokille *f* mit dem weiten Ende oben
wide-flanged beam Breitflanschträger *m*
wide-flanged joist Breitflanschträger *m*
wide flats Breitflachstahl *m*
wide flat steel Breitbandstahl *m;* Breitflachstahl *m*
widen breiten; erweitern; weiten
wide plate Blech *n* breites
wide-plate test Großzugversuch *m*
wide sheet Blech *n* breites
wide strip Breitband *n*
wide strip mill Bandwalzwerk *n;* Breitband-Walzwerk *n*
wide-strip section Breitbandprofil *n*
Widmannstätten structure Widmannstättensches Gefüge *n*
width Breite *f*
width gauge Bandbreitenmeßgerät *n*
width of a bite Bißbreite *f;* Bißweite *f*
width of cratering Kolkbreite *f*
width of the hearth Herdbreite *f*
width of wear band Verschleißmarkenbreite *f*
width sensor Bandbreitenmeßgerät *n*
wild phase scharfe Phase *f*
wild steel kochender Stahl *m*
win gewinnen
winch Göpel *m;* Haspel *f;* Winde *f*
winch house Windenhaus *n*
wind aufwickeln; fördern; haspeln; Wind *m*
wind box Düsenboden *m;* Saugkasten *m* (Sinter); Windkasten *m*
winding Winden *n*
winding drum Auflaufhaspel *f*
winding engine house Maschinenhaus *n*
winding gear Fördermaschine *f*
winding in coils Aufwickeln *n* in Rollen
winding machine Spulmaschine *f*
winding on drum wickeln auf Scheibe
winding reel Wickelhaspel *f*
winding rope Förderseil *n*
winding tower Förderturm *m*
windlass Haspel *f;* Winde *f*
window drip section Wasserschenkelstahl *m*
window framing steel Fensterstahl *m*
wind up aufspulen
wing screw Flügelschraube *f*
winning of coal Kohlengewinnung *f*
wiper Abstreifer *m;* Abwischer *m*
wire Draht *m,* gezogener; Draht *m;* einrollen (mit Drahteinlage)
wire and bar pointing machine Draht- und Stangenanspitzmaschine *f*
wire and wire products Draht *m* und Drahterzeugnisse
wire annealing Drahtglühen *n*
wire break Drahtbruch *m*
wire brush Drahtbürste *f*
wire burn-off Abbrand *m* des Schweißdrahts
wire cable Drahtseil *n*
wire coil Drahtring *m*
wire coiler Drahtwickelmaschine *f*
wire cooling line Drahtkühlstrecke *f*
wire cord Drahtseil *n*
wire cutter Drahtschere *f;* Drahtschneidemaschine *f;* Drahtzange *f*

wire die Ziehstein *m*
wire drawer Drahtzieher *m*
wire drawing Drahtziehen *n*
wire drawing block Drahtzug *m*
wire drawing grease Drahtziehfett *n*
wire drawing machine Drahtziehmaschine *f*
wire drawing plant Drahtzieherei *f*
wire electrode Drahtelektrode *f*
wire fabric Betonstahlmatte *f*
wire-fence Drahtzaun *m*
wire fibre Drahtfaser *f*
wire ga[u]ge Drahtdicke *f;* Drahtlehre *f*
wire gauze Drahtgaze *f*
wire glass Drahtglas *n*
wire knot Drahtknoten *m*
wire laying Leitungsverlegen *n*
wire length Drahtlänge *f*
wire mesh Drahtgewebe *n*
wire mill Drahtstraße *f*
wire nail Drahtstift *m*
wire netting Drahtgeflecht *n*
wire patenting Drahtpatentieren *n*
wire patenting furnace Drahtpatentierofen *m*
wire peeling machine Drahtschälmaschine *f*
wire product Drahterzeugnis *n;* Fertigdrahterzeugnis *n*
wire reeler Drahtspulmaschine *f*
wire reeling and coiling machine Drahtspul- und Wickelmaschine *f*
wire rod Draht *m* (Walzdraht); Runddraht *m;* Stangendraht *m*
wire rod for cold drawing Walzdrahlt *m* zum Kaltziehen
wire rod for screws Schrauben[walz]draht *m*
wire rod mill Drahtwalzwerk *n*
wire [rod] reel Drahthaspel *f*
wire roll Drahtwalze *f*
wire [rolling] mill Drahtwalzwerk *n*
wire rope Drahtseil *n*
wire ropes and braided wire Drahtseile *npl* und -litzen
wire rupture Drahtbruch *m*
wire shot Drahtkorn *n*
wire straightener Drahtrichtmaschine *f*
wire straightening and cutting[-off] machine Drahtricht- und Abschneidemaschine *f*
wire strand Drahtader *f;* Drahtlitze *f;* Drahtseil *n*
wire stretching machine Drahtstreckmaschine *f*
wire twisting machine Drahtverwindeanlage *f*
wire weavings Drahtgewebe *n*
wire welding machine Drahtschweißmaschine *f*
wireworking machine Drahtbearbeitungsmaschine *f*
wiring Einrollen *n*
wiring diagram Wirkschaltbild *n*
withdraw absenken
withdrawal roll Absenkrolle *f;* Absenkwalze *f;* Abziehrolle *f;* Strangförderwalze *f* (Stranggießen)
withdrawal speed Absenkgeschwindigkeit *f* (Stranggießen); Absenkgeschwindigkeit *f;* Ausziehgeschwindigkeit *f*
withdrawal stand Auszugtreiber *m*
withdraw (die/powder met.) abziehen
withdrawing machine (furnace) Auszugmaschine *f* (Ofen)
with low rate of wear verschleißarm
wobbler Kleeblattzapfen *m;* Kuppelzapfen *m*
wobbling device Wobbeleinrichtung *f*

Woehler diagram Wöhlerlinie *f*
Wöhler-curve Wöhlerkurve *f*
Wöhler's method of fatigue testing Wöhlerversuch *m*
woodruff key Scheibenfeder *f*
Wood's metal Wood-Metall *n*
work abbauen (gewinnen); Arbeit *f;* bearbeiten
workability Bearbeitbarkeit *f* (spanlos); Umformbarkeit *f;* Verarbeitbarkeit *f* (spanlos)
workable abbauwürdig
work annealing Zwischenglühen *n*
work-bench Werkbank *f*
work clamp (earthing clamp) Polzwinge *f*
work done in twisting Drallarbeit *f*
worker Arbeiter *m*
work expended Arbeitsaufwand *m*
work harden verfestigen
work hardened kaltverfestigt
work-hardened microstructure verfestigtes Gefüge *n*
work hardening Kalthärtung *f;* Kaltverfestigung *f;* Verfestigen *n;* Verfestigung *f*
work holding attachment Aufspannvorrichtung *f*
workholding device Werkstückaufnahme *f;* Werkstückhalter *m*
workholding fixture Werkstückträger *m*
working Bearbeitung *f;* Führung *f* (Schmelze); Führung *f*
working angle Wirkwinkel *m* (Spanen)
working capacity Leistung *f*
working committee Arbeitsauschuß *m*
working conditions Arbeitsbedingungen *fpl*
working face Arbeitsfläche *f*
working group Arbeitsgruppe *f*
working heat Warmformgebungshitze *f*
working hour Arbeitsstunde *f*
working lining Verschleißfutter *n*
working mean vorläufiges Mittel *n*
working of the melt Führung *f* der Schmelze
working of trenches Schrämarbeit *f*
work[ing] part Werkstück *n*
working party Arbeitsgemeinschaft *f*
working peak torque höchstes Betriebsmoment *n*
working platform Arbeitsbühne *f*
working pressure Betriebsdruck *m*
working program Arbeitsplan *m*
working radius Ausladung *f* (Drehkran)
work[ing] roll Arbeitswalze *f*
working stage Arbeitsbühne *f*
working stress Belastbarkeit *f;* Gebrauchsspannung *f*
working stroke Arbeitshub *m*
working the heat Führung *f* der Schmelze
working time Arbeitszeit *f*
working up the wall Randgängigkeit *f* (Hochofen)
working voltage Betriebsspannung *f*
working with a basic slag basische Schlackenführung *f*
working with an acid slag saure Schlackenführung *f*
work in progress Erzeugnisse *npl* in der Fertigung
work lead (am.) Erdungskabel *n*
workman Arbeiter *m*
workmen's quarter Arbeitersiedlung *f*
work output Arbeitsleistung *f*
work physiology Arbeitsphysiologie *f*

workpiece Walzgut *n* (Walzstück); Werkstück *n*
workpiece clamping Werkstückeinspannung *f*
workpiece contour Werkstückhalter *m*
workpiece fixture Werkstückhalter *m*
workpiece set-up Werkstückaufspannung *f;* Werkstückeinspannung *f*
work proceeding Arbeitsablauf *m*
work psychology Arbeitspsychologie *f*
works Hütte *f;* Werk *n*
works accident Betriebsunfall *m*
works annealed sheet Feinblech *n*
works cost accounting betriebliches Rechnungswesen *n*
works engineering specifications Betriebsblatt *n* (z.B. SEB)
workshop Werkstatt *f;* Werkstätte *f*
workshop installation Werkstätteneinrichtung *f*
workshop lighting Werkstattbeleuchtung *f*
works manager Betriebschef *m;* Betriebsleiter *m*
work sociology Arbeitssoziologie *f*
work softening Entfestigung *f*
works practice Arbeitsweise *f*
works railway Werksbahn *f*
works scheduling Arbeitsvorbereitung *f*
works scrap Rücklaufschrott *m*
works specification Hausnorm *f*
works standard specification Werksnorm *f*
works' test certificate Werksbescheinigung *f;* Werksprüfzeugnis *n*
works' transport Werktransport *m*
work study Arbeitsstudium *n*
work task Arbeitsaufgabe *f*
worm Schnecke *f*
worm extruder Schneckenpresse *f*
worm gear Schneckengetriebe *n;* Schneckenrad *n*
worm gearing Schneckentrieb *m*
worm rim Schneckenkranz *m*
worm wheel Schneckenrad *n*
worn die ausgeschlissener Ziehstein *m*
wortle Zieheisen *n*
wortle plate Ziehlochplatte *f*
woven steel fabric Betonstahlmatte *f*
woven-wire cloth Drahtgewebe *n*
woven wire fence gewebter Drahtzaun *m*
woven wire mesh gewebtes Drahtnetz *n*
wrap umwickeln; wickeln
wrapper roll Bandandrückrolle *f*
wrapping Umwicklung *f*
wrapping test Wickelversuch *m*
wrap test Umwickelprüfung *f*
wreck abwracken
wrench Drehung *f* (Schraubenschlüssel); Drehung *f;* verdrehen
wringer roll Abquetschrolle *f* (Beizen)
wrist pin Kurbelzapfen *m*
wrought iron Schmiedeeisen *n;* Schweißeisen *n*
wrought steel Schmiedestahl *m;* Schweißstahl *m*
wustite Wüstit *m*

X

xeroradiography Xeroradiographie *f*
X-ray analysis Röntgenanalyse *f*
X-ray diffraction pattern Röntgenbeugungsdiagramm *n*

X-ray examination Röntgenuntersuchung *f*
X-ray fluorescence analysis Röntgenfluoreszenzanalyse *f* (RFA)
X-ray interference Röntgeninterferenz *f*
X-ray investigation röntgenographische Untersuchung *f*
X-ray radiometer Röntgenstrahlenmeßgerät *n*
X-ray scan picture Röntgenrasterbild *n*
X-ray testing Röntgenstrahlenprüfung *f*
X-ray testing apparatus Röntgenprüfeinrichtung *f*

Y

yard Lagerplatz *m*
yellow brass Messing *n*
yield ausbringen; Austrag *m* (Erz); Ergebnis *n;* fließen
yield criterion Fließbedingung *f;* Fließkriterium *n*
yield fracture Fließspannungsbruch *m*
yield[ing] Fließen *n*
yielding Fließvorgang *m*
yielding behaviour Fließverhalten *n*
yielding phenomenon Fließvorgang *m*
yield locus Fließort *m;* Fließzylinder *m*
yield of hot rolled products Ausbringen *n* warmgewalzter Erzeugnisse
yield of ingots for hot forging Ausbringen *n* von Blöcken zum Heißschmieden
yield point Fließgrenze *f;* Streckgrenze *f*
yield point at elevated temperature Warmstreckgrenze *f*
yield point at normal temperature Kaltstreckgrenze *f*
yield pressure Fließdruck *m*
yield strength Dehngrenze *f;* Elastizitätsgrenze *f;* Streckgrenze *f*
yield stress Fließgrenze *f;* Fließspannung *f;* Formänderungsfestigkeit *f*
yield stress in shear Schubfließspannung *f*
yield stress under tensile load Zugfließspannung *f*
yield surface Fließfläche *f;* Fließort *m;* Fließzylinder *m*
yield ultimate ratio Streckgrenzenverhältnis *n*
Young's modulus Elastizitätsmodul *m*
Y-roller table Hosenrollgang *m*
Y threshold Y-Schwelle *f*

Z

zeds Z-Stahl *m*
zero dead stop Nullanschlag *m*
zero setting Nulleinstellung *f*
zinc Zink *n*
zinc coated zinkbeschichtet
zinc coated flat product Flachprodukt *n*, zinkbeschichtetes
zinc coated sheet verzinktes Blech *n*
zinc coating Verzinken *n;* Verzinkung *f;* Zinküberzug *m*
zinc coating furnace Verzinkungsofen *m*
zinc coating kettle Verzinkungspfanne *f*
zinc coating plant Verzinkungsanlage *f*
zinc coating shop Verzinkerei *f*

zinc destillation plant Feinzink-Destillationsanlage *f*
zinc dust Zinkstaub *m*
zinc for [zinc] coating Verzinkerei-zink *m*
zinc plate Zinkblech *n*
zinc sheet Zinkblech *n*
zinc stearate Zinkstearat *n*
zircon[ium] Zirkon[ium] *n*
zirconium bearing zirkonhaltig
zirconium oxide Zinkoxid *n*
zirconium silicate Zirkonsilicat *n*
zone melting Zonenschmelzen *n*
zone of contact Eingriffsbereich *m*
zone of fusion Schmelzzone *f*
zoning Zonenbildung *f*
Z-sections Z-Stahl *m*